工业和信息化部“十四五”规划教材

现代工业机器人技术及应用
（MATLAB 版）

主　编　杨文安　郭　宇

電子工業出版社
Publishing House of Electronics Industry
北京•BEIJING

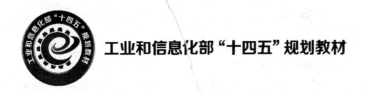

内 容 简 介

本书较为全面、系统地介绍了现代工业机器人技术的基本知识及应用。全书共 10 章：绪论，工业机器人的机械系统，工业机器人的动力系统，工业机器人的感知系统，工业机器人的控制系统，工业机器人运动学建模，工业机器人动力学分析，工业机器人轨迹规划，基于 C++的工业机器人轨迹规划软件开发实训，基于 Unity 3D 的工业机器人虚拟仿真实训。本书内容丰富、系统完整、论述严谨，第 1～9 章均配有一定数量的习题供读者复习巩固。

本书既可作为机械工程、机械设计制造及其自动化、自动化、机器人工程、智能制造工程、机械电子工程、机电一体化等专业本/专科学生的教材，也可供工业机器人领域的教师、研究人员和工程技术人员参考。本书配有丰富的配套资源，包括小型桌面 2kg 负载 6 轴工业机器人的本体结构配件、控制柜、电机、末端手爪、C++轨迹规划软件、Unity 3D 虚拟仿真软件、MATLAB 源代码，力图便于教师进一步开展工业机器人教学教研工作和学生进一步开展工业机器人自主 DIY 学习。

图书在版编目（CIP）数据

现代工业机器人技术及应用：MATLAB 版 / 杨文安，郭宇主编. —北京：电子工业出版社，2024.4

ISBN 978-7-121-47855-0

Ⅰ. ①现… Ⅱ. ①杨… ②郭… Ⅲ. ①工业机器人 Ⅳ. ①TP242.2

中国国家版本馆 CIP 数据核字（2024）第 094426 号

责任编辑：杜　军
印　　刷：三河市良远印务有限公司
装　　订：三河市良远印务有限公司
出版发行：电子工业出版社
　　　　　北京市海淀区万寿路 173 信箱　　　邮编：100036
开　　本：787×1092　1/16　印张 20　　字数：525 千字
版　　次：2024 年 4 月第 1 版
印　　次：2025 年 1 月第 3 次印刷
定　　价：65.00 元

凡所购买电子工业出版社图书有缺损问题，请向购买书店调换。若书店售缺，请与本社发行部联系，联系及邮购电话：（010）88254888，88258888。

质量投诉请发邮件至 zlts@phei.com.cn，盗版侵权举报请发邮件至 dbqq@phei.com.cn。

本书咨询联系方式：dujun@phei.com.cn。

前　言

机器人是先进制造业的重要装备，也是智能制造业的关键切入点。工业机器人作为机器人家族的重要一员，是目前技术最成熟、应用最广泛的一类机器人，其研发和产业化应用是衡量国家科技创新与高端制造发展水平的重要标志。

近几年，在产业转型升级的大背景下，我国工业机器人产业正在迎来爆发性的发展机遇。然而，现阶段我国工业机器人领域人才供需失衡，缺乏经过系统培训的、能熟练且安全地使用和维护工业机器人的专业人才。因此，编写一本全面、系统的工业机器人入门实用教材势在必行。

国内外现有的关于工业机器人方面的教材很多，但大多数仅涉及工业机器人运动学、动力学、轨迹规划等背后所包含的理论知识，缺乏工业机器人技术实践教学内容。然而，工业机器人是一门以计算机为核心的专业课程，工业机器人的理论只有借助计算机的编程实现，才能被更好地理解和应用。

为了适应我国工业机器人教育的发展需要而编写本书，兼顾理论知识与实践活动，旨在使学生在尽可能短的时间内熟悉工业机器人的结构组成，掌握工业机器人的应用要领，具备运动学建模、动力学分析、规划轨迹、软件开发的能力。

本书为工业机器人专业学生提供一学期学时所需的最低限度的必学知识，做到一本在手而无须时常查阅其他图书或文档；运用旋量理论这一现代数学工具，极大简化了描述刚体运动几何特点的分析过程。

另外，本书配套的 MATLAB 源代码，主要用来强化书中的基础理论，力图使读者能够进一步加深对理论的理解与掌握。

作为本书及其 MATLAB 源代码的补充，Unity 3D 虚拟仿真软件也非常有价值。利用该软件，学生可以以交互方式探索包括 6 轴工业机器人工作站在内的智能车间搭建、6 轴工业机器人结构认知、6 轴工业机器人的仿真拆卸、6 轴工业机器人的仿真装配、6 轴工业机器人的综合应用，并为运动学建模、动力学分析、轨迹规划及控制结果创建动画轨迹。

虽然本书在介绍有关 6 轴工业机器人入门基础知识方面充分表达了作者的观点，但也借鉴了已经出版和使用多年的优秀教材，其中要特别提到的，已在我国工业机器人教材届产生广泛影响力的有朱洪前（2019）、戴凤智和乔栋（2020）、张宪民（2017）、刘小波（2021）、大熊繁（卢伯英译）（2002）关于 6 自由度工业机器人的机械系统、动力系统、感知系统、控制系统的著作，在此对相关作者表示感谢。

与本书配套的小型桌面 2kg 负载 6 轴工业机器人的本体结构配件、控制柜、电机、末端手爪、C++轨迹规划软件、Unity 3D 虚拟仿真软件、MATLAB 源代码可联系作者（dreamflow@nuaa.edu.cn）索取。我们相信，提供这些教学资源能在方便教师开展工业机器人教学教研工作和方便学生开展工业机器人自主 DIY 学习方面发挥最大的作用。

最后，也是最重要的，我们对在编写本书时提供帮助和带给我们启发的人表示感谢，同时感谢很多博士研究生和硕士研究生为本书的编写提供的大量宝贵的素材及积极的反馈意见，包括王石磊、陈予新、胡旭辉、蔡旭林、绳远远、许新业、徐世昌、杨银飞、杜太平、邓茗翰。

由于作者水平有限，书中难免存在疏漏和不当之处，敬请广大同行与读者批评指正。

目 录

第 1 章 绪　论

工业机器人被誉为“制造业皇冠顶端的明珠”，是衡量一个国家创新能力和产业竞争力的重要标志，已成为全球新一轮科技和产业革命的重要切入点。工业机器人技术涉及运动学、动力学、机械系统、动力系统、感知系统、控制系统、通信、编程等方方面面。本章对工业机器人进行概要介绍，内容包括工业机器人的定义及发展、工业机器人的基本组成及技术指标、工业机器人的分类及应用。

1.1 工业机器人的定义

工业机器人是面向工业领域的多关节机械手或多自由度的机器装置，它能自动执行工作，是靠自身动力和控制能力来实现各种功能的一种机器。它可以接受人类指挥，也可以按照预先编制的程序运行。现代工业机器人还可以根据人工智能技术制定的原则纲领行动。典型的工业机器人如图 1.1 所示。

工业机器人是集机械、电子、控制、计算机、传感器、人工智能等多学科先进技术于一体的现代制造业中重要的自动化装备。机器人技术、数控技术和可编程逻辑控制器（PLC）技术并称为工业自动化的三大支持技术。机器人技术及其产品发展迅速，已成为柔性制造系统（FMS）、自动化工厂（FA）、计算机集成制造系统（CIMS）的自动化工具，也是“工业 4.0”智能工厂中重要的一环。工业机器人主要有以下 3 个基本特点。

图 1.1　典型的工业机器人

（1）可编程工业机器人可随其工作环境变化的需要进行再编程，因此它在小批量、多品种、具有均衡高效率的柔性制造过程中能发挥很好的作用，是柔性制造系统中的一个重要组成部分。

（2）拟人化工业机器人在机械机构上有类似人的腰部、大臂、小臂、腕部等部分，其控制系统类似人的大脑。智能化工业机器人还有许多类似人的“生物传感器”，如皮肤型接触传感器、力传感器、负载传感器、视觉传感器、听觉传感器等。传感器提高了工业机器人对周围环境的自适应能力。

（3）通用性。除特别设计的专用机器人外，一般的工业机器人在执行不同的作业任务时，具有较好的通用性。可以更换工业机器人手部（手爪、工具等），使机器人执行不同的作业任务。例如，将工业机器人手部末端的激光焊接器换成喷涂枪，通过适当的硬件调整和软件编程后，就可以将原来的焊接机器人变成喷涂机器人。

工业机器人技术涉及的学科相当广泛，归纳起来，它是机械学和微电子学的结合，即机电一体化技术。第三代智能机器人不仅具有获取外部环境信息的各种传感器，还具有记忆能力、语言理解能力、图像识别能力、推理判断能力等人工智能，这些都是微电子技术的应用，特别是与计算机技术的应用密切相关。

1.2 工业机器人的发展

工业机器人的发展可划分为 3 个阶段。

（1）第一代机器人。20 世纪 50 年代至 60 年代，随着机构理论和伺服理论的发展，机器人进入实用阶段。1954 年，美国的 G. C. Devol 发表了“通用机器人”专利；1960 年，美国 AMF 公司生产了柱坐标型 Versatran 机器人，可进行点位和轨迹控制，这是世界上第一种应用于工业生产的机器人。20 世纪 70 年代，随着计算机技术、现代控制技术、传感技术和人工智能技术的发展，机器人也得到了迅速发展。1974 年，美国辛辛那提·米拉克龙公司成功开发了多关节机器人；1979 年，Unimation 公司推出了 PUMA 机器人，它是一种多关节、全电动机驱动、多 CPU 二级控制机器人，采用 VAL 专用语言，可配置视觉/触觉/力觉传感器，在当时是技术最先进的工业机器人。

（2）第二代机器人。进入 20 世纪 80 年代，随着传感技术［包括视觉传感器、非视觉（力觉、触觉、接近觉等）传感器］及信息处理技术的发展，出现了第二代机器人，即有感觉的机器人。它能够获得作业环境和作业对象的部分相关信息，进行一定的实时处理，引导自己进行作业。现在第二代机器人已进入实用化阶段，在工业生产中得到了广泛应用。

（3）第三代机器人。目前，正在研究开发的第三代智能机器人不仅具有比第二代机器人更加完善的环境感知能力，还具有逻辑思维、判断和决策能力，可根据作业要求与环境信息自主地进行作业。

1.2.1 工业机器人在世界各国的发展

1. 工业机器人在美国的发展

美国是机器人的诞生地，早在 1962 年，美国就研制出世界上第一台工业机器人。经过 60 多年的发展，美国拥有了雄厚的基础及先进的技术，成为世界机器人强国之一。

美国工业机器人的发展主要经历了 4 个阶段。第一阶段是 20 世纪 60 年代至 70 年代，美国工业机器人主要立足于研究阶段，仅有几所大学和少数公司开展了相关项目的研究。1965 年，麻省理工学院（MIT）的 Roborts 演示了第一个具有视觉传感器、能识别与定位简单积木的机器人系统。当时，美国政府并未把工业机器人列为重点发展项目，特别是美国当时的失业率高达 6.65%，政府担心发展工业机器人会使更多人失业，因此政府既未投入财政支持，又未组织研制工业机器人。1970 年，在美国芝加哥举行了第一届国际工业机器人研讨会。1970 年以后，工业机器人的研究得到广泛而迅速的发展。1973 年，美国辛辛那提·米拉克龙公司的理查德·豪恩开发出第一台由小型计算机控制的工业机器人，这是世界上第一次计算机和小型机器人的携手合作。它是由液压驱动的，有效负载能提升至 45kg。

第二阶段是 20 世纪 70 年代后期，美国政府和企业界对工业机器人制造与应用的认识有所改变，将技术路线的重点放在机器人软件及军事、宇宙、海洋、核工程等特殊领域的高级机器人的开发上。这种现象导致日本的工业机器人后来居上，使之在工业生产应用和机器人制造领域很快超过了美国，并在国际市场形成了较强的竞争力。

第三阶段是 20 世纪 80 年代中后期至 90 年代初期，美国政府真正开始重视工业机器人的研发和推广。美国国际标准管理局（ISA）和美国职业安全与健康管理局（OSHA）开始商讨并建立美国机器人国家标准。随着机器人生产企业的生产技术日臻成熟，功能简单的第一代机器人逐渐不能满足实际需要，美国开始重视开发具备视觉、触觉、力觉等功能的第二代机器人。

第四阶段起始于 20 世纪 90 年代后期，各国开始重视工业机器人产业的发展，美国加大对工业机器人软件系统的开发力度并处于领先地位，但其工业机器人生产企业的全球市场份额占比不高。

2011 年 6 月，美国启动“先进制造伙伴计划”，明确提出通过发展工业机器人提振美国制造业，重点开发基于移动互联技术的第三代智能机器人。近年来，以谷歌为代表的美国互联网公司开始进军机器人领域，试图融合虚拟网络能力和现实运动能力，推动机器人的智能化。谷歌在 2013 年强势收购多家科技公司，初步实现在视觉系统、强度与结构、人机交互、滚轮与移动装置等多个智能机器人关键领域的业务部署。截至 2015 年，美国共申请 1.6 万余项相关专利。近年来，在机器人技术方面，美国高智能、高难度的国防机器人、太空机器人已经开始投入实际应用。

2. 工业机器人在日本的发展

日本工业机器人的发展主要包括 4 个阶段。

第一阶段为摇篮期（1967—1970 年）。20 世纪 60 年代，日本正处于劳动力严重短缺阶段，这成为制约日本经济发展的一个主要原因。1967 年，日本成立了人工手研究会（现改名为仿生机构研究会），同年召开了日本首届机器人学术会议。川崎重工业株式会社从美国 Unimation 公司引进先进的机器人技术，建立生产车间，并于 1968 年制造出第一台川崎机器人。

第二阶段为实用期（1971—1980 年），日本工业机器人经历短暂的摇篮期后迅速进入发展时期，工业机器人 10 年间的增长率达到 30.8%。1980 年被称为日本的“机器人普及元年”，日本开始在工业领域推广使用机器人，这大大缓解了劳动力严重短缺的社会矛盾。日本政府采取鼓励政策，使这些机器人受到了广大企业的欢迎。日本也因此而赢得了“机器人王国”的美称。

第三阶段为普及提高期（1981—1990 年），日本政府开始在各个领域广泛推广使用机器人。1982 年，日本的机器人产量约 2.5 万台，高级机器人数量占全球总量的 56%。

第四阶段为平稳成长期（1991 年至今），受到金融危机的影响，日本工业机器人产业在 20 世纪 90 年代中后期进入低迷期，国际市场曾一度转向欧洲和北美。之后随着日本工业机器人技术的再次发展，日本工业机器人产业又逐渐恢复领先地位。

2014 年，日本工业机器人的全球市场份额排名第一，其工业机器人产品按应用领域划分主要分为 4 类，分别是喷涂机器人、原材料运输机器人、装配机器人、清洁机器人。数据显示，工业机器人在汽车和电子领域的应用比例高达 62.4%，这两类产业是推动日本国内工业机器人产业增速的主要力量。日本工业机器人的产业竞争优势在于完备的配套产业体系，在控制器、传感器、伺服电动机减速器、数控系统等关键部件方面均具备较强的技术优势，有力推动工业机器人朝着微型化、轻量化、网络化、仿人化和廉价化的方向发展。

近年来，日本加大工业机器人在食品、药品、化妆品（“三品产业”）领域的投入。与汽车和电子产业不同，“三品产业”的卫生标准更高，从而需要更先进的技术支持。日本工业机器人产业还在强调智能化的基础上重点发展医疗护理机器人和救灾机器人，以此来应对人口老龄化和自然灾害等问题。

3．工业机器人在德国的发展

德国是欧洲最大的机器人市场，其智能机器人的研究和应用在世界上处于领先地位。目前，德国在普及第一代机器人的基础上，第二代机器人经推广应用已成为主流安装机型，而第三代智能机器人已占有一定比重并成为发展方向。

德国政府在工业机器人发展的初级阶段发挥着重要作用，其后，产业需求引领工业机器人向智能化、轻量化和高能效化方向发展。20 世纪 70 年代中后期，德国政府在推行“改善劳动条件计划”过程中，强制规定企业使用机器人代替部分有危险、有毒、有害的工作岗位，为机器人的应用开启了初始市场。

1985 年，德国开始向智能机器人领域进军，经过了十几年的发展，以 KUKA 公司为代表的工业机器人生产企业占据全球领先地位。2013 年，德国推行了以“智能工厂”为重心的“工业 4.0”计划，工业机器人推动生产制造向灵活化和个性化方向转变。依此计划，通过智能人机交互传感器，人类可借助物联网对下一代工业机器人进行远程管理，这种机器人还将具备生产间隙的“网络唤醒模式”，以解决使用中的高能耗问题，促进制造业的绿色升级。

2014 年，德国工业机器人市场规模超过 2 万台，较 2013 年增加 10%。2010—2014 年，德国工业机器人年均增长率约为 9%，主要推动力是汽车产业。近年来，针对机器人的智能化，德国机器人公司对人机互动技术和软件的研究开发加大了投入力度。

4．工业机器人在我国的发展

我国工业机器人起步于 20 世纪 70 年代初，其发展过程大致可分为 3 个阶段：70 年代的萌芽期、80 年代的开发期、90 年代的实用化期。20 世纪 70 年代开始，工业机器人的应用在世界上掀起高潮。在这种背景下，我国于 1972 年开始研制自己的工业机器人。

进入 20 世纪 80 年代后，在高技术浪潮的冲击下，随着改革开放的不断深入，我国机器人技术的开发与研究得到了国家的重视与支持。“七五”期间，国家投入资金，对工业机器人及其部件进行攻关，完成了示教再现式工业机器人成套技术的开发，研制出了早期的喷涂机器人、点焊机器人、弧焊机器人和搬运机器人。1986 年，“国家高技术研究发展计划”（863 计划）开始实施，智能机器人主题跟踪世界机器人技术的前沿，经过几年的研究，取得了一大批科研成果，成功地研制出一批特种机器人。

从 20 世纪 90 年代初期起，我国工业机器人又在实践中向前迈出了一大步，先后研制出了点焊、弧焊、装配、喷漆、切割、搬运、包装、码垛等各种用途的工业机器人，并实施了一批机器人应用工程，形成了一批机器人产业化基地，为我国工业机器人产业的腾飞奠定了基础。

目前，我国已生产出部分机器人关键元器件，开发出弧焊、点焊、码垛、装配、搬运、注塑、冲压、喷漆等工业机器人。一批国产工业机器人服务于国内诸多企业的生产线，一批机器人技术的研究人才也涌现出来。相关科研机构和企业已掌握了工业机器人操作机的优化设计制造技术、工业机器人控制和驱动系统的硬件设计技术、工业机器人软件的开发和编程技术、运动学和轨迹规划技术、弧焊和点焊及大型机器人自动生产线与周边配套设备的开发和制备技术等，某些关键技术已达到或接近世界水平。

近年来，我国在人工智能方面的研发也有所突破，中国科学院和多所著名高校都培育出了专门从事人工智能研究的团队，机器学习、仿生识别、数据挖掘，以及模式、语言和图像识别技术比较成熟，推动了工业机器人技术的发展。

我国工业机器人销量近几年持续快速增长，但工业机器人的使用密度仍明显低于全球平均水平。2016 年，我国工业机器人的使用密度（每万名工人使用工业机器人的数量）仅为 68 台，全球的平均使用密度为 74 台，韩国、新加坡、德国的使用密度分别高达 631 台、488 台、309 台。与发达国家相比，我国工业机器人行业未来仍有很大的发展空间。

1.2.2　世界著名工业机器人生产企业

工业机器人的飞速发展离不开世界各地著名工业机器人生产企业的共同努力。下面介绍国内外主要的工业机器人生产企业。

1．瑞士 ABB 集团

瑞士 ABB 集团是世界上最大的机器人生产企业。1974 年，ABB 集团研发了全球第一台全电控式工业机器人 IRB6，主要应用于工件的取放和物料的搬运；1975 年，生产出第一台焊接机器人；1980 年，它兼并 Trallfla 喷漆机器人公司后，机器人产品趋于完备；2002 年，ABB 集团工业机器人的销量已经突破 10 万台，是世界上第一个销量突破 10 万台的工业机器人生产企业。瑞士 ABB 集团在 2018 年《财富》世界 500 强排行榜中居第 341 位；2019 年，ABB 集团位列《财富》世界 500 强排行榜的第 328 位。ABB 集团生产的工业机器人广泛应用在焊接、装配、铸造、密封涂胶、材料处理、包装、喷漆、水切割等领域。

2．日本 FANUC 公司

日本 FANUC（发那科）公司的前身致力于数控设备和伺服系统的研制与生产；1972 年，日本富士通公司的计算机控制部门独立出来，成立了 FANUC 公司。FANUC 公司主要包括两大业务，一是工业机器人，二是工厂自动化。2004 年，FANUC 公司的营业总收入为 2648 亿日元，其中工业机器人销售收入为 1367 亿日元，约占总收入的 51.6%。2015 年，该公司机器人累计售出 40 万台，2017 年累计售出 50 万台。2019 年，上海发那科机器人有限公司开始建设日本之外全球最大的机器人生产基地，2023 年 10 月投产。

该公司新开发的工业机器人产品有 R-2000iA 系列多功能智能机器人，其具有独特的视觉传感器和压力传感器功能，可以将随意堆放的工件捡起，并完成装配；Y4400LDiA 高功率 LD YAG 激光机器人拥有 4.4kW LD YAG 激光振荡器，有效地提高了效率和可靠性。

3．日本安川电机公司

1977 年，日本安川电机公司研制出第一台全电动工业机器人，目前其旗下拥有众多在世界各地的子公司。它是最早将工业机器人应用到半导体生产领域的企业之一，其核心工业机器人产品包括点焊和弧焊机器人、油漆和处理机器人、LCD 玻璃板传输机器人和半导体晶片传输机器人等。

4．德国 KUKA 公司

KUKA 公司位于德国奥格斯堡，是世界顶级工业机器人生产企业之一。该公司生产的工业机器人广泛应用在仪器、汽车、航天、食品、医学、铸造、塑料等领域，主要用于材料处理、机床装料、装配、包装、堆垛、焊接、表面修整等方面。2017 年 1 月，美的集团完成了对 KUKA 公司的收购。

5．爱普生（Epson）机器人公司

爱普生机器人公司隶属于世界上最大的计算机打印机和图像相关的设备制造商之一——日本爱普生科技公司，是其旗下专门的机器人设计和制造部门。1981 年，爱普生工业机器人公司成立，至今已在世界各地安装数万台机器人。该公司最初开发的机器人用于本公司的手表制造工厂，如今该公司已经研发出了高精度、高速、紧凑型的工业机器人。目前，爱普生 SCARA 工业机器人在性能和可靠性方面在业界首屈一指。其中 G 系列 SCARA 工业机器人提供 200 多个型号，包括台面安装型、复合安装型、洁净型/ESD 等，臂部长度从 175mm 到 1000mm 不等。

6．川崎重工业株式会社

川崎重工业株式会社是日本的一家国际大公司，生产领域涉及摩托车、轮船、拖拉机、发动机、航空航天设备、工业机器人等许多其他制造行业。2018 年 6 月，川崎重工业株式会社的机器人事业迎来了 50 周年纪念日，并已在全球范围内安装数十万台机器人。川崎重工业株式会社的机器人多用于组装、处理、焊接、喷漆、密封等工业过程。

7．意大利 COMAU 公司

COMAU 公司自 1978 年开始研制和生产工业机器人，其产品获得 ISO9001、ISO14000，以及福特公司的 Q1 认证，其机器人产品包括 Smart 系列多功能机器人和 MAST 系列龙门焊接机器人，广泛用于汽车制造、铸造、家具、食品、化工、航天、印刷等行业。该公司目前的 SmartNJ4 系列机器人全面覆盖第四代智能机器人产品的基本特征。

8．史陶比尔集团

史陶比尔集团是一家瑞士机电公司，专注于生产纺织机械、连接器和机器人产品。它的机器人事业部成立于 1982 年，致力于为工业自动化领域生产机械臂部、4 轴机器人、6 轴机器人和其他类型的机器人。史陶比尔集团的机器人用于塑料、电子、光电、生命科学等诸多领域，其产品系列目前包括 4 轴 SCARA 机器人、负载大于 250kg 的高负荷机器人等。

9．NACHI 公司

NACHI 公司以生产工业机器人、机械加工工具、系统和机器部件而闻名。该公司于 1969 年开始生产机器人，并在全球安装了超过 10 万台。该公司生产的机器人专注用于点焊、弧焊及其他工业制造流程。

10. 爱德普机器人公司

爱德普机器人公司的总部设在美国加利福尼亚州，是一家提供智能引导机器人系统和服务的供应商。该公司成立于 1983 年，是美国最大的工业机器人生产企业之一。该公司研发的爱德普机器人用于高效、精密的制造业，以及包装业和工厂自动化行业。

11. 安川首钢机器人有限公司

安川首钢机器人有限公司的前身为首钢莫托曼机器人有限公司，由首钢集团和日本安川电机公司共同投资，是专业从事工业机器人及其自动化生产线设计、制造、安装、调试及销售的中日合资公司。该公司自 1996 年 8 月成立以来，始终致力于中国机器人应用技术产业的发展，其产品遍布汽车、摩托车、家电、IT、轻工、烟草、陶瓷、冶金、工程机械、矿山机械、物流、机车、液晶、环保等行业，在提高制造业自动化水平和生产效率方面发挥着重要作用。

12. 沈阳新松机器人自动化股份有限公司

沈阳新松机器人自动化股份有限公司总部位于沈阳，是由中国科学院沈阳自动化研究所为主发起人投资组建的高技术公司，是“机器人技术国家工程研究中心”“国家 863 计划智能机器人主题产业化基地”。该公司在国内是率先通过 ISO 9001 认证的机器人生产企业。2016 年，该公司生产的工业机器人和服务机器人获首批中国机器人产品认证证书。2018 中国品牌价值榜发布，新松品牌以 60.38 亿元估值创新高，位列机器人行业首位。

该公司的产品包括 RH6 弧焊机器人、RD120 点焊机器人，以及水切割、激光加工、排险、浇注等多种机器人。图 1.2 所示为新松小负载 6 轴柔性机器人。它采用轻量化设计，设计紧凑、坚固耐用，重复定位精度高达±0.03mm，非常适合完成精密的装配任务，在工作空间有限的生产线上可正常运行。

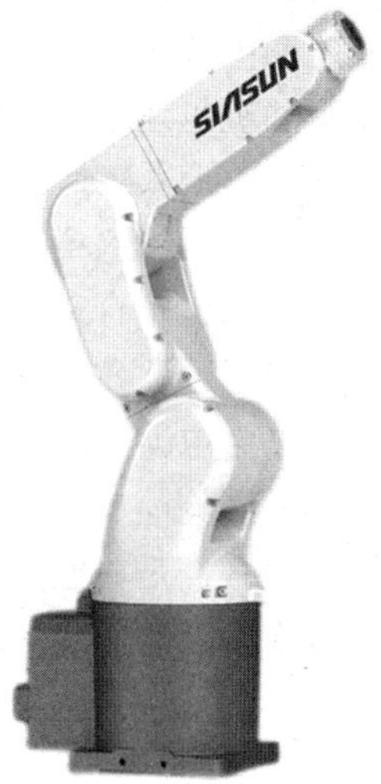

图 1.2　新松小负载 6 轴柔性机器人

1.3　工业机器人的基本组成

工业机器人系统是由机器人和作业对象及环境共同构成的，其中包括驱动系统、机械系统、感知系统和控制系统四大部分，它们之间的关系如图 1.3 所示。

1. 驱动系统

在讨论所有问题之前，要使工业机器人运行起来，就需要给各个关节，即每个运动自由度安置传动装置，这就是驱动系统。驱动系统可以是液压驱动、气动驱动、电动驱动，或者是把它们结合起来应用的综合系统，可直接驱动或通过同步带、链条、轮系、谐波齿轮等机械传动机构进行间接驱动。

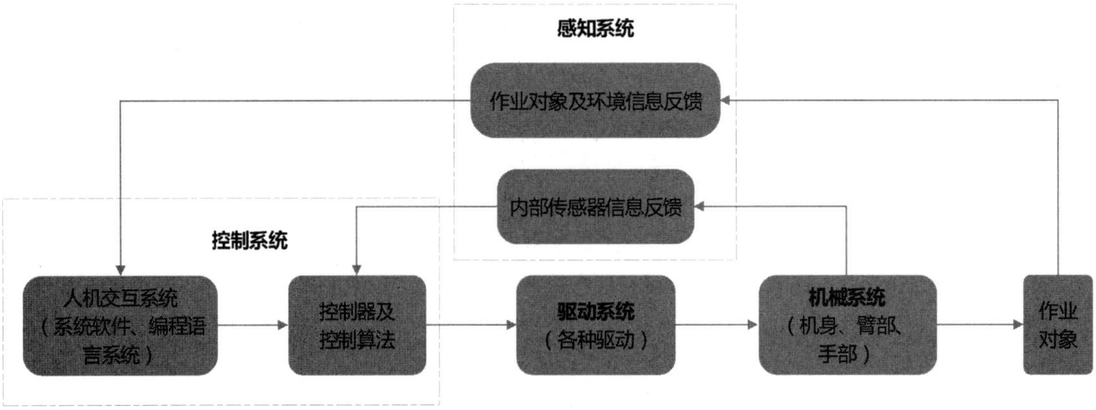

图 1.3　工业机器人的系统组成及各部分之间的关系

电动驱动系统在工业机器人中应用得较普遍，可分为步进电动机、直流伺服电动机和交流伺服电动机 3 种驱动形式。早期多采用步进电动机，后来出现了直流伺服电动机，现在交流伺服电动机也逐渐得到应用。上述驱动单元有的用于直接驱动系统运动，有的通过谐波减速器减速后驱动系统运动，其结构简单紧凑。

液压驱动系统运动平稳，且带负载能力强，对于进行重载搬运和部件加工的工业机器人，采用液压驱动比较合理。但液压驱动存在管道复杂、清洁困难等缺点，因此限制了它在装配作业中的应用。

无论是由电动驱动还是由液压驱动的工业机器人，其手爪的开合都采用气动形式。气动驱动机器人结构简单、动作迅速、价格低廉，但由于空气具有可压缩性，因此其工作速度的稳定性较差。但是，空气的可压缩性可使手爪在抓取或夹紧物体时的顺应性提高，防止受力过大而造成被抓物体或手爪本身损坏。气动驱动系统的压力一般为 0.7MPa，因而抓取力小，只有几十牛到几百牛。

2. 机械系统

工业机器人的机械系统由机身、臂部、手部三大件组成，每一大件都有若干自由度，构成一个多自由度的机械系统。若机身具备行走机构，则构成行走机器人；若机身不具备行走及腰转机构，则构成单机器人臂（Single Robot Arm）。臂部一般由上臂、下臂和腕部组成。手部是直接装在腕部的一个重要部件，它可以是二手指或多手指的手爪，也可以是喷漆枪、焊具等作业工具。

3. 感知系统

感知系统由内部传感器模块和外部传感器模块组成，分别获取内部和外部环境状态中有意义的信息。其中，内部传感器用于检测各关节的位置、速度等变量，为闭环伺服控制系统提供反馈信息；外部传感器用于检测机器人与周围环境之间的一些状态变量，如距离、接近程度和接触情况等，用于引导机器人，便于其识别物体并做出相应处理。智能传感器的使用提高了工业机器人的机动性、适应性和智能化的水准。人类的感受系统对感知外部世界信息是极其灵巧的，然而，对于一些特殊的信息，传感器比人类的感受系统更有效。

4. 控制系统

控制系统的任务是根据机器人的作业指令程序，以及从传感器反馈回来的信号来支配工业机器人的执行机构完成规定的运动和功能。工业机器人若不具备信息反馈特征，则为开环控制系统；若具备信息反馈特征，则为闭环控制系统。控制系统主要由计算机硬件和控制软件组成。控制软件主要由人与机器人进行联系的人机交互系统和控制算法等组成。控制系统根据控制原理可分为程序控制系统、适应性控制系统和人工智能控制系统，其控制运动的形式可分为点位控制和轨迹控制。

由图 1.3 可以看出，工业机器人实际上是一个典型的机电一体化系统，其工作原理为控制系统发出动作指令，控制驱动系统动作，驱动系统带动机械系统运动，使手部到达空间某一位置和实现某一姿态，实施一定的作业任务。

1.4 工业机器人的技术指标

工业机器人的技术指标是机器人生产企业在产品供货时提供的技术数据，反映了机器人的适用范围和工作性能，是选择机器人时必须考虑的问题。尽管机器人生产企业提供的技术指标不完全相同，工业机器人的结构、用途和用户的需求也不相同，但其主要技术指标一般均为自由度、工作精度、工作范围、额定负载、最大工作速度等。

（1）自由度。自由度是衡量机器人动作灵活性的重要指标。自由度是整个机器人运动链能够产生的独立运动数，包括直线运动、回转运动、摆动运动，但不包括手部本身的运动（如刀具旋转等）。机器人的每个自由度原则上都需要有一个伺服轴驱动其运动，因此在产品样本和说明书中，通常以控制轴数来表示自由度。

机器人的自由度与作业要求有关，自由度越多，手部的动作就越灵活，机器人的通用性也就越好，但其机械结构和控制越复杂。因此，对作业要求基本不变的批量作业机器人来说，运行速度、可靠性是其最重要的技术指标，而自由度则可在满足作业要求的前提下适当减少；而对多品种、小批量作业的机器人来说，通用性、灵活性指标显得更加重要，这样的机器人需要有较多的自由度。

若要求手部能够在三维空间内自由运动，则机器人必须能完成在 X、Y、Z 三个方向上的直线运动和围绕 X 轴、Y 轴、Z 轴的回转运动，即需要其有 6 个自由度。换句话说，如果机器人能具备上述 6 个自由度，那么手部就可以在三维空间内任意改变姿态，实现对手部位置的完全控制。目前，焊接和涂装机器人大多都有 6 个或 7 个自由度，搬运、码垛和装配机器人大多都有 4～6 个自由度。

（2）工作精度。机器人的工作精度主要指定位精度和重复定位精度。定位精度指机器人末端参考点实际到达的位置与所需到达的理想位置之间的差距。重复定位精度指机器人重复到达某一目标位置的差异程度。重复定位精度也指在相同的位置指令下，机器人连续重复若干次，其位置的分散情况。它是衡量一系列误差值的密集程度，即重复度。

（3）工作范围。工作范围又称工作空间、工作行程作业空间，是衡量机器人作业能力的重要指标。工作范围越大，机器人的作业区域也就越大。产品样本和说明书中所提供的工作范围是指机器人在未安装手部时，其参考点（腕部基准点）所能到达的空间工作范围的大小。

它取决于机器人各个关节的运动极限范围，与机器人的结构有关。工作范围应除去机器人在运动过程中可能产生自身碰撞的干涉区域。此外，在实际使用机器人时，还需要考虑安装了手部之后可能产生的范围。因此，机器人实际工作时设置的安全范围应该比产品样本和说明书中给定的工作范围大。

需要指出的是，机器人在工作范围内还可能存在奇异点。奇异点是由机器人结构的约束导致关节失去某些特定方向的自由度的点。奇异点通常存在于工作范围的边缘，如果奇异点连成一片，则称之为空穴。当机器人运动到奇异点附近时，由于自由度逐步丧失，关节的姿态会急剧变化，这将导致驱动系统承受很大的负载而产生过载。因此，对存在奇异点的机器人来说，其工作范围还需要除去奇异点和空穴。

由于多关节机器人的工作范围是三维空间的不规则球体，部分产品也不标出坐标轴的正负行程。因此，产品样本和说明书中一般提供如图 1.4 所示的工作范围图。

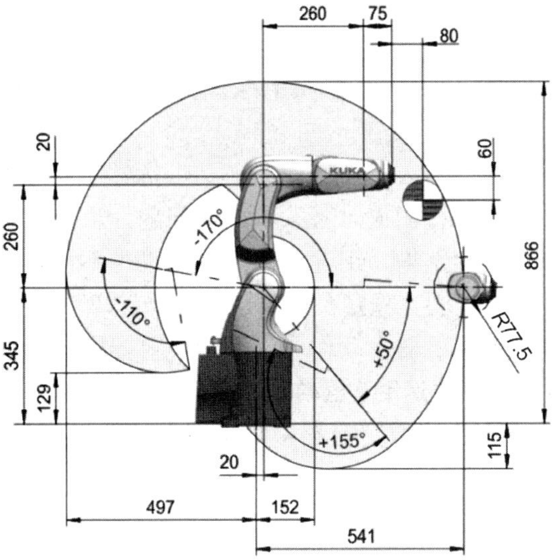

图 1.4 垂直串联多关节机器人工作范围图（单位：mm）

（4）额定负载。额定负载是指机器人在工作范围内所能承受的最大负载，其含义与机器人类别有关，一般以质量、力、转矩等技术参数表示。例如，对于搬运、装配、包装类机器人，额定负载指的是机器人能够抓取的物品质量；对于切削加工类机器人，额定负载指的是机器人加工时所能够承受的切削力；对于焊接、切割加工类机器人，额定负载指的是机器人所能安装的手部质量等。

机器人的实际承载能力与机械传动系统结构、驱动电动机功率、运动速度和加速度、手部的结构与形状等诸多因素有关。对于搬运、装配、包装类机器人，产品样本和说明书中所提供的承载能力一般是指不考虑手部的结构和形状，假设负载重心位于末端参考点（腕部基准点）时，机器人高速运动可抓取的物品质量。当负载重心位于其他位置时，需要以允许转矩（Allowable Torque）或图表形式来表示机器人的承载能力。

（5）最大工作速度。最大工作速度指在各轴联动的情况下，机器人腕部中心所能达到的最大线速度。最大工作速度越高，生产效率越高，对机器人最大加速度的要求也越高。

1.5　工业机器人的分类及应用

1.5.1　工业机器人的分类

关于工业机器人的分类，在国际上还没有统一的标准。工业机器人的分类方法和标准很多，下面主要介绍按机械结构、机构特性、程序输入方式进行的分类。

1．按机械结构进行分类

按机械结构进行分类，工业机器人分为串联机器人和并联机器人。

（1）串联机器人。串联机器人是一种开式运动链机器人，它是由一系列连杆通过转动关节或移动关节串联而成的。它利用驱动器来驱动各个关节的运动，从而带动连杆的相对运动，使机器人手部达到合适的位姿。串联机器人如图 1.5 所示。

（2）并联机器人。并联机器人采用了一种闭环机构，一般由上、下运动平台和两条或两条以上运动支链构成。其中，运动平台和运动支链之间构成一个或多个闭环机构，通过改变各个运动支链的运动状态，使整个机构具有多个可以操作的自由度。并联结构和前述的串联结构有本质的区别，并联机构是工业机器人结构发展史上的一次重大变革。并联机器人如图 1.6 所示。

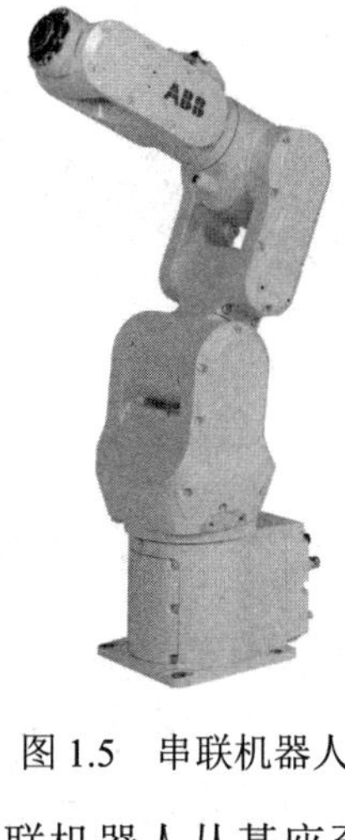

图 1.5　串联机器人

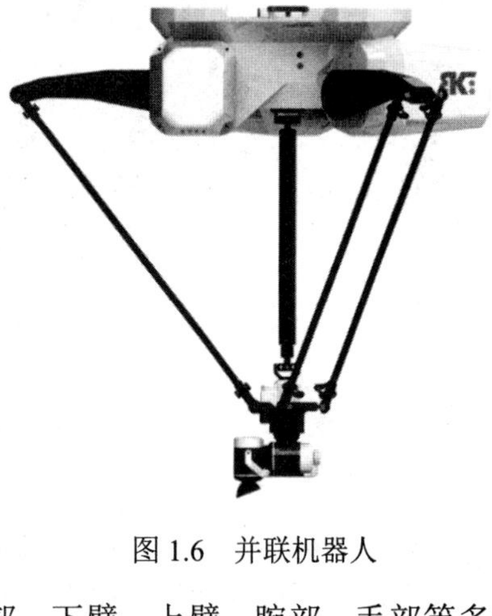

图 1.6　并联机器人

传统的串联机器人从基座至手部，需要经过腰部、下臂、上臂、腕部、手部等多级运动部件的串联。因此，当腰部回转时，安装在腰部上的下臂、上臂、腕部、手部等都必须进行相应的空间移动；而当下臂运动时，安装在下臂上的上臂、腕部、手部等也必须进行相应的空间移动。这种后置部件随同前置轴一起运动的方式无疑增加了前置轴运动部件的负载。

另外，手部在抓取物体时所受的反作用力也将从腕部、手部依次传递到上臂、下臂、腰部，最后到达基座，即手部的受力状况将逐步串联传递到基座。因此，机器人前端的构件在设计时不但要考虑负担后端构件的重力，而且要承受作业时的反作用力。为了保证机器人整体的刚度和工作精度，每个部位的构件都得有足够大的体积和质量。由此可见，串联机器人必然存在移动部件质量大、系统刚度小等固有缺陷。

并联机器人的腕部和基座采用的是 3 根并联连杆连接的方式，手部受力可由 3 根连杆均匀分摊，每根连杆只承受拉力或压力，不承受弯矩或转矩。因此，这种结构理论上具有刚度大、质量小、结构简单、制造方便等特点。

但是，并联机器人所需的安装空间较大，机器人在笛卡儿坐标系中的定位控制与位置检测等方面均有相当大的技术难度，因此，其定位精度相对较低。

2. 按机构特性进行分类

按机构特性进行分类，工业机器人分为直角坐标机器人、柱面坐标机器人、球面坐标机器人和多关节坐标机器人。

（1）直角坐标机器人。直角坐标机器人具有空间相互垂直的多个直线移动轴，通过直角坐标方向的 3 个独立自由度确定其手部的空间位置，其工作范围为一长方体。该类工业机器人的定位精度较高，空间轨迹规划与求解相对较容易，计算机控制也相对较简单。它的不足是空间尺寸较大，运动的灵活性相对较差，运动的速度相对较低。直角坐标机器人如图 1.7 所示。

（2）柱面坐标机器人。柱面坐标机器人主要由旋转基座、垂直移动轴和水平移动轴构成，具有一个回转和两个平移自由度，其工作范围呈圆柱体。该类工业机器人的空间尺寸较小，工作范围较大，手部可获得较高的运动速度。它的不足是手部距离 *Z* 轴越远，其切向线位移的分辨精度就越低。柱面坐标机器人如图 1.8 所示。

图 1.7　直角坐标机器人

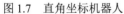

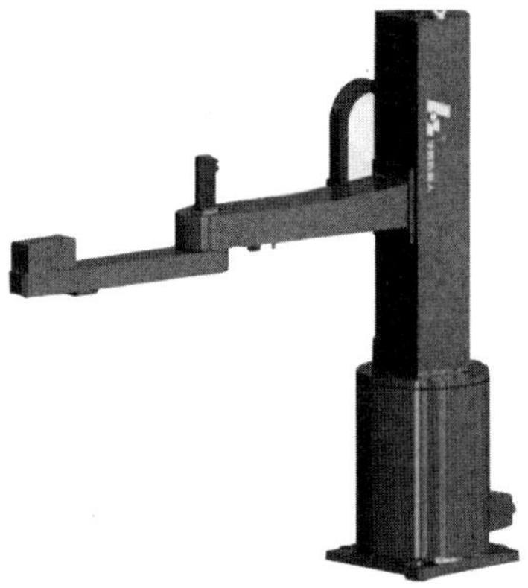

图 1.8　柱面坐标机器人

（3）球面坐标机器人。球面坐标机器人的空间位置分别由旋转、摆动和平移 3 个自由度确定，其工作范围形成球面的一部分。该类工业机器人的空间尺寸较小，工作范围较大。球面坐标机器人如图 1.9 所示。

（4）多关节坐标机器人。多关节坐标机器人的空间尺寸相对较小，工作范围相对较大，可以绕过基座周围的障碍物，是目前应用较多的一类工业机器人。这类工业机器人又可分为两种：垂直多关节机器人和水平多关节机器人。

垂直多关节机器人模拟人的臂部功能，由垂直于地面的腰部旋转轴、带动小臂旋转的肘部旋转轴、小臂前端的腕部等组成。腕部通常有 2～3 个自由度，其工作范围近似一个球体。垂直多关节机器人如图 1.10 所示。

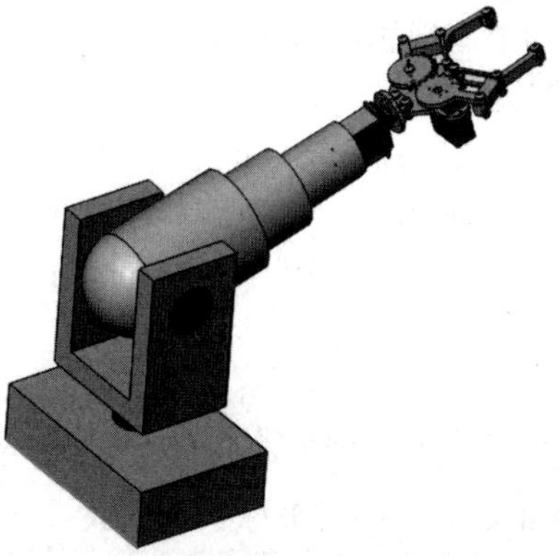

图 1.9　球面坐标机器人

图 1.10　垂直多关节机器人

水平多关节机器人具有串联配置的两个能够在水平面内旋转的臂部，自由度可依据用途选择 2～4 个，其工作范围为一圆柱体。水平多关节机器人如图 1.11 所示。

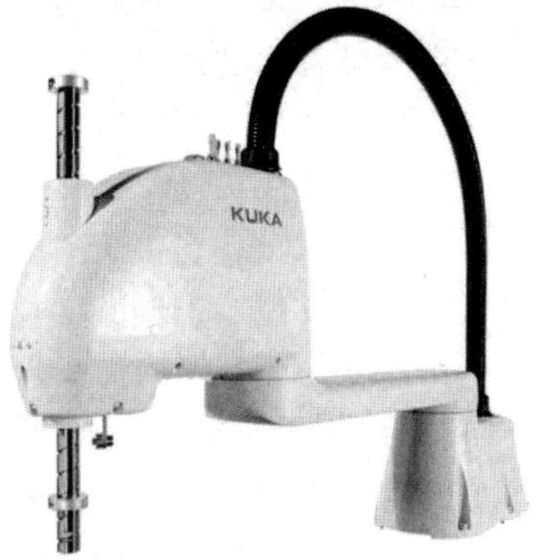

图 1.11　水平多关节机器人

3. 按程序输入方式进行分类

按程序输入方式进行分类，工业机器人可以分为编程输入型机器人和示教输入型机器人。

（1）编程输入型机器人。编程输入型机器人将计算机上已编好的作业程序文件通过串口或以太网等通信方式传送给机器人控制柜。

（2）示教输入型机器人。示教输入型机器人的示教方法有两种，一种是操作人员用手动控制器（示教操纵盒）将指令信号传给驱动系统，使执行机构按要求的动作顺序和运动轨迹操演一遍；另一种是操作人员直接驱动执行机构按要求的动作顺序和运动轨迹操演一遍。在示教过程中，工作程序的信息将自动存入程序存储器。当示教过程结束后，机器人在自动工作时，控制系统从程序存储器中提取保存的工作程序，将指令信号传给驱动系统，使执行机构再现示教的各种动作。

1.5.2　工业机器人的应用

工厂或企业在准备应用工业机器人时，应当考虑哪些因素呢？工业机器人在哪些领域具有优势？下面从这两方面进行介绍。

1. 应用工业机器人必须考虑的因素

工厂或企业在准备应用工业机器人时，应当考虑的因素包括任务估计、技术要求、技术依据、经济及人等。只有这样，才能论证使用机器人的合理性，选择适当的作业，选用合适的机器人。另外，还要考虑今后的发展等。下面逐一讨论这些问题。

（1）任务估计。如果缺乏对机器人的深入了解，就很难选择好机器人的作业任务。很多时候会出现人们在挑选出自认为很好的机器人后，很快就发现，挑选出来的机器人不能实现所需的循环速度或连接方式的情况。同样，由于缺少有关机器人适用技术和工作能力的全面知识，可能无法正确使用机器人。

要加深对机器人应用情况的了解，最好的方法是到工作现场观察机器人工作。另外，通过参观机器人展览会和机器人生产企业的设备，也能加深对有限作业任务的了解。

（2）技术依据、经济因素和人的因素是应用工业机器人时需要考虑的 3 方面。

① 技术依据。技术依据包括性能要求、布局要求、产品特性、设备更换和过程变更。

② 经济因素。经济方面所考虑的因素包括劳动力、材料、生产率、能源、设备和成本等。

③ 人的因素。在考虑人的因素时，涉及机器人的操作人员、管理人员、维护人员、经理和工程师等。

（3）使用机器人的经验准则。时任美国通用电气公司（GE）过程自动化和控制系统经理弗农•埃斯蒂斯于 1979 年提出 8 条使用机器人的经验准则，人们后来称之为弗农（Vernon）准则。这些准则是 GE 使用机器人实际经验的总结。弗农准则如下。

① 应当从恶劣工种开始执行机器人计划。

② 考虑在生产率落后的部门应用机器人。

③ 要估计长远需要。

④ 使用费用不与机器人成本成正比。

⑤ 力求简单实效。

⑥ 确保人员和设备安全。

⑦ 不要期望卖主提供全套承包服务。

⑧ 不要忘记机器人需要人。

（4）应用工业机器人的步骤。

① 全面考虑并明确自动化要求，包括提高劳动生产率、增加产量、减轻劳动强度、改善劳动条件、保障经济效益和社会就业等。

② 制订机器人化计划。在全面和可靠的调查研究基础上，制订长期的机器人化计划，包括确定自动化目标、培训技术人员、编绘作业类别一览表、编制机器人化顺序表和大致工程表等。

③ 探讨应用机器人的条件。根据预先准备好的调查研究项目表，进行深入、细致的调查，并进行详细的测定和图表资料收集工作。

④ 对辅助作业和机器人性能进行标准化。按照现有的和新研制的机器人规格进行标准化工作。此外，还要判断各类机器人具有的适用于特定用途的性能，进行机器人性能及其表示方法的标准化工作。

⑤ 设计机器人化作业系统方案。设计比较理想的、可行的或折中的机器人化作业系统方案，选定最符合使用目的的机器人及其配套，组成机器人化柔性综合作业系统。

⑥ 选择适宜的机器人系统评价标准与方法。建立和选用适宜的机器人系统评价标准与方法，既要考虑能够适应产品变化和生产计划变更的灵活性，又要兼顾目前的和长远的经济效益。

2. 工业机器人的应用领域

随着技术的进步，工业机器人的应用领域也在快速扩张，目前广泛应用于汽车、3C 电子、食品加工等领域。

（1）汽车领域。我国有 50%的工业机器人应用于汽车制造业，其中 50%以上为焊接机器人；在发达国家，汽车工业机器人占机器人总量的 53%以上。据统计，世界各大汽车制造商年产每万辆汽车所拥有的机器人数量为 10 台以上。随着机器人技术的不断发展和日益完善，工业机器人必将对汽车制造业的发展起到极大的促进作用。而我国正由制造业大国向制造业强国发展，需要提升加工手段，提高产品质量，增强企业竞争力，这一切都预示着工业机器人的发展前景巨大。图 1.12 所示为工业机器人应用于汽车制造业。

（2）3C 电子领域。工业机器人在电子类的 IC、贴片元器件生产领域的应用较普遍。而在手机生产领域，工业机器人适用于包括分拣装箱、撕膜系统、激光塑料焊接等工作。高速 4 轴码垛机器人等适用于触摸屏检测、擦洗、贴膜等一系列流程的自动化系统。

央广网的有关数据表明，产品通过机器人抛光的成品率可从 87%提高到 93%，因此，无论是机械手还是更高端的机器人，在投入使用后，都会使生产效率大幅提高。图 1.13 所示为工业机器人应用于 3C 电子领域。

图 1.12　工业机器人应用于汽车制造业

图 1.13　工业机器人应用于 3C 电子领域

（3）食品加工领域。机器人的应用范围越来越广泛，在很多传统工业领域，人们也在努力让机器人代替人类工作，在食品加工领域也是如此。目前，已经开发出的食品加工工业机器人有包装罐头机器人、自动包饺子机器人等。图 1.14 所示为工业机器人在食品加工领域的应用。

图 1.14　工业机器人在食品加工领域的应用

（4）橡胶和塑料工业。橡胶和塑料的生产、加工与机械制造紧密相关，且专业化程度高。橡胶和塑料制品被广泛应用于汽车、电子工业，以及消费品和食品工业，其原材料通过注塑机和工具被加工成用于精加工的半成品或成品；通过采用自动化解决方案，能够使生产工艺更高效、更经济和更可靠。图 1.15 所示为工业机器人在橡胶和塑料工业的应用。

图 1.15　工业机器人在橡胶和塑料工业的应用

（5）焊接行业。工业机器人在机器人产业中的应用最为广泛，而在工业机器人中，应用最为广泛的当属焊接机器人，它占据了工业机器人 45%以上的市场份额，在汽车制造业中被广泛应用。图 1.16 所示为工业机器人在焊接行业的应用。与人工焊接相比，机器人焊接具有明显的优势。人工施焊时，焊接人员经常会受到心理、生理条件变化，以及周围环境的干扰。在恶劣的焊接条件下，焊接人员容易疲劳，难以较长时间保持焊接工作的稳定性和一致性。而焊接机器人则工作状态稳定，不会疲劳。机器人一天可以 24 小时连续工作。另外，随着高速高效焊接技术的应用，使用机器人焊接，生产效率提高得更加明显。

而且采用机器人焊接后，焊接人员可以远离焊接产生的弧光、烟雾和飞溅等，使焊接人员从高强度和不安全的体力劳动中解脱。

（6）铸造行业。铸造人员经常在高污染、高温和外部环境恶劣的极端工作环境下作业。为此，制造出强劲的专门适用于极重载荷的铸造机器人就显得极为迫切。图 1.17 所示为铸造机器人的典型应用场景。

（7）玻璃行业。无论是生产空心玻璃、平面玻璃、管状玻璃，还是生产玻璃纤维，特别是生产对洁净度要求非常高的特殊用途玻璃，工业机器人是最好的选择，如图 1.18 所示。

图 1.16　工业机器人在焊接行业的应用

图 1.17　铸造机器人的典型应用场景

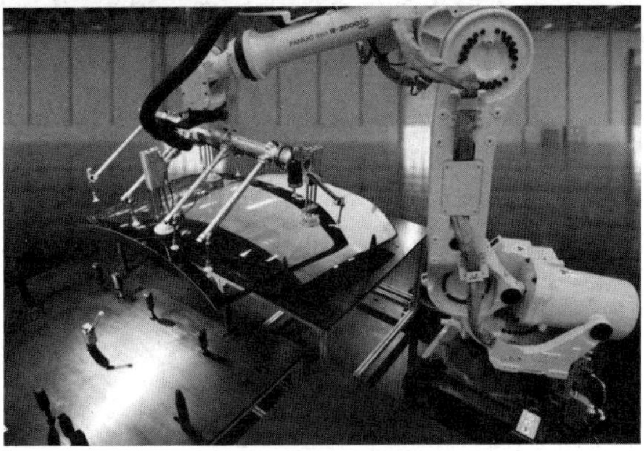

图 1.18　工业机器人在玻璃行业的应用

（8）喷涂行业。与人工喷涂相比，应用喷涂机器人唯一的劣势就是首次购买成本高，但这一劣势与其优势相比就不是问题了。从长远来看，应用喷涂机器人更经济。喷涂机器人既可以替代人工劳动力，又可以提升工作效率和产品品质。应用喷涂机器人可以降低废品率，同时提高机器的利用率，降低由人工误操作带来的残次部件风险等。图 1.19 所示为喷涂机器人的典型应用场景。

图 1.19　喷涂机器人的典型应用场景

与人工喷涂相比，应用喷涂机器人具有下列优势。

① 喷涂机器人的喷涂品质更高。喷涂机器人精确地按照轨迹进行喷涂，无偏移并完美地控制喷枪的启动；能够确保指定的喷涂厚度，将偏差控制在最小范围。

② 使用喷涂机器人能够节约喷漆和喷剂，还可以有效降低喷房泥灰含量，显著加长过滤器的工作时间，减少喷房结垢。

③ 使用喷涂机器人可以保持更佳的过程控制。喷涂机器人的喷涂控制软件使得用户可以控制几乎所有的喷涂参数，如静电电荷、雾化面积、风扇宽度和产品压力等。

④ 使用喷涂机器人喷涂具有更高的灵活性。使用喷涂机器人可以喷涂具有复杂几何结构

或不同大小和颜色的产品。另外，简单的编程系统允许自动操作小批量的工件生产。在初次投产以后，机器人喷涂生产线可以在任何时候进行更新。

⑤ 使用喷涂机器人喷涂可以增加产量和提高效率。使用喷涂机器人进行喷涂时的部件次品率降低，手工补漆明显减少，同时超喷减少而无须研磨和抛光等后续加工，也无须停止生产线就可以完成喷涂参数的修改；而且机器人具有高可靠性、平均无故障时间长、可每天连续工作等优势。

本章小结

本章讲述了工业机器人的基本概念。工业机器人系统是由机器人和作业对象及环境共同构成的，它由四大部分组成，包括驱动系统、机械系统、感知系统和控制系统。

工业机器人是集机械、电子、控制、计算机、传感器、人工智能等多学科先进技术于一体的现代制造业中重要的自动化装备，其基本特点主要有可编程、拟人化、通用性。工业机器人的发展可概括为 3 个阶段。

工业机器人的结构、用途和用户的需求不相同，但其主要技术指标一般均为自由度、工作精度、工作范围、额定负载和最大工作速度等。

本章最后讲述了工业机器人的分类及应用。工业机器人可以按照机械结构、机构特性、程序输入方式进行分类。工业机器人已被广泛应用于汽车、3C 电子、食品加工领域，以及橡胶和塑料工业、焊接行业、铸造行业、玻璃行业和喷涂行业等。

习题

1．工业机器人系统由哪四大部分组成？
2．工业机器人有哪些基本特点？
3．工业机器人一般有哪些主要技术指标？
4．工业机器人是如何进行分类的？

第 2 章　工业机器人的机械系统

工业机器人的机械系统是其行动与操作的核心，负责支撑并执行各项任务。所有计算、分析与编程工作均以此系统的运动与动作为目的。机械系统又称操作机或执行机构系统，是机器人的主要承载体，它由一系列连杆、关节等组成。机械系统通常包括机身、基座、臂部、腕部和手部（末端执行器），每一部分都可具有多个自由度。本章全面探讨工业机器人的整体架构，深入剖析其各个组成部分，以便读者对工业机器人的整体结构有更深入的了解。

2.1　工业机器人的手部

2.1.1　手部的特点

手部是机器人直接与物体接触的部分，用于执行抓取、搬运、操作物体等任务。手部可以是二手指或多手指的手爪，也可以是喷漆枪、焊具等作业工具。

工业机器人的手部具有以下特点。

（1）手部与腕部相连处可拆卸。这种设计使得手部可以根据夹持对象的不同进行更换，增加了机器人的灵活性和适应性。

（2）手部是机器人的手部。它可以像人手那样具有手指，也可以是没有手指的手；可以是类人的手爪，也可以是进行专业作业的工具，如装在机器人腕部的喷漆枪、焊具等，如图 2.1 所示。

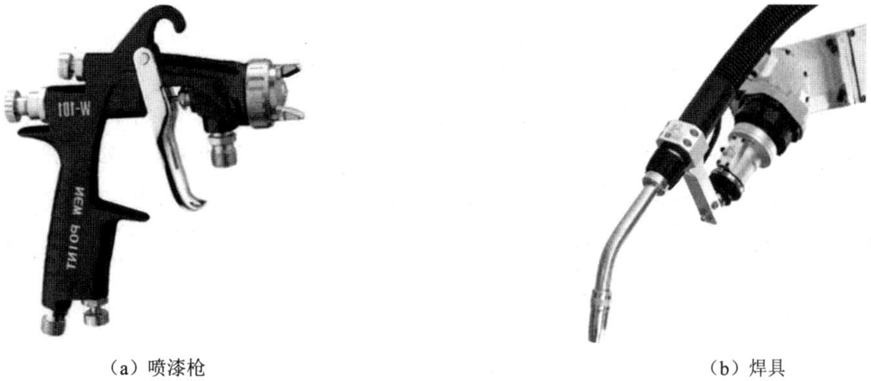

（a）喷漆枪　　（b）焊具

图 2.1　喷漆枪和焊具

（3）手部的通用性比较差。由于工业机器人的手部通常是专用装置，因此更换作业可能需要更换手部。一种手部往往只能抓握一种或几种在形状、尺寸、质量等方面相近似的工件，只能执行一种作业任务。

（4）手部是一个独立的部件。手部是工业机器人机械系统的三大件之一，其余两大件分别是机身和臂部。对整个工业机器人来说，手部是完成作业质量好坏、作业柔性好坏的关键部件之一。

（5）多关节设计。工业机器人的手部通常是由多个关节组成的，可实现多维度的灵活运动，具有较大的运动范围和自由度。

（6）高质量承载能力。手部需要具备较高的质量承载能力，以实现对工件的稳定抓取、搬运、安装等。

（7）高精度的运动控制能力。手部的运动精度对生产效率、生产质量等都有着重要的影响，因此，它需要具有高精度的运动控制能力。

（8）模块化设计。随着工业自动化的不断推进，手部的设计越来越趋向于模块化，以提高生产效率、降低维修成本、增加可靠性等。

（9）智能化技术支持。随着人工智能技术的快速发展，手部也在加速智能化，如视觉识别、语音识别、力传感器等技术的应用使得手部具有更强的感知能力和反应能力。

综上所述，工业机器人的手部具有高度的灵活性、适应性、智能化等特点，是机器人完成作业任务的关键部件之一。

2.1.2 手部的分类

手部要完成的作业任务繁多，根据其用途，手部可分为手爪和工具两大类。其中，手爪具有一定的通用性，主要功能是抓住工件、握持工件及松开工件。另外，按夹持原理可将手部分为机械式手部、磁力式手部和真空式手部。

1. 机械式手部结构

机械式手部也称机械手爪，是工业机器人中常见的一种手部类型。它主要通过机械原理进行夹持和抓取操作，适用于各种形状和尺寸的工件。机械式手部通常由手指、传动机构和驱动装置等组成。手指是手部的夹持部分，可以是2个、3个或多个，根据工件的形状和大小选择合适的手指数量和排列方式。传动机构负责将驱动装置的动力传递到手指，实现手指的开合运动。驱动装置的驱动方式可以是气动、液动、电动或电磁等，根据具体的应用场景选择适合的驱动方式。

机械式手部具有结构简单、成本低、维护方便等优点，因此在工业机器人领域得到广泛应用。它可以完成抓取、搬运、装配等多种作业任务，提高生产效率和自动化水平。同时，随着技术的不断发展，机械式手部也在不断改进和优化，以适应更加复杂和精细的作业需求。需要注意的是，机械式手部在夹持工件时可能会受到工件形状、表面质量等因素的影响，导致夹持不稳定或夹持力不够等问题。因此，在选择和使用机械式手部时，需要根据具体的作业需求和应用场景进行综合考虑，选择合适的手部类型和参数，并进行适当的调整和维护。下面介绍几种不同形式的机械式手部机构。

（1）齿轮齿条移动式手爪，如图2.2所示。

（2）重力式钳爪，如图2.3所示。

（3）平行连杆式钳爪，如图2.4所示。

（4）拨杆杠杆式钳爪，如图2.5所示。

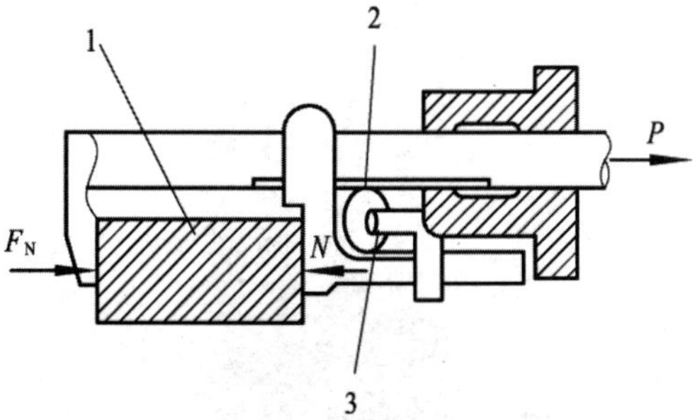

1—工件；2—齿条；3—齿轮。

图 2.2　齿轮齿条移动式手爪

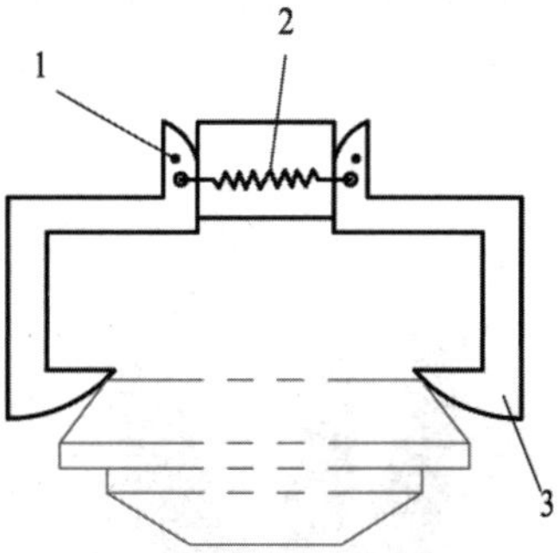

1—销；2—弹簧；3—钳爪。

图 2.3　重力式钳爪

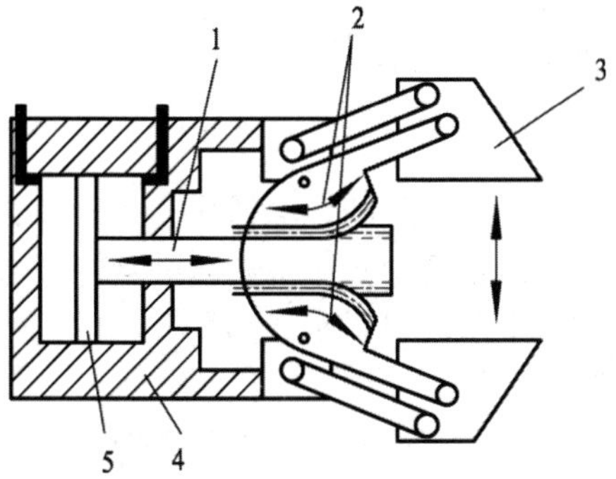

1—齿条；2—扇形齿轮；3—钳爪；4—气压（液压）缸；5—活塞。

图 2.4　平行连杆式钳爪

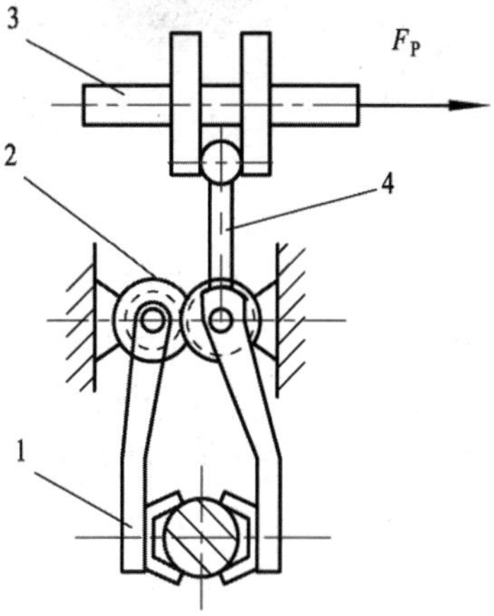

1—钳爪；2—齿轮；3—驱动杆；4—拨杆。

图 2.5　拨杆杠杆式钳爪

（5）自动调整式钳爪，如图 2.6 所示。自动调整式钳爪的调整范围为 0～10mm，适用于抓取多种规格的工件。

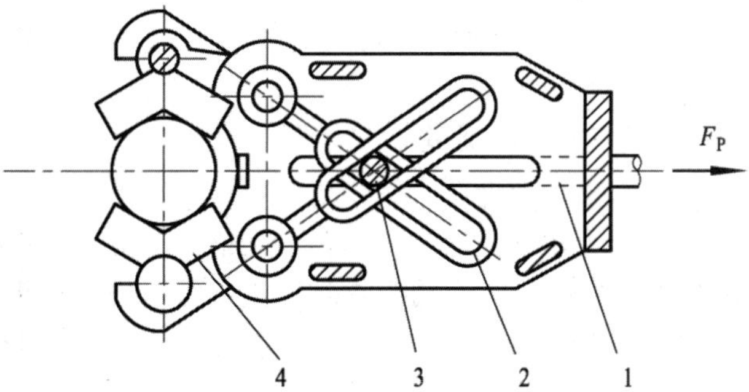

1—推杆；2—滑槽；3—轴销；4—V 形钳爪。

图 2.6　自动调整式钳爪

（6）多指灵巧手，如图 2.7 所示。多指灵巧手模拟了人类的多指结构，每个回转关节的自由度都是独立控制的。多指灵巧手几乎可以完成与人手一样复杂的动作，如拧螺钉、弹钢琴、做出各种礼仪手势等。通过在手部集成触觉、力觉、视觉和温度传感器，多指灵巧手的功能得到了进一步完善。多指灵巧手具有广阔的应用前景，能够在各种极端环境下完成人类难以进行的操作，如在核工业领域内，在宇宙空间，在高温、高压、高真空环境下作业等。

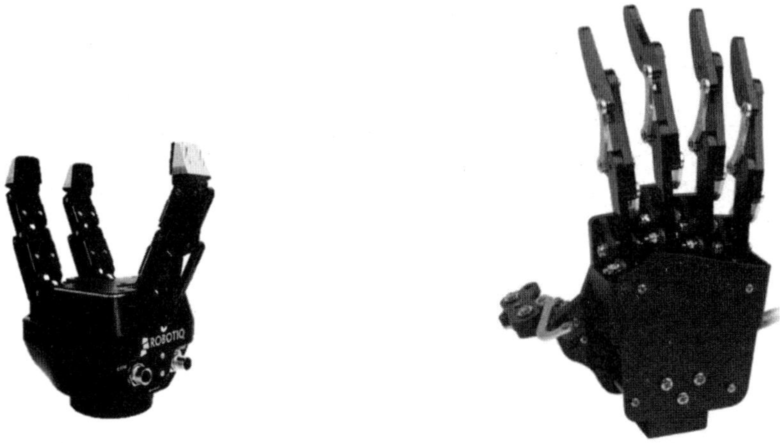

（a）三指　（b）四指

图 2.7　多指灵巧手

2. 磁力式手部结构

磁力式手部也称电磁式手部，是利用磁力原理进行夹持和抓取操作的工业机器人手部。它主要由电磁铁、导磁体和夹持机构等组成。电磁铁是磁力式手部的核心部件，通过通电产生磁场，吸引导磁体实现夹持操作。导磁体通常是由磁性材料制成的零件，用于传递电磁铁的磁力。夹持机构将电磁铁和导磁体连接在一起，实现工件的夹持和释放。

磁力式手部具有夹持力大、响应速度快、控制精度高等优点。由于它利用磁力进行夹持，因此不受工件形状和表面质量的影响，适用于各种形状和材质的工件。此外，磁力式手部还具有结构简单、维护方便、成本低等优点，因此在一些简单的抓取和搬运任务中得到了广泛应用。

磁力式手部在夹持工件时可能会受到磁场干扰的影响，导致夹持不稳定或误操作。同时，由于它利用磁力进行夹持，因此可能不适用于一些非磁性材料或特殊形状的工件。于是，在选择和使用磁力式手部时，需要根据具体的作业需求和应用场景进行综合考虑，并选择合适的电磁铁和导磁体类型与参数。

图 2.8（a）所示为电磁吸盘的工作原理。当线圈 1 通电后，在铁芯 2 内外产生磁场，磁力线经过铁芯、空气隙和衔铁 3 形成回路，衔铁受到电磁吸力的作用被牢牢吸住。在实际使用时，往往采用如图 2.8（b）所示的盘式电磁铁，其衔铁是固定的，在衔铁内用隔磁材料将磁力线切断，当衔铁接触由铁磁材料制成的工件时，工件将被磁化，形成磁回路并受到电磁吸力而被吸住。一旦断电，电磁吸力即消失，工件因此被松开。若采用永久磁铁作为吸盘，则必须强制性取下工件。

3. 真空式手部

真空式手部也称吸盘式手部，是一种利用真空吸力进行抓取和搬运操作的工业机器人手部。它主要由吸盘、吸盘架及进排气系统组成。吸盘是真空式手部的核心部件，通过产生真空或负压，利用压差将工件吸附在吸盘上。吸盘可以是平面的，也可以是曲面的，以适应不同形状的工件。吸盘架用于支撑和固定吸盘，同时与机器人的腕部相连，实现工件的抓取和搬运。进排气系统负责控制吸盘的真空度和排气，以实现吸盘的吸附和释放。

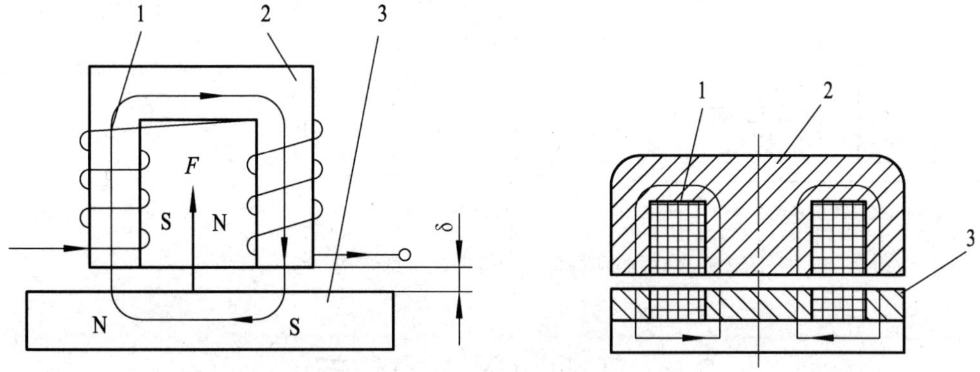

（a）电磁吸盘的工作原理　（b）盘式电磁铁

1—线圈；2—铁芯；3—衔铁。

图 2.8　电磁吸盘的工作原理和盘式电磁铁

真空式手部具有结构简单、质量轻、不易损伤工件、使用方便可靠等优点。由于它利用真空吸力进行抓取，因此适用于各种形状、尺寸和材质的工件，特别是对于一些表面不平整、易碎的工件，真空式手部能够更好地保护工件。此外，真空式手部还具有较强的自适应性，可以适应不同环境下的作业需求。然而，真空式手部在作业时要求工件表面必须平整、清洁，没有透气空隙，否则会影响吸盘的吸附效果。此外，由于它利用真空吸力进行抓取，因此可能会受到工件表面湿润度、油污等因素的影响，需要在实际应用中进行相应的处理和调整。

图 2.9 展示了常用的几种普通型真空式手部结构。图 2.9（a）展示的是普通型直进气真空式手部，它通过头部的螺纹直接与真空发生器的吸气口相连，使得吸盘与真空发生器形成一个紧凑的整体。图 2.9（b）展示的是普通型侧向进气真空式手部，其中的弹簧用于缓冲吸盘部件的运动惯性，从而减小对工件的撞击力。图 2.9（c）展示的是带支承楔的真空式手部，它具有稳定的结构、较小的变形量，并能在竖直吸吊物体时产生更大的摩擦力。图 2.9（d）展示的是一种采用金属骨架、由橡胶压制而成的碟形大直径吸盘手部，其吸盘作用面采用双重密封结构，大径面起到轻吮吸作用，而小径面则是吸牢的有效作用面。这种吸盘的轻吮吸作用面柔软，使得吸附动作轻柔而不伤工件，同时易于吸附。图 2.9（e）展示的是波纹形吸盘手部，它能够利用波纹的变形来补偿高度变化，因此常用于吸附高度变化的工件。图 2.9（f）展示的是球铰式吸盘手部，吸盘可以自由转动以适应工件吸附表面的倾斜，其转动范围可达 30°～50°，吸盘体上的抽吸孔通过贯穿球节的孔与安装在球节端部的吸盘相连通。

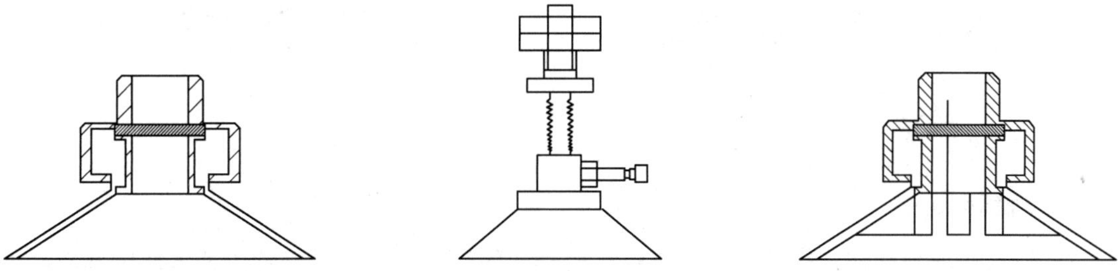

（a）普通型直进气真空式手部　（b）普通型侧向进气真空式手部　（c）带支承楔的真空式手部

图 2.9　常用的几种普通型真空式手部结构

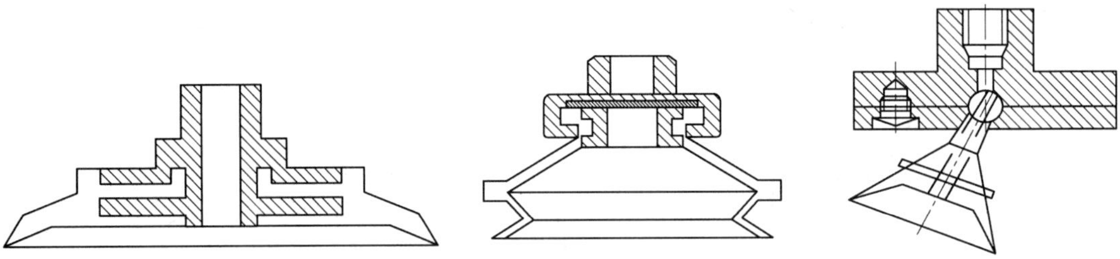

（d）碟形大直径真空式手部　　（e）波纹形真空式手部　　（f）球铰式真空式手部

图 2.9　常用的几种普通型真空式手部结构（续）

2.2　工业机器人的腕部

2.2.1　工业机器人腕部的运动

1．工业机器人腕部的运动方式

腕部是连接臂部与手部的关键部件，它不仅支撑手部，还负责调整手部的姿态。为了确保手部能够在空间内自由移动并指向任何方向，腕部必须能够在 3 个坐标轴 X、Y、Z 上进行转动，这包括偏转、俯仰和回转 3 个自由度。图 2.10 清晰地展示了腕部的运动方式和相关坐标系。腕部具有 3 种运动方式，分别是臂转、手转和腕摆。

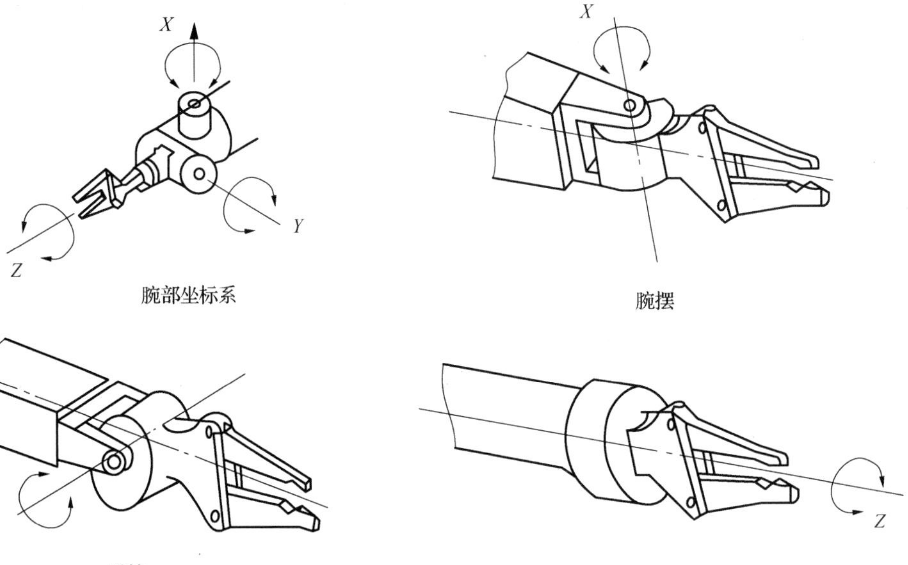

图 2.10　腕部的 3 种运动方式和相关坐标系

2．臂转

臂转也称腕部旋转，指的是腕部围绕小臂轴线的转动。不同的工业机器人对腕部转动的角度有不同的限制。一些工业机器人的腕部转动角度小于 360°，而另一些工业机器人的腕部则仅受控制电缆缠绕圈数的限制，使得腕部可以转动多圈。根据腕部转动的特点，腕部关节的转动可以进一步细分为滚转和弯转两种类型。滚转是指关节的两个组成部件自身的几何回转中心与相对运动的回转轴线重合，因此可以实现 360° 的转动。滚转是一种无障碍的关节运动，通常用字母 R 来表示，如图 2.11（a）所示。而弯转则是两个组成部件自身的几何回转中心与其相对转动轴线垂直的关节运动。由于结构上的限制，弯转的相对转动角度一般小于 360° 。如图 2.11（b）所示，弯转通常用字母 B 来标记。

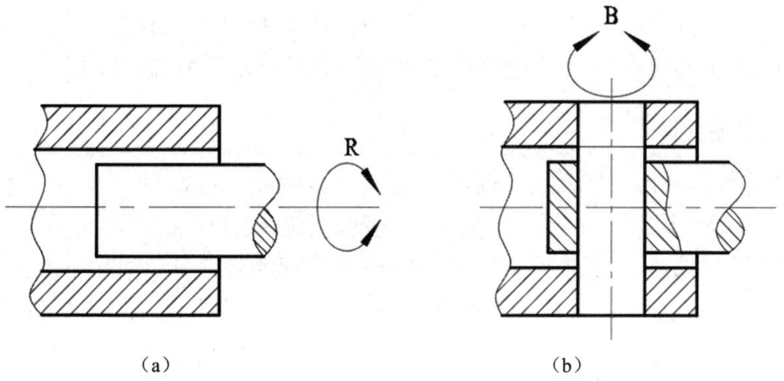

图 2.11　腕部关节的滚转和弯转

3．手转

手转指腕部的上下摆动，这种运动也称俯仰，又称腕部弯曲，如图 2.10 所示。

4．腕摆

腕摆指的是工业机器人腕部的水平摆动动作，也称腕部侧摆。当腕部进行旋转和俯仰两种运动时，这两种运动的组合可以被视为侧摆运动。在多数工业机器人中，侧摆运动通常是通过一个独立的关节来实现的。

腕部的结构经常是上述 3 种运动方式的组合，这些组合方式灵活多样。常见的腕部组合结构包括臂转-腕摆-手转结构、臂转-双腕摆-手转结构等，这些不同的组合方式在图 2.12 中得到了展示。可以看出，滚转能够使腕部进行旋转运动，而弯转则能让腕部实现弯曲动作。当滚转和弯转结合起来时，它们共同实现了腕部的侧摆运动。

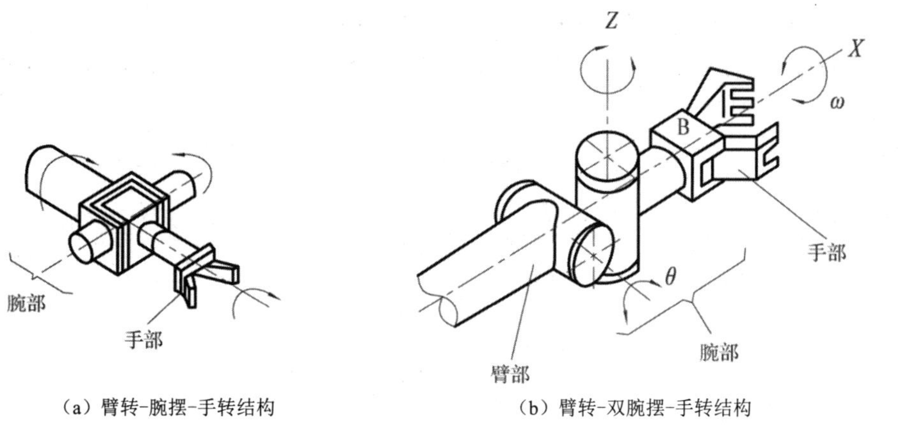

图 2.12　常见的腕部组合结构

2.2.2 工业机器人腕部的分类

根据自由度的数量，腕部可以划分为单自由度腕部、二自由度腕部和三自由度腕部。对于工业机器人腕部自由度的数量，应根据其工作性能需求进行精准选择。在某些应用场景中，腕部设计为具有 2 个自由度，即回转和俯仰或回转和偏转，以满足特定的操作要求。此外，某些专用机械手可能完全省略腕部设计，而某些其他腕部则为了满足特定的任务需求，还可能额外具备横向移动的自由度，从而提供更为灵活和精确的操作能力。

1. 单自由度腕部

（1）单一的臂转功能：腕部关节轴线与臂部的纵轴线共线，回转角度不受结构限制，可以回转 360°。该运动用滚转关节（R 关节）实现，如图 2.13（a）所示。

（2）单一的手转功能：腕部关节轴线与臂部及手部的轴线相互垂直，回转角度受结构限制，通常小于 360°。该运动用弯转关节（B 关节）实现，如图 2.13（b）所示。

（3）单一的腕摆功能：腕部关节轴线与臂部及手部的轴线在另一个方向上相互垂直，回转角度受结构限制：该运动用弯转关节（B 关节）实现，如图 2.13（c）所示。

（4）单一的平移功能。腕部关节轴线与臂部及手部的轴线在一个方向上成一个平面，不能旋转，只能平移。该运动用平移关节（T 关节）实现，如图 2.13（d）所示。

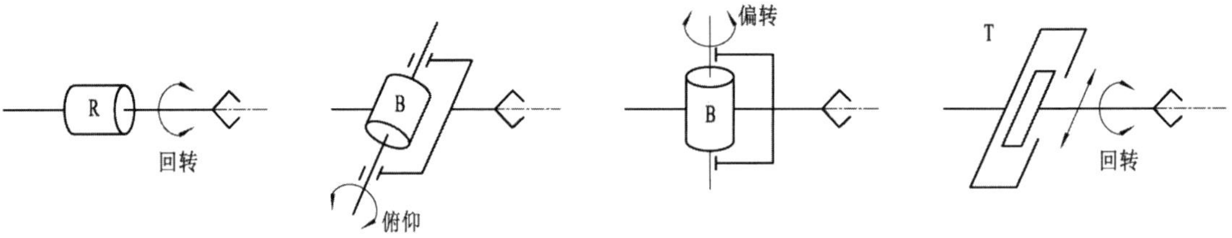

（a）R 关节　（b）B 关节　（c）B 关节　（d）T 关节

图 2.13　单自由度腕部

2. 二自由度腕部

工业机器人的腕部可以是由一个 R 关节和一个 B 关节组合而成的 BR（滚转-弯转）关节，也可以由两个 B 关节组合形成 BB 关节。然而，两个 R 关节不能用于构成二自由度腕部，因为两个 R 关节的运动方向是重复的，实际上只能实现单自由度的功能，这一点可以通过观察图 2.14 来进一步理解。

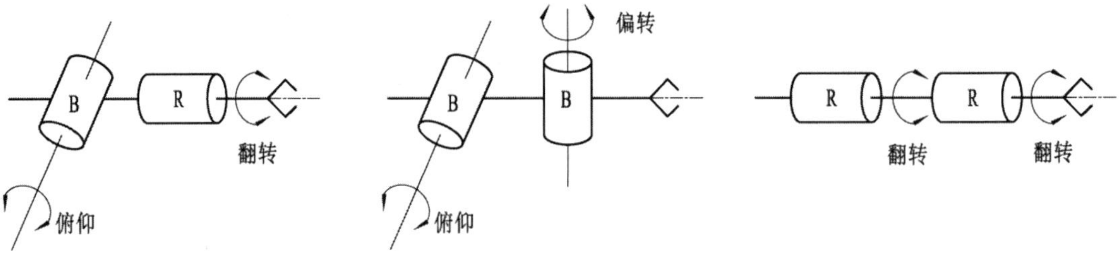

（a）BR 关节　（b）BB 关节　（c）RR 关节（属于单自由度）

图 2.14　二自由度腕部

3. 三自由度腕部

三自由度腕部由 R 关节和 B 关节组合而成，可以展现出多种构型，从而实现臂转、手转和腕摆等多种功能。事实上，这种三自由度设计足以让手部实现空间的任何姿态。图 2.15 以示意图的形式展示了 6 种不同的三自由度腕部。

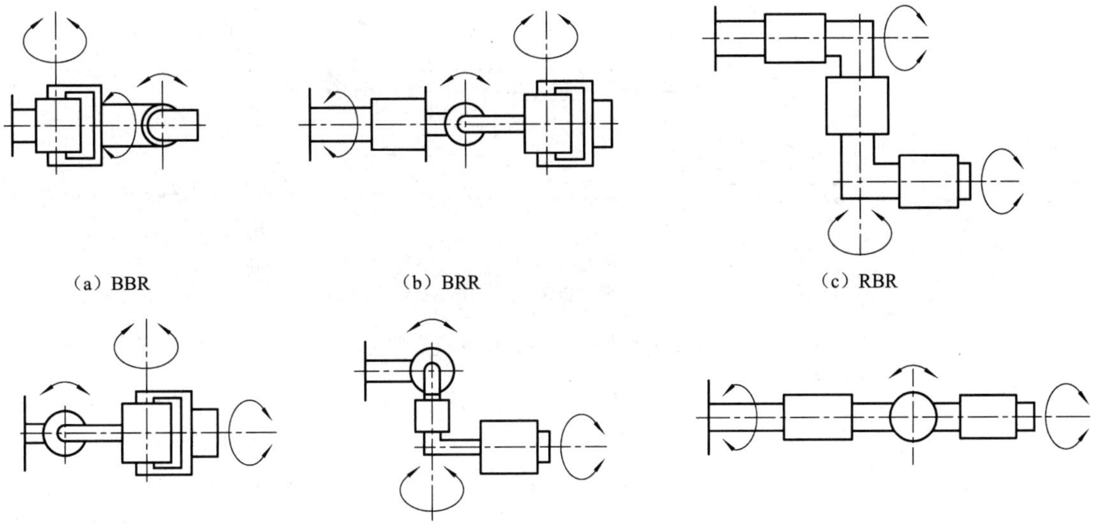

（a）BBR　（b）BRR　（c）RBR

（d）BRB　（e）RBB　（f）RRR

图 2.15　6 种不同的三自由度腕部示意图

2.2.3　工业机器人腕部的典型结构

1. RBR 腕部的典型结构

工业机器人的 RBR 腕部是一种典型的腕部结构，其中，R 代表旋转关节（Revolute Joint），B 代表摆动关节（Ball Joint）。RBR 腕部结构由 3 个关节组成，分别是第一个旋转关节、摆动关节和第二个旋转关节。在 RBR 腕部结构中，第一个旋转关节通常是一个旋转轴，可以使手部绕自身轴线进行旋转；摆动关节是一个球型关节，可以使手部在任意方向摆动，从而改变手部的姿态和方向；第二个旋转关节是另一个旋转轴，可以使手部进一步绕轴线进行旋转，从而实现更加复杂的运动。

图 2.16 展示了典型的腕部三轴驱动电动机后置传动原理。在这种设计中，三轴驱动电动机被巧妙地内置于小臂后段 1 中。*R* 轴驱动电动机 D4 通过中空型 RV 减速器 R4 直接驱动小臂前段 2 相对于小臂后段进行旋转，从而轻松实现 *R* 轴的旋转运动。*B* 轴驱动电动机 D5 利用两端带有齿轮的薄壁套筒 3 将运动精准地传递给 RV 减速器 R5。减速器 R5 的输出轴带动腕部进行流畅的摆动，从而精准实现 *B* 轴的旋转运动。*T* 轴驱动电动机 D6 通过细长轴 4 和一对锥齿轮，以及带传动装置和另一对锥齿轮将运动巧妙地传递给 RV 减速器 R6。最终，由减速器 R6 的输出轴直接驱动腕部法兰盘 6 进行转动，实现 *T* 轴的旋转运动。这种设计不仅确保了运动的精确传递，还提高了整体结构的紧凑性和稳定性。

2. RRR 腕部的典型结构

工业机器人 RRR 腕部的典型结构由 3 个连续的回转关节（Revolute Joint）组成，每个回转关节都允许其轴线相对于前一个关节进行旋转运动。这种结构的设计使得 RRR 腕部具有高度的灵活性和多样性，能够完成各种复杂的空间运动和操作。

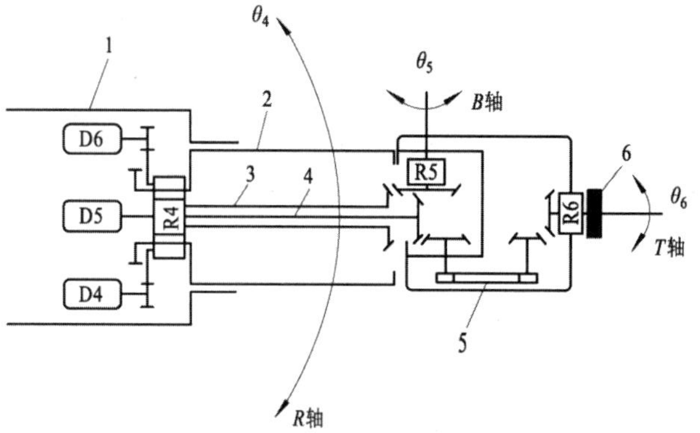

1—小臂后段；2—小臂前段；3—薄壁套筒；4—细长轴；5—同步带；6—法兰盘。

图 2.16　典型的腕部三轴驱动电动机后置传动原理

在 RRR 腕部结构中，每个回转关节都由一个电动机和减速器驱动，通过精确的控制算法可以实现关节之间的协同运动，从而实现复杂的三维空间轨迹。此外，RRR 腕部结构还可以实现多自由度运动，通过优化关节之间的角度和轴向距离可以实现精确的物体抓取、放置和装配等动作。然而，RRR 腕部结构也存在一些挑战。由于每个回转关节都需要独立的驱动和控制，因此结构相对复杂，且制造成本较高。此外，由于 3 个回转关节的回转轴线共线，因此可能导致在某些姿态下腕部的刚度不足，影响作业的稳定性和精度。

根据相邻关节轴线的夹角差异，RRR 腕部可分为正交型和偏交型两种，如图 2.17 所示。正交型腕部的相邻轴线夹角为 90°，呈现出典型的直角结构；而偏交型腕部则呈现出更加多变的夹角形式，以适应更广泛的作业场景。

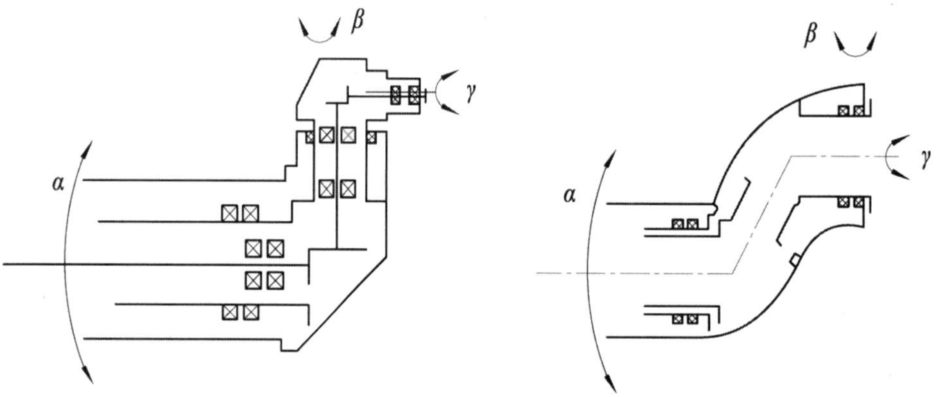

（a）正交型　　（b）偏交型

图 2.17　RRR 腕部的常用结构原理图

3. 液压（气压）驱动的腕部典型结构

工业机器人的液压或气压驱动的腕部典型结构通常包括驱动装置、传动机构、执行机构及控制系统等部分。

（1）驱动装置。驱动装置通常使用液压或气压马达作为动力源。液压马达具有较大的扭矩和较低的转速，适用于驱动需要较大力矩的腕部关节。气压马达具有结构简单、响应速度快、维护方便等优点，适用于一些对速度要求较高的场合。

（2）传动机构。传动机构负责将驱动装置的动力传递到执行机构，实现腕部的各种运动。常见的传动机构包括齿轮传动、链传动、带传动等。这些传动机构可以根据具体的需求进行选择和设计，以实现腕部的精确、平稳运动。

（3）执行机构。执行机构是腕部的直接运动部件，负责实现腕部的旋转、俯仰等动作。执行机构通常由连杆、关节轴承等部件组成，通过传动机构的驱动实现腕部的各种运动。

液压（气压）驱动的腕部结构具有驱动力大、响应速度快、控制精度高等优点，因此在工业机器人中得到了广泛应用。然而，这种结构也存在一些缺点，如液压系统的维护成本较高、气压系统的稳定性较差等。在选择和设计液压（气压）驱动的腕部结构时，需要综合考虑各种因素，以满足实际作业需求。图 2.18 展示了 Moog 公司设计的一款采用液压直接驱动的 BBR 腕部，其设计既紧凑又精巧。其中，M1、M2、M3 为液压马达，直接驱动腕部实现偏转、俯仰和回转 3 个自由度的轴。

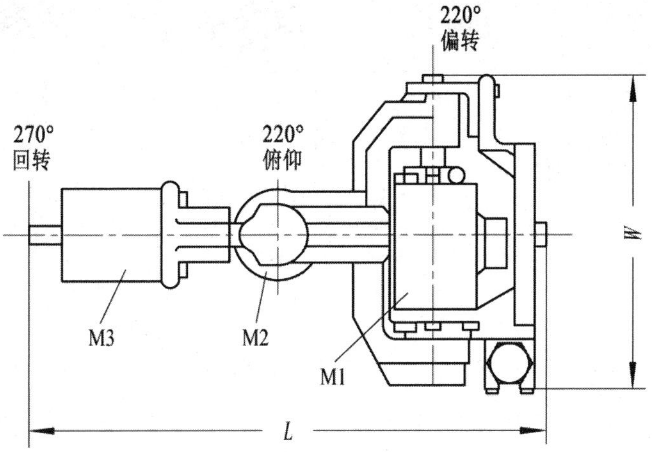

图 2.18　采用液压直接驱动的 BBR 腕部

4. 工业机器人的柔顺腕部

工业机器人的柔顺腕部是一种特殊设计的腕部结构，其主要特点是具有一定的柔顺性或弹性，以适应复杂和不确定的作业环境。柔顺腕部的设计通常旨在提高机器人在抓取、装配、搬运等作业中的柔顺性和适应性，使其能够更好地适应各种形状、尺寸和表面特性的工件。

柔顺腕部的设计原理主要基于柔顺机构或弹性机构，通过引入弹性元件或柔顺材料，腕部具有一定的柔度或变形能力。这种设计使得机器人在与工件接触时，能够产生一定的顺应性，以减小冲击、降低磨损，并更好地适应工件的形状和尺寸变化。柔顺腕部的结构形式多种多样，常见的包括弹簧加载的腕部、柔顺材料制成的腕部，以及通过机构设计实现的柔顺腕部等。其中，弹簧加载的腕部通过在关节处引入弹簧或弹性元件而具有一定的弯曲或扭转能力；柔顺材料制成的腕部采用柔性材料（如橡胶、塑料等）制作腕部结构，以实现柔顺性；柔顺腕部通过巧妙的机构设计而在特定方向或范围内具有一定的柔顺性。

柔顺装配技术主要分为两种：主动柔顺装配和被动柔顺装配。

（1）主动柔顺装配。主动柔顺装配通过检测和控制手段，结合多种路径搜索方法，实现在装配过程中的实时校正。例如，在手爪上安装视觉传感器和力传感器等检测元件，以获取精确的位置和力信息。然而，主动柔顺装配需要配备高性能的传感器，因此成本较高。

（2）被动柔顺装配。被动柔顺装配采用不带动力的机构来控制手爪的运动，以补偿位置误差。在需要被动柔顺装配的工业机器人中，通常会在腕部设置一个角度可调的柔顺环节，以满足装配需求。被动柔顺装配的腕部结构相对简单、价格较低，且装配速度较快。但需要注意的是，被动柔顺装配要求装配件具有一定的倾角，校正补偿量受到倾角的限制，且轴孔间隙不能过小。采用被动柔顺装配的工业机器人腕部通常被称为柔顺腕部，如图 2.19 所示。图 2.19（a）所示为一个具有水平和摆动浮动机构的柔顺腕部。水平浮动机构由平面、钢球和弹簧构成，实现在两个方向上的浮动；摆动浮动机构由上、下球面和弹簧构成，实现两个方向上的摆动。在装配作业中，如果遇到夹具定位不准或机器人手爪定位不准的情况，则可自行校正；其动作过程如图 2.19（b）所示。在插入装配中，当工件局部被卡住时，将会受到阻力，促使柔顺腕部起作用，使手爪有一个微小的修正量，工件便能顺利地插入。

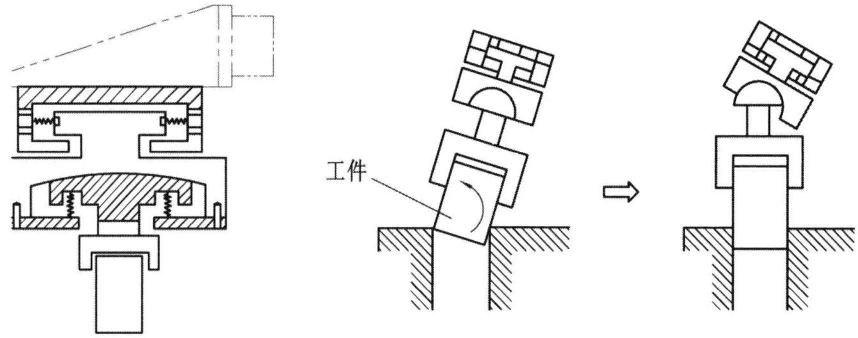

（a）　　　　（b）

图 2.19　工业机器人的柔顺腕部

2.3　工业机器人的臂部

工业机器人的臂部是机器人的主要执行部件之一，它提供支撑、连接、传动和导向等重要功能。臂部的设计和结构直接影响机器人的运动性能、工作范围、精度和稳定性等。臂部通常由多个刚性连杆组成，这些连杆通过关节连接在一起，形成一个多关节的串联机构。每个关节都有 1 个或多个自由度，可以实现旋转、俯仰、伸缩等运动。臂部的运动通过传动机构实现，常见的传动方式包括齿轮传动、链传动、带传动等。此外，臂部还配备了导向装置，以确保机器人在运动过程中的稳定性和精度。

1．臂部的运动

工业机器人臂部的运动是指机器人臂部在空间中的运动轨迹和姿态变化。臂部的运动是由多个关节的协同运动实现的，每个关节都有自己的运动范围和自由度。通过控制各个关节的运动，可以实现机器人在空间中的复杂运动。工业机器人臂部的运动可以分为线性运动和旋转运动两种。线性运动是指机器人在空间中沿直线或曲线进行移动，如前后、左右、上下等方向的移动。旋转运动是指机器人在空间中绕某个轴进行旋转，如腕部的旋转、臂部的俯仰和回转等。

在实际应用中，工业机器人臂部的运动需要根据具体的作业需求进行规划和控制。通常，机器人的运动轨迹和姿态变化需要通过编程或示教方式进行预定义与存储。在机器人执行作业时，控制系统会根据预定义的运动轨迹和姿态变化控制各个关节的运动，从而实现机器人的精确运动。

2. 臂部的配置和驱动

（1）工业机器人臂部的配置。机身和臂部的配置形式基本上反映了工业机器人的总体布局。由于应用场景、作业环境和场地条件各异，工业机器人衍生出了多样化的配置形式。目前，横梁式、立柱式、基座式和屈伸式是 4 种主流的配置形式。这些配置形式旨在适应不同的工作环境和操作需求，确保机器人能够以最佳状态执行作业任务。

① 横梁式臂部配置。机身设计成横梁式，横梁用于悬挂手部部件，通常分为单臂悬挂式和双臂悬挂式两种，如图 2.20 所示。

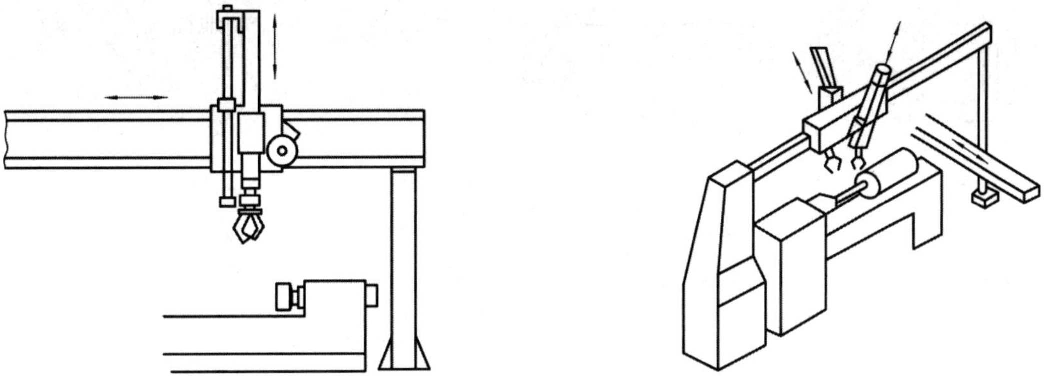

图 2.20　横梁式臂部配置

这类工业机器人的运动形式大多为移动式。它具有占地面积小、能有效利用空间、动作简单直观等优点。横梁可以是固定的，也可以是行走的，一般安装在厂房原有建筑的柱梁或有关设备上，也可从地面上架设。

② 立柱式臂部配置。立柱式工业机器人多采用回转型、俯仰型或屈伸型的运动形式，是一种常见的配置形式，常分为单臂式和双臂式两种，如图 2.21 所示。

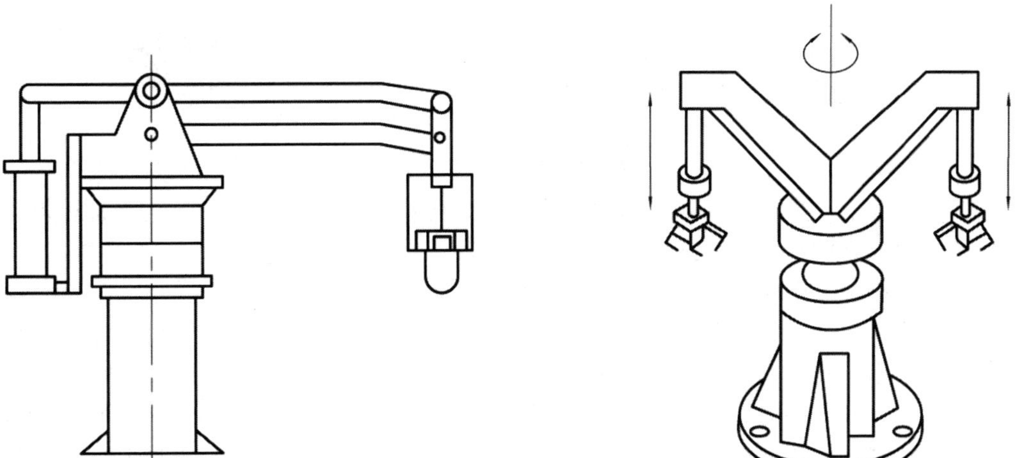

（a）单臂式　　（b）双臂式

图 2.21　立柱式臂部配置

这类工业机器人的臂部通常具备在水平面内旋转的能力，其特点在于占地面积小、工作范围广泛。立柱可以稳定地安装在空地上，也可以牢固地固定在床身上。

③ 基座式臂部配置。作为独立的、完整的系统装置，基座式臂部配置的工业机器人可以方便地安置和移动。此外，它还可以沿着地面上的专用轨道移动，从而进一步扩大其工作范围，如图 2.22 所示。

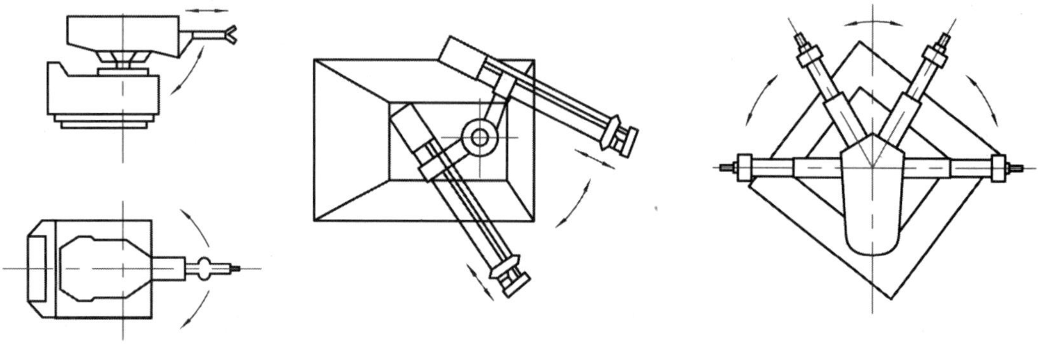

图 2.22 基座式臂部配置

④ 屈伸式臂部配置。工业机器人的臂部由大、小臂组成，大、小臂间有相对运动，称为屈伸臂。如图 2.23 所示，屈伸臂与机身协同工作，结合工业机器人的运动轨迹，既可以在平面内完成各种动作，又可以实现空间中的复杂运动。

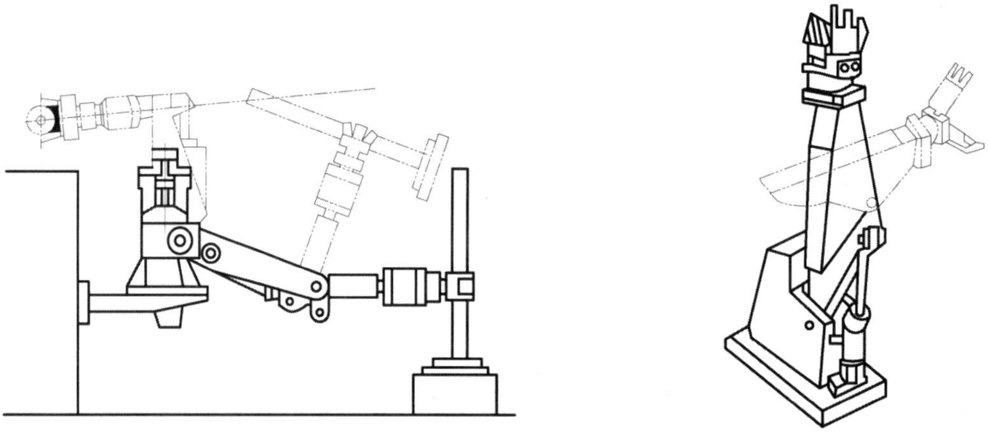

图 2.23 屈伸式臂部配置

（2）工业机器人臂部的驱动。工业机器人臂部的驱动是指为工业机器人的臂部提供动力，使其能够按照预定的轨迹和姿态进行运动。驱动系统通常由动力源、传动机构和控制系统等组成。动力源是驱动系统的核心部分，为机器人提供所需的动力。常见的动力源包括电机、气压缸和液压缸等。其中，电机是最常见的动力源，它具有启动速度快、调试范围宽、过载能力强的优势。电机可以分为直流伺服电机、交流伺服电机和步进电机等。传动机构的作用是将动力源提供的动力传递到臂部的各个关节，使其产生相应的运动。传动机构的设计需要考虑传动效率、精度和稳定性等因素。常见的传动机构包括齿轮传动、链传动和带传动等。控制系统负责控制动力源和传动机构的动作，以实现臂部的精确运动。控制系统通常包括传感器、控制器和执行器等部件。其中，传感器用于检测臂部的位置和姿态，控制器根据传感器的反馈信息进行计算和处理后发出控制信号给执行器，驱动臂部进行运动。

在驱动系统的设计过程中，还需要考虑动力源的选型、传动机构的匹配，以及控制系统的编程和调试等因素。此外，随着技术的不断发展，新型的驱动方式和技术也在不断涌现，如电磁驱动、液压伺服驱动、气压伺服驱动等。这些新型的驱动方式和技术具有更高的效率、精度和稳定性，为工业机器人的发展提供了更多可能性。

（3）关节型工业机器人臂部的典型结构。关节型工业机器人的臂部由大臂和小臂组成，大臂与机身相连的关节称为肩关节，大臂与小臂相连的关节称为肘关节。

① 肩关节电动机布置。鉴于肩关节需要承受大臂、小臂及手部的总质量和载荷，从而承受较大的力矩，同时要应对来自平衡装置的弯矩，因此，它必须具备较高的运动精度和较大的刚度。在多数设计中，会采用高刚度的 RV 减速器进行传动。根据电动机的旋转轴线与减速器的旋转轴线是否重合，肩关节电动机的布置方案可分为同轴式和偏置式两种。

图 2.24 展示了肩关节电动机的两种布置方案，其中，电动机和减速器都安装在机身上。图 2.24（a）展示了肩关节电动机 1 与减速器 2 的同轴连接，通过减速器 2 的输出轴驱动大臂 3 进行旋转运动，这种布置方案常见于小型工业机器人；而图 2.24（b）则展示了肩关节电动机 1 的轴与减速器 2 的轴的偏置连接，肩关节电动机 1 先通过一对外部啮合的齿轮 5 进行一级减速，然后将运动传递给减速器 2，再由减速器 2 的输出轴驱动大臂 3 进行旋转运动，这种布置方案多用于中、大型工业机器人。

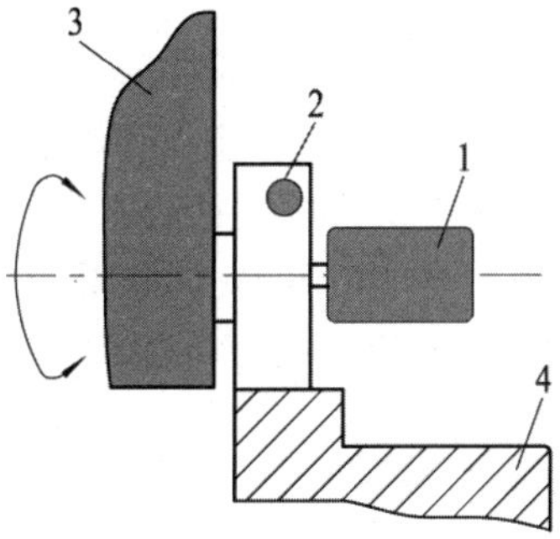

（a）同轴式

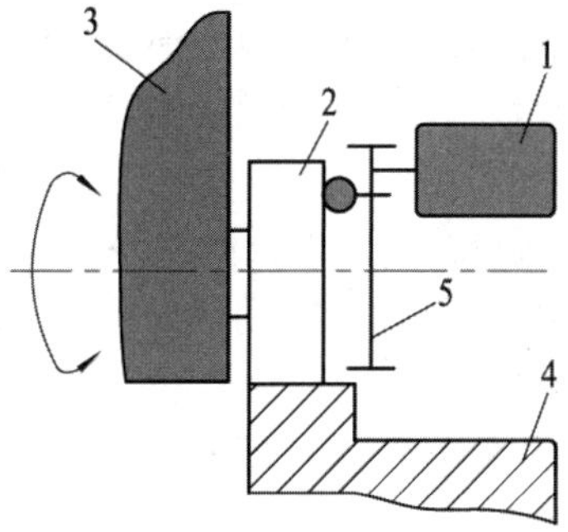

（b）偏置式

1—肩关节电动机；2—减速器；3—大臂；4—机身；5—齿轮。

图 2.24　肩关节电动机的布置方案

② 肘关节电动机布置。肘关节要承受小臂、手部的质量和载荷，受到很大的力矩作用。肘关节也应具有较高的运动精度和较大的刚度，多采用大刚度的 RV 减速器传动。按照电动机旋转轴线与减速器旋转轴线是否在一条直线上，肘关节电动机布置方案也可分为同轴式和偏置式两种。

图 2.25 所示为肘关节电动机的布置方案，电动机和减速器均安装在小臂上。图 2.25（a）中的肘关节电动机 1 与减速器 3 同轴相连，减速器 3 的输出轴固定在大臂 4 的上端，减速器 3 的外壳旋转带动小臂 2 做上下摆动，这种布置方案多用于小型工业机器人；图 2.25（b）中的肘关节电动机 1 与减速器 3 偏置相连，肘关节电动机 1 通过一对外啮合齿轮 5 做一级减速，把运动传递给减速器 3。由于大臂 4 上固定了减速器 3 的输出轴，因此减速器 3 的外壳会旋转，进而驱动安装在其上的小臂 2 相对于大臂 4 进行俯仰运动，这种布置方案在中、大型工业机器人中得到了广泛应用。

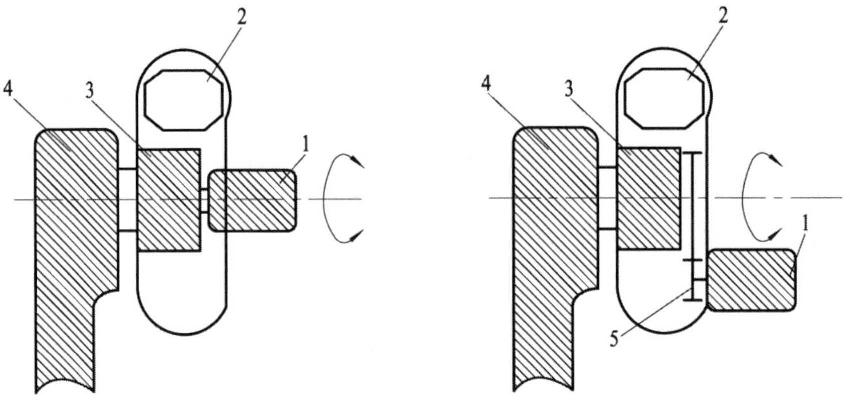

（a）同轴式　　（b）偏置式

1—肘关节电动机；2—小臂；3—减速器；4—大臂；5—齿轮。

图 2.25　肘关节电动机的布置方案

对于中、大型工业机器人，为了简化线路布置，肘关节通常选择使用中空型 RV 减速器。在这种配置中，电动机的轴齿轮与中空型 RV 减速器的输入端齿轮相互啮合，实现一级减速。中空型 RV 减速器的输出轴稳固地固定在大臂的上端。当中空型 RV 减速器的外壳旋转时，它会产生二级减速效果，从而带动安装在其上的小臂相对于大臂进行俯仰运动。这样的设计不仅优化了走线布局，还确保了机械运动的流畅性和精确性。

（4）液压（气压）驱动的臂部典型结构。

① 臂部直线运动机构。工业机器人在执行臂部的伸缩和横向移动时，均依赖直线运动机构。为实现臂部的往复直线运动，存在多种机构形式，其中常用的包括液（气）压缸、齿轮齿条机构、丝杠螺母机构及连杆机构等。由于液压（气压）缸具有体积小、质量轻的特点，它在工业机器人的臂部结构中得到了广泛的应用。为了精确控制臂部的伸缩距离和速度，并实现预定的增量运动，可以采用齿轮齿条传动式倍增机构。如图 2.26 所示，当使用气压传动的齿轮齿条式增倍机构时，活塞杆 3 向左移动，带动与之相连的齿轮 2 同步左移。齿轮 2 与固定齿条 4 保持紧密的啮合关系，在移动过程中，齿轮 2 会在固定齿条 4 上滚动，并将这种运动传递给运动齿条 1，从而促使运动齿条 1 再次向左移动一段距离。由于臂部与运动齿条 1 是固连的，因此臂部的实际行程和速度都是活塞杆 3 的 2 倍，从而实现了距离的倍增效果。这种设计不仅提高了臂部运动的精确性，还提高了机器人的工作效率和稳定性。

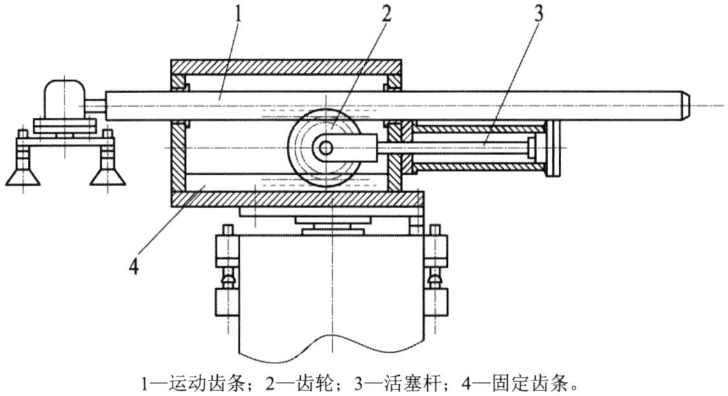

1—运动齿条；2—齿轮；3—活塞杆；4—固定齿条。

图 2.26　采用气压传动的齿轮齿条式增倍机构的臂部结构

② 臂部回转运动机构。工业机器人臂部回转运动可通过多种机构形式实现，常见的有叶片式回转缸、齿轮传动机构、链轮传动机构、活塞缸和连杆机构等。图 2.27 所示为利用齿轮齿条液压缸实现臂部回转运动的机构。液压油分别进入液压缸两腔，推动齿条活塞 2 往复移动，与齿条活塞啮合的齿轮 1 即做往复回转运动。由于齿轮 1 与臂部固定相连，因此臂部会随之进行回转运动。

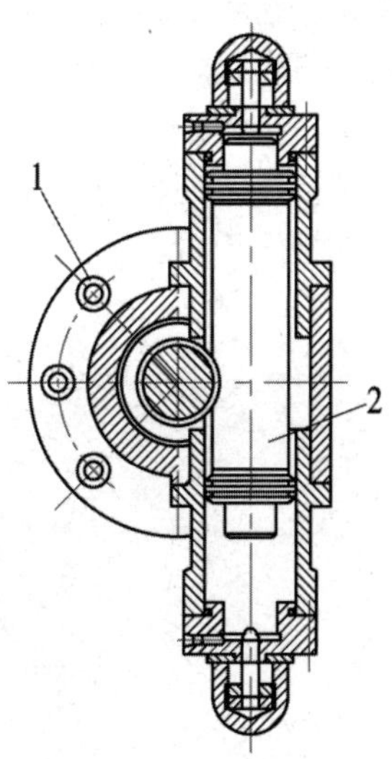

1—齿轮；2—齿条活塞。

图 2.27　利用齿轮齿条液压缸实现臂部回转运动的机构

图 2.28 所示为采用活塞油缸和连杆机构的一种双臂工业机器人臂部的结构。臂部的上、下摆动由铰接液压缸（活塞油缸）和连杆机构实现。当液压缸 3 的两腔通液压油时，连杆 2（活塞杆 2）带动曲柄 1（臂部 1）绕轴心 O 做 90°的上、下摆动。当臂部下摆到水平位置时，其水平和垂直方向的定位由支承架 4 上的定位螺钉 5 和 6 来调节。此臂部结构具有传动结构简单、紧凑和轻巧等特点。

③ MOTOMAN SV3 工业机器人的机身与臂部。MOTOMAN SV3 工业机器人的机身与臂部共有 3 个旋转自由度，即机身腰关节的旋转运动（S 轴）、大臂肩关节的摆动（L 轴）以及小臂肘关节的摆动（U 轴）。这些关节的旋转方向和结构如图 2.29 所示。机身的回转运动与大臂和小臂的平面摆动相结合，共同决定了该工业机器人的工作覆盖范围。

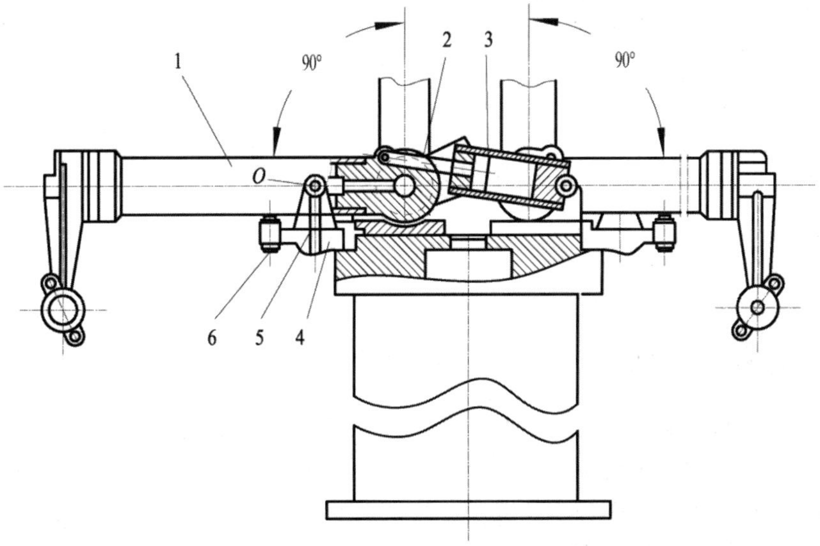

1—臂部；2—活塞杆；3—液压缸；4—支承架；5、6—定位螺钉。

图 2.28　采用活塞油缸和连杆机构的一种双臂工业机器人臂部的结构

腰关节的旋转轴 S 轴在垂直方向上，整个工业机器人的活动部分绕该轴回转。S 轴驱动电动机采用同轴式布置方案。如图 2.29 所示，在工业机器人的机身内部，安装了交流伺服电动机 2 和 RV 减速器 1。交流伺服电动机 2 与 RV 减速器 1 的输入轴直接相连，确保它们同轴旋转。RV 减速器 1 的输出轴固定，而其壳体 4 则负责输出旋转运动。当交流伺服电动机 2 启动时，由于 RV 减速器 1 的输出盘 5 与基座 6 紧密结合，使得 RV 减速器 1 的壳体 4 不得不进行旋转。这种旋转进一步带动机身 3 的旋转，从而实现了 *S* 轴的旋转运动。值得注意的是，RV 减速器 1 本身并没有配备支承轴承。因此，在机身旋转体与固定基座之间，采用了推力向心交叉短圆柱滚子轴承（也称支承轴承）7 来提供必要的支撑。为了确保 *S* 轴的旋转不会超过其设计范围，还特别设置了两个极限开关及死挡铁，这些设备共同协作，精确地限制了 *S* 轴旋转的极限位置。

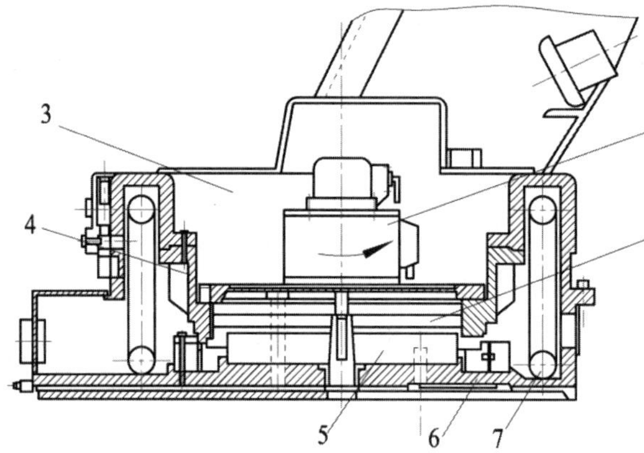

1—RV 减速器；2—交流伺服电动机；3—机身；4—壳体；5—输出盘；6—基座；7—支承轴承。

图 2.29 关节的旋转方向和结构

水平位置上的肩关节摆动轴 *L*，驱动大臂围绕其进行旋转。这一旋转动作由交流伺服电动机提供动力，并通过谐波齿轮减速器进行减速，从而使得大臂相对于腰部进行回转运动。另外，肘关节的摆动轴 *U* 同样位于水平位置，位于大臂的上方。*L* 轴的运动经过摆线针轮减速器的减速后传递给关节，驱动小臂围绕 *U* 轴旋转。

2.4 工业机器人的机身

机身是工业机器人的主体部分，承载着工业机器人的各种部件和装置，包括臂部、关节、手部等。机身的设计和结构对于机器人的运动性能、工作范围、精度和稳定性等具有重要影响。

1. 机身的典型结构

（1）关节型机身的典型结构。多关节坐标机器人的机身仅具备 1 个回转自由度，即机身的回转运动。这一运动要求机身支撑整个结构围绕基座旋转。在工业机器人的 6 个关节中，机身关节承受的力和力矩最为显著和复杂，它不仅要承受大量的轴向和径向力，还要承受倾覆力矩。按照驱动电动机旋转轴线与减速器旋转轴线是否在一条直线上，机身关节电动机有同轴式和偏置式两种布置方案，如图 2.30 所示。

机身驱动电动机多采用立式倒置安装。在图 2.30（a）中，驱动电动机 1 的输出轴与减速器 4 的输入轴通过联轴器 3 相连，减速器 4 的输出轴法兰与基座 6 相连并固定。这样，减速器 4 的外壳将旋转，带动安装在减速器 4 的外壳上的机身 5 绕基座 6 做旋转运动。在图 2.30（b）中，为了平衡重力，驱动电动机 1 与工业机器人的大臂 2 相对安装，驱动电动机 1 通过一对外啮合齿轮 7 实现一级减速，将运动传递给减速器 4。这种结构与图 2.30（a）的工作原理相同，确保了机器人在不同应用场景中的稳定性和高效性。

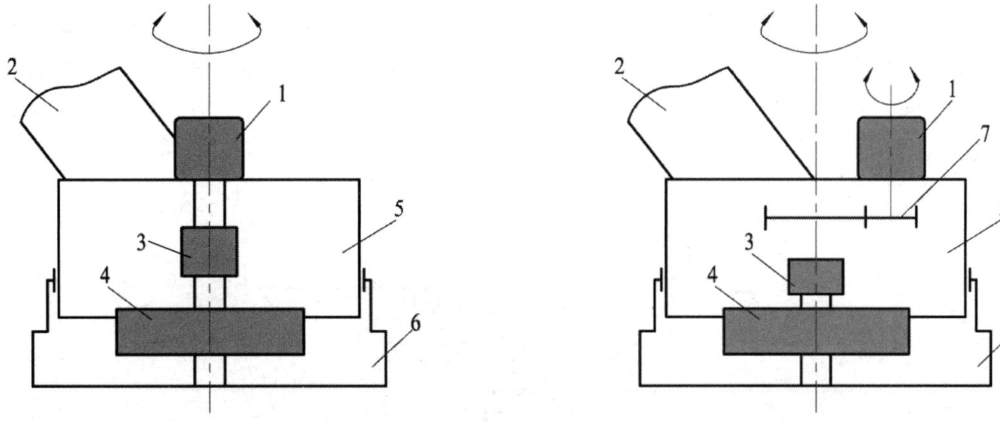

（a）同轴式　　（b）偏置式

1—驱动电动机；2—大臂；3—联轴器；4—减速器；5—机身；6—基座；7—齿轮。

图 2.30　机身关节电动机布置方案

图 2.30（a）所示的同轴式布置方案多用于小型工业机器人，图 2.30（b）所示的偏置式布置方案多用于中、大型工业机器人。机身关节普遍选择大刚度和高精度的 RV 减速器进行传动。这种 RV 减速器内部装有一对径向止推球轴承，能有效承受工业机器人的倾覆力矩，在没有基座轴承的情况下也能满足抗倾覆力矩的需求，从而可以省略基座轴承。工业机器人的机身回转精度完全依赖 RV 减速器的回转精度。

（3）液压（气压）驱动机身的典型结构。圆柱坐标型工业机器人的机身设计包含了回转与升降 2 个自由度，其中，升降运动常通过液压缸来实现。对于回转运动，可以采取以下几种驱动方案：①使用摆动液压缸作为驱动，同时将升降液压缸放置在回转液压缸的下方，由于摆动液压缸被设置在升降活塞杆的上方，因此要求升降液压缸的活塞杆尺寸相应增大；②采用摆动液压缸驱动，回转液压缸在下，升降液压缸在上，在这种布局下，回转液压缸所需的驱动力矩需要相应增大；③采用链条链轮传动机构，这种机构能够将链条的直线运动转化为链轮的回转运动，并且其回转角度可以超过 360°。

图 2.31（a）展示了采用单杆活塞气缸驱动链条链轮传动机构实现机身回转运动的原理图。此外，还存在使用双杆活塞气缸驱动链条链轮传动机构进行回转的方案，如图 2.31（b）所示。

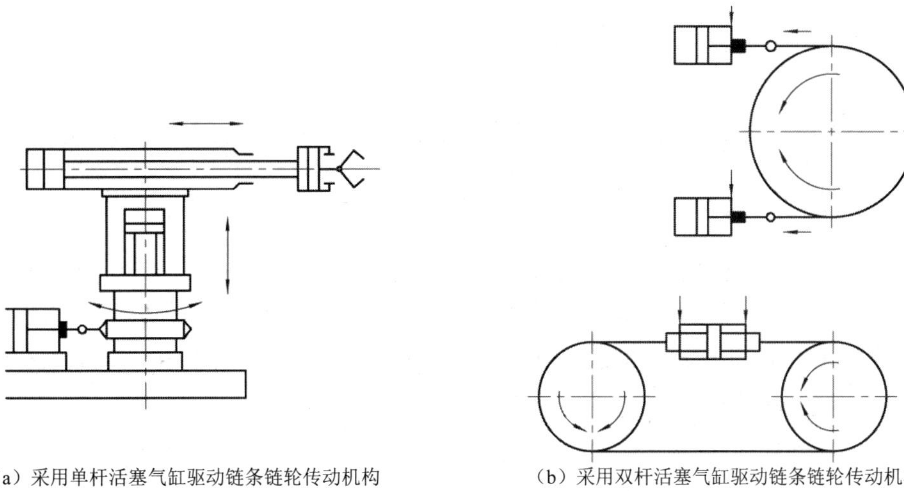

（a）采用单杆活塞气缸驱动链条链轮传动机构　　（b）采用双杆活塞气缸驱动链条链轮传动机构

图 2.31　采用链条链轮传动机构实现机身回转运动的原理图

球（极）坐标型工业机器人的机身设计包含回转与俯仰 2 个自由度。其中，回转运动的实现方式与圆柱坐标型工业机器人的机身是相似的。俯仰运动通常通过液压（气压）缸与连杆机构来实现。具体来说，用于臂部俯仰运动的液压缸被放置在臂部下方，其活塞杆与臂部通过铰链相连。而缸体则通过尾部耳环或中部销轴与机身相连，如图 2.32 所示。

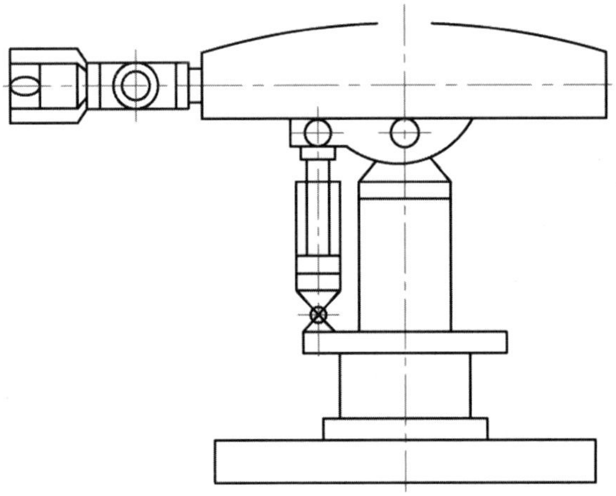

图 2.32 球（极）坐标型工业机器人的机身

2. 机身驱动力与力矩的计算

（1）在计算竖直升降运动的驱动力时，除需要考虑克服摩擦力之外，还需要考虑机身上方运动部件的质量，以及这些部件所支承的臂部、腕部、手部及工件的总质量。此外，升降运动中所有部件的惯性力也是不容忽视的因素，故其驱动力 F_q 可按下式计算：

$$F_q = F_m + F_g \pm G \tag{2.1}$$

式中，F_m 为各支承处的摩擦力（N）；F_g 为起动时的总惯性力（N）；G 为运动部件的总重力（N），上升时取正号，下降时取负号。

（2）在计算回转运动的驱动力矩时，仅考虑两项内容：一是回转部件的摩擦总力矩，二是机身上运动部件及其支承的臂部、腕部、手部及工件的总惯性力矩，故驱动力矩 M_q 可按下式计算：

$$M_q = M_m + M_g \tag{2.2}$$

式中，M_m 为摩擦总力矩（N·m）；M_g 为各回转运动部件的总惯性力矩（N·m），且有

$$M_g = J_0 \frac{\Delta\omega}{\Delta t} \tag{2.3}$$

式中，$\Delta\omega$ 为回转运动部件加速过程或制动过程中的角速度增量（rad/s）；Δt 为回转运动加速过程或制动过程经历的时间（s）；J_0 为全部回转部件对机身回转轴的转动惯量（$kg \cdot m^2$）。如果部件轮廓尺寸不大，其重心到回转轴的距离较远，则一般可将部件视为质点来计算它对机身回转轴的转动惯量。

（3）为了计算升降立柱在下降过程中不发生卡死（不自锁）的条件，需要考虑工业机器人的臂部在部件与工件总重力的作用下产生的偏重力矩。偏重力矩指的是臂部及其所承载的

全部部件与工件的总重力相对于机身回转轴所产生的静力矩，其计算公式为

$$M = GL \tag{2.4}$$

式中，G 为部件及工件的总重力（N）；L 为偏重力臂（m），其大小按照下式进行计算：

$$L = \frac{\sum G_i L_i}{\sum G_i} \tag{2.5}$$

式中，G_i 为部件及工件的重力（N）；L_i 为部件及工件的重心到机身回转轴的距离（m）。

通过对各部件的结构形状和材料密度进行大致估算，可以得出它们的质量。鉴于大部分部件设计为对称结构，其重心通常位于几何截面的中心。基于静力学原理，可以计算出臂部部件及工件结构的重心到机身立柱轴的距离，这被称为偏重力臂，如图 2.33 所示。

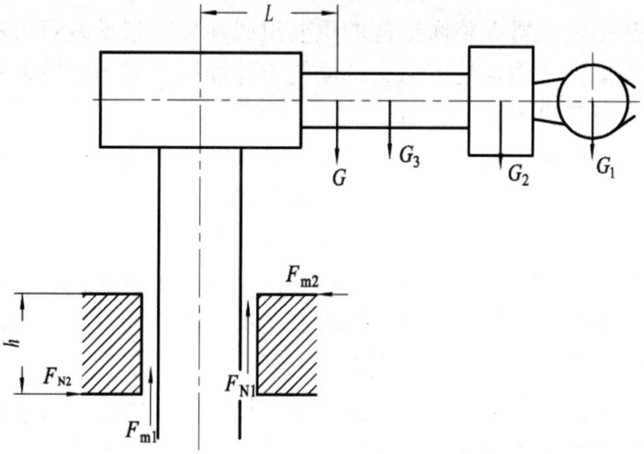

图 2.33　机器人臂部的偏重力臂

在臂部悬伸行程达到最大值时，其偏重力矩也会达到最大值。因此，在计算偏重力矩时，应假设悬伸行程和握重均为最大值。工业机器人臂部的立柱支承导向套设有阻止臂部倾斜的力矩。显然，偏重力矩对升降运动的灵活性有显著影响。若偏重力矩过大，则将导致臂部立柱支承导向套与立柱之间的摩擦力增大，可能出现卡死现象。此时，必须增大升降驱动力，但这可能导致驱动及传动装置的结构变得庞大。若依赖自重进行下降操作，则立柱可能会卡在臂部立柱支承导向套内，无法下降，这就是所谓的自锁现象。

因此，确定臂部立柱支承导向套的长度必须基于偏重力矩的大小。通过考虑升降立柱的平衡条件，可以得出以下结论：

$$F_{N1} h = GL \tag{2.6}$$

故

$$F_{N1} = F_{N2} = G\frac{L}{h} \tag{2.7}$$

为了确保升降立柱能够在臂部立柱支承导向套内顺畅下降，臂部总重力（G）必须大于臂部立柱支承导向套与立柱之间摩擦力（F_{m1} 和 F_{m2}）的总和。基于这一要求，立柱依靠自重下降而不会产生卡死现象的条件为

$$G > F_{m1} + F_{m2} = 2F_{N1}f = 2\frac{L}{h}Gf \tag{2.8}$$

即

$$h > 2fL \tag{2.9}$$

式中，h 为臂部立柱支承导向套的长度（m）；f 为臂部立柱支承导向套与立柱之间的摩擦因数，f 为 0.015～0.1，一般取较大值。

若立柱的升降完全依赖驱动力，则不会出现立柱卡死（自锁）的情况。

2.5 工业机器人的基座

工业机器人的基座是机器人整体结构的重要组成部分，它承载着机器人的主体部分，为机器人的运动和工作提供了稳定的支撑。基座的设计和选择对于机器人的性能、稳定性和精度具有重要的影响。基座的主要功能如下。

（1）支撑和稳定。基座作为机器人的基础，必须能够承受机器人的整体质量，以及在工作过程中产生的各种力和力矩。它需要具有足够的刚性和稳定性，以确保机器人在各种工作条件下都能保持平稳的运行。

（2）定位和固定。基座通过与地面的连接和固定确定了机器人在工作环境中的位置与方向。它需要能够精确地定位机器人，确保机器人在执行作业时的准确性和精度。

（3）连接和传输。基座通常还负责连接和传输机器人的电源、信号、控制指令等。它需要提供稳定的电气连接和信号传输功能，确保机器人与外部环境之间的正常通信和控制。

基座可以分为固定式和移动式两种类型。固定式基座工业机器人直接将基座安装在机器人的底座之上，如图 2.34 所示。而移动式基座则可拓宽机器人的工作领域，其可安装于小车或导轨之上。图 2.35 展示的是配备小车行走机构的工业机器人，也称小车行走机器人。图 2.36 展示的是采用过顶安装方式，并配备导轨行走机构的工业机器人，也称导轨行走机器人。

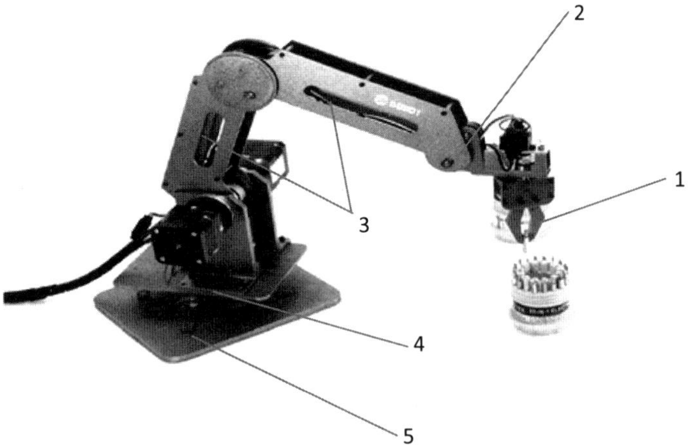

1—手部；2—腕部；3—臂部；4—机身；5—基座。

图 2.34 固定式基座工业机器人

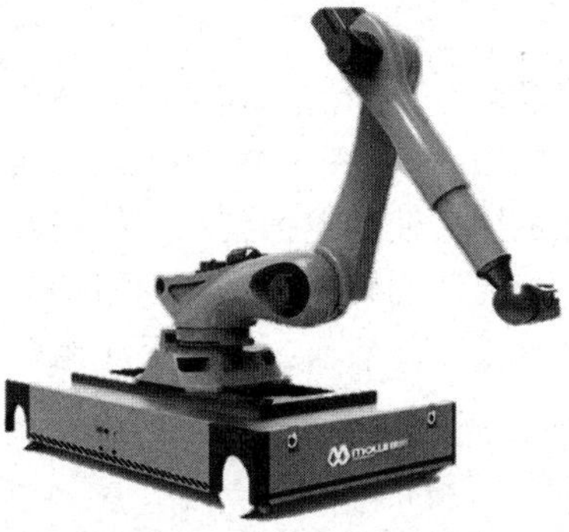

图 2.35　小车行走机器人

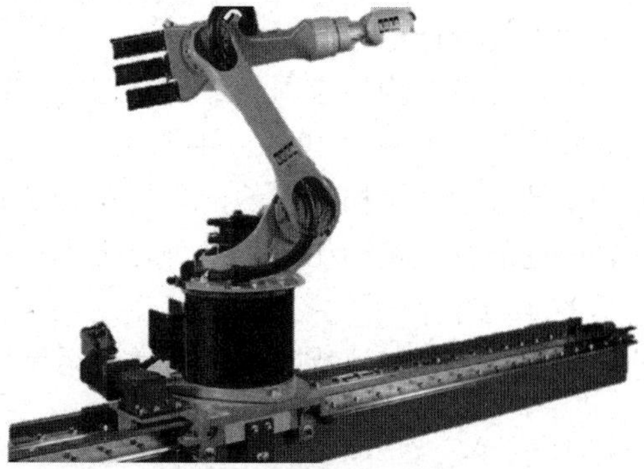

图 2.36　导轨行走机器人

2.6　工业机器人的行走机构

工业机器人的行走机构是机器人能够自主移动的关键部分，它负责实现机器人在工作空间内的位置调整和运动。根据不同的应用场景和设计需求，工业机器人的行走机构有多种形式。

1. 轮式行走机构

工业机器人的轮式行走机构是一种常见的移动方式，它使机器人能够在平坦、硬质的地面上高效、稳定地移动。轮式行走机构的设计通常涉及轮子的大小、数量、布局及驱动方式等因素。轮式行走机构的设计灵活多变，可根据车轮数量分为一轮、二轮、三轮、四轮及多轮配置。在实现轮式行走时，确保机器人的稳定性至关重要。因此，在实际应用中，三轮和四轮配置的轮式行走机构较为常见，因为它们通过合理的车轮布局和驱动方式，能够有效解决稳定性问题，使机器人在各种平坦地面上都能稳定运行。

（1）三轮行走机构。

三轮行走机构具有一定的稳定性，代表性的车轮配置方式是一个前轮、两个后轮，如图 2.37 所示。图 2.37（a）展示的是两个后轮独立驱动，前轮仅作为支撑，转向功能完全依赖后轮；图 2.37（b）展示的是前轮负责驱动和转向；图 2.37（c）展示的是后轮通过差动（减速器减速）进行驱动，而前轮则负责转向。

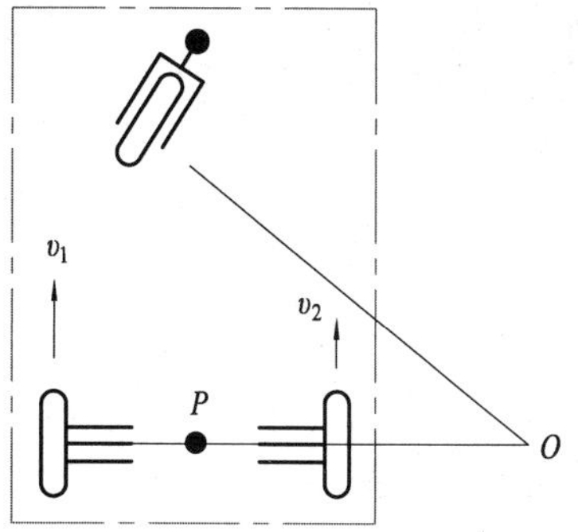

（a）两个后轮独立驱动

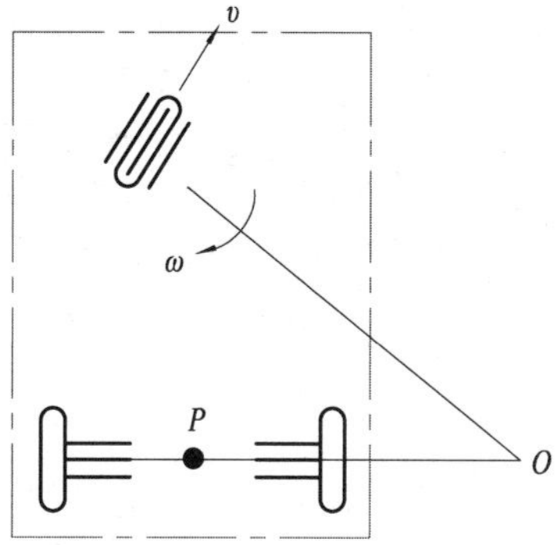

（b）前轮驱动和转向

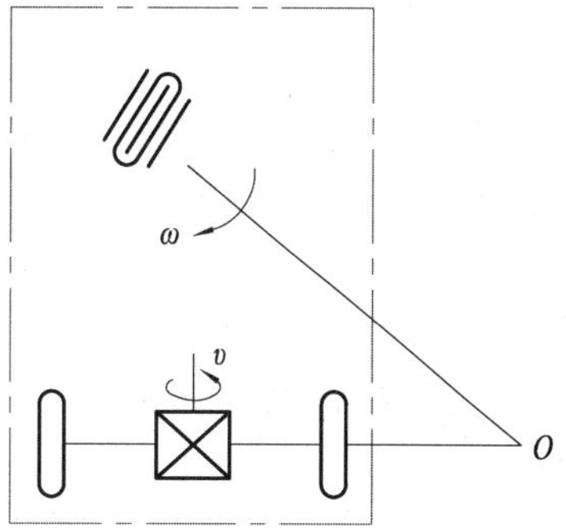

（c）后轮差动、前轮转向

图 2.37　三轮行走机构

（2）四轮行走机构。

四轮行走机构的应用是最为普遍的。这种机构可以通过不同的方式实现驱动和转向，如图 2.38 所示。在图 2.38（a）中，后轮采用分散驱动方式；而在图 2.38（b）中，四轮同步转向则是通过连杆机构实现的，当前轮转动时，四连杆机构会使后轮得到相应的偏转。与仅有前轮转向的行走机构相比，这种行走机构可以实现更为灵活的转向和更大的回转半径。由于它具备 4 组轮子的轮系，因此其运动稳定性得到了显著提高。然而，要确保 4 组轮子同时与地面接触，必须使用特殊的轮系悬架系统。

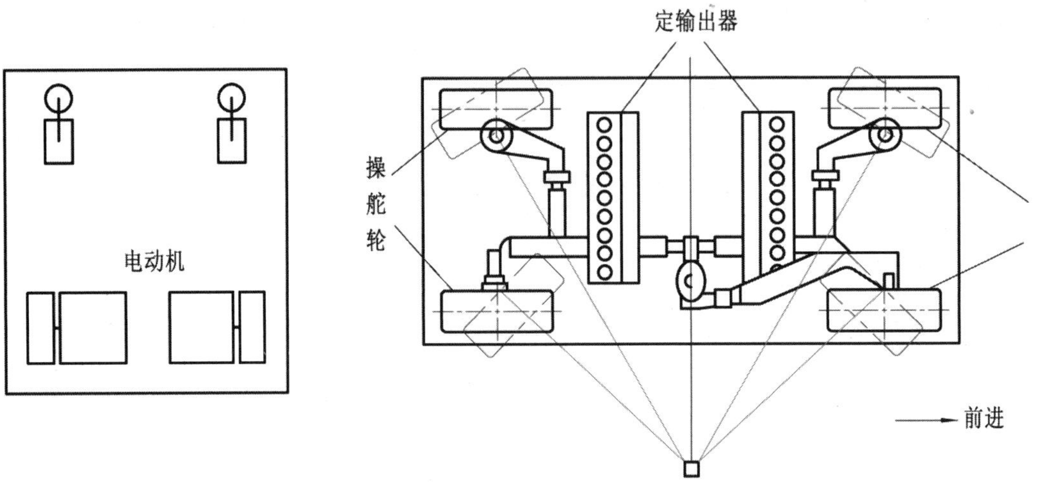

（a）后轮分散驱动　　（b）四轮同步转向机构

图 2.38　四轮行走机构

（3）越障轮式行走机构。

工业机器人的越障轮式行走机构是一种特殊的轮式机构，旨在使机器人能够在遇到障碍物时进行有效的越障操作。这种行走机构结合了轮式行走机构的移动效率和越障能力，使得机器人可以在复杂的环境中执行任务。越障轮式行走机构通常是多轮式设计，如图 2.39 所示。

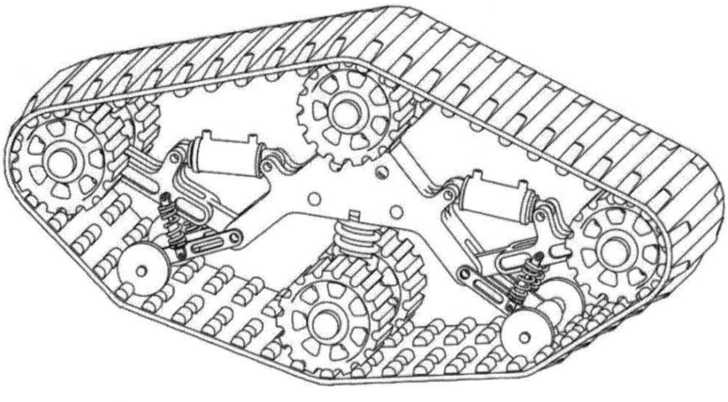

图 2.39　越障轮式行走机构

2. 履带式行走机构

工业机器人的履带式行走机构适用于松软、不平坦或复杂地形。它通过模仿坦克的履带设计，为机器人提供了更好的地面适应性和稳定性。图 2.40 展示了一个配备双重履带式可转向行走机构的机器人。

图 2.40　配备双重履带式可转向行走机构的机器人

（1）履带式行走机构的组成。履带式行走机构由履带、驱动轮、支承轮和张紧轮等组成，如图 2.41 所示。

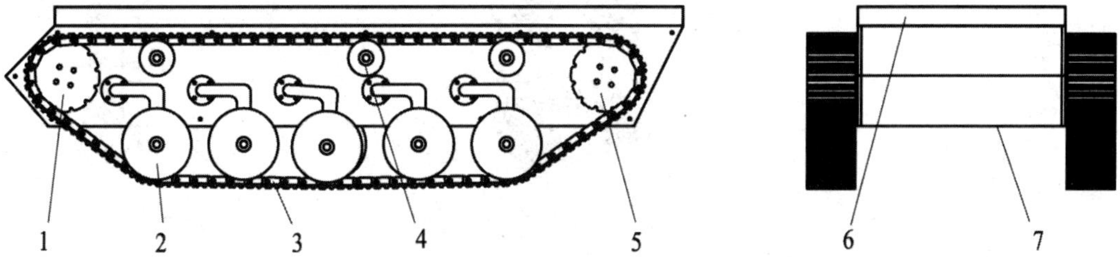

1—张紧轮（导向轮）；2—支承轮；3—履带；4—托轮；5—驱动轮；6—基座安装台面；7—机架。

图 2.41　履带式行走机构的组成

（2）履带式行走机构的形状。履带式行走机构的形状有很多种，主要有一字形、倒梯形等，如图 2.42 所示。

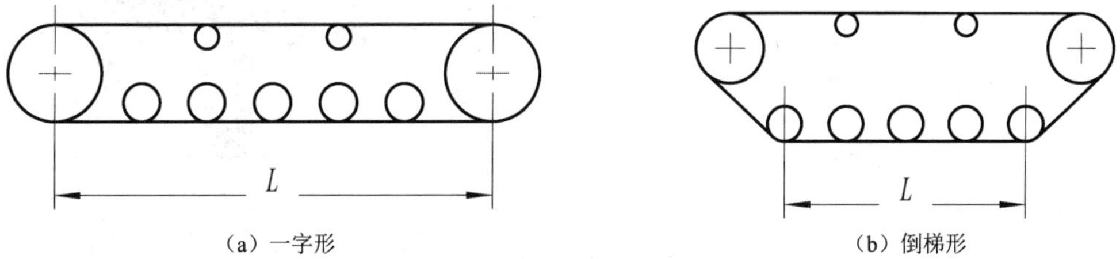

（a）一字形　（b）倒梯形

图 2.42　履带式行走机构的形状

一字形履带式行走机构的驱动轮和张紧轮同时承担支承功能，从而扩大了与地面的接触面积，提高了稳定性。相比之下，倒梯形履带式行走机构的驱动轮和张紧轮并不作为支承轮，而是安装得高于地面，使其更适合穿越障碍物。倒梯形履带式行走机构不容易夹入泥土，能够降低损伤和失效的风险。

（3）履带式行走机构的优点如下。

① 支承面积大，接地比压小，适合在松软或泥泞场地作业，下陷度小，滚动阻力小。

② 越野机动性优越，能在凹凸不平的地面上行走，跨越障碍物，攀爬小梯度台阶。与轮式行走机构相比，其爬坡、越沟等性能更为出色。

③ 履带支承面上有履齿，不易打滑，牵引附着性能好，有利于发挥较大的牵引力作用。

（4）履带式行走机构的缺点如下。

① 由于缺乏自定位轮和转向机构，履带式行走机构只能通过调整左右两侧履带的速度差来实现转弯，这会导致在转向和前进方向产生滑动。

② 转弯阻力大，不能准确地确定回转半径。

③ 结构复杂，质量大，运动惯性大，减振功能差，部件易损坏。

3. 足式行走机构

工业机器人的足式行走机构是模仿生物腿部结构设计的。它通过多个足部结构在不平坦或复杂地面上实现稳定的行走和越障。足式行走机构的设计通常涉及腿部的结构、关节的灵活性、驱动方式及步态规划等。图 2.43 所示为足式行走机构的结构示例。

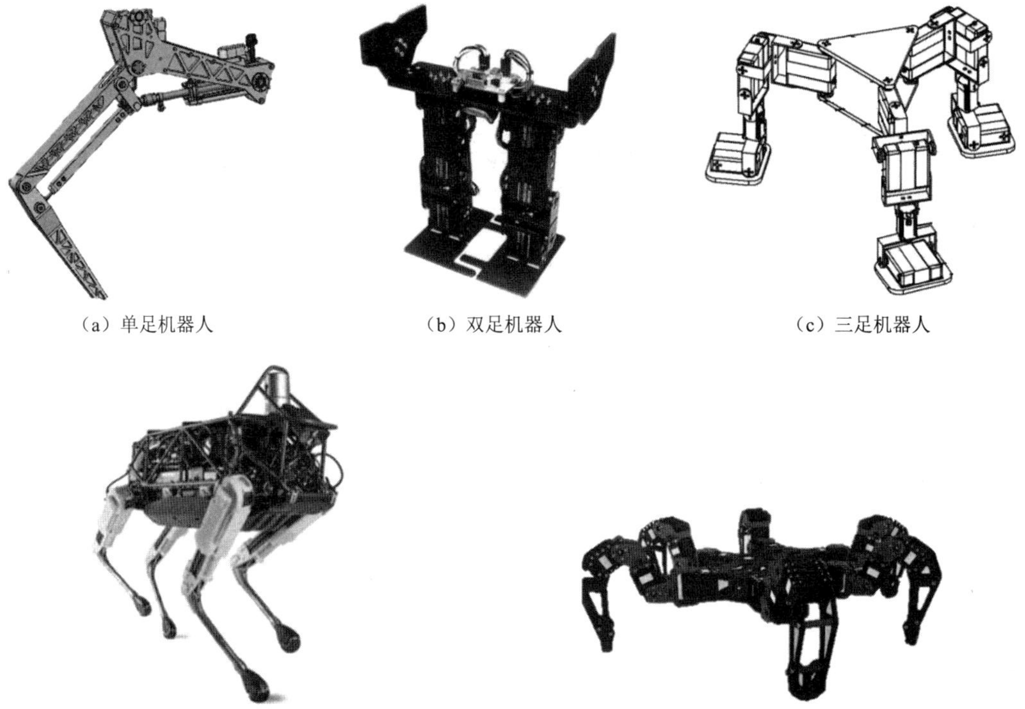

（a）单足机器人　（b）双足机器人　（c）三足机器人

（d）四足机器人　（e）六足机器人

图 2.43　足式行走机构的结构示例

（1）双足机器人。

双足机器人的结构通常与人类双足相似，包括大腿、小腿和足部等部分。每个关节都由电动机、减速器和传感器等组成，以实现精确的运动控制和感知功能。机器人的整体结构通常采用轻质材料制成，以减轻质量并提高运动性能。图 2.44 所示为双足机器人的行走机构原理图。在行走过程中，行走机构始终满足静力学的静平衡条件，即机器人的重心始终落在接触地面的一只脚上。双足机器人的显著特点在于其不仅能够在平坦地面上自如行走，还能应对凹凸不平的地形，跨越沟壑，以及上下台阶，展现出卓越的适应性。然而，这种行走方式的挑战在于如何在跨步时自动调整重心以保持平衡。为了实现方向的变换及上下台阶的功能，多自由度成为不可或缺的条件。图 2.45 所示为双足机器人的运动副简图。

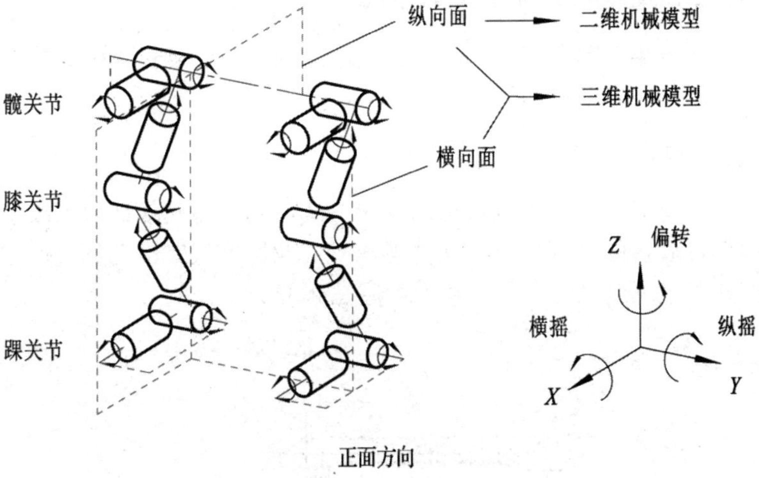

图 2.44　双足机器人的行走机构原理图

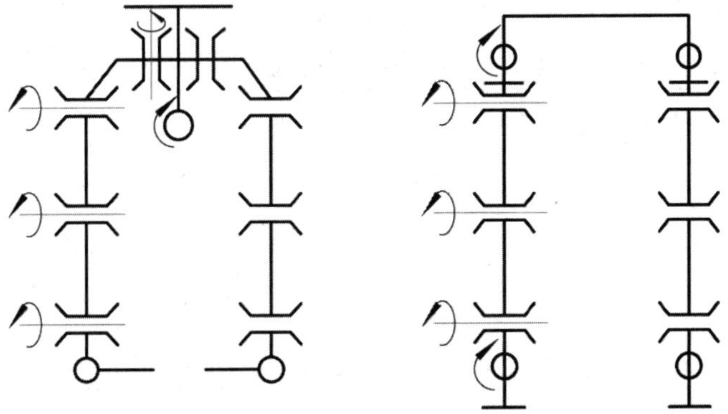

图 2.45　双足机器人的运动副简图

（2）六足机器人。

如图 2.43（e）所示，六足机器人是仿照六足昆虫行走方式设计的。每条腿配备 3 个转动关节，以 3 条腿为一组行走，足部端点以相同的位移移动，并通过设定时间间隔进行移动。这种设计使得机器人能够在 *XY* 平面内实现任意方向的行走和原地转动。

除以上几种常见的行走机构外，还有一些其他形式的行走机构，如轨道式行走机构、气垫式行走机构等。这些行走机构各有特点，适用于不同的应用场景。

2.7　工业机器人的底座

工业机器人的底座是机器人结构中的重要组成部分，负责支撑和稳定机器人。底座的设计和材料选择对于机器人的性能、精度和稳定性具有重要影响。底座通常具有较大的底面积、合适的重心位置和附加功能，以满足机器人的特定需求。同时，底座还可能包含散热系统和电缆管理系统等，以确保机器人正常工作。底座的设计通常是定制化的，以适应不同机器人的具体需求。

2.7.1 工业机器人底座的结构和放置形式

固定式基座工业机器人的安装方式分为直接地面安装、台架安装和底板安装 3 种。不同的安装方式对应不同的底座结构和放置方式。

1. 直接地面安装

固定式基座工业机器人若采用直接地面安装方式，则需将底板嵌入混凝土中或以地脚螺栓固定底板，以确保底板的稳固性，从而能够承受工业机器人臂部动作时产生的反作用力。底板与基座之间通过高强度螺栓进行连接，如图 2.46 所示。

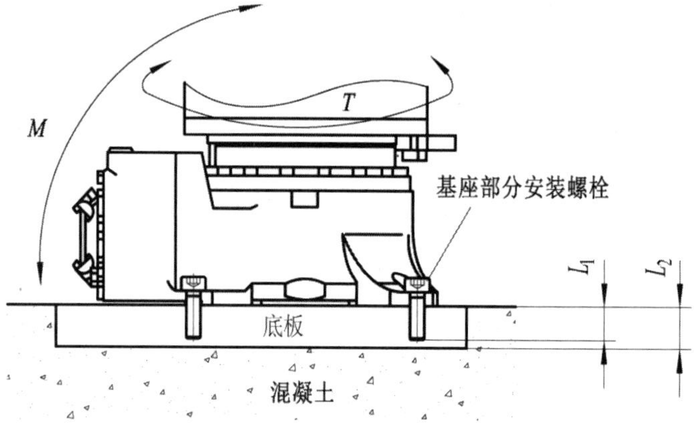

图 2.46 直接地面安装

2. 台架安装

固定式基座工业机器人采用台架安装方式与采用直接地面安装方式的安装要领基本相同。基座与台架之间，以及台架与底板之间均用高强度螺栓固连，如图 2.47 所示。

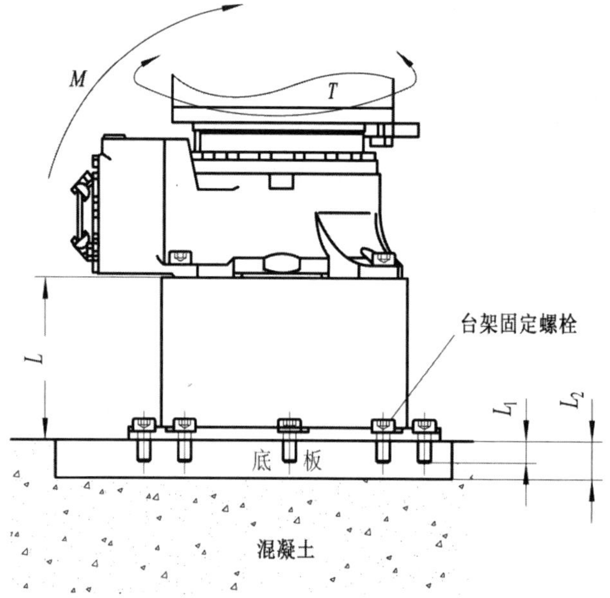

图 2.47 台架安装

3. 底板安装

当固定式基座工业机器人的基座通过底板安装在地面上时，需要使用螺栓孔将底板固定在混凝土地面或钢板上。如图 2.48 所示，基座与底板之间通过高强度螺栓固连。

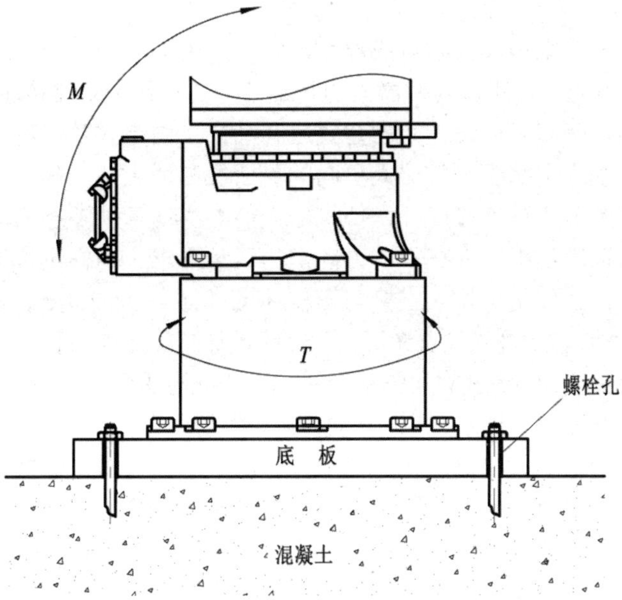

图 2.48　底板安装

工业机器人的安装方式的选择原则如下。

（1）选择工业机器人的安装方式应充分考虑其载荷大小、工作状况及现场环境条件，确保安装牢固可靠。

（2）当工业机器人承载载荷在 50kg 以下（包括 50kg）时，可以采用直接安装方式或预埋安装方式；当工业机器人承载载荷超过 50kg 时，必须采用预埋安装方式。

2.7.2　工业机器人底座的材料和技术要求

底座通常采用高强度、刚性好、抗振性能优越的材料制成，如铸钢、铸铁、铝合金或碳纤维复合材料等。这些材料能够承受机器人的质量和工作时产生的冲击力，同时保持较小的变形和振动。通常，工业机器人底座在布置好以后应该满足以下技术要求。

（1）稳定性。底座需要具有足够的稳定性，以确保机器人在工作过程中不会晃动或倾斜。

（2）承重能力。底座需要能够承受机器人的质量及工作过程中产生的各种力。

（3）刚性和抗振性能。底座需要具备足够的刚性和抗振性能，以承受工作时产生的冲击和振动。

（4）散热性能。对于需要长时间连续工作的机器人，底座需要设计有散热系统，如散热片和风扇等，以确保机器人的正常工作温度。

（5）电缆管理。底座内部可能需要设计电缆管理系统，用于整理和保护机器人的电缆与管线。

本章小结

工业机器人的机械系统是其核心组成部分，它主要由多个子系统构成，每个子系统都起着至关重要的作用。首先，基座作为机器人的基础部分，起到了支撑和连接其他部件的作用。根据应用场景的不同，基座可以设计为固定式或移动式。固定式基座适用于需要长期稳定工作的场景，而移动式基座则赋予了机器人更高的灵活性和适应性。其次，关节和连杆构成了机器人的运动骨架。关节负责连接连杆，使机器人能够实现各种姿态和动作。关节的设计通常涉及多个自由度，以满足机器人在不同方向上的运动需求。连杆负责传递动力和支撑机器人的各个部分。此外，手部是机器人直接与工作环境进行交互的部分。它可以根据具体任务需求来定制，如抓取、放置、焊接、喷涂等。手部的设计直接影响机器人完成任务的效率和精度。另外，机械系统还包括传动机构和驱动装置。传动机构通过齿轮、皮带、链条等方式传递动力，实现关节之间的联动。驱动装置提供动力源，如伺服电机、步进电机或直流电机等，为机器人的运动提供精确的动力输出。在材料选择方面，工业机器人的机械系统通常采用高强度、轻质、耐磨、耐腐蚀的材料，如铝合金、碳纤维复合材料等。这些材料不仅能够满足机械系统的性能需求，还能够减轻机器人的整体质量，提高其运动性能。

随着技术的不断进步和创新，工业机器人的机械系统也在不断发展和优化。未来，我们可以期待更加紧凑、轻质、灵活和智能的机器人机械系统，以满足日益增长的工业需求。同时，随着新材料和新工艺的应用，机器人机械系统的性能和精度也将得到进一步提升。

习题

1. 工业机器人的 3 种驱动方式各自的优/缺点是什么？
2. 对工业机器人臂部设计有什么基本要求？
3. 工业机器人常用的减速器有哪两种？
4. 工业机器人腕部的旋转自由度一般应如何布置？
5. 工业机器人手部的特点有哪些？
6. 真空式手部的设计内容包括哪几方面？

第 3 章 工业机器人的动力系统

工业机器人的动力系统是其核心组成部分，为机器人提供必要的动力和能量以实现各种动作与功能。根据控制系统发出的指令信号，动力系统借助动力元件使工业机器人完成预设的工作任务。本章首先对工业机器人的动力系统进行概述，然后详细探讨电动驱动、液压驱动和气动驱动等关键技术。

3.1 动力系统的分类

工业机器人动力系统的分类主要按照动力源的不同来划分，常见的可分为电动驱动系统、液压驱动系统和气动驱动系统。电动驱动系统又可以根据电动机的类型进一步细分为直流伺服和交流伺服两类。同时，根据控制器实现方式的不同，电动驱动系统又可以分为模拟伺服和数字伺服两类。另外，根据控制器中闭环的数量，电动驱动系统还可以划分为开环控制系统、单环控制系统、双环控制系统及多环控制系统。

1. 电动驱动系统

工业机器人的电动驱动系统是一种以电动机为动力源，通过传动机构将电能转换为机械能，从而驱动机器人运动的系统。电动驱动系统是现代工业机器人中最常用的动力系统之一，具有技术成熟、控制灵活、维护方便等优点。电动驱动系统主要由电动机、传动机构和控制器等组成。其中，电动机是电动驱动系统的核心部件，常用的电动机类型包括直流伺服电动机、交流伺服电动机和步进电动机等；传动机构用于将电动机的高速旋转转换为机器人相应的低速旋转，常用的传动机构包括减速器、联轴器等；控制器负责控制电动机的转速、转向和位置等参数，实现对机器人运动的精确控制。

步进电动机驱动系统的特点如下。

步进电动机驱动系统是一种将电脉冲信号转换为角位移或线位移的开环控制系统。它主要由步进电动机和步进驱动器两部分组成。步进电动机是一种特殊的电动机，其旋转是以固定的角度（步距角）一步一步运行的。在非超载情况下，电动机的转速、停止的位置只取决于电脉冲信号的频率和脉冲数，而不受负载变化的影响，因此，它具有较高的定位精度。步进驱动器（也称步进驱动电源）的作用是为步进电动机的绕组提供脉冲电流。步进电动机的运行性能取决于其与步进驱动器的良好配合。步进电动机驱动系统的主要优点如下。

（1）精准控制。步进电动机可以通过输入不同数量和频率的电脉冲信号来控制转子角度的变化，从而实现精确控制。每个电脉冲信号都会使步进电动机转子旋转一个固定角度（通常为 1.8° 或 0.9° ），因此可以实现高精度位置控制。

（2）高效能转换。步进电动机在工作时不需要传统的直流或交流电源，而是通过电脉冲信号来驱动的。这种驱动方式可以提高能量的利用效率，降低能量损耗，并且使得步进电动机在低速和静止状态下具有较大的力矩。

（3）可靠性高。步进电动机的控制可靠性对保证自动控制系统的正常工作极为重要，它不易发生故障。

（4）易于控制。步进电动机可以用数字信号直接进行开环控制，整个系统简单、廉价。

（5）响应速度快。步进电动机的启动、停止和反向均能连续、有效的进行，具有良好的响应特性。

（6）正/反转特性相同。步进电动机的正/反转特性相同，且运行特性稳定。

步进电动机也存在一些缺点，如效率低、带负载惯量的能力不强、功率小等。虽然近年来不断有小体积大功率的步进电动机出现，但其价格比较昂贵。

电气伺服系统的特点如下。

伺服系统（又称随动系统）是一种用来精确地跟随或复现某个过程的反馈控制系统，其主要任务是根据控制命令的要求，对功率进行放大、变换与调控等处理，使驱动装置输出的力矩、速度和位置控制非常灵活、方便。伺服系统主要由控制器、功率驱动装置、反馈装置和电动机等部分组成。电气伺服系统是一种自动化运动控制装置，主要用于精确地对机械部件的位置、方位、状态等进行控制。电气伺服系统决定了自动化机械的精度、控制速度和稳定性，是工业自动化设备的核心。电气伺服系统主要由伺服驱动器、伺服电动机和编码器 3 部分组成。伺服驱动器负责将从控制器收到的信息分解为单个自由度系统能够执行的命令，并传递给执行机构（伺服电动机）；伺服电动机将收到的电流信号转换为转矩和转速以驱动控制对象，实现每个关节的角度、角速度和转矩的控制；编码器作为电气伺服系统的反馈装置，在很大程度上决定了电气伺服系统的精度。编码器安装在伺服电动机上，与伺服电动机同步旋转，伺服电动机转一圈，编码器也转一圈，转动的同时将编码信号送回控制器，控制器据此判断伺服电动机的转向、转速、位置。

伺服电动机的分类如图 3.1 所示。

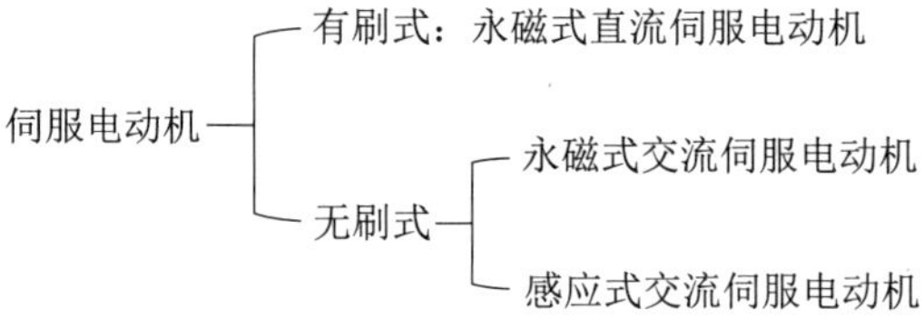

图 3.1 伺服电动机的分类

永磁式直流伺服电动机的剖面图如图 3.2（a）所示，其特点是永久磁铁位于外部，而电枢线圈位于内部，这样的结构使得散热变得相对困难，因此降低了功率体积比。当将这种电动机应用于直接驱动系统时，由于热传导的影响，可能会导致传动轴（如导螺杆）发生热变形。但对交流伺服电动机而言，无论是永磁式或感应式，其产生旋转磁场的电枢线圈均置于电动机的外层，如图 3.2（b）所示，因而其散热较佳，有较高的功率体积比，且适用于直接驱动系统。

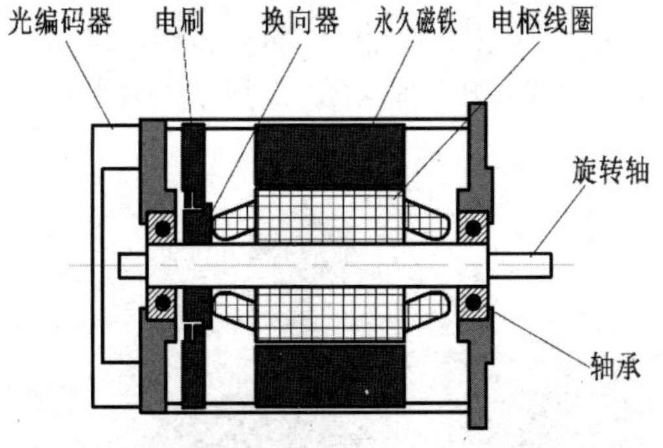

（a）永磁式直流伺服电动机的剖面图

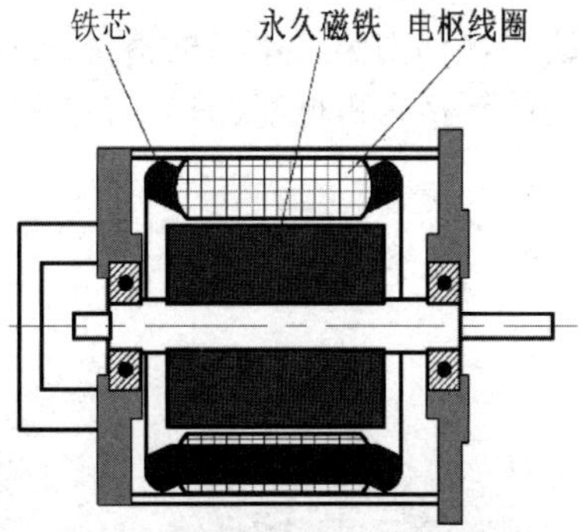

（b）永磁式同步伺服电动机的剖面图

图 3.2　伺服电动机的剖面图

无刷式伺服电动机主要可分为两大类（见图 3.1）：永磁式交流伺服电动机和感应式交流伺服电动机。

随着技术的进步，近年来，交流伺服电动机正逐渐取代直流伺服电动机而成为工业机器人的主要驱动器。目前，一般永磁式交流伺服电动机的回接组件多采用解角器或光电解编码器，前者可测量转子的绝对位置，而后者则只能测量转子的相对位置，电子换相设计于驱动器内。

相对于步进电动机驱动系统，直流伺服电动机驱动系统和交流伺服电动机驱动系统有其自身的特点，如表 3.1 所示。

表 3.1　常用电动驱动系统特点比较

分　类	步进电动机驱动	直流伺服电动机驱动和交流伺服电动机驱动
力矩范围	中、小力矩（一般在 20N・m 以下）	小、中、大，全范围
速度范围	低（一般在 2000r/min 以下，大力矩电动机低于 1000r/min）	高（可达 5000r/min），直流伺服电动机可达(1～2)× 10^4r/min
控制方式	主要是位置控制	多样化、智能化的控制方式，位置、转速、转矩方式
平滑性	低速时有振动（但用细分型驱动器可明显改善）	好，运行平滑
精　度	一般较低，细分型驱动时较高	高（具体要看反馈装置的分辨率）
矩频特性	高速时，力矩下降快	力矩特性好，特性较硬
过载特性	过载时会失步	可 3～10 倍过载（短时）
反馈方式	大多数为开环控制，也可接编码器，以防止失步	闭环方式，编码器反馈
编码器类型	一般	光电型旋转编码器（增量型/绝对值型），旋转变压器型
响应速度	一般	快
耐振动	好	一般（旋转变压器型可耐振动）
温　升	运行温度高	一般
维护性	基本可以免维护	较好
价　格	低	较高

2．液压驱动系统

液压驱动系统是一种通过液体压力能的变化来传递能量并控制机械运动的系统。在液压驱动系统中，动力装置提供的液体压力能通过控制阀和管路传递到液压执行机构，进而将液体的压力能转换为机械能，驱动工作机构实现直线运动或回转运动。图 3.3 所示为几种典型的液压元件。

图 3.3　几种典型的液压元件

液压驱动系统的主要优点如下。

（1）驱动力矩大。液压驱动系统能够输出非常大的推力力矩，因此广泛应用于重型机械设备，如重型机床和起重机等。

（2）功率质量比大。液压驱动系统在传递相同功率的情况下，其体积和质量相对较小，因此具有更大的功率质量比。

（3）工作平稳可靠。液压驱动系统的工作过程平稳，且由于液体的压缩性较低，因此具有更高的工作可靠性。

（4）系统响应速度快。液压驱动系统的调速范围大，灵活性高，能够实现快速启动、制动和换向。

（5）易于实现自动控制。液压驱动系统可以通过控制阀和管路方便地调节液体的流量与压力，从而实现对执行机构的精确控制。

然而，液压驱动系统也存在如下一些缺点。

（1）成本高。液压驱动系统的制造和维护成本相对较高，因为它需要高精度的液压元件和清洁的工作环境。

（2）质量大。由于需要使用液压油和较大的液压缸，因此液压驱动系统的质量相对较大。

（3）工艺复杂。液压驱动系统的设计和制造过程相对复杂，需要专业的技术人员和设备。

（4）可能发生泄漏。液压驱动系统存在油液泄漏的风险，这可能会影响系统的效率和精度，甚至可能对环境造成污染。

3．气动驱动系统

气动驱动系统利用压缩空气作为动力源来驱动机械设备运动。它主要由气液转换器、工作台和控制逻辑阀组成。当压缩空气进入气液转换器时，压缩空气推动气液转换器内的活塞做往复运动，进而通过连接杆驱动工作台做直线往复运动。控制逻辑阀用于控制压缩空气的流向和流量，从而实现对工作台运动速度和行程的精确控制。图 3.4 展示了几种典型的气动元件。气动伺服系统一般采用压缩气体作为动力的驱动能源。由于它传递力的介质是空气，因此它以其价格低廉、干净、安全等许多特点而获得广泛应用。气动驱动系统的具体优点如下。

（1）结构简单、成本低。气动驱动系统相较于液压驱动系统和电动驱动系统，其结构更简单，制造成本也相对较低。

（2）无污染、易于实现无级变速。由于它使用空气作为传动介质，因此气动驱动系统不会产生废液或废热，对环境无污染。此外，气体的黏性小、流速高、阻力损失小，因此容易实现无级变速。

（3）响应速度快、维修方便。气动驱动系统的响应速度快，可以在中、低负载的机器人中广泛应用。同时，其维修也相对方便。

（4）安全性高。气动驱动系统具有防火、防爆的特点，可以在高温环境下工作。

气动驱动系统的缺点为速度控制困难、定位精度低、工作稳定性差等。由于空气的可压缩性和不易密封性，气动驱动系统难以实现精确的速度控制和定位控制。此外，气动推力较小，只适用于小功率传动。

气缸　气动回转马达　气动摆动马达

气泵　气动三大件　气动控制阀

图 3.4　几种典型的气动元件

4. 3 种驱动方式的比较

以上工业机器人的 3 种驱动方式适用于不同的应用场景。在设计工业机器人的驱动器时，应根据具体需求选择合适的驱动方式。关于这 3 种驱动方式的详细比较，可参考表 3.2。

表 3.2　3 种驱动方式的比较

内　容	驱 动 方 式		
	液 压 驱 动	气 动 驱 动	电 动 驱 动
输出功率	很大，压力范围为 50～140Pa	大，压力范围为 48～60Pa	较大
控制性能	利用液体的不可压缩性，控制精度较高，输出功率大，可无级变速，反应灵敏，可实现连续轨迹控制	气体压缩性强，精度低，阻尼效果差，低速不易控制，难以实现高速、高精度的连续轨迹控制	控制精度高，功率较大，能精确定位，反应灵敏，可实现高速、高精度的连续轨迹控制，伺服特性好，控制系统复杂
响应速度	很快	较快	很快
结构性能及体积	结构适当，执行机构可标准化、模拟化，易实现直接驱动。功率质量比大，体积小，结构紧凑，密封问题较大	结构适当，执行机构可标准化、模拟化，易实现直接驱动。功率质量比大，体积小，结构紧凑，密封问题较小	伺服电动机易于标准化，结构性能好，噪声小，电动机一般需要配置减速装置，除直驱电动机外，难以直接驱动，结构紧凑，无密封问题
安全性	防爆性能较好，用液压油作为传动介质，在一定条件下有发生火灾的危险	防爆性能好，压力高于 1000kPa 时应注意设备的抗压性	设备自身没有发生爆炸和火灾的危险，直流有刷电动机换向时有火花，防爆性能差
对环境的影响	液压系统易漏油，对环境有污染	排气时有噪声	无
应用范围	适用于重载、低速驱动，电液伺服系统适用于喷涂机器人、点焊机器人和托运机器人	适用于中/低负载驱动、对精度要求较低的有限点位程序控制机器人	适用于中/低负载、要求具有较高的位置控制精度和轨迹控制精度、速度较高的机器人，如 AC 伺服喷涂机器人、点焊机器人、弧焊机器人等

3.2　交流伺服系统

工业机器人的交流伺服系统是其核心控制系统之一，用于实现机器人运动的高精度、高速和高效控制。该系统主要由交流伺服电动机、伺服驱动器和控制器等部分组成。交流伺服电动机是交流伺服系统的关键部件，通常采用永磁（永磁式）同步电动机。这种电动机具有高效率、高功率密度和高精度等特点，能够满足机器人对速度和位置控制的严格要求。伺服驱动器负责将控制器发出的指令信号转换为电动机可以接收的电流和电压信号，从而实现对电动机的精确控制。控制器根据机器人的运动轨迹、速度和加速度等要求生成相应的控制信号，发送给伺服驱动器。

在工业机器人中，交流伺服系统通常采用闭环控制方式，通过反馈装置实时检测机器人的实际位置和速度等，与控制器发出的指令信号进行比较和修正，从而实现对机器人运动的高精度控制。此外，随着技术的不断发展，现代工业机器人的交流伺服系统还具备自适应控制、智能控制等高级功能，能够根据机器人的运动状态和环境变化自动调整控制参数，进一步提高机器人的运动性能和稳定性。

工业机器人的交流伺服系统的发展方向主要包括以下几方面。

（1）高速、高精度、高性能化。随着工业机器人在各个领域的应用不断扩大，对机器人的运动性能要求也越来越高。因此，工业机器人的交流伺服系统需要不断提高电动机的转速、控制精度和动态响应性能，以满足更高速、更精确、更稳定的运动控制需求。

（2）智能化。随着人工智能技术的不断发展，工业机器人的智能化水平也在不断提高。交流伺服系统也需要具备自适应控制、智能控制等高级功能，能够根据机器人的运动状态和环境变化自动调整控制参数，实现更智能、更灵活的运动控制。

（3）小型化、轻量化。随着工业机器人向小型化、轻量化方向发展，交流伺服系统也需要不断减小体积、减轻质量，以适应更紧凑、更灵活的机器人结构。

（4）模块化、标准化。为了方便用户的使用和维护，工业机器人的交流伺服系统需要逐步实现模块化、标准化，使得不同型号的机器人可以方便地更换、升级交流伺服系统，提高系统的通用性和互换性。

（5）绿色化、节能环保。随着人们环保意识的不断提高，工业机器人的交流伺服系统也需要注重绿色化、节能环保，采用更环保的材料、更节能的控制算法，降低机器人的能耗和排放，实现可持续发展。

工业机器人的伺服控制策略可以根据不同的应用需求和场景来选择。以下是一些常见的伺服控制策略。

（1）位置控制。位置控制是最常见的伺服控制策略之一。它通过外部输入的脉冲频率来确定转速，而脉冲数则用来确定转动的角度。位置控制可以实现精确定位，适用于需要高精度运动控制的场景，如数控机床、印刷机械等。

（2）速度控制。速度控制这种伺服控制策略主要通过模拟量的输入或脉冲的频率来实现对伺服电动机速度的控制。速度控制适用于对机器人运动速度有明确要求的场景。

（3）转矩控制。转矩控制主要通过外部模拟量的输入或直接地址赋值来设定电动机轴对外输出的转矩大小。这种伺服控制策略适用于需要恒定转矩的场景，如在缠绕和放卷的装置中，用于防止由于物料变化而改变受力状态。

（4）矢量控制。矢量控制是一种高性能的伺服控制策略，它通过控制电动机的电流矢量来实现对电动机转矩和磁通量的独立控制。矢量控制可以实现高精度的速度和位置控制，适用于对动态性能和精度要求较高的场景。

（5）恒压频比控制。在工业控制领域，恒压频比控制是一种常见的伺服控制策略。它通过控制输出电压和频率来保持电动机的磁通量为定值，从而实现对电动机速度的控制。这种伺服控制策略适用于对动态性要求较低的场景。

除此之外，还有一些其他的伺服控制策略，如自适应控制、智能控制、模糊控制等，它们可以根据不同的应用场景和需求进行选择与组合，以实现更灵活、更智能、更稳定的运动控制。

3.2.1　伺服驱动器

伺服驱动器又称伺服控制器或伺服放大器，是一种用于控制伺服电动机的高性能控制器。它属于伺服系统的一部分，并广泛应用于工业机器人、数控加工中心等自动化设备中。伺服驱动器的作用类似变频器对普通交流马达的作用，主要用于控制伺服电动机的位置、速度和力矩，以实现高精度的传动系统定位。如图 3.5 所示，交流伺服系统展现出电流反馈、速度反馈和位置反馈的三重闭环结构。在这里，电流环和速度环作为内环（局部环），而位置环则作为外环（主环）。电流环的主要任务是确保电动机绕组电流能够实时且精确地跟随电流指令信号，从而在动态过程中限制电枢电流不超过最大值，确保系统具有足够的加速转矩，进而提升系统的反应速度。速度环增强了系统对负载扰动的抵抗能力，抑制速度波动，实现稳态无静差。位置环直接关系到系统的静态精度和动态跟踪性能，是确保交流伺服系统稳定且高性能运行的关键设计要素。当传感器检测的是输出轴的速度、位置时，系统称为半闭环系统；当传感器检测的是负载的速度、位置时，系统称为闭环系统；当传感器同时检测输出轴和负载的速度、位置时，系统称为多重反馈闭环系统。

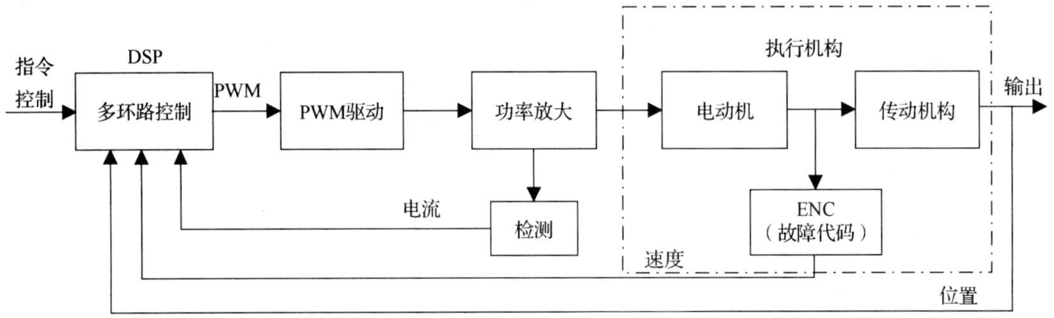

图 3.5 交流伺服系统

交流伺服驱动器的数字控制是指通过数字信号处理器（DSP）或微处理器来实现对伺服电动机的精确控制。与传统的模拟控制相比，数字控制具有更高的精度、更灵活的伺服控制策略和更强的抗干扰能力。

数字控制可以实现更高级的伺服控制策略，如矢量控制、自适应控制、智能控制等，以提高伺服系统的性能和稳定性。此外，数字控制还具备更好的可编程性和可扩展性，可以通过修改控制算法或增加功能模块来实现不同的控制需求。如图 3.6 所示，交流伺服驱动器的结构不仅消除了模拟控制分散性大、零漂、低可靠性等不足，还充分利用了数字控制在精度和灵活性上的优势，使得伺服驱动器的结构更为简洁，性能更加稳定可靠。

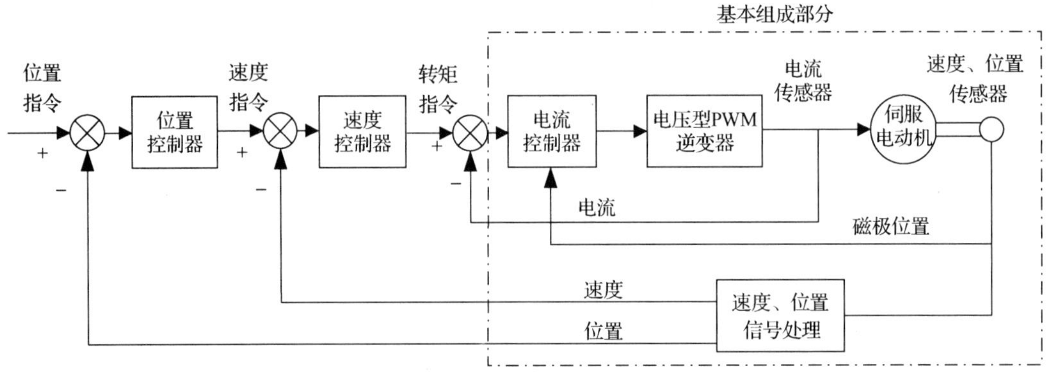

图 3.6 交流伺服驱动器的一般结构

3.2.2　交流永磁同步伺服系统的工作及控制原理

永磁同步电动机（Permanent Magnet Synchronous Motor，PMSM）是一种自控式同步电动机，它结合永久磁体产生的磁场与电磁感应原理来实现电能与机械能的转换。这种电动机最大的特点是转子上使用了永久磁体，使得电动机无须外部励磁电源即可产生恒定的磁场，从而简化了电动机的结构，提高了效率。永磁同步电动机系统由电动机、逆变器和位置传感器 3 部分构成，如图 3.7 所示。

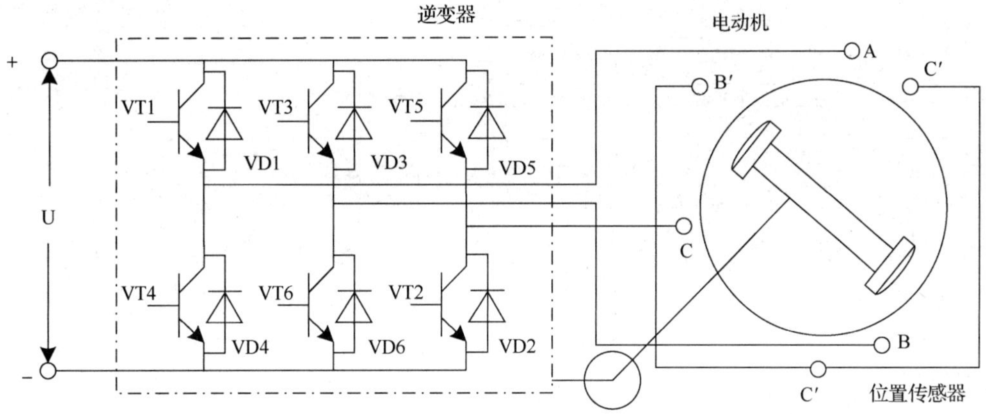

图 3.7　永磁同步电动机的基本工作原理

永磁同步伺服驱动器的组成单元主要包括以下几部分。

（1）伺服控制单元。伺服控制单元是伺服驱动器的核心部分，负责根据控制指令和反馈信号计算出伺服控制策略。伺服控制单元通常包括位置控制器、速度控制器、电流控制器等。这些控制器根据控制系统的给定值和反馈装置检测的实际运行值的差调节控制量，以实现电动机的精确控制。

（2）功率驱动单元。功率驱动单元是永磁同步伺服驱动器的输出部分，负责将伺服控制单元计算出的伺服控制信号转换为实际驱动电动机的电流和电压。它通常包括逆变器和功率放大器，用于将直流电转换为交流电并放大到适当的幅值，驱动电动机旋转。

（3）通信接口单元。通信接口单元负责与其他设备或系统进行数据通信，实现远程监控和控制。它通常包括各种通信接口，如 RS-232、RS-485、CAN 等，以便与上位机、控制器或其他设备进行数据交换。

（4）伺服电动机。伺服电动机是执行机构，负责将电能转换为机械能。永磁同步伺服电动机具有高效率、高功率密度和良好的动态性能等特点，适用于高精度、高性能要求的伺服驱动领域。

（5）反馈检测器件。反馈检测器件用于检测电动机的运行状态和参数，如位置、速度、电流等，并将这些信息反馈给伺服控制单元。伺服控制单元将反馈信号与设定值进行比较，进行闭环控制，以确保电动机的精确运行。常见的反馈检测器件包括编码器、测速机等。

这些组成单元共同协作，使永磁同步伺服驱动器实现对伺服电动机的精确控制，满足各种高性能的应用需求。

目前主流的伺服驱动器采用数字信号处理器（DSP）作为控制核心。DSP 是一种专门用于处理数字信号的微处理器，具有高速运算能力和丰富的外设接口，非常适用于实现复杂的控制算法和信号处理任务。在伺服驱动器中，DSP 负责接收来自上位机或控制器的指令信号，并根据预设的控制算法计算出相应的伺服控制策略。通过对电动机的位置、速度、电流等参数进行实时检测和处理，DSP 能够精确控制电动机的运行，实现高精度、高性能的运动控制。伺服驱动器的结构组成如图 3.8 所示。

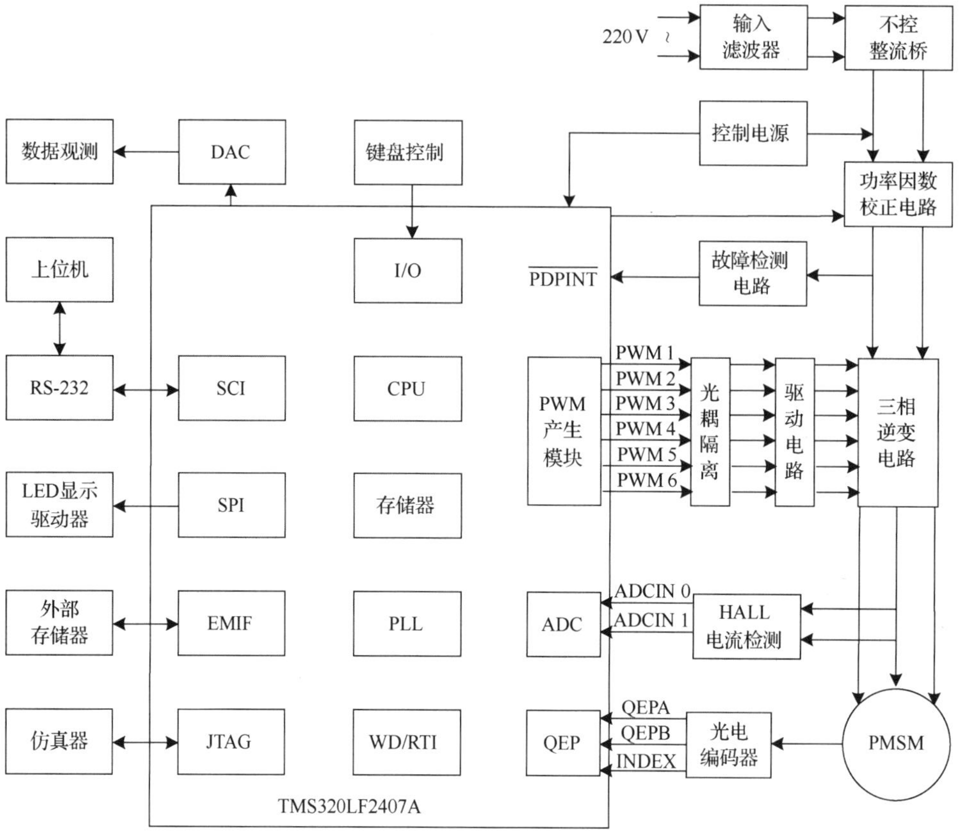

图 3.8　伺服驱动器的结构组成

与传统的模拟控制相比，采用 DSP 作为控制核心的伺服驱动器具有更高的控制精度、更快的响应速度和更强的抗干扰能力。此外，DSP 还可以通过编程实现不同的控制算法和功能扩展，使得伺服驱动器更加灵活和易于维护。

工业机器人的交流伺服电动机的驱动器通常包含位置回路、速度回路和力矩回路，这 3 个回路共同构成了伺服系统的核心控制结构。

（1）位置回路。位置回路是伺服系统中最外层的控制回路，负责确保机器人末端执行器（手部，如机械手、夹具等）能够精确地移动到期望的位置。位置回路通过比较目标位置与实际位置之间的差值，计算出位置误差，并将其传递给速度回路或力矩回路进行进一步的处理。

这与步进电动机的控制有相似之处，但其脉冲频率要高一些，用于适应伺服电动机的高转速。

（2）速度回路。速度回路位于位置回路和力矩回路之间，负责控制伺服电动机的速度。速度回路接收位置回路计算出的位置误差，将其转换为速度指令，并控制伺服电动机以适当的速度运行。速度回路可以确保机器人末端执行器在移动过程中具有平滑的速度过渡和精确的速度控制。

（3）力矩回路。力矩回路是伺服系统中最内层的控制回路，它直接控制伺服电动机产生的力矩。力矩回路接收来自速度回路的速度指令，通过调整电流的大小和方向来控制伺服电动机产生的电磁力矩，从而精确控制伺服电动机的转动。力矩回路对于确保伺服系统的动态性能和稳定性至关重要。一般永磁同步电动机的驱动器结构如图 3.9 所示。

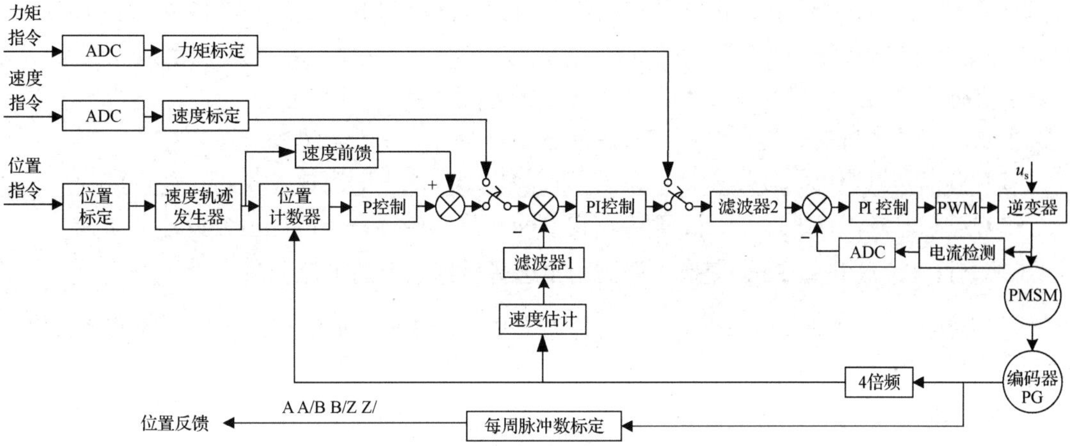

图 3.9　一般永磁同步电动机的驱动器结构

伺服驱动器利用磁场定向的控制原理和坐标变换来实现矢量控制（Vector Control），这种控制方式也被称为磁场矢量控制或 FOC（Field Oriented Control），并采用正弦波脉宽调制（SPWM）控制模式对永磁同步电动机进行精确调控。在进行矢量控制时，永磁同步电动机通常通过检测或估算电动机转子的磁通位置和强度来控制定子电流或电压。这样，电动机的转矩仅与磁通和电流相关。交流永磁同步伺服系统的控制方法如图 3.10 所示。特别地，对于永磁同步电动机，其转子的磁通位置与机械位置是相对应的。因此，通过检测转子的实际位置，就可以准确地得知电动机转子的磁通位置，从而使得永磁同步电动机的矢量控制相较于异步电动机更为简捷。

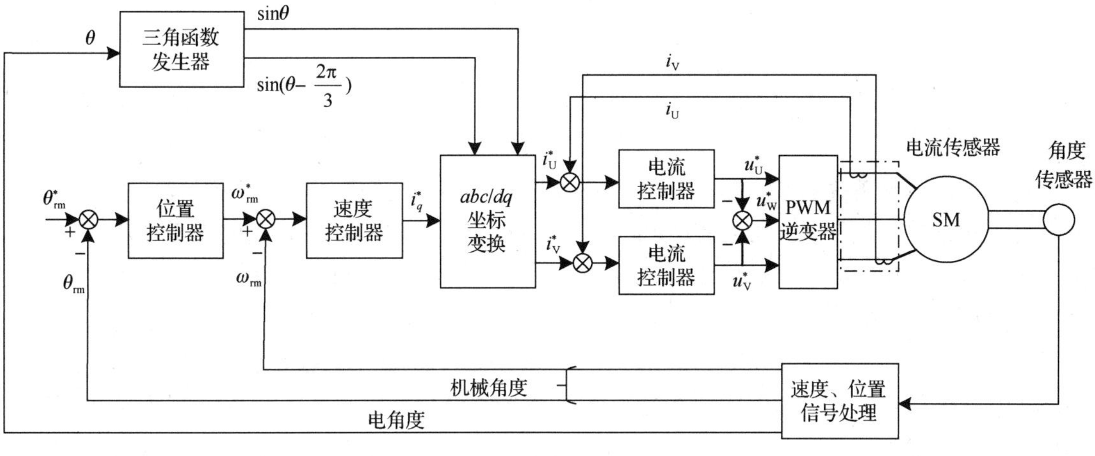

图 3.10　交流永磁同步伺服系统的控制方法

永磁同步电动机由于采用永久磁铁励磁，因此其磁场可视为恒定磁场。由于永磁同步电动机的转速与同步转速相匹配，转差为零，因此伺服控制策略更加直接和高效。如图 3.10 所示，交流永磁同步伺服系统结合测量的电动机两相电流反馈和位置信息，通过坐标变换（从 *abc* 坐标系到转子 *dq* 坐标系）得到分量，分别进入相应的电流控制器。电流控制器的输出经过反向坐标变换（从转子 *dq* 坐标系回到 *abc* 坐标系），得出三相电压指令。控制芯片依据这些指令，经过反向、延时后，生成 6 路 PWM 波并输出到功率器件，控制电动机运行。在不同的指令输入方式下，指令和反馈通过相应的控制调节器得到下一级的参考指令。在电流环中，*d* 轴和 *q* 轴的转矩电流分量由速度控制器输出或外部给定。通常，磁通分量为零，但在速度超过限定值时，可通过弱磁控制（<0）实现更高的速度。

永磁同步电动机的矢量控制原理框图如图 3.11 所示，具体流程如下。

（1）对电动机相电流进行采样，得到三相静止坐标系下的电流分量 i_a 、 i_b 、 i_c 。

（2）对 i_a 、 i_b 、 i_c 进行 Clarke 变换，得到两相静止坐标系下的电流分量 $i_{\mathrm{S}\alpha}$ 、 $i_{\mathrm{S}\beta}$ 。

（3）对 $i_{\mathrm{S}\alpha}$ 、 $i_{\mathrm{S}\beta}$ 进行 Park 变换，得到同步选择坐标系下的电流分量 i_{Sq} 、 i_{Sd} 。

（4）将 i_{Sq} 、 i_{Sd} 分别与给定的 i_{Sqref} 、 i_{Sdref} 做差运算，并将差值作为两个电流环 PI 控制器的输入。

（5）对电流环 PI 控制器的输出电压 V_{Sqref} 、 V_{Sdref} 进行 Park 逆变换，分别得到 $V_{\mathrm{S\alpha ref}}$ 、 $V_{\mathrm{S\beta ref}}$ 。

（6）对 $V_{\mathrm{S\alpha ref}}$ 、 $V_{\mathrm{S\beta ref}}$ 进行 SVPWM 控制，从而控制三相逆变器中 6 个开关管的通断，将直流电压逆变成无限接近正弦波的电压信号，以此来驱动永磁同步电动机转动，实现闭环控制。

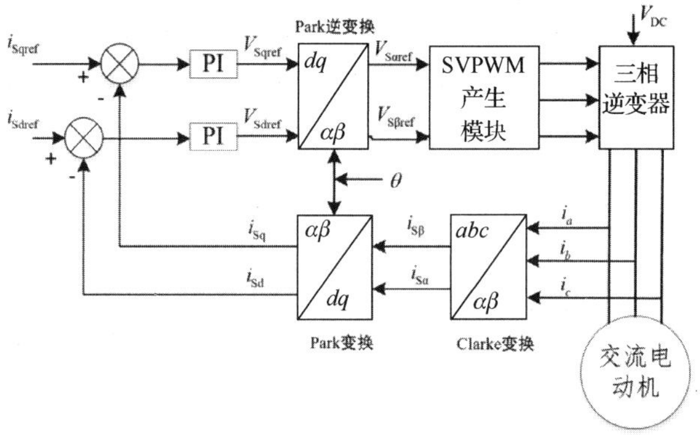

图 3.11　永磁同步电动机的矢量控制原理框图

功率驱动单元首先将输入的三相电或市电通过三相全桥整流电路转换为直流电。随后，这个直流电通过三相正弦 PWM 电压型逆变器进行变频，以驱动三相永磁同步交流伺服电动机。简而言之，功率驱动单元的工作流程就是 AC（交流）转为 DC（直流），再转为 AC（交流）的过程，即 AC-DC-AC。

逆变部分（DC-AC）的智能功率模块（见图 3.12）集成了驱动电路、保护电路和功率开关，其主要拓扑结构为三相桥式（见图 3.13）。该模块利用脉宽调制（PWM）技术来改变功率晶体管交替导通的时间，从而调节逆变器输出波形的频率。同时，通过调整每半周期内功率晶体管的通断时间比，即改变脉冲宽度，可以调节逆变器输出电压的幅值大小，以满足不同的功率需求。这一技术在实际应用中起到了重要的调节作用。

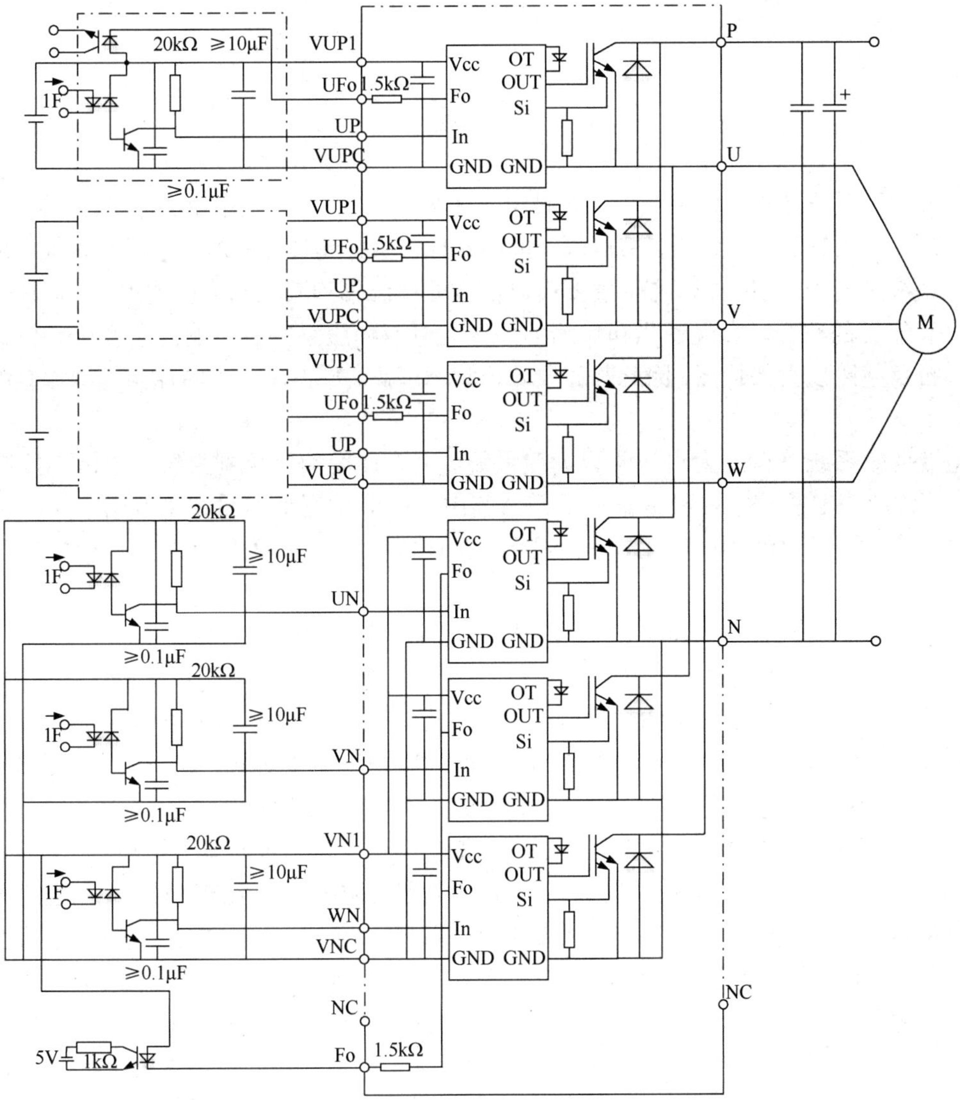

图 3.12　智能功率模块结构图

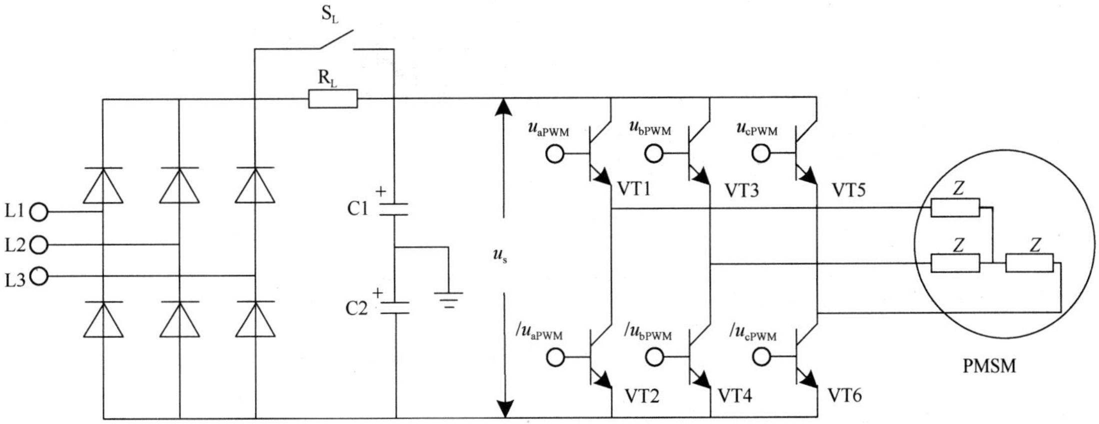

图 3.13　三相逆变器主回路

3.3　电液伺服系统

电液伺服系统是指以伺服元件（伺服阀或伺服泵）为控制核心的液压控制系统，它通常由指令装置、控制器、放大器、液压源、伺服元件、执行元件、反馈传感器及负载组成。电液伺服系统是一种反馈控制系统，主要由电信号处理装置和液压动力机构组成。这种系统通过电气和液压的结合，实现精确和快速的控制。电液伺服系统具有响应速度快、功率质量比大及抗负载刚度大等特点，因此其在要求控制精度高、输出功率大的控制领域占有独特的优势。

电液伺服系统可以分为电液位置伺服系统、电液速度伺服控制系统和电液力控制系统 3 种，具体应用取决于被控机械量的不同。其中，电液位置伺服系统主要用于解决位置跟随的控制问题，以电液伺服阀实现对伺服油缸的位置控制，加入位移传感器构成位置闭环控制系统。

图 3.14 所示为机械手臂部伸缩电液伺服系统原理图，包含放大器 1、电液伺服阀 2、液压缸 3、由活塞杆驱动的机械手臂部 4、齿轮齿条 5、电位器 6、步进电动机 7 等关键元件。当数字控制部分发送一定数量的脉冲信号时，步进电动机 7 会驱动电位器 6 的动触头旋转一定的角度，使其偏离电位器 6 的中位，从而产生微弱的电压信号。这个信号经过放大器 1 的放大后，被输入到电液伺服阀 2 的控制线圈中，使电液伺服阀 2 开启一定的程度。假设此时液压油通过电液伺服阀 2 流入液压缸 3 的左腔，推动活塞，进而驱动机械手臂部 4。机械手臂部 4 上的齿条与电位器 6 上的齿轮相互啮合，当机械手臂部 4 向右移动时，电位器 6 会顺时针旋转。当电位器 6 的中位与动触头重新对齐时，动触头输出的电压为零，电液伺服阀 2 失去信号，阀口关闭，机械手臂部 4 停止运动。机械手臂部 4 的移动距离由脉冲数决定，而速度则由脉冲频率决定。当数字控制部分反向发送脉冲时，步进电动机 7 会向相反方向转动，导致机械手臂部 4 向左移动。由于机械手臂部 4 的移动距离与输入电位器 6 的转角成正比，因此机械手臂部 4 能够完全跟随电位器 6 的转动而产生相应的位移，这就构成了一个带有反馈的电液位置伺服系统。

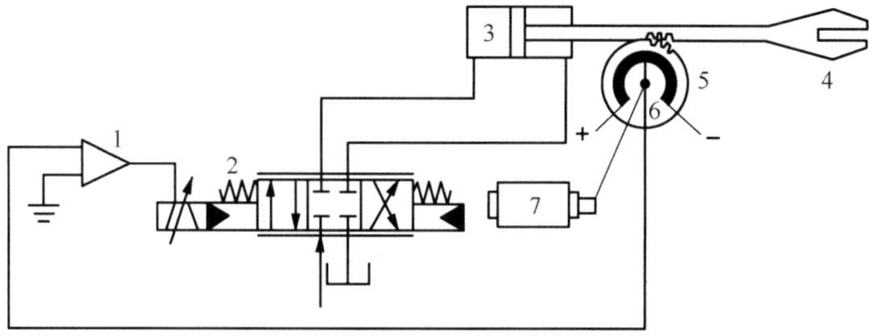

1—放大器；2—电液伺服阀；3—液压缸；4—机械手臂部；5—齿轮齿条；6—电位器；7—步进电动机。

图 3.14　机械手臂部伸缩电液伺服系统原理图

3.3.1　电液伺服驱动系统

电液伺服驱动系统由液压源、驱动器、电液伺服阀、位置传感器和控制回路组成，如图 3.15

所示。液压源将液压油供到电液伺服阀中，给定位置指令值与位置传感器的实测值之差经放大器放大后送到电液伺服阀中。当电液伺服阀收到信号时，液压油被供到驱动器中以驱动载荷（负载，根据语境灵活使用两者）。当反馈信号与输入指令值一致时，驱动器会停止工作。在电液伺服驱动系统中，电液伺服阀起着至关重要的作用，它通过电信号实现对电液伺服驱动系统的能量控制。驱动器在需要快速响应和承受大载荷的伺服系统中得到广泛应用，这主要归功于其最大的输出力与质量比。

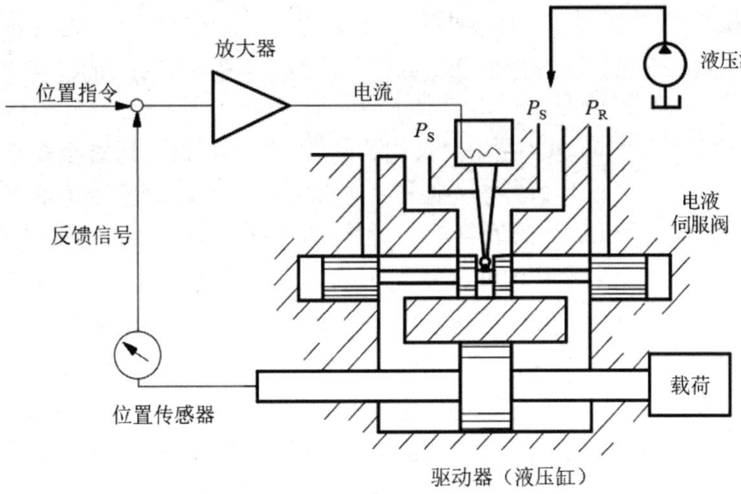

图 3.15　电液伺服驱动系统

电液伺服阀是电液伺服驱动系统中的放大转换元件，它把输入的小功率电流信号放大并转换成液压功率输出，实现对执行元件的位移、速度、加速度及力的控制。

1．电液伺服阀的构成

电液伺服阀是电液伺服驱动系统的核心部件，其主要由力矩马达（或力马达）、液压放大器和反馈机构（或平衡机构）3 部分组成。

（1）力矩马达：将输入电气控制信号转换为力矩或力，从而控制液压放大器的运动。

（2）液压放大器：将力矩马达的输出加以放大，控制液压油流向执行机构的流量或压力。液压放大器通常由前置放大级和功率放大级组成，前置放大级采用滑阀、喷嘴挡板阀或射流管阀，功率放大级采用滑阀。

（3）反馈机构：使电液伺服阀的输出流量或输出压力获得与输入电气控制信号成比例的特性，保证电液伺服阀的控制精度和稳定性。

此外，根据控制方式的不同，电液伺服阀可以分为单级、二级和三级 3 种。单级电液伺服阀直接由力矩马达驱动滑阀阀芯，适用于压力较低、流量较小和负载变化较小的系统；二级电液伺服阀有两级液压放大器，适用于流量较大的系统；三级电液伺服阀可输出更大的流量和功率，适用于大型控制系统。

2．电液伺服阀的工作原理

图 3.16 展示了喷嘴挡板式电液伺服阀的工作原理。该电液伺服阀主要由力矩马达、前置

级（包括喷嘴和挡板）及主滑阀组成。在无电流信号输入的情况下，力矩马达不会产生力矩输出，导致与衔铁5固连的挡板9保持在中位，同时主滑阀阀芯也位于中位。此时，液压泵输出的液压油在压力作用下进入主滑阀阀口，但由于主滑阀阀芯的两端台肩将阀口关闭，导致液压油无法进入A、B口。然而，液压油会经过固定节流孔10和13分别引至喷嘴8与7，经过喷射后最终流回油箱。由于挡板9位于中位，两个喷嘴与挡板之间的间隙相等，因此液压油流经喷嘴的液阻也相等。这导致喷嘴前的压力P_1与P_2相等，从而使得主滑阀阀芯两端的压力也相等，因此主滑阀阀芯保持在中位。若线圈1输入电流，则控制线圈中将产生磁通，使衔铁5上产生磁力矩。当磁力矩为顺时针方向时，衔铁5与挡板9一起绕弹簧管6中的支点沿顺时针方向偏转，使喷嘴8与挡板9之间的间隙减小、喷嘴7与挡板9之间的间隙增大，即压力P_1升高、P_2降低，主滑阀阀芯在两端压力差的作用下向右运动，开启阀口，进油口P_s与B相通，A口与回油口T相通；在主滑阀阀芯向右运动的同时，通过挡板9下边的反馈弹簧杆11的反馈作用，挡板9沿逆时针方向偏转，使喷嘴8与挡板9之间的间隙增大、喷嘴7与挡板9之间的间隙减小，于是，压力P_1降低、P_2升高。当主滑阀阀芯向右移动到特定位置时，由两端压力差形成的液压力通过反馈弹簧杆11施加在挡板9上的力矩、喷嘴液流压力对挡板9产生的力矩及弹簧管6的反力矩之和与力矩马达产生的电磁力矩达到平衡状态，使得主滑阀阀芯受力达到平衡，从而稳定地在某一开口下工作。显然，可以通过改变输入电流的大小来成比例地调节电磁力矩，从而得到不同的主滑阀开口大小。若改变输入电流的方向，主滑阀阀芯反向位移，则可实现液流的反向控制。在图3.16中，主滑阀阀芯的最终工作位置是通过挡板9的弹性反力的反馈（力反馈）作用达到平衡的。除力反馈之外，还有位置反馈、负载流量反馈、负载压力反馈等。

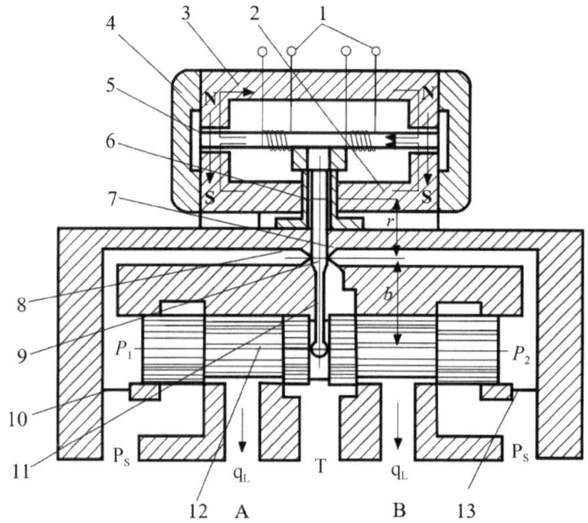

1—线圈；2、3—导磁体；4—永久磁铁；5—衔铁；6—弹簧管；7、8—喷嘴；9—挡板；
10、13—固定节流孔；11—反馈弹簧杆；12—主滑阀。

图3.16 喷嘴挡板式电液伺服阀的工作原理

3.3.2 电液比例控制阀

电液比例控制阀的控制信号为模拟量，通过控制比例电磁铁的电流来控制阀芯的位移量，从而实现对液流的方向、压力和流量的连续控制。电液比例控制阀具有结构简单、响应速度快、控制精度高等特点，因此在许多工程领域得到了广泛应用。电液比例控制阀的工作原理与电液伺服阀类似，也是通过电气和液压的结合来实现对液压执行元件的控制的。但是，由于电液比例控制阀的控制信号是模拟量，而非数字量，因此其控制精度和动态响应特性相对于电液伺服阀会有所降低。

图 3.17 所示为一种电液比例控制阀的结构示意图。该换向阀由压力阀 1 和力马达 2 两部分构成。当力马达 2 的线圈通入电流 I 时，推杆 3 通过钢球 4 和弹簧 5 将电磁推力传递给锥阀 6，且电磁推力的大小与电流 I 成正比。当进油口 P 处的液压油对锥阀 6 的作用力超过弹簧力时，锥阀 6 会打开，允许液压油通过阀口并从出油口 T 排出。需要注意的是，阀口的开口大小并不影响电磁推力，但当流经阀口的流量发生变化时，由于阀座上的小孔处压差的改变，以及稳态液动力的变化等因素，被控制的液压油压力仍会发生一定的波动。

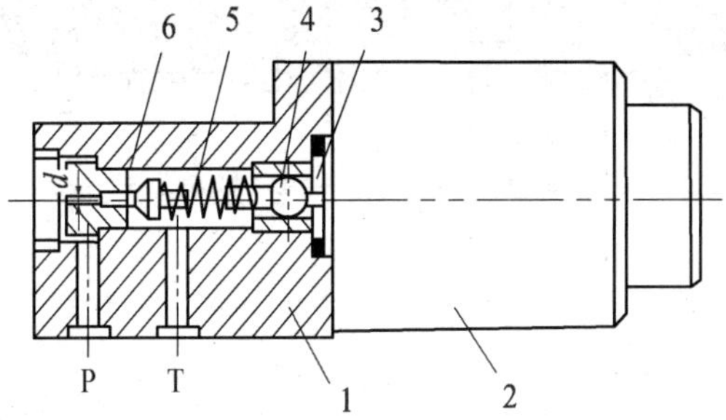

1—压力阀；2—力马达；3—推杆；4—钢球；5—弹簧；6—锥阀。

图 3.17　电液比例控制阀的结构示意图

3.3.3　电液比例换向阀

电液比例换向阀是一种特殊的电液比例控制阀，它主要用于控制液压执行元件的运动方向。电液比例换向阀通过控制比例电磁铁的电流来改变阀芯的位置，从而改变液压油的流向，实现执行元件的换向运动。电液比例换向阀的结构通常包括比例电磁铁、阀芯和阀体等部分。比例电磁铁是电液比例换向阀的控制部分，通过改变比例电磁铁的电流来改变其产生的电磁力，从而控制阀芯的位置。阀芯是电液比例换向阀的关键部分，其位置和移动方向决定了液压油的流向与执行元件的运动方向。阀体是电液比例换向阀的主体部分，其内部设有进油口、出油口和回油口等通道，以实现液压油的流通和控制。

电液比例换向阀的工作原理如图 3.18 所示，先导级电液比例减压阀由两个比例电磁铁 2、4 和阀芯 3 组成，其出口压力经通道 a、b 反馈至阀芯 3 的右端，与比例电磁铁 2 的电磁力平衡。因此减压后的压力与供油压力的高低无关，而只与输入电流信号的大小成比例。减压后的液压油经通道 a、c 作用在液动换向阀阀芯 5 的右端，使其左移，打开 P 与 B 的连通阀口并压缩左端的弹簧，阀芯 5 的移动量与控制油压成正比，即阀口的开口大小与输入电流信号成正比。如果输入电流信号给比例电磁铁 4，则相应地打开 P 与 A 的连通阀口，通过阀口输出的流量与阀口的开口大小，以及阀口前后压差有关，即输出流量受到外界载荷大小的影响。当阀口前后压差不变时，输出流量与输入电流信号的大小成比例。

电液比例换向阀的端盖上装有节流阀调节螺钉 1、6，通过这些螺钉，可以根据实际需求灵活地调整电液比例换向阀的换向时间。除此之外，该换向阀还具备与普通换向阀相似的功能，即可以拥有不同的中位机能。

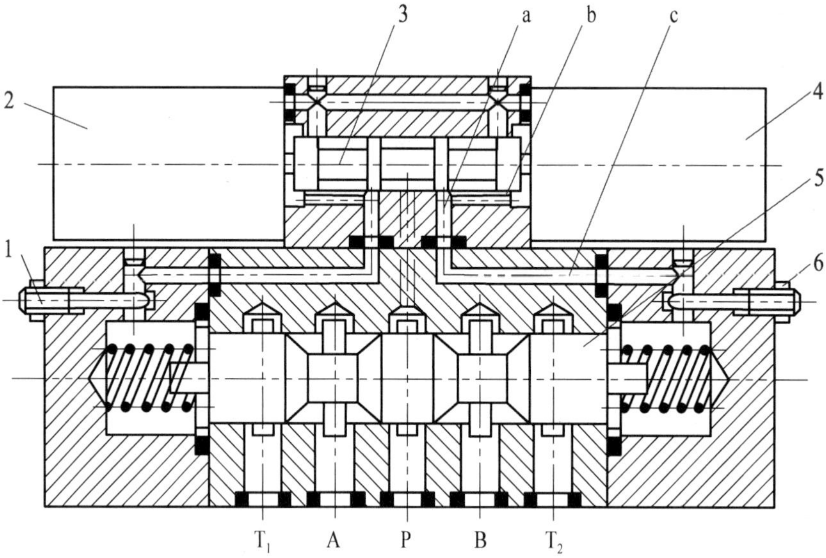

1、6—节流阀调节螺钉；2、4—比例电磁铁；3、5—阀芯。

图 3.18 电液比例换向阀的工作原理

3.3.4 摆动式液压缸

摆动式液压缸也称摆动液压马达，是输出扭矩并实现往复运动的执行元件。它有多种形式，包括单叶片式、双叶片式和螺旋摆动式等。摆动式液压缸的特点包括大扭矩、小体积、精确控制等。摆动式液压缸是通过液压驱动缸体内的转子或叶片进行摆动运动的，从而实现扭矩的输出。其中，螺旋摆动式液压缸通过两个螺旋副将液压缸内活塞的直线运动转变为直线运动与自转运动的复合运动，从而实现摆动运动。摆动式液压缸的控制精度和稳定性非常高，可以通过控制液压油的进出方向和流量来调节摆动角度与速度。

摆动式液压缸的结构也比较紧凑，通常由缸体、转子、叶片、配流盘等组成。其中，缸体是固定部分，转子和叶片是运动部分，配流盘负责控制液压油的进出方向和流量。摆动式液压缸的密封性能也非常重要，需要采用可靠的密封结构来防止液压油泄漏。

图 3.19（a）所示为单叶片式摆动缸，它的摆动角度较大，可达300°。当它的进、出油口压力分别为 p_1 和 p_2，且输入流量为 q 时，其输出转矩 T 和角速度 ω 分别为

$$T = b\int_{R_1}^{R_2}(p_1 - p_2)r\mathrm{d}r = \frac{b}{2}\left(R_2^2 - R_1^2\right)(p_1 - p_2) \tag{3.1}$$

$$\omega = 2\pi n = \frac{2q}{b}\left(R_2^2 - R_1^2\right) \tag{3.2}$$

式中，b 为叶片宽度；R_1、R_2 分别为叶片底部和顶部的回转半径。

图 3.19（b）所示为双叶片式摆动缸，它的摆动角度较小，最大只有150°，其输出转矩是单叶片式摆动缸的 2 倍，而其角速度则是单叶片式摆动缸的 1/2。

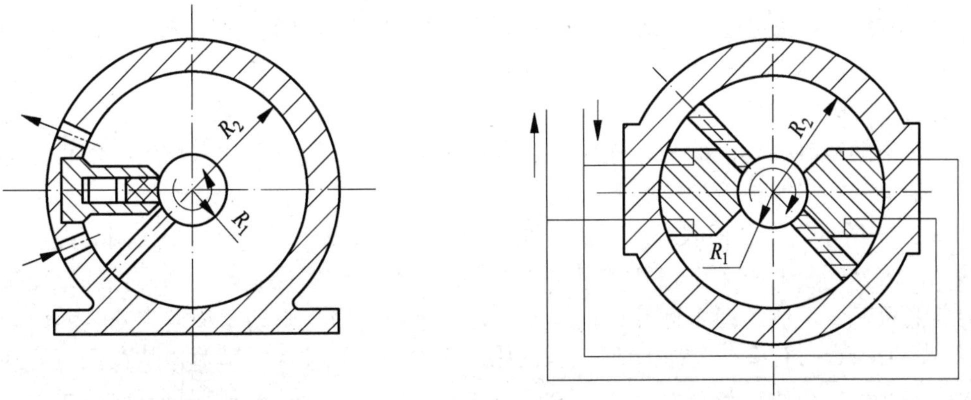

（a）单叶片式摆动缸　（b）双叶片式摆动缸

图 3.19　摆动式液压缸

3.3.5　齿条传动液压缸

齿条传动液压缸是一种特殊的液压缸，其传动采用齿条和齿轮的啮合来实现。具体来说，齿条传动液压缸在活塞杆上加工出齿条，而齿轮与传动轴连成一体。当液压缸的某一腔进油时，活塞杆带动齿条运动，进而使齿轮旋转。这种传动方式可以实现活塞杆的直线运动与齿轮的旋转运动的转换。齿条传动液压缸具有结构紧凑、传动效率高、动作平稳等优点，因此在一些需要同时实现直线运动和旋转运动的场合得到了应用。

齿条传动液压缸的结构形式有很多种，图 3.20 所示为一种用于驱动回转工作台回转的齿条传动液压缸。在图 3.20 中，活塞 4、7 用螺钉固定在齿条 5 的两端，端盖 2、8 通过螺钉、压板和半圆环 3 连接在缸筒上。当液压油从油口 A 进入液压缸左腔时，推动齿条活塞向右运动，通过齿轮 6 带动回转工作台运动，液压缸右腔的回油经油口 B 排出。当液压油从油口 B 进入液压缸右腔时，推动齿条活塞向左运动，齿轮 6 反方向回转，液压缸左腔的回油经油口 A 排出。活塞的行程可以通过调节两端盖上的螺钉 1 和 9 来实现。端盖 2 和 8 上的沉孔与活塞 4 和 7 两端的凸头共同构成了间歇式缓冲装置。

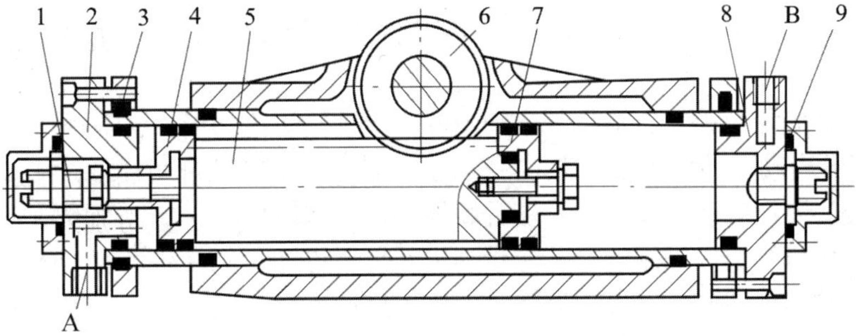

1、9—螺钉；2、8—端盖；3—半圆环；4、7—活塞；5—齿条；6—齿轮。

图 3.20　用于驱动回转工作台回转的齿条传动液压缸

3.3.6　液压伺服马达

液压伺服马达是一种特殊的液压执行元件，主要用于将液压能转换为机械能，并通过控制输入信号实现对输出转速、转向和转矩的精确控制。液压伺服马达通常具有较快的响应速度、较高的控制精度和稳定性，因此被广泛应用于各种需要精确控制转速和转矩的液压系统中。

液压伺服马达的结构和工作原理与普通液压马达相似，但其在控制方式和性能上有一些特殊的要求。例如，液压伺服马达需要采用高精度的控制阀和传感器，以实现对其输出转速、转向和转矩的精确控制。此外，液压伺服马达还需要具有较高的动态响应特性和稳定性，以满足复杂多变的工作环境和控制要求。

图 3.21 所示为滑阀伺服马达的工作原理图。滑阀伺服马达有阀套和在阀套内沿轴线移动的阀芯，依靠阀套上的 5 个口和阀肩的 3 个凸肩可实现伺服控制，中部的供油口连接有一定压力的液压源，两侧的两个回油口连接油箱，两个载荷口与驱动器相连。若供油口处于关闭状态，则当阀芯向右移动（$x>0$）时，供油压力为 P_s，液压油经过节流口从左通道流到驱动器活塞左侧并以压力使载荷向右移动（$y>0$）；相反，当阀芯向左移动（$x<0$）时，压力将液压油供到驱动器活塞右侧，使载荷向左移动（$y<0$）。

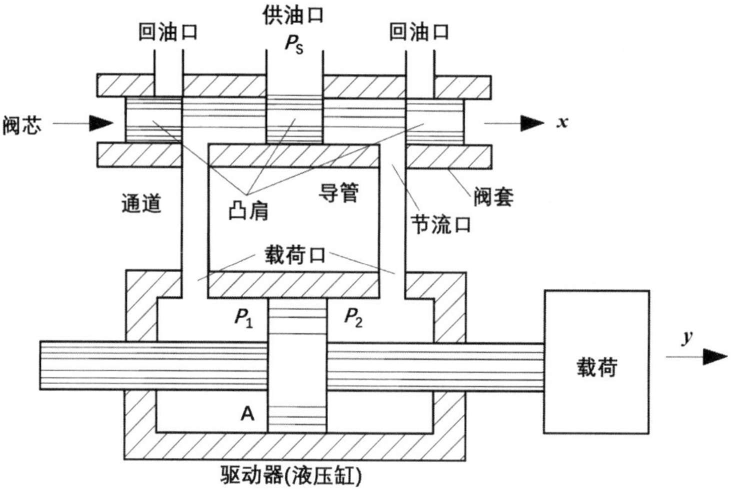

图 3.21 滑阀伺服马达的工作原理图

3.4 气动驱动系统

气动驱动系统是一种以压缩空气为动力源，通过气压传动来实现各种运动和动力传递的系统。它是工业自动化领域中常见的一种传动方式，具有许多独特的优点和广泛的应用场景。气动驱动系统主要由气液增压缸、工作台和控制逻辑阀组成。其中，气液增压缸是系统的核心部件，它利用压缩空气来驱动，从而带动工作机构进行往复直线运动、旋转运动或摆动运动。工作台是被驱动的对象，可以根据具体需求进行定制和设计。控制逻辑阀用于控制压缩空气的流向和压力，从而实现对气液增压缸的精确控制。

气动驱动系统具有许多优点，如结构简单、维护方便、成本低等。首先，气动驱动系统以空气为动力源，取之不尽，用之不竭，且排气处理简单，不污染环境。其次，气动驱动系统具有较大的驱动力，适用于大修程作业。此外，气动驱动系统易于实现过载保护，维修方便，并且容易实现自动化控制。然而，气动驱动系统也存在一些缺点。首先，由于空气具有可压缩性，因此气动驱动系统的工作速度的稳定性相对较差。其次，气动驱动系统的工作压力较低，一般为 0.3～1MPa，因此其输出功率相对较小。此外，气动驱动系统的传动平稳性也较差，且噪声较大，在高速排气时需要加消声器。

3.4.1　气动驱动回路

图 3.22 所示为一典型的气动驱动回路，图中没有画出空气压缩机和储气罐。压缩空气由空气压缩机产生，其压力为 0.5～0.7MPa，并被送入储气罐，由储气罐用管道接入驱动回路。在流动过程中，压缩空气首先经过过滤器，以清除其中的灰尘和水分；接着，压缩空气进入压力调整阀，将压力调整至 4～5MPa；在油雾器中，压缩空气与油雾混合，这些油雾不仅用于润滑系统的换向阀及气缸，还起到一定的防锈作用；经过油雾器处理的压缩空气进入换向阀，换向阀根据收到的电信号改变阀芯的位置，从而引导压缩空气进入气缸的 A 腔或 B 腔，进而驱动活塞向右或向左运动。

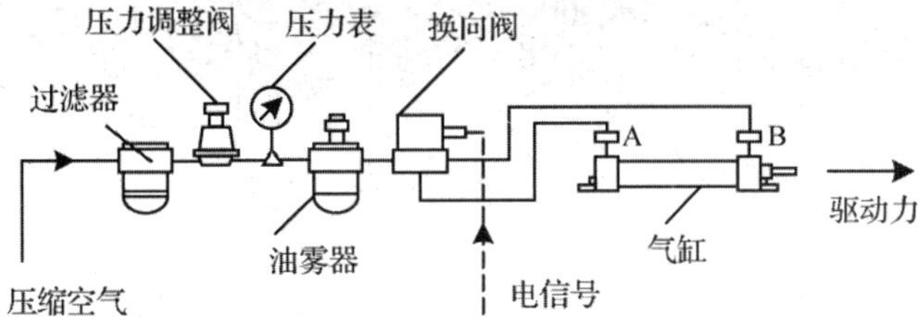

图 3.22　气动驱动回路

3.4.2　气源系统的组成

一般规定，在排气量大于或等于 6～12m³/min 的情况下，就有必要单独设立压缩空气站。压缩空气站的核心组件包括空气压缩机、吸气过滤器、后冷却器、油水分离器和储气罐。若对气体品质有更高的要求，则需要额外配置气体的干燥、净化等处理设备。

1．空气压缩机

空气压缩机是一种用于压缩气体的设备，是将原动（通常是电动机或柴油机等内燃机）的机械能转换成气体压力能的装置。它与水泵构造类似，大多数空气压缩机为往复活塞式、旋转叶片式或旋转螺杆式。空气压缩机是气源系统的核心部分，其种类繁多，按工作原理可分为容积式压缩机、动力式压缩机和热力式压缩机等。其中，容积式压缩机最为常见，它又分为往复活塞式压缩机、回转式压缩机等。回转式压缩机又包括螺杆式、滑片式、罗茨式等。

空气压缩机在工作过程中会产生大量的热量和噪声，因此需要通过冷却器和消声器等设备进行散热与降噪。同时，为了保证压缩空气的质量，还需要使用过滤器、干燥器等设备对压缩空气进行过滤和干燥处理。

2．气源净化辅助设备

气动驱动系统的气源净化辅助设备是确保压缩空气质量和系统稳定运行的关键组件。这些设备的主要作用是去除压缩空气中的杂质、水分和油污，以保证气动驱动系统的正常工作和延长设备的使用寿命。气源净化辅助设备包括后冷却器、油水分离器、储气罐、干燥器和过滤器等。

（1）后冷却器。后冷却器安装在空气压缩机出口处的管道中。它对空气压缩机排出的温度高达 150℃左右的压缩空气进行降温，同时使混入压缩空气的水汽和油气分别凝聚成水滴与油滴。通过后冷却器的气体温度降至 40～50℃。风冷式后冷却器如图 3.23 所示。

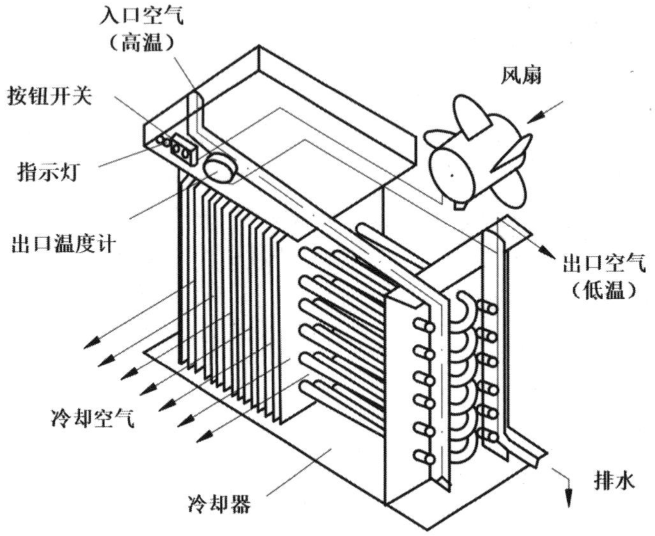

图 3.23 风冷式后冷却器

（2）油水分离器。油水分离器用于去除压缩空气中的油污和水分，保证压缩空气的质量。油水分离器通常采用重力沉降或离心分离的原理，将油污和水分从压缩空气中分离出来。撞击折回式油水分离器的结构如图 3.24 所示。

（3）储气罐。储气罐如图 3.25 所示，其作用是储存一定量的压缩空气，以确保为气动装置提供连续且稳定的压缩空气。此外，储气罐还能减小因气流脉动引发的管道振动，并可进一步分离油污、水分等杂质。

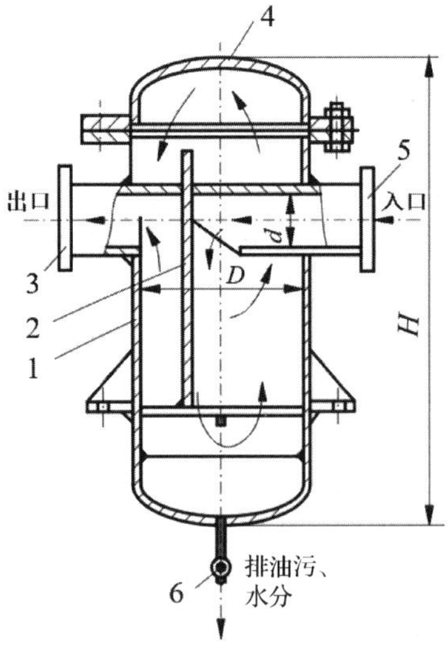

1—油水分离器壳体；2—隔板；3—输出管；4—上封头；5—进气管；6—阀。

图 3.24 撞击折回式油水分离器的结构

图 3.25 储气罐

（4）干燥器。干燥器如图 3.26 所示，用于去除压缩空气中的水分，防止设备生锈和损坏。

干燥器通常采用吸附式或冷冻式干燥技术，将压缩空气中的水分降低到较低水平。

（5）过滤器。过滤器如图 3.27 所示，用于进一步去除压缩空气中的微小颗粒和杂质，提高压缩空气的质量。精密过滤器通常采用超细纤维或活性炭等材料，对压缩空气进行高效过滤。

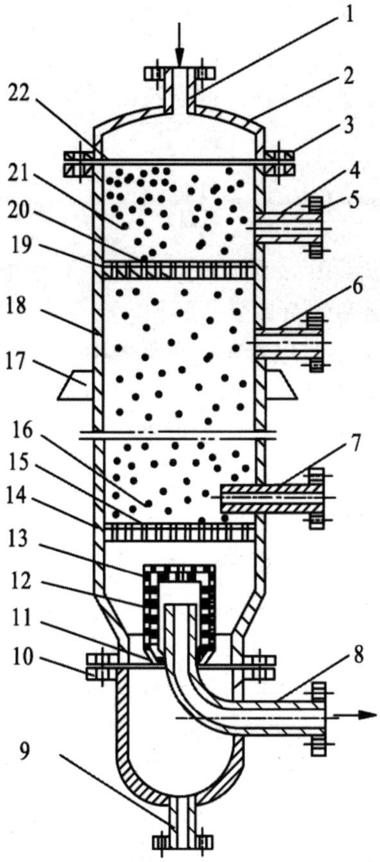

1—湿空气进气管；2—椭圆封头；3、5、10—法兰；
4、6—再生空气排气管；7—再生空气进气管；
8—干燥空气输出管；9—排水管；11、22—密封垫；
12、15、20—钢丝过滤网；13—毛毡；14—下栅板；
16、21—吸附剂；17—支承板；18—外壳；19—上栅板。

图 3.26　干燥器

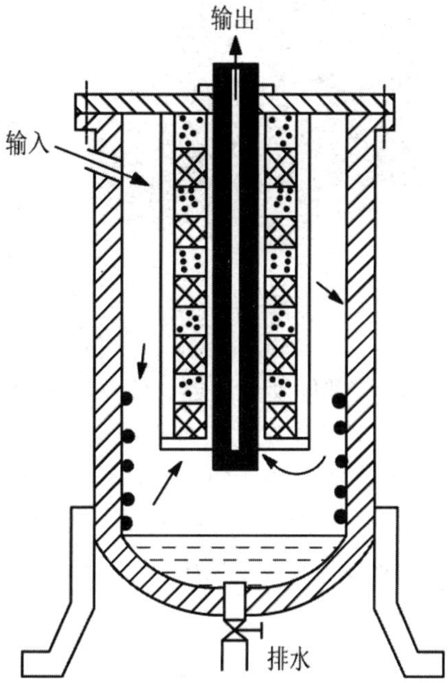

图 3.27　过滤器

3.4.3　气动驱动器

气动驱动器是一种将压缩空气的能量转化为机械能的装置，是气动执行元件的一种。它通过压缩空气来驱动机构进行直线、摆动或旋转运动，从而实现各种动作和功能。气动驱动器具有结构简单、响应速度快、维护方便、成本低等优点，因此在工业自动化、机械、冶金、化工等领域得到了广泛应用。常见的气动驱动器包括气缸、摆动马达、气液增压缸等。

气缸是最常见的气动驱动器之一，它将压缩空气引入气缸内部，使活塞产生直线运动，从而驱动机构工作。气缸具有结构简单、行程可调、响应速度快、推力大等优点，广泛应用于各种自动化设备和机械中。摆动马达是另一种常见的气动驱动器，它将压缩空气引入马达内部，使马达产生摆动运动，从而驱动机构进行角度调整或开关动作。摆动马达具有结构简单、动作可靠、精度高等优点，常用于需要精确控制角度的场合。气液增压缸是一种将气液转换技术与传统气缸相结合的新型气动驱动器。它利用压缩空气推动液压油，通过增压机构实现高压输出，从而驱动机构进行高速、高精度的直线运动。气液增压缸具有推力大、响应速度快、精度高等优点，适用于需要大推力和高精度控制的场合。

由于空气的可压缩性，气缸的特性与液压缸的特性有所不同。因为空气在温度和压力变化时将导致密度变化，所以采用质量流量比采用体积流量更方便。假设气缸不受热的影响，则质量流量 Q_M 与活塞速度 v 之间的关系为

$$Q_M = \frac{1}{RT}\left(\frac{V}{k} \times \frac{dp}{dt} + pAv\right) \tag{3.3}$$

式中，R 为气体常数；T 为热力学温度；V 为气缸腔的容积；k 为比热容常数；p 为气缸腔内的压力；A 为活塞的有效受压面积。

图 3.28 叶片气动马达

从式（3.3）中可以看出，在系统中，活塞速度与质量流量之间的关系不像 $v=Q/A$ 那样简单，气动系统产生的力与液压系统相同，也可以用式 $F = A\Delta p$ 来表达。典型的气动马达包括叶片气动马达（见图 3.28）和径向活塞气动马达，它们的工作原理与液压马达相似。气动机械在运行过程中可能会产生较大的噪声，因此在某些情况下需要安装消声器来降噪。叶片气动马达的显著优点在于其转速高、结构紧凑及轻质，然而，其缺点在于气动启动力矩相对较小。

图 3.29 展示了气动驱动器的控制原理，其中包括放大器、电动部件及变速器、位移（或转角）-气压变换器和气-电变换器等组件。放大器负责将输入的控制信号放大，进而驱动电动部件及变速器；电动部件及变速器负责将电能转化为机械能，产生线位移或角位移。这些位移通过位移（或转角）-气压变换器（具体为喷嘴挡板式气压变换器）转化为与控制信号相对应的气压值；气-电变换器将输出的气压转换为电量，供显示或作为反馈信号使用。

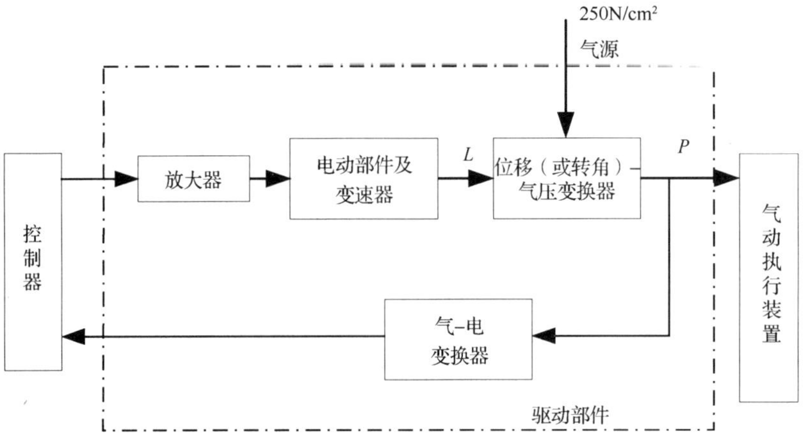

图 3.29 气动驱动器的控制原理

本章小结

机器人需要驱动系统来运行，驱动系统包括液压驱动系统、气动驱动系统和电动驱动系统 3 种。液压驱动系统适用于高载荷，通过泵产生流体压力驱动机械臂；气动驱动系统适用于中/低载荷，利用空气和气动马达抓取物体；电动驱动系统适用于低载荷，通过电动机提供动力。电动机的类型很多，直流电动机最适合高精度运动。此外，末端执行器（如夹持器，其中真空和磁性夹持器常见）用于拾取和保持物体。

习题

1．试对常用电动驱动系统的特点进行比较。
2．简述液压驱动、气动驱动、电动驱动的优/缺点。
3．伺服驱动器主要有哪 4 种？
4．简述电液伺服系统的工作原理，以及它在工业机器人驱动中的作用。
5．简述电液比例控制阀的特点。
6．气源净化辅助设备由哪些部分组成？

第 4 章　工业机器人的感知系统

4.1　引　　言

工业机器人的感知系统是一种用于让机器人能够识别和处理物体，从而执行准确任务的系统。通过感知，机器人能够获得环境中的信息以完成所指定的任务。感知与自身工作状态相关的机械量，如位移、速度、加速度、力和力矩等。通过视觉传感器，机器人可以识别和检测环境与物体，获取目标的位置信息。视觉伺服系统将视觉信息作为反馈信号，用于控制、调整机器人的位置和姿态。

4.2　工业机器人传感器概述

工业机器人传感器的发展历史可以追溯到早期机器人的出现。在机器人技术发展初期，传感器主要用于实现基本的感知和控制功能。随着机器人技术的不断发展和应用需求的提高，传感器也经历了从简单到复杂、从单一到多样的演变过程。

早期的工业机器人传感器主要基于传统的传感器技术，如电位器、光电编码器、霍尔元件等。这些传感器主要用于测量机器人的位置和姿态，实现基本的运动控制。随着微电子技术和半导体技术的发展，传感器逐渐实现了微型化和集成化，出现了多种新型的传感器，如加速度计、陀螺仪、磁力计等。

随着机器人应用领域的不断拓展，传感器也开始向多样化和高性能方向发展。例如，在自动化生产线中，机器人需要识别和处理各种不同类型的工件，这就需要使用视觉传感器、激光传感器等新型的传感器。同时，随着人工智能和机器学习技术的发展，传感器也开始具备数据处理和智能决策的能力，从而实现了从感知到认知的升级。

近年来，随着物联网和 5G 技术的发展，工业机器人传感器也开始向无线化、网络化和智能化方向发展。传感器可以通过无线网络实现远程监控和控制，提高了机器人的可操作性和灵活性。同时，传感器也可以与其他设备和系统进行互联互通，实现机器人与周围环境的智能交互和协同工作。

4.2.1　工业机器人传感器的分类

工业机器人传感器可以根据不同的分类标准进行划分。以下是几种常见的分类方式。

（1）根据传感器检测原理的不同，可以分为电阻、电容、电感、电压、电涡流、光电、压电、热电、磁电、磁阻、霍尔、应变、超声、激光等传感器。

（2）根据传感器检测物理量的不同，可以分为视觉传感器、听觉传感器、嗅觉传感器、触觉传感器、接近传感器、滑觉传感器、压觉传感器、力觉传感器等。

（3）根据传感器检测对象的不同，可以分为内部传感器和外部传感器。内部传感器主要用于检测机器人自身的状态，如位置、速度、加速度、力矩等；外部传感器主要用于检测机器人周围环境的信息，如距离、障碍物、声音、光照、温度、湿度等。

（4）根据传感器输出信号性质的不同，可以分为模拟型传感器、数字型传感器和开关型传感器。模拟型传感器输出连续变化的模拟信号，数字型传感器输出离散的数字信号，开关型传感器输出开关信号。

总之，工业机器人传感器的分类方式多种多样，不同的分类方式反映了传感器不同的特点和应用场景。在实际应用中，需要根据具体需求选择合适的传感器类型和相应的技术实现方案。

4.2.2 多传感器信息融合技术的发展

工业机器人的多传感器信息融合技术是近年来发展迅速的一个领域，它涉及多个传感器数据的获取、处理、融合和决策等多个环节。随着机器人应用领域的不断拓展和工作环境的日益复杂，多传感器信息融合技术对于提高机器人的感知能力、决策水平和适应性具有重要意义。多传感器信息融合技术的发展主要体现在以下几方面。

（1）数据处理技术的提升。随着大数据、云计算等技术的发展，多传感器信息融合技术可以处理更多数据，提高数据处理的速度和效率。同时，数据融合算法的不断优化和改进，也使得融合结果更加准确和可靠。

（2）传感器种类的增加和性能的提升。随着传感器技术的不断发展，越来越多的传感器被应用于机器人中，如视觉传感器、力觉传感器、触觉传感器、听觉传感器等。这些传感器可以提供更加全面和准确的环境信息，为机器人的决策和控制提供更多支持。同时，传感器性能的不断提升（如精度、稳定性、可靠性等方面的提升）也为多传感器信息融合技术的发展奠定了更好的基础。

（3）智能化和自主化程度的提高。随着人工智能、机器学习等技术的发展，多传感器信息融合技术也开始向智能化和自主化方向发展。机器人可以通过学习和训练实现对多传感器数据的自动处理与融合，提高机器人的智能化程度和自主决策能力。

（4）跨学科交叉融合。多传感器信息融合技术涉及信号处理、概率统计、信息论、模式识别、人工智能、模糊数学等多个学科领域。随着这些学科领域的不断交叉融合和发展，多传感器信息融合技术也将不断得到创新和突破，为机器人的智能化和自主化提供更好的支持。

4.3 工业机器人的内部传感器

工业机器人的内部传感器是指安装在机器人内部，用于检测机器人自身状态和内部参数的传感器，包括工业机器人的位置传感器、速度传感器、加速度传感器、力传感器和温度传感器等。这些传感器可以实时监测机器人的各种物理量和运动状态，为机器人的运动控制、作业规划和自主决策提供重要的信息支持。

4.3.1 位置传感器

位置传感器是工业机器人的内部传感器中非常重要的一种，用于实时监测机器人的关节角度、末端执行器位置等关键信息。这些信息对于机器人的运动控制、路径规划和作业执行都至关重要。位置传感器主要有两种类型：直线移动传感器和角位移传感器。

直线移动传感器主要有电位计式位移传感器和可调变压器两种。它们能够直接测量机器人的直线位移，为机器人的精确定位提供数据支持。

角位移传感器包括电位计式、可调变压器（旋转变压器）及光电编码器 3 种。其中，光电编码器有增量式编码器和绝对式编码器两种形式。增量式编码器一般用于零位不确定的位置伺服控制，而绝对式编码器则能够得到对应编码器初始锁定位置的驱动轴瞬时角度值。当设备受到压力时，只要读出每个关节编码器的读数，就能够对伺服控制的给定值进行调整，防止机器人启动时产生过度剧烈的运动。

这些位置传感器通常安装在机器人的关节部位，通过实时监测机器人的位置信息，为机器人的运动控制提供精确的数据支持。同时，它通过与速度传感器、加速度传感器等其他内部传感器的协同作用，可以实现对机器人运动状态的全面监测和控制，提高机器人的作业精度和稳定性。下面介绍几种常见的位置传感器。

1．电位计式位移传感器

电位计式位移传感器是一种将机械位移转换为与之成一定函数关系的电阻或电压输出的传感器。它主要由电阻元件、电刷和骨架组成。电位计式位移传感器的工作原理是，当电刷在电阻元件上移动时，会改变电阻元件接触点的位置，从而改变电阻值或电压输出。这个电阻值或电压输出与机械位移之间存在一定的函数关系，通过这个函数关系可以确定机械位移的大小和方向。

图 4.1 所示为一个线性电位计式位移传感器的原理图。在这个装置中，触头与电阻接触，并置于承载物体的工作台下方。当工作台左右移动时，触头会随之移动，进而改变其与电阻接触的位置。通过这种变化，该装置能够精确测量工作台相对于电阻中心的移动距离。

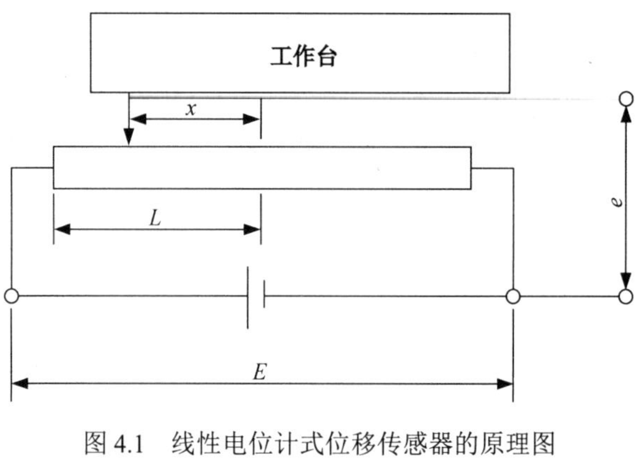

图 4.1　线性电位计式位移传感器的原理图

假定输入电压为 E，最大移动距离（从电阻中心到一端的长度）为 L，在滑动触头从中心向左移动 x 的情况下，假定电阻右侧的输出电压为 e。若在如图 4.1 所示的电路上流过一定的

电流，则由于电压与电阻的长度成比例（全部电压按电阻长度进行分压），左、右侧的电压比等于电阻长度比，即

$$(E-e)/e=(L-x)/(L+x) \tag{4.1}$$

因此可得移动距离 x 为

$$x=\frac{L(2e-E)}{E} \tag{4.2}$$

将图 4.1 中的电阻弯成圆弧形，并将滑动触头的另一端固定在圆弧的中心，使其能够像时针一样旋转。由于电阻的长度会随着旋转角度的变化而变化，因此可以基于先前提到的理论构建一个角度传感器。如图 4.2 所示，这种电位计由环状电阻和与其一边电气接触一边旋转的电刷共同组成。当电流通过电阻流动时，会形成电压分布。如果将这个电压分布制作成与角度成比例的形式，则从电刷上提取的电压值也与角度成比例。作为电阻，可以采用两种类型：一种是用导电塑料经成型处理做成的导电塑料型，如图 4.2（a）所示；另一种是在绝缘环上绕上电阻线做成的线圈型，如图 4.2（b）所示。

图 4.3 所示为一种光电位置传感器，通过事先确定光源（LED）和感光部分（光电晶体管）之间的距离与感光量之间的关系［见图 4.3（b）］，就可以根据测量的感光量计算出位移 x。

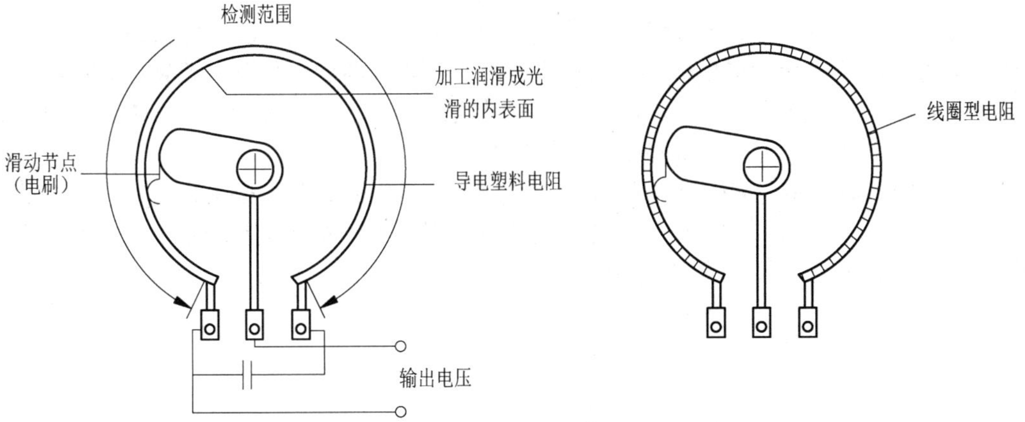

（a）导电塑料型　　（b）线圈型

图 4.2　角度式电位计

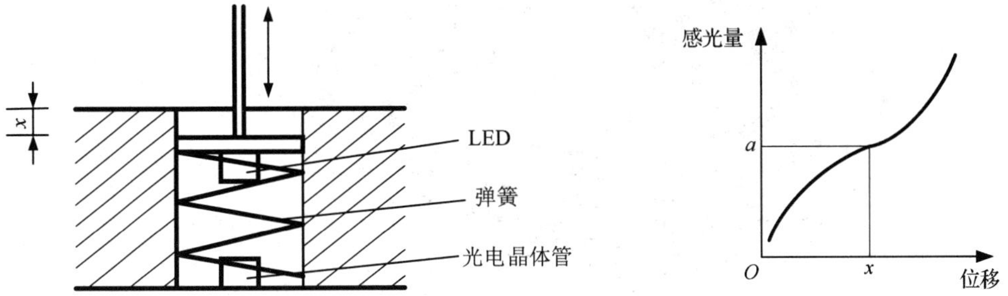

（a）机构　　（b）感光量曲线

图 4.3　光电位置传感器

2. 编码器

编码器是一种常用的机器人传感器，用于测量机器人的位置、速度和方向等参数。编码器通常被安装在机器人的关节或轮子等部位，通过监测其旋转角度或位移来实现对机器人运动状态的精确测量和控制。编码器主要分为两种类型：光学式编码器和磁式编码器。光学式编码器通常使用光电转换技术，通过检测光线的透过或不透过来测量旋转角度或位移。磁式编码器利用磁场的变化来测量旋转角度或位移。根据测量原理的不同，编码器还可以分为增量式编码器和绝对式编码器。增量式编码器只能测量相对位移或旋转角度，而绝对式编码器则可以直接测量出绝对位置信息。

在机器人中，编码器通常被用于实现精确的位置控制、速度控制和方向控制。通过与电动机、控制器等设备的协同作用，编码器可以帮助机器人实现高精度的运动轨迹和作业执行。另外，编码器还可以提供机器人运动状态的反馈信号，用于机器人的自主导航、避障和姿态调整等功能。

光学式编码器是角位移测量中的关键组件，其出色的分辨率能够完全契合工业机器人的技术要求。这种非接触型传感器分为绝对型和增量型两类，它们各具特色。绝对型编码器在通电后能立即提供实际的线性或旋转位置信息，省去了烦琐的校准步骤，使得工业机器人的关节位置在控制器中一目了然。相比之下，增量型编码器需要依赖校准程序来确定机器人与基准点的相对位置。

在工业机器人应用中，旋转编码器因其广泛的应用场景而备受青睐，尤其在处理机器人的旋转关节时。这是因为，与棱柱形关节相比，工业机器人的旋转关节的数量更为突出。尽管旋转编码器在某些应用中具有独特的优势，但其成本较高，通常仅在球坐标工业机器人等需要线性移动的关节中采用旋转编码器作为替代方案。

（1）光学式绝对型旋转编码器。光学式绝对型旋转编码器（见图 4.4）通过在输入轴的旋转圆盘上设置 n 条同心圆状的环带（旋转码盘）来实现角度测量。这些环带上的角度被实施二进制编码，并且环带上印有不透明条纹。

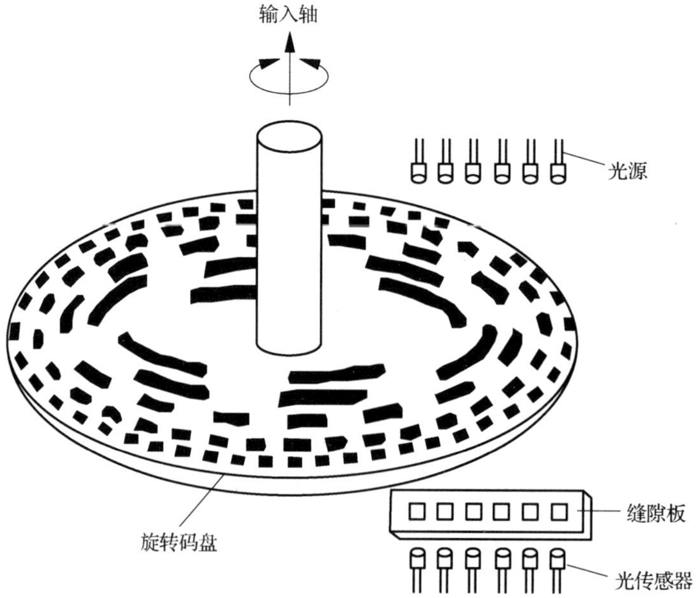

图 4.4 光学式绝对型旋转编码器

将旋转码盘置于光线的照射下，当透过旋转码盘的光由 n 个光传感器进行判读时，判读出的数据变成 $n$bit 的二进制码。格雷码是二进制码中唯一无判读误差的种类，因此其应用广泛。编码器的分辨率由比特数（环带数）决定，如 12bit 编码器的分辨率为 2^{-12}=1/4096，并对 1 转 360° 进行检测，因此可以有 360° /4096 的分辨率。

光学式绝对型旋转编码器的角度和角速度可以通过单个传感器进行检测。由于编码器的输出直接反映了旋转角度的即时值，因此，通过记录单位时间前的值并计算其与当前值的差值，就可以得到角速度。

（2）光学式增量型旋转编码器。图 4.5 所示为光学式增量型旋转编码器。编码器的旋转圆盘上配置有一条环带（也称旋转缝隙圆盘），被等分为 m 部分，并且上面印有不透明条纹。当旋转缝隙圆盘被光线穿透时，一个光传感器（A）负责读取透过的光线。由于每当旋转缝隙圆盘转过固定角度时，光传感器的输出电压就会在高电平（H）和低电平（L）之间交替变化。因此，通过计数器记录这些变化次数，就能准确计算出旋转缝隙圆盘转过的角度。由于旋转缝隙圆盘在顺时针和逆时针旋转时，光传感器（A）的输出电压都会在 H 和 L 之间交替变化，因此无法直接判断其旋转方向。为了解决这个问题，首先将旋转缝隙圆盘从一个条纹旋转到下一个条纹定义为一个周期，然后在相对于光传感器（A）移动 1/4 周期的位置上增加一个光传感器（B），并提取其输出量。这样，A 和 B 的输出量时域波形在相位上就会相差 1/4 周期，如图 4.6 所示。

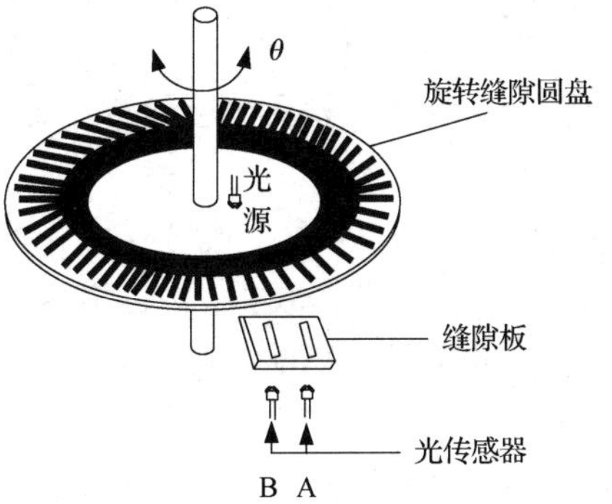

图 4.5　光学式增量型旋转编码器

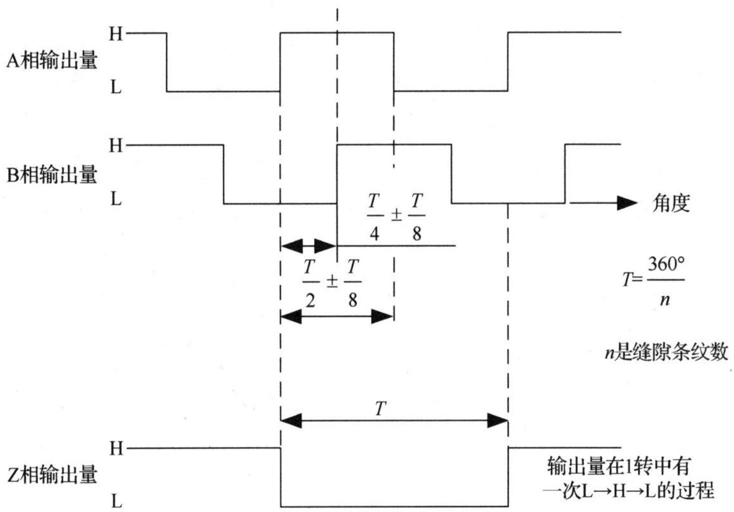

图 4.6　光学式增量型旋转编码器输出波形

当旋转缝隙圆盘沿顺时针方向旋转时，A 会比 B 先发生变化；而当旋转缝隙圆盘沿逆时针方向旋转时，情况恰好相反。因此，通过观察这两个传感器变化的先后顺序，就可以确定旋转缝隙圆盘的旋转方向。在使用光学式增量型旋转编码器时，只能获取从初始角度开始的角度变化量。因此，为了确定当前的绝对角度，需要采用其他方法来获取初始角度。编码器的角度分辨率是由缝隙条纹的数量决定的。光学式增量型旋转编码器同样可以依靠单个传感器来检测角度和角速度。这种编码器在单位时间内输出的脉冲数与角速度成正比，提供了一种直接测量旋转速度和方向的方法。绝对值型和增量型的混合编码器可提供更为全面、准确的旋转角度测量解决方案。这种编码器在确定初始位置时采用绝对值型编码器，以确保准确的起始点；而在确定从初始位置开始的变动角的精确位置时，则利用增量型编码器的高精度特性。

采用一个轴向移动板状的编码器被称为直线编码器。它的主要用途是检测单位时间内的位移，因此也可以被视为速度传感器。与旋转编码器相似，直线编码器同样可以用作位置传感器和加速度传感器。

（3）激光干涉式编码器。激光干涉式编码器是一种高精度的测量设备，它利用激光干涉原理实现位移的测量。相比于传统的光电编码器，激光干涉式编码器具有更高的精度和更长的测量范围。它通常由激光器、干涉仪、探测器等部分组成。激光器发射出激光束，经过干涉仪后被分成两束或多束光线，这些光线在测量物体上反射后再次汇合，形成干涉条纹。当测量物体发生位移时，干涉条纹会发生变化，探测器会检测到这些变化并将其转换成电信号，从而实现对位移的精确测量。

激光干涉式编码器具有多种优点，如高精度、高分辨率、高速度、长距离测量等。它可以应用于各种需要高精度测量的场合，如精密机械加工、光学测量、航空航天等领域。此外，由于激光干涉式编码器不受机械接触和磨损的影响，因此其具有较长的使用寿命和较高的可靠性。但其价格相对较高，且对环境条件要求较高，如温度、湿度、振动等都会对其测量精度产生影响。因此，在使用时需要严格控制环境条件，并进行定期校准和维护。

3. 分相器

分相器是一种用于将电源或信号分成多个相位输出的设备。在电力系统中，分相器通常用于将三相电源分成单相电源，以满足不同电气设备的需求。在电子设备中，分相器用于将信号分成多个相位，以实现信号的处理和传输。

分相器的种类繁多，根据不同的应用场合和需求，可以分为多种类型。在电力系统中，常见的分相器有电力分相器、高压分相器等。这些分相器通常具有结构简单、使用方便、安全可靠等特点，能够有效地将三相电源分成单相电源，为电气设备的正常运行提供保障。

分相器的工作原理如图 4.7 所示。当在两个相互成直角的固定线圈（定子线圈）上施加相位差为 90° 的两相正弦波电压 $E\sin\omega t$ 和 $E\cos\omega t$ 时，在内部空间会产生旋转磁场。当在这个旋转磁场中放置两个相互成直角的旋转线圈（转子线圈）时（设与固定线圈之间的相对转角为 θ），则在两个旋转线圈上产生的电压分别为 $E_0\sin(\omega t+\theta)$和 $E_0\cos(\omega t+\theta)$。如果用识别电路把这个相位差识别出来，则可以实现 2^{-17} 的分辨率。

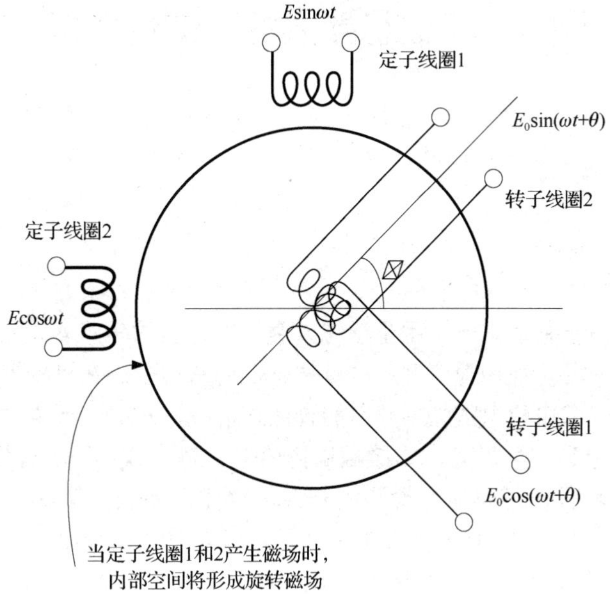

图 4.7　分相器的工作原理

4.3.2　姿态传感器

姿态传感器是一种基于 MEMS 技术的高性能三维运动姿态测量系统，它内部包含三轴陀螺仪、三轴加速度计和三轴电子罗盘等运动传感器，可以通过内嵌的低功耗 ARM 处理器得到经过温度补偿的三维姿态与方位等数据，并利用基于四元数的三维算法和特殊数据融合技术，实时输出以四元数、欧拉角表示的零漂移三维姿态方位数据。这种类型的姿态传感器具有安装方便、使用简单、体积小、抗外界电磁干扰、承受振动冲击能力强等特点，被广泛应用于航模无人机、机器人、机械云台、车辆船舶、地面及水下设备、虚拟现实、人体运动分析等领域。

姿态传感器主要基于传感器内部的陀螺仪、加速度计和电子罗盘等运动传感器来检测物体的姿态变化。陀螺仪可以测量物体绕 3 个轴的旋转角速度；加速度计可以测量物体在 3 个轴上的加速度；而电子罗盘则可以测量地球的磁场，从而推算出物体的朝向。通过将这些传感器的数据进行融合和处理，姿态传感器可以得到物体的实时姿态和方位信息。

姿态传感器内部的传感器数据融合算法通常采用基于四元数的三维算法，这种算法可以避免传统欧拉角表示方法中的万向锁问题，同时具有更高的数值稳定性和精度。此外，姿态传感器内部还采用了高分辨率差分数模转换器、自动补偿和滤波算法等技术，以最大程度减小环境变化引起的误差，提高测量精度和稳定性。

除基于 MEMS 技术的姿态传感器外，还有其他类型的姿态传感器，如光学姿态传感器、惯性姿态传感器、磁力姿态传感器等。光学姿态传感器利用光学原理检测物体的姿态变化，通常具有高精度和高稳定性，但成本较高，适用于对精度和稳定性要求较高的场合。惯性姿态传感器主要利用陀螺仪和加速度计等惯性器件来检测物体的姿态变化，具有自主性强、不受外界环境干扰等特点，但长时间工作会产生误差积累。磁力姿态传感器主要利用地球磁场检测物体的朝向，具有简单易用、成本低廉等特点，但受到周围磁场干扰的影响较大。

4.4　工业机器人的外部传感器

工业机器人的外部传感器是用于获取机器人外部环境信息的装置，可以帮助机器人感知周围环境的变化，从而实现更加精准、灵活和自主的运动控制。下面介绍几种常见的工业机器人的外部传感器。

4.4.1　触觉传感器

工业机器人的触觉传感器是一种用于模拟人类触觉功能的传感器，能够感知机器人与物体之间的接触力、压力、滑动等物理信息。这种传感器通常被安装在机器人的末端执行器或机械臂上，以便机器人能够感知和识别周围环境的物体与情况，从而实现更加精准和灵活的操作。

触觉传感器可以分为多种类型，如接触觉传感器、力-力矩觉传感器、压觉传感器和滑觉传感器等。其中，接触觉传感器能够检测机器人与物体之间的接触状态，如判断物体是否存在、是否接触紧密等；力-力矩觉传感器能够测量机器人末端执行器受到的力和力矩，从而实现精确的力控制；压觉传感器能够检测机器人与物体之间的压力分布，从而判断物体的形状和质地；滑觉传感器能够检测机器人与物体之间的滑动状态，从而避免滑动导致的操作失误。

1．接触觉传感器

接触觉传感器是一种用于判断机器人是否接触到物体的传感器。与一般的测距装置相比，接触觉传感器并没有具体的量化指标，其精度并不高，但它可以大致判断物体的形状，并且可以装于机器人的末端执行器上。

此外，接触觉传感器还可以采用碳素纤维及聚氨基甲酸酯为基本材料制成。当机器人与物体接触时，通过碳素纤维与金属针之间建立导通电路，这种传感器具有更高的触电安装密度、更好的柔性，并且可以安装于机械手的曲面手掌上。虽然接触觉传感器并不提供具体的量化指标，但它在机器人操作中的作用不可忽视。例如，在装配线上，接触觉传感器可以帮助机器人确定何时停止移动，避免对零件或机器人本身造成损坏。

图 4.8 展示了接触觉传感器的构造和实际应用场景。在工业机器人的手爪前端、内外侧面或类似手掌心的部位安装接触觉传感器，可以精准地识别手爪与物体的接触位置，使手爪能够逼近物体并准确无误地完成抓取动作。

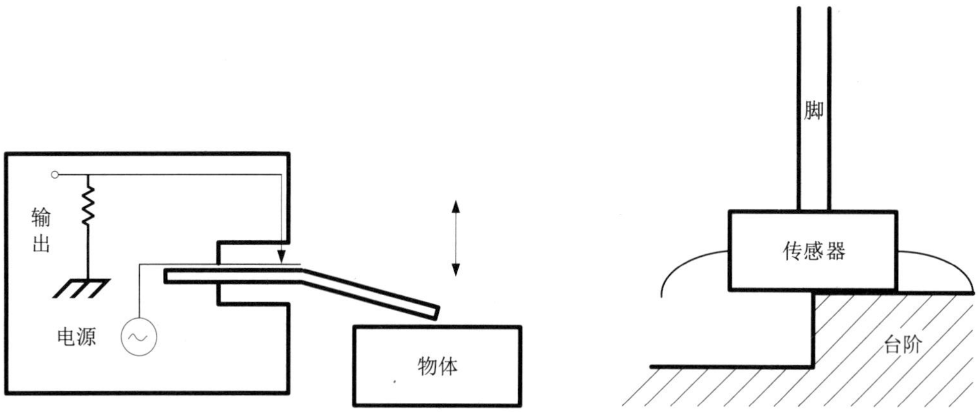

（a）构造　　　　（b）实际应用场景

图 4.8　接触觉传感器示例

2. 压觉传感器

压觉传感器也称压力觉传感器，是一种重要的感知装置，用于检测机器人手指握持面上承受的压力大小及分布。压觉传感器可以安装在机器人的手指或末端执行器上，以便机器人能够感知到与物体接触时的压力变化。

压觉传感器有多种类型，如压阻型、压电型、压敏型等。其中，压阻型传感器是最常用的一种，其原理是利用材料的电阻随压力的变化而变化的特性来测量压力。压电型传感器是利用压电效应来测量压力的，而压敏型传感器则是利用材料的电阻率或电容率随压力的变化而变化的特性来测量压力的。

压觉传感器具有许多优点，如灵敏度高、响应速度快、测量范围广等。它可以用于实现机器人的精确力控制、自适应抓取、物体识别等功能，从而提高机器人的操作精度和灵活性。此外，压觉传感器还可以与其他传感器（如触觉传感器、视觉传感器等）结合使用，以实现更加复杂和智能的操作。

图 4.9 所示为使用弹簧的平面压觉传感器，由于压力分布能够反映物体的形状，因此这种传感器也可以作为物体识别装置。将压电元件应用于感压导电橡胶板上，通过识别手的形状来鉴别人的系统同样是压觉传感器的一种实际应用。通过精细调控压觉传感器，工业机器人不仅能够抓取柔软的物体，还能够轻松抓取易碎的物品。

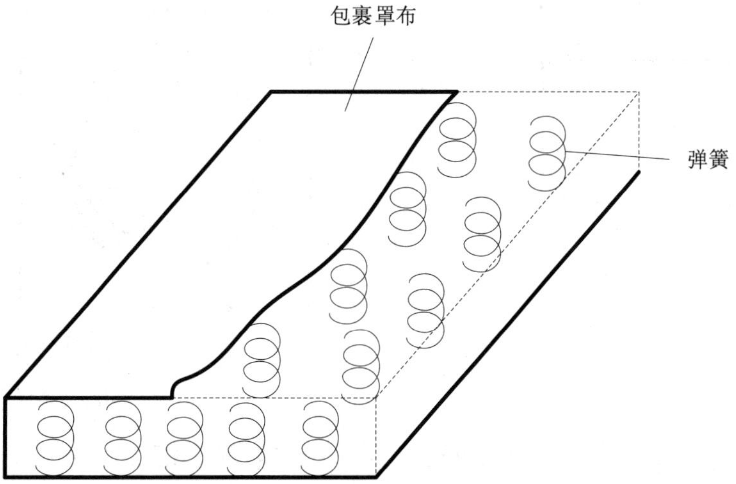

图 4.9　使用弹簧的平面压觉传感器

3. 滑觉传感器

滑觉传感器是一种用于检测机器人与物体之间滑移程度的传感器。在机器人抓取和搬运物体时，滑觉传感器可以实时监测物体与机器人手指之间的滑动情况，从而帮助机器人调整握力，确保物体在搬运过程中不会滑落或受到损伤。滑觉传感器通常可以分为无方向性、单方向性和全方向性 3 类。无方向性传感器只能检测是否产生滑动，无法判别滑动的方向；单方向性传感器只能检测单一方向的滑动；而全方向性传感器则可以检测各个方向的滑动，通常制成球形以满足需要。

通过滑觉传感器，机器人可以实现柔性抓握，即在抓取物体时，根据物体的形状和表面特性自动调整握力，避免物体受到过大的压力而损坏，如图 4.10 所示。此外，滑觉传感器还可以用于识别物体的表面粗糙度和硬度等特性，从而帮助机器人更好地适应不同的环境和任务。

将物体的运动约束在一定面上的力，即垂直作用在这个面上的力称为阻力 R（如离心力和向心力垂直于圆周运动方向且作用于圆心）。考虑面上有摩擦时，还有摩擦力 F 作用在这个面的切线方向，阻碍物体运动，其大小与阻力 R 有关。假设 μ_0 为静摩擦因数，则 $F \leqslant \mu_0 R$，静止物体刚要运动时，$F = \mu_0 R$，称为最大摩擦力。设动摩擦因数为 μ，则物体运动时，摩擦力为 $F = \mu R$。

假设物体的质量为 m，重力加速度为 g，将图 4.10 中的物体看作处于滑落状态，则手爪的把持力 F_b 是为了把物体束缚在手爪面上，垂直作用于手爪面的把持力 F_b 相当于阻力 R。当向下的重力 mg 比最大摩擦力 $\mu_0 F_b$ 大时，物体会滑落；当重力 $mg = \mu_0 F_b$ 时，把持力为 $F_{bmin} = mg/\mu_0$，称为最小把持力。

作为滑觉传感器的例子，可用贴在手爪上的面状压觉传感器（见图 4.9）来检测感知的压觉分布重心之类特定点的移动。而在图 4.10 中，若把持的物体是轴线处于水平状态的圆柱体，则其压觉分布重心移动时的情况如图 4.11 所示。

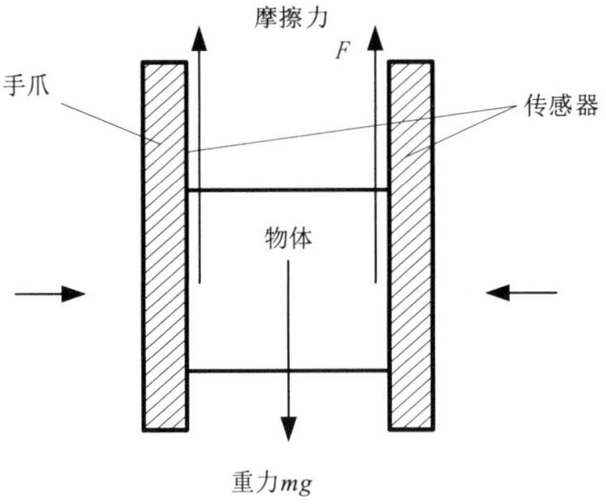

图 4.10　滑觉传感器

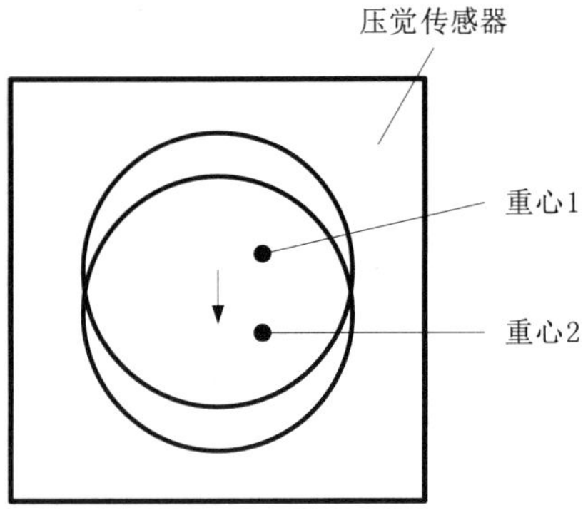

图 4.11　滑觉传感器的应用

4．力觉传感器

力觉传感器也称力传感器或力矩传感器，是一种能够测量机器人末端执行器所受力和力矩的装置。这种传感器通常安装在机器人的关节或末端执行器上，以便机器人能够感知和响应外部力，从而实现更加精准和灵活的操作。力觉传感器可以测量机器人末端执行器在笛卡儿坐标系中的 6 个分量，包括 3 个方向上的力和 3 个方向上的力矩。这种传感器能够提供关于机器人与周围环境进行交互的重要信息，使机器人能够感知物体的质量、质地、形状等信息，从而更好地适应不同的任务和环境。

力觉传感器在工业机器人中有多种应用。首先，它可以用于实现机器人的力控制，即根据测量到的力和力矩信息调整机器人的运动轨迹与力度，避免机器人与物体之间的碰撞和损伤。其次，力觉传感器可以用于机器人的装配、搬运、打磨等操作，帮助机器人更加精准地完成任务。此外，力觉传感器还可以用于实现机器人的柔顺控制，即让机器人在与物体接触时，能够根据物体的反作用力自适应地调整力度和运动轨迹，从而避免对物体造成损伤。

工业机器人的力觉传感器可以根据不同的测量原理和应用需求进行分类。以下是一些常见的分类方式。

（1）按照测量原理分类。

- 应变计式力觉传感器：利用应变片测量弹性体的应变，从而推算出受到的力和力矩。
- 压电式力觉传感器：利用压电效应测量受到的力和力矩。
- 电容式力觉传感器：利用电容变化测量受到的力和力矩。
- 磁致伸缩式力觉传感器：利用磁致伸缩效应测量受到的力和力矩。

（2）按照安装部位分类。

- 腕力觉传感器：安装在机器人腕部，用于测量腕部受到的力和力矩。
- 关节力觉传感器：安装在机器人关节部位，用于测量关节受到的力和力矩。
- 手指力觉传感器：安装在机器人手指部位，用于测量手指受到的力和力矩。

（3）按照测量维度分类。

- 三维力觉传感器：能够测量 3 个方向上的力。
- 六维力觉传感器：能够测量 3 个方向上的力和 3 个方向上的力矩。

力觉传感器以电阻应变片作为其核心元件。电阻应变片的工作原理是，当金属丝受到拉伸时，其电阻值会增大。为了测量这种变化，将电阻应变片粘贴在受力方向上，并在左右方向上施加力。通过导线将电阻应变片连接到外部电路，如图 4.12 所示，可以测定输出电压，并据此推断出电阻值的变化。为了更清晰地解释这一过程，将图 4.12 中的电阻应变片作为电桥电路的一部分进行简化，得到如图 4.13 所示的状态。通过这样的配置，可以更精确地监测和分析电阻值的变化情况。在不加力的情况下，电桥上的 4 个电阻具有同样的电阻值。假设向左右拉伸电阻应变片，其电阻增加 ΔR（假设 $\Delta R<<R$）。这时，电路上各部分的电流和电压如图 4.13 所示，它们之间存在如下关系：

$$V=\left(2R+\Delta R\right)I_1=2RI_2 \tag{4.3}$$

$$V_1=\left(R+\Delta R\right)I_1=RI_2 \tag{4.4}$$

$$V_2=RI_2 \tag{4.5}$$

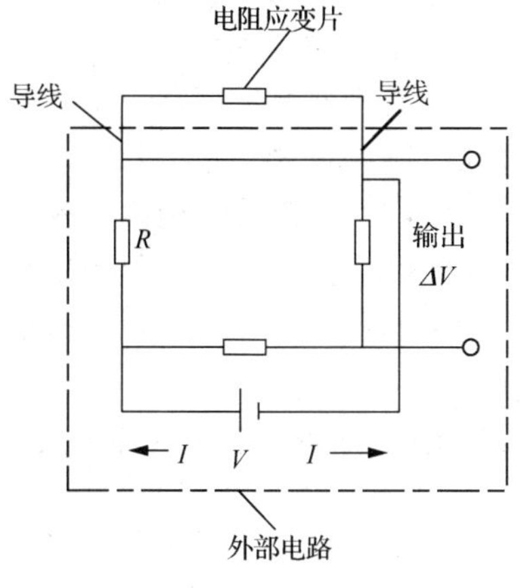

图 4.12　力觉传感器电桥电路

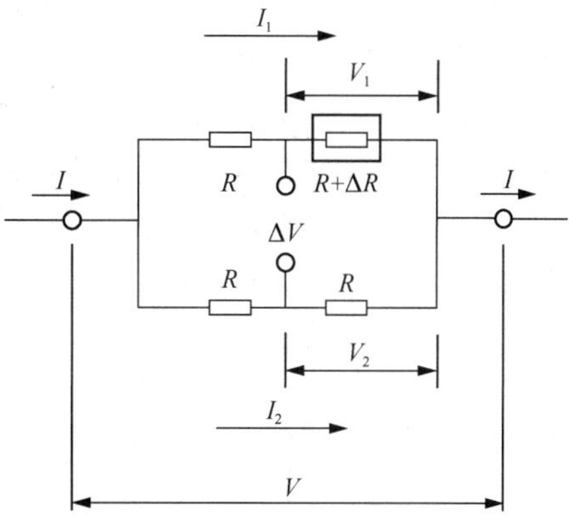

图 4.13　力觉传感器测量时的状态

V_1 和 V_2 的差为 ΔV，如果忽略泰勒展开式的高次项，则其变为

$$\Delta V=V_1-V_2=\frac{(V/2)(\Delta R/2R)}{1+\dfrac{\Delta R}{2R}}\approx\frac{V\Delta R}{4R} \tag{4.6}$$

因此，电阻值的变化可由下式算出：

$$\Delta R=\frac{4R\Delta V}{V} \tag{4.7}$$

目前，在工业机器人的腕部配置力觉传感器获得了广泛应用。6 轴传感器能够检测 3 个方向上的力和 3 个方向上的转矩（或称力矩），这 6 个分量完全定义了三维空间中的力和力矩。其中，转矩（或旋转力矩）是描述力如何使物体绕某点旋转的物理量。对于工业机器人，了解并控制转矩是非常重要的，因为这可以帮助机器人实现精确的位置控制、柔顺控制，以及避免与外界环境的碰撞。

通过在腕部安装 6 轴力觉传感器，工业机器人可以实时感知末端执行器与外部物体之间的交互力和转矩。这使得机器人能够根据感知到的信息调整其运动轨迹、速度和力度，以实现精确的力控制。例如，在装配线上，机器人可能需要根据零件的形状和质量调整其握力，以确保零件不会被损坏或滑落。6 轴力觉传感器能够提供足够的信息，使机器人能够做出这些调整。

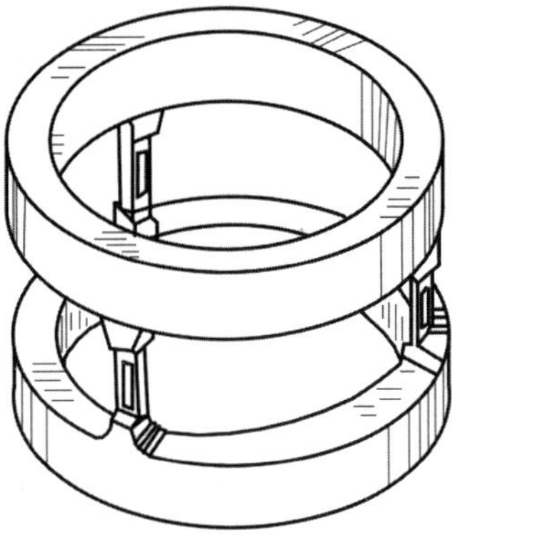

图 4.14　DraperWaston 六维腕力觉传感器

柔顺控制是一种使机器人在与环境进行交互时表现出一定柔性的控制方法。通过实时监测和响应外部力和转矩，机器人可以自适应地调整其运动轨迹和力度，以适应不同的环境条件和任务需求。图 4.14 展示了 DraperWaston 六维腕力觉传感器的独特结构，该传感器创新性地将一个整体金属环按照等间距 120° 分为 3 根细梁。上部圆环上的螺孔与工业机器人臂部紧密相连，而下部圆环的螺孔则与手爪稳固相接。传感器的测量电路巧妙地嵌入空心的弹性构架体内。虽然该传感器结构简单且灵敏度高，但在获取六维力（力矩）数据时需要进行解耦运算，且其抗过载能力有限，因此需要特别小心以避免损坏。图 4.15 所示为 SRI（Stanford Research Institute）研制的六维腕力觉传感器，简称 SRI 六维腕力觉传感器。该传感器由一根直径为 75mm 的铝管经过精细铣削而成，其特点在于拥有 8 根细长且富有弹性的梁。每根梁的颈部都设计有小槽，这一独特的结构确保颈部主要传递力，而转矩的影响则微乎其微。梁的另一头两侧贴有电阻应变片，若电阻应变片的电阻值分别为 R_1、R_2，则将其连成如图 4.16 所示的形式输出电压 V_{out}，由于 R_1、R_2 所受应变方向相反，因此 V_{out} 是使用单个电阻应变片时的 2 倍。

若用 P_{x+}、P_{x-}、P_{y+}、P_{y-}、Q_{x+}、Q_{x-}、Q_{y+}、Q_{y-} 代表如图 4.15 所示的 8 根弹性梁的变形信号输出，则六维力（力矩）可分别表示为

$$F_x=k_1\left(P_{y+}+P_{y-}\right) \tag{4.8}$$

$$F_y=k_2\left(P_{x+}+P_{x-}\right) \tag{4.9}$$

$$F_z = k_3\left(Q_{x+} + Q_{x-} + Q_{y+} + Q_{y-}\right) \tag{4.10}$$

$$M_x = k_4\left(Q_{y+} + Q_{y-}\right) \tag{4.11}$$

$$M_y = k_5\left(Q_{x+} - Q_{x-}\right) \tag{4.12}$$

$$M_z = k_6\left(P_{x+} - P_{x-} + P_{y-} - P_{y+}\right) \tag{4.13}$$

式中，k_1～k_6 为结构系数，由实验测定。

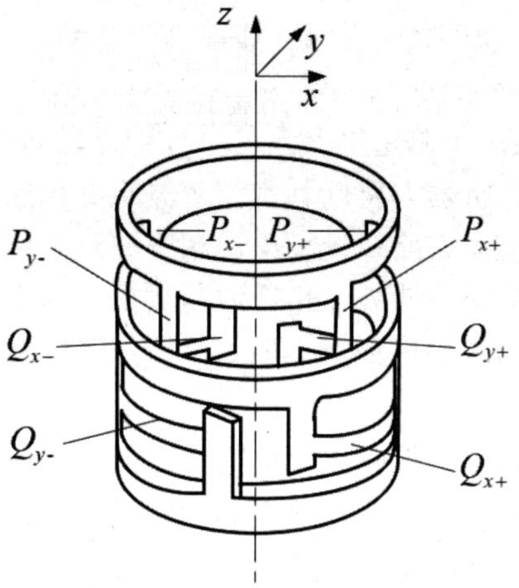

图 4.15　SRI 六维腕力觉传感器

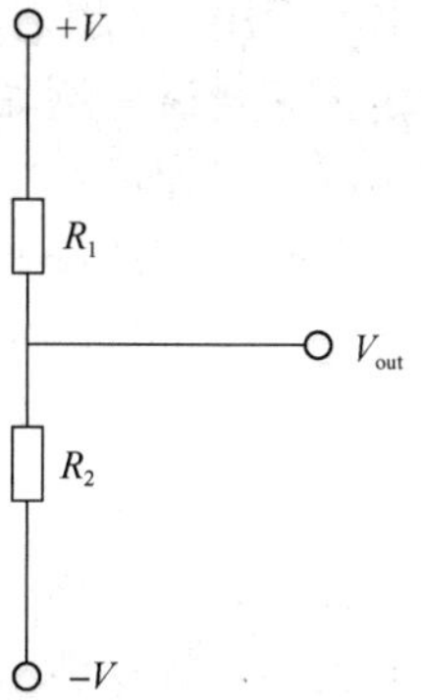

图 4.16　SRI 六维腕力觉传感器电阻应变片连接形式

图 4.17 展示了林纯一六维腕力觉传感器，它由日本大和制衡株式会社研制。它采用轮辐式结构，十字架与轮缘间设有柔性环节，简化受力模型为悬臂梁。传感器在 4 根交叉梁上贴了 32 个电阻应变片，构成 8 路全桥输出，需要解耦计算得到六维力。它的交叉主杆与臂部连接处设计为弹性体变形限幅，提供过载保护，是一种实用结构。图 4.18 展示了一种非径向三梁中心对称的腕力觉传感器，其内圈固定于机器人臂部，外圈固定于手爪，力通过 3 根梁传递，每根梁上下左右各贴一对电阻应变片，共 6 对，组成 6 组半桥。解耦这些信号可精确得到六维力（力矩），该传感器的结构刚度良好。

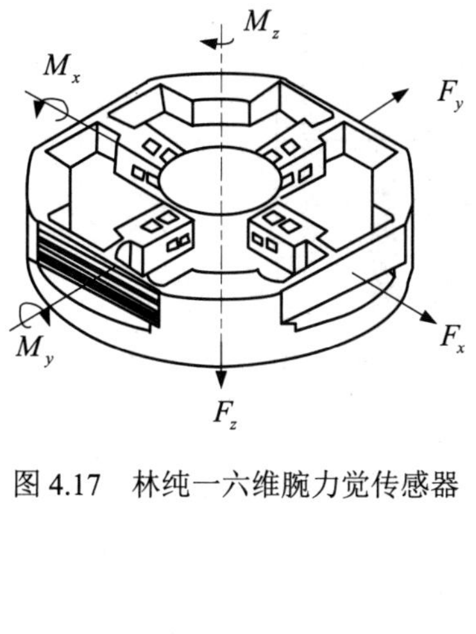

图 4.17　林纯一六维腕力觉传感器

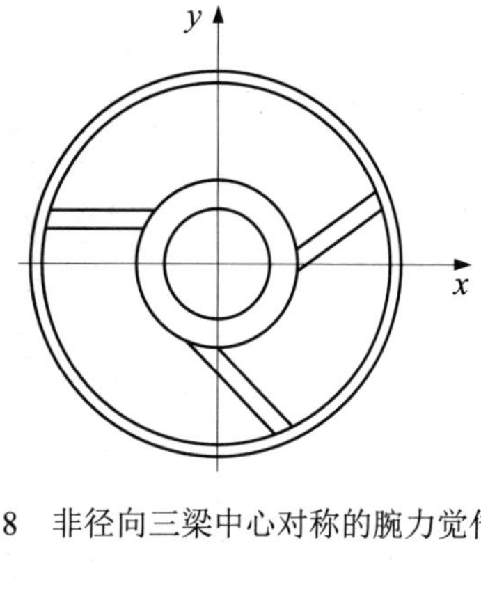

图 4.18　非径向三梁中心对称的腕力觉传感器

4.4.2 距离传感器

1. 超声波距离传感器

超声波距离传感器通过发射超声波并接收其回波，根据回波的时间差来计算目标物体与传感器之间的距离。这种传感器具有结构简单、成本低、无须接触目标物体等优点，因此在工业机器人中得到了广泛应用。

超声波距离传感器基于超声波的传播速度和回波时间差来计算距离。当传感器发射超声波时，它会记录发射的时间。当超声波遇到目标物体并反射回来时，它会接收回波并记录接收的时间。通过计算发射和接收的时间差，结合超声波的传播速度（通常为340m/s），就可以得到目标物体与传感器之间的距离。

在工业机器人应用中，超声波距离传感器通常被用于测量机器人与目标物体之间的距离，以实现精确的定位和导航。例如，在自动化仓库中，机器人可以利用超声波距离传感器感知货架的位置和高度，以便进行准确的货物取放。在机器人路径规划中，超声波距离传感器也可以帮助机器人感知周围环境的障碍物，从而避免碰撞。此外，超声波距离传感器还可以用于测量物体的厚度、液位高度等参数。在一些特定的应用场景中，如液位检测和厚度测量，超声波距离传感器可以提供更加准确和可靠的数据。

发射器负责产生和发射超声波信号，而接收器则负责接收由目标物体反射回来的超声波回波信号。这两部分共同工作，使得传感器能够测量其与目标物体之间的距离。发射器通常由压电陶瓷或石英晶体等换能器组成，当给发射器施加一定的电信号时，换能器会振动并产生超声波。这些超声波在空气中传播，遇到目标物体后被反射回来。接收器也采用与发射器相同的换能器类型，它能够接收回波信号并将其转换为电信号。这个电信号随后被送入控制逻辑电路进行处理。控制逻辑电路负责控制发射器的发射时间及接收器的接收时间，并根据发射和接收的时间差计算目标物体与传感器之间的距离。这个距离信息通常以模拟信号或数字信号的形式输出，供后续处理或显示。

图4.19所示为一个共振频率接近40kHz的超声波发射/接收器的结构图。

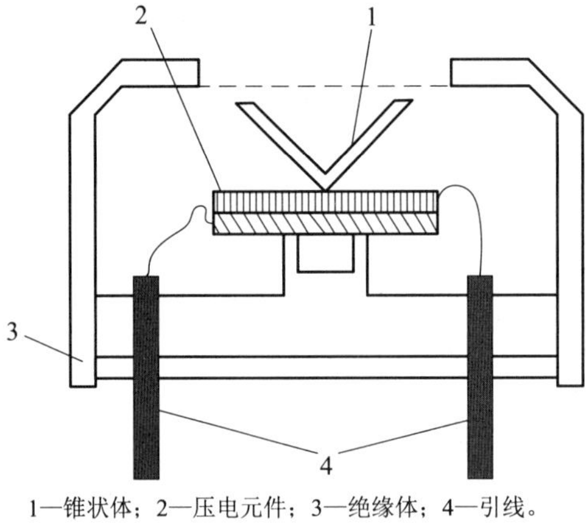

1—锥状体；2—压电元件；3—绝缘体；4—引线。

图4.19 超声波发射/接收器的结构图

超声波距离传感器的检测方式有脉冲回波式和调频连续波式（FW-CW）两种。

（1）脉冲回波式。传感器发射一个短暂的超声波脉冲，当这个脉冲遇到目标物体时，会被反射回来。传感器收到反射回来的回波后，通过测量发射脉冲与接收回波之间的时间差，结合超声波在空气中的传播速度，就可以计算出其与目标物体之间的距离。

（2）调频连续波式。传感器发射的是连续调频的超声波信号，当这些信号遇到目标物体并被反射回来时，反射信号与发射信号之间的频率差会被测量。由于频率差与距离有关，因此可以通过测量频率差来计算距离。这种检测方式的优点是能够连续测量距离，并且对于高速移动的物体也能进行准确的测量。

2．激光距离传感器

激光距离传感器也称激光测距传感器，是一种利用激光技术进行距离测量的装置。激光具有方向性强、亮度高、单色性好等许多优点，因此激光距离传感器具有高精度、高速度、长距离测量等特点。

激光距离传感器主要由激光器、激光检测器和测量电路组成。激光器发射激光脉冲或连续激光束，当激光遇到目标物体时，部分激光会被反射回来，被激光检测器接收。测量电路通过对发射和接收激光的时间差或相位差进行计算，得到目标物体与传感器之间的距离。

激光雷达依据扫描机构的不同，通常分为二维和三维两种类型。二维激光雷达仅在单一平面内进行扫描，其结构相对简单，测距速度快，系统表现出高度的稳定性和可靠性。而三维激光雷达除提供距离信息外，还提供激光的反射强度信息。尽管其功能强大，但其高昂的价格、庞大的体积及较慢的成像速度在一定程度上限制了其应用领域。图 4.20（a）展示的是德国 SICK 公司制造的激光雷达 LMS291 的实物图。尽管 LMS291 仅具备线扫描功能，但通过将其安装在精密云台上，并利用云台的俯仰和旋转运动，可以实现面扫描，进而实现对三维环境的感知。LMS291 的最大扫描角度为 180°，如图 4.20（b）所示。当选择角度分辨率为 0.5°时，从右向左扫描能获得前方障碍的 361 个点的距离数据。它每次测量的数据都是一些离散的、局部的数据点，最高扫描频率为 25Hz，能快速提供物体的距离信息。根据传感器的逆时针扫描模式，可以知道每个点对应的角度，结合这 361 个点的距离数据，就可以计算出这些点的二维平面坐标。激光雷达 LMS291 的技术数据如表 4.1 所示。

为了使测量的距离数据更准确，需要对激光雷达的测量数据进行校正。可以采用线性最小二乘法对一定范围内的激光雷达测量数据进行校正。

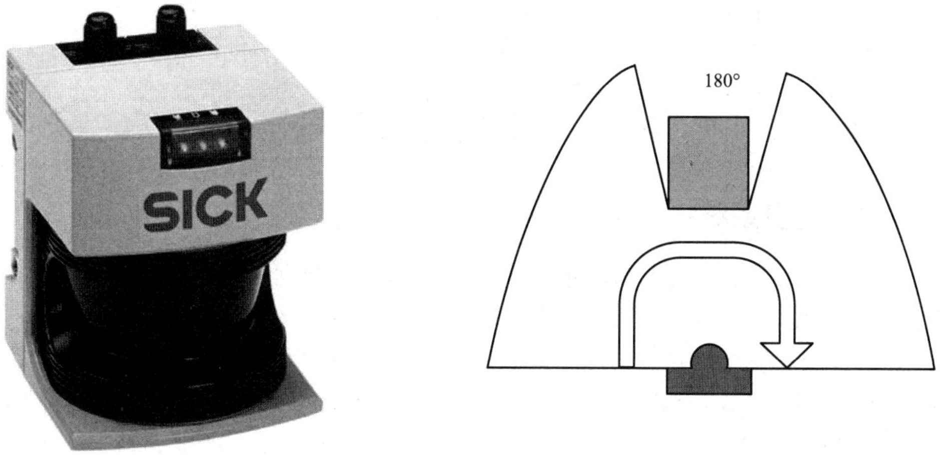

（a）实物图　　（b）扫描角度

图 4.20　激光雷达 LMS291

表 4.1 激光雷达 LMS291 的技术数据

性能指标名称	性能指标参数	性能指标名称	性能指标参数
最大测量距离	80m	响应时间	13ms/26ms/53ms
分辨率	1cm	电源	DC 24V
系统误差	-6～+6cm	输出	RS-422，（max）500×10^3Baud
扫描角度	100°/180°	环境温度	0～+50℃
角度分辨率	1°/0.5°/0.25°	尺寸	155mm×185mm×165mm

3. 接近传感器

接近传感器（见图 4.21）是一种无须接触检测对象即可进行检测的传感器，主要用于替代传统的接触式检测方式，如限位开关。它利用位移传感器对接近的物体具有敏感特性来识别物体的接近程度，并输出相应的开关信号。

图 4.21 接近传感器

接近传感器的工作原理通常涉及电磁感应或电容变化。例如，当金属目标接近传感器的磁场并达到感应距离时，会在金属目标内产生涡流，导致传感器振动衰减或停振。传感器的振动状态变化被后级放大电路处理并转换成开关信号，从而触发驱动控制器件，实现非接触式检测。

接近传感器有多种类型，包括电感式、电容式、超声波式、光电式、磁力式等。电感式接近传感器是最常用的，其工作方式有两种：一种是通过检测目标接近时引起的感应电流变化来检测物体；另一种是通过检测目标接近时引起的频率变化来检测物体。

4.5 工业机器人视觉技术

4.5.1 机器视觉系统

工业机器人视觉技术是一种使机器人具备类似人类视觉功能的技术。该技术通过图像采集单元（如摄像机、转鼓等）获取目标物体的图像，并利用图像处理和分析软件对图像进行处理，提取出目标物体的特征信息，如形状、尺寸、位置、颜色等。基于这些信息，机器人可以进行物体识别、定位、抓取、分类等操作，从而实现自动化生产、质量检测、智能仓储等。机器人视觉系统主要由图像采集、图像处理和分析、输出或显示等部分组成。其中，图像采集部分负责获取目标物体的图像；图像处理和分析部分负责对图像进行处理，提取出目标物体的特征信息；输出或显示部分负责将处理结果输出给机器人控制系统，或者显示在屏幕上供人类操作员查看。

机器人视觉技术具有广泛的应用前景，它在工业自动化、智能制造、智慧物流等领域发挥着越来越重要的作用。随着人工智能和计算机视觉技术的不断发展，机器人视觉技术也将不断升级和完善，为机器人实现更高级别的智能化提供有力支持。工业机器人视觉系统的硬件构成涵盖了多个关键组件，包括景物和距离传感器、视频信号数字化设备、高速视频信号处理器、计算机及其外部设备，以及工业机器人或机械手的控制器。这些组件协同工作，以实现精确的视觉信息获取和处理。常用的景物和距离传感器包括摄像机、电荷耦合器件（CCD）、超声波传感器和结构光设备等，它们负责捕捉并传输关于周围环境的视觉信息。视频信号数字化设备负责将这些模拟信号转换为数字信号，便于后续的计算和分析。高速视频信号处理器是实现实时、快速、并行视频信号处理算法的关键设备，如 DSP 系统。它能够高效地处理大量视觉数据，为工业机器人的决策提供准确依据。

工业机器人视觉系统的软件由计算机系统软件、工业机器人视觉信息处理算法、工业机器人控制软件组成。根据所选计算机类型的不同，采用不同的操作系统及其支持的各种编程语言和数据库。其中，工业机器人视觉信息处理算法涵盖了图像预处理、分割、描述、识别及解释等多个关键步骤。

4.5.2　CCD

视觉信息通过视觉传感器转换成电信号，在空间采样和幅值化后，这些信号就形成了一幅数字图像。工业机器人视觉系统的核心部件是摄像机，摄像管或固态成像传感器及相应的电子线路构成其关键组成部分。在此，将深入解析光导摄像管的工作原理，因为它在摄像管中广泛应用且极具代表性。固态成像传感器的重要组成部分包括高效能的 CCD 和电荷注入器件（CID）。相较于使用摄像管的摄像机，固态成像传感器展现出轻质、紧凑、耐用且低功耗的显著优势。然而，值得注意的是，在某些情况下，采用摄像管的电视摄像机在分辨率上可能更胜一筹，超越使用固态成像传感器的摄像机。通过图 4.22（a）可以观察到光导摄像管的结构，其外部为圆柱形玻璃外壳，内部包括电子枪和屏幕。电子束在线圈 6、9 的电压作用下聚焦并偏转。偏转电路控制电子束在靶内表面扫描，以读取图像。玻璃屏幕内表面镀有透明金属薄膜作为电极，视频电信号由此产生。光敏靶附着在金属薄膜上，由微小球状体组成，其电阻值随光强度变化。光敏靶后方的金属网使电子减速至接近零速。无光照时，光敏材料呈现绝缘特性，电子束形成电子层以平衡正电荷。当电子束扫描光敏靶时，光敏层成为电容，其表面产生与亮度相应的图像。暗区电子电荷浓度较高，亮区较低。扫描时，电荷得到补充，形成电流，并从引脚引出。电流与扫描处发光强度成正比，经摄像机电子线路放大后，形成与输入图像强度成正比的视频信号。图 4.22（b）展示了美国的基本扫描标准，即电子束以每秒 30 次的频率扫描整个光敏靶，每次扫描称为一帧，包含 480 行图像信息。连续扫描行以形成图像可能导致抖动，为解决此问题，采用 RETMA 扫描方式，将一帧分为两个隔行场，以 2 倍频率扫描，即每秒扫描 60 行。奇数行和偶数行分别在不同场次中扫描。此外，计算机视觉中常采用每帧 559 行的扫描方式，其中 512 行包含图像信息，行数采用 2 的整数幂，便于软/硬件实现。

在讨论 CCD 时，通常将 CCD 传感器分为两类：CCD 行扫描传感器和 CCD 面阵传感器。CCD 行扫描传感器的基本元件是一行硅成像元素，称为光检测器。这些光检测器通过透明的多晶硅门吸收光子，进而在硅晶体中产生电子空穴对，集中在光检测器中，而每个光检测器中汇集的电荷数量直接与对应位置的照明度相关。图 4.23（a）所示为典型的 CCD 行扫描传感器，它由一行前面所说的硅成像元素组成。两个传送门按一定的时序将各硅成像元素的内容送往各自的移位寄存器。输出门用来将移位寄存器中的内容按一定的时序送往放大器，放大器的输出是与这一行光检测器中的内容成正比的电压信号。

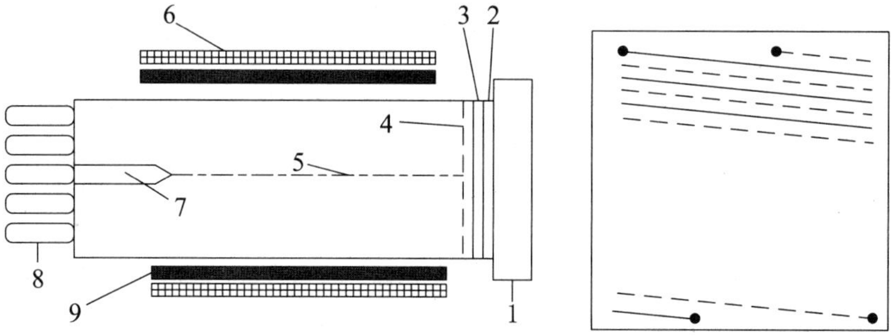

（a）光导摄像管示意图　　（b）电子束扫描方式

1—屏幕；2—玻璃外壳；3—光敏层；4—网格；5—电子束；

6—光束聚焦线圈；7—电子枪；8—引脚；9—光束偏转线圈。

图 4.22　光导摄像管的工作原理

CCD 面阵传感器与 CCD 行扫描传感器结构相似，不同之处在于光检测器的排列方式。CCD 面阵传感器的光检测器以矩阵形式排列，且两列光检测器之间配备了逻辑门和移位寄存器的组合，如图 4.23（b）所示。在工作过程中，奇数行的光检测器数据会按顺序通过逻辑门进入垂直移位寄存器，随后传输到水平移位寄存器。水平移位寄存器中的内容经过放大器放大后，即生成一行视频信号。对于偶数行，此过程重复进行，从而生成电视图像的第二个隔行场。这种扫描方式以每秒 30 帧的频率持续进行，确保图像的连续性和稳定性。

CCD 行扫描传感器只能产生一行输入图像，其特别适用于物体在传感器前移动的场景，如在传送带上。当物体沿着传感器的垂直方向移动时，可以逐步构建出一幅完整的二维图像。通常，CCD 行扫描传感器的分辨率为 256～2048 元素。与此不同，CCD 面阵传感器的分辨率则细分为低、中和高 3 个等级，以满足不同应用的需求。

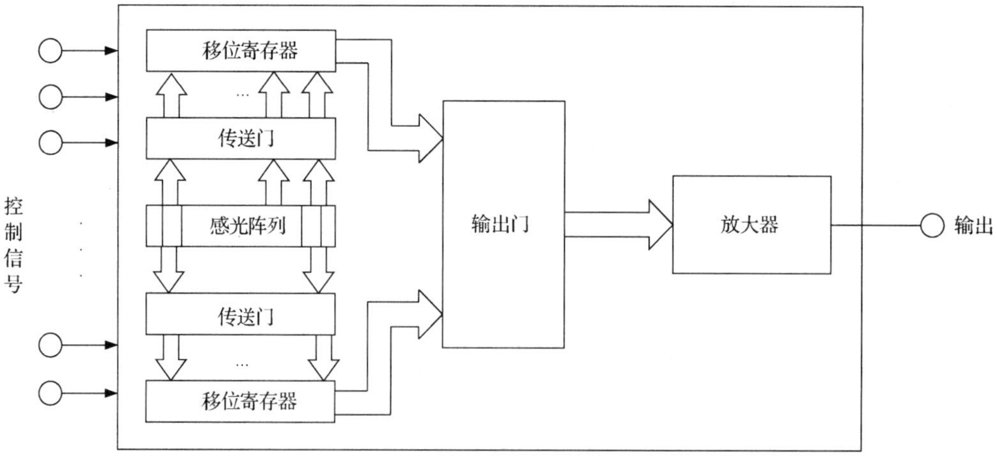

（a）典型的 CCD 行扫描传感器

图 4.23　CCD 传感器

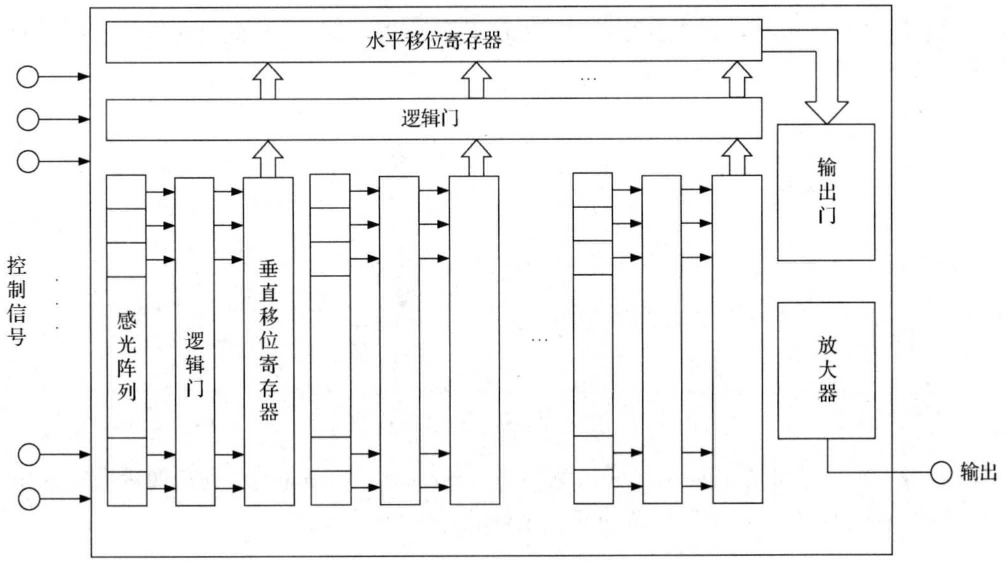

（b）CCD 面阵传感器

图 4.23　CCD 传感器（续）

4.5.3　机器视觉几何

机器视觉几何是机器视觉领域的一个重要分支，它主要关注如何从二维图像中提取和理解三维空间中的几何信息。这包括从单幅或多幅图像中估计物体的形状、大小、位置、姿态和运动等参数。

机器视觉中的摄像机模型是光学成像几何关系的简化，最简单的模型为小孔模型，成像方式为透射投影。

图 4.24 所示为小孔摄像机的透射投影，该摄像机的焦距为 f，光轴经过投影中心 C 与视平面（投影平面）R 正交，交点为基点 c。

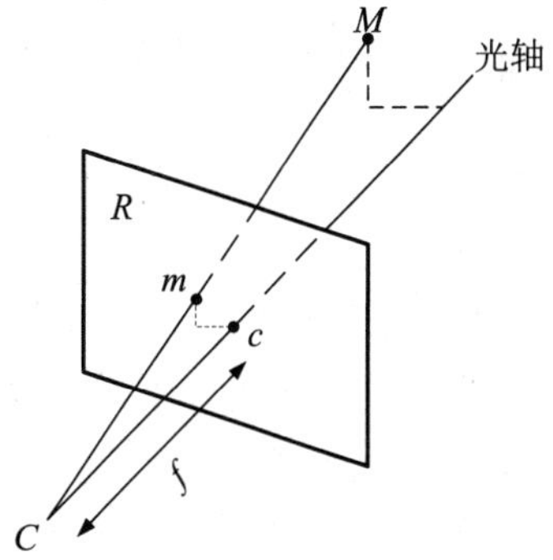

图 4.24　小孔摄像机的透射投影

首先考虑最简单的情况，以投影中心为世界坐标系的原点，图像平面是 Z=1 平面，此时的投影模型为

$$x=\frac{X}{Z},\quad y=\frac{Y}{Z} \tag{4.14}$$

式（4.14）表明，对于世界坐标系中的一点 $M(X,Y,Z)$，其在投影平面上的投影为点 $m(x,y)$。若用点的齐次坐标表示，则线性投影表示为

$$\begin{pmatrix} x \\ y \\ z \end{pmatrix}=\begin{pmatrix} 1 & 0 & 0 & 0 \\ 0 & 1 & 0 & 0 \\ 0 & 0 & 1 & 0 \\ 0 & 0 & 0 & 1 \end{pmatrix}\begin{pmatrix} X \\ Y \\ Z \\ 1 \end{pmatrix} \tag{4.15}$$

对于实际的摄像机，其焦距 f（投影中心与视平面的距离）不为 1，因此式（4.15）还应该考虑一个 f 的比例因子。

另外，图像的坐标与视平面的物理坐标不同。对于 CCD 摄像机，这两者之间的关系主要取决于像素的大小和形状，以及摄像机中 CCD 片的位置。图 4.25 直观地展示了视平面坐标与图像坐标之间的对应关系。

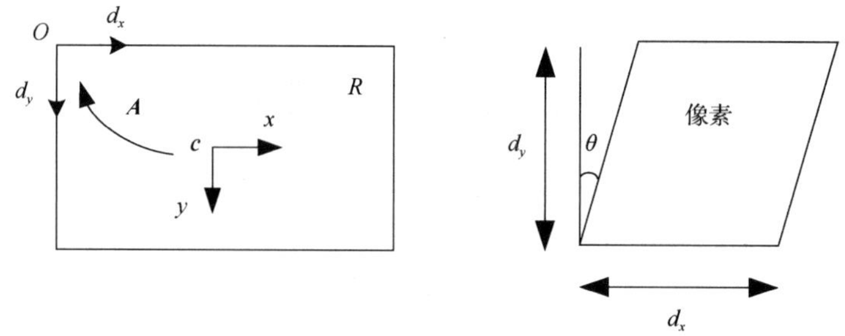

图 4.25　视平面坐标与图像坐标的关系

在图 4.25 中，d_x 和 d_y 分别是像素的宽与高，$\boldsymbol{c}=(u_0\ \ v_0\ \ 1)^{\mathrm{T}}$ 是基点，θ 是像素高的偏角。此时，图像的齐次坐标$(u,v,1)$与视平面的齐次坐标$(x,y,1)$之间的关系为

$$\begin{pmatrix} u \\ v \\ 1 \end{pmatrix} = \begin{pmatrix} \dfrac{f}{d_x} & (\tan\theta)\dfrac{f}{d_x} & u_0 \\ 0 & \dfrac{f}{d_x} & v_0 \\ 0 & 0 & 1 \end{pmatrix} \begin{pmatrix} x \\ y \\ 1 \end{pmatrix} \tag{4.16}$$

将式（4.16）简化为

$$\begin{pmatrix} u \\ v \\ 1 \end{pmatrix} = \begin{pmatrix} \alpha_u & \gamma & u_0 \\ 0 & \alpha_v & v_0 \\ 0 & 0 & 1 \end{pmatrix} \begin{pmatrix} x \\ y \\ 1 \end{pmatrix} \tag{4.17}$$

式中，f 为摄像机的焦距；d_x、d_y 分别为每个像素在 x 轴与 y 轴方向上的物理尺寸；α_u、α_v 分别为图像在水平和垂直方向上的放大倍数；γ 为由像素非直角引起的畸变因子。上三角矩阵称为摄像机的内参矩阵或摄像机的标定矩阵，记为 $\boldsymbol{A}$。

实际上，绝大多数摄像机的像素都是直角的，因此畸变因子 γ 接近 0。此外，摄像机的基点往往位于图像中心。为了简化计算过程，通常会基于这两个假设，为更复杂的计算提供一个合适的初始估计。在固定且稳定的环境中，摄像机的内部参数应该是恒定的。对于移动的工业机器人视觉系统，还要考虑摄像机的运动，将摄像机的运动参数称为摄像机的外参（外部参数）。空间中某一点 M 的运动模型为

$$\boldsymbol{M}' = \begin{pmatrix} \boldsymbol{R} & \boldsymbol{t} \\ \boldsymbol{O}_{3\times1}^{\mathrm{T}} & 1 \end{pmatrix} \boldsymbol{M} \tag{4.18}$$

式中，$\boldsymbol{R}$ 为旋转矩阵；$\boldsymbol{t}=(t_x\ \ t_y\ \ t_z)^{\mathrm{T}}$ 为三维平移向量。实际上，摄像机的运动可以看作空间中某一点的运动，此时，旋转矩阵 $\boldsymbol{R}$ 和三维平移向量 $\boldsymbol{t}$ 又称为摄像机的外参。

考虑到摄像机的运动，摄像机的模型如图 4.26 所示。

以光心 O_{c} 为原点，平行于图像的行和列的方向分别为 X_{c} 轴与 Y_{c} 轴，光轴方向为 Z_{c} 轴，建立摄像机坐标系，单位为 mm。以摄像机初始位置的坐标系作为世界坐标系$(X_{\mathrm{w}},Y_{\mathrm{w}},Z_{\mathrm{w}})$。摄像机坐标系与世界坐标系之间的关系可以用旋转矩阵 $\boldsymbol{R}$ 和三维平移向量 $\boldsymbol{t}$ 来描述，对于初始状态，$\boldsymbol{R}$、$\boldsymbol{t}$ 都为 0。另外，以摄像机的光轴与图像平面的交点 O_0 为原点，图像的行和列分别

为 x 轴与 y 轴，建立图像坐标系，单位为 mm。由于计算机图像均以像素为单位，因此为处理方便，还建立单位为像素的计算机图像坐标系，以图像左上角的 O 为原点，u 轴和 v 轴分别平行于 x 轴与 y 轴。

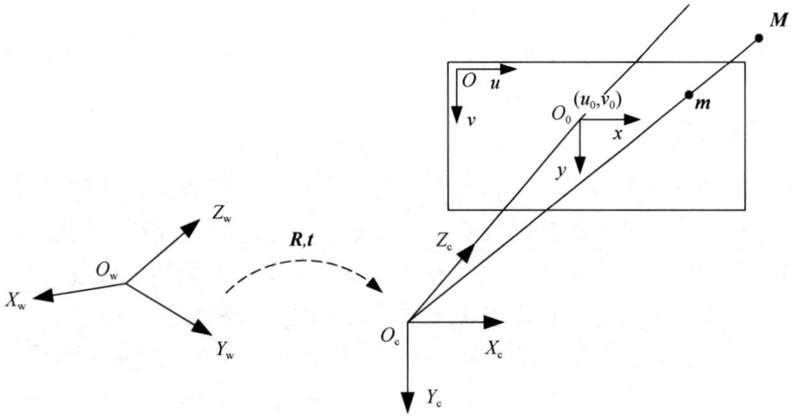

图 4.26　摄像机的模型

假定某一空间点 $\boldsymbol{M}(X,Y,Z)$，其在图像平面上的投影为 $\boldsymbol{m}(u,v)$，则它们之间对应的投影矩阵 $\boldsymbol{P}$ 变换为

$$\boldsymbol{m} = \boldsymbol{PM} = \boldsymbol{A}(\boldsymbol{R},\boldsymbol{t})\boldsymbol{M} \tag{4.19}$$

式中，$(\boldsymbol{R},\boldsymbol{t})$为摄像机外参矩阵；$\boldsymbol{A}$ 为摄像机内参矩阵。将式（4.19）归一化后为

$$s\tilde{\boldsymbol{m}} = \boldsymbol{A}(\boldsymbol{R},\boldsymbol{t})\tilde{\boldsymbol{M}} \tag{4.20}$$

式中，s 为一尺度因子；$\tilde{\boldsymbol{m}} = (u,v,1)^{\mathrm{T}}$；$\tilde{\boldsymbol{M}} = (X,Y,Z,1)^{\mathrm{T}}$。

除考虑摄像机的运动外，对于立体视觉，还需要了解两个摄像机图像之间的关系，即一个平面到另一个平面的变换，称之为单应性。

令 $\boldsymbol{m}(u,v,1)$和 $\boldsymbol{m}'(u',v',1)$分别是平面 II 上的点 $\boldsymbol{M}$ 在两幅图像上的齐次坐标，矩阵 $\boldsymbol{H}$ 使

$$s\boldsymbol{m}' = \boldsymbol{Hm} \tag{4.21}$$

式中，s 为未知的非零常数因子；矩阵 $\boldsymbol{H}$ 为两幅图像之间的单应性矩阵（Homography Matrix）。单应性矩阵不是唯一的，它们之间相差一个非零常数因子。

令场景中平面 II 的方程为 $\bar{\boldsymbol{n}}^{\mathrm{T}}\boldsymbol{M} = d$，其中，$\bar{\boldsymbol{n}}$ 为平面的单位法向量，d 为坐标原点到平面的距离。假定世界坐标系与第一幅图像的摄像机坐标系重合，两幅图像的摄像机坐标系之间的关系为 $\boldsymbol{M}'=\boldsymbol{RM}+\boldsymbol{t}$，则

$$\lambda\boldsymbol{m} = \boldsymbol{PM} \tag{4.22}$$

$$\lambda'\boldsymbol{m}' = \boldsymbol{PM}' = \boldsymbol{P}(\boldsymbol{RM}+\boldsymbol{t}) = \boldsymbol{PRM} + \frac{1}{d}\bar{\boldsymbol{n}}^{\mathrm{T}}\boldsymbol{MPt} = \lambda\left(\boldsymbol{PRP}^{-1} + \boldsymbol{P}\frac{\boldsymbol{t}\bar{\boldsymbol{n}}^{\mathrm{T}}}{d}\boldsymbol{P}^{-1}\right)\boldsymbol{m} \tag{4.23}$$

因此，所有的单应性矩阵 $\boldsymbol{H}$ 均可表示为

$$\boldsymbol{H} = \sigma\left(\boldsymbol{PRP}^{-1} + \boldsymbol{P}\frac{\boldsymbol{t}\bar{\boldsymbol{n}}^{\mathrm{T}}}{d}\boldsymbol{P}^{-1}\right) \tag{4.24}$$

式中，σ 为非零常数因子。当摄像机做纯平移运动时，即 $\boldsymbol{R}=\boldsymbol{I}$，式（4.24）可写为

$$H = \sigma\left(I + P\frac{t\bar{n}^{\mathrm{T}}}{d}P^{-1}\right) \tag{4.25}$$

对于相同的场景，从不同视角捕捉到的图像之间存在着密切的关联。这种关联性的研究被称为多视图几何。多视图几何不仅是立体视觉研究的核心内容，还是多视点视觉分析的基础。通过深入探索多视图几何，能够更好地理解如何从多个角度捕捉和解析三维世界的信息。

4.5.4　视觉信号处理

视觉信号处理是机器视觉中的一个关键步骤，它涉及对图像或视频信号进行各种处理和分析，以提取出有用的信息或改善图像质量。视觉信号处理的过程通常包括以下几个步骤。

（1）图像采集。首先，通过相机或其他图像采集设备获取原始图像或视频信号。这些信号可以是模拟信号或数字信号，具体取决于采集设备的类型和配置。

（2）预处理。预处理是图像处理的第一步，主要关注改善图像质量或简化后续处理步骤。常见的预处理操作包括去噪、平滑、增强对比度、归一化等。这些操作有助于消除图像中的干扰、提高图像的清晰度和可识别性。

（3）特征提取。在预处理之后，需要从图像中提取有意义的特征。这些特征可以是边缘、角点、纹理、颜色、形状等，具体取决于应用场景和目标物体的特性。特征提取的目的是简化图像信息，使其更易于分析和识别。

（4）图像分割。图像分割是将图像划分为不同的区域或对象的过程。这通常涉及阈值处理、边缘检测、区域生长等技术。图像分割的目的是将感兴趣的目标物体与背景或其他物体分离开来，以便进行进一步的分析和处理。

（5）目标识别与跟踪。在提取了图像特征并进行了图像分割之后，需要识别和跟踪目标物体。这可以通过匹配已知模型、使用机器学习算法或深度学习模型来实现。目标识别与跟踪的目的是确定目标物体在图像中的位置、姿态和运动轨迹等。

总的来说，视觉信号处理是一个复杂而关键的过程，它涉及多种技术和方法的综合运用。随着计算机视觉和图像处理技术的不断发展，视觉信号处理的方法和性能也在不断提高，为机器视觉在各个领域的应用提供了更广阔的前景。

本章小结

机器人的感知系统是使机器人能够感知和理解自身内部状态及周围环境的系统。这个系统通过接收和处理各种传感器信号，将机器人内部状态信息和环境信息从信号转变为机器人自身或机器人之间能够理解与应用的数据、信息。机器人的感知系统通常包括内部状态感知和外部环境感知两部分。内部状态感知主要关注机器人自身的各种状态信息，如位移、速度、加速度、力和力矩等机械量。这些信息对于机器人的精确控制和自主决策至关重要。外部环境感知更加复杂，涉及对机器人周围环境的感知和理解。这包括视觉感知、听觉感知、触觉感知等多种感知方式。其中，视觉感知是最常用、最重要的一种方式。通过摄像头等视觉传感器，机器人可以获取周围环境的图像信息，并通过图像处理和分析技术提取出有用的信息，如物体的形状、大小、位置、颜色等。这些信息对于机器人的导航、定位、识别、抓取等操作至关重要。除视觉感知外，听觉感知和触觉感知也是机器人感知系统的重要组成部分。听觉感知可以让机器人通过声音来感知和识别周围的环境与物体，如语音识别、声音定位等。触觉感知可以让机器人通过接触来感知物体的形状、质地、温度等信息，如触觉传感器、力觉传感器等。

习题

1．简述工业机器人传感器的作用。

2．光电编码器有哪几种？各有什么特点？除检测位置（角位移）外，光电编码器还有什么用途？

3．试谈触觉传感器的作用、存在的问题及研究方向。

4．超声波距离传感器的检测方式有几种？请分别简述其测量原理。

5．多传感器信息融合技术主要用在工业机器人的哪些方面？

6．简述电位计的工作原理。

第 5 章　工业机器人的控制系统

控制系统是机器人的重要组成部分，用于对操作机进行控制以完成特定的工作任务。控制系统的基本功能包括记忆功能、示教功能、与外围设备联系功能、坐标设置功能、人机接口、传感器接口、位置伺服功能、故障诊断安全保护功能等。

5.1　工业机器人控制系统的特点、要求及功能

5.1.1　工业机器人控制系统的特点

工业机器人控制系统的特点主要体现在以下几方面。

（1）编程简单、软件菜单操作、友好的人机交互界面、在线操作提示和使用方便等特点，使得操作人员可以轻松地对机器人进行编程和操作。

（2）模块化、层次化的控制器软件系统使得控制系统具有开放性和可扩展性，方便后期的维护和升级。

（3）依赖多个多变量、非线性复杂数学模型。这些模型描述了机器人的运动学和动力学特性，为机器人的精确控制提供了基础。

（4）涉及复杂的坐标切换计算、矩阵函数换算等。这些计算保证了机器人在不同坐标系下的精确运动。

（5）具有反馈、补偿、解耦和自调节等技术。这些技术保证了机器人在受到外界干扰或模型参数变化时，仍能保持较高的运动精度和稳定性。

（6）控制系统的稳定性和可靠性对机器人的性能与寿命具有决定性影响，因此，控制系统需要具有高可靠性。

综上所述，工业机器人控制系统的特点主要体现在易用性、开放性、精确性、稳定性和可靠性等方面。这些特点使得工业机器人能够在各种复杂环境下实现高精度、高效率的运动控制。

5.1.2　工业机器人控制系统的要求

工业机器人控制系统的要求主要体现在以下几方面。

（1）多轴运动的协调控制。工业机器人通常由多个关节和轴组成，需要确保这些轴之间运动协调，以产生准确的工作轨迹。

（2）较高的位置精度和速度精度。为了保证工业机器人的作业质量和效率，控制系统需要具有高位置精度和高速度精度。

（3）系统刚性好。在高速运动或受到外力冲击时，系统应能够保持稳定，不产生过大的变形或振动。

（4）位置无超调。为了防止机器人与工作环境或其他物体发生碰撞，控制系统的动态响应需要快速，且不应产生过大的超调量。

（5）加减速控制。为了满足运动平稳、定位准确的要求，控制系统需要实现精确的加减速控制。

（6）友好的人机交互界面。为了方便操作人员进行编程、监控和维护，控制系统应提供直观、友好的人机交互界面。

（7）低成本。在满足性能要求的前提下，应尽量降低控制系统的硬件成本，提高系统的性价比。

（8）可扩展性和可维护性。随着技术的进步和应用的拓展，控制系统应具备良好的可扩展性和可维护性，方便后期升级和维护。

综上所述，工业机器人控制系统的设计要求涵盖了运动控制、精度要求、系统稳定性、操作便利性、成本及可扩展性等，以确保工业机器人能够在各种应用场景中表现出良好的性能。

5.1.3　工业机器人控制系统的功能

工业机器人控制系统的主要任务是确保机器人在执行任务时的准确性、稳定性和效率。这包括精确控制机器人在工作空间内的位置、姿态、轨迹，以及执行特定任务时的操作顺序和时间。控制系统的核心功能主要体现在示教再现与运动控制上。

1．示教再现功能

示教再现功能允许操作人员手动操作机器人，将其执行的任务路径、速度和加速度等信息记录下来。这些信息随后可以被控制系统用于重复执行相同的任务，从而实现示教再现。具体来说，示教过程是通过引导机器人末端执行器或操作机械模拟装置，机器人可以完成预期的运动顺序、速度、位姿等，并将这些示教内容存储在存储器中的过程。在示教过程中，操作人员可以通过手把手示教或示教盒等方式进行示范教学，只要给机器人传递一定的操作信息，它就会将其转变为自己的内在能力。

再现过程是使机器人按照存储的示教内容进行运动的过程。当机器人需要执行相同的任务时，控制系统会从存储器中读取示教内容，并控制机器人按照这些内容进行运动。由于机器人具有高的重复定位精度，因此可以有效地降低系统误差对机器人运动精度的影响。

示教再现功能在生产线上的重复性工作中特别有用，因为它可以确保每次任务执行的一致性和准确性。此外，示教再现功能还可以通过在线编程示教等方式实现更灵活的任务执行。在线编程示教是最直接的示教方式，它充分利用了工业机器人具有的重复定位精度高的优点，因此能有效地降低系统误差对机器人运动精度的影响。

（1）示教及记忆方式。

工业机器人的示教及记忆方式主要依赖其控制系统，如直接示教、间接示教等。

直接示教是指手把手地引导机器人末端执行器，使其完成预期的运动。在这个过程中，操作人员需要手动操作机器人，并实时调整机器人的位姿、速度和加速度等参数。控制系统会将这些参数记录下来，并生成一个示教文件。

间接示教是指通过操作示教盒（Teach Pendant）来完成示教。示教盒通常具有图形用户界面（GUI），操作人员可以通过触摸屏幕上的图标、按钮等来控制机器人的运动。与直接示教相比，间接示教更加灵活和方便，因为操作人员可以在不接触机器人的情况下完成示教。

示教文件中包含了机器人执行任务的全部信息，包括各个关节的角度、速度、加速度等。当机器人需要执行相同的任务时，控制系统会从存储器中读取这个文件，并按照其中的信息控制机器人进行运动。

在示教过程中，经常会遇到一些数据编辑问题。示教数据的编辑机能如图 5.1 所示。

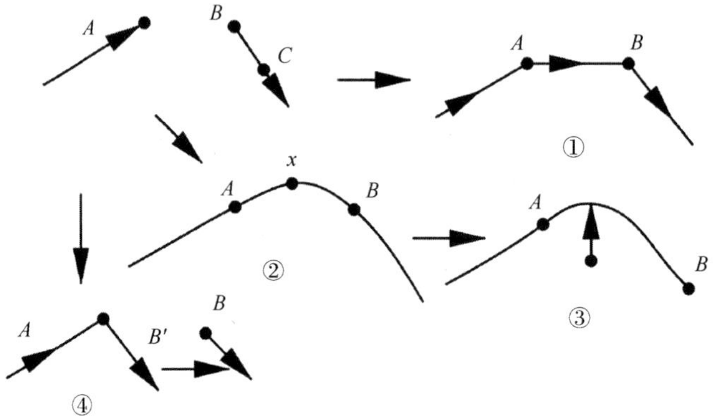

①—直接连接；②—先指定一点，再用圆弧连接；③—用指定半径的圆弧连接；④—用平移方式连接。

图 5.1　示教数据的编辑机能

当使用 CP（连续轨迹控制方式）控制的工业机器人示教时，由于 CP 控制的示教是多轴同时动作，因此与 PTP 控制不同，它几乎必须在点与点之间的连线上移动，故有如图 5.2 所示的两种示教方式。

（a）在指定点之间用直线连接进行示教　　（b）按指定的时间对每一间隔点的位置进行示教

图 5.2　CP 控制示教举例

工业机器人的记忆方式主要取决于其控制系统和所使用的存储器。在示教过程中，操作人员通过手动操作或示教盒来引导机器人完成预期的运动，并将这些信息传递给控制系统。控制系统会将这些信息记录到存储器中，以便在需要时重现这些运动。工业机器人的存储器通常采用非易失性存储器，如闪存或硬盘驱动器，以确保即使在断电的情况下，其中存储的信息也不会丢失。存储器中通常存储了多个示教文件，每个示教文件都包含了特定任务的信息，如运动轨迹、速度和加速度等。在记忆方式上，工业机器人通常采用基于位置的记忆。这意味着机器人会记忆特定的位置、速度和加速度等信息，并在需要时重现这些信息。此外，一些高级工业机器人还具备基于学习的记忆方式，它们可以通过机器学习算法来不断优化和调整自己的运动轨迹与参数，以提高任务的执行效率和准确性。

除了示教过程中的记忆，工业机器人还可能使用其他记忆方式。例如，一些机器人具备传感器和感知能力，可以通过感知外部环境来记忆和适应不同的工作环境与任务需求。此外，一些机器人还可以通过与操作人员的交互学习新的技能和知识，并将其存储到存储器中，以便在将来需要时使用。

（2）示教编程方式。

目前，大多数工业机器人都具有采用示教方式来编程的功能。工业机器人的示教编程方式主要有手动示教编程、离线编程、在线编程和智能编程等。手动示教编程是最常见的一种示教编程方式。操作人员通过手动操作机器人，引导其完成预期的运动轨迹、姿态、速度等，并将这些信息存储在机器人的控制器中。在机器人执行任务时，控制器会读取这些示教信息，并控制机器人按照示教的内容进行运动。

离线编程是指在计算机上利用专门的编程软件，对机器人进行编程和仿真。在这种方式下，操作人员可以在计算机上创建机器人的运动轨迹、姿态、速度等，并通过软件对机器人的运动进行仿真和调试。一旦编程完成并经过验证，就可以将程序传输到机器人的控制器中，由机器人执行。

在线编程是指直接在机器人的控制器上进行编程。这种方式通常适用于较简单的任务或需要实时调整的任务。操作人员可以通过示教盒或触摸屏等输入设备，直接在控制器中输入机器人的运动指令，并实时观察机器人的运动效果。

智能编程是指机器人通过学习、推理等方式，自主生成或优化运动轨迹和参数，以实现更高效、更准确的任务执行。

2．运动控制功能

工业机器人的运动控制功能是指机器人对相关的操作对象的运动进行控制，主要包括控制机械臂末端执行器的运动位置、姿态和轨迹，以及控制运动速度、加速度等。该功能使得机器人能够按照预定的轨迹和速度进行精确的运动，从而完成各种复杂的操作任务。为了实现该功能，工业机器人的控制系统通常采用先进的控制算法和传感器反馈机制，对机器人的运动状态进行实时监测和调整。

运动控制功能的具体实现方式包括连续轨迹控制、点位控制等。连续轨迹控制是指对机器人末端执行器位姿进行连续控制，使机器人能够连续完成相应的操作步骤，实现准确、平稳的效果。点位控制是指将机器人的运动轨迹划分为若干关键点，通过对这些点的精确控制来实现整个运动轨迹的精确控制。此外，工业机器人的运动控制功能还需要与机器人的动力学特性、运动学特性等因素进行综合考虑，以确保机器人在执行任务时的稳定性、准确性和效率。

5.2　工业机器人的控制方式

工业机器人的控制方式多种多样，根据作业任务的不同，主要分为点位控制方式（PTP）、连续轨迹控制方式（CP）、力（力矩）控制方式和智能控制方式。

5.2.1　点位控制方式

点位控制方式只控制工业机器人末端执行器在作业空间中某些规定的离散点上的位姿。在控制时，只要求工业机器人能够快速、准确地在相邻各点之间运动，对到达目标点的运动轨迹不做任何规定。这种控制方式的主要技术指标是定位精度和运动所需的时间。由于其实现简单且对定位精度的要求相对较低，因此它常被应用于诸如上下料、搬运、点焊和在电路板上安插元件等场景。在这些场景中，机器人只需在特定点处保持末端执行器位姿准确即可，而不需要关注路径的平滑性。

虽然点位控制方式在许多场景中都非常有效，但它也面临着一些挑战和限制。例如，由于点位控制不关注路径，因此机器人可能无法避免在某些情况下与障碍物发生碰撞。此外，虽然点位控制方式对定位精度的要求相对较低，但要达到非常高的定位精度（如 2～3μm）仍然是非常困难的。

5.2.2 连续轨迹控制方式

连续轨迹控制方式是指对工业机器人末端执行器在作业空间中的位姿进行连续控制，要求其严格按照预定的轨迹和速度在一定的精度范围内运动，而且速度可控、轨迹光滑、运动平稳。工业机器人的各个关节连续、同步地进行相应的运动，其末端执行器即可形成连续轨迹。这种控制方式的主要技术指标是工业机器人末端执行器姿态的轨迹跟踪精度和稳定性。通常情况下，弧焊、喷漆、去毛边和检测等工业机器人会采用这种控制方式来确保作业质量与效率。图 5.3（a）、（b）所示分别为点位控制方式与连续轨迹控制方式。

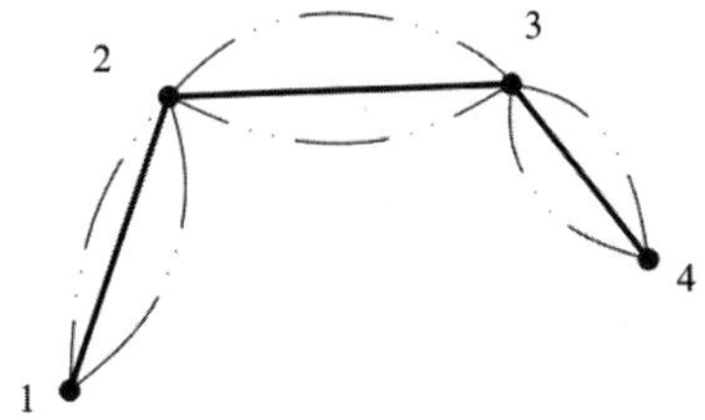

（a）点位控制方式

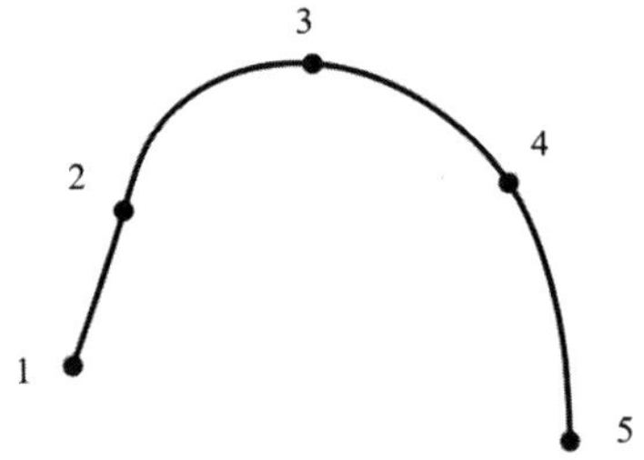

（b）连续轨迹控制方式

图 5.3 点位控制方式与连续轨迹控制方式

5.2.3 力（力矩）控制方式

力（力矩）控制方式的原理与位置伺服控制原理基本相同，但主要的区别在于其输入量和反馈量。在位置伺服控制中，输入量是期望的位置，反馈量是实际的位置。而在力（力矩）控制中，输入量是期望的力或力矩，反馈量是实际的力或力矩。由于需要测量实际的力和力矩，因此，力（力矩）控制系统中必须有力（力矩）传感器。这些传感器能够实时测量机器人与环境交互时的力和力矩，并将这些数据反馈给控制系统。机器人力（力矩）控制方式常用于装配、抓放物体等任务。在这些任务中，除需要准确定位外，还需要确保使用的力或力矩是合适的。例如，在装配过程中，如果使用的力过大，则可能会损坏零件；如果使用的力过小，则可能无法完成装配。因此，通过力（力矩）控制方式，可以确保机器人在执行任务时使用适当的力。

5.2.4 智能控制方式

智能控制方式是近年来随着人工智能技术的快速发展而兴起的一种控制方式。它利用人工智能的相关算法和模型，使机器人具备更强的适应性和自学习能力，从而能够更好地应对复杂多变的任务环境。智能控制方式基于人工智能的算法和模型，如神经网络、深度学习、强化学习等。通过训练和优化这些模型，机器人可以学习如何根据环境信息进行决策和控制，以实现预设的任务目标。要实现智能控制方式，需要大量的计算资源和训练数据。此外，还需要设计合理的神经网络结构和学习算法，以确保机器人能够快速、准确地学习并适应新的任务环境。

智能控制方式使机器人具备了更强的适应性和自学习能力，从而能够更好地应对复杂多变的任务环境。然而，智能控制方式也面临着一些挑战，如计算资源的限制、训练数据的获取与处理、模型的泛化能力等。

5.3　电动机的控制

机器人电动机的控制是机器人运动控制中的关键环节，它涉及如何根据预定的任务指令驱动和控制电动机，从而实现机器人的精确、高效运动。本节聚焦实际应用场景，深入剖析工业机器人控制中所涉及的电动机类型、特性及控制方法，以期为相关从业者提供有益的参考与指导。

5.3.1　电动机控制介绍

1. 机器人中电动机的控制特征

（1）高精度。机器人电动机的控制通常需要达到很高的精度，以确保机器人能够准确地执行各种复杂的动作。这要求控制系统具备高精度的位置、速度和力矩控制能力。

（2）快速响应。机器人电动机需要快速响应控制信号的变化，以便在短时间内完成动作。控制系统需要具备较好的处理能力和实时性，以确保机器人的运动流畅且连续。

（3）稳定性。机器人电动机的控制需要保持稳定，即使在受到外部干扰或参数变化的情况下，也能够保持稳定。控制系统需要具备鲁棒性和自适应性，以应对各种不确定性。

（4）可编程性和灵活性。机器人电动机的控制通常需要具备可编程性和灵活性，以便根据不同的任务需求进行调整和优化。控制系统需要提供易于编程和配置的接口，以适应不同的应用场景。

（5）安全性。机器人电动机的控制需要确保运行过程的安全性，避免发生意外。控制系统需要具备完善的安全保护措施，如过载保护、过速保护、欠压保护等，以确保机器人的稳定运行和操作人员的安全。

这些控制特征使得机器人电动机能够在各种复杂和变化的环境中稳定运行，并实现高精度的动作执行。同时，它们也是机器人技术不断发展和优化的重要方向之一。

2. 机器人电动机的选用

在选用机器人电动机时，需要考虑多个因素，以确保电动机能够满足机器人的性能要求和应用场景。以下是一些关键因素。

（1）类型选择。根据机器人的需求和应用场景，选择合适的电动机类型。常见的电动机类型包括直流电动机、交流电动机、步进电动机、伺服电动机等。不同类型的电动机具有不同的特点和适用场景，如直流电动机通常用于需要较高转速和较小体积的场景，而伺服电动机则适用于需要高精度控制的应用场景。

（2）功率和转矩。根据机器人的负载要求，选择适当的电动机功率和转矩。功率决定了电动机的输出能力，而转矩则决定了电动机能够产生的旋转力矩。需要确保电动机的功率和转矩足够，以驱动机器人的负载。

（3）控制精度。根据机器人的控制精度要求，选择具备高精度控制能力的电动机。高精度控制可以确保机器人准确执行复杂的动作和轨迹，提高机器人的性能和稳定性。

（4）动态响应。机器人电动机需要具备快速响应的能力，以便在需要时能够迅速调整转速或方向。选择具有良好动态响应的电动机可以提高机器人的灵活性和适应性。

（5）效率和可靠性。电动机的效率和可靠性对于机器人的长期运行与维护至关重要。选择高效率的电动机可以降低能源消耗，而选择高可靠性的电动机则可以降低故障和维修频率并降低维护成本。

（6）尺寸和质量。根据机器人的空间限制和质量要求，选择合适的电动机尺寸和质量。需要确保电动机能够安装在机器人的有限空间内，并且不会对机器人的整体质量产生过大的影响。

此外，还需要考虑电动机的价格、可维护性、与机器人控制系统的兼容性等因素。在选择电动机时，最好向机器人生产企业或专业工程师进行咨询，以确保所选电动机符合机器人的具体需求和应用场景。

3. 机器人电动机的变换器

机器人电动机的变换器是电动机控制系统中的关键组件，用于将电源提供的电能转换为适合电动机运行的交流或直流电能，并实现对电动机的精确控制。变换器的主要功能是将电源提供的电能（通常是交流电或直流电）转换为适合电动机运行的电能形式。例如，对于直流电动机，变换器需要将交流电转换为直流电；对于交流电动机，变换器可能需要提供频率和电压可调的交流电。变换器还具备对电动机进行精确控制的功能。通过调整输出电压、电流或频率等参数，变换器可以控制电动机的转速、位置、力矩等关键指标，从而实现对机器人的精确控制。

电动机的变换器主要分为直流变换器和交流变换器。直流变换器用于将交流电转换为直流电，以驱动直流电动机。常见的直流变换器包括整流器和稳压器，可以确保为直流电动机提供稳定、可靠的直流电源。交流变换器用于将交流电转换为适合交流电动机运行的交流电。交流变换器包括变频器、调速器等，以实现对交流电动机的精确控制。在选择变换器时，需要考虑电动机的类型、功率、控制精度等要求。另外，还需要考虑变换器的效率、可靠性、成本等因素。向电动机生产企业或专业工程师进行咨询，可以帮助选择合适的变换器。图 5.4 所示为按工作电源种类划分的电动机。

4. 电动机控制系统的构成

图 5.5 展示了电动机控制系统的一般构成，该系统由电动机和电力变换器组合而成。该系统首先通过电力变换器对商用交流电源的电压、电流和频率进行转换，进而实现对电动机的精确控制。尽管电动机的输出量 P（W）以电量表示，但实际上，这一能量是通过减速器和传动装置（如连接器、齿轮、传送带等）传递到机械系统中的。这里用速度 ω_1（rad / s）和转矩 T_L（N·m）表示机械动力，并用下式表示它们与电动机的输出量 P（W）的关系：

$$P = \omega_1 T_L \tag{5.1}$$

该式为电气功率与机械功率的重要关系式，并且是以 SI（国际标准单位）表示的。但是，通常情况下，转速的单位是 r/min，转矩的单位是 kg · m，当采用这种单位时，式（5.1）就变为

$$P = 1.026\omega_1 T_L \tag{5.2}$$

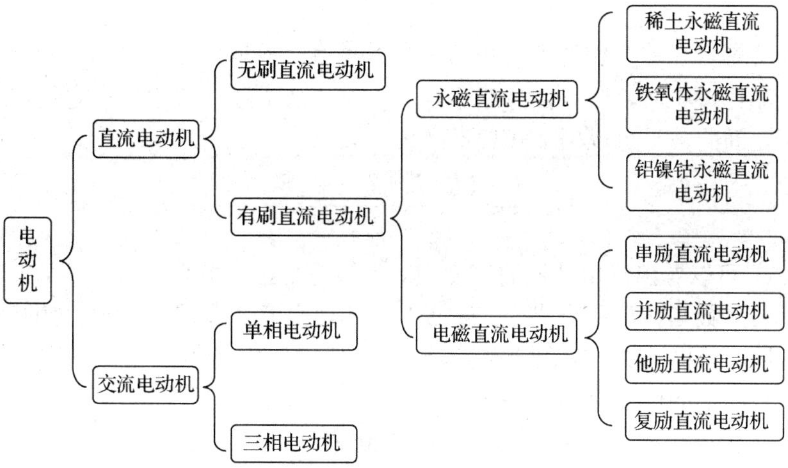

图 5.4　按工作电源种类划分的电动机

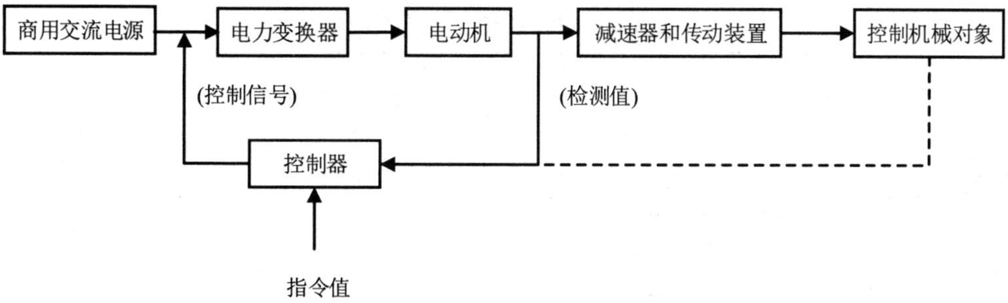

图 5.5　电动机控制系统的一般构成

为了实现机械系统预期的速度和位置，需要利用传感器进行检测，并且将检测量转换成控制装置的输入量，并分别与其指令值进行比较，通过控制运算，作为电力变换器的控制信号进行反馈，进而精确地调整送往电动机的电压、电流和频率等。对检测出来的机械系统的最终速度和位置进行反馈的系统称为全闭环系统，对检测出来的电动机轴的速度和位置进行反馈的系统称为半闭环系统。在实际应用方面，后者的应用范围要广泛得多。

5.3.2　电动机速度的控制

1．直流电动机的速度与转矩的关系

直流电动机依据磁场与电枢连接方式的不同，有他励、并励、串励和复励电动机等类型。在机器人中，采用永久磁铁的他励电动机用得较多，因此本节只对这种电动机进行说明。

根据电机学原理，当设电动机的速度为 ω_m（rad / s），电动机电枢的电压、电流、电阻分别为 U（V）、I（A）、R（Ω），电动势系数为 K_E 时，它们之间满足下列关系：

$$\omega_{\mathrm{m}}=\frac{U-IR-U_{\mathrm{b}}}{K_E} \tag{5.3}$$

式中，U_{b} 称为电刷电压降，通常为 2～3V，多数情况下可以忽略不计，但在外加电压比较低的电动机中，必须予以考虑。

对于转矩 T_{m}（N·m），若设转矩系数为 K_T（N·m/A），则可求得转矩为

$$T_{\mathrm{m}}=K_T\left(I-I_0\right) \tag{5.4}$$

式中，I_0 为轴等部件上承受的摩擦转矩的电流换算值，多数情况下可以忽略不计，但是当电动机的输出功率比较小时，就不能忽略不计。于是，从上述两式中消去电枢电流后，电动机的速度与转矩之间的关系可以用下式表示：

$$\omega_{\mathrm{m}}=\frac{U-\left(R/K_T\right)T_{\mathrm{m}}-\left(I_0R+U_{\mathrm{b}}\right)}{K_E} \tag{5.5}$$

由式（5.5）可以看出，电动机的速度相对于转矩呈直线关系降低，其降低的比例由电枢的电阻、电动势系数和转矩系数决定。表 5.1 详细列出了 3 种具有代表性的直流电动机产品目录。这里若以电动机 B 为例，则首先应注意式（5.3）中的单位，再将额定值代入式（5.3），于是可以确定电刷上的电压降为

$$66.5=7.4\times1.03+0.0187\times3000+U_{\mathrm{b}}$$

$$U_{\mathrm{b}}=2.73\mathrm{V}$$

表 5.1　直流电动机产品目录举例

项目		电动机		
		A	B	C
额定输出/W		185	401	771
额定转矩	N · m	185	401	771
	kgf · cm	0.588	1.275	2.452
额定转速/（r/min）		3000	3000	3000
额定电压/V		38.6	66.5	69.5
额定电流/A		6.2	7.4	13.1
功率变化率（kW/s）		6.1	11.5	21.2
瞬时最大转矩	N · m	5.884	12.749	24.517
	kgf · cm	60	130	250
瞬时最大电流/A		62	74	131
转动惯量（$GD^2/4$）/（kg · cm²）		0.567	1.41	2.83
电枢电阻值/Ω		0.84	1.03	0.47
感应电压常数 Mv/（r/min）		10.6	18.7	20.2
转矩系数	N · m/A	0.101	0.178	0.193
	kgf · cm/A	1.03	1.82	1.97
机械时间常数/ms		4.7	4.6	3.6
电气时间常数/ms		4.1	1.5	1.3

此外，将额定值代入式（5.4），即可求出轴上承受的摩擦转矩的电流换算值。将这些值代入式（5.3），即可求出这个电动机的转矩与速度的关系，其形式为

$$\omega_m = \frac{U - 5.78T_m - 2.97}{0.178} \tag{5.6}$$

因此，当用这个电动机驱动机器人臂部，并且希望产生的转矩为 0.85N · m、电动机的速度为 2200r/min 时，对这个电动机应该施加的电压和电流可以依据下列方法予以确定。

首先，将转矩和速度代入式（5.6），并且注意式中的单位，于是可以确定外加电压为

$$U = 0.0178 \times 2200\frac{2\pi}{60} + 5.78 \times 0.85 + 2.73 \approx 48.7\text{（V）}$$

然后，电流可以根据式（5.4）计算得到，其值为

$$I = \frac{0.85}{0.178} + 0.237 \approx 5.0\text{（A）}$$

通常情况下，机器人的动作和姿态各异，对电动机的速度和转矩要求也因此而异。于是，为了满足这些不同的需求，电动机的外加电压和电流必须时刻保持相应变化。另外，直流电动机存在着电刷与整流子的维护，以及防止火花出现的问题。为了能保持电动机原来的控制特性，消除因电刷和整流子引发的问题，现在已经开发出无刷直流电动机，并且已进入广泛使用阶段。

2. 直流电动机速度的控制

前面由式（5.6）给出了表 5.1 中电动机 B 的速度与转矩的关系。图 5.6 表示的是改变端电压 U 时得到的直流电动机速度与转矩特性。在图 5.6 中，速度和转矩都用相对于额定值的百分率来表示。由图 5.6 可以明显地看出，由于一方面要产生期望的转矩，另一方面要实现期望的速度，因此必须对端电压进行调整。

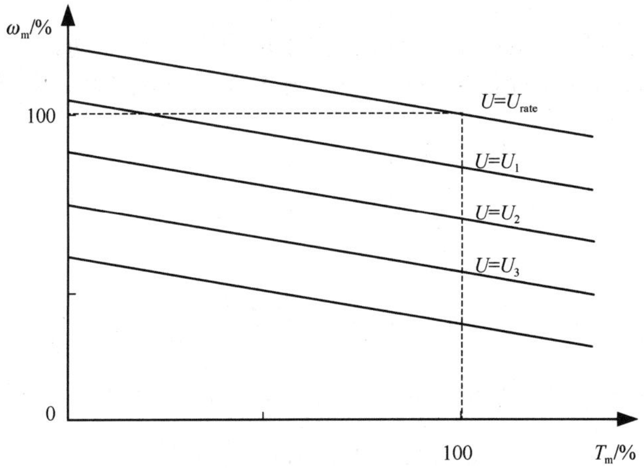

图 5.6　直流电动机速度与转矩特性

图 5.7（a）所示为可用于可逆运转的四象限断路器电路。在图 5.7（a）的 4 个开关中，当 S_1 与 S_4 接通时，P、Q 点的电位分别变成 U_s、0，因此电动机两端的电压为 U_s；当 S_1 与 S_3 处于接通状态时，P、Q 点上的电位相同，电动机两端的电压为 0。同样地，当 S_2 处于接通状态并接通 S_3 时，P、Q 点的电位分别变成 0、U_s，因此电动机两端的电压为 $-U_s$；当 S_2 和 S_4 接通时，电动机两端的电压为 0。因此，当按照图 5.7（b）中那样实施对开关的接通与断开操作时，电动机两端的电压将会变成如图中表示的那样，这是容易理解的。这里定义斜线位置上的两个开关一同接通的时间为 T_1，其与周期 T 的比为流通率 d，即

$$U = 0.178 \times 2200 \times \frac{2\pi}{60} + 5.78 \times 0.85 + 2.73 \approx 48.7\text{（V）}$$

$$I = \frac{0.85}{0.178} + 0.237 \approx 5.0\text{（A）} \tag{5.7}$$

$$d = \frac{T_1}{T}$$

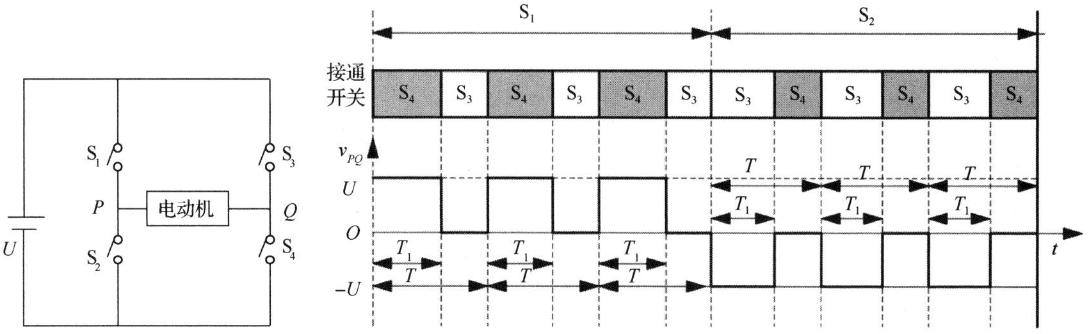

（a）电路　（b）波形

图 5.7　四象限断路器电路及其操作波形

图 5.7 还表明，S_1 和 S_2 决定电动机两端的电压的极性，S_3 和 S_4 决定流通率。电动机平均端子电压的高低由下式决定：

$$U = dU_s \tag{5.8}$$

利用这个断路器，可以实现电源与电动机之间电流的双向流动。另外，作为一种电压控制方法，可以先接通 S_1 和 S_4，随后接通 S_2 和 S_3，根据适当的流通率，重复进行上述接通操作。

3. 感应电动机的速度与转矩的关系

频率为 f（Hz）的三相交流电在级数为 $2p$（极对数为 p）的三相感应电动机中产生的旋转磁场的速度称为同步速度，它可以由下式求出：

$$\omega_0 = 2\pi\left(\frac{f}{p}\right) \tag{5.9}$$

感应电动机的速度 ω_m（rad/s）比同步速度低，利用转差率 s，ω_m 可以写为

$$\omega_m = (1-s)\omega_0 = (1-s)2\pi\frac{f}{p} \tag{5.10}$$

图 5.8 所示为三相感应电动机单相部分的等效电路，在采用转差率 s 的情况下，转子的输入功率 P_2、电枢两端的功耗 W_2 和输出功率 P_{out} 的关系为

$$P_2 : W_2 : P_{out} = 1 : s : (1-s) \tag{5.11}$$

这里，若采用的电源角频率为 $\omega = 2\pi f$，则转子的电流和转矩分别为

$$I_2 = \frac{U_1}{\sqrt{\left(\frac{R_1 + R_2'}{s}\right)^2 + (x_1 + x_2')^2}} \tag{5.12}$$

$$T_m = \frac{3U_1^2}{\omega_0} \frac{R_2'/s}{\left(\frac{R_1+R_2'}{s}\right)^2 + (x_1+x_2')^2} \tag{5.13}$$

式中，R_1 和 $x_1 = \omega l_1$ 分别为定子的电阻与漏电抗；R_2' 和 $x_2' = \omega l_2'$ 分别为换算到定子上的转子的电阻与漏电抗；U_1 为相电压（为线电压的 $1/\sqrt{3}$）。图 5.9 展示了一般感应电动机的转矩和电流特性，多数情况下，都针对转差率进行讨论。与直流电动机相比，感应电动机的电流和转矩并不具备线性特性。

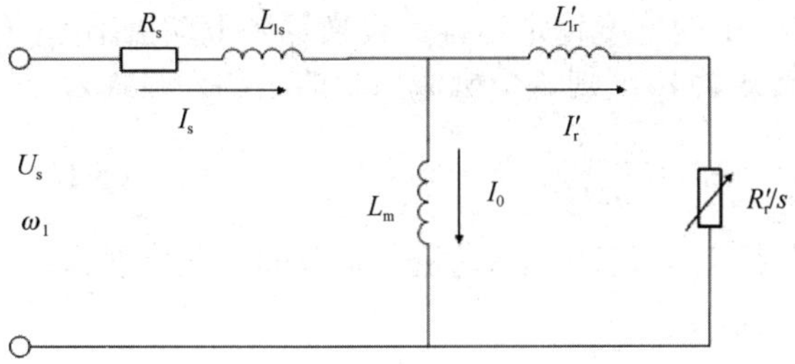

图 5.8　三相感应电动机单相部分的等效电路

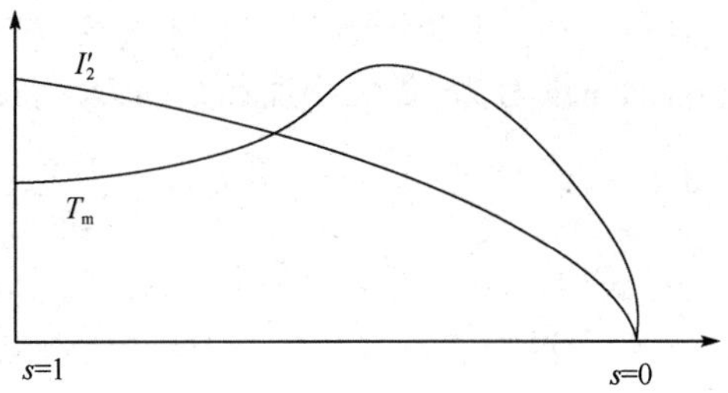

图 5.9　一般感应电动机的转矩和电流特性

4．感应电动机速度的控制

由式（5.10）可知，在改变感应电动机的速度时，可以采用以下 3 种方法：①通过电压控制改变转矩，进而达到改变转差率的目的（电压控制法）；②改变极数（极数变换法）；③改变频率（频率控制法）。近年来，由于变换器的普及，专门的频率控制器得到了广泛应用。

在图 5.8 中，当采用励磁电压 E 时，定子电流 I_1 和转矩 T_m 可分别利用下式来求解：

$$I_1 = \frac{E}{\omega}\frac{1}{M}\sqrt{\frac{(R_2'/\omega_s)^2 + L_2^2}{(R_2'/\omega_s)^2 + (l_2')^2}} \tag{5.14}$$

$$T_m = 3\left(\frac{E}{\omega}\right)^2 \frac{R_2'/\omega_s}{(R_2'/\omega_s)^2 + (l_2')^2} \tag{5.15}$$

式中，$\omega_s = p(\omega_0 - \omega_m) = s\omega$ 为转差率角频率；$L_2 = M + l_2'$。根据这两个等式，当保持 E/f 一定并改变频率时，如图 5.10 所示，定子电流将发生变化，并且可以清楚地看出，转矩曲线的形状与频率无关。

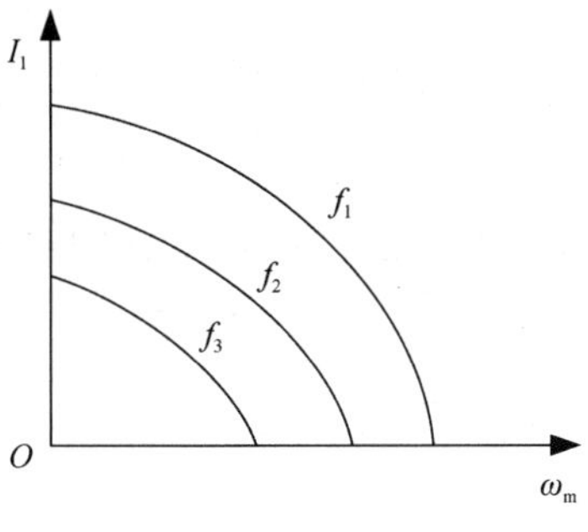

（a）定子电流特性

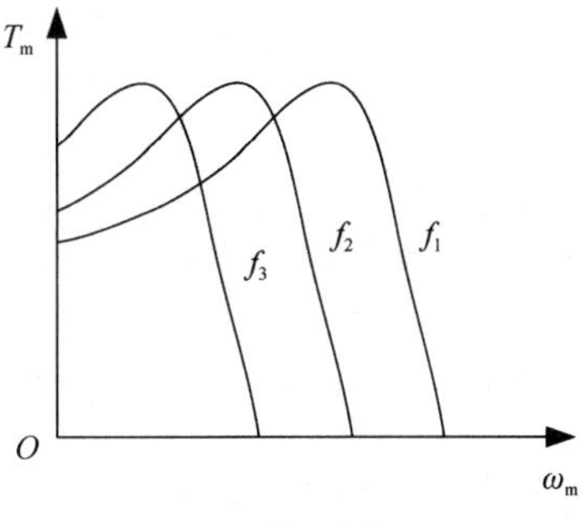

（b）转矩特性

图 5.10　保持 E/f 一定时的定子电流特性与转矩特性

现在，如果忽略定子阻抗上的电压降，则可以认为励磁电压与端子电压是同一电压。因此，如果在变换器中用U/f取代E/f并保持其一定，任意控制频率，就可以利用其与负载转矩的关系得到期望的速度。这种可变速控制称为U/f一定的控制。

5.3.3 电动机和机械的动态特性分析

1．电动机和机械的动态特性的表示

当电动机输出的转矩T_m大于负载的反作用转矩T_L时，负载会发生加速运动；反之，则会发生减速运动；如果两者相等，那么系统会以一定的速度稳定运行。设换算到电动机轴上的全部转动惯量为J，黏性摩擦系数为D，负载转矩为T_L，则这个机械系统的运动方程式为

$$J\frac{\mathrm{d}\omega_L}{\mathrm{d}t}+D\omega_m=T_m-T_L \tag{5.16}$$

多数驱动系统都采用了如图 5.11 所示的减速器，若设图中电动机和负载的速度分别为ω_m与ω_L，并且设减速器的效率为 100%，则齿数比定义如下：

$$\frac{\omega_L}{\omega_m}=\frac{\text{齿轮M的齿数}}{\text{齿轮L的齿数}}=\frac{1}{a},\quad \omega_m T_m=\omega_L T_L \tag{5.17}$$

这时，负载一侧的运动方程式变成如式（5.16）所示的形式，且可以写为

$$J_L\frac{\mathrm{d}\omega_L}{\mathrm{d}t}+D_L\omega_L=aT_m-T_L \tag{5.18}$$

根据式（5.17）及负载速度和电动机速度，式（5.18）可以改写为

$$\left(\frac{1}{a}\right)^2 J_L\frac{\mathrm{d}\omega_m}{\mathrm{d}t}+\left(\frac{1}{a}\right)^2 D_L\omega_m=T_m-\left(\frac{1}{a}\right)T_L \tag{5.19}$$

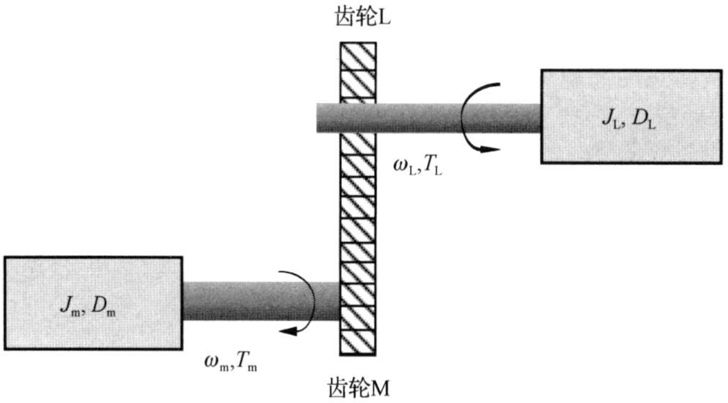

图 5.11 减速器

从电动机轴观察到转矩为负载转矩的$1/a$，而负载一侧的机械常数则变为原来的$(1/a)^2$。因此，这时电动机的转动惯量和黏性摩擦系数应分别相加，并且必须对式（5.16）中的J、D进行设置。在实际计算中，多数情况下可以忽略黏性摩擦系数。

2．直流电动机的启动和停止

图 5.12 表示出了电动机的加/减速状态。直流电动机的电枢电流在加速过程中应控制为一定的数值I_{con}，运动方程式可以根据式（5.4）和式（5.16）得到

$$J_{\mathrm{m}}\frac{\mathrm{d}\omega_{\mathrm{m}}}{\mathrm{d}t}=K_T\left(I_{\mathrm{con}}-I_0\right)-T_{\mathrm{L}} \tag{5.20}$$

将式（5.20）对时间 t 从 t_1 到 t_2 进行积分得

$$\omega_2-\omega_1=\frac{K_T\left(I_{\mathrm{con}}-I_0\right)-T_{\mathrm{L}}}{J}\left(t_2-t_1\right) \tag{5.21}$$

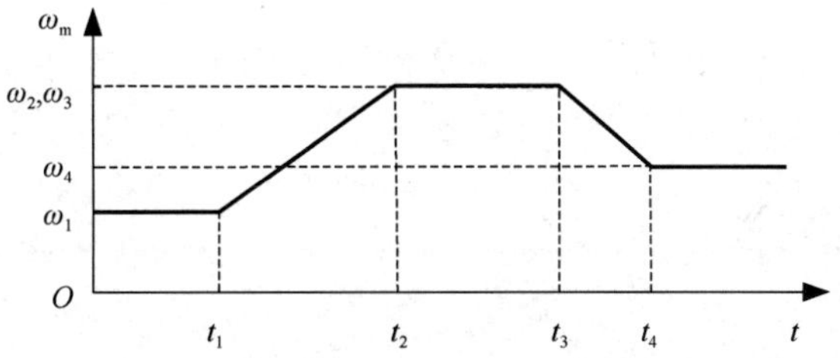

图 5.12　电动机的加/减速

这里考虑速度从 0 到额定速度 ω_{r} 的启动时间为 T_{s}，于是在式（5.21）中，当设 ω_{r}=0 时，可以得到

$$T_{\mathrm{s}}=\frac{J\omega_{\mathrm{r}}}{K_T\left(I_{\mathrm{con}}-I_0\right)-T_{\mathrm{L}}} \tag{5.22}$$

在确定电动机时，应该根据式（5.22）在大范围内设定加/减速时的电流，其结果是增大了电力变换器的容量。

3．感应电动机的启动和停止

式（5.15）是根据励磁电压计算出的转矩，如果忽略式（5.15）中的 R_1 和 l_1 造成的电压降，则端子上的电压与励磁电压将会相等，于是转矩可以近似地表示为

$$T_{\mathrm{m}}=\frac{3\left(V/\omega\right)^2}{R_2'/\omega_s+\omega_s\left(l_2'\right)^2/R_2'} \tag{5.23}$$

根据式（5.23），可得到最大转矩 $T_{\max}$ 及与其对应的转差率角频率 ω_{sT}

$$T_{\max}=\frac{3\left(V/\omega\right)^2}{2l_2'}$$
$$\omega_{\mathrm{sT}}=2\pi fs_T=\frac{R_2'}{l_2'} \tag{5.24}$$

把式（5.24）代入式（5.23），经过整理可得到 T_{m} 的近似表达式：

$$T_{\mathrm{m}}=\frac{2T_{\max}}{s/s_T+s_T/s} \tag{5.25}$$

这里为了便于讨论，考虑感应电动机的无负载加减/速问题，由式（5.16）和式（5.24）可以得到下列运动方程式：

$$J_{\mathrm{m}}\frac{\mathrm{d}\omega_{\mathrm{m}}}{\mathrm{d}t}=\frac{2T_{\max}}{s/s_T+s_T/s} \tag{5.26}$$

在图 5.12 中，如果对时间 t_1 时的速度 ω_1（转差率为 s_1）到时间 t_2 时的速度 ω_2（转差率为 s_2）这一区间进行积分，则可以得到以下关系式：

$$t_2 - t_1 = \frac{J_{\mathrm{m}}\omega_0}{2T_{\max}}\left(s_T l_n \frac{s_1}{s_2} + \frac{s_1^2 - s_2^2}{2s_T}\right) \tag{5.27}$$

从速度 0 到额定速度 ω_{r}（额定转差率为 s_{r}）时的启动时间 T_{s} 可以由下式求得：

$$T_{\mathrm{s}} = \frac{J_{\mathrm{m}}\omega_0}{2T_{\max}}\left(s_T l_n \frac{1}{s_{\mathrm{r}}} + \frac{1 - s_{\mathrm{r}}^2}{2s_T}\right) \tag{5.28}$$

由这个关系式可知，在解决缩短感应电动机加速时间的问题中，可采用与直流电动机相同的方法。

5.3.4 正确控制动态特性

1. 力控制

力控制主要利用力传感器作为反馈装置，将力反馈信号与位置控制（或速度控制）输入信号相结合，通过相关的力/位混合算法，实现力/位混合控制技术。这种控制技术使得机器人在与环境之间存在作用力的任务（如打磨、装配等）中能够更精确地控制其与环境之间的作用力，从而避免由于位置误差而引起过大的作用力，导致零件或机器人受损。

在力控制下，当机器人遇到障碍物时，它能够智能调整预设位置轨迹，从而消除内力。这种控制技术的作用越来越大，已广泛应用于康复训练、人机协作和柔顺生产等领域。此外，机器人力控制还可以与基于模型的控制、PID 控制、自适应控制、迭代学习控制及变结构控制等多种控制方法相结合，实现更精确、高效和稳定的机器人运动控制。

图 5.13 是采用断路器的直流他励电动机的力控制系统的构成原理图。设用电动机的转矩系数 K_T 除转矩指令 T^* 得到的结果为电流指令 i^*，如果使实际的电动机电流 i 与 i^* 基本一致，那么电动机就能够产生与转矩指令 T^* 相同的转矩。因此，如图 5.13 所示，可以把由电流传感器检测到的实际电动机电流 i 与电流指令 i^* 进行比较，得到电流误差：

$$\Delta i = i^* - i \tag{5.29}$$

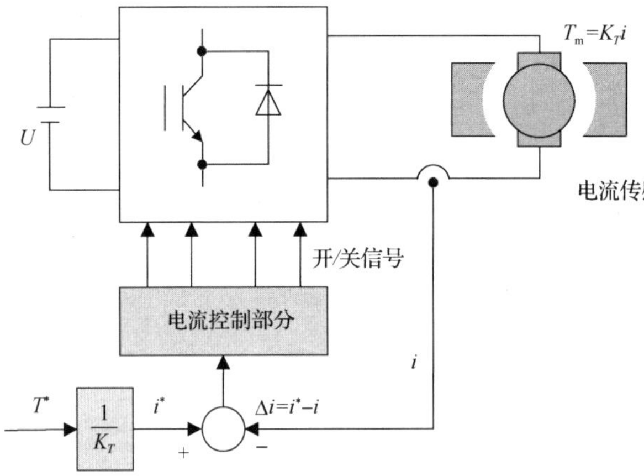

图 5.13 力控制系统的构成原理图

为了使 Δi 趋于 0，在电流控制部分广泛地采用产生断路器开/关信号的方式。这里在利用 Δi 产生断路器开/关信号时，只对具有代表性的三角波比较法进行说明。

在这种方法中，根据图 5.14（a）中表示的三角波信号 S_{w} 和 Δi 的关系，生成断路器开/关信号。三角波比较法的原理在图 5.14（b）中清楚地表示了出来。断路器开信号依据下列规律产生：

$$\begin{cases}\Delta i > S_{\mathrm{w}} & \text{（开信号产生）}\\ \Delta i < S_{\mathrm{w}} & \text{（开信号不产生）}\end{cases} \tag{5.30}$$

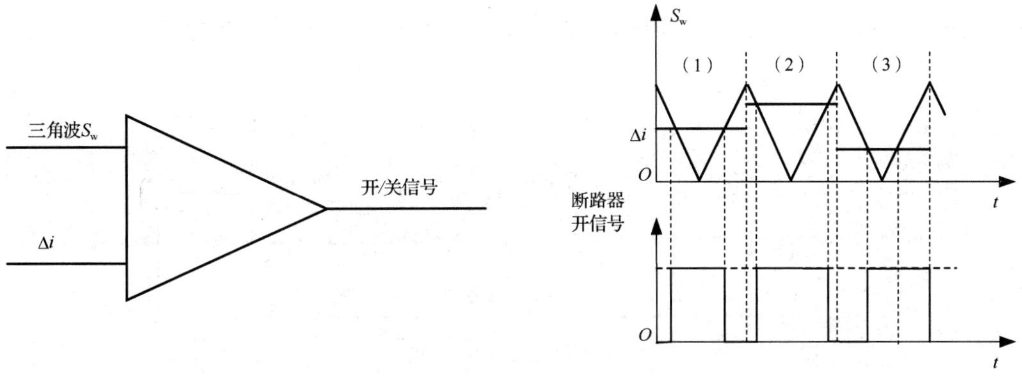

（a）三角波信号 S_{W} 和 Δi 的关系　　（b）三角波信号波形

图 5.14　三角波比较法的原理

因此，在图 5.14（b）中的（1）期间，如果 i 小于 i^*，则 Δi 增大，其结果是在（2）期间，断路器信号的流通率增大，电动机外加电压上升，i 增大。当 i 过分增大时，Δi 减小，于是像（3）期间那样，流通率减小，电流 i 减小。为了提高 i 对 Δi 的跟踪特性，可提高三角波的频率，根据断路器开关元件的不同，通常将其频率限制在数千赫兹到十几千赫兹范围内。

2. 速度控制

电动机速度控制是由转矩控制实现的，速度控制环路配置在转矩控制环路外侧。电动机速度控制系统的构成如图 5.15 所示。

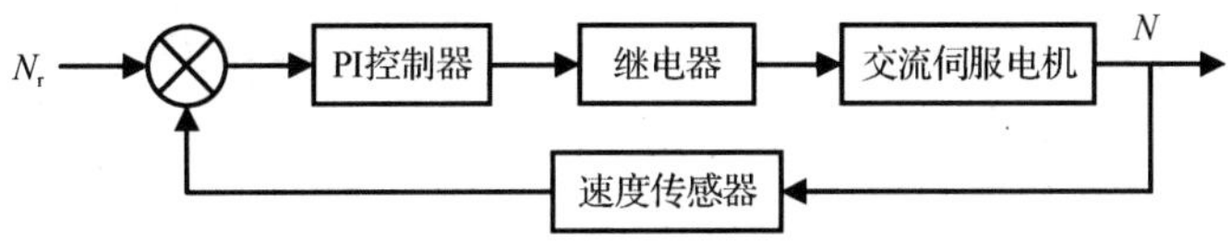

图 5.15　电动机速度控制系统的构成

采用以测速发电机和编码器为代表的速度传感器可以检测出电动机的旋转速度。这个速度用来与速度指令 ω_{m}^* 进行比较。这里将产生的速度误差 $\Delta\omega_{\mathrm{m}}$ 返回速度控制部分，并且通过转矩指令 T^* 的增减来使速度指令与实际速度达到一致。速度控制部分采用比例积分控制方法：

$$T^* = K_{\mathrm{P}}\Delta\omega_{\mathrm{m}} + K_{\mathrm{I}}\int\Delta\omega_{\mathrm{m}}\mathrm{d}t \tag{5.31}$$

在式（5.31）中，用速度误差 $\Delta\omega_{\mathrm{m}}$ 乘以增益 K_{P} 的结果与速度误差的积分值乘以增益 K_{I} 的结果相加，就给出了产生转矩指令的一种方法。通过对 K_{P} 与 K_{I} 的选定，可以实现所期望的速度控制响应。

3. 位置控制

电动机轴的旋转通过同步传送皮带和滚珠丝杠传送至机器人的机构部分，从而转换成位置的变化。在这种情况下，如果把机械系统的运动全部换算到电动机轴上，则最终会以下列电动机速度的积分形式求出位置θ：

$$\theta = \int_0^t \omega_{\mathrm{m}} \mathrm{d}t \tag{5.32}$$

因此，为了使实际位置θ跟踪目标位置θ^*，应当根据由θ^*和θ决定的位置误差$\Delta\theta$，对电动机的速度进行调整，于是，如图 5.16 所示，将位置控制器配置到速度控制环路外侧。

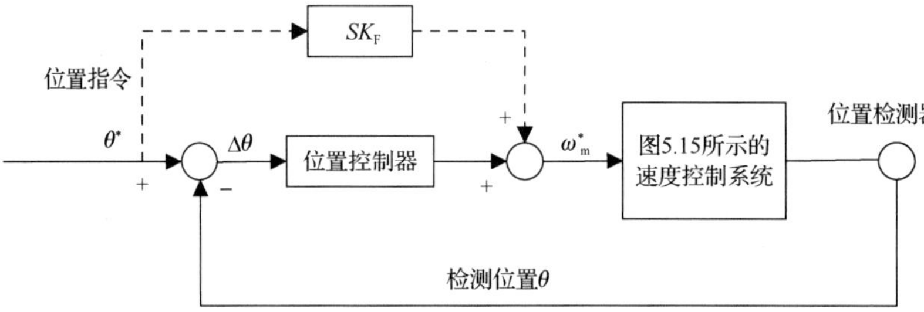

图 5.16 位置控制系统

分相器和绝对编码器共同负责精确检测电动机轴的实际位置，并与预设的位置指令进行对比。通过位置控制器的精细调整生成相应的速度控制指令，这些指令随后作为输入，驱动如图 5.15 所示的速度控制系统。在位置控制器的运算过程中，通常运用比例控制方法来确定速度指令，其一般形式如下：

$$\omega_{\mathrm{m}}^* = K_{\mathrm{pos}} \Delta\theta \tag{5.33}$$

在机器人控制中，位置指令常常由系统前面的函数形式给出，如图 5.17 中的虚线所示，将位置指令的微分形式叠加到速度指令上，同时采用前馈控制。

在实际应用中，需要非常快的响应速度，力控制环路作为内环路，具备最快的响应速度。速度和位置控制环路的设计应相对粗略，按照从快到慢的顺序进行。同时，考虑到机械系统的刚度，位置值的变化不应过于剧烈。为此，如图 5.17 所示，位置指令通常以 S 形曲线或近似 S 形的平滑曲线给出。为了满足这种需要，由式（5.33）导出的速度指令和由式（5.16）导出的转矩指令如图 5.17 所示。

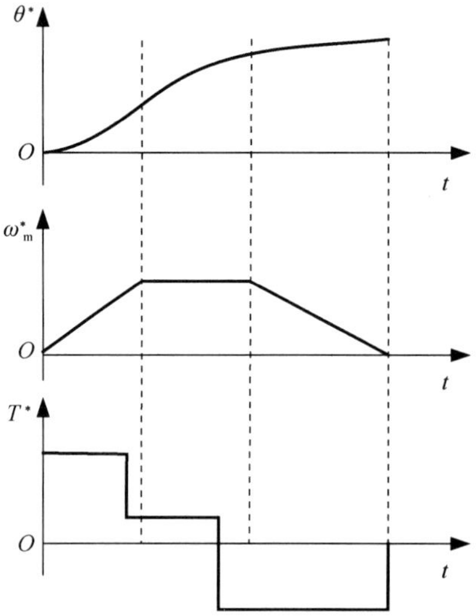

图 5.17 位置、速度与转矩的关系

5.4　机械系统的控制

5.4.1　机器人位置的确定

图 5.18 展示了机器人位置决定机构的工作原理。在这个机构中，电动机轴的驱动力首先经过减速器（齿轮）传递到滚珠丝杠上；然后，滚珠丝杠的旋转运动被转换为滚珠螺母的直线运动。为了实现对机器人手指的精确控制，采用半闭环控制方式，通过对电动机轴的位置和速度进行检测，间接地控制手指的运动。这种方式避免了直接对机器人手指进行位置和速度测定，简化了控制系统，提高了控制的精度和稳定性。

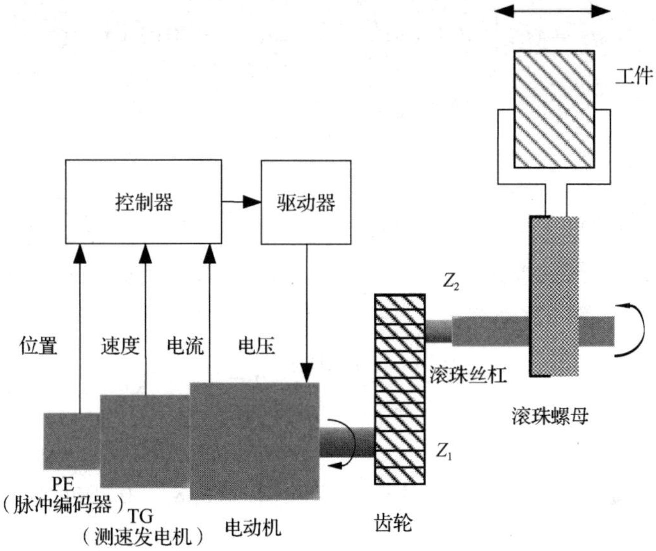

图 5.18　机器人位置决定机构的工作原理

将检测出的电动机的电流、速度和位置传送给控制器，在控制器中形成电压指令，由驱动器进行功率放大后驱动执行电动机。

5.4.2　设计方法

可以按照下列要求来说明位置控制的设计方法。

（1）设可移动范围为 0～300mm，滚珠丝杠的节距（每一转的进给量）为 5mm。

（2）设工件（被搬运物体）的最大质量为 9kg。

（3）设确定位置的精度为 0.01mm。

（4）加速和减速按照如图 5.19 所示的模式进行。

（5）采用直流电动机。

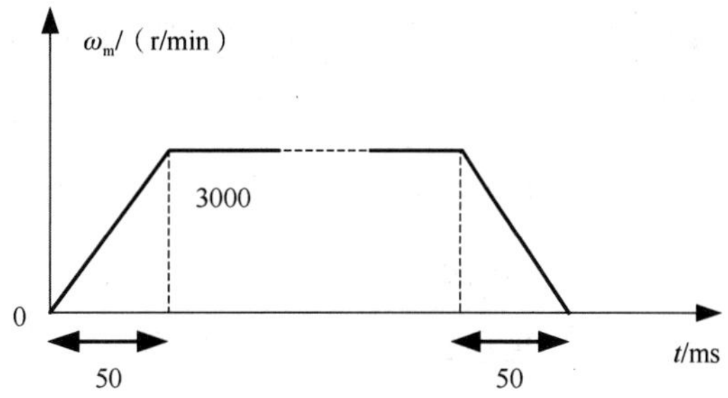

图 5.19　速度模式

5.4.3 电动机

在按上述方法进行设计时，需要求取负载转矩，并研究现有的电动机是否满足上述设计要求。

1. 从电动机轴的方向观察到的负载转动惯量 J_L

设横向移动的工件与其他附加的质量 M 为 10kg，其中工件的最大质量为 9kg，其他附加的质量为 1kg。电动机一侧齿轮的转动惯量 $J_1 = 1\times10^{-2}\,\text{kg}\cdot\text{cm}^2$，滚珠丝杠及其一侧齿轮的组合转动惯量 $J_2 = 1\times10^{-1}\,\text{kg}\cdot\text{cm}^2$，减速比为 $Z_1/Z_2 = 1/10$，滚珠丝杠的节距 P 为 5mm，于是，J_L 可以表示为

$$
\begin{aligned}
J_L &= M\times\left(\frac{Z_1}{Z_2}\right)^2\times\left(\frac{P}{2\pi}\right)^2+\left(\frac{Z_1}{Z_2}\right)^2\times1\times10^{-1}+1\times10^{-2} \\
&\approx 1.2\times10^{-2}\ (\text{kg}\cdot\text{cm}^2)
\end{aligned}
\tag{5.34}
$$

2. 负载转矩 T_L

下面求施加到电动机上的负载转矩 T_L。设动摩擦力矩 T_f 为 $2\text{N}\cdot\text{cm}$，静摩擦力矩 T_{f_0} 为 $4\text{N}\cdot\text{cm}$，又设电动机的转动惯量为 $0.3\text{kg}\cdot\text{cm}^2$。因为是在 50ms 内加速到 3000r/min 的，所以必需的加速度 a 可由下式计算得到：

$$a = \frac{3000\times(2\pi/60)}{0.05}\approx 6283\ (\text{rad}/\text{s}^2) \tag{5.35}$$

加速所需的转矩 T_1 可以由下式求得：

$$T_1 = (J_m + J_L)\times a = (0.3+0.012)\times10^{-4}\times6283 \approx 0.196\ (\text{N}\cdot\text{m}) \tag{5.36}$$

开始运动时的负载转矩 T_2 可以由 $T_1 + T_{f_0}$ 求得：

$$T_2 = T_1 + T_{f_0} = 0.196 + 4 = 4.196\ (\text{N}\cdot\text{cm}) \tag{5.37}$$

加速时的负载转矩 T_3 可以由 $T_1 + T_f$ 求得：

$$T_3 = T_1 + T_f = 0.196 + 2 = 2.196\ (\text{N}\cdot\text{cm}) \tag{5.38}$$

恒速时的负载转矩 T_4 可以由 T_f 求得：

$$T_4 = T_f = 2\ (\text{N}\cdot\text{cm}) \tag{5.39}$$

减速时的负载转矩 T_5 可以由 $-T_1 + T_f$ 求得：

$$T_5 = -T_1 + T_f = -0.196 + 2 = 1.804\ (\text{N}\cdot\text{cm}) \tag{5.40}$$

利用上述计算结果，可以得到如图 5.20 所示的负载转矩 T_L 随时间变化的曲线。

3. 电动机的选定

在给出电动机的速度-转矩特性（见图 5.21）后，需要验证该电动机是否满足先前的设计要求。

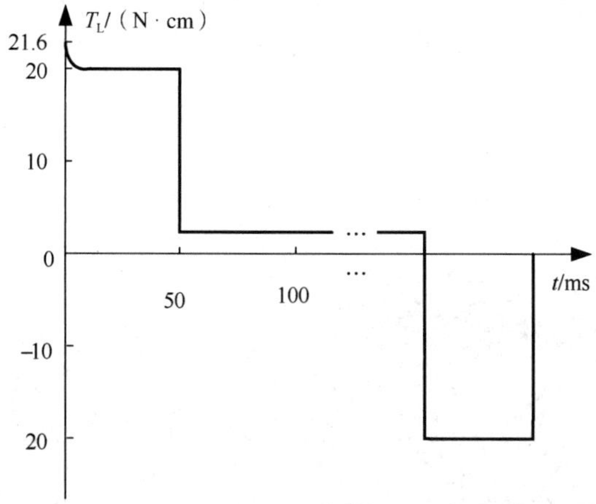

图 5.20　负载转矩 T_L 随时间变化的曲线

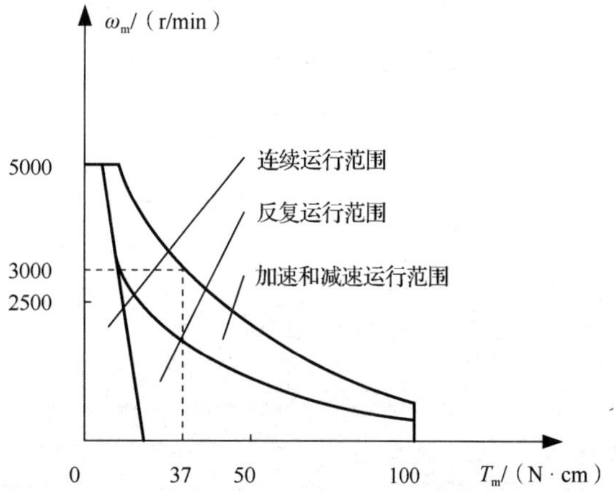

图 5.21　电动机的速度–转矩特性

由图 5.20 得知，加速运行时的转矩必须是 21.6N·cm；由图 5.21 可以看出，电动机的速度在 0～3000r/min 范围内加速或减速时，转矩的最大值为 37N·cm，因此可以充分满足要求。

由上述分析结果可以清楚地看出，该电动机可以满足前面所提的设计要求。

5.4.4　驱动器

驱动器是对信号进行电力放大的电力放大器（功率放大器）。因此，对于驱动器的选择，应能充分发挥电动机的性能。

5.4.5　检测位置用的脉冲编码器和检测速度用的测速发电机

首先，考虑脉冲编码器每转内的脉冲数，设位置的确定精度为 0.01mm；滚珠丝杠每转一转，滚珠螺母移动 5mm；减速比为 $Z_1 / Z_2 = 1/10$，则下式成立：

$$T_5 = -T_1 + T_f = -0.196 + 2 = 1.804 \text{（N·cm）} \tag{5.41}$$

因此，可以采用 50 个脉冲/转的脉冲编码器。

其次，因为最大移动距离为 300mm，所以滚珠丝杠的转数为 300/5=60。因为减速比为 1/10，所以电动机的转数为 600，脉冲编码器的脉冲数为 600×50=30000（这个数必须在控制器能够处理的最大脉冲数以内）。

考虑到最大速度为 3000r/min，脉冲编码器每秒产生的脉冲数为(3000/60)×50=2500。这一脉冲数也需要控制在控制器能够处理的最大脉冲数以内。增加脉冲编码器的脉冲数会提高精度，但可能导致处理速度减慢。测速发电机是一种直流发电机，随着从低速到高速的运转，它能够输出平滑的直流电压。当其转速为 1000r/min 时，它的输出电压为 2～3V。对于中、高速运转，通过统计脉冲编码器在特定时间内产生的脉冲数来测量速度；对于低速，在脉冲编码器的脉冲间隔内，用统计细小脉冲数的方法来测量速度。

5.4.6　直流电动机的传递函数表示法

直流电动机的传递函数表示法通常涉及电动机的电压、电流、转速和转矩等参数之间的关系。直流电动机的传递函数可以表示为一种数学模型，用于描述系统的动态行为。

1．直流电动机的等效电路和方框图

直流电动机的等效电路如图 5.22 所示。

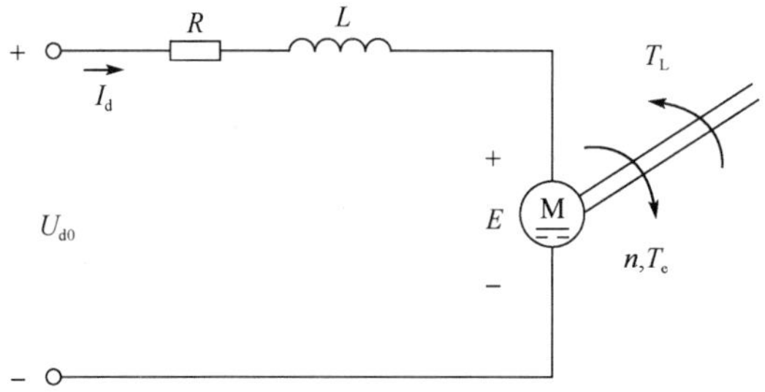

图 5.22　直流电动机的等效电路

图 5.22 中的 L 为线圈的电感，故 LI_d 为磁通，磁通对时间的微分为电压；R 为线圈的电阻；电压 $K_E\omega_m$ 为速度电动势，它是用常数 K_E 乘速度 ω_m 得到的。由此可以构成以下电路方程式：

$$L\frac{\mathrm{d}i}{\mathrm{d}t}+Ri=v-K_E\omega_m \tag{5.42}$$

由于存在 L，因此电流的变化比电压的变化滞后。当考虑不产生滞后问题的平稳响应时，应设 $L=0$。电动机产生的转矩 τ_m 用常数 K_T 乘电流 i 可以求得。当负载是由转动惯量 J_L 和具有摩擦系数 D 的摩擦力及外力 τ_L 构成时，其运动方程式可以表示成下式：

$$\left(J_L+J_m\right)\frac{\mathrm{d}\omega_m}{\mathrm{d}t}+D\omega_m=\tau_m-\tau_L=K_Ti-\tau_L \tag{5.43}$$

通常，摩擦力比较小，因此多数情况下可以忽略不计。

设初始响应条件为 0，对式（5.42）和式（5.43）进行拉普拉斯变换，可得

$$sLI(s)+RI(s)=(sL+R)I(s)=V(s)-K_E\Omega(s) \tag{5.44}$$

$$sJ2(s)+D\Omega(s)=(sJ+D)\Omega(s)=T_m(s)-T_L(s)=K_TI(s)-T_L(s) \tag{5.45}$$

式中

$$\begin{aligned}&I(s)=\vartheta[i(l)],\ V(s)=\vartheta[v(t)],\ \Omega(s)=\vartheta[\omega(t)]\\&T_m(s)=\vartheta[\tau_m(t)],\ T_L(s)=\vartheta[\tau_L(t)],\ J=J_L+J_m\end{aligned} \tag{5.46}$$

由式（5.44）和式（5.45）可以得到图 5.23。

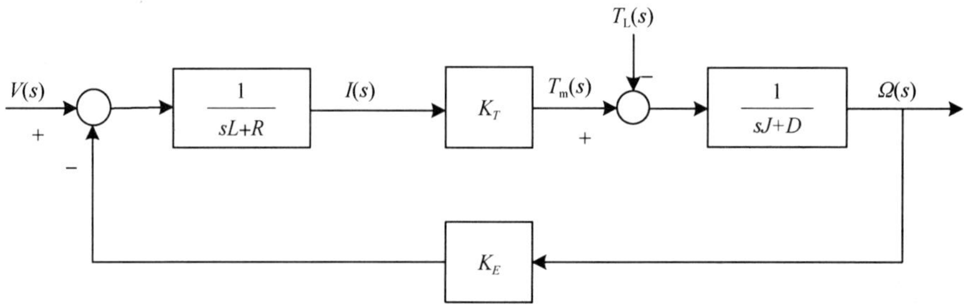

图 5.23　直流电动机方框图

2．直流电动机对输入电压的速度响应

在图 5.23 中，为使问题简化，设电感 L、摩擦系数 D 和干扰与 $T_L(s)$ 均为 0，求这时从输入 $V(s)$ 到输出 $\Omega(s)$ 的传递函数。由图 5.23 可以求得：

$$I(s)=\frac{1}{R}\left[V(s)-K_E\Omega(s)\right] \tag{5.47}$$

$$\Omega(s)=\frac{1}{sJ}K_T I(s) \tag{5.48}$$

由式（5.47）和式（5.48）可以求出传递函数：

$$\begin{aligned}\Omega(s)&=\frac{1}{K_E}\times\frac{1}{1+sT_m}V(s)\\ T_m&=\frac{RJ}{K_E K_T}\end{aligned} \tag{5.49}$$

当电压 $V(s)$为 $1/s$ 时（此时，$v(t)$为单位阶跃函数，它在 $t<0$ 时为 0，在 $t\geqslant0$ 时为 1），$\Omega(s)$ 变为式（5.50）：

$$\Omega(s)=\frac{1}{K_E}\frac{1/T_m}{s+1/T_m}\frac{1}{s}=\frac{1}{K_E}\left(\frac{1}{s}-\frac{1}{s+1/T_m}\right) \tag{5.50}$$

对式（5.50）进行拉普拉斯反变换，可以得到式（5.51）：

$$\omega_m(t)=\frac{1}{K_E}\left(1-e^{\frac{t}{t_m}}\right) \tag{5.51}$$

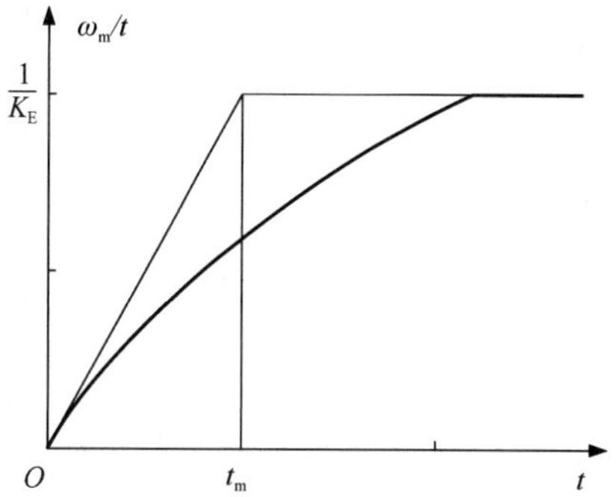

图 5.24　直流电动机对电压的速度响应

图 5.24 所示为直流电动机对电压的速度响应。其中，t_m 为时间常数，t_m 越小，响应越快。因此，R、J_m 越小，K_E、K_T 越大，响应越快。

5.4.7　位置控制和速度控制

位置控制是指对机器人末端执行器（如手爪、工具等）在作业空间中的位置进行精确控制。位置控制的目标是使机器人能够按照预定的轨迹和位置进行精确的运动。为了实现位置控制，通常需要采用闭环控制策略，通过传感器来实时检测机器人的实际位置，并将其与期望位置进行比较，计算出控制信号，以此来调整机器人的运动，减小位置误差。

速度控制是指对机器人末端执行器在运动过程中的速度进行调控。速度控制的目标是使机器人实现平稳、准确的运动，并避免产生过大的加速度和冲击力。为了实现速度控制，可以采用开环控制或闭环控制策略。在开环控制中，根据预定的速度和加速度曲线直接控制机器人的运动。而在闭环控制中，则通过传感器来实时检测机器人的实际速度，并将其与期望速度进行比较，以此来调整控制信号，实现速度的精确控制。

正如图 5.19 所示的那样，对加速和减速的模式做出规定。因此，可按照下列步骤对位置进行控制。

（1）当软件收到一个新的指令位置而需要向某点移动时，首先会生成一个如图 5.19 所示的速度模式；然后，这个速度模式被作为指令速度传递给控制器。通过对这个速度模式进行积分，可以计算出指令所要求的移动距离。

（2）通过从指令速度中减去检测到的实际速度可以确定速度误差。对这个误差进行积分，就能得出位置的差值。在使用脉冲检测速度的情况下，指令速度可以由脉冲序列表示，并通过计数器来累积和计算速度误差，从而得出位置的差值。

（3）使位置的差值通过补偿元件和驱动器变换成电压后加到电动机上。

图 5.25 所示的方框图表示了这种速度控制系统，图 5.26 给出了速度和位置的波形示例。

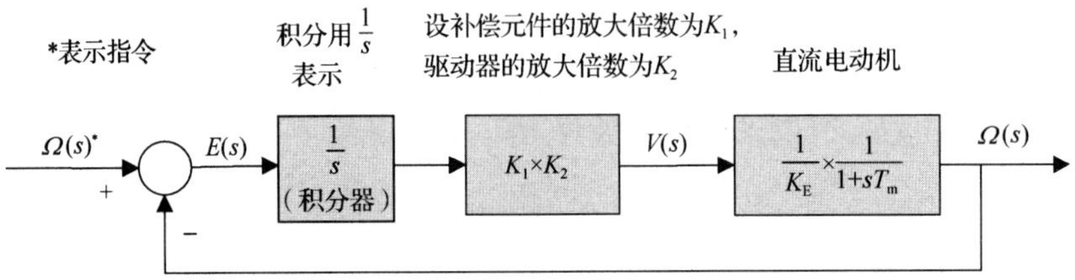

图 5.25　速度控制系统方框图

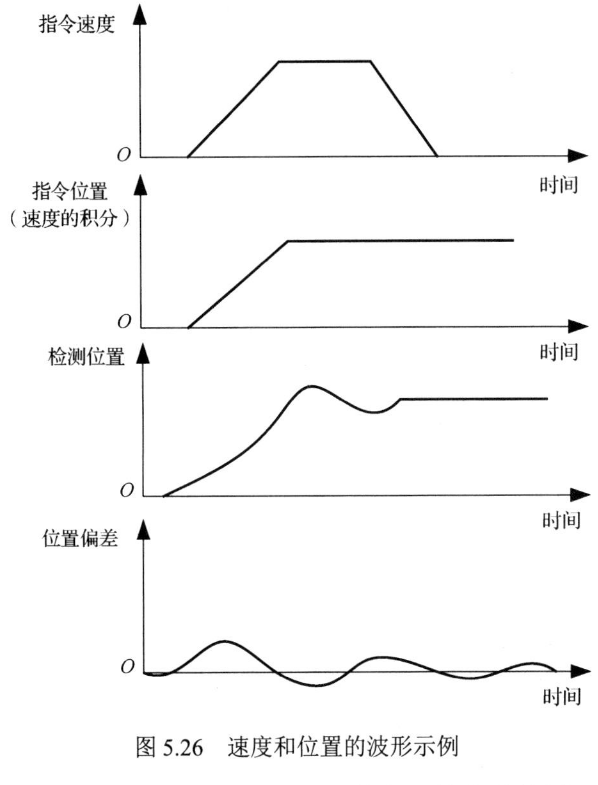

图 5.26　速度和位置的波形示例

在焊接过程中，焊接机器人必须精确确定焊接棒在焊接点的位置，并据此进行操作。同时，在开始焊接之前，需要预设速度模式以进行速度控制，一旦设定完成，便无须在软件层面进行额外操作。在图 5.25 中，设 $K_1K_2/K_E=K$，并且采用偏差 $E(s)=\Omega^*(s)-\Omega(s)$，则可以得到下式：

$$\Omega(s)=\frac{1}{1+sT_{\mathrm{m}}}\times K\times\frac{1}{s}E(s) \tag{5.52}$$

当用 $E(s)=\Omega^*(s)-\Omega(s)$ 取代 $E(s)$ 时，从输入量 $\Omega^*(s)$ 到输出量 $\Omega(s)$ 之间的传递函数就变为

$$\Omega(s)=\frac{\dfrac{K}{s(1+sT_{\mathrm{m}})}}{1+\dfrac{K}{s(1+sT_{\mathrm{m}})}}\Omega^*(s)=\frac{K}{s^2T_{\mathrm{m}}+s+K}\Omega^*(s)$$
$$=\frac{\dfrac{K}{T_{\mathrm{m}}}}{s^2+\dfrac{1}{T_{\mathrm{m}}}s+\dfrac{K}{T_{\mathrm{m}}}}\Omega^*(s)=\frac{\omega_{\mathrm{n}}^{\ 2}}{s^2+2\xi\omega_{\mathrm{n}}s+\omega_{\mathrm{n}}^{\ 2}}\Omega^*(s) \tag{5.53}$$

设

$$\omega_{\mathrm{n}}=\sqrt{\frac{K}{T_{\mathrm{m}}}}，\ \xi=\frac{1}{2\sqrt{KT_{\mathrm{m}}}}，\ 2\xi\omega_{\mathrm{n}}=\frac{1}{T_{\mathrm{m}}}$$

式中，ω_{n} 为固有频率；ξ 为衰减常数。当增大 K 时，ω_{n} 随之变大，快速响应变好；但当 ξ 变小时，衰减特性会变差，系统会振动。

5.4.8　通过实验识别传递函数

通过实验可识别式（5.52）中的常数 T_{m}、K 和 ξ 。

单独在电动机上施加阶跃电压，测定速度的上升状态，从而可以求出 T_{m}。

开环增益 K 是在不加反馈的条件下，以图 5.25 中积分器后的输出量作为输入，以测速发电机的输出电压作为输出求出的。

根据闭环时的阶跃响应求出 h（h=(检测速度的最大值-指令速度)/指令速度），并由图 5.27 查找 ξ 的数值。

通过上述步骤，即可求得式（5.52）。

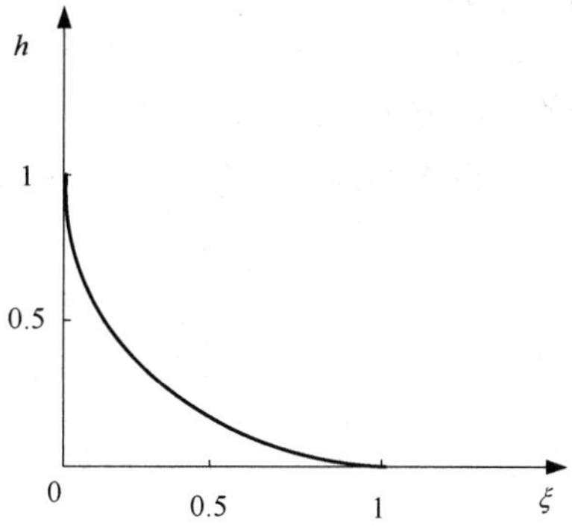

图 5.27　衰减常数 ξ 的求法（$\ln h=-\dfrac{\xi\pi}{\sqrt{1-\xi^2}}$）

5.4.9　通过比例积分微分（PID）补偿改善系统特征

将图 5.25 表示在图 5.28 上，此时，开环传递函数 $G(s)$变成下式：

$$G(s)=\frac{1}{s}\frac{K_3}{s+\dfrac{1}{T_{\mathrm{m}}}}$$
$$K_3=\frac{K_1K_2}{K_EK_{\mathrm{m}}}=\frac{K}{T_{\mathrm{m}}} \tag{5.54}$$

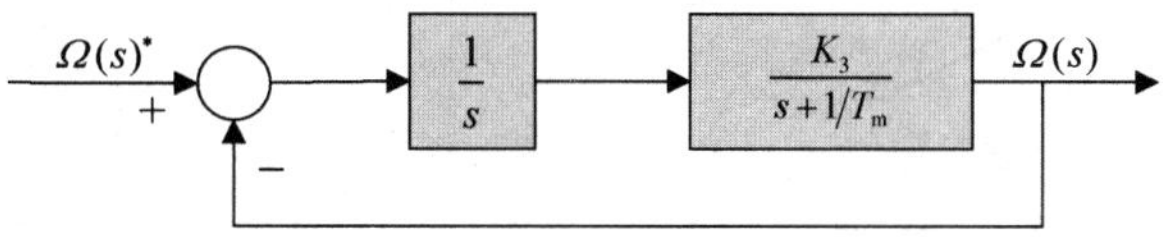

图 5.28　速度控制系统方框图

设 $s=\mathrm{j}\omega$ 并求绝对值时，可以求得增益的频率特性，它由下式表示：

$$\left|G(\mathrm{j}\omega)\right|=\left|\frac{1}{\mathrm{j}\omega}\right|\left|\frac{K_3}{\mathrm{j}\omega+\dfrac{1}{T_\mathrm{m}}}\right|=\frac{1}{\omega}\frac{K_3}{\sqrt{\omega^2+\left(\dfrac{1}{T_\mathrm{m}}\right)^2}} \tag{5.55}$$

若设 K_3=45、T_m=0.2，则可以得到图 5.29 中的补偿前的曲线。

由图 5.29 可以看出，在 ω 为 10～20rad/s 时，会产生稳定性问题，这时增益的斜率为-40dB/dec，相位趋近于-180°。因此，在增加了 PID 补偿环节后，其斜率在 ω 为 5～100rad/s 之间变为-20dB/dec，于是相位裕量增大到趋近于-90°。为此，需要考虑下式所表示的补偿环节 $G_\mathrm{c}(s)$：

$$G_\mathrm{c}(s)=\frac{1+sT_2}{1+sT_1}\xrightarrow{s=\mathrm{j}\omega}\left|G_\mathrm{c}(\mathrm{j}\omega)\right|=\left|\frac{1+\mathrm{j}\omega T_2}{1+\mathrm{j}\omega T_1}\right|=\frac{\sqrt{1+(\omega T_2)^2}}{\sqrt{1+(\omega T_1)^2}} \tag{5.56}$$

当 $T_1>T_2$ 时，$G_\mathrm{c}(s)$ 变成滞后环节：当 $T_1<T_2$ 时，$G_\mathrm{c}(s)$ 变成超前环节。滞后环节和超前环节的伯德图表示在图 5.30 中。因为这里需要相位超前，所以作为超前环节，设 $1/T_2$=5，$1/T_1$=100。在图 5.29 中，给出了补偿环节和补偿后的伯德图。在图 5.31 中，给出了补偿后的方框图和各部分的信号波形图。在图 5.29 中，PID 补偿器 $G_\mathrm{e}(s)$的输出对分子的微分项来说，显然会变成一个上升很大的波形。当 T_2 的值增大时，波形上升得更高。

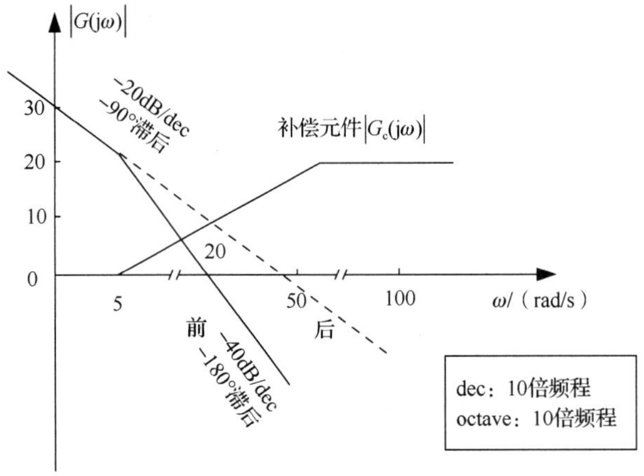

图 5.29 PID 补偿

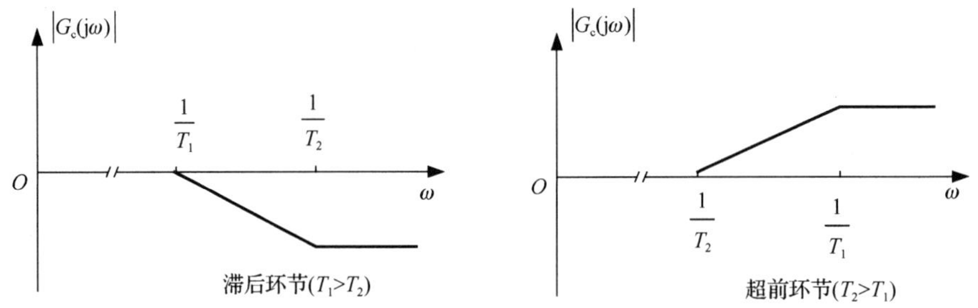

图 5.30 PID 补偿环节的伯德图

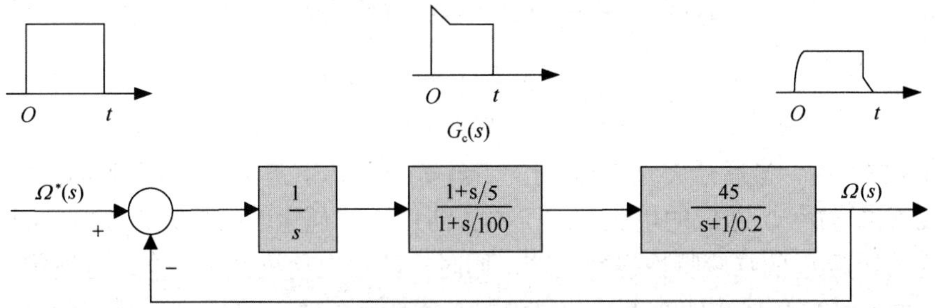

图 5.31　PID 补偿后速度控制系统的方框图及信号波形图

5.4.10　通过积分比例微分补偿改善系统特性

在如图 5.25 所示的方框图中，采用 IPD（积分比例微分）补偿后，得到如图 5.32 所示的方框图。检测出的速度 $\Omega(s)$ 通过比例（P）和微分（D）环节进行反馈。因此，为了能增大开环增益，加入了积分环节的增益 K_1。若设积分环节后面的信号为 $\Omega'(s)$，则当 $K_D >> T_D$ 时，从 $\Omega'(s)$ 到输出 $\Omega(s)$ 的传递函数变为下式：

$$\Omega(s)=\frac{K}{s^2T_m+(1+KK_D)s+KK_P}\Omega'(s) \tag{5.57}$$

根据 K_D 可以确定衰减常数，根据 K 可以确定固有频率。上述两项可以独立地进行确定，分子中不存在微分项是 IPD 控制的优点。由式（5.57）可以清楚地看出，当 K_P 变大时，开环增益会随之减小。因此，当增大积分器的增益 K_1 时，开环增益会上升。

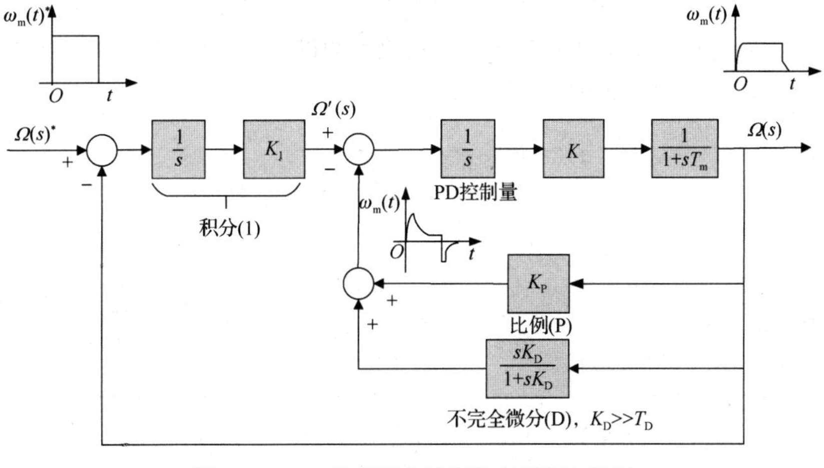

图 5.32　IPD 补偿后的速度控制系统方框图

5.4.11　电流控制

在如图 5.33 所示的直流电动机方框图中，将电流 $I(s)$ 进行反馈，并且将其与指令电流 $I^*(s)$ 进行比较，从而可以构成电流控制。现在来考虑这种控制，变量 $\Omega(s)$ 仍采用原来的量，从指令电流 $I^*(s)$ 到检测电流 $I(s)$ 的传递函数可以求出：

$$I(s)=\frac{1}{sL+R}\left\{K_c\left[I^*(s)-I(s)\right]-K\Omega(s)\right\}$$
$$I(s)=\frac{K_c I^*(s)-K_E\Omega(s)}{sI+R+K_c} \tag{5.58}$$

在式（5.58）中，当增益 K_c 十分大时，$I(s)\approx I^*(s)$，于是图 5.33 可以简化成图 5.34。这是因为由线圈的电感 L 造成的电流相对于电压滞后，并且速度电动势 $K_E\Omega(s)$ 可以忽略。这时，电动机的转矩 T_m 的响应特性得到改善，同时，防止电动机产生过电流也变得比较容易。在大多数伺服电动机的控制回路中，都采用了电流控制方式。

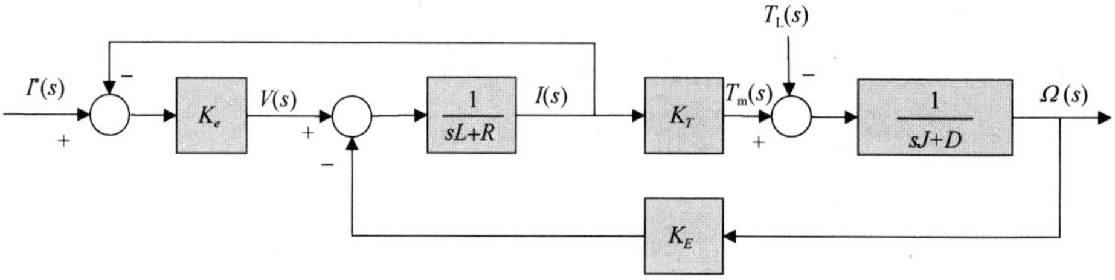

图 5.33　增加了电流控制的直流电动机方框图

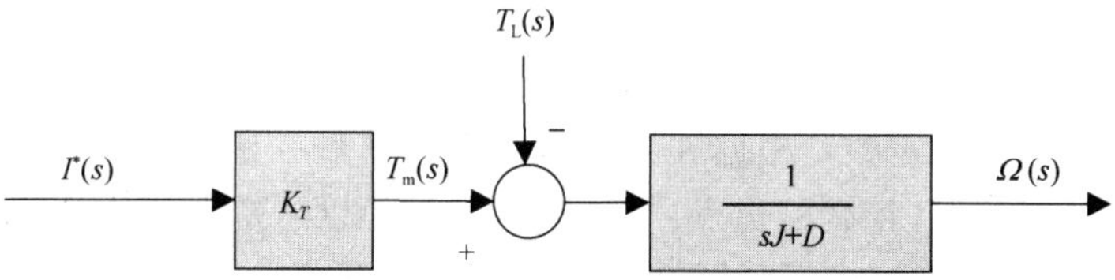

图 5.34　因电流控制而简化的直流电动机方框图

用图 5.34 中得到的结果取代图 5.25 中的直流电动机，可以得到图 5.35。在图 5.35 中，从输入 $\Omega^*(s)$ 到输出 $\Omega(s)$ 的传递函数这时变成下式：

$$\Omega(s)=\frac{K_V K_T}{s^2J+sD+K_V K_T}\Omega^*(s) \tag{5.59}$$

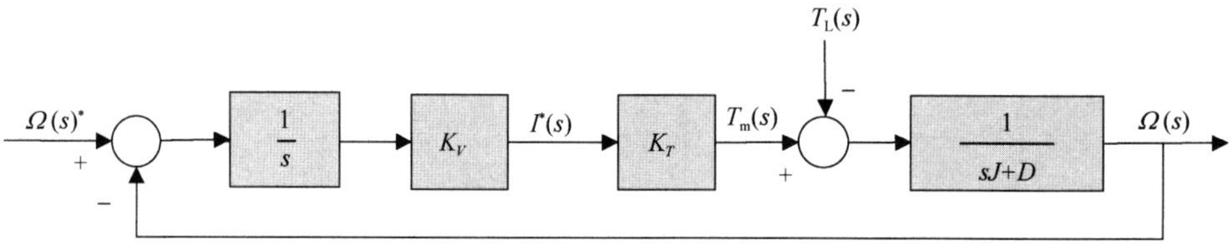

图 5.35　加电流控制后的速度控制系统方框图

因为摩擦系数 D 较小，所以速度 $\omega_m(t)$ 变成振动的，这从拉普拉斯变换表中可以清楚地看出。因此，如果积分环节 $1/s$ 变为 $1/s+K_P$，则传递函数变成下式：

$$\Omega(s)=\frac{(1+K_P s)K_V K_T}{s^2J+(D+K_P K_V K_T)s+K_V K_T}\Omega^*(s) \tag{5.60}$$

当在积分环节 $1/s$ 上增加比例增益 K_P 时，由于设置了 $1/s+K_P$，因此衰减常数 ξ 增大，稳定性随之提升，这种性能的改善是必要的。如果摩擦系数 D 非常小而可以忽略，则可以得到下式：

$$\Omega(s)=\frac{2\xi\omega_n s+\omega_n^2}{s^2+2\xi\omega_n s+\omega_n^2}\Omega^*(s) \tag{5.61}$$

式中

$$\omega_n=\sqrt{\frac{K_V K_T}{J}},\quad \xi=\frac{1}{2}K_P\sqrt{\frac{K_V K_T}{J}}$$

图 5.36 表示出了当 $\xi=1$ 时的阶跃响应。但是，这里外设力 $T_L(s)$ 为 0，即使 $\xi=1$，这里仍然发生了过调现象，这是由式（5.61）中的零点造成的。

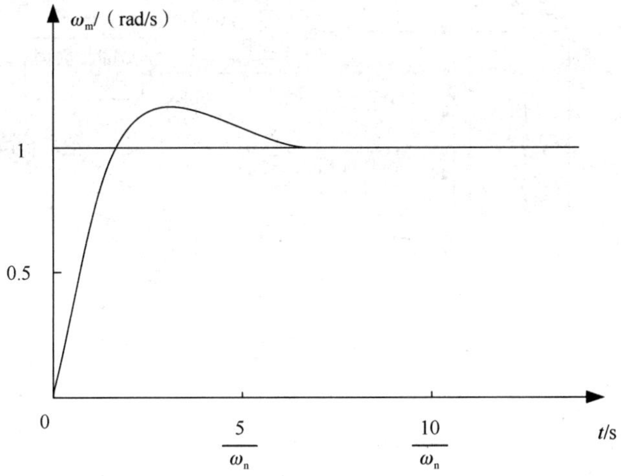

图 5.36 加了电流控制后的速度控制系统的阶跃响应（$\xi=1$）

5.4.12 不产生速度模式的位置控制

前面都是由位置的偏差来计算速度模式的，即利用针对指令速度的速度控制系统实施位置控制。下面通过补偿环节，基于位置偏差来构造指令速度，以揭示构建速度控制方法的原理。然而，值得注意的是，需要在此基础上增加对电流控制的考虑。

在式（5.61）中，如果设速度回路的响应比位置回路的响应快得多，从而使 $|s|=|j\omega|\ll\omega_n$ 成立，则式（5.61）可以简化为 $\Omega(s)=\Omega^*(s)$，补偿环节采用比例环节 K_{P0}。由此得到的位置控制系统如图 5.37 所示，它可以近似地用一阶系统表示。

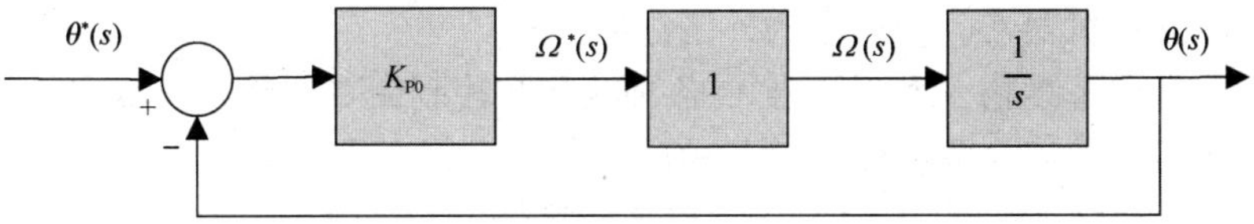

图 5.37 用一阶系统近似表示的位置控制系统

5.5 控制系统的构成

（1）中央处理器：负责处理指令、决策和规划，是控制系统的核心。

（2）传感器：用于感知机器人自身及外部环境的状态，如位置、速度等。常见的传感器包括编码器、加速度计和位置传感器等。

（3）执行器：负责根据控制信号驱动机器人的运动，如电机和驱动器。常见的驱动器包括步进电机驱动器和伺服电机驱动器。

（4）通信接口：用于与外围设备、计算机或其他系统进行通信和数据交换。

工业机器人控制系统的构成如图 5.38 所示。

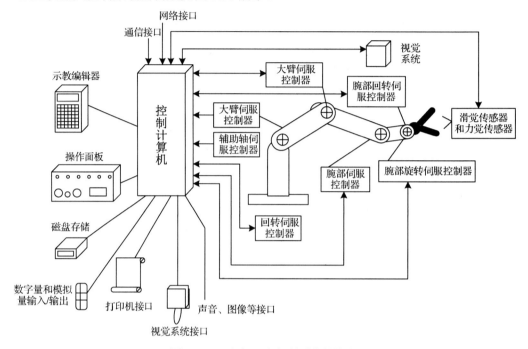

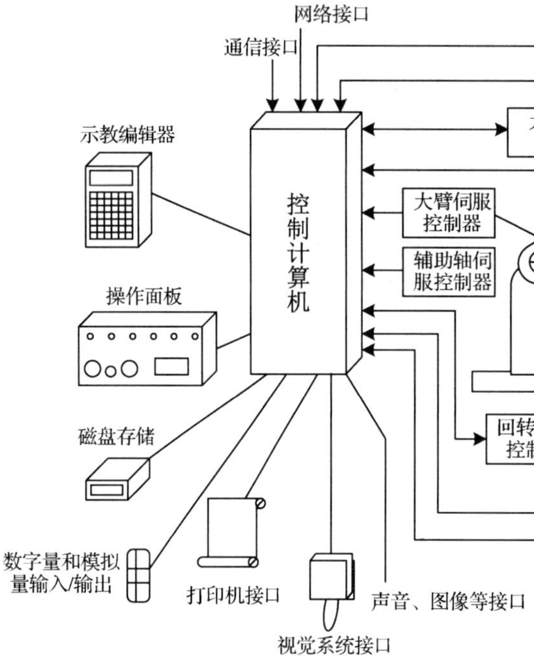

图 5.38　工业机器人控制系统的构成

工业机器人控制系统各部分的名称和作用如下。

（1）控制计算机：控制系统的调度指挥机构，一般为微型机、微处理器，有 32 位、64 位等，如奔腾系列 CPU 及其他类型 CPU。

（2）示教编辑器：用于完成示教机器人的工作轨迹和参数设定，以及所有人机交互操作，拥有自己独立的 CPU 及存储单元，与控制计算机之间以串行通信方式实现信息交互。

（3）操作面板：由各种操作按键、状态指示灯构成，只完成基本功能的操作。

（4）磁盘存储：机器人工作程序的外围存储器。

（5）数字量和模拟量输入/输出：实现各种状态和控制命令的输入或输出。

（6）打印机接口：记录需要输出的各种信息。

（7）传感器接口（视觉系统接口等）：用于信息的自动检测，实现机器人柔顺控制，一般为力觉传感器、触觉传感器和视觉传感器。

（8）轴控制器（各伺服控制器）：完成机器人各关节位置、速度和加速度控制。

（9）辅助设备控制（辅助轴伺服控制器）：用于和机器人配合的辅助设备控制，如手爪变位器等。

（10）通信接口：实现机器人与其他设备的信息交换，一般有串行接口、并行接口等。

（11）网络接口：包括以太网接口和 Fieldbus 接口。

① 以太网接口：可通过以太网实现数台或单台机器人直接与计算机进行通信，数据传输

速率高达 10Mbit/s，可直接在计算机上用 Windows 95 或 Windows NT 库函数进行应用程序编程，支持 TCP/IP 通信协议。通过以太网接口将数据及程序装入各机器人控制器中。

② Fieldbus 接口：支持多种流行的现场总线规格，如 DeviceNet、AB Remote I/O、INTERBUS、PROFIBUS-DP、M-Net 等。

控制系统的控制软件涵盖了运动轨迹规划算法、关节伺服控制算法，以及相应的动作程序。控制软件可以使用任何编程语言进行编写，然而，通过通用语言模块化构建的专用工业语言已成为工业机器人控制软件的主流选择。

本章小结

工业机器人的控制系统是用于实现对机器人机械结构的精确控制和运动协调的系统。它接收来自操作人员或计算机的指令，对机械结构的各部分进行控制，实现预定的工作任务。控制系统的主要功能包括记忆功能、示教功能、与外围设备的联系功能、坐标设置功能、人机接口、传感器接口、位置伺服功能、故障诊断功能、安全保护功能等。

根据作业任务的不同，工业机器人的控制方式主要分为点位控制方式、连续轨迹控制方式、力（力矩）控制方式和智能控制方式等。工业机器人的控制方式需要根据具体任务和环境来选择合适的控制策略，以确保机器人能够高效、准确地完成任务。

工业机器人的控制系统包括控制器、传感器、执行器、通信接口等，其构成复杂且多样化，这些组成部分共同协作，确保机器人能够按照预设的指令和要求，高效、准确地完成各种任务。

习题

1. 工业机器人的控制系统与普通控制系统相比有哪些特点？
2. 工业机器人控制系统的主要功能有哪些？
3. 示教编程方式有哪两类？各有什么特点？
4. 在机器人控制中，试分析半闭环系统比全闭环系统应用更为广泛的理由。
5. 根据表 5.1 中的电动机 A 和电动机 B 的相关参数，求电动机 A 的形式与式（5.6）相似的速度和转矩的关系式。

第 6 章　工业机器人运动学建模

6.1 引　　言

为了实现机器人在笛卡儿空间的轨迹规划，完成工作任务，需要分析其末端执行器在笛卡儿空间的位姿，并且需要知道在当前位姿下，机器人各个关节变量的信息，以完成对机器人的控制，故需要对机器人求运动学正/逆解，而机器人运动学建模则是上述问题的分析基础。

本章以一种 6 自由度机器人为例，基于旋量理论推导其正/逆运动学的解析解（运动学正/逆解），并在 MATLAB 开发环境中做相应的验证（软件的开发同样基于旋量理论）。此外，为了与传统的 D-H 参数法进行比较，本章也给出了利用 D-H 参数法进行建模及求解正/逆运动学的解析解的详细过程。此外，本章还简要介绍了用雅可比迭代法求解机器人运动学逆解的原理，但由于其计算效率低、耗费的时间长，因此本章并不使用这种方法进行求逆计算。

6.2 建模的数学基础

6.2.1 刚体的空间位姿表示

在研究机器人运动学之前，需要对刚体的坐标变换有最基础的了解，以理解机器人末端执行器位姿表示方法的原理和含义。

（1）表达形式解析。

在讨论所有问题之前，先对本章中会出现的符号表示进行说明，以避免混淆。

$$ {}_{B}^{A}\boldsymbol{R} \tag{6.1}$$

式（6-1）是对矩阵的一种表达方式，其中左上标 A 表示基坐标系，左下标 B 表示当前研究的坐标系。那么式（6.1）的含义即当前研究的坐标系$\{B\}$相对于基坐标系$\{A\}$的旋转变换矩阵。当然，其具体含义将在后面进行详细描述。

$$ {}_{B}^{A}\boldsymbol{v}_{p} \tag{6.2}$$

式（6.2）是对某矢量 $\boldsymbol{v}$ 在某坐标系中的坐标的一种表达方式，其中，左上标 A 表示基坐标系，即这是在基坐标系$\{A\}$中表示的向量的坐标；左下标 B 表示相对的点或相对的坐标系；右下标 p 表示当前研究的点或坐标系。矢量的表示形式根据是定位矢量还是自由矢量，含义会稍有不同。例如，对于位矢量 ${}_{B}^{A}\boldsymbol{r}_{p}$，其含义为研究点 p 相对于坐标系$\{B\}$的位置矢量在基坐标系$\{A\}$中的坐标；而对于角速度矢量 ${}_{A}^{A}\boldsymbol{\omega}_{B}$，其含义为研究坐标系$\{B\}$相对于基坐标系$\{A\}$的角速度矢量在基坐标系$\{A\}$中的坐标。

此外，为了书写简便，当基坐标系和相对坐标系相同时，可以省略相对坐标系，即左下标，如 ${}_{A}^{A}\boldsymbol{\omega}_{B}$ 可以简化为 ${}^{A}\boldsymbol{\omega}_{B}$ ，${}_{A}^{A}\boldsymbol{r}_{p}$ 可以简化为 ${}^{A}\boldsymbol{r}_{p}$ 。

（2）位置描述。

空间中的刚体在某坐标系中的位置是需要研究的第一个问题，其描述方法与点的位置的描述方法类似，通过一个三维矢量进行描述，如图 6.1 所示。

设一点 P，其在坐标系$\{A\}$中的位置描述如下（点 P 在坐标系$\{A\}$中的 3 个坐标分别为 P_x、P_y、P_z）：

$$ {}^{A}\boldsymbol{P}=\begin{bmatrix} P_x \\ P_y \\ P_z \end{bmatrix} \tag{6.3} $$

（3）姿态描述。

矩阵可以用来描述空间中两个坐标系的相对关系。例如，此处想要通过矩阵来描述如图 6.2 所示的坐标系$\{B\}$相对于坐标系$\{A\}$的姿态。

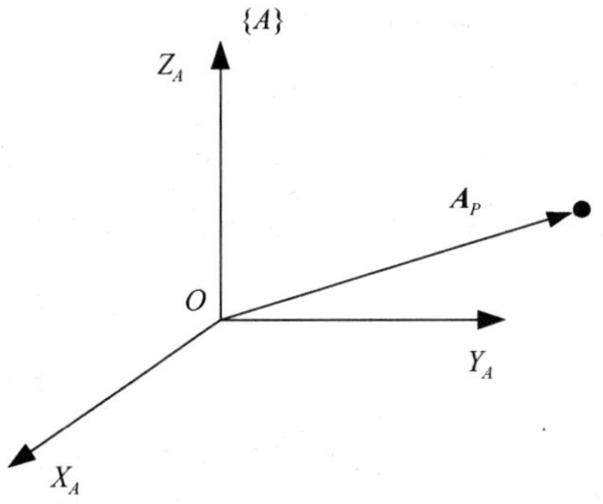

图 6.1　位置描述

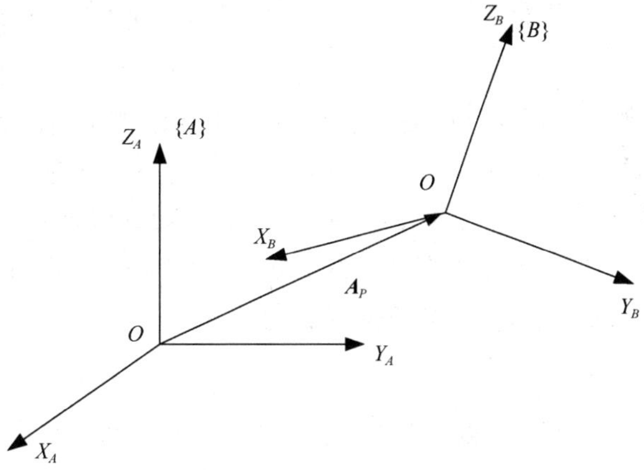

图 6.2　姿态描述

如果将坐标系$\{B\}$的主轴方向的单位矢量表示为 $\boldsymbol{X}_B$、$\boldsymbol{Y}_B$、$\boldsymbol{Z}_B$，并将它们转换到坐标系$\{A\}$中，则可以写成 ${}^{A}\boldsymbol{X}_B$、${}^{A}\boldsymbol{Y}_B$、${}^{A}\boldsymbol{Z}_B$，将这 3 个单位矢量按顺序排成 3×3 的矩阵为

$$ \begin{aligned} {}_{B}^{A}\boldsymbol{R} &= \begin{bmatrix} {}^{A}\boldsymbol{X}_B & {}^{A}\boldsymbol{Y}_B & {}^{A}\boldsymbol{Z}_B \end{bmatrix} \\ &= \begin{bmatrix} r_{11} & r_{12} & r_{13} \\ r_{21} & r_{22} & r_{23} \\ r_{31} & r_{32} & r_{33} \end{bmatrix} \end{aligned} \tag{6.4} $$

这个矩阵一般称为旋转矩阵，它具有多种含义，这将在后面进行详细讨论。此处，其主要可以用于表示两个矩阵之间的相对姿态，故也称其为相对位姿矩阵。旋转矩阵的求法可以基于定义，通过直接计算坐标系$\{B\}$的坐标轴在坐标系$\{A\}$中的坐标来得到。

例 6.1　如图 6.3 所示的两个坐标系，坐标系$\{B\}$是由坐标系$\{A\}$绕 Z 轴（垂直于纸面向外）旋转 30° 得到的，根据定义，并观察图中的几何关系，可得

$$ \begin{aligned} {}^{A}\boldsymbol{X}_B &= [\cos 30°, \sin 30°,\ 0]^{\mathrm{T}} \\ {}^{A}\boldsymbol{Y}_B &= [-\sin 30°, \cos 30°,\ 0]^{\mathrm{T}} \\ {}^{A}\boldsymbol{Z}_B &= [0, 0, 1]^{\mathrm{T}} \end{aligned} \tag{6.5} $$

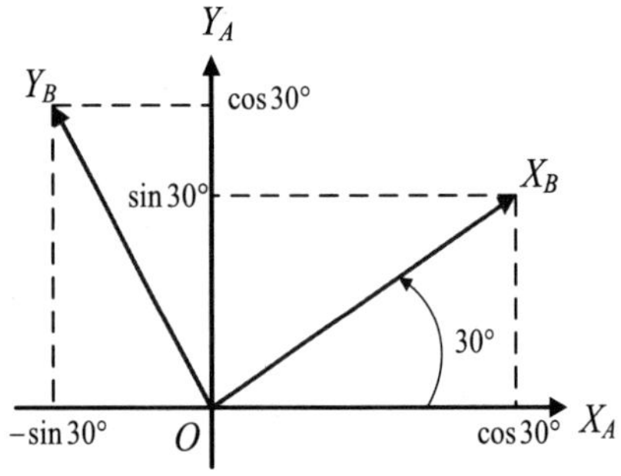

图 6.3 刚体坐标系和点都旋转

因此可以得到坐标系$\{B\}$相对于坐标系$\{A\}$的旋转矩阵为

$$
\begin{aligned}
{}_B^A\boldsymbol{R} &= \left[{}^A\boldsymbol{X}_B \quad {}^A\boldsymbol{Y}_B \quad {}^A\boldsymbol{Z}_B\right] \\
&= \begin{bmatrix} \cos 30^\circ & -\sin 30^\circ & 0 \\ \sin 30^\circ & \cos 30^\circ & 0 \\ 0 & 0 & 1 \end{bmatrix}
\end{aligned} \tag{6.6}
$$

综上所述，在某基坐标系$\{A\}$中描述刚体 B，首先需要在刚体 B 上固连一个刚体坐标系$\{B\}$，然后可以通过一个位置矢量${}^A\boldsymbol{p}_{BO}$来描述刚体坐标系$\{B\}$的原点在坐标系$\{A\}$中的位置；以及通过一个旋转矩阵${}_B^A\boldsymbol{R}$来描述刚体坐标系$\{B\}$的坐标轴在坐标系$\{A\}$中的方向，即刚体 B 在坐标系$\{A\}$中的姿态。将坐标系$\{B\}$相对于坐标系$\{A\}$的位置和姿态称为坐标系$\{B\}$相对于坐标系$\{A\}$的位姿，并将其表示为

$$
\left[{}_B^A\boldsymbol{R},\ {}^A\boldsymbol{p}_{BO}\right] \tag{6.7}
$$

在利用机器人的数学模型描述运动关系时，会经常用到两个坐标系之间的相对位姿的描述。在这个过程中，坐标系的位置描述是容易得到的。而对于坐标系的姿态描述，如例 6.1 中的坐标系$\{B\}$相对于坐标系$\{A\}$的姿态，可以通过定义直接求得，但这种方法对于三维空间中具有任意姿态变换关系的两个坐标系是不方便的。观察例 6.1 的结果可以发现，坐标系的绕轴旋转和坐标系的相对位姿矩阵之间存在某种规整的对应关系，故讨论旋转的性质及旋转与姿态之间的对应关系是后续讨论坐标系之间相对姿态变换的基础。

在利用数学模型描述运动时，需要注意以下几点。

（1）旋转的顺序不可变性。

就像点之间的相对位置可以由在 x 轴方向上的位移、y 轴方向上的位移和 z 轴方向上的位移确定，相对姿态也可以由基本的绕轴旋转来确定，即由绕 x 轴旋转的角度、绕 y 轴旋转的角度和绕 z 轴旋转的角度来确定。不过，值得注意的是，由绕各轴旋转的角度组成的数组（如 $\boldsymbol{\theta}=[\alpha, \beta, \gamma]^{\mathrm{T}}$）和表示位置的 $\boldsymbol{p}=[x, y, z]^{\mathrm{T}}$ 不同，其并不是一个真正的矢量，因为其并不满足加法交换律。例如：

$$
\begin{bmatrix} \alpha \\ 0 \\ 0 \end{bmatrix} + \begin{bmatrix} 0 \\ \beta \\ 0 \end{bmatrix} \neq \begin{bmatrix} 0 \\ \beta \\ 0 \end{bmatrix} + \begin{bmatrix} \alpha \\ 0 \\ 0 \end{bmatrix} \tag{6.8}
$$

式（6.8）表示的意思是，先绕 x 轴旋转 α 角再绕 y 轴旋转 β 角和先绕 y 轴旋转 β 角再绕

x 轴旋转 α 角得到的最终结果是不一样的。虽然如此，但当规定了旋转顺序之后，$\boldsymbol{\theta}=[\alpha, \beta, \gamma]^{\mathrm{T}}$ 这样一个伪矢量就也可以唯一地描述一个刚体的姿态了。

说明上述问题旨在指出旋转的顺序不可变性，这个性质在机器人学中非常重要，包括有旋转耦合的平移变换，其变换顺序就也是不可变的了。

例 6.2　如图 6.4 所示，让平面内的初始位姿与基坐标系$\{A\}$重合的坐标系$\{B\}$先绕 Z 轴旋转 90°，再沿 X 轴平移单位距离得到坐标系$\{B_1\}$；以及使其先沿 X 轴平移单位距离，再绕 Z 轴旋转 90° 得到坐标系$\{B_2\}$。这两种变换方式最终得到的结果是完全不同的，具体表述变换的方法将在后面进行介绍。

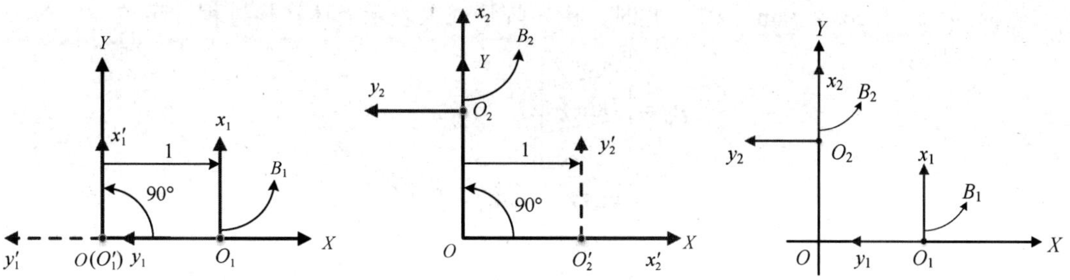

（a）得到坐标系$\{B_1\}$　　（b）得到坐标系$\{B_2\}$　　（c）两种变换的结果对比

图 6.4　例 6.2 图

（2）用旋转运动来描述姿态。

如前面所述，可以利用绕坐标轴的旋转来描述刚体及其坐标系相对于基坐标系的位姿，下面首先推导绕坐标轴旋转的矩阵变换形式，此处仅以绕 Z 轴旋转为例。

一刚体坐标系$\{B\}$的初始位姿与基坐标系$\{A\}$重合，其绕 Z 轴（图 6.5 中未标出，垂直于纸面向外）旋转 γ 角后的姿态如图 6.5 所示，现在求其相对于基坐标系的旋转矩阵 ${}_B^A\boldsymbol{R}$ 。

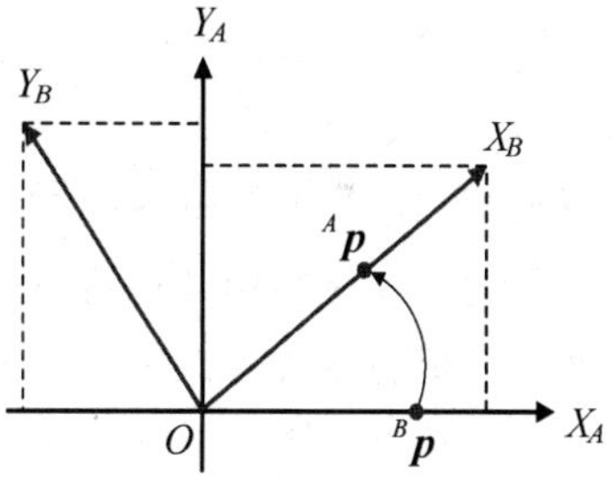

图 6.5　刚体坐标系和点都旋转

此处的坐标系$\{B\}$通过旋转运动从初位置变换到末位置。而要求坐标系$\{B\}$相对于坐标系$\{A\}$的位姿，可以通过前面所述的求坐标系$\{B\}$的坐标轴在坐标系$\{A\}$中的表示的方式方法来求，可得

$$
{}^A\boldsymbol{X}_B=\begin{bmatrix}\cos\gamma\\ \sin\gamma\\ 0\end{bmatrix}
\quad
{}^A\boldsymbol{Y}_B=\begin{bmatrix}-\sin\gamma\\ \cos\gamma\\ 0\end{bmatrix}
\quad
{}^A\boldsymbol{Z}_B=\begin{bmatrix}0\\ 0\\ 1\end{bmatrix}
\tag{6.9}
$$

由此可以得到坐标系$\{B\}$相对于坐标系$\{A\}$的位姿，即绕 Z 轴旋转 γ 角时对应的旋转矩阵：

$$\boldsymbol{R}_Z(\gamma)=\begin{bmatrix}\cos\gamma & -\sin\gamma & 0\\ \sin\gamma & \cos\gamma & 0\\ 0 & 0 & 1\end{bmatrix} \tag{6.10}$$

推导这个旋转矩阵的目的是用其来描述坐标系的相对位姿。然而，它还存在在两个具体的效果。

首先，旋转矩阵可以用来描述固定在刚体坐标系$\{B\}$中的一点p绕轴的旋转变换，文献将这种操作定义为主动旋转。参考图 6.5 容易知道，若令旋转前刚体坐标系中的点p在基坐标系$\{A\}$中的坐标为${}^{B}\boldsymbol{p}=[l, 0, 0]$，则容易由几何关系看出，随刚体旋转后的点$p$在基坐标系$\{A\}$中的坐标为${}^{A}\boldsymbol{p}=[l\cos\gamma, l\sin\gamma, 0]$。此时，由矩阵形式来表示上述转换过程，可得

$$\begin{aligned}\boldsymbol{p}_B &=\begin{bmatrix} l\cos\gamma\\ l\sin\gamma\\ 0\end{bmatrix}\\ &=\begin{bmatrix}\cos\gamma & -\sin\gamma & 0\\ \sin\gamma & \cos\gamma & 0\\ 0 & 0 & 1\end{bmatrix}\begin{bmatrix} l\\ 0\\ 0\end{bmatrix}\\ &=\boldsymbol{R}_Z(\gamma)\boldsymbol{p}_A\end{aligned} \tag{6.11}$$

那么可以得到结论：若有一个与基坐标系$\{A\}$重合的刚体坐标系$\{B\}$，且在刚体坐标系$\{B\}$中有一固定点p，则当刚体坐标系$\{B\}$进行了任意的旋转变换并与基坐标系$\{A\}$产生了相对姿态关系${}^{A}_{B}\boldsymbol{R}$时，点p在基坐标系$\{A\}$中的坐标${}^{A}\boldsymbol{p}$与其旋转前在刚体坐标系$\{B\}$中的坐标${}^{B}\boldsymbol{p}$的关系为

$${}^{A}\boldsymbol{p}={}^{A}_{B}\boldsymbol{R}\,{}^{B}\boldsymbol{p} \tag{6.12}$$

容易发现，点p在刚体坐标系$\{B\}$中的坐标始终等于其旋转前在基坐标系$\{A\}$中的坐标${}^{B}\boldsymbol{p}$。

同时，旋转矩阵也可以用来描述固定在基坐标系$\{A\}$中的一点p在坐标系之间的坐标转换，文献将这种操作定义为被动旋转。

如图 6.6 所示，令点p在基坐标系$\{A\}$中的位置始终不变，而只让刚体坐标系$\{B\}$从与基坐标系$\{A\}$重合的初始姿态开始，绕基坐标系$\{A\}$的Z轴旋转。设刚体坐标系$\{B\}$在旋转γ角后，点p在$\{B\}$中的坐标为${}^{B}\boldsymbol{p}=[l, 0, 0]$。而此时其在基坐标系$\{A\}$中的坐标，由几何关系有${}^{A}\boldsymbol{p}_B=[l\cos\gamma, l\sin\gamma, 0]$。表示这个过程的相应旋转矩阵同样有如式（6.11）所示的形式，可以得到结论：如果有坐标系$\{B\}$相对于坐标系$\{A\}$的位姿矩阵为${}^{A}_{B}\boldsymbol{R}$，那么将点p在坐标系$\{B\}$中的坐标${}^{B}\boldsymbol{p}$转换到坐标系$\{A\}$中，即表达为${}^{A}\boldsymbol{p}$的计算方法为

$${}^{A}\boldsymbol{p}={}^{A}_{B}\boldsymbol{R}\,{}^{B}\boldsymbol{p} \tag{6.13}$$

上述讨论过程仅采用了绕Z轴的旋转，而绕X轴和Y轴旋转的旋转矩阵的推导过程与绕Z轴旋转的旋转矩阵的推导过程类似，这里直接给出结论：

$$\boldsymbol{R}_Y(\beta)=\begin{bmatrix}\cos\beta & 0 & \sin\beta\\ 0 & 1 & 0\\ -\sin\beta & 0 & \cos\beta\end{bmatrix} \tag{6.14a}$$

$$\boldsymbol{R}_X(\alpha)=\begin{bmatrix}1 & 0 & 0\\ 0 & \cos\alpha & -\sin\alpha\\ 0 & \sin\alpha & \cos\alpha\end{bmatrix} \tag{6.14b}$$

至此，得到了绕 3 个坐标轴旋转的基本旋转矩阵，可以由其定义空间中刚体坐标系相对于基坐标系的相对位姿矩阵。规定旋转顺序为 X 轴→Y 轴→Z 轴，那么，如果可以找到刚体在此旋转顺序下 3 个旋转角度的大小，就可以计算这个刚体坐标系相对于基坐标系的位姿矩阵：

$$\begin{aligned}{}_B^A\boldsymbol{R}&=\boldsymbol{R}_Z(\gamma)\boldsymbol{R}_Y(\beta)\boldsymbol{R}_X(\alpha)\\&=\begin{bmatrix}c_\beta c_\gamma & -c_\alpha s_\gamma+c_\gamma s_\alpha s_\beta & s_\alpha s_\gamma+c_\alpha c_\gamma s_\beta\\ c_\beta s_\gamma & c_\alpha c_\gamma+s_\alpha s_\beta s_\gamma & -c_\gamma s_\alpha+c_\alpha s_\beta s_\gamma\\ -s_\beta & c_\beta s_\alpha & c_\alpha c_\beta\end{bmatrix}\end{aligned} \tag{6.15}$$

在推导上述公式时，默认将先做的变换对应的矩阵放在最右边，将之后做的变换对应的矩阵从右向左依次排列。这个变换的规则以点的旋转为载体进行说明是很好理解的，观察图 6.7，初始点为 p，它按 Y 轴→Z 轴的顺序旋转后得到点 p_2。

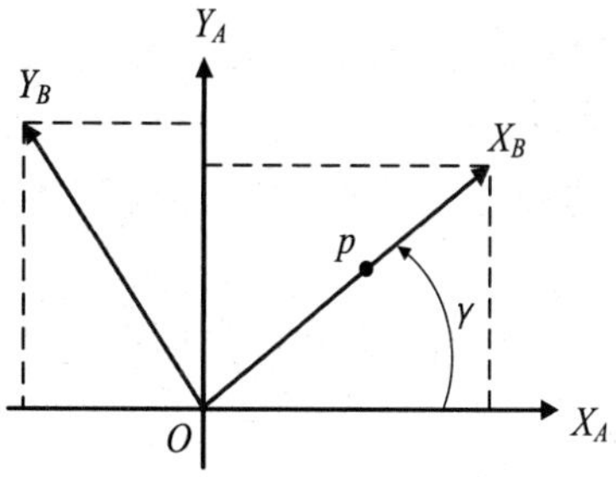

图 6.6　仅刚体坐标系旋转

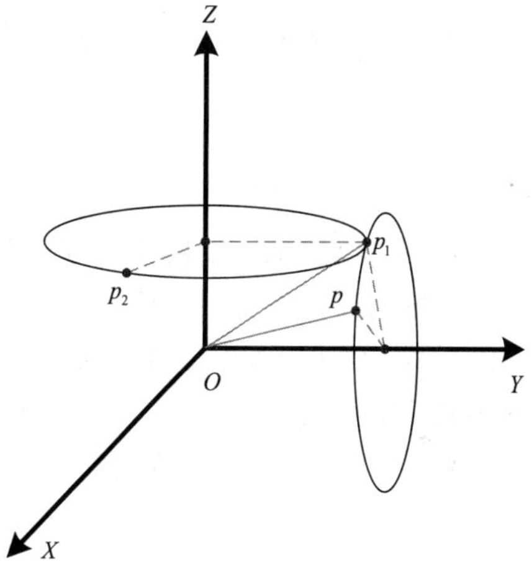

图 6.7　点沿轴线的连续旋转

设点 p 先绕 Y 轴旋转 β 角，得到点 p_1 为

$$p_1=\boldsymbol{R}_Y(\beta)p \tag{6.16}$$

再以点 p_1 为起点，绕 Z 轴旋转 γ 角，得到点 p_2 为

$$\begin{aligned}p_2&=\boldsymbol{R}_Z(\gamma)p_1\\&=\boldsymbol{R}_Z(\gamma)R_Y(\beta)p\end{aligned} \tag{6.17}$$

同时，结合前面讨论的坐标系相对位姿矩阵可以用于描述点的主动旋转，一个初始状态与基坐标系重合的刚体坐标系在按先绕基坐标系的 Y 轴再绕 Z 轴的顺序旋转后，其相对于基坐标系的姿态为 $\boldsymbol{R}_Z(\gamma)\boldsymbol{R}_Y(\beta)$，这个规则可以推广到无数个变换。到此就说明了按基坐标系的坐标轴进行旋转的矩阵乘法的运算规则：按变换的先后顺序将对应的变换矩阵从右向左依次做矩阵乘法。

此外，还可以验证一条重要的变换规则：沿基坐标系的坐标轴进行的一系列变换相当于沿刚体坐标系的坐标轴的相反顺序进行的一系列变换。例如，式（6.12）表示的是先绕基坐标

系的 X 轴，再绕 Y 轴，最后绕 Z 轴分别旋转 α 、β 和 γ 角，也可以表示为先绕刚体坐标系的 z 轴，再绕 y 轴，最后绕 x 轴分别旋转 γ 、β 和 α 角。这个结论对于旋转与平移耦合的变换同样成立。

分清整个变换过程是绕基坐标系的坐标轴还是绕刚体坐标系的坐标轴是很重要的，两者最大的区别在于基坐标系的坐标轴在空间中始终不变，而刚体坐标系的坐标轴的位置和方向会随着刚体的运动而不停地变化。

例 6.3 如图 6.8 所示，让平面内的初始位姿与基坐标系$\{A\}$重合的坐标系$\{B\}$先绕基坐标系$\{A\}$的 Z 轴旋转 90°，再沿基坐标系$\{A\}$的 X 轴平移单位距离得到坐标系$\{B_1\}$；以及使其先沿刚体坐标系$\{B\}$的 x 轴平移单位距离，再绕刚体坐标系$\{B\}$的 z 轴旋转 90° 得到坐标系$\{B_2\}$。这两种变换方式最终得到的结果是相同的。

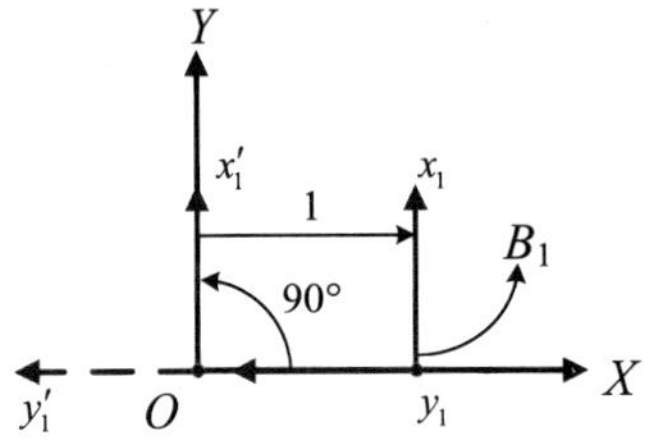

（a）得到坐标系$\{B_1\}$

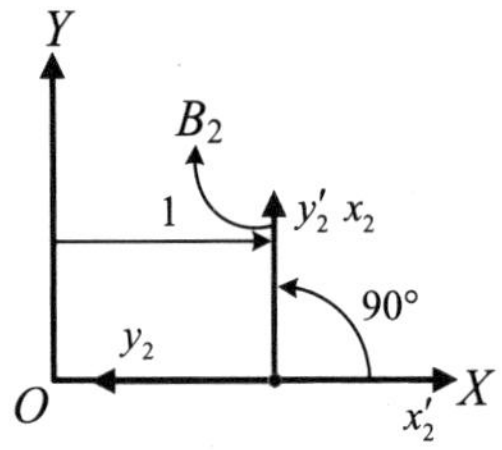

（b）得到坐标系$\{B_2\}$

图 6.8 例 6.3 图

以上介绍了以绕基本轴旋转的方式来描述坐标系任意旋转变换的方法，而且一般称绕坐标系的 3 个轴的旋转角度为欧拉角。总共有 24 种不同的绕坐标轴进行 3 次旋转而形成相对位姿矩阵的方式，其中 12 种是绕基坐标系的坐标轴进行的旋转，另外 12 种是绕刚体坐标系旋转坐标轴进行的旋转。

例 6.4 写出绕基坐标系的坐标轴进行旋转并得到任意相对位姿矩阵的所有变换形式：

$$
\begin{gathered}
\boldsymbol{R}_X(\alpha)\boldsymbol{R}_Y(\beta)\boldsymbol{R}_Z(\gamma)\\
\boldsymbol{R}_Y(\beta)\boldsymbol{R}_Z(\gamma)\boldsymbol{R}_X(\alpha)\\
\boldsymbol{R}_Z(\gamma)\boldsymbol{R}_X(\alpha)\boldsymbol{R}_Y(\beta)\\
\boldsymbol{R}_Z(\gamma)\boldsymbol{R}_Y(\beta)\boldsymbol{R}_X(\alpha)\\
\boldsymbol{R}_Y(\beta)\boldsymbol{R}_X(\alpha)\boldsymbol{R}_Z(\gamma)\\
\boldsymbol{R}_X(\alpha)\boldsymbol{R}_Z(\gamma)\boldsymbol{R}_Y(\beta)\\
\boldsymbol{R}_X(\alpha)\boldsymbol{R}_Y(\beta)\boldsymbol{R}_X(\gamma)\\
\boldsymbol{R}_Y(\beta)\boldsymbol{R}_Z(\gamma)\boldsymbol{R}_Y(\alpha)\\
\boldsymbol{R}_Z(\gamma)\boldsymbol{R}_X(\alpha)\boldsymbol{R}_Z(\beta)\\
\boldsymbol{R}_X(\alpha)\boldsymbol{R}_Z(\gamma)\boldsymbol{R}_X(\beta)\\
\boldsymbol{R}_Y(\beta)\boldsymbol{R}_X(\alpha)\boldsymbol{R}_Y(\gamma)\\
\boldsymbol{R}_Z(\gamma)\boldsymbol{R}_Y(\beta)\boldsymbol{R}_Z(\alpha)
\end{gathered}
\tag{6.18}
$$

（3）绕空间中任意旋转轴的旋转。

前面讨论了绕坐标系的坐标轴进行旋转来生成任意相对位姿矩阵的方法，而实际上，对

于任意旋转变换，都可以将其视作绕着空间中某固定旋转轴 u 的旋转。这样的旋转对应的旋转矩阵定义为

$$
\begin{aligned}
{}_B^A\boldsymbol{R} &= \boldsymbol{R}_{\boldsymbol{u},\phi} \\
&= \boldsymbol{I}\cos\phi + \boldsymbol{u}\boldsymbol{u}^{\mathrm{T}}\mathrm{vers}\phi + \hat{\boldsymbol{u}}\sin\phi \\
&= \begin{bmatrix} u_1^2\mathrm{vers}\phi + c\phi & u_1u_2\mathrm{vers}\phi - u_3s\phi & u_1u_3\mathrm{vers}\phi + u_2s\phi \\ u_1u_2\mathrm{vers}\phi + u_3s\phi & u_2^2\mathrm{vers}\phi + c\phi & u_2u_3\mathrm{vers}\phi - u_1s\phi \\ u_1u_3\mathrm{vers}\phi - u_2s\phi & u_2u_3\mathrm{vers}\phi + u_1s\phi & u_3^2\mathrm{vers}\phi + c\phi \end{bmatrix}
\end{aligned} \tag{6.19}
$$

式中，ϕ 是绕旋转轴旋转的角度；$\hat{\boldsymbol{u}}$ 为斜对称矩阵，其主要性质和形式会在后面讲解；$\boldsymbol{u}$ 为旋转轴的方向，是一个单位矢量；另外，有

$$
\begin{aligned}
\mathrm{vers}\phi &= 1 - \cos\phi \\
&= 2\sin^2\frac{\phi}{2}
\end{aligned} \tag{6.20}
$$

若给定任意一个旋转矩阵 ${}_B^A\boldsymbol{R}$，则观察式（6.19）可知，此时对应的旋转轴的方向矢量和旋转角度分别为

$$
\boldsymbol{u} = \frac{1}{2\sin\phi}\left({}_B^A\boldsymbol{R} - {}_B^A\boldsymbol{R}^{\mathrm{T}}\right) \tag{6.21}
$$

$$
\cos\phi = \frac{1}{2}\left(\mathrm{tr}\left({}_B^A\boldsymbol{R}\right) - 1\right) \tag{6.22}
$$

公式的证明可以以矢量的旋转为载体，将矢量分解为垂直于转轴和平行于转轴的分量分别讨论。这种思想的具体推导过程可以参考其他文献中关于四元数表示旋转方法的推导。下面给出另一种证明方法。

例 6.5　推导得到绕基坐标系中任意旋转轴 $\boldsymbol{u}$ 旋转角度 ϕ 的矩阵表达形式。

设有基坐标系 $\{A\}$，以及一个与基坐标系的相对姿态关系为 ${}_G^A\boldsymbol{R}$ 的坐标系 $\{G\}$，且基坐标系 $\{A\}$ 中定义的旋转轴 $\boldsymbol{u}$ 刚好是坐标系 $\{G\}$ 的 z 轴，那么若有与基坐标系 $\{A\}$ 的初始相对姿态为 ${}^A\boldsymbol{T}$ 的刚体 B，则此时若将刚体 B 绕旋转轴 $\boldsymbol{u}$ 旋转角度 ϕ，则可以知道旋转后的刚体坐标系 $\{B\}$ 与基坐标系之间的相对姿态关系为

$$
{}_B^A\boldsymbol{R} = \boldsymbol{R}_{\boldsymbol{u},\phi}\,{}^A\boldsymbol{T} \tag{6.23}
$$

对实际的旋转效果来说，绕基坐标系 $\{A\}$ 中的旋转轴 $\boldsymbol{u}$ 旋转角度 ϕ 等价于绕坐标系 $\{G\}$ 的 z 轴旋转角度 ϕ，设刚体 B 与坐标系 $\{G\}$ 的初始相对姿态为 ${}^G\boldsymbol{T}$，那么此时旋转后的姿态关系为

$$
\begin{aligned}
{}_B^A\boldsymbol{R} &= {}_G^A\boldsymbol{R}\,{}_B^G\boldsymbol{R} \\
&= {}_G^A\boldsymbol{R}\left[\boldsymbol{R}_{z,\phi}\,{}^G\boldsymbol{T}\right] \\
&= \boldsymbol{R}_{\boldsymbol{u},\phi}\,{}^A\boldsymbol{T}
\end{aligned} \tag{6.24}
$$

又因为在旋转之前有

$$
{}^A\boldsymbol{T} = {}_G^A\boldsymbol{R}\,{}^G\boldsymbol{T} \tag{6.25}
$$

所以

$$
{}^G\boldsymbol{T} = {}_G^A\boldsymbol{R}^{\mathrm{T}}\,{}^A\boldsymbol{T} \tag{6.26}
$$

结合式（6.24）可以得到

$$\begin{aligned}{}_B^A\boldsymbol{R} &= \boldsymbol{R}_{\boldsymbol{u},\phi}\,{}^A\boldsymbol{T} \\ &= {}_G^A\boldsymbol{R}\boldsymbol{R}_{z,\phi}\,{}_G^A\boldsymbol{R}^{\mathrm{T}}\,{}^A\boldsymbol{T}\end{aligned} \tag{6.27}$$

因此

$$\boldsymbol{R}_{\boldsymbol{u},\phi} = {}_G^A\boldsymbol{R}\boldsymbol{R}_{z,\phi}\,{}_G^A\boldsymbol{R}^{\mathrm{T}} \tag{6.28}$$

若设

$${}_G^A\boldsymbol{R} = \begin{bmatrix} n_x & o_x & a_x \\ n_y & o_y & a_y \\ n_z & o_z & a_z \end{bmatrix} \tag{6.29}$$

则 $\boldsymbol{u} = [a_x, a_y, a_z]^{\mathrm{T}} = [u_x, u_y, u_z]^{\mathrm{T}}$，将式（6.29）代入式（6.28）可以得到

$$\begin{aligned}\boldsymbol{R}_{\boldsymbol{u},\phi} &= \begin{bmatrix} n_x & o_x & u_x \\ n_y & o_y & u_y \\ n_z & o_z & u_z \end{bmatrix}\begin{bmatrix} c\phi & -s\phi & 0 \\ s\phi & c\phi & 0 \\ 0 & 0 & 1 \end{bmatrix}\begin{bmatrix} n_x & o_x & u_x \\ n_y & o_y & u_y \\ n_z & o_z & u_z \end{bmatrix}^{\mathrm{T}} \\ &= \begin{bmatrix} u_x^2\mathrm{vers}\phi + c\phi & u_xu_y\mathrm{vers}\phi - u_zs\phi & u_xu_z\mathrm{vers}\phi + u_ys\phi \\ u_xu_y\mathrm{vers}\phi + u_zs\phi & u_y^2\mathrm{vers}\phi + c\phi & u_yu_z\mathrm{vers}\phi - u_xs\phi \\ u_xu_z\mathrm{vers}\phi - u_ys\phi & u_yu_z\mathrm{vers}\phi + u_xs\phi & u_z^2\mathrm{vers}\phi + c\phi \end{bmatrix}\end{aligned} \tag{6.30}$$

得到的结果即式（6.19）。

（4）旋转矩阵的其他性质。

旋转矩阵是一个行列式为 1 的单位正交矩阵，即对任意一个旋转矩阵 ${}_B^A\boldsymbol{R}$，都有

$${}_B^A\boldsymbol{R}^{-1} = {}_B^A\boldsymbol{R}^{\mathrm{T}} \tag{6.31}$$

以及

$$\left|{}_B^A\boldsymbol{R}\right| = 1 \tag{6.32}$$

这个结论很容易证明。一个矩阵是单位正交矩阵的充分必要条件为矩阵的列向量是标准正交向量组。而相对位姿矩阵的定义即一个直角坐标系的坐标轴在另一个坐标系中的表示，结论得证。

此外，旋转的逆变换对应的矩阵就是原旋转矩阵的逆矩阵。容易知道，一个刚体在经过变换及其逆变换后会回到其初始位置，同样，此时总的变换矩阵为 ${}_B^A\boldsymbol{R}\,{}_B^A\boldsymbol{R}^{-1} = \boldsymbol{I}$，相当于没有变换。

6.2.2 刚体在空间的齐次坐标变换

1. 齐次变换矩阵的导出

在机器人运动学的求解过程中，涉及大量的坐标变换，将坐标化为齐次形式，并用齐次变换矩阵对齐次坐标进行处理就可以达到规范化表示旋转和位移的目的。此处举例说明这种方法：若已知一点 P 表示在坐标系$\{B\}$中的位置为 ${}^B\boldsymbol{P}$，此时想要求点 P 表示在坐标系$\{A\}$中的位置 ${}^A\boldsymbol{P}$。

如图 6.9 所示，${}^A\boldsymbol{P}$ 由两部分组成：一部分是坐标系$\{B\}$的原点在坐标系$\{A\}$中的位矢量

${}^{A}\boldsymbol{P}_{BO}$，另一部分是点 P 相对于坐标系$\{B\}$的原点的矢量 ${}_{BO}^{A}\boldsymbol{P}$。注意：在书写时，左上标表示的相对坐标系一定要相同，只有这样才能够执行矢量的加减运算。同时，已知点 P 表示在坐标系$\{B\}$中的位置 ${}^{B}\boldsymbol{P}$ 即 ${}_{BO}^{B}\boldsymbol{P}$，那么由前面所述的旋转矩阵可以用于描述点在有相应旋转关系的坐标系之间进行坐标转换的效果可以得到

$${}_{BO}^{A}\boldsymbol{P} = {}_{B}^{A}\boldsymbol{R}\,{}_{BO}^{B}\boldsymbol{P} \tag{6.33}$$

此时可以利用矢量加法的规则得

$${}^{A}\boldsymbol{P} = {}_{B}^{A}\boldsymbol{R}\,{}^{B}\boldsymbol{P} + {}^{A}\boldsymbol{P}_{BO} \tag{6.34}$$

将上式化简为更为紧凑的矩阵乘法形式为

$$\begin{aligned}\begin{bmatrix} {}^{A}\boldsymbol{P} \\ 1 \end{bmatrix} &= {}_{B}^{A}\boldsymbol{T}\begin{bmatrix} {}^{B}\boldsymbol{P} \\ 1 \end{bmatrix} \\ &= \begin{bmatrix} {}_{B}^{A}\boldsymbol{R} & {}^{A}\boldsymbol{P}_{BO} \\ \boldsymbol{0}_{1\times3} & 1 \end{bmatrix}\begin{bmatrix} {}^{B}\boldsymbol{P} \\ 1 \end{bmatrix}\end{aligned} \tag{6.35}$$

式中，矩阵 ${}_{B}^{A}\boldsymbol{T}$ 是一个 4×4 的方阵，它的最后一行是[0, 0, 0, 1]，这个矩阵就叫作齐次变换矩阵，可以用其简单紧凑地表示坐标的转换，且转换的坐标系之间可以同时存在平移和旋转关系。将式（6.35）中的矢量提取出来作为一种新的表达形式：

$$\bar{\boldsymbol{P}} = [P, w]^{\mathrm{T}} \tag{6.36}$$

式中，$\bar{\boldsymbol{P}}$ 就是对应空间矢量的齐次坐标，其相对于笛卡儿坐标多了一个比例因子 w，这个比例因子在机器人学中通常取 1 或 0。在 w 取 1 时，说明该矢量是一个定位矢量，即其起始点不能够随便移动，如位置矢量；在 w 取 0 时，说明该矢量是一个自由矢量，即其起始点可以移动，如速度矢量、加速度矢量和用于表示方向的矢量等。此外，齐次坐标还满足求导数和求微分的关系，即有

$$\frac{\mathrm{d}}{\mathrm{d}t}\begin{bmatrix} P \\ 1 \end{bmatrix} = \begin{bmatrix} \dot{P} \\ 0 \end{bmatrix} \tag{6.37}$$

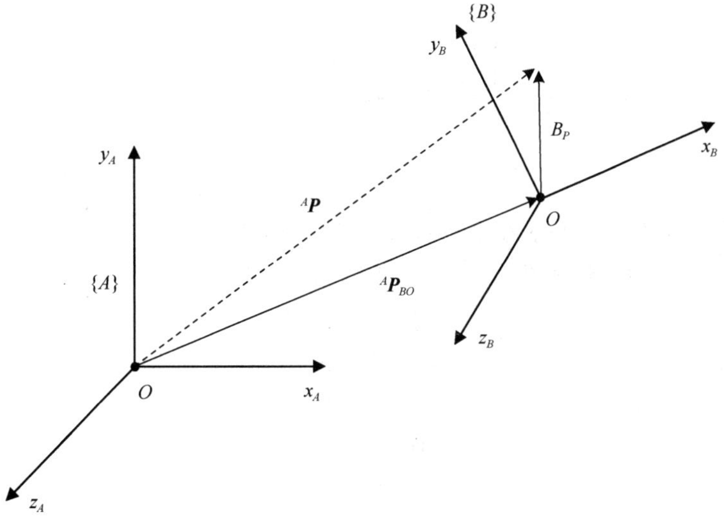

图 6.9　坐标系变换

在图形学中，w 也可以取其他值，在此不深入讨论。

上述过程也蕴含了将平移运动用齐次变换矩阵表达的方式。此时，将 ${}_B^A\boldsymbol{R}$ 设为单位矩阵，那么齐次变换矩阵 ${}_B^A\boldsymbol{T}$ 仅表示平移关系，即有

$$\boldsymbol{T}_{\text{translation}}=\begin{bmatrix}1&0&0&x\\0&1&0&y\\0&0&1&z\\0&0&0&1\end{bmatrix} \tag{6.38}$$

同时容易得到用于表示仅有旋转运动的齐次变换矩阵。此时，将 ${}^A\boldsymbol{P}_{BO}$ 设为零向量，那么齐次变换矩阵 ${}_B^A\boldsymbol{T}$ 仅表示旋转，即有

$$\boldsymbol{T}_{\text{rotation}}=\begin{bmatrix}{}_B^A\boldsymbol{R}&\boldsymbol{0}_{3\times1}\\\boldsymbol{0}_{1\times3}&1\end{bmatrix} \tag{6.39}$$

2. 齐次变换矩阵表示复合变换的方法

齐次坐标在表示变换的过程中，同样遵守前面讨论的变换顺序和变换规则，即沿基坐标系中轴线的变换遵守齐次变换矩阵按变换的先后顺序由右向左乘的规则，以及沿自身坐标系或刚体坐标系中轴线的变换遵守齐次变换矩阵按变换的先后顺序由左向右乘的规则。

这里与前面所述变换的不同之处就在于此时可以加入对平移变换的讨论。

例 6.6 讨论如图 6.8（a）所示的复合运动，求该复合运动对应的齐次变换矩阵。

此时，若用刚体坐标系{1}的坐标轴表示整个变换过程，则相当于其先沿自身的 x 轴移动单位长度，再绕自身的 z 轴旋转 90°，此时遵循按变换顺序由左向右乘的规则，齐次变换矩阵表示为

$$\begin{aligned}{}_1^0\boldsymbol{T}&=\begin{bmatrix}1&0&0&1\\0&1&0&0\\0&0&1&0\\0&0&0&1\end{bmatrix}\begin{bmatrix}0&-1&0&0\\1&0&0&0\\0&0&1&0\\0&0&0&1\end{bmatrix}\\&=\begin{bmatrix}0&-1&0&1\\1&0&0&0\\0&0&1&0\\0&0&0&1\end{bmatrix}\end{aligned} \tag{6.40}$$

齐次变换矩阵同样有对矢量进行坐标系变换的效果，可以代入一个点进行验证。例如，取坐标系{1}中的一点 ${}^1\boldsymbol{p}=[1,0,0,1]^{\mathrm{T}}$，可以得到其在基坐标系{0}中的坐标为

$$\begin{aligned}{}^0\boldsymbol{p}&=\begin{bmatrix}0&-1&0&1\\1&0&0&0\\0&0&1&0\\0&0&0&1\end{bmatrix}\begin{bmatrix}1\\0\\0\\1\end{bmatrix}\\&=[1,1,0,1]\end{aligned} \tag{6.41}$$

与图像上显示的结果一致。读者也可以试着推导如图 6.8（b）所示的复合运动。

3．齐次变换矩阵的逆矩阵

齐次变换矩阵的逆矩阵为

$$\boldsymbol{T}^{-1}=\begin{bmatrix} {}_B^A\boldsymbol{R}^{\mathrm{T}} & -{}_B^A\boldsymbol{R}^{\mathrm{T}}\,{}^A\boldsymbol{p}_{BO} \\ \boldsymbol{0}_{1\times 3} & 1 \end{bmatrix} \tag{6.42}$$

直接代入验证即可：

$$\begin{aligned}\boldsymbol{T}\boldsymbol{T}^{-1}&=\begin{bmatrix} {}_B^A\boldsymbol{R} & {}^A\boldsymbol{p}_{BO} \\ \boldsymbol{0}_{1\times 3} & 1 \end{bmatrix}\begin{bmatrix} {}_B^A\boldsymbol{R}^{\mathrm{T}} & -{}_B^A\boldsymbol{R}^{\mathrm{T}}\,{}^A\boldsymbol{p}_{BO} \\ \boldsymbol{0}_{1\times 3} & 1 \end{bmatrix} \\ &=\boldsymbol{I}_{4\times 4}\end{aligned} \tag{6.43}$$

4．齐次变换矩阵的其他性质

很明显，齐次变换矩阵是一个单位矩阵，即

$$\left|{}_B^A\boldsymbol{T}\right|=1 \tag{6.44}$$

此外，逆变换对应的齐次变换矩阵就是原齐次变换矩阵的逆矩阵。容易知道，一个刚体在经过变换及其逆变换后会回到其初始位置，同样，此时总的齐次变换矩阵为 ${}_B^A\boldsymbol{T}\,{}_B^A\boldsymbol{T}^{-1}=\boldsymbol{I}$，相当于没有变换。

6.2.3　其他所需的前置知识

1．向量与斜对称矩阵

若有一个向量 $\boldsymbol{v}=[v_x,v_y,v_z]^{\mathrm{T}}$，则定义算子“ $\hat{}$ ”将该向量映射到 $\hat{\boldsymbol{v}}\in \mathrm{SO}(3)$ 中，有

$$\hat{\boldsymbol{v}}=\begin{bmatrix} 0 & -v_z & v_y \\ v_z & 0 & -v_x \\ -v_y & v_x & 0 \end{bmatrix} \tag{6.45}$$

2．判断一个矩阵是斜对称矩阵的充分必要条件

判断一个矩阵 $\boldsymbol{M}$ 是斜对称矩阵的充分必要条件是 $\boldsymbol{M}^{\mathrm{T}}=-\boldsymbol{M}$ 。以下简要证明。

（1）必要性。

如果一个矩阵 $\boldsymbol{M}$ 是斜对称矩阵，则其有如式（6.45）所示的形式，直接将其代入表达式 $\boldsymbol{M}^{\mathrm{T}}=-\boldsymbol{M}$ 进行验证即可。

（2）充分性。

如果对于一个矩阵 $\boldsymbol{M}$ 有 $\boldsymbol{M}^{\mathrm{T}}=-\boldsymbol{M}$，则其中的元素有如下关系：

$$\begin{cases} M_{ij}=-M_{ji} \\ M_{ii}=-M_{ii} \end{cases} \quad i,\ j=1,2,\cdots,n \tag{6.46}$$

可见，对角线元素 $M_{ii}=0$；而非对角线元素之间的关系也正好满足式（6.45）中斜对称矩阵的形式，充分性得证。结论证毕。

3．斜对称矩阵表示叉积

现有两个向量 $\boldsymbol{v}=[v_x,v_y,v_z]^{\mathrm{T}}$ 和 $\boldsymbol{\omega}=[\omega_x,\omega_y,\omega_z]^{\mathrm{T}}$，容易验证两个向量的叉积 $\boldsymbol{v}\times\boldsymbol{\omega}$ 可以表

示为靠前向量的斜对称矩阵与靠后向量做矩阵乘法，即

$$\begin{aligned}\boldsymbol{v}\times\boldsymbol{\omega}&=\hat{\boldsymbol{v}}\boldsymbol{\omega}\\&=\begin{bmatrix}0&-v_z&v_y\\v_z&0&-v_x\\-v_y&v_x&0\end{bmatrix}\begin{bmatrix}\omega_x\\\omega_y\\\omega_z\end{bmatrix}\end{aligned}\tag{6.47}$$

4．斜对称矩阵次幂的性质

容易验证斜对称矩阵 $\hat{\boldsymbol{v}}$ 有以下性质：

$$\begin{cases}\hat{\boldsymbol{v}}^{\mathrm{T}}=-\hat{\boldsymbol{v}}\\\hat{\boldsymbol{v}}^2=\boldsymbol{v}\boldsymbol{v}^{\mathrm{T}}-\|\boldsymbol{v}\|^2\boldsymbol{I}_{3\times3}\\\hat{\boldsymbol{v}}^3=-\hat{\boldsymbol{v}}\end{cases}\tag{6.48}$$

5．矩阵的指数运算

现有一矩阵 $\boldsymbol{M}$ 及其指数 $\mathrm{e}^{\boldsymbol{M}}$，若此时有一可逆矩阵 $\boldsymbol{g}$，则由泰勒展开可以得到以下结论：

$$\mathrm{e}^{\boldsymbol{gMg}^{-1}}=\boldsymbol{I}_{3\times3}+\boldsymbol{gMg}^{-1}+\frac{\left(\boldsymbol{gMg}^{-1}\right)^2}{2!}+\frac{\left(\boldsymbol{gMg}^{-1}\right)^3}{3!}+\cdots\tag{6.49}$$

这里容易看出

$$\begin{aligned}\left(\boldsymbol{gMg}^{-1}\right)^n&=\left(\boldsymbol{gMg}^{-1}\boldsymbol{gMg}^{-1}\boldsymbol{gMg}^{-1}\boldsymbol{gMg}^{-1}\cdots\right)\\&=\boldsymbol{g}\left(\boldsymbol{M}\right)\boldsymbol{g}^{-1}\end{aligned}\tag{6.50}$$

此时，式（6.49）可以改写为

$$\begin{aligned}\mathrm{e}^{\boldsymbol{gMg}^{-1}}&=\boldsymbol{gg}^{-1}+\boldsymbol{gMg}^{-1}+\boldsymbol{g}\frac{\boldsymbol{M}^2}{2!}\boldsymbol{g}^{-1}+\boldsymbol{g}\frac{\boldsymbol{M}^3}{3!}\boldsymbol{g}^{-1}+\cdots\\&=\boldsymbol{g}\left(\boldsymbol{I}_{3\times3}+\boldsymbol{gMg}^{-1}+\frac{\left(\boldsymbol{gMg}^{-1}\right)^2}{2!}+\frac{\left(\boldsymbol{gMg}^{-1}\right)^3}{3!}+\cdots\right)\boldsymbol{g}^{-1}\\&=\boldsymbol{g}\mathrm{e}^{\boldsymbol{M}}\boldsymbol{g}^{-1}\end{aligned}\tag{6.51}$$

6．变换矩阵和向量叉积间的运算关系

首先给出以下结论：

$${}_B^AR\left(\boldsymbol{v}\times\boldsymbol{\omega}\right)={}_B^A\boldsymbol{R}\boldsymbol{v}\times{}_B^A\boldsymbol{R}\boldsymbol{\omega}\tag{6.52}$$

式中，${}_B^A\boldsymbol{R}$ 是一个旋转矩阵。

这个结论可以采用直接代入的方式进行验证，但利用具有几何意义的描述方式显然更加容易理解。可以将式（6.52）描述的问题理解为：在基坐标系中有两个矢量 $\boldsymbol{v}$ 和 $\boldsymbol{\omega}$，此时有一个旋转变换对应的矩阵 ${}_B^A\boldsymbol{R}$，将两个向量先做叉积得到一个新的向量，再将这个新的向量进行旋转；或者先将两个向量分别进行旋转，再由两个向量做叉积得到一个新的向量，这两者的作用效果是相同的。这个结论的成立是显然的，前面讨论的坐标系的旋转变换可以刚好用于说明这一点。

如图 6.10 所示，有一个运动初始姿态与基坐标系 $\{A\}$ 相同，且运动末姿态相对于基坐标

系$\{A\}$的旋转关系为$_B^A\boldsymbol{R}$的坐标系$\{B\}$，设其坐标轴在基坐标系中的方向向量分别为$\boldsymbol{X}$、$\boldsymbol{Y}$和$\boldsymbol{Z}$，非常明显，假设最初没有Z轴，要用X轴和Y轴生成Z轴，那么是先做叉积得到Z轴，再将坐标系旋转到新的位置；还是先将X轴和Y轴旋转到新的位置，再做叉积得到整个坐标系，最后得到的坐标系肯定是一样的，即得到的Z轴方向是一样的。

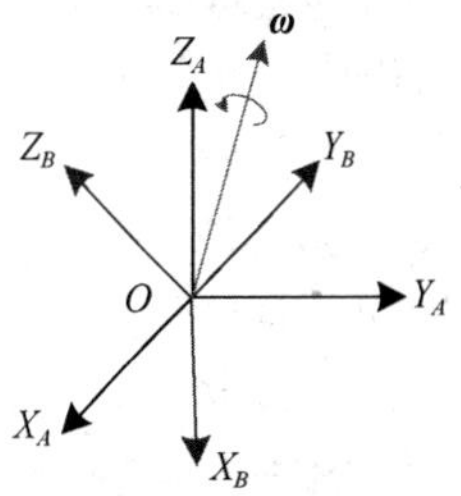

图 6.10　坐标系的旋转

7．函数 atan2(*y*,*x*)的含义

在计算机器人各类问题时，尤其在求解机器人的逆运动学问题的过程中，需要求解基于正弦函数和余弦函数的角度。但是 arctan 函数并不能显示分子和分母符号的有效性。它总是在第一象限和第四象限内表述角度。而为了克服这个问题，引入函数$\operatorname{atan2}(y,x)$，其表达式如下：

$$\operatorname{atan2}(y,x)=\begin{cases}\operatorname{sgn} y\arctan\left|\dfrac{y}{x}\right| & (x>0,\ y\neq 0)\\ \dfrac{\pi}{2}\operatorname{sgn} y & (x=0,\ y\neq 0)\\ \operatorname{sgn} y\left(\pi-\arctan\left|\dfrac{y}{x}\right|\right) & (x<0,\ y\neq 0)\\ \pi-\pi\operatorname{sgn} x & (x\neq 0,\ y=0)\end{cases} \tag{6.53}$$

式中，sgn 表示符号函数：

$$\operatorname{sgn}(x)=\begin{cases}1 & (x>0)\\ 0 & (x=0)\\ -1 & (x<0)\end{cases} \tag{6.54}$$

例 6.7　如图 6.11 所示，给定 4 个点的坐标，比较$\operatorname{atan2}(y,x)$和$\arctan\left(\dfrac{y}{x}\right)$的求解结果。

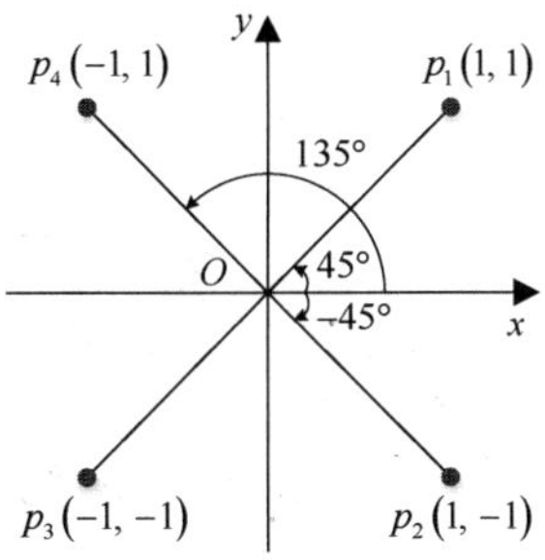

图 6.11　4 个象限中的点

（1）对于$p_1(1,1)$，有$\operatorname{atan2}(1,1)=0.25\pi$，即$\theta_1=45°$，$\arctan(1)=0.25\pi$。

（2）对于$p_2(1,-1)$，有$\operatorname{atan2}(-1,1)=-0.25\pi$，即$\theta_1=-45°$，$\arctan(-1)=-0.25\pi$。

（3）对于$p_3(-1,-1)$，有$\operatorname{atan2}(-1,-1)=-0.75\pi$，即$\theta_1=-135°$，$\arctan(1)=0.25\pi$。

（4）对于$p_4(-1,1)$，有$\operatorname{atan2}(1,1)=0.75\pi$，即$\theta_1=135°$，$\arctan(-1)=-0.25\pi$。

6.3　旋量理论下的机器人运动学

6.3.1　旋量理论的建模基础

目前，对机器人进行数学建模的方法主要有 D-H 参数法和旋量理论法。对于 D-H 参数法，其通过确定两个连杆参数（连杆长度和连杆转角）和两个关节参数（关节位移和关节角）来确定一个连杆上相邻两个坐标系之间的变换关系。D-H 参数法建模技术较成熟，但建模过程相对复杂，且逆运动学求解过程比较烦琐。旋量理论法将刚体的运动视为绕基坐标系中的某一旋转轴的旋转运动或沿该轴线的平移运动。基于旋量理论的建模方法对机器人的描述更为简单且通用，并且旋转轴对应的旋量具有明确的几何意义，在分析机器人运动学时十分方便，故本书在开发软件时采用旋量理论法建立机器人的数学模型。

首先介绍旋量的定义。旋量 $\boldsymbol{\xi}$ 是一个 6 维向量，通常表示为 $\boldsymbol{\xi}=[\boldsymbol{\omega}_{1\times3},\boldsymbol{v}_{1\times3}]^{\mathrm{T}}$。此处仅给出其表示方法，其内涵及其运用方式将在推导过程中进行详细描述。

然后推导利用旋量的指数运算表示相对位姿矩阵的方法。

刚体在坐标系中的运动可以分为 3 种：①纯旋转运动，即刚体绕过基坐标系原点的旋转轴旋转；②一般旋转运动，即刚体绕不一定过基坐标系原点的旋转轴旋转；③平移运动。

1. 推导纯旋转运动在旋量理论下的指数运算表达式

如图 6.12 所示，若一纯旋转运动的旋转轴的单位方向向量为 $\boldsymbol{\omega}$，设此时刚体坐标系以大小为 1 的角速度从 0 时刻运动至 t 时刻，那么由理论力学的知识可知，刚体上任意一点在基坐标系中的位矢量 $\boldsymbol{p}$ 和其相对于基坐标系的线速度之间有以下关系式：

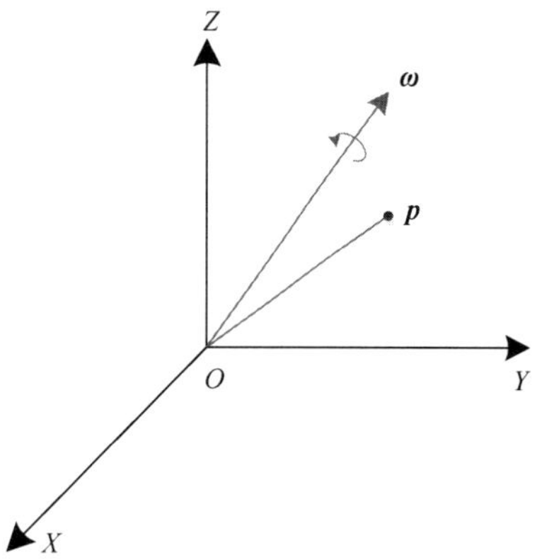

图 6.12 纯旋转运动

$$\begin{aligned}\dot{\boldsymbol{p}}(t)&=\boldsymbol{\omega}\times\boldsymbol{p}(t)\\&=\hat{\boldsymbol{\omega}}\boldsymbol{p}(t)\end{aligned} \tag{6.55}$$

解上述矩阵微分方程，有

$$\boldsymbol{p}(t)=\mathrm{e}^{\hat{\boldsymbol{\omega}}t}\boldsymbol{p}(0) \tag{6.56}$$

由于之前设角速度大小为 1，因此刚体绕旋转轴转过的角度 $\theta=t$，由此可以消除推导过程中引入的时间变量 t，将式（6.56）化为

$$\boldsymbol{p}(\theta)=\mathrm{e}^{\hat{\boldsymbol{\omega}}\theta}\boldsymbol{p}(0) \tag{6.57}$$

故可以得到纯旋转运动下的变换矩阵为

$$R(\boldsymbol{\omega},\theta)=\mathrm{e}^{\hat{\boldsymbol{\omega}}\theta} \tag{6.58}$$

将上式中的指数矩阵按泰勒级数展开，有

$$\mathrm{e}^{\hat{\boldsymbol{\omega}}\theta}=\boldsymbol{I}_{3\times3}+\hat{\boldsymbol{\omega}}\theta+\frac{(\hat{\boldsymbol{\omega}}\theta)^2}{2!}+\frac{(\hat{\boldsymbol{\omega}}\theta)^3}{3!}+\cdots \tag{6.59}$$

根据式（6.45）中斜对称矩阵的性质，式（6.59）可以简化为

$$\mathrm{e}^{\hat{\boldsymbol{\omega}}\theta}=\boldsymbol{I}_{3\times3}+\left(\theta-\frac{\theta^3}{3!}+\frac{\theta^5}{5!}-\cdots\right)\hat{\boldsymbol{\omega}}+\left(\frac{\theta^2}{2!}-\frac{\theta^4}{4!}+\frac{\theta^6}{6!}-\cdots\right)\hat{\boldsymbol{\omega}}^2 \tag{6.60}$$

又因为

$$\begin{aligned}\sin\theta&=\left(\theta-\frac{\theta^3}{3!}+\frac{\theta^5}{5!}-\cdots\right)\\\cos\theta&=\left(1-\frac{\theta^2}{2!}+\frac{\theta^4}{4!}-\frac{\theta^6}{6!}+\cdots\right)\end{aligned} \tag{6.61}$$

所以式（6.60）可以化为

$$e^{\hat{\boldsymbol{\omega}}\theta} = \boldsymbol{I}_{3\times3} + \hat{\boldsymbol{\omega}}\sin\theta + \hat{\boldsymbol{\omega}}^2\left(1-\cos\theta\right) \tag{6.62}$$

对于纯旋转运动，设旋量为$\boldsymbol{\xi} = [\boldsymbol{0}, \boldsymbol{\omega}]^{\mathrm{T}}$，并将式（6.62）化为齐次形式，则得到对应纯旋转运动的齐次变换矩阵为

$$e^{\hat{\xi}\theta} = \begin{bmatrix} e^{\hat{\omega}\theta} & \boldsymbol{0}_{3\times1} \\ \boldsymbol{0}_{1\times3} & 1 \end{bmatrix} \tag{6.63}$$

例 6.8　设一过原点的旋转轴的方向为$\boldsymbol{\omega} = [0.707, 0.707, 0]^{\mathrm{T}}$，求绕此旋转轴旋转$\theta = 60°$时对应的齐次变换矩阵。

首先求出旋转方向矢量对应的斜对称矩阵为

$$\hat{\boldsymbol{\omega}} = \begin{bmatrix} 0 & 0 & 0.707 \\ 0 & 0 & -0.707 \\ -0.707 & 0.707 & 0 \end{bmatrix} \tag{6.64}$$

将式（6.64）代入式（6.62）可以求得

$$e^{\hat{\omega}\theta} = \begin{bmatrix} 0.75 & 0.25 & 0.6124 \\ 0.25 & 0.75 & -0.6124 \\ -0.6124 & 0.6124 & 0.5 \end{bmatrix} \tag{6.65}$$

同时，可以将$\boldsymbol{\omega} = [0.707, 0.707, 0]^{\mathrm{T}}$和$\theta = 60°$代入罗德里格旋转公式，即式（6.19），可以验证，两种方式求得的旋转矩阵是一致的。

然后将旋转矩阵代入式（6.63）求出齐次变换矩阵为

$$e^{\hat{\xi}\theta} = \begin{bmatrix} 0.75 & 0.25 & 0.6124 & 0 \\ 0.25 & 0.75 & -0.6124 & 0 \\ -0.6124 & 0.6124 & 0.5 & 0 \\ 0 & 0 & 0 & 1 \end{bmatrix} \tag{6.66}$$

2. 推导一般旋转运动在旋量理论下的指数运算表达式

如图 6.13 所示，若一个一般旋转运动的旋转轴的单位方向向量为$\boldsymbol{\omega}$，且有旋转轴上一点坐标为$\boldsymbol{q}$，设此时刚体坐标系以大小为 1 的角速度从 0 时刻运动至t时刻，那么由理论力学的知识可知，刚体上任意一点在基坐标系中的位矢量$\boldsymbol{p}$和其相对于基坐标系的线速度之间有以下关系式：

$$\dot{\boldsymbol{p}}(t) = \boldsymbol{\omega} \times \left(\boldsymbol{p}(t) - \boldsymbol{q}\right) \tag{6.67}$$

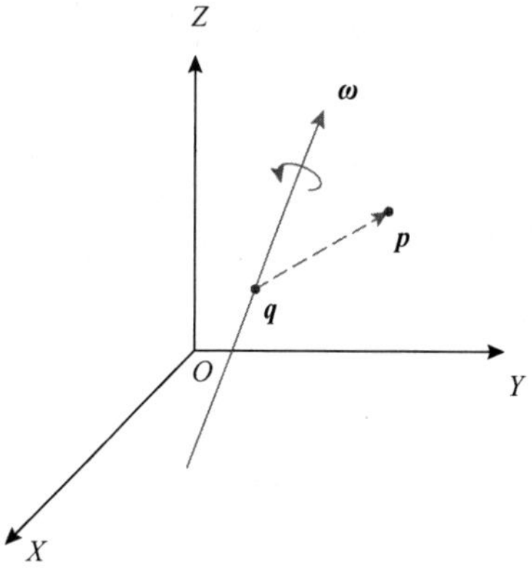

图 6.13　一般旋转运动

定义一般旋转运动下的旋量为

$$\boldsymbol{\xi} = \begin{bmatrix} v \\ \omega \end{bmatrix} \tag{6.68}$$

并定义对该 6 维向量的算子，将该向量映射到$\hat{\boldsymbol{\xi}} \in \mathrm{SO}(3)$中，有

$$\hat{\boldsymbol{\xi}} = \begin{bmatrix} \hat{\boldsymbol{\omega}} & \boldsymbol{v} \\ \boldsymbol{0}_{1\times3} & 0 \end{bmatrix} \tag{6.69}$$

式中，设 $\boldsymbol{v}=-\boldsymbol{\omega}\times\boldsymbol{q}$，并将式（6.67）中的向量 $\boldsymbol{p}$ 写为齐次的形式，则式（6.67）可以等效地写为如下矩阵方程：

$$\begin{aligned}\begin{bmatrix}\dot{\boldsymbol{p}}\\0\end{bmatrix}&=\begin{bmatrix}\hat{\boldsymbol{\omega}} & -\boldsymbol{\omega}\times\boldsymbol{q}\\ \boldsymbol{0}_{1\times3} & 0\end{bmatrix}\begin{bmatrix}\boldsymbol{p}\\1\end{bmatrix}\\&=\hat{\xi}\begin{bmatrix}\boldsymbol{p}\\1\end{bmatrix}\end{aligned} \tag{6.70}$$

若记齐次向量 $\overline{\boldsymbol{p}}=[\boldsymbol{p},1]^{\mathrm{T}}$ 及 $\dot{\overline{\boldsymbol{p}}}=[\dot{\boldsymbol{p}},0]^{\mathrm{T}}$，则式（6.70）可以简化为

$$\dot{\overline{\boldsymbol{p}}}=\hat{\xi}\overline{\boldsymbol{p}} \tag{6.71}$$

解上述矩阵微分方程得到

$$\overline{\boldsymbol{p}}=\mathrm{e}^{\hat{\xi}t}\overline{p}(0) \tag{6.72}$$

由于之前设角速度大小为 1，因此刚体绕旋转轴转过的角度 $\theta=t$，此时，可以消除推导过程中引入的时间变量 t，将式（6.72）化为

$$\overline{\boldsymbol{p}}=\mathrm{e}^{\hat{\xi}\theta}\overline{\boldsymbol{p}}(0) \tag{6.73}$$

故对于绕一般旋转轴旋转的齐次变换矩阵可以写为

$$R\left(\hat{\xi},\theta\right)=\mathrm{e}^{\hat{\xi}\theta} \tag{6.74}$$

把 $\mathrm{e}^{\hat{\xi}\theta}$ 按泰勒级数展开有

$$\mathrm{e}^{\hat{\xi}\theta}=\boldsymbol{I}_{4\times4}+\hat{\xi}\theta+\frac{\left(\hat{\xi}\theta\right)^2}{2!}+\frac{\left(\hat{\xi}\theta\right)^3}{3!}+\cdots \tag{6.75}$$

为了更进一步化简式（6.75），定义一个可逆矩阵 $\boldsymbol{g}=\begin{bmatrix}\boldsymbol{I}_{3\times3} & \boldsymbol{\omega}\times\boldsymbol{v}\\ \boldsymbol{0}_{1\times3} & 1\end{bmatrix}$，设

$$\begin{aligned}\hat{\xi}'&=\boldsymbol{g}^{-1}\hat{\xi}\boldsymbol{g}\\&=\begin{bmatrix}\boldsymbol{I}_{3\times3} & -\boldsymbol{\omega}\times\boldsymbol{v}\\ 0_{1\times3} & 1\end{bmatrix}\begin{bmatrix}\hat{\boldsymbol{\omega}} & \boldsymbol{v}\\ 0 & 0\end{bmatrix}\begin{bmatrix}\boldsymbol{I}_{3\times3} & \boldsymbol{\omega}\times\boldsymbol{v}\\ \boldsymbol{0}_{1\times3} & 1\end{bmatrix}\\&=\begin{bmatrix}\hat{\boldsymbol{\omega}} & \boldsymbol{\omega}\boldsymbol{\omega}^{\mathrm{T}}\boldsymbol{v}\\ \boldsymbol{0}_{1\times3} & 0\end{bmatrix}\\&=\begin{bmatrix}\hat{\boldsymbol{\omega}} & \boldsymbol{\omega}\boldsymbol{h}\\ \boldsymbol{0}_{1\times3} & 0\end{bmatrix}\end{aligned} \tag{6.76}$$

式中，$\boldsymbol{h}=\boldsymbol{\omega}^{\mathrm{T}}\boldsymbol{v}$。可以验证，矩阵 $\hat{\xi}'$ 有以下性质：

$$\begin{aligned}\left(\hat{\xi}'\right)^2&=\begin{bmatrix}\hat{\boldsymbol{\omega}} & \boldsymbol{\omega}\boldsymbol{h}\\ \boldsymbol{0}_{1\times3} & 0\end{bmatrix}\begin{bmatrix}\hat{\boldsymbol{\omega}} & \boldsymbol{\omega}\boldsymbol{h}\\ \boldsymbol{0}_{1\times3} & 0\end{bmatrix}\\&=\begin{bmatrix}\hat{\boldsymbol{\omega}}^2 & \boldsymbol{h}\hat{\boldsymbol{\omega}}(\boldsymbol{\omega})\\ \boldsymbol{0}_{1\times3} & 0\end{bmatrix}\\&=\begin{bmatrix}\hat{\boldsymbol{\omega}}^2 & 0\\ \boldsymbol{0}_{1\times3} & 0\end{bmatrix}\end{aligned} \tag{6.77}$$

$$\left(\hat{\xi}'\right)^3=\begin{bmatrix}\hat{\boldsymbol{\omega}}^3 & 0\\ \mathbf{0}_{1\times3} & 0\end{bmatrix} \tag{6.78}$$

用 $\hat{\boldsymbol{\xi}}'$ 替换式（6.75）中的 $\hat{\xi}$，可以得到

$$\begin{aligned}
\mathrm{e}^{\hat{\xi}'\theta}&=\boldsymbol{I}_{4\times4}+\hat{\boldsymbol{\xi}}'\theta+\frac{\left(\hat{\boldsymbol{\xi}}'\theta\right)^2}{2!}+\frac{\left(\hat{\boldsymbol{\xi}}'\theta\right)^3}{3!}+\cdots\\
&=\begin{bmatrix}\boldsymbol{I}_{3\times3}+\hat{\boldsymbol{\omega}}\theta+\dfrac{\left(\hat{\boldsymbol{\omega}}\theta\right)^2}{2!}+\dfrac{\left(\hat{\boldsymbol{\omega}}\theta\right)^3}{3!}+\cdots & \boldsymbol{\omega}h\theta\\ \mathbf{0}_{1\times3} & 1\end{bmatrix}\\
&=\begin{bmatrix}\mathrm{e}^{\hat{\boldsymbol{\omega}}\theta} & \boldsymbol{\omega}h\theta\\ \mathbf{0}_{1\times3} & 1\end{bmatrix}
\end{aligned} \tag{6.79}$$

根据式（6.51），有

$$\begin{aligned}
\mathrm{e}^{\hat{\xi}\theta}&=\mathrm{e}^{\boldsymbol{g}\hat{\boldsymbol{\xi}}'\boldsymbol{g}^{-1}\theta}\\
&=\boldsymbol{g}\mathrm{e}^{\hat{\boldsymbol{\xi}}'\theta}\boldsymbol{g}^{-1}\\
&=\begin{bmatrix}\mathrm{e}^{\hat{\boldsymbol{\omega}}\theta} & \left(\boldsymbol{I}_{3\times3}-\mathrm{e}^{\hat{\boldsymbol{\omega}}\theta}\right)\left(\boldsymbol{\omega}\times\boldsymbol{v}\right)+\boldsymbol{\omega}\boldsymbol{\omega}^{\mathrm{T}}\boldsymbol{v}\theta\\ \mathbf{0}_{1\times3} & 1\end{bmatrix}
\end{aligned} \tag{6.80}$$

又因为 $\boldsymbol{v}=-\boldsymbol{\omega}\times\boldsymbol{q}$，与 $\boldsymbol{\omega}$ 垂直，所以 $\boldsymbol{\omega}^{\mathrm{T}}\boldsymbol{v}=0$，得最终的绕一般旋转轴旋转的齐次变换矩阵为

$$\mathrm{e}^{\hat{\xi}\theta}=\begin{bmatrix}\mathrm{e}^{\hat{\boldsymbol{\omega}}\theta} & \left(\boldsymbol{I}_{3\times3}-\mathrm{e}^{\hat{\boldsymbol{\omega}}\theta}\right)\left(\boldsymbol{\omega}\times\boldsymbol{v}\right)\\ \mathbf{0}_{1\times3} & 1\end{bmatrix} \tag{6.81}$$

例 6.9　设一旋转轴方向为 $\boldsymbol{\omega}=[0.707, 0.707, 0]^{\mathrm{T}}$，且该旋转轴上有一点 $\boldsymbol{q}=[1, 1, 1]^{\mathrm{T}}$，求绕此旋转轴旋转 $\theta=60°$ 时对应的齐次变换矩阵。

首先求出旋转方向矢量对应的斜对称矩阵为

$$\hat{\boldsymbol{\omega}}=\begin{bmatrix}0 & 0 & 0.707\\ 0 & 0 & -0.707\\ -0.707 & 0.707 & 0\end{bmatrix} \tag{6.82}$$

由式（6.64）可知，该问题中的齐次变换矩阵的旋转部分和例 6.8 完全相同，为

$$\mathrm{e}^{\hat{\boldsymbol{\omega}}\theta}=\begin{bmatrix}0.75 & 0.25 & 0.6124\\ 0.25 & 0.75 & -0.6124\\ -0.6124 & 0.6124 & 0.5\end{bmatrix} \tag{6.83}$$

因此，只需先求出

$$\begin{aligned}
\boldsymbol{v}&=-\boldsymbol{\omega}\times\boldsymbol{q}\\
&=\left[-0.707, 0.707, 0\right]^{\mathrm{T}}
\end{aligned} \tag{6.84}$$

再将 $\mathrm{e}^{\hat{\omega}\theta}$、$\boldsymbol{\omega}$ 和 $\boldsymbol{v}$ 代入式（6.81）即可求得

$$\mathrm{e}^{\hat{\xi}\theta}=\begin{bmatrix}0.75 & 0.25 & 0.6124 & -0.6124\\ 0.25 & 0.75 & -0.6124 & 0.6124\\ -0.6124 & 0.6124 & 0.5 & 0.5\\ 0 & 0 & 0 & 1\end{bmatrix} \tag{6.85}$$

3. 推导一般平移运动在旋量理论下的指数运算表达式

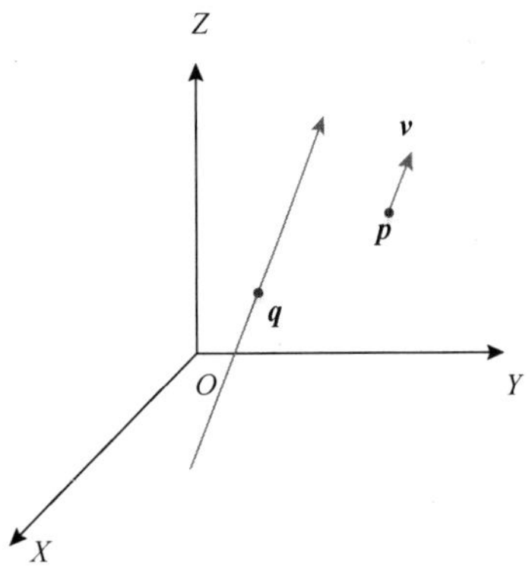

图 6.14 一般平移运动

如图 6.14 所示，对于一般平移运动，仅需把式（6.70）改为

$$\begin{bmatrix} \dot{\boldsymbol{p}} \\ 0 \end{bmatrix} = \begin{bmatrix} 0 & \boldsymbol{v} \\ 0 & 0 \end{bmatrix} \begin{bmatrix} \boldsymbol{p} \\ 1 \end{bmatrix} = \hat{\boldsymbol{\xi}} \begin{bmatrix} \boldsymbol{p} \\ 1 \end{bmatrix} \tag{6.86}$$

此时，对应一般平移运动的旋量变为 $\boldsymbol{\xi} = [\boldsymbol{0}, \boldsymbol{v}]^{\mathrm{T}}$。这样，其与前面讨论的一般旋转运动有相同形式的矩阵微分方程解。容易验证 $\hat{\boldsymbol{\xi}}$ 有以下性质：

$$\hat{\boldsymbol{\xi}}^2 = \hat{\boldsymbol{\xi}}^3 = \hat{\boldsymbol{\xi}}^4 = \cdots = \boldsymbol{0}_{4\times4} \tag{6.87}$$

可以得到表示平移运动的齐次变换矩阵为

$$\mathrm{e}^{\hat{\xi}\theta} = \boldsymbol{I}_{4\times4} + \hat{\xi}\theta = \begin{bmatrix} \boldsymbol{I}_{3\times3} & v\theta \\ \boldsymbol{0}_{1\times3} & 1 \end{bmatrix} \tag{6.88}$$

例 6.10 设一平移运动的方向为 $\boldsymbol{v} = [0.707, 0.707, 0]^{\mathrm{T}}$，求沿此方向移动 $\theta = 2\sqrt{2}$ 时对应的齐次变换矩阵。

对于此问题，直接将 $\boldsymbol{v} = [0.707, 0.707, 0]^{\mathrm{T}}$ 和 $\theta = 2\sqrt{2}$ 代入式（6.88），求出对应的齐次变换矩阵为

$$\mathrm{e}^{\hat{\xi}\theta} = \begin{bmatrix} 1 & 0 & 0 & 2 \\ 0 & 1 & 0 & 2 \\ 0 & 0 & 1 & 0 \\ 0 & 0 & 0 & 1 \end{bmatrix} \tag{6.89}$$

在完成了以上 3 种情况下的齐次变换矩阵表达式的推导后，就可以基于旋量理论对机器人进行数学建模与后续分析了。

根据旋量理论知识，若将旋量运动运用于全关节均为旋转关节的串联机器人，则其数学模型的建立过程如下。

设机械臂基坐标系为坐标系{0}，在取各个关节角均为 0 的初始状态下，找到各个机械臂杆件绕关节 i 旋转轴的单位旋转矢量 $\boldsymbol{\omega}_i = [\omega_{ix}, \omega_{iy}, \omega_{iz}]^{\mathrm{T}} \in \mathbf{R}^3$（$i = 1,2,\cdots,n$），并在这些旋转轴上按问题的需要和复杂度选取合适的点 $\boldsymbol{q}_i = [q_{ix}, q_{iy}, q_{iz}]^{\mathrm{T}}$（$i = 1,2,\cdots,n$）。通常，为简便起见，尽量按机器人的几何结构将各个坐标系的原点取在同一直线或同一平面上。至此，旋量理论下机器人的数学模型建立成功，而具体的正/逆运动学等具体问题分析将在后续章节进行详细推导。

6.3.2 正运动学求解

本书研究一种 6 自由度的串联机器人，其最后 3 个旋转轴交于一点，可以判断其拥有封闭解。为使得推导求解其正/逆运动学的过程最简化，设置其末端执行器坐标系的初始姿态与

基坐标系{0}相同，其对应的三维模型如图 6.15 所示。

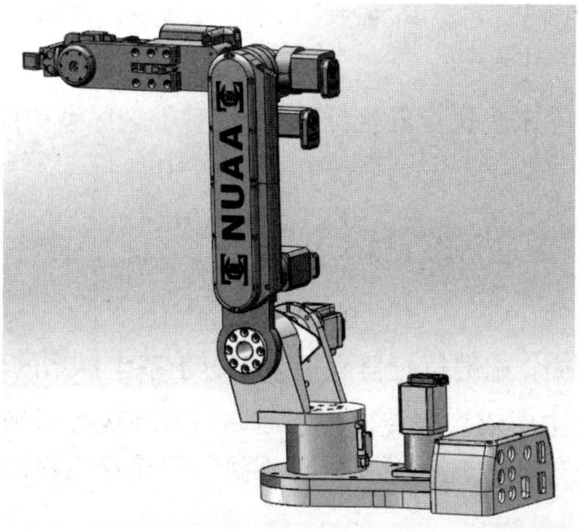

图 6.15　6 自由度串联机器人对应的三维模型

机械臂运动方程的建立步骤如下。

（1）若按如图 6.16 所示的建立坐标系的方法建模，则可将机器人各个旋转轴表示的旋转方向的单位矢量确定为

$$\boldsymbol{\omega}_0=\begin{bmatrix}0\\0\\1\end{bmatrix},\ \boldsymbol{\omega}_1=\begin{bmatrix}1\\0\\0\end{bmatrix},\ \boldsymbol{\omega}_2=\begin{bmatrix}1\\0\\0\end{bmatrix},\ \boldsymbol{\omega}_3=\begin{bmatrix}0\\1\\0\end{bmatrix},\ \boldsymbol{\omega}_4=\begin{bmatrix}1\\0\\0\end{bmatrix},\ \boldsymbol{\omega}_5=\begin{bmatrix}0\\1\\0\end{bmatrix} \tag{6.90}$$

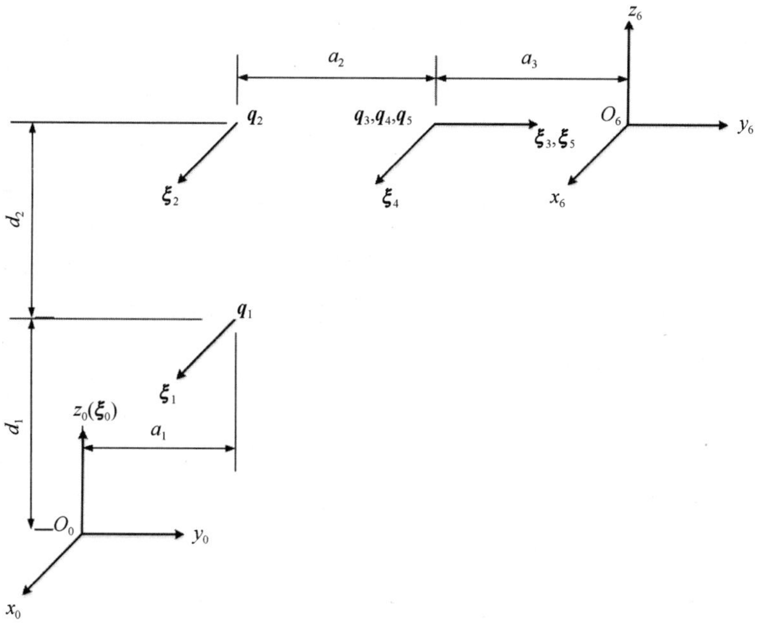

图 6.16　机器人旋量理论建模

（2）为方便计算，取关节坐标系原点作为旋量的计算点：

$$\boldsymbol{q}_0=\begin{bmatrix}0\\0\\0\end{bmatrix},\ \boldsymbol{q}_1=\begin{bmatrix}0\\a_1\\d_1\end{bmatrix},\ \boldsymbol{q}_2=\begin{bmatrix}0\\a_1\\d_1+d_2\end{bmatrix},\ \boldsymbol{q}_3=\begin{bmatrix}0\\a_1+a_2\\d_1+d_2\end{bmatrix},\ \boldsymbol{q}_4=\begin{bmatrix}0\\a_1+a_2\\d_1+d_2\end{bmatrix},\ \boldsymbol{q}_5=\begin{bmatrix}0\\a_1+a_2\\d_1+d_2\end{bmatrix} \tag{6.91}$$

（3）确定在初始状态下末端执行器坐标系{6}相对于坐标系{0}的齐次变换矩阵：

$$\boldsymbol{g}_{06}(0)=\begin{bmatrix}1&0&0&0\\0&1&0&a_1+a_2+a_3\\0&0&1&d_1+d_2\\0&0&0&1\end{bmatrix} \tag{6.92}$$

在机器人的运动过程中，末端执行器坐标系相对于基坐标系的位姿从初始的 $\boldsymbol{g}_{06}(0)$ 开始，按旋转轴离其由近到远的顺序依次旋转，得到运动后末端执行器坐标系相对于基坐标系的位姿，根据前面推导的旋量理论的几何意义，末端执行器坐标系{6}相对于基坐标系{0}的齐次变换矩阵为

$$\begin{aligned}{}_6^0\boldsymbol{T}&=\left[\boldsymbol{g}_{06}\left(\theta_1,\theta_2,\theta_3,\theta_4,\theta_5,\theta_6\right)\right]\\&=\left[\boldsymbol{g}_{06}\left(\theta\right)\right]\\&=\mathrm{e}^{\hat{\xi}_0\theta_1}\mathrm{e}^{\hat{\xi}_1\theta_2}\mathrm{e}^{\hat{\xi}_2\theta_3}\mathrm{e}^{\hat{\xi}_3\theta_4}\mathrm{e}^{\hat{\xi}_4\theta_5}\mathrm{e}^{\hat{\xi}_5\theta_6}\left[\boldsymbol{g}_{06}\left(0\right)\right]\end{aligned} \tag{6.93}$$

式中，$[\boldsymbol{g}_{06}(\theta_1,\theta_2,\theta_3,\theta_4,\theta_5,\theta_6)]$表示给定 6 个关节变量后，末端执行器坐标系{6}相对于基坐标系{0}的位姿矩阵，式（6.93）可化为

$${}_6^0\boldsymbol{T}=\begin{bmatrix}r_{11}&r_{12}&r_{13}&p_x\\r_{21}&r_{22}&r_{23}&p_y\\r_{31}&r_{32}&r_{33}&p_z\\0&0&0&1\end{bmatrix} \tag{6.94}$$

这里

$$\begin{aligned}
r_{11}&=c_6\left(c_1c_4-s_4s_2s_{23}\right)-s_6\left(s_5s_1c_{23}+c_5\left(c_1s_4+c_4s_2s_{23}\right)\right)\\
r_{12}&=s_5\left(c_1s_4+c_4s_1s_{23}\right)-c_5s_1c_{23}\\
r_{13}&=c_6\left(s_5s_1c_{23}+c_5\left(c_1s_4+c_4s_1s_{23}\right)\right)+s_6\left(c_1c_4-s_4s_1s_{23}\right)\\
r_{21}&=s_6\left(c_5c_1c_{23}-c_5\left(s_1s_4-c_4c_1s_{23}\right)\right)+c_6\left(s_1c_4+c_4c_1s_{23}\right)\\
r_{22}&=c_5c_1c_{23}+s_5\left(s_1s_4-c_4c_1s_{23}\right)\\
r_{23}&=s_6\left(c_4s_1+s_4c_1s_{23}\right)-c_6\left(s_5c_1c_{23}-c_5\left(s_1s_4-c_4c_1s_{23}\right)\right)\\
r_{31}&=s_6\left(s_5s_{23}-c_5c_4c_{23}\right)-c_6s_4c_{23}\\
r_{32}&=c_5s_{23}+c_4s_5c_{23}\\
r_{33}&=-c_6\left(s_5s_{23}-c_4c_5c_{23}\right)-s_4s_6c_{23}\\
p_x&=-\left(a_1s_1-a_3\left(s_5\left(c_1s_4+c_4s_1s_{23}\right)-c_5s_1c_{23}\right)+a_2s_1c_{23}-d_2s_1s_2\right)\\
p_y&=a_1c_1+a_2c_1c_{23}+a_3\left(s_5\left(s_1s_4-c_4c_1s_{23}\right)+c_5c_1c_{23}\right)-c_1s_2d_2\\
p_z&=a_2s_{23}+c_2d_2+a_3\left(c_5s_{23}+c_4s_5c_{23}\right)
\end{aligned} \tag{6.95}$$

以上方程即此机器人的正运动学方程，若给定各个关节角的大小，则可以直接计算出末

端执行器坐标系{6}相对于基坐标系{0}的位姿。

具体的 MATLAB 程序如下：

```
syms a1 a2 a3 d1 d2 c1 s1 c2 s2 c3 s3 c4 s4 c5 s5 c6 s6 real
w0=[0,0,1]; p0=[0,0,0];
w1=[1,0,0]; p1=[0,a1,d1];
w2=[1,0,0]; p2=[0,a1,d1+d2];
w3=[0,1,0]; p3=[0,a1+a2,d1+d2];
w4=[1,0,0]; p4=[0,a1+a2,d1+d2];
w5=[0,1,0]; p5=[0,a1+a2,d1+d2];
T0_B6=...
    [1,0,0,0;
    0,1,0,a1+a2+a3;
    0,0,1,d1+d2;
    0,0,0,1;
    ];
forwardAR_data_Algebra;
exp0=get_expT(w0,p0,c1,s1);
exp1=get_expT(w1,p1,c2,s2);
exp2=get_expT(w2,p2,c3,s3);
exp3=get_expT(w3,p3,c4,s4);
exp4=get_expT(w4,p4,c5,s5);
exp5=get_expT(w5,p5,c6,s6);
T0_6=exp0*exp1*exp2*exp3*exp4*exp5*T0_B6;
result=T0_6
```

6.3.3　逆运动学求解

在笛卡儿空间对机器人末端执行器进行位姿规划的过程中，需要将其各个时间点的末端执行器位姿进行机器人逆运动学求解，并得到当前末端执行器位姿下的关节角变量，这些关节角变量才是最终用于控制机器人的关键变量，即机器人末端执行器位姿信息是并不能直接用于控制机器人的。

求解机器人的逆运动学方程是一个非线性问题，存在无解和多解的情况，通常的求解方法有迭代法和封闭解法。因为本书研究的 6 自由度串联机器人满足 Pieper 准则，存在封闭解，所以本书首先完整推导旋量理论下机器人的逆运动学封闭解。

在推导旋量理论建模法下的机器人的逆运动学模型前，首先引入对 Paden-Kahan 子问题一的说明。

如图 6.17 所示，Paden-Kahan 子问题一描述了这样一个问题：在空间中有已知其初始坐标的一点 p，将其绕旋转轴 ξ 旋转了某一未知的角度 θ，点 p 到达了一已知坐标的末位置点 q，并且已知旋转轴上的一点 r，求本次旋转的角度。

在本问题中，如图 6.17 所示，$\boldsymbol{u}$ 是由轴上点 r 指向初始点 p 的矢量，$\boldsymbol{v}$ 是由轴上点 r 指向末位置点 q 的矢量，而 $\boldsymbol{u}'$ 和 $\boldsymbol{v}'$ 分别是 $\boldsymbol{u}$ 与 $\boldsymbol{v}$ 在含有点 p、q 且与轴线 ξ 垂直的平面内的投影。该问题由文献给出了显式的解析解：

$$\theta = \operatorname{atan2}\left(\boldsymbol{\omega}^{\mathrm{T}}\left(\boldsymbol{u}' \times \boldsymbol{v}'\right), \boldsymbol{u}'^{\mathrm{T}} \boldsymbol{v}'\right) \tag{6.96}$$

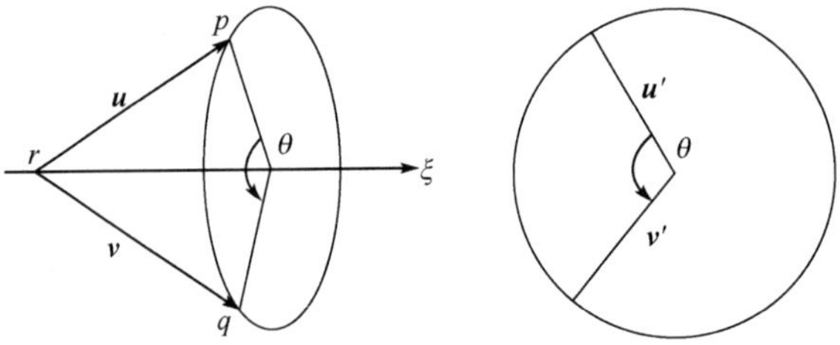

图 6.17　Paden-Kahan 子问题一

1．求解 θ_1、θ_2、θ_3

如果一点位于一个旋转轴上，那么无论该点绕旋转轴如何旋转，该点的坐标始终不变。利用这个性质，可以先取点 $\boldsymbol{p}=[0,\ a_1+a_2,\ d_1+d_2,\ 1]^{\mathrm{T}}$，可得到以下方程：

$$
\begin{aligned}
\mathrm{e}^{\hat{\xi}_5\theta_6}\boldsymbol{p}=\boldsymbol{p}\\
\mathrm{e}^{\hat{\xi}_4\theta_5}\boldsymbol{p}=\boldsymbol{p}\\
\mathrm{e}^{\hat{\xi}_3\theta_4}\boldsymbol{p}=\boldsymbol{p}
\end{aligned}
\tag{6.97}
$$

在式（6.93）左右两边同时右乘 $[\boldsymbol{g}_{06}(0)]^{-1}$ 可得

$$
\begin{aligned}
\left[\boldsymbol{g}_{06}(\theta)\right]\left[\boldsymbol{g}_{06}(0)\right]^{-1}&=\mathrm{e}^{\hat{\xi}_0\theta_1}\mathrm{e}^{\hat{\xi}_1\theta_2}\mathrm{e}^{\hat{\xi}_2\theta_3}\mathrm{e}^{\hat{\xi}_3\theta_4}\mathrm{e}^{\hat{\xi}_4\theta_5}\mathrm{e}^{\hat{\xi}_5\theta_6}\\
&=\boldsymbol{g}_1
\end{aligned}
\tag{6.98}
$$

将式（6.98）右乘 $\boldsymbol{p}$，可得

$$
\begin{aligned}
\boldsymbol{g}_1\boldsymbol{p}&=\mathrm{e}^{\hat{\xi}_0\theta_1}\mathrm{e}^{\hat{\xi}_1\theta_2}\mathrm{e}^{\hat{\xi}_2\theta_3}\mathrm{e}^{\hat{\xi}_3\theta_4}\mathrm{e}^{\hat{\xi}_4\theta_5}\mathrm{e}^{\hat{\xi}_5\theta_6}\boldsymbol{p}\\
&=\mathrm{e}^{\hat{\xi}_0\theta_1}\mathrm{e}^{\hat{\xi}_1\theta_2}\mathrm{e}^{\hat{\xi}_2\theta_3}\boldsymbol{p}\\
&=\boldsymbol{p}'\\
&=\left[a,\ b,\ c,\ 1\right]^{\mathrm{T}}
\end{aligned}
\tag{6.99}
$$

表示点 p 在前 3 个关节上的螺旋运动，如图 6.18 所示。

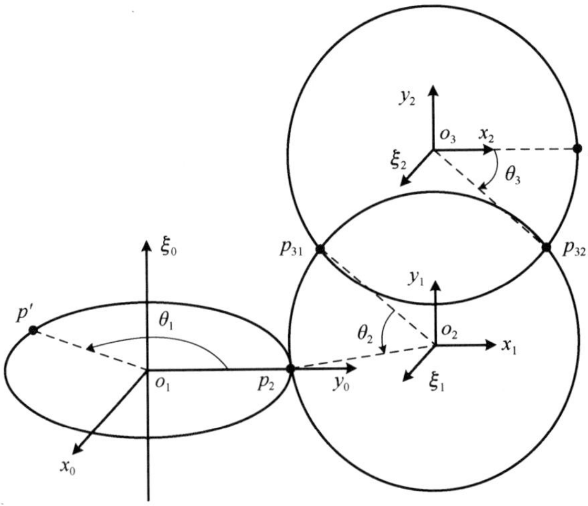

图 6.18　点 p 在前 3 个关节上的螺旋运动

由图 6.18 可知

$$\boldsymbol{o}_1=(0,0,c),\ \boldsymbol{o}_2=(0,a_1,d_1),\ \boldsymbol{o}_3=(0,a_1,d_1+d_2)$$
$$\boldsymbol{p}_2=(0,p_{2y},c),\ \boldsymbol{p}_3=(0,p_{3y},p_{3z}) \tag{6.100}$$

根据如图 6.18 所示的圆上各点与原点之间的距离的几何关系可以建立方程，其中 p_{2y}、p_{3y}、p_{3z} 是未知量，可得

$$\begin{cases}\|\boldsymbol{p}-\boldsymbol{o}_3\|^2=\|\boldsymbol{p}_3-\boldsymbol{o}_3\|^2\\ \|\boldsymbol{p}_3-\boldsymbol{o}_2\|^2=\|\boldsymbol{p}_2-\boldsymbol{o}_2\|^2\\ \|\boldsymbol{p}'-\boldsymbol{o}_1\|^2=\|\boldsymbol{p}_2-\boldsymbol{o}_1\|^2\end{cases} \tag{6.101}$$

即

$$\begin{cases}{a_2}^2=(p_{3y}-a_1)^2+(p_{3z}-d_1-d_2)^2\\ (p_{3y}-a_1)^2+(p_{3z}-d_1)^2=(p_{2y}-a_1)^2+(c-d_1)^2\\ a^2+b^2={p_{2y}}^2\end{cases} \tag{6.102}$$

解得

$$p_{2y}=\pm\sqrt{a^2+b^2} \tag{6.103}$$

可令 $f=(p_{2y}-a_1)^2+(c-d_1)^2$，并代入式（6.102）得

$$(p_{3y}-a_1)^2=f-(p_{3z}-d_1)^2 \tag{6.104}$$

展开可得

$$\begin{aligned}a_2^2&=f-(p_{3z}-d_1)^2+(p_{3z}-d_1-d_2)^2\\&=f+d_2^2-2d_2(p_{3z}-d_1)\end{aligned} \tag{6.105}$$

重新组合，可得

$$a_2^2-d_2^2-f=-2d_2p_{3z}+2d_2d_1 \tag{6.106}$$

可以解得

$$p_{3z}=-({a_2}^2-{d_2}^2-f-2d_1d_2)/2d_2 \tag{6.107}$$

令 $h=f-(p_{3z}-d_1)^2$，并代入式（6.104），可以解得

$$p_{3y}=a_1\pm\sqrt{h} \tag{6.108}$$

此时，中间点的未知量均已求得，可以将这个连续的螺旋运动分解为 3 个单独的螺旋运动：

$$\begin{cases}\mathrm{e}^{\hat{\xi}_2\theta_3}\boldsymbol{p}=\boldsymbol{p}_3\\ \mathrm{e}^{\hat{\xi}_1\theta_2}\boldsymbol{p}_3=\boldsymbol{p}_2\\ \mathrm{e}^{\hat{\xi}_0\theta_1}\boldsymbol{p}_2=\boldsymbol{p}'\end{cases} \tag{6.109}$$

因此，可以分别构造 3 组式（6.96）所需的向量 $\boldsymbol{u}'$ 和 $\boldsymbol{v}'$ 来求得 3 个角。例如，可以按其表示的螺旋运动顺序来构造。先计算第一个螺旋运动，构造以下向量：

$$\begin{aligned} \boldsymbol{u}_1' &= \boldsymbol{p} - \boldsymbol{o}_3 \\ &= [0,\ a_2,\ 0]^{\mathrm{T}} \\ \boldsymbol{v}_1' &= \boldsymbol{p}_3 - \boldsymbol{o}_3 \\ &= \left[0,\ p_{3y} - a_1,\ p_{3z} - (d_1 + d_2)\right]^{\mathrm{T}} \end{aligned} \tag{6.110}$$

因此有

$$\begin{aligned} \boldsymbol{u}_1' \times \boldsymbol{v}_1' &= \begin{vmatrix} \boldsymbol{i} & \boldsymbol{j} & \boldsymbol{k} \\ 0 & a_2 & 0 \\ 0 & p_{3y} - a_1 & p_{3z} - (d_1 + d_2) \end{vmatrix} \\ &= \left[(p_{3z} - d_1 - d_2)a_2,\ 0,\ 0\right]^{\mathrm{T}} \end{aligned} \tag{6.111}$$

$$\begin{aligned} \boldsymbol{u}_1' \cdot \boldsymbol{v}_1' &= 0 + (p_{3y} - a_1)a_2 + 0 \\ &= (p_{3y} - a_1)a_2 \end{aligned} \tag{6.112}$$

将式（6.111）和式（6.112）结合式（6.90）设置的对应的旋量运动方向代入式（6.96），可以解得

$$\theta_3 = \operatorname{atan2}\left((p_{3z} - d_1 - d_2)a_2, (p_{3y} - a_1)a_2\right) \tag{6.113}$$

再计算第二个螺旋运动，构造以下向量：

$$\begin{aligned} \boldsymbol{u}_2' &= \boldsymbol{p}_3 - \boldsymbol{o}_2 \\ &= \left[0,\ p_{3y} - a_1,\ p_{3z} - d_1\right]^{\mathrm{T}} \\ \boldsymbol{v}_2' &= \boldsymbol{p}_2 - \boldsymbol{o}_2 \\ &= \left[0,\ p_{2y} - a_1,\ c - d_1\right]^{\mathrm{T}} \end{aligned} \tag{6.114}$$

因此有

$$\begin{aligned} \boldsymbol{u}_1' \times \boldsymbol{v}_1' &= \begin{vmatrix} \boldsymbol{i} & \boldsymbol{j} & \boldsymbol{k} \\ 0 & p_{3y} - a_1 & p_{3z} - d_1 \\ 0 & p_{yy} - a_1 & c - d_1 \end{vmatrix} \\ &= \left[(p_{3y} - a_1)(c - d_1) - (p_{3z} - d_1)(p_{2y} - a_1),\ 0,\ 0\right]^{\mathrm{T}} \end{aligned} \tag{6.115}$$

$$\begin{aligned} \boldsymbol{u}_2' \cdot \boldsymbol{v}_2' &= 0 + (p_{3y} - a_1)(p_{2y} - a_1) + (p_{3z} - d_1)(c - d_1) \\ &= (p_{3y} - a_1)(p_{2y} - a_1) + (p_{3z} - d_1)(c - d_1) \end{aligned} \tag{6.116}$$

将式（6.115）和式（6.116）结合式（6.90）设置的对应的旋量运动方向代入式（6.96），可以解得

$$\begin{aligned} \theta_2 = \operatorname{atan2}\big(&(p_{3y} - a_1)(c - d_1) - (p_{3z} - d_1)(p_{2y} - a_1), \\ &(p_{3y} - a_1)(p_{2y} - a_1) + (p_{3z} - d_1)(c - d_1)\big) \end{aligned} \tag{6.117}$$

最后计算第三螺旋运动，构造以下向量：

$$\begin{aligned} \boldsymbol{u}_3' &= \boldsymbol{p}_2 - \boldsymbol{o}_1 \\ &= \left[0,\ p_{2y},\ 0\right]^{\mathrm{T}} \\ \boldsymbol{v}_3' &= \boldsymbol{p}' - \boldsymbol{o}_1 \\ &= \left[a,\ b,\ 0\right]^{\mathrm{T}} \end{aligned} \tag{6.118}$$

因此有

$$\begin{aligned} \boldsymbol{u}_3' \times \boldsymbol{v}_3' &= \begin{vmatrix} \boldsymbol{i} & \boldsymbol{j} & \boldsymbol{k} \\ 0 & p_{2y} & 0 \\ a & b & 0 \end{vmatrix} \\ &= \left[0,\ 0,\ -ap_{2y}\right]^{\mathrm{T}} \end{aligned} \tag{6.119}$$

$$\begin{aligned} \boldsymbol{u}_3' \cdot \boldsymbol{v}_3' &= 0 + bp_{2y} + 0 \\ &= bp_{2y} \end{aligned} \tag{6.120}$$

将式（6.119）和式（6.120）结合式（6.90）设置的对应的旋量运动方向代入式（6.96），可以解得

$$\theta_1 = \operatorname{atan2}\left(-ap_{2y},\ bp_{2y}\right) \tag{6.121}$$

至此，完成了将一个连续的螺旋运动首先分解为单独的螺旋运动，再利用 Paden-Kahan 子问题一分别求解 3 个螺旋角的整个推导过程。整理结果为

$$\begin{cases} \theta_1 = \operatorname{atan}2\left(-ap_{2y}, bp_{2y}\right) \\ \theta_2 = \operatorname{atan}2\Big(\left(p_{3y}-a_1\right)\left(c-d_1\right)-\left(p_{3z}-d_1\right)\left(p_{2y}-a_1\right), \\ \qquad\qquad \left(p_{3y}-a_1\right)\left(p_{2y}-a_1\right)+\left(p_{3z}-d_1\right)\left(c-d_1\right)\Big) \\ \theta_3 = \operatorname{atan}2\Big(\left(p_{3z}-d_1-d_2\right)a_2, \left(p_{3y}-a_1\right)a_2\Big) \end{cases} \tag{6.122}$$

MATLAB 程序如下：

```
g1=T*getInverse(T0_B6);
p=[0;a1+a2;d1+d2;1];
p_=g1*p;
a=p_(1);b=p_(2);c=p_(3);
p_2y=-(a^2+b^2)^0.5;
f=(p_2y-a1)^2+(c-d1)^2;
p_3z=( -1/(2*d2) )*(a2^2-d2^2-f-2*d1*d2);
h=f-(p_3z-d1)^2;
p_3y=a1-h^0.5;
q1=atan2(-a*p_2y,b*p_2y);
temp_y=(p_3y-a1)*(c-d1)-(p_3z-d1)*(p_2y-a1);
temp_x=(p_3y-a1)*(p_2y-a1)+(p_3z-d1)*(c-d1);
q2=atan2(temp_y,temp_x);
temp_y=a2*( p_3z-(d1+d2) );
temp_x=a2*(p_3y-a1);
q3=atan2(temp_y,temp_x);
```

值得注意的是，本书为了便于理解，是按螺旋运动的顺序进行角度求解的，但是实际上可以对三者按任意求解顺序进行求解。因为 3 个变量之间已经从连续的螺旋运动解耦为 3 个单独的螺旋运动，所以求解顺序并不影响结果。

2．求解 θ_4、θ_5

在求得 θ_1、θ_2、θ_3 后，可将其指数运算 $\mathrm{e}^{\hat{\xi}_0\theta_1}\mathrm{e}^{\hat{\xi}_1\theta_2}\mathrm{e}^{\hat{\xi}_2\theta_3}$ 作为已知量，将其作为一个整体求逆并将其左乘于式（6.98），得

$$\begin{aligned}\mathrm{e}^{\hat{\xi}_3\theta_4}\mathrm{e}^{\hat{\xi}_4\theta_5}\mathrm{e}^{\hat{\xi}_5\theta_6} &= \left[\mathrm{e}^{\hat{\xi}_0\theta_1}\mathrm{e}^{\hat{\xi}_1\theta_2}\mathrm{e}^{\hat{\xi}_2\theta_3}\right]^{-1}\boldsymbol{g}_1 \\ &= \boldsymbol{g}_2\end{aligned} \tag{6.123}$$

再次利用轴上一点绕轴旋转的不变性，取点 $\boldsymbol{p}=[0, a_1, d_1+d_2, 1]^{\mathrm{T}}$，此点在轴 ω_5 上，但不在轴 ω_3、ω_4 上，在式（6.123）左右同时右乘 $\boldsymbol{p}$，得

$$\begin{aligned}\mathrm{e}^{\hat{\xi}_3\theta_4}\mathrm{e}^{\hat{\xi}_4\theta_5}\mathrm{e}^{\hat{\xi}_5\theta_6}\boldsymbol{p} &= \boldsymbol{g}_2\boldsymbol{p} \\ &= \boldsymbol{p}' \\ &= [a, b, c, 1]^{\mathrm{T}}\end{aligned} \tag{6.124}$$

这是一个绕两个旋转轴旋转的复合螺旋运动，按照前面的推导过程，同样可以将其先分解为 2 个独立的螺旋运动。由图 6.19 可设

$$\begin{aligned}&\boldsymbol{o}_1=(0, a_1+a_2, d_1+d_2)，\boldsymbol{o}_2=(0, b, d_1+d_2) \\ &\boldsymbol{p}=(0, a_1, d_1+d_2)，\boldsymbol{p}_2=(0, p_{2y}, p_{2z})，\boldsymbol{p}'=(a, b, c)\end{aligned} \tag{6.125}$$

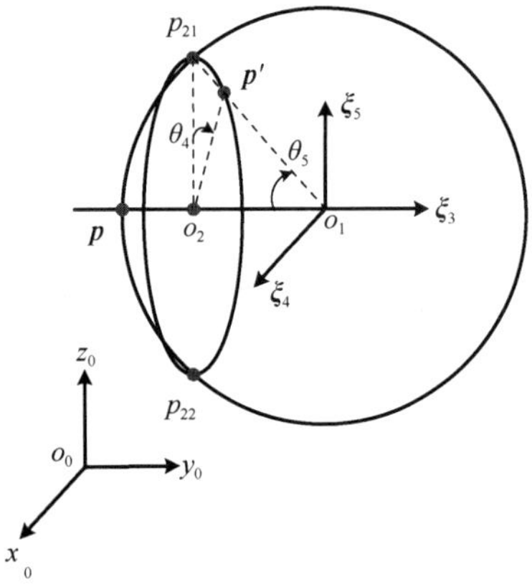

图 6.19 旋转轴 4 和 5 表示的螺旋运动

根据如图 6.19 所示的圆上各点与原点之间的距离的几何关系可以建立方程，其中 p_{2y}、p_{2z} 是未知量，可得

$$\begin{cases}\|\boldsymbol{p}-\boldsymbol{o}_1\|^2=\|\boldsymbol{p}_2-\boldsymbol{o}_1\|^2 \\ \|\boldsymbol{p}_2-\boldsymbol{o}_2\|^2=\|\boldsymbol{p}-\boldsymbol{o}_2\|^2\end{cases} \tag{6.126}$$

即

$$\begin{cases}{a_2}^2=\left[p_{2y}-(a_1+a_2)\right]^2+\left[p_{2z}-(d_1+d_2)\right]^2 \\ (p_{2y}-b)^2+\left[p_{2z}-(d_1+d_2)\right]^2=a^2+\left[c-(d_1+d_2)\right]^2\end{cases} \tag{6.127}$$

先观察式（6.127），可以令常数 $f=a^2+[c-(d_1+d_2)]^2$；再观察图 6.19，可得 $p_{2y}=b$。由此可得

$$\left[p_{2z}-(d_1+d_2)\right]^2=f \tag{6.128}$$

可以求得

$$p_{2z}=\pm\sqrt{f}+(d_1+d_2) \tag{6.129}$$

此时，中间点的未知量均已求得，将这个连续的螺旋运动分解为两个单独的螺旋运动：

$$\begin{cases} e^{\hat{\xi}_4 \theta_5} \boldsymbol{p} = \boldsymbol{p}_2 \\ e^{\hat{\xi}_3 \theta_4} \boldsymbol{p}_2 = \boldsymbol{p}' \end{cases} \tag{6.130}$$

因此，可以分别构造 2 组式（6.96）所需的向量 $\boldsymbol{u}'$ 和 $\boldsymbol{v}'$ 来求得两个角。例如，可以按其表示的螺旋运动顺序先构造以下向量（针对第一个螺旋运动）：

$$\begin{aligned} \boldsymbol{u}_4' &= \boldsymbol{p} - \boldsymbol{o}_1 \\ &= [0, -a_2, 0]^{\mathrm{T}} \\ \boldsymbol{v}_4' &= \boldsymbol{p}_2 - \boldsymbol{o}_1 \\ &= \left[0, p_{2y} - (a_1 + a_2), p_{2z} - (d_1 + d_2)\right]^{\mathrm{T}} \end{aligned} \tag{6.131}$$

因此有

$$\begin{aligned} \boldsymbol{u}_4' \times \boldsymbol{v}_4' &= \begin{vmatrix} \boldsymbol{i} & \boldsymbol{j} & \boldsymbol{k} \\ 0 & -a_2 & 0 \\ 0 & p_{2y} - (a_1 + a_2) & p_{2z} - (d_1 + d_2) \end{vmatrix} \\ &= \left[a_2\left[(d_1 + d_2) - p_{2z}\right], 0, 0\right]^{\mathrm{T}} \end{aligned} \tag{6.132}$$

$$\begin{aligned} \boldsymbol{u}_4' \cdot \boldsymbol{v}_4' &= 0 - a_2\left[p_{2y} - (a_1 + a_2)\right] + 0 \\ &= -a_2\left[p_{2y} - (a_1 + a_2)\right] \end{aligned} \tag{6.133}$$

将式（6.132）和式（6.133）结合式（6.90）设置的对应的旋量运动方向代入式（6.96），可以解得

$$\theta_5 = \operatorname{atan2}\left(a_2(-p_{2z} + d_1 + d_2), -(p_{2y} - a_1 - a_2)a_2\right) \tag{6.134}$$

再计算第二个螺旋运动，构造以下向量：

$$\begin{aligned} \boldsymbol{u}_5' &= \boldsymbol{p}_3 - \boldsymbol{o}_2 \\ &= \left[0, 0, p_{2z} - (d_1 + d_2)\right]^{\mathrm{T}} \\ \boldsymbol{v}_5' &= \boldsymbol{p}_2 - \boldsymbol{o}_2 \\ &= \left[a, 0, c - (d_1 + d_2)\right]^{\mathrm{T}} \end{aligned} \tag{6.135}$$

因此有

$$\begin{aligned} \boldsymbol{u}_5' \times \boldsymbol{v}_5' &= \begin{vmatrix} \boldsymbol{i} & \boldsymbol{j} & \boldsymbol{k} \\ 0 & 0 & p_{2z} - (d_1 + d_2) \\ a & 0 & c - (d_1 + d_2) \end{vmatrix} \\ &= \left[0, a(p_{2z} - d_1 - d_2), 0\right]^{\mathrm{T}} \end{aligned} \tag{6.136}$$

$$\begin{aligned} \boldsymbol{u}_5' \cdot \boldsymbol{v}_5' &= 0 + 0 + (p_{2z} - d_1 - d_2)(c - d_1 - d_2) \\ &= (p_{2z} - d_1 - d_2)(c - d_1 - d_2) \end{aligned} \tag{6.137}$$

将式（6.136）和式（6.137）结合式（6.90）设置的对应的旋量运动方向代入式（6.96），可以解得

$$\theta_4 = \operatorname{atan2}\left(a(p_{2z} - d_1 - d_2), (p_{2z} - d_1 - d_2)(c - d_1 - d_2)\right) \tag{6.138}$$

至此，中间两个关节轴表示的复合螺旋运动求解完毕，整理结果为

$$\begin{aligned} \theta_4 &= \operatorname{atan} 2\left(a\left(p_{2z} - d_1 - d_2\right), \left(p_{2z} - d_1 - d_2\right)\left(c - d_1 - d_2\right)\right) \\ \theta_5 &= \operatorname{atan} 2\left(a_2\left(-p_{2z} + d_1 + d_2\right), -\left(p_{2y} - a_1 - a_2\right)a_2\right) \end{aligned} \tag{6.139}$$

MATLAB 程序如下：

```
%求 θ4
exp0=get_expTnum(w0,p0,q1);
exp1=get_expTnum(w1,p1,q2);
exp2=get_expTnum(w2,p2,q3);
g2=getInverse(exp0*exp1*exp2)*g1;
p=[0;a1;d1+d2;1];
p_=g2*p;
a=p_(1);
b=p_(2);
c=p_(3);
f=a^2+( c-(d1+d2) )^2;
p_2z=(d1+d2)+f^0.5;
temp_y=a*( p_2z-(d1+d2) );
temp_x=( p_2z-(d1+d2) )*( c-(d1+d2) );
q4=atan2(temp_y,temp_x);
%求 θ5
temp_y=a2*( (d1+d2)-p_2z );
temp_x=-a2*( b-(a1+a2) );
q5=atan2(temp_y,temp_x);
```

3．求解 θ_6

此时，$\theta_1 \sim \theta_5$ 已求得，同样，利用求解 θ_4、θ_5 的方法，将指数运算 $\mathrm{e}^{\hat{\xi}_3 \theta_4}\mathrm{e}^{\hat{\xi}_4 \theta_5}$ 作为已知量，求其逆矩阵并左乘式（6.123），得

$$\begin{aligned} \mathrm{e}^{\hat{\xi}_5 \theta_6} &= \left[\mathrm{e}^{\hat{\xi}_3 \theta_4}\mathrm{e}^{\hat{\xi}_4 \theta_5}\right]^{-1} \boldsymbol{g}_2 \\ &= \boldsymbol{g}_3 \end{aligned} \tag{6.140}$$

取点 $\boldsymbol{p} = [0, a_1 + a_2, 0, 1]^{\mathrm{T}}$，在式（6.140）左右同时右乘 $\boldsymbol{p}$，得

$$\begin{aligned} \mathrm{e}^{\hat{\xi}_5 \theta_6} \boldsymbol{p} &= \boldsymbol{g}_3 \boldsymbol{p} \\ &= \boldsymbol{p}' \\ &= \left[a, a_1 + a_2, c, 1\right]^{\mathrm{T}} \end{aligned} \tag{6.141}$$

取螺旋运动的圆心为 $\boldsymbol{o} = (0, a_1 + a_2, d_1 + d_2)$。此时，这是一个绕单轴旋转的螺旋运动，同理，构造以下向量：

$$\begin{aligned} \boldsymbol{u}_6' &= \boldsymbol{p} - \boldsymbol{o} \\ &= \left[0, 0, -\left(d_1 + d_2\right)\right]^{\mathrm{T}} \\ \boldsymbol{v}_6' &= \boldsymbol{p}' - \boldsymbol{o} \\ &= \left[a, 0, c - \left(d_1 + d_2\right)\right]^{\mathrm{T}} \end{aligned} \tag{6.142}$$

因此有

$$\boldsymbol{u}_6{}' \times \boldsymbol{v}_6{}' = \begin{vmatrix} \boldsymbol{i} & \boldsymbol{j} & \boldsymbol{k} \\ 0 & 0 & -(d_1+d_2) \\ a & 0 & c-(d_1+d_2) \end{vmatrix} = \left[0,\ -a\left(d_1+d_2\right),\ 0\right]^{\mathrm{T}} \tag{6.143}$$

$$\begin{aligned} \boldsymbol{u}_6{}' \cdot \boldsymbol{v}_6{}' &= 0+0+\left(d_1+d_2\right)\left(d_1+d_2-c\right) \\ &= \left(d_1+d_2\right)\left(d_1+d_2-c\right) \end{aligned} \tag{6.144}$$

将式（6.143）和式（6.144）结合式（6.90）设置的对应的旋量运动方向代入式（6.96），可以解得

$$\theta_6 = \operatorname{atan2}\left(-a\left(d_1+d_2\right),\left(d_1+d_2\right)\left(d_1+d_2-c\right)\right) \tag{6.145}$$

MATLAB 程序如下：

```
%求 θ6
exp3=get_expTnum(w3,p3,q4);
exp4=get_expTnum(w4,p4,q5);
g3=getInverse(exp3*exp4)*g2;
p=[0;a1+a2;0;1];
p_=g3*p;
a=p_(1);
b=p_(2);
c=p_(3);
temp_y=-a*(d1+d2);
temp_x=(d1+d2)*( (d1+d2)-c );
q6=atan2(temp_y,temp_x);
```

至此，该 6 自由度串联机器人的 6 个关节角全部求得。本书基于旋量理论，利用几何方法对关节变量进行求解，求解过程清晰明了，且计算量相对于 D-H 参数法更少。

6.3.4　封闭解的验证

为了验证推导出的封闭解的正确性，在 MATLAB 中，基于推导的正/逆运动学方程编制相应的程序，并取任意一个工作空间中可达位姿的齐次变换矩阵进行验证。此处可先取关节角为 $\theta=[2.75339,\ 0.0114565,\ -0.011827,\ -1.34192,\ -0.0512719,\ 1.337]$，再由推导出的正运动学方程，即式（6.95）得到末端执行器的位姿矩阵：

$$\begin{bmatrix} -0.9056 & -0.4242 & -0.0004 & -140.3360 \\ 0.4242 & -0.9055 & -0.0131 & -332.9036 \\ 0.0052 & -0.0120 & -0.9999 & 473.7444 \\ 0 & 0 & 0 & 1 \end{bmatrix}$$

由推导出的逆运动学方程，在程序中以以上矩阵为输入量解得各个关节变量，如表 6.1 所示。

表 6.1　逆运动学的解

组　号	θ_1	θ_2	θ_3	θ_4	θ_5	θ_6
1	2.7534	0.0115	−0.0118	1.7997	0.0513	−1.8046
2	2.7534	0.0115	−0.0118	−1.3419	−0.0513	1.3370
3	2.7534	−1.2592	−3.1298	3.0887	1.9058	3.1196
4	2.7534	−1.2592	−3.1298	−0.0529	−1.9058	−0.0220
5	−0.3882	1.2743	0.5507	−0.0514	1.3289	−3.1339
6	−0.3882	1.2743	0.5507	3.0902	−1.3289	0.0077
7	−0.3882	0.4276	2.5909	−0.3554	0.1439	−2.7942
8	−0.3882	0.4276	2.5909	2.7862	−0.1439	0.3474

可以看到，第 2 组解即最初输入的那组关节角，可以说明推导出的逆解的正确性，且通常来说，机器人的逆解都是不唯一的，对于本书研究的 6 自由度串联机器人，在可达的末端非奇异位置，正确的解通常有 8 个。

6.3.5　解的选择问题

由于上述机器人逆运动学的多解性，在机器人的轨迹规划过程中会存在解的选择问题，这个问题非常重要，它决定了机器人的各个关节能否进行现实中连续可行的运动，此时的选择标准应该是使新的一组关节角和上一组关节角相距最近，以保证机器人运动的连续性。针对此机器人，其逆运动学关节角逆解的多种情况之间的关系如图 6.20 所示。

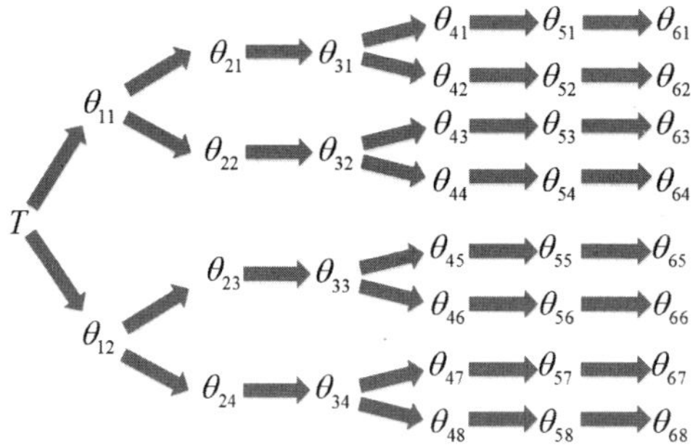

图 6.20　逆运动学关节角逆解的多种情况之间的关系

通常为了解决逆解多解性问题，可以引入如下判断标准函数：

$$f=\sum_{i=1}^{6}a_i\left|\theta_{i,j}-\theta_{i,j-1}\right| \tag{6.146}$$

式中，$\theta_{i,j}$ 为当前末端执行器位姿下机器人逆解；$\theta_{i,j-1}$ 为上一个位置的关节角；a_i 为连杆 i 的关节角变化权值，即权重系数，这个参数与连杆惯量和配套电机功率参数有关。在进行轨迹规划时，对当前位姿求逆运动学得到所有组逆解（共 8 组逆解），代入式（6.146），能够得到最小值的那组逆解就是实现当前机器人末端执行器位姿的最终解。

对于式（6.146），当权重系数 a_i 难以获取时，它可以更加简化，根据实验，直接调用如下公式也可以在一定程度上解决问题：

$$f=\sqrt{\sum_{i=1}^{6}\left(\theta_{i,j}-\theta_{i,j-1}\right)^2} \tag{6.147}$$

但为了追求更高的识别准确度，本书采用一种在产生多解（θ_1、θ_2、θ_4）处逐项比较关节角的方法，具体的实现流程如下。

（1）将解出的每组解的 θ_1 分别与上一个位置的关节角 θ_1 做比较，选出和上一个位置的关节角 θ_1 相距最近的几组关节角，通常此步可以排除 4 组不需要的解。

（2）将经过步骤（1）选择后的每组解的 θ_2 分别与上一个位置的关节角 θ_2 做比较，选出和上一个关节角 θ_2 相距最近的几组关节角，通常此步可以排除 2 组不需要的解。

（3）将经过步骤（2）选择后的每组解的 θ_5 分别与上一个位置的关节角 θ_5 做比较，选出和上一个关节角 θ_5 相距最近的几组关节角，通常此步可以排除 1 组不需要的解并得到最终需要的解。此时判断结束，得到最终解。不过由于机器人腕部的特殊性，在 θ_5 较小时，可能会出现经过该步选择后依然存在 2 组解的情况，如果是，则进入步骤（4）。

（4）将经过步骤（3）选择后的每组解的 θ_4 分别与上一个位置的关节角 θ_4 做比较，选出和上一个关节角 θ_4 相距最近的 1 组关节角，得到最终解。

需要注意的是，需要先比较 θ_5，再比较 θ_4，这是为了消除由机器人腕部奇异性带来的识别错误，因为当 θ_5 接近 0 时，θ_4 和 θ_6 无法分辨，两者的作用效果相同。选取关节角的流程图如图 6.21 所示。

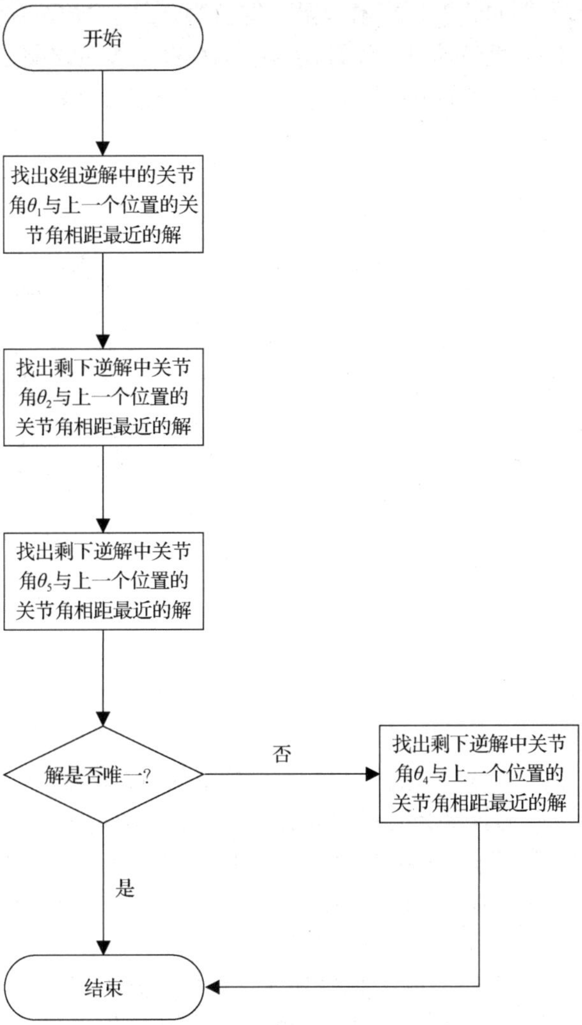

图 6.21　选取关节角的流程图

以 6.3.4 节求出的逆解为例来说明这个判断过程，如果给出上一个位置的关节角为 $\theta=[2.5,\ 0.01,\ \ -0.02,\ -1.3,\ -0.05,\ 1.3]$，则经过步骤（1），选出所有 $\theta_1=2.7534$ 的关节角，即选出第 1～4 组；经过步骤（2），选出所有 $\theta_2 = 0.0115$ 的关节角，即选出第 1、2 组；经过步骤（3），选出所有 $\theta_3 = -0.0513$ 的关节角，只有第 2 组。因此，最终选择当前位置的关节角为 $\theta = [2.7534,\ 0.0115,\ -0.0118,\ -1.3419,\ -0.0513,\ 1.3370]$。

6.4　D-H 参数法下的机器人运动学

6.4.1　D-H 参数法的建模基础

与旋量理论法相比，想要使用 D-H 参数法进行模型建立和运动学推导，就必须对机器人的连杆和关节结构有足够全面的理解，并且机器人的连杆坐标系的建立也很有讲究。另外，机器人的连杆坐标系的建立还存在 Standard D-H 法和 Modified D-H 法，这两种方法存在一定的差异，对于初学机器人学的读者，容易混淆两者的概念。

本书推导和用于与旋量理论法进行比较的方法选择采用 Modified D-H 法，这种方法用于本书研究的串联机器人建模相对简单。图 6.22 所示为 Modified D-H 法下机器人的连杆及坐标系示意图。

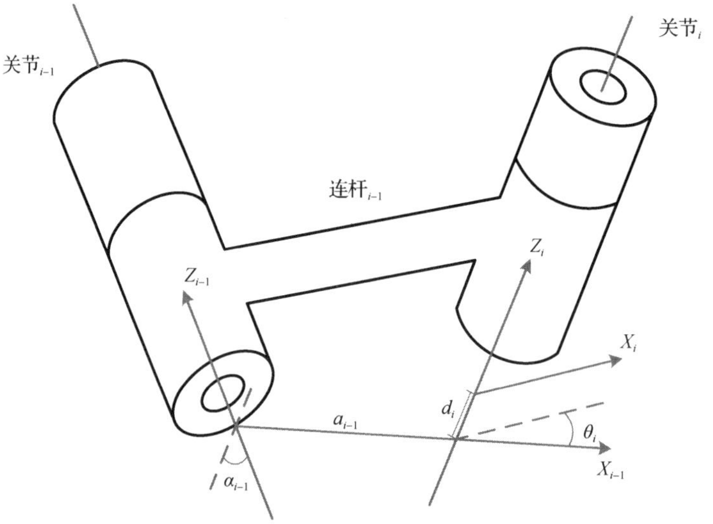

图 6.22　Modified D-H 法下机器人的连杆及坐标系示意图

在介绍结构参数之前，首先简述连杆坐标系的建立规则。通常，连杆和关节的下标都从 1 开始，且将连杆上的靠前关节设置为其对应的关节。图 6.22 中是连杆 $_{i\text{-}1}$，其靠前关节即图 6.22 中左边的关节，为关节 $_{i\text{-}1}$。采用 Modified D-H 法的建模形式，建立坐标系的流程如下。

（1）设置坐标系的 Z 轴。在各个关节轴上设置与关节轴下标相同的坐标轴，且令其为 Z 轴。例如，在关节 $_{i\text{-}1}$ 上沿关节轴旋转方向设置坐标轴 Z_{i-1}。

（2）设置中间坐标系的 X 轴。如图 6.22 所示，坐标系 $\{i-1\}$ 的 X 轴，即 X_{i-1} 轴设置为 Z_{i-1} 轴和 Z_i 轴的公垂线，这是两个 Z 轴异面垂直的情况；若两相邻坐标系的 Z 轴平行，则 X_{i-1} 轴在与两平行 Z 轴确定的平面内且与两 Z 轴垂直；若两相邻坐标系的 Z 轴共线，则 X_{i-1} 轴的初始指向和 X_{i-2} 轴相同。

（3）设置基坐标系的 X 轴。Modified D-H 法下的基坐标系 $\{0\}$ 在初始状态下，即关节均未旋转时，与坐标系{1}完全重合，而坐标系{1}的 X 轴的取法以步骤（2）为准。

（4）设置末端执行器坐标系的 X 轴。由于对末端执行器坐标系而言，没有可以与之配合的下一个 Z 轴来执行步骤（2）的过程，故末端执行器坐标系的 X 轴与上一个坐标系的 X 轴在初始位置的指向相同。

对于 Modified D-H 法建模下的坐标系的 Y 轴，常常可不标出，因为基本上不会用到 Y 轴，其利用已知的 Z 轴和 X 轴按右手螺旋法则求取即可。

在得到了所有的连杆坐标系之后，就可以通过正式介绍 D-H 参数，以及利用 D-H 参数和齐次矩阵来描述相邻坐标系之间的方法了。图 6.22 中的 D-H 参数介绍如下。

（1）连杆扭转角 α_{i-1}：将连杆 $_{i\text{-}1}$ 上相邻关节对应的 Z 轴移至相同平面后，两轴之间的夹角。

（2）连杆长度 a_{i-1}：连杆 $_{i\text{-}1}$ 上相邻关节对应的 Z 轴的公垂线的长度。

（3）关节角 θ_i：连杆 $_{i\text{-}1}$ 上相邻关节对应的 X 轴的夹角。

（4）连杆偏距 d_i：连杆 $_{i\text{-}1}$ 上相邻关节对应的 X 轴沿 Z_i 轴的距离。

观察上述描述和图 6.22 可以发现，可以通过一系列与 D-H 参数相关的旋转和平移变换将一个连杆的靠前关节上的坐标系变换为与靠后关节上的坐标系相同的位姿。这个变换过程和变换顺序实际上已经蕴含在 D-H 参数的介绍中了，结合图 6.22 来看，容易知道经过了以下过程。

（1）将连杆坐标系{i−1}绕 X_{i-1} 轴旋转连杆扭转角 α_{i-1}。此时，Z_{i-1} 轴和 Z_i 轴的方向对齐。

（2）将得到的新的坐标系沿 X_{i-1} 轴平移连杆长度 a_{i-1}。此时，Z_{i-1} 轴和 Z_i 轴完全重合。

（3）将得到的新的坐标系绕 Z_i 轴（也可以说是 Z_{i-1} 轴）旋转关节角 θ_i。此时，X_{i-1} 轴和 X_i 轴的方向对齐。

（4）将得到的新的坐标系沿 Z_i 轴平移连杆偏距 d_i。此时，两个坐标系完全重合。

此处需要说明的是，上述变换过程全部是围绕着刚体坐标系，即连杆坐标系的坐标轴进行的，由 6.2.1 节的讨论可知，此时的变换矩阵按照变换顺序从左向右依次相乘。那么两相邻连杆坐标系的变换矩阵为

$$ {}^{i-1}_{\ \ i}\boldsymbol{T} = \boldsymbol{T}_{X_{i-1},\alpha_{i-1}} \boldsymbol{T}_{X_{i-1},a_{i-1}} \boldsymbol{T}_{Z_i,\theta_i} \boldsymbol{T}_{Z_i,d_i} \tag{6.148} $$

式中

$$ \begin{aligned} \boldsymbol{T}_{X_{i-1},\alpha_{i-1}} &= \begin{bmatrix} 1 & 0 & 0 & 0 \\ 0 & \cos\alpha_{i-1} & -\sin\alpha_{i-1} & 0 \\ 0 & \sin\alpha_{i-1} & \cos\alpha_{i-1} & 0 \\ 0 & 0 & 0 & 1 \end{bmatrix} \\ \boldsymbol{T}_{X_{i-1},a_{i-1}} &= \begin{bmatrix} 1 & 0 & 0 & a_{i-1} \\ 0 & 1 & 0 & 0 \\ 0 & 0 & 1 & 0 \\ 0 & 0 & 0 & 1 \end{bmatrix} \\ \boldsymbol{T}_{Z_i,\theta_i} &= \begin{bmatrix} \cos\theta_i & -\sin\theta_i & 0 & 0 \\ \sin\theta_i & \cos\theta_i & 0 & 0 \\ 0 & 0 & 1 & 0 \\ 0 & 0 & 0 & 1 \end{bmatrix} \end{aligned} \tag{6.149a} $$

$$
\boldsymbol{T}_{Z_i,d_i}=\begin{bmatrix}1&0&0&0\\0&1&0&0\\0&0&1&d_i\\0&0&0&1\end{bmatrix} \tag{6.149b}
$$

可以求得两个连杆坐标系之间的通用变换矩阵为

$$
{}^{i-1}_{\ i}\boldsymbol{T}=\begin{bmatrix}c\theta_i&-s\theta_i&0&a_{i-1}\\s\theta_i c\alpha_{i-1}&c\theta_i c\alpha_{i-1}&-s\alpha_{i-1}&-s\alpha_{i-1}d_i\\s\theta_i s\alpha_{i-1}&c\theta_i s\alpha_{i-1}&c\alpha_{i-1}&c\alpha_{i-1}d_i\\0&0&0&1\end{bmatrix} \tag{6.150}
$$

综上所述，对于一个具体的机器人，只需找出其相应的 D-H 参数，并将其代入式(6.150)，就可以求出相应的变换矩阵。

进一步，在对矩阵表示变换的方法足够熟悉以后，其实可以不借助 D-H 参数法，而直接通过平移及旋转变换与矩阵之间的关系来确定两个连杆坐标系之间的变换矩阵。这个过程相对于寻找具体的 D-H 参数更加灵活且快捷。而且，在 D-H 参数法中，不存在针对 Y 轴的移动和旋转，但实际上是可以通过最基本的变换来定义沿（绕）Y 轴的移动（旋转）的，这样也可以使坐标系的选择不那么严格。

MATLAB 程序如下：

```
a1=64.15;alpha1=pi/2;d1=89.78;a2=305;alpha2=0;d2=0;a3=0;alpha3=pi/2;d3=0;
a4=0;alpha4=-pi/2;d4=222.94;a5=0;alpha5=pi/2;d5=0;a6=0;alpha6=0;d6=0;
L1=Link([0,d1,0,0],'modified');
L2=Link([0,d2,a1,alpha1],'modified');
L3=Link([0,d3,a2,alpha2],'modified');
L4=Link([0,d4,a3,alpha3],'modified');
L5=Link([0,d5,a4,alpha4],'modified');
L6=Link([0,d6,a5,alpha5],'modified');
robot=SerialLink([L1 L2 L3 L4 L5 L6],'name','staubli TX211');
robot.plot([pi,-pi,pi/2,0,0,0]);
```

下面的示例将展示 3 种典型的相邻连杆坐标系的定义形式，并用直接代入 D-H 参数和基本变换两种方法给出对应连杆坐标系之间的齐次变换矩阵。

例 6.11 如图 6.23 所示，连杆 i-1 上两关节的旋转轴平行，求变换矩阵 ${}^{i-1}_{\ i}\boldsymbol{T}$。

如果采用向式（6.150）代入 D-H 参数的方法，那么可以确定连杆扭转角 $\alpha_{i-1}=0°$，连杆长度 a_{i-1}，连杆偏距 $d_i=0$，关节角 θ_i，可以得到该连杆上两个坐标系之间的变换矩阵为

$$
{}^{i-1}_{\ i}\boldsymbol{T}=\begin{bmatrix}\cos\theta_i&-\sin\theta_i&0&a_{i-1}\\\sin\theta_i&\cos\theta_i&0&0\\0&0&1&0\\0&0&0&1\end{bmatrix} \tag{6.151}
$$

如果采用基本变换方法直接求得这两个坐标系之间的变换矩阵，那么通过观察可得，由$\{i-1\}$坐标系变换到$\{i\}$坐标系的步骤如下。

（1）沿 x_{i-1} 轴平移连杆长度 a_{i-1}。

（2）绕 z_i 轴旋转关节角 θ_i。

此时，这两个坐标系之间的变换矩阵为

$$
{}^{i-1}_{\ \ i}\boldsymbol{T}=\begin{bmatrix}1&0&0&a_{i-1}\\0&1&0&0\\0&0&1&0\\0&0&0&1\end{bmatrix}\begin{bmatrix}\cos\theta_i&-\sin\theta_i&0&0\\\sin\theta_i&\cos\theta_i&0&0\\0&0&1&0\\0&0&0&1\end{bmatrix}
=\begin{bmatrix}\cos\theta_i&-\sin\theta_i&0&a_{i-1}\\\sin\theta_i&\cos\theta_i&0&0\\0&0&1&0\\0&0&0&1\end{bmatrix} \tag{6.152}
$$

例 6.12　如图 6.24 所示，连杆 $_{i\text{-}1}$ 上两关节的旋转轴异面垂直，求变换矩阵 ${}^{i-1}_{\ \ i}\boldsymbol{T}$。

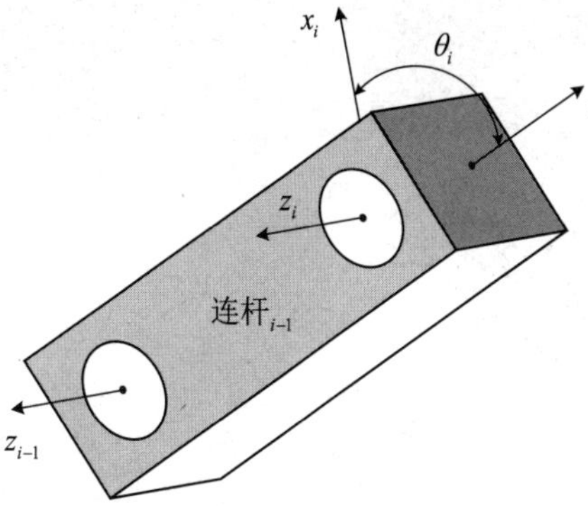

图 6.23　相邻 z 轴平行

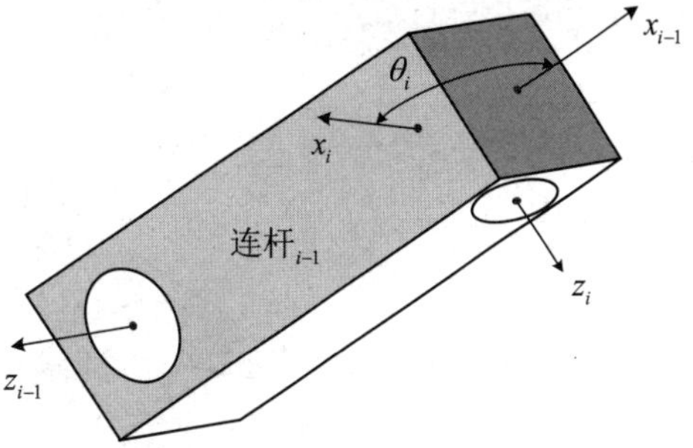

图 6.24　相邻 z 轴异面垂直

如果采用向式（6.150）代入 D-H 参数的方法，那么可以确定连杆扭转角 $\alpha_{i-1}=90°$，连杆长度 a_{i-1}，连杆偏距 $d_i=0$，关节角 θ_i，此时，可以得到该连杆上两个坐标系之间的变换矩阵为

$$
{}^{i-1}_{\ \ i}\boldsymbol{T}=\begin{bmatrix}\cos\theta_i&-\sin\theta_i&0&a_{i-1}\\0&0&-1&0\\\sin\theta_i&\cos\theta_i&0&0\\0&0&0&1\end{bmatrix} \tag{6.153}
$$

如果采用基本变换方法直接求得这两个坐标系之间的变换矩阵，那么通过观察可得，由 $\{i-1\}$ 坐标系变换到 $\{i\}$ 坐标系的步骤如下。

（1）绕 x_{i-1} 轴旋转 90°。

（2）沿 x_{i-1} 轴平移连杆长度 a_{i-1}。

（3）绕 z_i 轴旋转关节角 θ_i。

此时，这两个坐标系之间的变换矩阵为

$$
{}^{i-1}_{\ \ i}\boldsymbol{T}=\begin{bmatrix}1&0&0&a_{i-1}\\0&0&-1&0\\0&1&0&0\\0&0&0&1\end{bmatrix}\begin{bmatrix}\cos\theta_i&-\sin\theta_i&0&0\\\sin\theta_i&\cos\theta_i&0&0\\0&0&1&0\\0&0&0&1\end{bmatrix}
$$

$$=\begin{bmatrix}\cos\theta_i & -\sin\theta_i & 0 & a_{i-1}\\ 0 & 0 & -1 & 0\\ \sin\theta_i & \cos\theta_i & 0 & 0\\ 0 & 0 & 0 & 1\end{bmatrix} \tag{6.154}$$

例 6.13 如图 6.25 所示，连杆 $_{i-1}$ 上两关节的旋转轴同面垂直，求变换矩阵 $^{i-1}_{i}\boldsymbol{T}$。

如果采用向式（6.150）代入 D-H 参数的方法，那么可以确定连杆扭转角 $\alpha_{i-1}=90°$，连杆长度 $a_{i-1}=0$，连杆偏距 d_i，关节角 θ_i，此时，可以得到该连杆上两个坐标系之间的变换矩阵为

$$^{i-1}_{i}\boldsymbol{T}=\begin{bmatrix}\cos\theta_i & -\sin\theta_i & 0 & 0\\ 0 & 0 & -1 & -d_i\\ \sin\theta_i & \cos\theta_i & 0 & 0\\ 0 & 0 & 0 & 1\end{bmatrix} \tag{6.155}$$

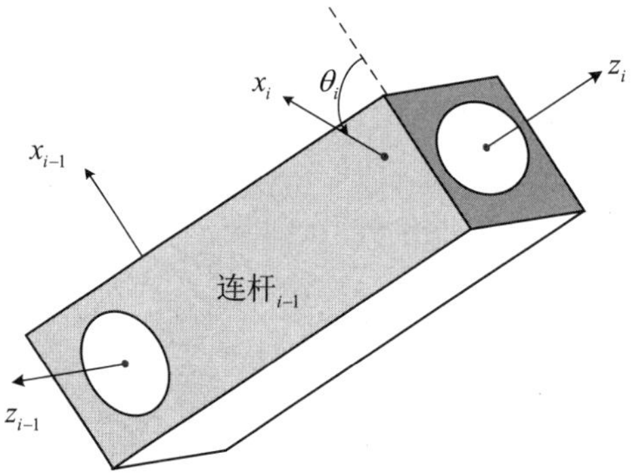

图 6.25 相邻 z 轴同面垂直

如果采用基本变换方法直接求这两个坐标系之间的变换矩阵，那么通过观察可得，由 $\{i-1\}$坐标系变换到$\{i\}$坐标系的步骤如下。

（1）绕 x_{i-1} 轴旋转 90°。

（2）沿 z_i 轴平移连杆偏距 d_i。

（3）绕 z_i 轴旋转关节角 θ_i。

此时，这两个坐标系之间的变换矩阵为

$$\begin{aligned}^{i-1}_{i}\boldsymbol{T}&=\begin{bmatrix}1 & 0 & 0 & 0\\ 0 & 0 & -1 & 0\\ 0 & 1 & 0 & 0\\ 0 & 0 & 0 & 1\end{bmatrix}\begin{bmatrix}\cos\theta_i & -\sin\theta_i & 0 & 0\\ \sin\theta_i & \cos\theta_i & 0 & 0\\ 0 & 0 & 1 & d_i\\ 0 & 0 & 0 & 1\end{bmatrix}\\ &=\begin{bmatrix}\cos\theta_i & -\sin\theta_i & 0 & 0\\ 0 & 0 & -1 & -d_i\\ \sin\theta_i & \cos\theta_i & 0 & 0\\ 0 & 0 & 0 & 1\end{bmatrix}\end{aligned} \tag{6.156}$$

6.4.2 正运动学求解

机器人的正运动学问题主要研究如何将机器人的关节空间变量映射到其末端执行器所在

的笛卡儿坐标系空间。实际上，由前面所述可知，机器人相邻连杆坐标系$\{i-1\}$和$\{i\}$之间的齐次变换矩阵是与对应关节变量θ_i相关的，对一个拥有 n 个关节的串联机器人，在改进 D-H 参数法下，其末连杆坐标系$\{n\}$和基坐标系$\{0\}$之间满足以下等式：

$$ {}_n^0\boldsymbol{T}(\theta_1, \theta_2, \cdots, \theta_n) = {}_1^0\boldsymbol{T}(\theta_1)\,{}_2^1\boldsymbol{T}(\theta_2)\cdots{}_i^{i-1}\boldsymbol{T}(\theta_i)\cdots{}_n^{n-1}\boldsymbol{T}(\theta_n) \tag{6.157} $$

在后续的推导过程中，将省略齐次变换矩阵的因变量，即将上式写为

$$ {}_n^0\boldsymbol{T} = {}_1^0\boldsymbol{T}\,{}_2^1\boldsymbol{T}\cdots{}_i^{i-1}\boldsymbol{T}\cdots{}_n^{n-1}\boldsymbol{T} \tag{6.158} $$

在上述表达式中，默认一个拥有 n 个关节的串联机器人可以建立 n+1 个坐标系，实际上，机器人坐标系的建立是十分灵活的，在解决实际问题时，需要根据实际情况引入一些辅助坐标系以简化求解过程，且通常末端执行器坐标系与末连杆坐标系之间还存在一个常变换关系，例 6.14 将体现这一点。

例 6.14　图 6.26 所示为一个具有 3 个关节的平面机器人，现求其正运动学，即末端点的位姿矩阵。

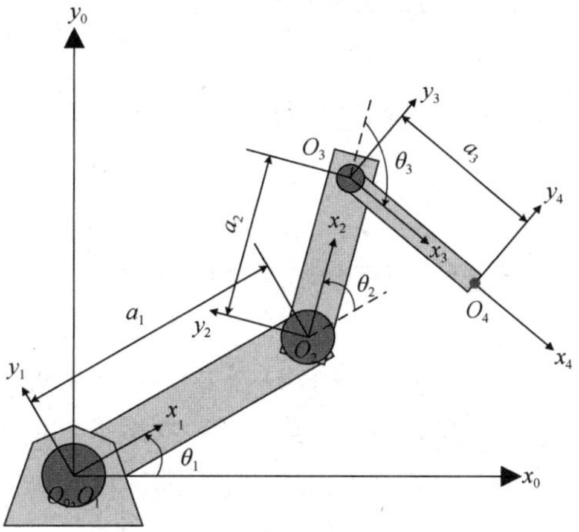

图 6.26　具有 3 个关节的平面机器人

对于这个平面机器人，其关节轴两两平行，即相邻坐标系之间的齐次变换矩阵均满足例 6.11 中推导的形式，因此按式（6.158）求得

$$ \begin{aligned} {}_3^0\boldsymbol{T} &= {}_1^0\boldsymbol{T}\,{}_2^1\boldsymbol{T}\,{}_3^2\boldsymbol{T} \\ &= \begin{bmatrix} c_1 & -s_1 & 0 & 0 \\ s_1 & c_1 & 0 & 0 \\ 0 & 0 & 1 & 0 \\ 0 & 0 & 0 & 1 \end{bmatrix} \begin{bmatrix} c_2 & -s_2 & 0 & a_1 \\ s_2 & c_2 & 0 & 0 \\ 0 & 0 & 1 & 0 \\ 0 & 0 & 0 & 1 \end{bmatrix} \begin{bmatrix} c_3 & -s_3 & 0 & a_2 \\ s_3 & c_3 & 0 & 0 \\ 0 & 0 & 1 & 0 \\ 0 & 0 & 0 & 1 \end{bmatrix} \\ &= \begin{bmatrix} c_{123} & -s_{123} & 0 & a_1c_1 + a_2c_{12} \\ s_{123} & c_{123} & 0 & a_1s_1 + a_2s_{12} \\ 0 & 0 & 1 & 0 \\ 0 & 0 & 0 & 1 \end{bmatrix} \end{aligned} \tag{6.159} $$

此时得到了连杆坐标系$\{3\}$相对于基坐标系的位姿矩阵。显然，连杆坐标系$\{3\}$与末端点坐标系$\{4\}$还存在一个沿连杆坐标系$\{3\}$的 x 轴的平移变换，容易得到

$$
{}_4^3\boldsymbol{T}=\begin{bmatrix}1 & 0 & 0 & a_3\\0 & 1 & 0 & 0\\0 & 0 & 1 & 0\\0 & 0 & 0 & 1\end{bmatrix} \tag{6.160}
$$

因此，最终该平面机器人的末端点坐标系{4}相对于基坐标系{0}的齐次变换矩阵为

$$
\begin{aligned}
{}_4^0\boldsymbol{T} &= {}_3^0\boldsymbol{T}\,{}_4^3\boldsymbol{T}\\
&=\begin{bmatrix}c_{123} & -s_{123} & 0 & a_1c_1+a_2c_{12}\\ s_{123} & c_{123} & 0 & a_1s_1+a_2s_{12}\\ 0 & 0 & 1 & 0\\ 0 & 0 & 0 & 1\end{bmatrix}\begin{bmatrix}1 & 0 & 0 & a_3\\0 & 1 & 0 & 0\\0 & 0 & 1 & 0\\0 & 0 & 0 & 1\end{bmatrix}\\
&=\begin{bmatrix}c_{123} & -s_{123} & 0 & a_1c_1+a_2c_{12}+a_3c_{123}\\ s_{123} & c_{123} & 0 & a_1s_1+a_2s_{12}+a_3s_{123}\\ 0 & 0 & 1 & 0\\ 0 & 0 & 0 & 1\end{bmatrix}
\end{aligned} \tag{6.161}
$$

例 6.15 图 6.27 所示为一种特殊的连杆结构，求此时各个坐标系相对于基坐标系{0}的齐次变换矩阵。

（1）讨论坐标系的建立。

首先确定 z 轴的分布。对于这种连杆结构，可以看到，其 3 个旋转轴，即 3 个 z 轴交于一点 p。

然后确定 x 轴的分布。此时，按照改进 D-H 参数法的建系规则，取 z_1 轴和 z_2 轴的公垂线为 x_1 轴。这里，x_1 轴可以由 $\boldsymbol{z}_1\times\boldsymbol{z}_2$ 或 $\boldsymbol{z}_2\times\boldsymbol{z}_1$ 得到，两种方法得到的 x_1 轴的方向相反，同时两种方法下的连杆扭转角 α_1 相差180°，此处取 $\boldsymbol{x}_1=\boldsymbol{z}_2\times\boldsymbol{z}_1$，则连杆扭转角 $\alpha_1=-90°$；取 $\boldsymbol{x}_2=\boldsymbol{z}_2\times\boldsymbol{z}_3$，则连杆扭转角 $\alpha_2=90°$。坐标系{4}的生成是在坐标系{3}的基础上平移一个常量，故在按改进 D-H 参数法的规则建立坐标系时，坐标系{3}就是建系规则中的最后一个坐标系，故取 x_3 轴在初始状态下与 x_2 轴重合。此时可以看到，以改进 D-H 参数法建系规则建立的坐标系{1}、{2}、{3}的原点重合于点 p。

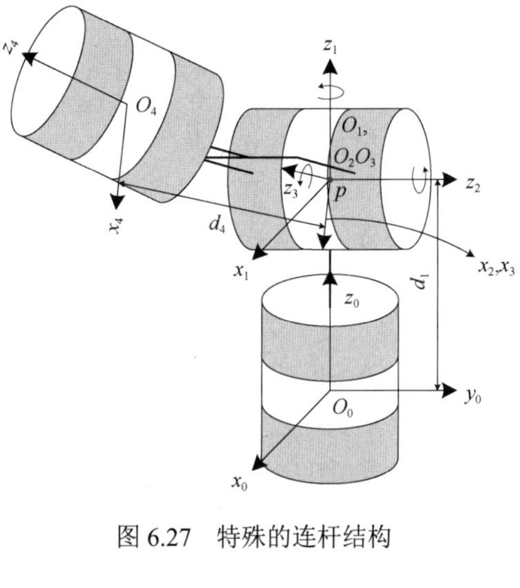

图 6.27 特殊的连杆结构

最后建立基坐标系和末端点坐标系，基坐标系{0}固定于地面，其初始位姿与坐标系{1}相差一个位移常量；末端点坐标系{4}与坐标系{3}始终相差一个位移常量，其矩阵表示为

$$ {}_4^3\boldsymbol{T}=\begin{bmatrix} 1 & 0 & 0 & 0 \\ 0 & 1 & 0 & 0 \\ 0 & 0 & 1 & d_4 \\ 0 & 0 & 0 & 1 \end{bmatrix} \tag{6.162} $$

（2）讨论各坐标系相对于基坐标系{0}的齐次变换矩阵。

基坐标系{0}和坐标系{1}之间有连杆长度 $a_0=0$、连杆扭转角 $\alpha_0=0°$、连杆偏距 d_1 和关节角 θ_1，故有

$$ {}_1^0\boldsymbol{T}=\begin{bmatrix} \cos\theta_1 & -\sin\theta_1 & 0 & 0 \\ \sin\theta_1 & \cos\theta_1 & 0 & 0 \\ 0 & 0 & 1 & d_1 \\ 0 & 0 & 0 & 1 \end{bmatrix} \tag{6.163} $$

坐标系{1}和{2}之间有连杆长度 $a_1=0$、连杆扭转角 $\alpha_1=-90°$、连杆偏距 $d_2=0$ 和关节角 θ_2，故有

$$ \begin{aligned} {}_2^1\boldsymbol{T} &= \begin{bmatrix} 1 & 0 & 0 & 0 \\ 0 & 0 & 1 & 0 \\ 0 & -1 & 0 & 0 \\ 0 & 0 & 0 & 1 \end{bmatrix}\begin{bmatrix} \cos\theta_2 & -\sin\theta_2 & 0 & 0 \\ \sin\theta_2 & \cos\theta_2 & 0 & 0 \\ 0 & 0 & 1 & 0 \\ 0 & 0 & 0 & 1 \end{bmatrix} \\ &= \begin{bmatrix} \cos\theta_2 & -\sin\theta_2 & 0 & 0 \\ 0 & 0 & 1 & 0 \\ -\sin\theta_2 & -\cos\theta_2 & 0 & 0 \\ 0 & 0 & 0 & 1 \end{bmatrix} \end{aligned} \tag{6.164} $$

因此，坐标系{2}和基坐标系{0}之间的关系为

$$ \begin{aligned} {}_2^0\boldsymbol{T} &= {}_1^0\boldsymbol{T}\,{}_2^1\boldsymbol{T} \\ &= \begin{bmatrix} \cos\theta_1 & -\sin\theta_1 & 0 & 0 \\ \sin\theta_1 & \cos\theta_1 & 0 & 0 \\ 0 & 0 & 1 & d_1 \\ 0 & 0 & 0 & 1 \end{bmatrix}\begin{bmatrix} \cos\theta_2 & -\sin\theta_2 & 0 & 0 \\ 0 & 0 & 1 & 0 \\ -\sin\theta_2 & -\cos\theta_2 & 0 & 0 \\ 0 & 0 & 0 & 1 \end{bmatrix} \\ &= \begin{bmatrix} c_1c_2 & -c_1s_2 & -s_1 & 0 \\ c_2s_1 & -s_1s_2 & c_1 & 0 \\ -s_2 & -c_2 & 0 & d_1 \\ 0 & 0 & 0 & 1 \end{bmatrix} \end{aligned} \tag{6.165} $$

坐标系{2}和{3}之间有连杆长度 $a_2=0$、连杆扭转角 $\alpha_2=90°$、连杆偏距 $d_3=0$ 和关节角 θ_3，故有

$$
\begin{aligned}
{}_3^2\boldsymbol{T} &= \begin{bmatrix} 1 & 0 & 0 & 0 \\ 0 & 0 & -1 & 0 \\ 0 & 1 & 0 & 0 \\ 0 & 0 & 0 & 1 \end{bmatrix} \begin{bmatrix} \cos\theta_3 & -\sin\theta_3 & 0 & 0 \\ \sin\theta_3 & \cos\theta_3 & 0 & 0 \\ 0 & 0 & 1 & 0 \\ 0 & 0 & 0 & 1 \end{bmatrix} \\
&= \begin{bmatrix} \cos\theta_3 & -\sin\theta_3 & 0 & 0 \\ 0 & 0 & -1 & 0 \\ \sin\theta_3 & \cos\theta_3 & 0 & 0 \\ 0 & 0 & 0 & 1 \end{bmatrix}
\end{aligned} \tag{6.166}
$$

因此，坐标系{3}和基坐标系{0}之间的关系为

$$
\begin{aligned}
{}_3^0\boldsymbol{T} &= {}_2^0\boldsymbol{T}\,{}_3^2\boldsymbol{T} \\
&= \begin{bmatrix} c_1c_2 & -c_1s_2 & -s_1 & 0 \\ c_2s_1 & -s_1s_2 & c_1 & 0 \\ -s_2 & -c_2 & 0 & d_1 \\ 0 & 0 & 0 & 1 \end{bmatrix} \begin{bmatrix} \cos\theta_3 & -\sin\theta_3 & 0 & 0 \\ 0 & 0 & -1 & 0 \\ \sin\theta_2 & \cos\theta_2 & 0 & 0 \\ 0 & 0 & 0 & 1 \end{bmatrix} \\
&= \begin{bmatrix} c_1c_2c_3 - s_1s_3 & -s_1c_3 - c_1c_2s_3 & c_1s_2 & 0 \\ c_1s_3 + s_1c_2c_3 & c_1c_3 - s_1c_2s_3 & s_1s_2 & 0 \\ -s_2c_3 & s_2s_3 & c_2 & d_1 \\ 0 & 0 & 0 & 1 \end{bmatrix}
\end{aligned} \tag{6.167}
$$

坐标系{4}和{3}的关系前面已给出，因此坐标系{4}和基坐标系{0}之间的关系为

$$
\begin{aligned}
{}_4^0\boldsymbol{T} &= {}_3^0\boldsymbol{T}\,{}_4^3\boldsymbol{T} \\
&= \begin{bmatrix} c_1c_2c_3 - s_1s_3 & -s_1c_3 - c_1c_2s_3 & c_1s_2 & 0 \\ c_1s_3 + s_1c_2c_3 & c_1c_3 - s_1c_2s_3 & s_1s_2 & 0 \\ -s_2c_3 & s_2s_3 & c_2 & d_1 \\ 0 & 0 & 0 & 1 \end{bmatrix} \begin{bmatrix} 1 & 0 & 0 & 0 \\ 0 & 1 & 0 & 0 \\ 0 & 0 & 1 & d_4 \\ 0 & 0 & 0 & 1 \end{bmatrix} \\
&= \begin{bmatrix} c_1c_2c_3 - s_1s_3 & -s_1c_3 - c_1c_2s_3 & c_1s_2 & d_4c_1s_2 \\ c_1s_3 + s_1c_2c_3 & c_1c_3 - s_1c_2s_3 & s_1s_2 & d_4s_1s_2 \\ -s_2c_3 & s_2s_3 & c_2 & d_1 + d_4c_2 \\ 0 & 0 & 0 & 1 \end{bmatrix}
\end{aligned} \tag{6.168}
$$

推导上例的正运动学主要想说明在分析有球形腕部的机器人时的处理方法，在这种关节结构下，坐标系{1}、{2}、{3}之间的连杆长度和关节偏距均为 0。观察上述推导过程，容易得到坐标系原点在基坐标系中的坐标：

$$
\begin{aligned}
{}^0\boldsymbol{d}_1 &= {}^0\boldsymbol{d}_2 = {}^0\boldsymbol{d}_3 \\
&= [0,\ 0,\ d_1,\ 1]^{\mathrm{T}}
\end{aligned} \tag{6.169}
$$

通过这个性质，可以将机器人的位置和姿态解耦，以简化机器人的运动学分析。具体的应用形式会在 6.4.3 节有所体现。

利用改进 D-H 参数法对机器人进行建模，必须为每个连杆都建立连杆坐标系。图 6.28 所示为针对本书研究的 6 自由度串联机器人的改进 D-H 数学建模方法下的坐标系分布。为了与

旋量理论模型的参数表达方式相统一，关节和连杆变量并未采用标准的参数表达（图 6.28 中定义的 a 和 d 并不是指连杆长度与连杆偏距），但两者本质上是一样的，都能达到描述连杆坐标系之间的相对变换的目的。

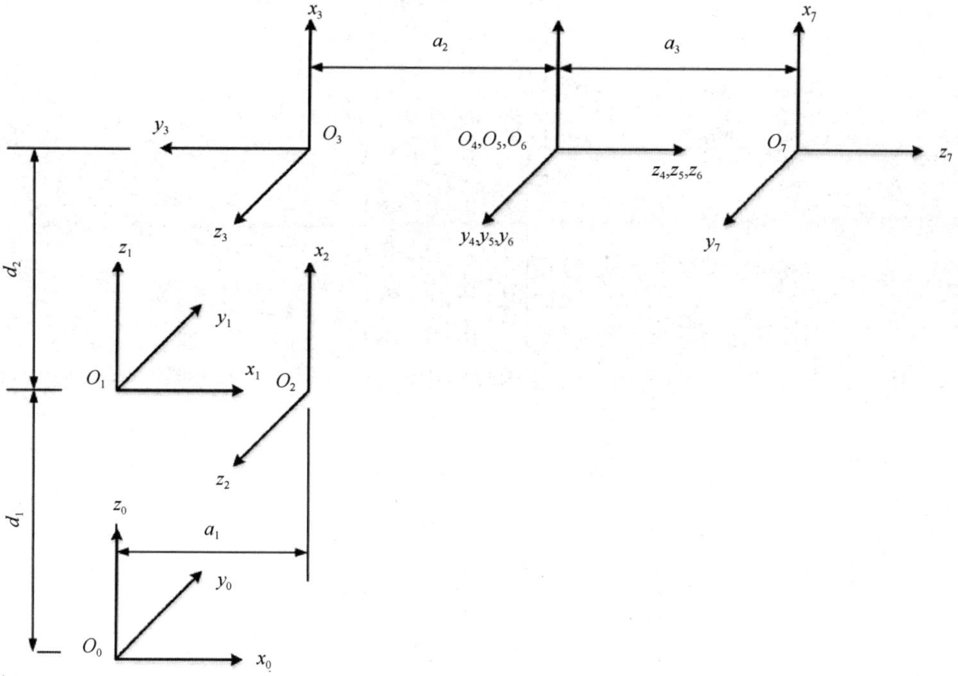

图 6.28　改进 D-H 数学建模方法下的坐标系分布

针对这种建立坐标系的方法，推导求得各个相邻连杆坐标系之间的变换矩阵为

$$
{}_1^0\boldsymbol{T}=\begin{bmatrix} c_1 & -s_1 & 0 & 0 \\ s_1 & c_1 & 0 & 0 \\ 0 & 0 & 1 & d_1 \\ 0 & 0 & 0 & 1 \end{bmatrix} \tag{6.170a}
$$

$$
{}_2^1\boldsymbol{T}=\begin{bmatrix} -s_2 & -c_2 & 0 & a_1 \\ 0 & 0 & -1 & 0 \\ c_2 & -s_2 & 0 & 0 \\ 0 & 0 & 0 & 1 \end{bmatrix} \tag{6.170b}
$$

$$
{}_3^2\boldsymbol{T}=\begin{bmatrix} c_3 & -s_3 & 0 & d_2 \\ s_3 & c_3 & 0 & 0 \\ 0 & 0 & 1 & 0 \\ 0 & 0 & 0 & 1 \end{bmatrix} \tag{6.170c}
$$

$$
{}_4^3\boldsymbol{T}=\begin{bmatrix} c_4 & -s_4 & 0 & 0 \\ 0 & 0 & -1 & -a_2 \\ s_4 & c_4 & 0 & 0 \\ 0 & 0 & 0 & 1 \end{bmatrix} \tag{6.170d}
$$

$$
{}^{4}_{5}\boldsymbol{T}=\begin{bmatrix} c_5 & -s_5 & 0 & 0 \\ 0 & 0 & 1 & 0 \\ -s_5 & -c_5 & 0 & 0 \\ 0 & 0 & 0 & 1 \end{bmatrix} \tag{6.170e}
$$

$$
{}^{5}_{6}\boldsymbol{T}=\begin{bmatrix} c_6 & -s_6 & 0 & 0 \\ 0 & 0 & -1 & 0 \\ s_6 & c_6 & 0 & 0 \\ 0 & 0 & 0 & 1 \end{bmatrix} \tag{6.170f}
$$

$$
{}^{6}_{7}\boldsymbol{T}=\begin{bmatrix} 1 & 0 & 0 & 0 \\ 0 & 1 & 0 & 0 \\ 0 & 0 & 1 & a_3 \\ 0 & 0 & 0 & 1 \end{bmatrix} \tag{6.170g}
$$

将上述矩阵进行连乘，即可得到末端执行器坐标系$\{7\}$相对于基坐标系$\{0\}$的相对位姿矩阵，为

$$
\begin{aligned}
{}^{0}_{7}\boldsymbol{T} &= {}^{0}_{1}\boldsymbol{T}\,{}^{1}_{2}\boldsymbol{T}\,{}^{2}_{3}\boldsymbol{T}\,{}^{3}_{4}\boldsymbol{T}\,{}^{4}_{5}\boldsymbol{T}\,{}^{5}_{6}\boldsymbol{T}\,{}^{6}_{7}\boldsymbol{T} \\
&= \begin{bmatrix} r_{11} & r_{12} & r_{13} & p_x \\ r_{21} & r_{22} & r_{23} & p_y \\ r_{31} & r_{32} & r_{33} & p_z \\ 0 & 0 & 0 & 1 \end{bmatrix}
\end{aligned} \tag{6.171}
$$

式中

$$
\begin{cases}
r_{11} = s_6\left(c_4 s_1 + s_4 c_1 s_{23}\right) + s_6\left(c_5\left(s_1 s_4 - c_4 c_1 s_{23}\right) - s_5 c_1 c_{23}\right) \\
r_{12} = c_6\left(c_4 s_1 + s_4 c_1 s_{23}\right) - s_6\left(c_5\left(s_1 s_4 - c_4 c_1 s_{23}\right) - s_5 c_1 c_{23}\right) \\
r_{13} = s_5\left(s_1 s_4 - c_4 c_1 s_{23}\right) + c_5 c_1 c_{23} \\
r_{21} = s_6\left(s_4 s_1 s_{23} - c_1 c_4\right) - c_6\left(s_5 s_1 c_{23} + c_5\left(c_1 s_4 + c_4 s_1 s_{23}\right)\right) \\
r_{22} = s_6\left(s_5 s_1 c_{23} + c_5\left(c_1 s_4 + c_4 s_1 s_{23}\right)\right) + c_6\left(c_4 s_1 s_{23} - c_1 c_4\right) \\
r_{23} = c_6 s_1 c_{23} - s_5\left(c_1 s_4 + c_4 s_1 s_{23}\right) \\
r_{31} = -c_6\left(s_5 s_{23} - c_4 c_5 c_{23}\right) - s_6 s_4 c_{23} \\
r_{32} = s_6\left(s_5 s_{23} - c_4 c_5 c_{23}\right) - s_4 s_6 c_{23}
\end{cases} \tag{6.172a}
$$

$$
\begin{cases}
r_{33} = c_5 s_{23} + c_4 c_5 c_{23} \\
p_x = a_1 c_1 + a_2 c_1 c_{23} + a_3\left(s_5\left(s_1 s_4 - c_4 c_1 s_{23}\right) + c_5 c_1 c_{23}\right) - c_1 s_2 d_2 \\
p_y = a_1 s_1 - a_3\left(s_5\left(c_1 s_4 + c_4 s_1 s_{23}\right) - c_5 s_1 c_{23}\right) + a_2 s_1 c_{23} - d_2 s_1 s_2 \\
p_z = a_2 s_{23} + c_2 d_2 + a_3\left(c_5 s_{23} + c_4 s_5 c_{23}\right)
\end{cases} \tag{6.172b}
$$

需要注意的是，对于通过上述变换矩阵进行连乘后得到的末端执行器位姿矩阵，需要在矩阵的前后分别乘上一个常量矩阵，只有这样才能保证末端执行器坐标系和基坐标系之间的关系与由旋量理论法建立的坐标系一致，即

$$ {}_{\mathrm{DH}_0}^{S_0}\boldsymbol{T}\,{}_7^0\boldsymbol{T}\,{}_{S_6}^{7}\boldsymbol{T} = {}_{S_6}^{S_0}\boldsymbol{T} \tag{6.173}$$

式中，${}_{S_6}^{S_0}\boldsymbol{T}$ 表示前面推导的旋量理论下机器人末端执行器相对于基坐标系的位置，${}_{\mathrm{DH}_0}^{S_0}\boldsymbol{T}$ 和 ${}_{S_6}^{7}\boldsymbol{T}$ 分别表示 D-H 参数法下机器人基坐标系相对于旋量理论法下机器人基坐标系的位姿与旋量理论法下机器人末端执行器坐标系相对于 D-H 参数法下机器人末端执行器坐标系的位姿：

$$\begin{aligned} {}_{\mathrm{DH}_0}^{S_0}\boldsymbol{T} &= \begin{bmatrix} 0 & -1 & 0 & 0 \\ 1 & 0 & 0 & 0 \\ 0 & 0 & 1 & 0 \\ 0 & 0 & 0 & 1 \end{bmatrix} \\ {}_{S_6}^{7}\boldsymbol{T} &= \begin{bmatrix} 0 & 0 & 1 & 0 \\ 1 & 0 & 0 & 0 \\ 0 & 1 & 0 & 0 \\ 0 & 0 & 0 & 1 \end{bmatrix} \end{aligned} \tag{6.174}$$

6.4.3　逆运动学求解

机器人存在逆运动学解析解的充分判据为 Pieper 准则，而在 D-H 参数法下求机器人的解析解通常有两种方法，即几何解法和代数解法。在代数解法中，对于一般的机器人，存在一种通用的逆变换技术来求解逆解。此外，对于含有球形腕部的机器人，可以通过位置和姿态解耦的方法进行逆运动学求解。

在用代数解法求解逆运动学之前，需要首先讨论一些典型的三角函数方程的解，这类问题常常出现在求解机器人逆运动学的过程中。

（1）对于式（6.175）：

$$a\cos\theta + b\sin\theta = c \tag{6.175}$$

首先令 $L=\sqrt{a^2+b^2}$ ，那么有

$$\begin{aligned} \sin\phi\cos\theta + \cos\phi\sin\theta &= \sin(\phi+\theta) \\ &= \frac{c}{L} \end{aligned} \tag{6.176}$$

$$\cos(\phi+\theta) = \pm\sqrt{1-\left(\frac{c}{L}\right)^2}$$

因此

$$\phi+\theta = \operatorname{atan2}\left(c, \pm\sqrt{L^2-c^2}\right) \tag{6.177}$$

这里，$\sin\phi=\dfrac{a}{L}$，$\cos\phi=\dfrac{b}{L}$，故有

$$\phi = \operatorname{atan2}(a,b) \tag{6.178}$$

因此可以最终求得该三角函数方程的解为

$$\theta = \operatorname{atan2}\left(c, \pm\sqrt{L^2-c^2}\right) - \operatorname{atan2}(a,b) \tag{6.179}$$

当然，容易看出，当 $L^2-c^2>0$ 时，方程有两个解；当 $L^2-c^2=0$ 时，方程仅有一个解；

当$L^2-c^2<0$时，方程无解。

（2）对于式（6.180）：

$$\begin{cases}a\cos\theta+b\sin\theta=c\\a\cos\theta-b\sin\theta=d\end{cases}\tag{6.180}$$

容易得到

$$\begin{cases}2a\cos\theta=c+d\\2b\sin\theta=c-d\end{cases}\tag{6.181}$$

那么此时的解唯一：

$$\theta=\operatorname{atan}2\left(\frac{c-d}{2b},\frac{c+d}{2a}\right)\tag{6.182}$$

（3）对于式（6.183）：

$$\sin\theta=a\tag{6.183}$$

它有两个解，为

$$\theta=\operatorname{atan}2\left(a,\pm\sqrt{1-a^2}\right)\tag{6.184}$$

（4）对于式（6.185）：

$$\cos\theta=b\tag{6.185}$$

它有两个解，为

$$\theta=\operatorname{atan}2\left(\pm\sqrt{1-b^2},b\right)\tag{6.186}$$

综上所述，在掌握了求解典型三角函数方程的方法后，就可以求解机器人的逆解了。

（1）机器人逆解的几何解法求解。

D-H 参数法下机器人的几何解法求逆解即利用机器人的几何结构关系求逆解的方法。这种方法比较直观，且计算量小，但技巧性相对强。

例 6.16 利用几何解法求解如图 6.29 所示的 3 自由度平面机器人逆运动学，已知末端执行器坐标系的齐次变换矩阵为

$${}_4^0\boldsymbol{T}=\begin{bmatrix}n_x&o_x&0&p_x\\n_y&o_y&0&p_y\\0&0&1&0\\0&0&0&1\end{bmatrix}\tag{6.187}$$

首先容易得到，对一个平面机器人来说，其末端执行器位姿矩阵可以表示为

$${}_4^0\boldsymbol{T}=\begin{bmatrix}\cos\varphi&-\sin\varphi&0&p_x\\\sin\varphi&\cos\varphi&0&p_y\\0&0&1&0\\0&0&0&1\end{bmatrix}\tag{6.188}$$

此时，如图 6.29 所示，得到式（6.188）中的角度$\varphi=\operatorname{atan}2(n_y,n_x)$，且设建立在最后一个关节上的坐标系原点为$p$，这个点的坐标$(x, y)$可以由齐次变换矩阵${}_3^0\boldsymbol{T}$的平移部分得到，即有

$${}_3^0\boldsymbol{T}={}_4^0\boldsymbol{T}\,{}_4^3\boldsymbol{T}^{-1}\tag{6.189}$$

又因为 ${}^3_4\boldsymbol{T}$ 是一个常量矩阵：

$$ {}^3_4\boldsymbol{T}=\begin{bmatrix}1 & 0 & 0 & a_3\\0 & 1 & 0 & 0\\0 & 0 & 1 & 0\\0 & 0 & 0 & 1\end{bmatrix} \tag{6.190} $$

所以 ${}^0_3\boldsymbol{T}$ 就能由已知条件直接求出，并进而得到 p 点的坐标 (x, y)，此时将机器人抽象为如图 6.30 所示的连杆系统。

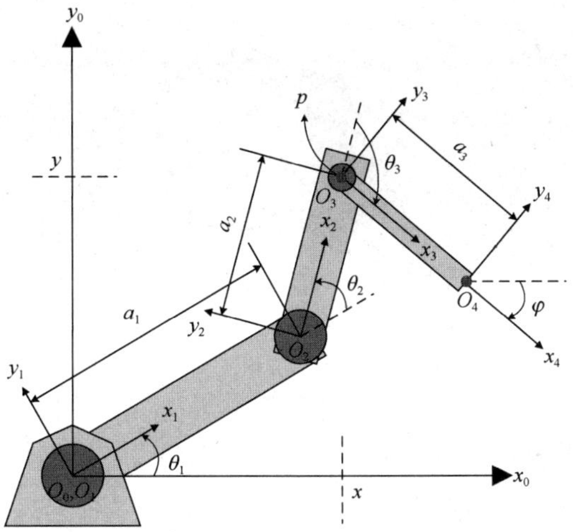

图 6.29　三自由度平面机器人

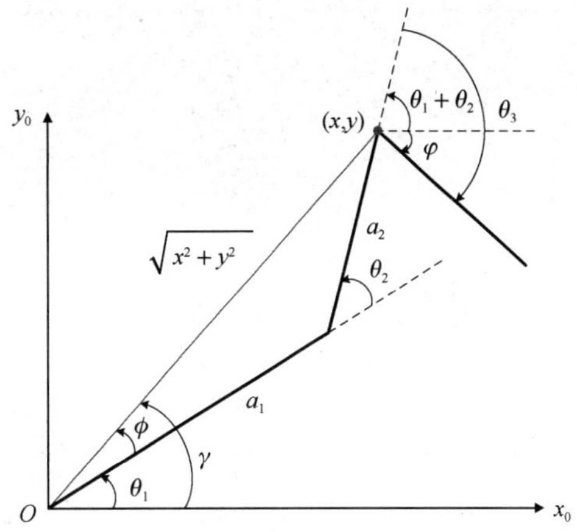

图 6.30　简化模型图

由余弦定理可得

$$ \begin{aligned}\cos(\pi-\theta_2)&=-\cos\theta_2\\&=\frac{a_1^2+a_2^2-(x^2+y^2)}{2a_1a_2}\end{aligned} \tag{6.191} $$

此时，θ_2 有解，为

$$ \theta_2=\operatorname{atan}2\left(\pm\sqrt{1-\cos^2\theta_2},\cos\theta_2\right) \tag{6.192} $$

式（6.192）中的 θ_2 出现了多个解，分别对应机械臂垂肘和提肘（见图 6.31），又观察图 6.30 可知

$$ \begin{aligned}\gamma&=\phi+\theta_1\\&=\operatorname{atan}2(y,x)\end{aligned} \tag{6.193} $$

由余弦定理可得

$$ \cos\phi=\frac{x^2+y^2+a_1^2-a_2^2}{2a_1\sqrt{x^2+y^2}} \tag{6.194} $$

此时，ϕ 有解，为

$$ \phi=\operatorname{atan}2\left(\pm\sqrt{1-\cos^2\phi},\cos\phi\right) \tag{6.195} $$

可以看到，式（6.195）中的ϕ也出现了多个解，不过，其与θ_2的多个解并不是相互独立的，即在机械臂垂肘时，有$\phi > 0$；在机械臂提肘时，有$\phi < 0$。故可求得θ_1为

$$\theta_1 = \operatorname{atan}2(y, x) - \phi \tag{6.196}$$

观察图 6.31 可知，在以逆时针为旋转正方向的前提下，有

$$\theta_1 + \theta_2 = \varphi - \theta_3 \tag{6.197}$$

又因为θ_1、θ_2和φ已知，所以可以求得

$$\theta_3 = \varphi - (\theta_1 + \theta_2) \tag{6.198}$$

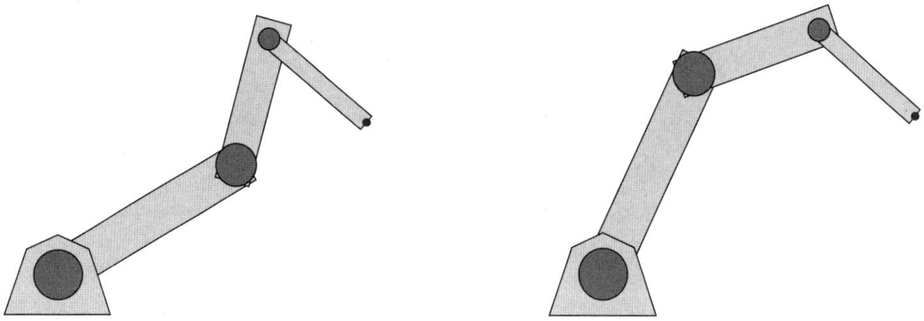

（a）垂肘 （b）提肘

图 6.31 3 自由度平面机器人的两种不同配置

在上述问题中，涉及机器人解的多重性问题，在实际应用时，需要根据需求选取合理的机器人配置。

（2）机器人逆解的代数法求解。

D-H 参数法下机器人的代数法求逆解过程相对烦琐，但通过一种通用的逆变换技术，可以使代数法求逆解过程普遍适用于各种结构的机器人，技巧性相对弱。

对于一个逆解问题，通常已知其相对于基坐标系$\{0\}$的相对变换矩阵为${}_n^0\boldsymbol{T}$，此时，由机器人的正运动学可知

$$\begin{aligned} {}_n^0\boldsymbol{T} &= {}_1^0\boldsymbol{T}(q_1)\,{}_2^1\boldsymbol{T}(q_2)\cdots{}_n^{n-1}\boldsymbol{T}(q_n) \\ &= \begin{bmatrix} r_{11} & r_{12} & r_{13} & r_{14} \\ r_{21} & r_{22} & r_{23} & r_{24} \\ r_{31} & r_{32} & r_{33} & r_{34} \\ 0 & 0 & 0 & 1 \end{bmatrix} \end{aligned} \tag{6.199}$$

等式两边同时左乘${}_1^0\boldsymbol{T}^{-1}(q_1)$得

$${}_1^0\boldsymbol{T}^{-1}(q_1)\,{}_n^0\boldsymbol{T} = {}_2^1\boldsymbol{T}(q_2)\,{}_3^2\boldsymbol{T}(q_3)\cdots{}_n^{n-1}\boldsymbol{T}(q_n) \tag{6.200}$$

可见，等式左边的矩阵仅与q_1有关，而通常等式右边的矩阵会存在 0 或常数项。此时，就可以通过相等矩阵的各个位置元素相等的特点解出q_1。在式（6.200）两边同时左乘${}_2^0\boldsymbol{T}^{-1}(q_2)$得

$${}_2^1\boldsymbol{T}^{-1}(q_2)\,{}_n^1\boldsymbol{T} = {}_3^2\boldsymbol{T}(q_3)\,{}_4^3\boldsymbol{T}(q_4)\cdots{}_n^{n-1}\boldsymbol{T}(q_n) \tag{6.201}$$

此时，由于q_1已经解出，因此等式左边的矩阵仅与q_2有关，同理可解出q_2。按照相同的过程

解出所有的关节变量。下面写出后续的变换过程：

$$
\begin{aligned}
{}_{3}^{2}\boldsymbol{T}^{-1}\left(q_3\right){}_{n}^{2}\boldsymbol{T} &= {}_{4}^{3}\boldsymbol{T}\left(q_4\right){}_{5}^{4}\boldsymbol{T}\left(q_5\right)\cdots{}_{n}^{n-1}\boldsymbol{T}\left(q_n\right) \\
{}_{4}^{3}\boldsymbol{T}^{-1}\left(q_4\right){}_{n}^{3}\boldsymbol{T} &= {}_{5}^{4}\boldsymbol{T}\left(q_5\right){}_{6}^{5}\boldsymbol{T}\left(q_6\right)\cdots{}_{n}^{n-1}\boldsymbol{T}\left(q_n\right) \\
&\vdots \\
{}_{n}^{n-1}\boldsymbol{T}^{-1}\left(q_n\right){}_{n}^{n-1}\boldsymbol{T} &= \boldsymbol{I}_{4\times 4}
\end{aligned}
\tag{6.202}
$$

不过，在求解实际问题的过程中，并不总是能够顺利地通过一个等式求出一个关节变量，有时可能需要联立等式求解方程组。此外，利用逆变换技术求解问题的烦琐程度与机器人的结构及建立坐标系的方法有很大的关系。在采用 Standard D-H 参数法建立坐标系的情况下，逆解如果难以求得，不妨采用 Modified D-H 参数法建立坐标系，可能会使问题得到简化。逆变换技术有时也可以被称为 Pieper 技术。

例 6.17 利用代数法求解如图 6.32 所示的 3R（3 自由度）机器人逆运动学，已知末端执行器坐标系的齐次变换矩阵为

$$
\begin{aligned}
{}_{4}^{0}\boldsymbol{T} &= {}_{1}^{0}\boldsymbol{T}\,{}_{2}^{1}\boldsymbol{T}\,{}_{3}^{2}\boldsymbol{T}\,{}_{4}^{3}\boldsymbol{T} \\
&= \begin{bmatrix} r_{11} & r_{12} & r_{13} & r_{14} \\ r_{21} & r_{22} & r_{23} & r_{24} \\ r_{31} & r_{32} & r_{33} & r_{34} \\ 0 & 0 & 0 & 1 \end{bmatrix}
\end{aligned}
\tag{6.203}
$$

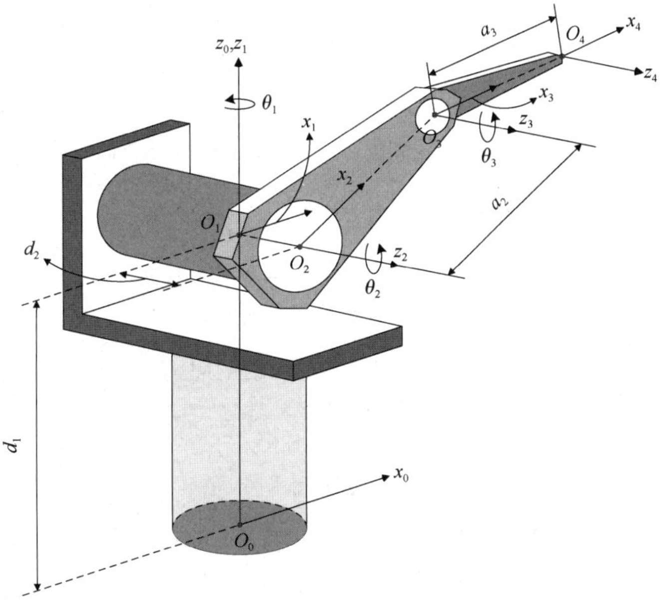

图 6.32 3R 机器人

首先求出各个连杆坐标系之间的齐次变换矩阵，分别为

$$
{}_{1}^{0}\boldsymbol{T} = \begin{bmatrix} \cos\theta_1 & -\sin\theta_1 & 0 & 0 \\ \sin\theta_1 & \cos\theta_1 & 0 & 0 \\ 0 & 0 & 1 & d_1 \\ 0 & 0 & 0 & 1 \end{bmatrix}
\tag{6.204a}
$$

$$
{}_2^1\boldsymbol{T}=\begin{bmatrix}\cos\theta_2 & -\sin\theta_2 & 0 & 0\\ 0 & 0 & -1 & -d_2\\ \sin\theta_2 & \cos\theta_2 & 0 & 0\\ 0 & 0 & 0 & 1\end{bmatrix} \tag{6.204b}
$$

$$
{}_3^2\boldsymbol{T}=\begin{bmatrix}\cos\theta_3 & -\sin\theta_3 & 0 & a_2\\ \sin\theta_3 & \cos\theta_3 & 0 & 0\\ 0 & 0 & 1 & 0\\ 0 & 0 & 0 & 1\end{bmatrix} \tag{6.204c}
$$

由于连杆坐标系{3}和末端执行器坐标系{4}之间仅相差一个常量矩阵：

$$
{}_4^3\boldsymbol{T}=\begin{bmatrix}1 & 0 & 0 & a_3\\ 0 & 1 & 0 & 0\\ 0 & 0 & 1 & 0\\ 0 & 0 & 0 & 1\end{bmatrix} \tag{6.205}
$$

因此，根据前述逆变换技术的求解过程，有

$$
\begin{aligned}
{}_1^0\boldsymbol{T}^{-1}(q_1)\,{}_4^0\boldsymbol{T} &= {}_2^1\boldsymbol{T}(q_2)\,{}_3^2\boldsymbol{T}(q_3)\,{}_4^3\boldsymbol{T}\\
&=\begin{bmatrix}t_{11} & t_{12} & t_{13} & t_{14}\\ t_{21} & t_{22} & t_{23} & t_{24}\\ t_{31} & t_{32} & t_{33} & t_{34}\\ 0 & 0 & 0 & 1\end{bmatrix}
\end{aligned} \tag{6.206}
$$

对等式右边有

$$
{}_4^1\boldsymbol{T}(q_2,q_3)=\begin{bmatrix}c_{23} & -s_{23} & 0 & a_2c_2+a_3c_{23}\\ 0 & 0 & -1 & -d_2\\ s_{23} & c_{23} & 0 & a_2s_2+a_3s_{23}\\ 0 & 0 & 0 & 1\end{bmatrix} \tag{6.207}
$$

对等式左边有

$$
{}_4^1\boldsymbol{T}(q_1)=\begin{bmatrix}r_{11}c_1+r_{21}s_1 & r_{12}c_1+r_{22}s_1 & r_{13}c_1+r_{23}s_1 & r_{14}c_1+r_{24}s_1\\ r_{21}c_1-r_{11}s_1 & r_{22}c_1-r_{12}s_1 & r_{23}c_1-r_{13}s_1 & r_{24}c_1-r_{14}s_1\\ r_{31} & r_{32} & r_{33} & r_{34}-d_1\\ 0 & 0 & 0 & 1\end{bmatrix} \tag{6.208}
$$

因为等式两边矩阵的各个位置元素相等，所以由 t_{24} 位置元素得到

$$
r_{24}\cos\theta_1-r_{14}\sin\theta_1=-d_2 \tag{6.209}
$$

由前面讨论的解三角函数方程方法中的情况（1），即 $a\cos\theta+b\sin\theta=c$ 的情况，可以看到，此时 $a=r_{24}$、$b=-r_{14}$、$c=-d_2$，将其代入式（6.179）即可得到关节变量 θ_1 为

$$
\theta_1=\operatorname{atan2}\left(-d_2,\pm\sqrt{r_{24}^2+r_{14}^2-d_2^2}\right)-\operatorname{atan2}(r_{24},-r_{14}) \tag{6.210}
$$

同时，由等式两边矩阵 t_{31} 位置和 t_{32} 位置元素得到

$$
\theta_2+\theta_3=\operatorname{atan2}(r_{31},r_{32}) \tag{6.211}
$$

此时，q_1 已经解得，将 ${}_2^1\boldsymbol{T}$ 乘入式（6.208）得到

$$
{}_2^1\boldsymbol{T}^{-1}(q_2)\,{}_4^1\boldsymbol{T} = {}_3^2\boldsymbol{T}(q_3)\,{}_4^3\boldsymbol{T}
= \begin{bmatrix} f_{11} & f_{12} & f_{13} & f_{14} \\ f_{21} & f_{22} & f_{23} & f_{24} \\ f_{31} & f_{32} & f_{33} & f_{34} \\ 0 & 0 & 0 & 1 \end{bmatrix} \tag{6.212}
$$

对等式右边有

$$
{}_4^2\boldsymbol{T}(q_3) = \begin{bmatrix} c_3 & -s_3 & 0 & a_2 + a_3c_3 \\ s_3 & c_3 & 0 & a_3c_3 \\ 0 & 0 & 1 & 0 \\ 0 & 0 & 0 & 1 \end{bmatrix} \tag{6.213}
$$

对等式左边有

$$
{}_4^2\boldsymbol{T}(q_2) = \begin{bmatrix} r_{31}s_2 + c_2h_1 & r_{32}s_2 + c_2h_2 & r_{33}s_2 + c_2h_3 & c_2h_4 - (d_1 - r_{34})s_2 \\ r_{31}c_2 - s_2h_1 & r_{32}c_2 - s_2h_2 & r_{33}c_2 - s_2h_3 & -s_2h_4 - c_2(d_1 - r_{34}) \\ r_{11}s_1 - r_{21}c_1 & r_{12}s_1 - r_{22}c_1 & r_{13}s_1 - r_{23}c_1 & r_{14}s_1 - r_{24}c_1 - d_2 \\ 0 & 0 & 0 & 1 \end{bmatrix} \tag{6.214}
$$

式中，$h_1(\theta_1) = r_{11}c_1 + r_{21}s_1$；$h_2(\theta_1) = r_{12}c_1 + r_{22}s_1$；$h_3(\theta_1) = r_{13}c_1 + r_{23}s_1$；$h_4(\theta_1) = r_{14}c_1 + r_{24}s_1$。由于在之前的过程中 θ_1 已经解得，h 均为已知量，因此由位置 f_{23} 元素可以得到

$$
r_{33}c_2 - s_2h_3 = 0 \tag{6.215}
$$

由前面讨论的解三角函数方程方法中的情况（1），即 $a\cos\theta + b\sin\theta = c$ 的情况，可以看到，此时 $a = r_{33}$、$b = -h_3$、$c = 0$，将其代入式（6.179）即可得到关节变量 θ_2 为

$$
\theta_2 = \pm\pi - \operatorname{atan2}(r_{33}, -h_3) \tag{6.216}
$$

又由式（6.211）已经得到的 $\theta_2 + \theta_3$，可以得到

$$
\theta_3 = \operatorname{atan2}(r_{31}, r_{32}) - \theta_2 \tag{6.217}
$$

至此，该 3R 机器人的关节变量均已求得。

然后给出针对该机器人的改进 D-H 参数法建模下的机器人逆解，以方便后续计算。此处为了后续能够讨论 D-H 参数法建模下机器人求逆解和旋量理论法下机器人求逆解的特点，也给出 D-H 参数法建模下机器人求逆解的详细推导过程。

为了简化后续的求解过程，本书在此处引入一个介于基坐标系$\{0\}$和坐标系$\{1\}$之间的辅助坐标系$\{0'\}$来简化求解过程。辅助坐标系和坐标系$\{1\}$之间只存在平移关系，两者的相对位姿矩阵为

$$
{}_{0'}^{0}\boldsymbol{T} = \begin{bmatrix} 1 & 0 & 0 & 0 \\ 0 & 1 & 0 & 0 \\ 0 & 0 & 1 & d_1 \\ 0 & 0 & 0 & 1 \end{bmatrix} \tag{6.218}
$$

故辅助坐标系$\{0'\}$和坐标系$\{1\}$的关系为

$$
{}^{0'}_{1}\boldsymbol{T}=\begin{bmatrix} c_1 & -s_1 & 0 & 0 \\ s_1 & c_1 & 0 & 0 \\ 0 & 0 & 1 & 0 \\ 0 & 0 & 0 & 1 \end{bmatrix} \tag{6.219}
$$

即两者只存在旋转关系。经过此步处理后，在正式求解的过程中，需要先在给定的末端执行器位姿矩阵前乘一个 ${}^{0}_{0'}\boldsymbol{T}^{-1}$ 以消去一个位移常量，之后得到的所有关系都是辅助坐标系 $\{0'\}$ 与其他坐标系之间的关系。这样操作之后，后续的求解过程会简化很多，后面也会简单提到。

（1）求解 θ_1、θ_2、θ_3。

准备工作完成后，开始正式推导 D-H 参数法建模下机器人逆运动学的解。首先求解前 3 个关节角的逆解。由于本书针对的机器人是一个后 3 个旋转轴交于一点的、有腕部的机器人，因此容易推导其腕部点的坐标系原点位置与末端点位置有如下关系：

$$
{}^{0'}_{4}\boldsymbol{T}=\begin{bmatrix} {}^{0'}_{4}\boldsymbol{R} & {}^{0'}\boldsymbol{d}_4 \\ 0,0,0 & 1 \end{bmatrix} \tag{6.220}
$$

由于后 3 个旋转轴所在坐标系原点位于同一点，因此有

$$
{}^{0'}\boldsymbol{d}_4={}^{0'}\boldsymbol{d}_6 \tag{6.221}
$$

又因为 ${}^{6}_{7}\boldsymbol{T}$ 在式（6.170b）中已经给出，是一个常量矩阵，所以有

$$
\begin{aligned}
{}^{0'}_{6}\boldsymbol{T} &= {}^{0'}_{7}\boldsymbol{T}\,{}^{7}_{6}\boldsymbol{T} \\
&= {}^{0'}_{7}\boldsymbol{T}\,{}^{6}_{7}\boldsymbol{T}^{-1} \\
&= \begin{bmatrix} {}^{0'}_{6}\boldsymbol{R} & {}^{0'}\boldsymbol{d}_6 \\ 0,0,0 & 1 \end{bmatrix}
\end{aligned} \tag{6.222}
$$

此时，式（6.222）中的 ${}^{0'}_{6}\boldsymbol{T}$ 是一个由给定的已知量可以求得的常量矩阵，故可以将位置向量提取出来：

$$
{}^{0'}\boldsymbol{d}_6=[x,y,z]^{\mathrm{T}} \tag{6.223}
$$

式中，x、y、z 都是已知量，因此可以设一个齐次向量 ${}^{0'}\boldsymbol{p}_4=[{}^{0'}\boldsymbol{d}_4,1]^{\mathrm{T}}$，而这个齐次向量的表示可以通过线性代数中的分块矩阵原理得到，以剔除不需要的部分。首先，有

$$
\begin{aligned}
{}^{0'}_{4}\boldsymbol{T} &= {}^{0'}_{3}\boldsymbol{T}\,{}^{3}_{4}\boldsymbol{T} \\
&= {}^{0'}_{3}\boldsymbol{T}\left[\begin{array}{c|c} {}^{3}_{4}\boldsymbol{R} & {}^{3}\boldsymbol{d}_4 \\ 0,0,0 & 1 \end{array}\right]
\end{aligned} \tag{6.224}
$$

将 ${}^{0'}_{4}\boldsymbol{T}$ 按等式右边的分块方式进行分块，有

$$
\left[\begin{array}{c|c} {}^{0'}_{4}\boldsymbol{R} & {}^{0'}\boldsymbol{d}_4 \\ 0,0,0 & 1 \end{array}\right]={}^{0'}_{3}\boldsymbol{T}\left[\begin{array}{c|c} {}^{3}_{4}\boldsymbol{R} & {}^{3}\boldsymbol{d}_4 \\ 0,0,0 & 1 \end{array}\right] \tag{6.225}
$$

将等式两边拆开，可以得到

$$
\begin{bmatrix} {}^{0'}_{4}\boldsymbol{R} \\ 0,0,0 \end{bmatrix}={}^{0'}_{3}\boldsymbol{T}\begin{bmatrix} {}^{3}_{4}\boldsymbol{R} \\ 0,0,0 \end{bmatrix}
$$

$$\begin{bmatrix} {}^{0'}\boldsymbol{d}_4 \\ 1 \end{bmatrix} = {}_3^{0'}\boldsymbol{T} \begin{bmatrix} {}^{3}\boldsymbol{d}_4 \\ 1 \end{bmatrix} = {}^{0'}\boldsymbol{p}_4 \tag{6.226}$$

此时就得到了所需的矩阵方程：

$$\begin{aligned} {}^{0'}\boldsymbol{p}_4 &= [x, y, z, 1]^{\mathrm{T}} \\ &= {}_3^{0'}\boldsymbol{T}[{}^{3}\boldsymbol{d}_4, 1]^{\mathrm{T}} \\ &= {}_3^{0'}\boldsymbol{T}[0, -a_2, 0, 1]^{\mathrm{T}} \\ &= {}_1^{0'}\boldsymbol{T}\,{}_2^{1}\boldsymbol{T}[f_1, f_2, f_3, 1]^{\mathrm{T}} \end{aligned} \tag{6.227}$$

式中，f_1、f_2和f_3是只与θ_3有关的函数，其表达式如下：

$$\begin{aligned} f_1(\theta_3) &= d_2 + a_2 s_3 \\ f_2(\theta_3) &= -a_2 c_3 \\ f_3(\theta_3) &= 0 \end{aligned} \tag{6.228}$$

将式（6.205）中的${}_2^{1}\boldsymbol{T}$乘入$[f_1, f_2, f_3, 1]^{\mathrm{T}}$中，可以得到

$${}^{0'}\boldsymbol{p}_4 = {}_1^{0'}\boldsymbol{T}[g_1, g_2, g_3, 1]^{\mathrm{T}} \tag{6.229}$$

式中，g_1、g_2和g_3是与θ_2、θ_3有关的函数，其表达式如下：

$$\begin{aligned} g_1(\theta_2, \theta_3) &= a_1 - d_2 s_2 + a_2 s_{23} \\ &= a_1 - c_2 f_2 - f_1 s_2 \\ g_2(\theta_2, \theta_3) &= 0 \\ g_3(\theta_2, \theta_3) &= c_2 d_2 + a_2 s_{23} \\ &= c_2 f_1 - f_2 s_2 \end{aligned} \tag{6.230}$$

将式（6.204）中的${}_1^{0'}\boldsymbol{T}$乘入$[g_1, g_2, g_3, 1]^{\mathrm{T}}$中，可以得到

$$\begin{aligned} {}^{0'}\boldsymbol{p}_4 &= \begin{bmatrix} c_1 & -s_1 & 0 & 0 \\ s_1 & c_1 & 0 & 0 \\ 0 & 0 & 1 & 0 \\ 0 & 0 & 0 & 1 \end{bmatrix} \begin{bmatrix} g_1 \\ g_2 \\ g_3 \\ 1 \end{bmatrix} \\ &= [c_1 g_1, s_1 g_1, g_3, 1]^{\mathrm{T}} \\ &= [x, y, z, 1]^{\mathrm{T}} \end{aligned} \tag{6.231}$$

将${}^{0'}\boldsymbol{p}_4$的 3 个位置坐标进行平方和运算，有

$$\begin{aligned} r^2 &= x^2 + y^2 + z^2 \\ &= g_1^2 + g_3^2 \\ &= a_1^2 + f_1^2 + f_2^2 - 2a_1(c_2 f_2 + s_2 f_1) \\ &= k_3 - 2a_1(c_2 k_2 + s_2 k_1) \end{aligned} \tag{6.232}$$

这一步消去了方程中的θ_1，体现了最初提出辅助坐标系和矩阵的重要性，否则整个式子会变为$a_1^2 + f_1^2 + f_2^2 + d_1^2 + 2d_1(c_2 f_1 - s_2 f_2) - 2a_1(c_2 f_2 + s_2 f_1)$，大大增加了求解的难度。式（6.232）

中采用了一组新的变量 k 来替换 f，其表达式为

$$\begin{aligned} k_1(\theta_3) &= f_1(\theta_3) \\ k_2(\theta_3) &= f_2(\theta_3) \\ k_3(\theta_3) &= a_1^2 + f_1^2 + f_2^2 \end{aligned} \tag{6.233}$$

可以看到，变量 k 也仅是 θ_3 的函数，改变上式的形式，得到

$$c_2k_2 + s_2k_1 = \frac{k_3 - r_2}{2a_1} \tag{6.234}$$

由式（6.230）和式（6.231）可以得到

$$\begin{aligned} z &= g_3 \\ &= c_2k_1 - k_2s_2 \end{aligned} \tag{6.235}$$

联立式（6.234）和式（6.235）可以得到

$$\begin{aligned} z^2 + \left[\frac{k_3 - r^2}{2a_1}\right]^2 &= k_1^2 + k_2^2 \\ &= f_1^2 + f_2^2 \end{aligned} \tag{6.236}$$

令 $m = f_1^2 + f_2^2$，可以得到

$$z^2 + \left[\frac{m + \left(a_1^2 - r^2\right)}{2a_1}\right]^2 = m \tag{6.237}$$

将上式整理为标准的二次函数方程

$$m^2 + \left(2n - 4a_1^2\right)m + n^2 + 4a_z^2z^2 = 0 \tag{6.238}$$

代入求根公式，可以得到

$$\begin{aligned} m &= f_1^2 + f_2^2 \\ &= \frac{-b \pm \sqrt{b^2 - 4c}}{2} \end{aligned} \tag{6.239}$$

结合式（6.228），可以得到

$$f_1^2 + f_2^2 = d_2^2 + a_2^2 + 2a_2d_2s_3 \tag{6.240}$$

重新整理上式得

$$\begin{aligned} s_3 &= \frac{m - d_2^2 - a_2^2}{2a_2d_2} \\ c_3 &= \pm\sqrt{1 - s_3^2} \end{aligned} \tag{6.241}$$

由此可以计算得到 θ_3 的表达式为

$$\theta_3 = \operatorname{atan2}\left(\frac{m - d_2^2 - a_2^2}{2a_2d_2}, \pm\sqrt{1 - s_3^2}\right) \tag{6.242}$$

值得注意的是，由于式（6.239）和式（6.242）中均存在“±”，因此此步求出的 θ_3 有 4 个不同的解。

此时，既然 θ_3 已经求得，那么 k 和 f 这两组变量均为已知量，故可由式（6.235）和式（6.179）提出的三角函数方程的解求得 θ_2 的表达式为

$$\theta_2 = \operatorname{atan2}\left(z, \pm\sqrt{k_1^2 + k_2^2 - z^2}\right) - \operatorname{atan2}\left(k_1, -k_2\right) \tag{6.243}$$

值得注意的是，此处本应产生多个解，但实际上这里只能取“+”或“-”，原因在于，在求得 θ_2 后，g 这组变量已知，由式（6.231）可得

$$c_1 = \frac{x}{g_1}$$
$$s_1 = \frac{y}{g_1} \tag{6.244}$$

求出 θ_2，进而求得的 g_1 必须使得下式成立：

$$\frac{x^2 + y^2}{g_1^2} = 1 \tag{6.245}$$

满足以上条件的 θ_2 才是我们需要的，因此，在求出 θ_2 的两个解之后，需要通过式（6.245）进行判断，并舍弃不满足判别式的解，故消除了此处的多值性，且求得 θ_1 为

$$\theta_1 = \operatorname{atan2}\left(\frac{y}{g_1}, \frac{x}{g_1}\right) \tag{6.246}$$

至此，针对 D-H 参数法下 θ_1、θ_2、θ_3 的求解过程推导完毕。

（2）求解 θ_4、θ_5、θ_6。

在求得 θ_1、θ_2、θ_3 后，就可以非常轻松地解得 θ_4、θ_5、θ_6。

此时，只需考虑机器人末端执行器即可求解 θ_4、θ_5、θ_6，机器人的位姿就是其对应位姿矩阵提取出前 3 行前 3 列。由于有 ${}^0_6\boldsymbol{R} = {}^0_3\boldsymbol{R}\,{}^3_6\boldsymbol{R}$，而因为 θ_1、θ_2、θ_3 已经求得，所以 ${}^0_3\boldsymbol{R}$ 是一个已知量，因此通过提取 ${}^0_3\boldsymbol{T} = {}^0_1\boldsymbol{T}\,{}^1_2\boldsymbol{T}\,{}^2_3\boldsymbol{T}$ 中的前 3 行前 3 列可以求得位姿；${}^0_6\boldsymbol{R}$ 可以通过提取 ${}^0_6\boldsymbol{T}$ 的前 3 行前 3 列得到。

求出 ${}^0_3\boldsymbol{R}$ 的表达式后，可以先算出 ${}^{0'}_3\boldsymbol{T}$ 的表达式：

$$\begin{aligned}
{}^{0'}_3\boldsymbol{T} &= {}^{0'}_1\boldsymbol{T}\,{}^1_2\boldsymbol{T}\,{}^2_3\boldsymbol{T} \\
&= \begin{bmatrix} c_1 & -s_1 & 0 & 0 \\ s_1 & c_1 & 0 & 0 \\ 0 & 0 & 1 & d_1 \\ 0 & 0 & 0 & 1 \end{bmatrix}
\begin{bmatrix} -s_2 & -c_2 & 0 & a_1 \\ 0 & 0 & -1 & 0 \\ c_2 & -s_2 & 0 & 0 \\ 0 & 0 & 0 & 1 \end{bmatrix}
\begin{bmatrix} c_3 & -s_3 & 0 & d_2 \\ s_3 & c_3 & 0 & 0 \\ 0 & 0 & 1 & 0 \\ 0 & 0 & 0 & 1 \end{bmatrix} \\
&= \begin{bmatrix} -c_1 s_{23} & -c_1 c_{23} & s_1 & a_1 c_1 - d_2 c_1 s_2 \\ -s_1 s_{23} & -s_1 c_{23} & -c_1 & a_1 s_1 - d_2 s_1 s_2 \\ c_{23} & -s_{23} & 0 & d_2 c_2 \\ 0 & 0 & 0 & 1 \end{bmatrix}
\end{aligned} \tag{6.247}$$

从式（6.248）的矩阵中提取出前 3 行前 3 列，可以得到所需的 ${}^{0'}_3\boldsymbol{R}$：

$${}^{0'}_3\boldsymbol{R} = \begin{bmatrix} -c_1 s_{23} & -c_1 c_{23} & s_1 \\ -s_1 s_{23} & -s_1 c_{23} & -c_1 \\ c_{23} & -s_{23} & 0 \end{bmatrix} \tag{6.248}$$

又由需要计算的量为 ${}^3_6\boldsymbol{R} = {}^{0'}_3\boldsymbol{R}^{\mathrm{T}}\,{}^{0'}_6\boldsymbol{R}$，将 ${}^{0'}_3\boldsymbol{R}$ 做转置得到

$$ {}_{3}^{0'}\boldsymbol{R}^{\mathrm{T}}=\begin{bmatrix} -c_1s_{23} & -s_1s_{23} & c_{23} \\ -c_1c_{23} & -s_1c_{23} & -s_{23} \\ s_1 & -c_1 & 0 \end{bmatrix} \tag{6.249} $$

此时，代入已计算出的θ_1、θ_2、θ_3，就可以求得${}_{3}^{0'}\boldsymbol{R}^{\mathrm{T}}$的具体值，并根据从${}_{6}^{0'}\boldsymbol{T}$中求得的${}_{6}^{0'}\boldsymbol{R}$，求出${}_{6}^{3}\boldsymbol{R}={}_{3}^{0'}\boldsymbol{R}^{\mathrm{T}}\,{}_{6}^{0'}\boldsymbol{R}$的值：

$$ \begin{aligned} {}_{6}^{3}\boldsymbol{R} &= {}_{3}^{0'}\boldsymbol{R}^{\mathrm{T}}\,{}_{6}^{0'}\boldsymbol{R} \\ &= \begin{bmatrix} r_{11} & r_{12} & r_{13} \\ r_{21} & r_{22} & r_{23} \\ r_{31} & r_{32} & r_{33} \end{bmatrix} \\ &= \begin{bmatrix} c_4c_5c_6-s_4s_6 & -c_6s_4-c_4c_5c_6 & c_4s_5 \\ c_6s_5 & -s_5s_6 & -c_5 \\ c_4s_6+c_5c_6s_4 & c_4c_6-c_5s_4s_6 & s_4s_5 \end{bmatrix} \end{aligned} \tag{6.250} $$

观察式（6.250）中的矩阵可以求得

$$ \begin{aligned} c_5 &= -r_{23} \\ s_5 &= \pm\sqrt{1-c_5^2} \end{aligned} \tag{6.251} $$

此时，可以首先求得θ_5为

$$ \theta_5=\operatorname{atan}2\left(\pm\sqrt{1-r_{23}^2},-r_{23}\right) \tag{6.252} $$

再通过矩阵中的r_{13}和r_{33}可以求得θ_4为

$$ \theta_4=\operatorname{atan}2\left(\frac{r_{13}}{s_5},\frac{r_{33}}{s_5}\right) \tag{6.253} $$

最后通过矩阵中的r_{21}和r_{22}可以求得θ_6为

$$ \theta_6=\operatorname{atan}2\left(\frac{r_{21}}{s_5},-\frac{r_{22}}{s_5}\right) \tag{6.254} $$

至此，求出了在改进 D-H 参数法建模下机器人的 6 个关节的逆解。观察整个求解过程，可以看到其对于求解的技巧性要求是非常高的，涉及多个变量的代换，以及多元三角函数的求解，还包括一些辅助矩阵和坐标系的设置，总体来说是比较烦琐的。

6.5　算法比较

本节详细讨论相对于传统的 D-H 参数法，采用旋量理论法对机器人建模，以及求解正/逆运动学方程的优势，并对两者相应的逆解进行比较，相互验证两种建模方法所求逆解的正确性和差异性。

表 6.2 给出了两种建模方法的应用差异，其中详细叙述了旋量理论法建模在机器人运动学中的优势。

表 6.2　两种建模方法的应用差异

传统的 D-H 参数法建模	旋量理论法建模
一共建立以下 8 个坐标系。 $O_0x_0y_0z_0$：机器人基坐标系。 $O_1x_1y_1z_1$：由机器人基坐标系做矩阵 ${}^{0}_{1}\boldsymbol{T}$ 对应的位姿变换得到该连杆坐标系； $O_2x_2y_2z_2$：由 $O_1x_1y_1z_1$ 坐标系做矩阵 ${}^{1}_{2}\boldsymbol{T}$ 对应的位姿变换得到该连杆坐标系； $O_3x_3y_3z_3$：由 $O_2x_2y_2z_2$ 坐标系做矩阵 ${}^{2}_{3}\boldsymbol{T}$ 对应的位姿变换得到该连杆坐标系； $O_4x_4y_4z_4$：由 $O_3x_3y_3z_3$ 坐标系做矩阵 ${}^{3}_{4}\boldsymbol{T}$ 对应的位姿变换得到该连杆坐标系； $O_5x_5y_5z_5$：由 $O_4x_4y_4z_4$ 坐标系做矩阵 ${}^{4}_{5}\boldsymbol{T}$ 对应的位姿变换得到该连杆坐标系； $O_6x_6y_6z_6$：由 $O_5x_5y_5z_5$ 坐标系做矩阵 ${}^{5}_{6}\boldsymbol{T}$ 对应的位姿变换得到该连杆坐标系； $O_7x_7y_7z_7$：机器人末端执行器坐标系，由 $O_6x_6y_6z_6$ 坐标系做矩阵 ${}^{6}_{7}\boldsymbol{T}$ 对应的位姿变换得到该连杆坐标系	一共建立以下 2 个坐标系。 $O_0x_0y_0z_0$：机器人基坐标系； $O_6x_6y_6z_6$：机器人末端执行器坐标系，在旋量理论法建模中，只需事先求得其初始位置相对于机器人基坐标系的位姿这一个变换矩阵，即 $\boldsymbol{g}_{06}(0)$ 即可。后续的机器人运动都由旋量的指数积来完成计算。这种方法完全省去了中间坐标系的转换，且末端执行器坐标系的初始位置和机器人基坐标系之间仅有平移变换关系，进一步简化了计算
建立模型后需要具体推导中间连杆坐标系的相互转换关系。 正如前面所述，采用 D-H 参数法建模来描述机器人末端执行器位姿，总共需要推导 7 个齐次变换矩阵，即 ${}^{0}_{1}\boldsymbol{T}$、${}^{1}_{2}\boldsymbol{T}$、${}^{2}_{3}\boldsymbol{T}$、${}^{3}_{4}\boldsymbol{T}$、${}^{4}_{5}\boldsymbol{T}$、${}^{5}_{6}\boldsymbol{T}$ 和 ${}^{6}_{7}\boldsymbol{T}$。虽然可以通过通用计算公式直接求解，但也必须详细分析连杆的几何结构以确定 D-H 参数，这个过程对不熟悉推导过程的人来说常常是容易出错的	模型建立的方式非常简单，不必对机器人连杆的几何结构进行分析。 只需确定初始状态下的末端执行器坐标系与基坐标系之间的平移变换关系，并按照关节顺序依次确定关节旋转轴的单位方向矢量及轴上任意一点即可
逆运动学求解的过程烦琐，关节角之间的耦合程度高，需要求解复杂的三角函数方程。 本书研究的机器人属于后 3 个旋转轴交于一点的位置和位姿可解耦求解的机器人，但是求解过程依然比较复杂，且求解的技巧性很强，需要通过反复的变量代换和方程联立来解得 6 个关节角的逆解	逆运动学求解的过程相对简洁，可以由旋量的几何性质进行图解法求解。 由于旋量的指数积 $e^{\hat{\xi}_i\theta_i}$ 对应有非常具体的几何学运动意义，因此可以通过图解法将求逆解过程中耦合的关节变量完全解耦，并利用 Paden-Kahan 子问题逐一求解

前面已经详细解释了旋量理论法应用于机器人运动学中相对于传统的 D-H 参数法的优势，现在通过如表 6.3 所示的具体末端执行器数据对两者求逆解的差异性进行对比，相互验证求逆解的正确性。本书采用的末端执行器数据来自文献，虽然文献中的数据是用于描述 5 轴机床的刀具位姿的，但实际上从位姿表示的角度来看，只需将表示刀具方向的姿态量 $\boldsymbol{O}=[O_i, O_j, O_k]$ 按 6.2 节中讨论的，以欧拉角的形式转换为一个姿态变换矩阵，就可以用于表示机器人末端执行器位姿。

表 6.3　具体末端执行器位姿数据

序　号	P_x / mm	P_y / mm	P_z / mm	O_i	O_j	O_k
1	113.560775	7.735266	−2.209314	−0.107258	0.624902	0.7733
2	117.864949	−10.950074	−0.974065	−0.003002	0.653008	0.757345
3	115.50286	−34.808781	0.779567	0.135034	0.648777	0.748902
4	104.086026	−55.840098	2.682644	0.263922	0.596758	0.757776
5	95.225652	−63.959571	4.073524	0.317154	0.551822	0.771301
6	88.820589	−65.972318	6.021828	0.32952	0.516103	0.790603
7	80.162816	−65.096397	7.031464	0.326785	0.47804	0.815285
8	72.478246	−61.109537	6.863103	0.313696	0.446069	0.838223
9	65.985754	−54.666365	6.143037	0.288698	0.416448	0.862105

续表

序　号	P_x / mm	P_y / mm	P_z / mm	O_i	O_j	O_k
10	54.251993	−39.568096	4.931174	0.21701	0.357492	0.908354
11	38.038952	−23.111532	3.536073	0.129479	0.261821	0.956391
12	31.679054	−18.711329	3.017623	0.105499	0.220895	0.969575
13	26.192567	−16.781277	2.454873	0.096827	0.184942	0.977968
14	22.337845	−16.486398	1.907427	0.097931	0.159739	0.98229
15	18.769843	−17.93794	0.258718	0.110602	0.137889	0.984253
16	17.004164	−21.333422	−1.375463	0.133457	0.127499	0.982819
17	16.763098	−27.082862	−2.573817	0.171104	0.127727	0.976939
18	20.059322	−38.210737	−3.573619	0.238991	0.153346	0.958837
19	26.991221	−67.786318	−5.570258	0.399932	0.201303	0.894165
20	28.080737	−86.648047	−6.205088	0.487937	0.208205	0.847684
21	21.81311	−103.571377	−4.442501	0.567908	0.182153	0.802683
22	6.156323	−114.179587	−2.044104	0.628723	0.098457	0.771372
23	−12.661488	−117.988771	−0.87231	0.65418	−0.006643	0.75631
24	−31.816238	−116.324006	0.514512	0.651997	−0.117213	0.749107
25	−49.438878	−108.78439	2.089537	0.61893	−0.223905	0.752856

在 MATLAB 中，代入上述测试数据，生成 25 个机器人末端执行器位姿矩阵，并分别代入前面所说的两种建模方法下的逆解解析表达式，计算得到的结果如图 6.33 所示［图 6.33（a）、（b）所示分别为采用 D-H 参数法与旋量理论建模法的结果］。

可以看到，在两种方法下，逆运动学的求解结果中的 2 组解的差距全部都在 10^{-13} 及以下，基本可以忽略，当然，对其余 6 组解的结果也可以进行验证，同样非常小，说明了旋量理论法建模应用于机器人逆运动学求解过程中的可靠性和精确性。

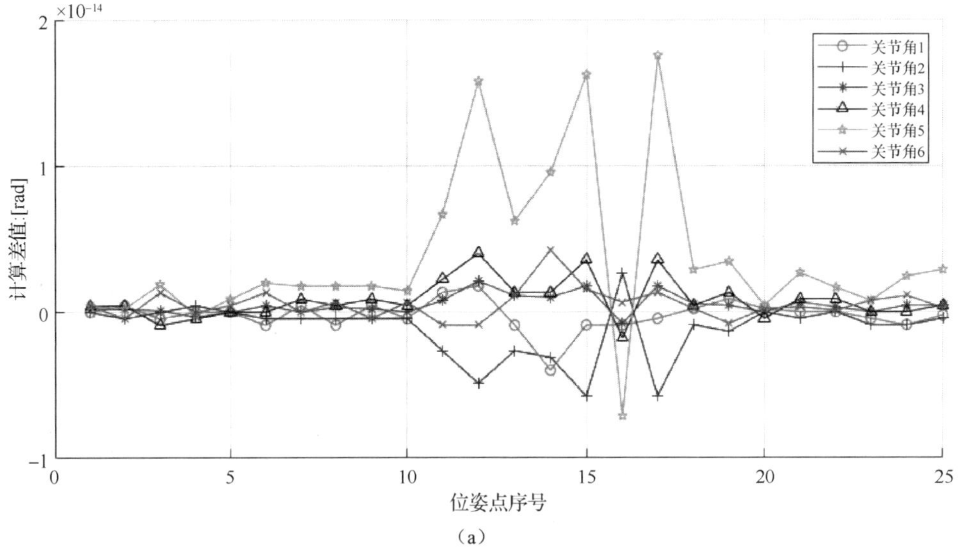

（a）

图 6.33　计算得到的结果

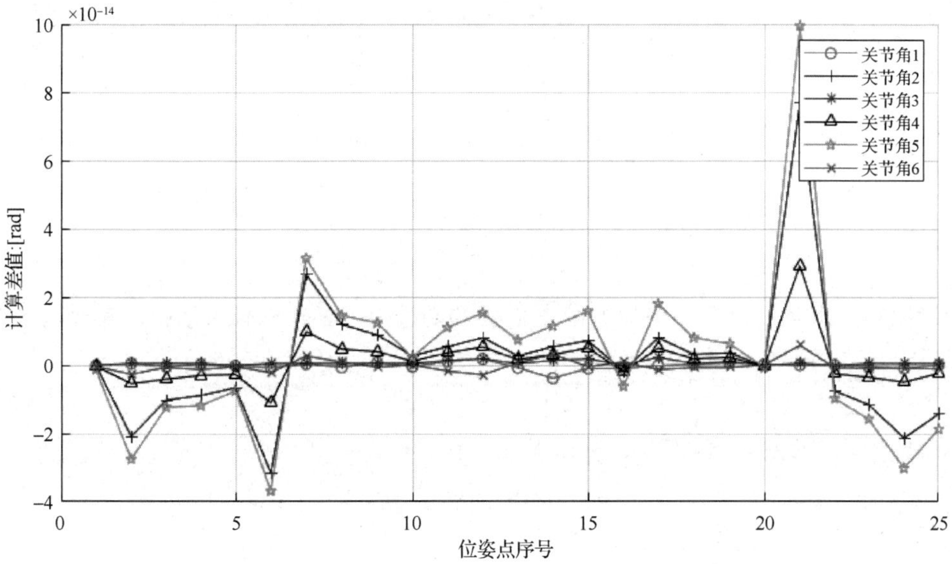

（b）

图 6.33　计算得到的结果（续）

6.6　雅可比迭代法

虽然本书已经完整地推导了两种求解逆运动学的封闭解的方法，但对于一些特殊的需求，如在想要获得任意结构的机器人逆运动学解时，机器人的封闭解通常是不能通用的。故本书也简要介绍雅可比矩阵迭代用于求解机器人逆运动学解的方法，这种方法不需要有解析表达式，只需用矩阵和向量构造一个通用的迭代格式即可。

雅可比迭代法采用雅可比矩阵的形式对矢量进行迭代求解，其基本工作原理和数值分析中的牛顿-拉夫森迭代法基本一致，只是最终目标变成了求解一个矢量。

首先，观察一组非线性代数方程：

$$\begin{gathered} f_1(q_1, q_2, ..., q_n) = 0 \\ f_2(q_1, q_2, ..., q_n) = 0 \\ \vdots \\ f_n(q_1, q_2, ..., q_n) = 0 \end{gathered} \tag{6.255}$$

这里可以将上式中的函数和因变量组成矢量的形式，使得格式紧凑，即

$$\begin{aligned} \boldsymbol{f} &= [f_1(q), f_2(q), \cdots, f_n(q)]^{\mathrm{T}} \\ &= \boldsymbol{0} \\ \boldsymbol{q} &= [q_1, q_2, ..., q_n]^{\mathrm{T}} \end{aligned} \tag{6.256}$$

对上式求变分，可以得到

$$\delta \boldsymbol{f} = \boldsymbol{J}(\boldsymbol{q})\delta \boldsymbol{q} \tag{6.257}$$

这里 $\boldsymbol{J}(\boldsymbol{q})$ 就是雅可比矩阵，其中具体的元素为

$$
\boldsymbol{J}(\boldsymbol{q})=\begin{bmatrix} \dfrac{\partial f_1}{\partial q_1} & \dfrac{\partial f_1}{\partial q_2} & \cdots & \dfrac{\partial f_1}{\partial q_n} \\ \dfrac{\partial f_2}{\partial q_1} & \dfrac{\partial f_2}{\partial q_2} & \cdots & \dfrac{\partial f_2}{\partial q_n} \\ \vdots & \vdots & & \vdots \\ \dfrac{\partial f_n}{\partial q_1} & \dfrac{\partial f_n}{\partial q_2} & \cdots & \dfrac{\partial f_n}{\partial q_n} \end{bmatrix} \tag{6.258}
$$

雅可比矩阵本质上也是一个与矢量 $\boldsymbol{q}$ 有关的函数矩阵。在迭代方法中，需要构造迭代前一项和后一项之间的变量关系，则有

$$
\delta \boldsymbol{q}^{(i)}=\boldsymbol{q}^{(i+1)}-\boldsymbol{q}^{(i)} \tag{6.259}
$$

此时，可以由式（6.258）和式（6.259）得

$$
\delta \boldsymbol{f}=\boldsymbol{J}(\boldsymbol{q}^{(i)})(\boldsymbol{q}^{(i+1)}-\boldsymbol{q}^{(i)}) \tag{6.260}
$$

而 $\delta \boldsymbol{f}$ 同样由离散的迭代点上的函数值来表示，即

$$
\delta \boldsymbol{f}=f(\boldsymbol{q}^{(i+1)})-f(\boldsymbol{q}^{(i)}) \tag{6.261}
$$

联立式（6.260）和式（6.261）并调整各个变量的位置，可以得到需要的迭代格式：

$$
\boldsymbol{q}^{(i+1)}=\boldsymbol{q}^{(i)}-\boldsymbol{J}^{-1}(\boldsymbol{q}^{(i)})f(\boldsymbol{q}^{(i)})+\boldsymbol{J}^{-1}(\boldsymbol{q}^{(i)})f(\boldsymbol{q}^{(i+1)}) \tag{6.262}
$$

式（6.262）是一个隐式的迭代格式，右边出现了 $\boldsymbol{q}^{(i+1)}$。而由于最终的解满足 $f(\boldsymbol{q})=0$，因此可以简化处理，即始终令 $f(\boldsymbol{q}^{(i+1)})=0$，此时式（6.262）可以化简为如下显示的迭代格式：

$$
\boldsymbol{q}^{(i+1)}=\boldsymbol{q}^{(i)}-\boldsymbol{J}^{-1}(\boldsymbol{q}^{(i)})f(\boldsymbol{q}^{(i)}) \tag{6.263}
$$

把式（6.259）的绝对值作为迭代终止的判断条件，在确定初始迭代值之后，便可以使用计算机进行雅可比矩阵迭代，其迭代停止的判别式为

$$
\left|\boldsymbol{q}^{(i+1)}-\boldsymbol{q}^{(i)}\right|<\varepsilon \tag{6.264}
$$

式中，ε 是事先给定的小量，用于控制迭代的最终精度。当然，如果迭代过程最终是不收敛的，那么为了不让迭代过程永远持续下去，需要设置一个最大迭代次数 N，当迭代次数超过 N 时，停止迭代并尝试重新选定初值。

例 6.18 对于一个 2R 平面机器人，其末端执行器位置对其关节变量的表达式为

$$
\begin{bmatrix} X \\ Y \end{bmatrix}=\begin{bmatrix} \cos\theta_1+\cos(\theta_1+\theta_2) \\ \sin\theta_1+\sin(\theta_1+\theta_2) \end{bmatrix} \tag{6.265}
$$

若现在给定其末端执行器位置为

$$
\begin{bmatrix} X \\ Y \end{bmatrix}=\begin{bmatrix} 1 \\ 1 \end{bmatrix} \tag{6.266}
$$

则可利用雅可比矩阵迭代法求解其逆运动学。

首先，将式（6.265）化为式（6.255）所示的形式，为

$$
\begin{aligned}
\begin{bmatrix} f_1(\theta_1,\theta_2) \\ f_2(\theta_1,\theta_2) \end{bmatrix} &= \begin{bmatrix} \cos\theta_1+\cos(\theta_1+\theta_2)-X \\ \sin\theta_1+\sin(\theta_1+\theta_2)-Y \end{bmatrix} \\
&= \begin{bmatrix} 0 \\ 0 \end{bmatrix}
\end{aligned} \tag{6.267}
$$

求得其雅克比矩阵及逆矩阵分别为

$$\boldsymbol{J}(\theta)=\begin{bmatrix}\dfrac{\partial f_1}{\partial\theta_1} & \dfrac{\partial f_1}{\partial\theta_2}\\ \dfrac{\partial f_2}{\partial\theta_1} & \dfrac{\partial f_2}{\partial\theta_2}\end{bmatrix}=\begin{bmatrix}-l_1\sin\theta_1-l_2\sin(\theta_1+\theta_2) & -l_2\sin(\theta_1+\theta_2)\\ l_1\cos\theta_1+l_2\cos(\theta_1+\theta_2) & l_2\cos(\theta_1+\theta_2)\end{bmatrix} \tag{6.268}$$

$$\boldsymbol{J}^{-1}(\theta)=\frac{-1}{l_1l_2\sin\theta_2}\begin{bmatrix}-l_2\cos(\theta_1+\theta_2) & -l_2\sin(\theta_1+\theta_2)\\ l_1\cos\theta_1+l_2\cos(\theta_1+\theta_2) & l_1\sin\theta_1+l_2\sin(\theta_1+\theta_2)\end{bmatrix} \tag{6.269}$$

此时，通过设置 i=0，以及一个估算解以开始迭代。设

$$\boldsymbol{q}^{(0)}=\begin{bmatrix}\theta_1\\ \theta_2\end{bmatrix}^{(0)}=\begin{bmatrix}\dfrac{\pi}{3}\\ \dfrac{\pi}{3}\end{bmatrix} \tag{6.270}$$

那么有

$$\boldsymbol{J}\left(\frac{\pi}{3},\frac{\pi}{3}\right)=\begin{bmatrix}-\sqrt{3} & -\dfrac{\sqrt{3}}{2}\\ 0 & -\dfrac{1}{2}\end{bmatrix} \tag{6.271}$$

以及

$$f\left(\frac{\pi}{3},\frac{\pi}{3}\right)=\begin{bmatrix}-1\\ \sqrt{3}-1\end{bmatrix} \tag{6.272}$$

可以求得

$$\boldsymbol{\delta}^{(0)}=-\boldsymbol{J}^{-1}\left(\boldsymbol{\theta}^{(0)}\right)f\left(\boldsymbol{\theta}^{(0)}\right)=\begin{bmatrix}-1.3094\\ 1.4641\end{bmatrix} \tag{6.273}$$

故可以求得第一次迭代结果为

$$\boldsymbol{\theta}^{(1)}=\boldsymbol{\theta}^{(0)}+\boldsymbol{\delta}^{(0)}=\begin{bmatrix}-0.2622\\ 2.5113\end{bmatrix} \tag{6.274}$$

重复上述迭代过程，可以获得以下结果：

$$\begin{bmatrix}\theta_1\\ \theta_2\end{bmatrix}^{(2)}=\begin{bmatrix}-0.2622\\ 2.5113\end{bmatrix}+\begin{bmatrix}-0.6952\\ -0.80337\end{bmatrix}=\begin{bmatrix}-0.3317\\ 1.7079\end{bmatrix} \tag{6.275}$$

$$\begin{bmatrix}\theta_1\\ \theta_2\end{bmatrix}^{(3)}=\begin{bmatrix}-0.3317\\ 1.7079\end{bmatrix}+\begin{bmatrix}0.31414\\ -0.068348\end{bmatrix}=\begin{bmatrix}-0.0176\\ 1.63958\end{bmatrix} \tag{6.276}$$

$$\begin{bmatrix}\theta_1\\ \theta_2\end{bmatrix}^{(4)}=\begin{bmatrix}-0.0176\\ 1.63958\end{bmatrix}+\begin{bmatrix}0.16275\\ -0.06739\end{bmatrix}=\begin{bmatrix}-0.0013\\ 1.5722\end{bmatrix} \tag{6.277}$$

$$\begin{bmatrix}\theta_1\\ \theta_2\end{bmatrix}^{(5)}=\begin{bmatrix}-0.0013\\ 1.5722\end{bmatrix}+\begin{bmatrix}0.1304\\ -0.139\end{bmatrix}=\begin{bmatrix}-0.295\times10^{-8}\\ 1.571\end{bmatrix} \tag{6.278}$$

$$\begin{bmatrix}\theta_1\\ \theta_2\end{bmatrix}^{(6)}=\begin{bmatrix}-0.295\times10^{-8}\\ 1.571\end{bmatrix}+\begin{bmatrix}0.29\times10^{-8}\\ 0.85\times10^{-6}\end{bmatrix}=\begin{bmatrix}-0.49\times10^{-10}\\ 1.571\end{bmatrix} \tag{6.279}$$

而此时的迭代结果非常接近机械臂垂肘时的确切值：

$$\begin{bmatrix}\theta_1\\ \theta_2\end{bmatrix}=\begin{bmatrix}0\\ \dfrac{\pi}{2}\end{bmatrix} \tag{6.280}$$

本书并不深入讨论雅可比迭代法求解机器人逆解的过程，仅用 MATLAB Robotic Toolbox 中提供的 ikine()函数对雅可比迭代法和解析解法的运算精度与时间成本做简单的比较。

首先根据 D-H 参数在 MATLAB 中建立机器人模型；然后调用 ikine()函数，设置迭代初始解为[0, 0, 0, 0, 0, 0]、迭代次数上限为 1000、迭代精度为 10^{-13}，意在测试在 1000 次迭代内能否将逆解的精度收缩到与解析解同量级的精度范围内。

具体 MATLAB 程序如下：

```
a1=64.15;alpha1=pi/2;d1=169.78;a2=305;alpha2=0;d2=0;a3=0;
alpha3=pi/2;d3=0;
a4=0;alpha4=-pi/2;d4=222.94;a5=0;alpha5=pi/2;d5=0;a6=0;alpha6=0;d6=0;
TS0_DH0=...
    [0,-1,0,0;
    1,0,0,0;
    0,0,1,0;
    0,0,0,1
    ];
T7_s=...
    [0,0,1,0;
    1,0,0,0;
    0,1,0,0;
    0,0,0,1
    ];
T6_7=...
    [1,0,0,0;
    0,1,0,0;
    0,0,1,77.76;
    0,0,0,1;
    ];
L(1)=Link([0,d1,a1,alpha1]);
L(2)=Link([0,d2,a2,alpha2]);
L(3)=Link([0,d3,a3,alpha3]);
L(4)=Link([0,d4,a4,alpha4]);
L(5)=Link([0,d5,a5,alpha5]);
```

```
L(6)=Link([0,d6,a6,alpha6]);
Six_Link=SerialLink(L,'name','sixlink');
qz=[0,0,0,pi/9,pi/2,0];
qzM=...
    [0,0,0,pi/2,pi/2,0;
    0,0,0,pi/8,pi/2,0;
    0,0,0,pi/7,pi/2,0;
    0,0,0,pi/6,pi/2,0;
    0,0,0,pi/5,pi/2,0;
    0,0,0,pi/4,pi/2,0
    0,0,0,pi/3,pi/2,0
    0,0,0,pi/10,pi/2,0
    0,0,0,pi/12,pi/2,0
    0,0,0,pi/18,pi/2,0];
qzStM=qzM;
qzStM(:,2)=[pi/2;pi/2;pi/2;pi/2;pi/2;pi/2;pi/2;pi/2;pi/2;pi/2];
for i=1:10
TDH=DHforkine(qzM(i,:))
Tcrag=TDH*getInverse(T6_7);
q=Six_Link.ikine(Tcrag,[0,0,0,0,0,0],'ilimit',1000,'tol',1e-13);
q=q-[0,pi/2,0,0,0,0];
TS=TS0_DH0*TDH*T7_s;
qzS=invkinematics_AR3_Allsolves(TS)
qzs=find_cloest_solve(qzS,q);
q1_diff(i)=q(1)-qzs(1);
q2_diff(i)=q(2)-qzs(2);
q3_diff(i)=q(3)-qzs(3);
q4_diff(i)=q(4)-qzs(4);
q5_diff(i)=q(5)-qzs(5);
q6_diff(i)=q(6)-qzs(6);
end
i=1:10
plot(i,q1_diff,'green-o')
plot(i,q2_diff,'blue-+')
plot(i,q3_diff,'red-*')
plot(i,q4_diff,'^-k')
plot(i,q5_diff,'p-c')
plot(i,q6_diff,'m-x')
xlabel("位姿点序号")
ylabel("计算差值:[rad]")
title("迭代法-旋量法")
legend('关节角 1','关节角 2','关节角 3','关节角 4','关节角 5','关节角 6')
```

取 10 组简单的关节角数据求运动学正解（此处并未取任意末端执行器位姿数据进行测试，因为在利用现成的迭代函数求逆解的过程中，常常出现逆解不收敛的情况。若想要进行进一步研究，则需要优化迭代算法或找到一种求初始解的方法），并以此时的末端执行器位姿数据作为实验数据代入迭代函数和旋量封闭解函数，得到的图像如图 6.34 所示。

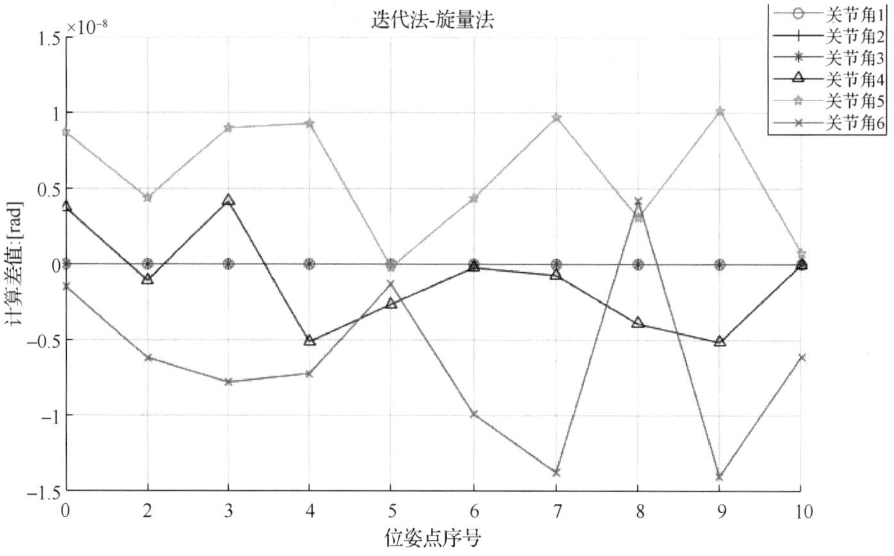

图 6.34 迭代法求逆解精度

可以看到，在 1000 次的迭代次数下，并没有将所有的关节角数据都收敛到 10^{-13} 这样一个数量级以内。虽然可以通过继续增加迭代次数来提高精度，但是运算时间也将进一步增加。图 6.35 给出了在 1000 次的迭代次数下，迭代法和封闭解法的运算时间差异。

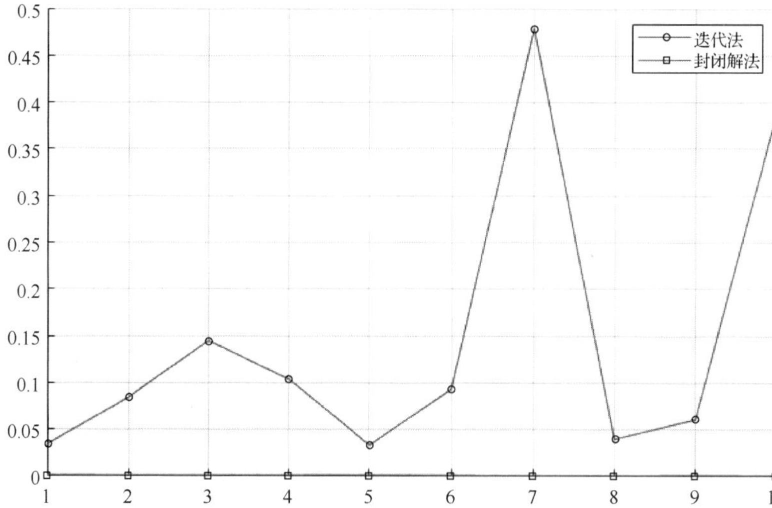

图 6.35 迭代法和封闭解法求逆解耗时对比

如图 6.35 所示，通过 MATLAB Robotic Toolbox 提供的迭代函数求逆解的方法所需的时间成本远远高于封闭解法。

本章小结

本章对机器人的正/逆运动学在旋量理论法建立数学模型下的求解过程进行了详细的阐述，并最终得到了显式的机器人正/逆运动学表达式。本章首先介绍了机器人学建模的数学基础，说明了用于唯一确定刚体在空间中位姿的表示方法，即在刚体上固连直角坐标系并利用齐次变换矩阵描述其相对于基坐标系的位姿的表示方法；接着针对一种 6 自由度串联机器人，基于旋量理论建立了描述其结构的数学模型，推导了其相应的正运动学方程和逆运动学方程及其解，并讨论了解的多值性和解的选择问题；然后基于传统的 D-H 参数法推导了针对该机器人的正/逆运动学解析表达式，并对旋量理论建模方法和 D-H 参数建模方法的优/劣势进行比较；最后简单介绍了用雅可比迭代法求机器人逆解的原理，并调用 MATLAB 开发环境下机器人工具箱提供的函数与推导的解析解进行精度和耗时的简单对比。

习题

1．什么是齐次坐标？
2．齐次变换矩阵的意义是什么？
3．已知齐次变换矩阵，如何计算逆变换矩阵？
4．什么是运动学正问题和运动学逆问题？
5．机器人的坐标系有哪些？
6．简述建立连杆坐标系的规则。
7．建立运动学方程需要确定哪些参数？

第 7 章　工业机器人动力学分析

7.1　引　　言

在机器人沿规划轨迹运动的过程中，其各个关节所需的驱动力矩也在实时地改变，而机器人动力学分析就是要研究机器人运动过程中驱动力和力矩与末端执行器的运动情况的关系。研究机器人动力学需要解决两个问题，即动力学逆问题和动力学正问题。动力学逆问题是指先给定当前末端执行器的运动参数，然后求解机器人所需的各个关节转矩。通过这种方式，可以对机器人关节处的受力进行评估，防止过大的关节力矩及其引起的颤振，同时可以用于机器人的控制。动力学正问题主要是找出在某给定关节力矩情况下的末端执行器的响应。因为本书主要需要评估机器人运动过程中的各个关节力矩，所以仅以动力学逆问题作为本书的研究重点。

在动力学的讨论过程中，由于需要讨论连杆间运动学参数和动力学参数的递推关系，因此机器人中间的连杆坐标系是一个必要的表述载体。而旋量理论建模法中只建立了基坐标系和末端执行器坐标系。因此，在进行下一步工作之前，需要将建立的机器人旋量理论模型简单地扩展为一个坐标系与旋量运动一一对应的系统，如图 7.1 所示。

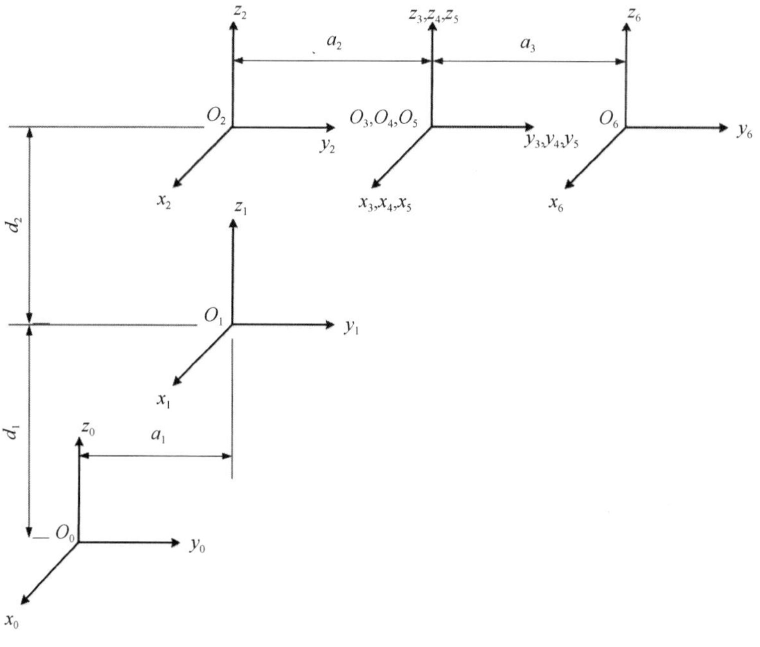

图 7.1　基于旋量理论生成的机器人坐标系

此时，用旋量理论法生成的机器人连杆坐标系和用 D-H 参数法建立的坐标系的形式是更类似的。不过坐标系的生成不用遵循 D-H 参数法中特定的关系，如可以将所有坐标系的初始姿态都设为一样的，以简化问题的讨论。

7.2 速度和加速度分析

由于在本章推导动力学的过程中会涉及求解机器人连杆的速度和加速度的问题，故本章首先讨论坐标系之间的速度和加速度的求解方法，并基于此进一步介绍使用雅可比矩阵描述关节的运动学参数和机器人末端执行器的运动学参数的方法。

而在进行所有问题的讨论之前，必须先对后面需要用到的数学方法进行介绍，故下面首先完成对导数的变换公式的推导。

7.2.1 导数的变换公式

导数的变换公式主要是为了解决这样一个问题：现有一个固定的基坐标系$\{A\}$与一个相对于基坐标系$\{A\}$有旋转和平移运动关系的刚体坐标系$\{B\}$，以及刚体坐标系$\{B\}$中的一个动点P。现在需要求在刚体坐标系$\{B\}$中的动点 P 的位置矢量相对于基坐标系$\{A\}$的时间导数，即动点 P 在刚体坐标系$\{B\}$中的运动速度。需要强调的是，此处要求的通常是相对于基坐标系$\{A\}$的运动速度，而非相对于刚体坐标系$\{B\}$，因为牛顿定律在不考虑惯性力的情况下仅适用于惯性系，所以后面提到的速度和角加速度等全部是相对惯性基坐标系而言的。

求动点 P 在刚体坐标系$\{B\}$中的运动速度：

$$\frac{{}^{A}\mathrm{d}}{\mathrm{d}t}{}^{B}\boldsymbol{r}_P \tag{7.1}$$

求得其具体表达式的推导过程如下。

首先，设 P 点的位置矢量为

$$\begin{aligned}\boldsymbol{r}_P &= x\boldsymbol{i}+y\boldsymbol{j}+z\boldsymbol{k}\\ &= X\boldsymbol{I}+Y\boldsymbol{J}+Z\boldsymbol{K}\end{aligned} \tag{7.2}$$

将上式写为更紧凑的形式：

$$\begin{aligned}\boldsymbol{r}_P &= [\boldsymbol{i},\ \boldsymbol{j},\ \boldsymbol{k}]\begin{bmatrix}x\\ y\\ z\end{bmatrix}\\ &= [\boldsymbol{I},\ \boldsymbol{J},\ \boldsymbol{K}]\begin{bmatrix}X\\ Y\\ Z\end{bmatrix}\end{aligned} \tag{7.3}$$

式中，$[\boldsymbol{i},\ \boldsymbol{j},\ \boldsymbol{k}]$ 是刚体坐标系$\{B\}$的坐标轴；$[\boldsymbol{I},\ \boldsymbol{J},\ \boldsymbol{K}]$ 是基坐标系$\{A\}$的坐标轴；$[x,\ y,\ z]^{\mathrm{T}}$ 是 P 点在刚体坐标系$\{B\}$中的坐标 ${}^{B}\boldsymbol{r}_P$；$[X,\ Y,\ Z]^{\mathrm{T}}$ 是 P 点在基坐标系$\{A\}$中的坐标 ${}^{A}\boldsymbol{r}_P$。此时，可以简单地得到一个公式：

$$\frac{{}^{A}\mathrm{d}}{\mathrm{d}t}{}^{A}\boldsymbol{r}_P = \left[\dot{X},\ \dot{Y},\ \dot{Z}\right]^{\mathrm{T}} \tag{7.4}$$

式（7.4）很容易理解，其就是 P 点在基坐标系$\{A\}$中对$\{A\}$的时间导数，即 P 点在$\{A\}$中的速度，将其表示在刚体坐标系$\{B\}$中就能得到刚体坐标系$\{B\}$中 P 点的位置矢量相对于基坐标系$\{A\}$的时间导数，表示为

$$\frac{{}^{A}\mathrm{d}}{\mathrm{d}t}{}^{B}\boldsymbol{r}_P = {}_{A}^{B}\boldsymbol{R}\left[\dot{X}, \dot{Y}, \dot{Z}\right]^{\mathrm{T}} \tag{7.5}$$

这就得到了所需的表达式。但问题在于，在实际问题中，如在求解机器人运动学参数的过程中，通常只能直接得到连杆坐标系中的运动学参数，而得不到表示在全局坐标系或基坐标系中的运动学参数，因此利用如上表达式常常是不够的。于是，提出另一种表达式的推导过程。

直接对矢量 $\boldsymbol{r}_P$ 求其对基坐标系$\{A\}$的导数：

$$\begin{aligned}\frac{{}^{A}\mathrm{d}}{\mathrm{d}t}\boldsymbol{r}_P &= \left(\frac{{}^{A}\mathrm{d}}{\mathrm{d}t}[\boldsymbol{i}, \boldsymbol{j}, \boldsymbol{k}]\right)\begin{bmatrix} x \\ y \\ z \end{bmatrix} + [\boldsymbol{i}, \boldsymbol{j}, \boldsymbol{k}]\begin{bmatrix} \dot{x} \\ \dot{y} \\ \dot{z} \end{bmatrix} \\ &= \left(\left[\frac{{}^{A}\mathrm{d}}{\mathrm{d}t}\boldsymbol{i}, \frac{{}^{A}\mathrm{d}}{\mathrm{d}t}\boldsymbol{j}, \frac{{}^{A}\mathrm{d}}{\mathrm{d}t}\boldsymbol{k}\right]\right){}^{B}\boldsymbol{r}_P + [\boldsymbol{i}, \boldsymbol{j}, \boldsymbol{k}]\frac{{}^{B}\mathrm{d}}{\mathrm{d}t}{}^{B}\boldsymbol{r}_P\end{aligned} \tag{7.6}$$

由于 $\boldsymbol{i}$、$\boldsymbol{j}$ 和 $\boldsymbol{k}$ 是空间模长为 1 的自由矢量，故$\{B\}$与$\{A\}$之间的平移关系并不影响 $\boldsymbol{i}$、$\boldsymbol{j}$ 和 $\boldsymbol{k}$ 相对于基坐标系$\{A\}$的导数，即变化率，因此可得

$$\left[\frac{{}^{A}\mathrm{d}}{\mathrm{d}t}\boldsymbol{i}, \frac{{}^{A}\mathrm{d}}{\mathrm{d}t}\boldsymbol{j}, \frac{{}^{A}\mathrm{d}}{\mathrm{d}t}\boldsymbol{k}\right] = \left[{}_{A}\boldsymbol{\omega}_B \times \boldsymbol{i}, {}_{A}\boldsymbol{\omega}_B \times \boldsymbol{j}, {}_{A}\boldsymbol{\omega}_B \times \boldsymbol{k}\right] \tag{7.7}$$

此时，将 ${}^{B}\boldsymbol{r}_P = [x, y, z]^{\mathrm{T}}$ 乘入上式，有

$$\begin{aligned}\left(\left[\frac{{}^{A}\mathrm{d}}{\mathrm{d}t}\boldsymbol{i}, \frac{{}^{A}\mathrm{d}}{\mathrm{d}t}\boldsymbol{j}, \frac{{}^{A}\mathrm{d}}{\mathrm{d}t}\boldsymbol{k}\right]\right){}^{B}\boldsymbol{r}_P &= \left({}_{A}\boldsymbol{\omega}_B \times \boldsymbol{i}\right)x + \left({}_{A}\boldsymbol{\omega}_B \times \boldsymbol{j}\right)y + \left({}_{A}\boldsymbol{\omega}_B \times \boldsymbol{k}\right)z \\ &= {}_{A}\boldsymbol{\omega}_B \times x\boldsymbol{i} + {}_{A}\boldsymbol{\omega}_B \times y\boldsymbol{j} + {}_{A}\boldsymbol{\omega}_B \times z\boldsymbol{k}\end{aligned} \tag{7.8}$$

并将 $\boldsymbol{i}$、$\boldsymbol{j}$ 和 $\boldsymbol{k}$ 做以下处理：

$$\begin{aligned} x\boldsymbol{i} &= [\boldsymbol{i}, \boldsymbol{j}, \boldsymbol{k}]\begin{bmatrix} x \\ 0 \\ 0 \end{bmatrix} \\ y\boldsymbol{j} &= [\boldsymbol{i}, \boldsymbol{j}, \boldsymbol{k}]\begin{bmatrix} 0 \\ y \\ 0 \end{bmatrix} \\ z\boldsymbol{k} &= [\boldsymbol{i}, \boldsymbol{j}, \boldsymbol{k}]\begin{bmatrix} 0 \\ 0 \\ z \end{bmatrix}\end{aligned} \tag{7.9}$$

将 ${}_{A}\boldsymbol{\omega}_B$ 也表示在刚体坐标系$\{B\}$中，有

$$\begin{aligned}{}_{A}\boldsymbol{\omega}_B &= [\boldsymbol{i}, \boldsymbol{j}, \boldsymbol{k}]\begin{bmatrix} \omega_x \\ \omega_y \\ \omega_z \end{bmatrix} \\ &= [\boldsymbol{i}, \boldsymbol{j}, \boldsymbol{k}]\,{}_{A}^{B}\boldsymbol{\omega}_B\end{aligned} \tag{7.10}$$

将式（7.9）和式（7.10）代入式（7.8），可以得到

$$\left(\left[\frac{{}^A\mathrm{d}}{\mathrm{d}t}\boldsymbol{i}, \frac{{}^A\mathrm{d}}{\mathrm{d}t}\boldsymbol{j}, \frac{{}^A\mathrm{d}}{\mathrm{d}t}\boldsymbol{k}\right]\right){}^B\boldsymbol{r}_P = [\boldsymbol{i}, \boldsymbol{j}, \boldsymbol{k}]\left(\begin{bmatrix}\omega_x\\ \omega_y\\ \omega_z\end{bmatrix}\times\begin{bmatrix}x\\ y\\ z\end{bmatrix}\right) = [\boldsymbol{i}, \boldsymbol{j}, \boldsymbol{k}]\left({}_A^B\boldsymbol{\omega}_B \times {}^B\boldsymbol{r}_P\right) \tag{7.11}$$

将上式回代到式（7.6）中，有

$$\frac{{}^A\mathrm{d}}{\mathrm{d}t}\boldsymbol{r}_P = [\boldsymbol{i}, \boldsymbol{j}, \boldsymbol{k}]\left({}_A^B\boldsymbol{\omega}_B \times {}^B\boldsymbol{r}_P + \frac{{}^B\mathrm{d}}{\mathrm{d}t}{}^B\boldsymbol{r}_P\right) \tag{7.12}$$

此时，将式（7.12）中的坐标部分提取出来，就是刚体坐标系$\{B\}$的坐标轴表示下的点 P 的位置矢量对基坐标系$\{A\}$的时间导数，表示为

$$\frac{{}^A\mathrm{d}}{\mathrm{d}t}{}^B\boldsymbol{r}_p = {}_A^B\boldsymbol{\omega}_B \times {}^B\boldsymbol{r}_P + \frac{{}^B\mathrm{d}}{\mathrm{d}t}{}^B\boldsymbol{r}_P \tag{7.13}$$

完成上述推导过程后，再次强调，${}^B\boldsymbol{r}_p$ 和 ${}^A\boldsymbol{r}_p$ 实质上是两个坐标数组，只有将它们和相应的坐标轴组合起来才能表示一个真正的矢量。

还值得提出的是，式（7.13）不仅可以用于求位置矢量相对于某个坐标系的导数，还可以作为一个与两个坐标系有关的微分算子，即

$$\frac{{}^A\mathrm{d}}{\mathrm{d}t}\square = {}_A^B\boldsymbol{\omega}_B \times {}^B\square + \frac{{}^B\mathrm{d}}{\mathrm{d}t}{}^B\square \tag{7.14}$$

式中，"□"可以是任何矢量，包括位置、线加速度、角速度等。推导得到以上关系之后，就可以进行牛顿欧拉迭代公式的推导了。

例 7.1　设现在有一刚体及其坐标系$\{B\}$和基坐标系$\{A\}$，$\{B\}$绕$\{A\}$的 Z 轴旋转，当前的旋转角度为α。现在求刚体上一点${}^B\boldsymbol{r}_p = [x, y, z]^\mathrm{T}$ 相对于基坐标系$\{A\}$的速度${}^A\dot{\boldsymbol{r}}_p$，并同时验证导数的变换公式的正确性，即验证

$$\begin{aligned}{}^A\dot{\boldsymbol{r}}_p &= {}_B^A\boldsymbol{R}\left(\frac{{}^A\mathrm{d}}{\mathrm{d}t}{}^B\boldsymbol{r}_p\right)\\ &= {}_B^A\boldsymbol{R}\left({}_A^B\boldsymbol{\omega}_B \times {}^B\boldsymbol{r}_p + \frac{{}^B\mathrm{d}}{\mathrm{d}t}{}^B\boldsymbol{r}_p\right)\end{aligned} \tag{7.15}$$

首先求得点 p 在基坐标系中的坐标为

$$\begin{aligned}{}^A\boldsymbol{r}_p &= {}_B^A\boldsymbol{R}\,{}^B\boldsymbol{r}_p\\ &= \begin{bmatrix}\cos\alpha & -\sin\alpha & 0\\ \sin\alpha & \cos\alpha & 0\\ 0 & 0 & 1\end{bmatrix}\begin{bmatrix}x\\ y\\ z\end{bmatrix}\\ &= \begin{bmatrix}x\cos\alpha - y\sin\alpha\\ x\sin\alpha + y\cos\alpha\\ z\end{bmatrix}\end{aligned} \tag{7.16}$$

由点 p 在刚体坐标系$\{B\}$中的坐标始终是常数可得

$$
{}^{A}\dot{\boldsymbol{r}}_p = \begin{bmatrix} -x\sin\alpha - y\cos\alpha \\ x\cos\alpha - y\sin\alpha \\ 0 \end{bmatrix}\dot{\alpha} \tag{7.17}
$$

然后验证由导数的变换公式求得的结果。由题意容易求得角速度为

$$
\begin{aligned}
{}^{A}\boldsymbol{\omega}_B &= \dot{\alpha}\boldsymbol{k} \\
&= \begin{bmatrix} 0 \\ 0 \\ 1 \end{bmatrix}\dot{\alpha}
\end{aligned} \tag{7.18}
$$

由于刚体坐标系$\{B\}$和基坐标系$\{A\}$的 Z 轴始终重合，因此此时刚体的角速度在$\{B\}$中的表示结果同样为

$$
\begin{aligned}
{}^{B}_{A}\boldsymbol{\omega}_B &= \dot{\alpha}\boldsymbol{k} \\
&= \begin{bmatrix} 0 \\ 0 \\ 1 \end{bmatrix}\dot{\alpha}
\end{aligned} \tag{7.19}
$$

直接将 ${}^{B}_{A}\boldsymbol{\omega}_B$ 和 ${}^{B}\boldsymbol{r}_p$ 代入导数的变换公式有

$$
{}^{B}_{A}\boldsymbol{\omega}_B \times {}^{B}\boldsymbol{r}_p + \frac{{}^{B}\mathrm{d}}{\mathrm{d}t}{}^{B}\boldsymbol{r}_p = \begin{bmatrix} 0 \\ 0 \\ 1 \end{bmatrix}\dot{\alpha} \times \begin{bmatrix} x \\ y \\ z \end{bmatrix} + \frac{\mathrm{d}}{\mathrm{d}t}\begin{bmatrix} x \\ y \\ z \end{bmatrix} \tag{7.20}
$$

同理，由于 ${}^{B}\boldsymbol{r}_p$ 是常数向量，因此上式可以化为

$$
{}^{B}_{A}\boldsymbol{\omega}_B \times {}^{B}\boldsymbol{r}_p + \frac{{}^{B}\mathrm{d}}{\mathrm{d}t}{}^{B}\boldsymbol{r}_p = \begin{bmatrix} -y \\ x \\ 0 \end{bmatrix}\dot{\alpha} \tag{7.21}
$$

可以求得

$$
\begin{aligned}
{}^{A}\dot{\boldsymbol{r}}_p &= {}^{A}_{B}\boldsymbol{R}\begin{bmatrix} -y \\ x \\ 0 \end{bmatrix}\dot{\alpha} \\
&= \begin{bmatrix} \cos\alpha & -\sin\alpha & 0 \\ \sin\alpha & \cos\alpha & 0 \\ 0 & 0 & 1 \end{bmatrix}\begin{bmatrix} -y \\ x \\ 0 \end{bmatrix}\dot{\alpha} \\
&= \begin{bmatrix} -y\cos\alpha - x\sin\alpha \\ -y\sin\alpha + x\cos\alpha \\ 0 \end{bmatrix}\dot{\alpha}
\end{aligned} \tag{7.22}
$$

与式（7.17）进行对比，可以发现两者结果相同，从而验证了导数的变换公式的正确性。

7.2.2　刚体的速度和加速度

对于坐标系之间的速度和加速度的讨论，需要分为两方面，即角速度和角加速度，以及线速度和线加速度。其中，对角速度和角加速度的讨论相对简单；而对线速度和线加速度的

讨论会更复杂一点，因为针对线速度的讨论涉及多种情况，本书推导最普遍的线速度表达形式，并针对特殊情况给出简化的表达式。

1．坐标系之间的角速度和角加速度

对于坐标系之间的角速度和角加速度的结论，可以借由理论力学中刚体的角速度和其上某一点的线速度的关系，以及刚体的角加速度和其上某一点的线加速度的关系导出。图 7.2 所示为一个绕参考原点 O 旋转的刚体 B，其上固连了一个刚体坐标系，该坐标系的坐标轴用小写的 x、y 和 z 来表示，现研究刚体上的一个固定点 p。

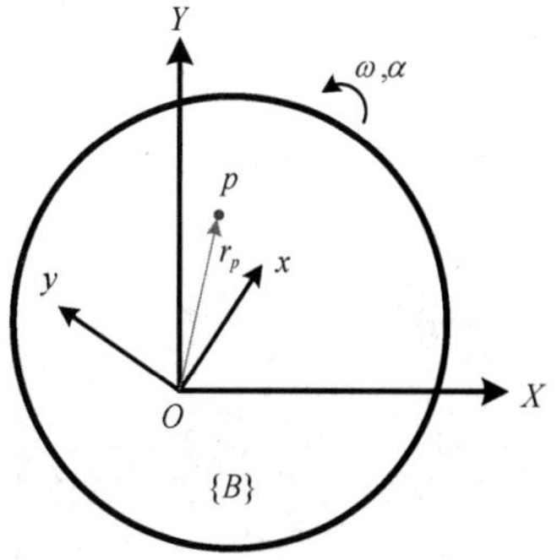

图 7.2　刚体绕固定点转动

设点 p 在刚体坐标系 $\{B\}$ 中的笛卡儿坐标已知且一直是一个常量数组 ${}^{B}\boldsymbol{r}_p$，那么由 7.2.1 节讨论的坐标系的变换方法，可以将其变换为在坐标系 $\{A\}$ 中表示的坐标，为

$$ {}^{A}\boldsymbol{r}_p(t) = {}^{A}_{B}\boldsymbol{R}(t)\,{}^{B}\boldsymbol{r}_p \tag{7.23}$$

式中，${}^{A}_{B}\boldsymbol{R}$ 是一个与时间相关的旋转矩阵，表示在刚体以一定的角速度和角加速度相对于基坐标系运动的过程中，其相对于基坐标系的姿态在随时间不断变化。此时，对上式求对时间的全导数，就可以得到点 p 在基坐标系 $\{A\}$ 中的速度：

$$ \begin{aligned} {}^{A}\dot{\boldsymbol{r}}_p(t) &= {}^{A}_{B}\dot{\boldsymbol{R}}(t)\,{}^{B}\boldsymbol{r}_p \\ &= {}^{A}_{B}\dot{\boldsymbol{R}}(t)\,{}^{B}_{A}\boldsymbol{R}(t)\,{}^{A}\boldsymbol{r}_p \\ &= {}^{A}_{B}\dot{\boldsymbol{R}}\,{}^{A}_{B}\boldsymbol{R}^{\mathrm{T}}\,{}^{A}\boldsymbol{r}_p \end{aligned} \tag{7.24}$$

又由理论力学的知识得到，对一个绕固定轴旋转的刚体，其上一点的线速度和刚体的角速度有以下关系：

$$ \begin{aligned} \boldsymbol{v}_p &= \boldsymbol{\omega}\times\boldsymbol{r}_p \\ &= \hat{\boldsymbol{\omega}}\boldsymbol{r}_p \end{aligned} \tag{7.25}$$

在力学的学习过程中，通常默认基坐标系是固定不动的地面坐标系，故常省略左上角的坐标系标识。因此对式（7.24）和式（7.25）来说，两者表达的意思其实是一样的，即有

$$ {}^{A}\hat{\boldsymbol{\omega}}_B = {}^{A}_{B}\dot{\boldsymbol{R}}\,{}^{A}_{B}\boldsymbol{R}^{\mathrm{T}} \tag{7.26}$$

此时还注意到一个问题，因为在式（7.25）中，角速度矩阵 $\hat{\boldsymbol{\omega}}$ 是由向量 $\boldsymbol{\omega}$ 导出的斜对称矩阵，所以，式（7.26）要成立，${}^{A}_{B}\dot{\boldsymbol{R}}\,{}^{A}_{B}\boldsymbol{R}^{\mathrm{T}}$ 也必须刚好是一个斜对称矩阵。而这个问题是容易证明的。由前面所述的旋转矩阵的单位正交性有

$$ \begin{aligned} {}^{A}_{B}\boldsymbol{R}\,{}^{A}_{B}\boldsymbol{R}^{-1} &= {}^{A}_{B}\boldsymbol{R}\,{}^{A}_{B}\boldsymbol{R}^{\mathrm{T}} \\ &= \boldsymbol{I} \end{aligned} \tag{7.27}$$

将上式对时间求导数，有

$$ \begin{aligned} {}^{A}_{B}\dot{\boldsymbol{R}}\,{}^{A}_{B}\boldsymbol{R}^{\mathrm{T}} + {}^{A}_{B}\boldsymbol{R}\,{}^{A}_{B}\dot{\boldsymbol{R}}^{\mathrm{T}} &= {}^{A}_{B}\dot{\boldsymbol{R}}\,{}^{A}_{B}\boldsymbol{R}^{\mathrm{T}} + \left({}^{A}_{B}\dot{\boldsymbol{R}}\,{}^{A}_{B}\boldsymbol{R}^{\mathrm{T}}\right)^{\mathrm{T}} \\ &= 0 \end{aligned} \tag{7.28}$$

即有

$$ {}_{B}^{A}\dot{\boldsymbol{R}}\,{}_{B}^{A}\boldsymbol{R}^{\mathrm{T}} = -\left({}_{B}^{A}\dot{\boldsymbol{R}}\,{}_{B}^{A}\boldsymbol{R}^{\mathrm{T}}\right)^{\mathrm{T}} \tag{7.29} $$

满足斜对称矩阵的充分必要条件，说明 ${}_{B}^{A}\dot{\boldsymbol{R}}\,{}_{B}^{A}\boldsymbol{R}^{\mathrm{T}}$ 刚好是一个斜对称矩阵。至此，说明了式(7.26)就是由坐标系之间的角速度导出斜对称矩阵的表达式。

对坐标系之间的角加速度的讨论过程与上述过程类似，同样参考图 7.2 ，对式（7.24）求对时间的全导数，得

$$ \begin{aligned} {}^{A}\ddot{\boldsymbol{r}}_{p}(t) &= {}_{B}^{A}\ddot{\boldsymbol{R}}(t)\,{}^{B}\boldsymbol{r}_{p} \\ &= {}_{B}^{A}\ddot{\boldsymbol{R}}(t)\,{}_{A}^{B}\boldsymbol{R}(t)\,{}^{A}\boldsymbol{r}_{p} \\ &= {}_{B}^{A}\ddot{\boldsymbol{R}}\,{}_{B}^{A}\boldsymbol{R}^{\mathrm{T}}\,{}^{A}\boldsymbol{r}_{p} \end{aligned} \tag{7.30} $$

而由理论力学可知，刚体上一点的线加速度和刚体的角速度及角加速度有以下关系：

$$ \begin{aligned} \boldsymbol{a}_{p} &= \boldsymbol{\alpha}\times\boldsymbol{r}_{p} + \boldsymbol{\omega}\times\left(\boldsymbol{\omega}\times\boldsymbol{r}_{p}\right) \\ &= \hat{\boldsymbol{\alpha}}\boldsymbol{r}_{p} + \hat{\boldsymbol{\omega}}^{2}\boldsymbol{r}_{p} \end{aligned} \tag{7.31} $$

式中，右边第一项表示切向加速度；右边第二项表示法向加速度。此时，将式（7.30）中的 ${}_{B}^{A}\ddot{\boldsymbol{R}}\,{}_{B}^{A}\boldsymbol{R}^{\mathrm{T}}$ 做以下处理：

$$ {}_{B}^{A}\ddot{\boldsymbol{R}}\,{}_{B}^{A}\boldsymbol{R}^{\mathrm{T}} = {}_{B}^{A}\ddot{\boldsymbol{R}}\,{}_{B}^{A}\boldsymbol{R}^{\mathrm{T}} - {}^{A}\hat{\boldsymbol{\omega}}_{B}{}^{2} + {}^{A}\hat{\boldsymbol{\omega}}_{B}{}^{2} \tag{7.32} $$

由斜对称矩阵的性质 $-{}^{A}\hat{\boldsymbol{\omega}}_{B} = {}^{A}\hat{\boldsymbol{\omega}}_{B}{}^{\mathrm{T}}$ 可知，上式可以进一步化为

$$ \begin{aligned} {}_{B}^{A}\ddot{\boldsymbol{R}}\,{}_{B}^{A}\boldsymbol{R}^{\mathrm{T}} - {}^{A}\hat{\boldsymbol{\omega}}_{B}{}^{2} + {}^{A}\hat{\boldsymbol{\omega}}_{B}{}^{2} &= {}_{B}^{A}\ddot{\boldsymbol{R}}\,{}_{B}^{A}\boldsymbol{R}^{\mathrm{T}} + {}^{A}\hat{\boldsymbol{\omega}}_{B}\,{}^{A}\hat{\boldsymbol{\omega}}_{B}{}^{\mathrm{T}} + {}^{A}\hat{\boldsymbol{\omega}}_{B}{}^{2} \\ &= {}_{B}^{A}\ddot{\boldsymbol{R}}\,{}_{B}^{A}\boldsymbol{R}^{\mathrm{T}} + {}_{B}^{A}\dot{\boldsymbol{R}}\,{}_{B}^{A}\boldsymbol{R}^{\mathrm{T}}\left({}_{B}^{A}\dot{\boldsymbol{R}}\,{}_{B}^{A}\boldsymbol{R}^{\mathrm{T}}\right)^{\mathrm{T}} + {}^{A}\hat{\boldsymbol{\omega}}_{B}{}^{2} \\ &= {}_{B}^{A}\ddot{\boldsymbol{R}}\,{}_{B}^{A}\boldsymbol{R}^{\mathrm{T}} + {}_{B}^{A}\dot{\boldsymbol{R}}\,{}_{B}^{A}\dot{\boldsymbol{R}}^{\mathrm{T}} + {}^{A}\hat{\boldsymbol{\omega}}_{B}{}^{2} \\ &= \frac{\mathrm{d}}{\mathrm{d}t}\left({}_{B}^{A}\dot{\boldsymbol{R}}\,{}_{B}^{A}\boldsymbol{R}^{\mathrm{T}}\right) + {}^{A}\hat{\boldsymbol{\omega}}_{B}{}^{2} \end{aligned} \tag{7.33} $$

将上式代入式（7.30）可得

$$ \begin{aligned} {}^{A}\ddot{\boldsymbol{r}}_{p}(t) &= \frac{\mathrm{d}}{\mathrm{d}t}\left({}_{B}^{A}\dot{\boldsymbol{R}}\,{}_{B}^{A}\boldsymbol{R}^{\mathrm{T}}\right){}^{A}\boldsymbol{r}_{p} + {}^{A}\hat{\boldsymbol{\omega}}_{B}{}^{2}\,{}^{A}\boldsymbol{r}_{p} \\ &= \frac{\mathrm{d}\,{}^{A}\hat{\boldsymbol{\omega}}_{B}}{\mathrm{d}t}\,{}^{A}\boldsymbol{r}_{p} + {}^{A}\hat{\boldsymbol{\omega}}_{B}{}^{2}\,{}^{A}\boldsymbol{r}_{p} \end{aligned} \tag{7.34} $$

与理论力学中的结论，即式（7.31）进行比较，结果就是非常显而易见的了。此时可以得到角加速度对应斜对称矩阵的表达式为

$$ \begin{aligned} {}^{A}\hat{\boldsymbol{\alpha}}_{B} &= \frac{\mathrm{d}\,{}^{A}\hat{\boldsymbol{\omega}}_{B}}{\mathrm{d}t} \\ &= \frac{\mathrm{d}}{\mathrm{d}t}\left({}_{B}^{A}\dot{\boldsymbol{R}}\,{}_{B}^{A}\boldsymbol{R}^{\mathrm{T}}\right) \\ &= {}_{B}^{A}\ddot{\boldsymbol{R}}\,{}_{B}^{A}\boldsymbol{R}^{\mathrm{T}} + {}_{B}^{A}\dot{\boldsymbol{R}}\,{}_{B}^{A}\dot{\boldsymbol{R}}^{\mathrm{T}} \end{aligned} \tag{7.35} $$

这里求得的 ${}^{A}\hat{\boldsymbol{\alpha}}_{B}$，容易验证它也是一个斜对称矩阵。由于对矩阵求导实质上只是对矩阵中的各个元素求导，因此求导和转置的顺序可以交换；又由于求导运算实际上是一种线性运算，因此可以得到

$$\begin{aligned}{}^{A}\hat{\boldsymbol{\alpha}}_{B}+{}^{A}\hat{\boldsymbol{\alpha}}_{B}{}^{\mathrm{T}}&=\frac{\mathrm{d}\,{}^{A}\hat{\boldsymbol{\omega}}_{B}}{\mathrm{d}t}+\left(\frac{\mathrm{d}\,{}^{A}\hat{\boldsymbol{\omega}}_{B}}{\mathrm{d}t}\right)^{\mathrm{T}}\\&=\frac{\mathrm{d}\,{}^{A}\hat{\boldsymbol{\omega}}_{B}}{\mathrm{d}t}+\frac{\mathrm{d}\left({}^{A}\hat{\boldsymbol{\omega}}_{B}{}^{\mathrm{T}}\right)}{\mathrm{d}t}\\&=\frac{\mathrm{d}}{\mathrm{d}t}\left({}^{A}\hat{\boldsymbol{\omega}}_{B}+{}^{A}\hat{\boldsymbol{\omega}}_{B}{}^{\mathrm{T}}\right)\\&=0\end{aligned}\tag{7.36}$$

验证了得到的角加速度矩阵也是一个斜对称矩阵。

至此，完成了通过旋转矩阵对两个坐标系之间的相对角速度和角加速度的讨论。此外，还容易得到一个结论：由于坐标系之间姿态的变化与坐标系的位移是没有关系的，因此上面基于固定点旋转推导的结论实际上也可以用于有平移运动关系的情况。

2．坐标系之间的线速度和线加速度

在讨论坐标系之间的线速度和线加速度时，就不仅仅是讨论两个坐标系之间的关系了，这通常还涉及刚体坐标系中一点 p 的线速度和线加速度。

（1）刚体有相对于基坐标系的旋转和平移，且研究点有相对于刚体的运动。

刚体有相对于基坐标系的旋转和平移，且研究点有相对于刚体的运动是一种最普遍的形式。如图 7.3 所示，刚体坐标系 $\{B\}$ 相对于基坐标系 $\{A\}$ 同时有与时间相关的旋转和平移运动；刚体坐标系 $\{B\}$ 中有一点 p，其相对于刚体坐标系 $\{B\}$ 有与时间相关的运动。

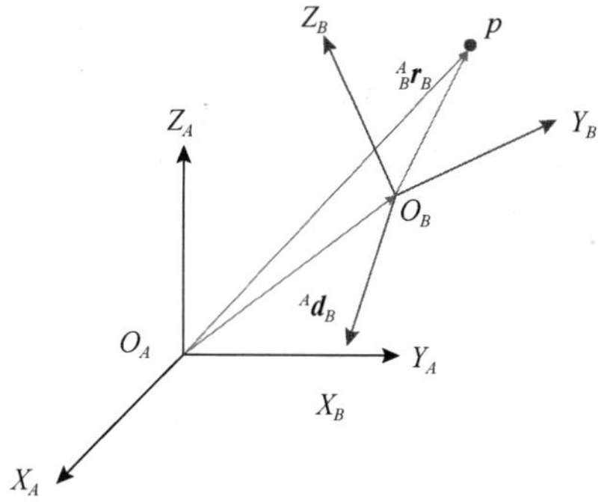

图 7.3　刚体中一点 p 及刚体相对于基坐标系的运动

首先写出点 p 相对于基坐标系 $\{A\}$ 的位置矢量：

$${}^{A}\boldsymbol{r}_{p}={}^{A}\boldsymbol{d}_{B}+{}^{A}_{B}\boldsymbol{R}\,{}^{B}_{B}\boldsymbol{r}_{p}\tag{7.37}$$

然后对上式求相对于基坐标系 $\{A\}$ 的时间导数，得到

$$\begin{aligned}{}^{A}\dot{\boldsymbol{r}}_{p}&={}^{A}\dot{\boldsymbol{d}}_{B}+{}^{A}_{B}\dot{\boldsymbol{R}}\,{}^{A}_{B}\boldsymbol{R}^{\mathrm{T}}\,{}^{A}_{B}\boldsymbol{r}_{p}+{}^{A}_{B}\boldsymbol{R}\,{}^{B}_{B}\dot{\boldsymbol{r}}_{p}\\&={}^{A}\dot{\boldsymbol{d}}_{B}+{}^{A}\boldsymbol{\omega}_{B}\times{}^{A}_{B}\boldsymbol{r}_{p}+{}^{A}_{B}\dot{\boldsymbol{r}}_{p}\end{aligned}\tag{7.38}$$

式中，${}^{A}\dot{\boldsymbol{d}}_{B}$ 表示刚体坐标系 $\{B\}$ 的原点相对于基坐标系 $\{A\}$ 的速度；${}^{A}\boldsymbol{\omega}_{B}\times{}^{A}_{B}\boldsymbol{r}_{p}$ 表示刚体中的点 p 由刚体的旋转引起的相对于刚体坐标系 $\{B\}$ 的原点的速度，力学中称这一项为牵连速度；${}^{A}_{B}\dot{\boldsymbol{r}}_{p}$ 表示刚体中的点 p 由于本身相对于刚体有一定的运动而产生的相对于刚体坐标系 $\{B\}$ 的原点

的速度，力学中称这一项为相对速度。

继续对式（7.38）求导，得到

$$\begin{aligned} {}^{A}\ddot{\boldsymbol{r}}_p &= {}^{A}\ddot{\boldsymbol{d}}_B + {}^{A}\boldsymbol{\alpha}_B \times {}_{B}^{A}\boldsymbol{r}_p + {}^{A}\boldsymbol{\omega}_B \times \frac{\mathrm{d}}{\mathrm{d}t}\left({}_{B}^{A}\boldsymbol{R}\,{}_{B}^{B}\boldsymbol{r}_p\right) + \frac{\mathrm{d}}{\mathrm{d}t}\left({}_{B}^{A}\boldsymbol{R}\,{}_{B}^{B}\dot{\boldsymbol{r}}_p\right) \\ &= {}^{A}\ddot{\boldsymbol{d}}_B + {}^{A}\boldsymbol{\alpha}_B \times {}_{B}^{A}\boldsymbol{r}_p + {}^{A}\boldsymbol{\omega}_B \times \left({}_{B}^{A}\dot{\boldsymbol{R}}\,{}_{B}^{B}\boldsymbol{r}_p + {}_{B}^{A}\boldsymbol{R}\,{}_{B}^{B}\dot{\boldsymbol{r}}_p\right) + {}_{B}^{A}\dot{\boldsymbol{R}}\,{}_{B}^{B}\dot{\boldsymbol{r}}_p + {}_{B}^{A}\boldsymbol{R}\,{}_{B}^{B}\ddot{\boldsymbol{r}}_p \\ &= {}^{A}\ddot{\boldsymbol{d}}_B + {}^{A}\boldsymbol{\alpha}_B \times {}_{B}^{A}\boldsymbol{r}_p + {}^{A}\boldsymbol{\omega}_B \times \left({}_{B}^{A}\dot{\boldsymbol{R}}\,{}_{B}^{A}\boldsymbol{R}^{\mathrm{T}}\,{}_{B}^{A}\boldsymbol{r}_p + {}_{B}^{A}\dot{\boldsymbol{r}}_p\right) + {}_{B}^{A}\dot{\boldsymbol{R}}\,{}_{B}^{A}\boldsymbol{R}^{\mathrm{T}}\,{}_{B}^{A}\dot{\boldsymbol{r}}_p + {}_{B}^{A}\ddot{\boldsymbol{r}}_p \\ &= {}^{A}\ddot{\boldsymbol{d}}_B + {}^{A}\boldsymbol{\alpha}_B \times {}_{B}^{A}\boldsymbol{r}_p + {}^{A}\boldsymbol{\omega}_B \times \left({}^{A}\hat{\boldsymbol{\omega}}_B\,{}_{B}^{A}\boldsymbol{r}_p\right) + {}^{A}\boldsymbol{\omega}_B \times {}_{B}^{A}\dot{\boldsymbol{r}}_p + {}^{A}\hat{\boldsymbol{\omega}}_B\,{}_{B}^{A}\dot{\boldsymbol{r}}_p + {}_{B}^{A}\ddot{\boldsymbol{r}}_p \end{aligned} \tag{7.39}$$

此时，将上式中的斜对称矩阵写作向量叉积的形式并合并同类项，可以得到

$$ {}^{A}\ddot{\boldsymbol{r}}_p = {}^{A}\ddot{\boldsymbol{d}}_B + {}^{A}\boldsymbol{\alpha}_B \times {}_{B}^{A}\boldsymbol{r}_p + {}^{A}\boldsymbol{\omega}_B \times \left({}^{A}\boldsymbol{\omega}_B \times {}_{B}^{A}\boldsymbol{r}_p\right) + 2\,{}^{A}\boldsymbol{\omega}_B \times {}_{B}^{A}\dot{\boldsymbol{r}}_p + {}_{B}^{A}\ddot{\boldsymbol{r}}_p \tag{7.40}$$

这就得到了刚体中某点相对于基坐标系的线加速度的最为普遍的形式。在式（7.40）中，${}^{A}\ddot{\boldsymbol{d}}_B$ 表示刚体坐标系的原点相对于基坐标系的加速度；${}^{A}\boldsymbol{\alpha}_B \times {}_{B}^{A}\boldsymbol{r}_p$ 表示刚体中的点 p 由于刚体旋转而具有的相对于刚体坐标系$\{B\}$的原点的切向加速度；${}^{A}\boldsymbol{\omega}_B \times ({}^{A}\boldsymbol{\omega}_B \times {}_{B}^{A}\boldsymbol{r}_p)$ 表示刚体中的点 p 由于刚体旋转而具有的相对于刚体坐标系$\{B\}$的原点的向心加速度，这就是著名的科里奥利加速度，其由刚体 B 相对于基坐标系$\{A\}$的旋转运动与点 p 相对于刚体 B 的相对运动之间的耦合产生；${}_{B}^{A}\ddot{\boldsymbol{r}}_p$ 表示刚体中的点 p 由于本身相对于刚体有一定的运动而产生的相对于刚体坐标系$\{B\}$的原点的加速度。其中，${}^{A}\boldsymbol{\alpha}_B \times {}_{B}^{A}\boldsymbol{r}_p$ 和 ${}^{A}\boldsymbol{\omega}_B \times ({}^{A}\boldsymbol{\omega}_B \times {}_{B}^{A}\boldsymbol{r}_p)$ 类似前面牵连速度的定义，可以定义为点 p 在刚体中的牵连加速度，而 ${}_{B}^{A}\ddot{r}_p$ 则可以定义为点 p 在刚体中的相对加速度。

在得到此普遍形式后，下面讨论一些特殊情况就简单很多了。

（2）刚体有相对于基坐标系的旋转和平移，但研究点固连于刚体上。

当刚体有相对于基坐标系的旋转和平移，但研究点固连于刚体上时，点 p 在基坐标系中的位置矢量表达式与（1）中的情况无异，但其一阶导数，即速度项简化为

$$ {}^{A}\dot{\boldsymbol{r}}_p = {}^{A}\dot{\boldsymbol{d}}_B + {}^{A}\boldsymbol{\omega}_B \times {}_{B}^{A}\boldsymbol{r}_p \tag{7.41}$$

而加速度项则简化为

$$ {}^{A}\ddot{\boldsymbol{r}}_p = {}^{A}\ddot{\boldsymbol{d}}_B + {}^{A}\boldsymbol{\alpha}_B \times {}_{B}^{A}\boldsymbol{r}_p + {}^{A}\boldsymbol{\omega}_B \times \left({}^{A}\boldsymbol{\omega}_B \times {}_{B}^{A}\boldsymbol{r}_p\right) \tag{7.42}$$

可见，相对于普遍情况，此时的表达式就简单很多了。除了相对加速度项，此时科里奥利加速度也消失了，这也正如前面所述，科里奥利加速度是由刚体旋转和点相对于刚体的运动耦合产生的，由于此时点固连于刚体上，因此科里奥利加速度消失了。

（3）刚体仅有相对于基坐标系的旋转，且研究点固连于刚体上。

刚体仅有相对于基坐标系的旋转，且研究点固连于刚体上基本是研究问题的最简形式，同样，此时点 p 在基坐标系中的位置矢量表达式与（1）中的情况无异，但其一阶导数，即速度项进一步简化为

$$ {}^{A}\dot{\boldsymbol{r}}_p = {}^{A}\boldsymbol{\omega}_B \times {}_{B}^{A}\boldsymbol{r}_p \tag{7.43}$$

而加速度项则简化为

$$ {}^{A}\ddot{\boldsymbol{r}}_p = {}^{A}\boldsymbol{\alpha}_B \times {}_{B}^{A}\boldsymbol{r}_p + {}^{A}\boldsymbol{\omega}_B \times \left({}^{A}\boldsymbol{\omega}_B \times {}_{B}^{A}\boldsymbol{r}_p\right) \tag{7.44}$$

此时，问题就已经简化为讨论角速度和角加速度的形式了，线速度和线加速度仅剩下牵连项，并且也不存在科里奥利加速度。

当然，问题还能够得到进一步的简化，但这之后就已经失去了讨论的价值，故此处不再赘述。在机器人动力学的分析过程中，在建立坐标系时，采用不同的建模方法会导致问题变为上述 3 种不同的形式，这将在后面进行详细阐述。而旋量理论建模方法在分析动力学问题时类似 D-H 参数法。此处简单举一个例子，对于由 D-H 参数法建模的机器人，分析如图 7.4 所示的一根连杆。

此时，若想求得$\{i\}$坐标系的原点相对于基坐标系$\{0\}$的线加速度，则通过观察可知，$\{i-1\}$坐标系相对于基坐标系$\{0\}$既有平移又有转动，而$\{i\}$坐标系的原点与$\{i-1\}$坐标系之间也存在运动关系，这种情况属于（1）的形式。但在具体分析问题时，由于坐标系$\{i\}$的原点相对于$\{i-1\}$坐标系的速度就是连杆角速度和连杆长度的叉积，故在速度分析的过程中就可以与牵连项合并同类项，即有牵连速度${}^{0}\boldsymbol{\omega}_{i-1}\times{}_{i-1}^{\ \ 0}\boldsymbol{d}_i$，以及相对速度${}_{i-1}^{\ \ 0}\boldsymbol{\omega}_i\times{}_{i-1}^{\ \ 0}\boldsymbol{d}_i$。由式（7.38）讨论的刚体中一点相对于基坐标系的速度，得出坐标系$\{i\}$的原点在基坐标系中的速度为

$$\begin{aligned}{}^{0}\dot{\boldsymbol{r}}_i &= {}^{0}\dot{\boldsymbol{r}}_{i-1}+{}^{0}\boldsymbol{\omega}_{i-1}\times{}_{i-1}^{\ \ 0}\boldsymbol{d}_i+{}_{i-1}^{\ \ 0}\boldsymbol{\omega}_i\times{}_{i-1}^{\ \ 0}\boldsymbol{d}_i \\ &= {}^{0}\dot{\boldsymbol{r}}_{i-1}+{}^{0}\boldsymbol{\omega}_i\times{}_{i-1}^{\ \ 0}\boldsymbol{d}_i\end{aligned} \tag{7.45}$$

对上式求导，得到此时坐标系$\{i\}$的原点相对于基坐标系的加速度。以这种具体的方式来分析机器人的连杆坐标系原点的速度和加速度就能够简化求解过程。

例 7.2　如图 7.5 所示，刚体 B 的顶点 P 在刚体坐标系中的位置矢量为${}^{B}\boldsymbol{r}_P=(5\quad 30\quad 10)^{\mathrm{T}}$。当刚体 B 绕着基坐标系$\{A\}$的 Z 轴以$\dot{\theta}=10°/\mathrm{s}$的角速度、$\ddot{\theta}=5°/\mathrm{s}^2$的角加速度旋转时，求出在$\theta=30°$时，点 P 在基坐标系中的速度和加速度。

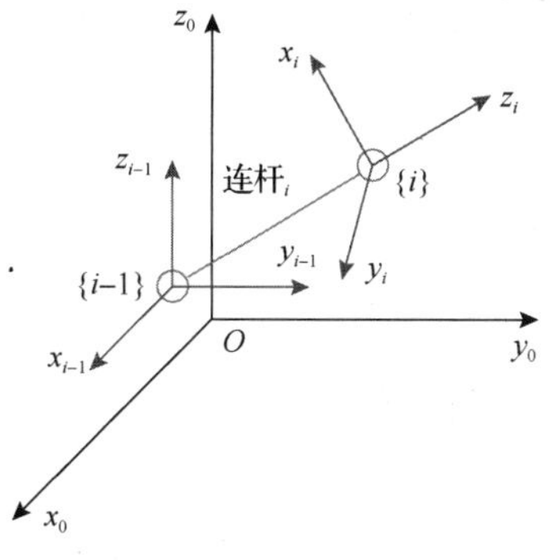

图 7.4　三维空间中机器人的任意连杆示意图

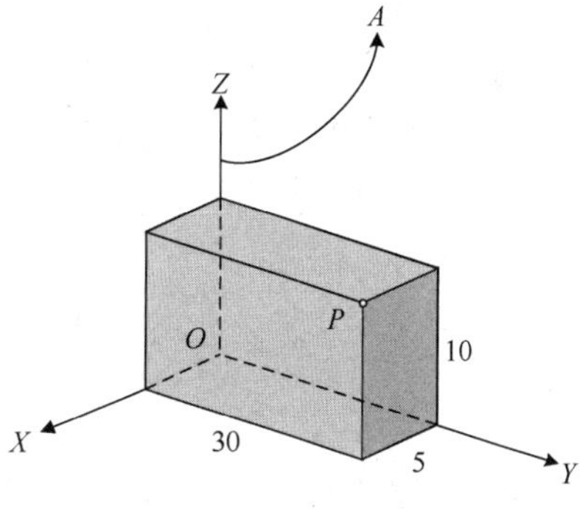

图 7.5　刚体的旋转

由题目可以写出刚体坐标系相对于基坐标系的旋转矩阵为

$${}_{B}^{A}\boldsymbol{R}=\begin{bmatrix}\cos\theta & -\sin\theta & 0\\ \sin\theta & \cos\theta & 0\\ 0 & 0 & 1\end{bmatrix} \tag{7.46}$$

且可以求出旋转矩阵的一阶导数：

$${}_{B}^{A}\dot{\boldsymbol{R}}=\begin{bmatrix}-\sin\theta & -\cos\theta & 0\\ \cos\theta & -\sin\theta & 0\\ 0 & 0 & 0\end{bmatrix}\dot{\theta} \tag{7.47}$$

以及旋转矩阵的二阶导数：

$$
{}_B^A\ddot{\boldsymbol{R}}=\begin{bmatrix}-\cos\theta & \sin\theta & 0\\ -\sin\theta & -\cos\theta & 0\\ 0 & 0 & 0\end{bmatrix}\dot{\theta}^2+\begin{bmatrix}-\sin\theta & -\cos\theta & 0\\ \cos\theta & -\sin\theta & 0\\ 0 & 0 & 0\end{bmatrix}\ddot{\theta} \tag{7.48}
$$

由于该问题是一个定点旋转问题，且刚体中的点 P 固定，因此可以分别计算得到点 P 在基坐标系中的速度和加速度。将公式中的叉积写作矩阵的形式有

$$
\begin{aligned}
{}^A\boldsymbol{v}_P &= {}_B^A\dot{\boldsymbol{R}}\,{}_B^A\boldsymbol{R}^{\mathrm{T}}\,{}^A\boldsymbol{r}_P\\
&= {}_B^A\dot{\boldsymbol{R}}\,{}^B\boldsymbol{r}_P\\
&= \frac{10\pi}{180}\begin{bmatrix}-\sin30^\circ & -\cos30^\circ & 0\\ \cos30^\circ & -\sin30^\circ & 0\\ 0 & 0 & 0\end{bmatrix}\begin{bmatrix}5\\30\\10\end{bmatrix}\\
&\approx\begin{bmatrix}-4.97\\-1.86\\0\end{bmatrix}
\end{aligned} \tag{7.49}
$$

以及

$$
\begin{aligned}
{}^A\boldsymbol{a}_P &= {}_B^A\ddot{\boldsymbol{R}}\,{}_B^A\boldsymbol{R}^{\mathrm{T}}\,{}^A\boldsymbol{r}_P\\
&= {}_B^A\ddot{\boldsymbol{R}}\,{}^B\boldsymbol{r}_P\\
&= \left(\begin{bmatrix}-\cos30^\circ & \sin30^\circ & 0\\ -\sin30^\circ & -\cos30^\circ & 0\\ 0 & 0 & 0\end{bmatrix}\left(\frac{10\pi}{180}\right)^2+\begin{bmatrix}-\sin30^\circ & -\cos30^\circ & 0\\ \cos30^\circ & -\sin30^\circ & 0\\ 0 & 0 & 0\end{bmatrix}\frac{5\pi}{180}\right)\begin{bmatrix}5\\30\\10\end{bmatrix}\\
&\approx\begin{bmatrix}-2.16\\-1.80\\0\end{bmatrix}
\end{aligned} \tag{7.50}
$$

7.3　机器人的雅可比矩阵

第 6 章中已经简单介绍了雅可比矩阵用于迭代法求逆解的原理。但第 6 章中的结论对机器人来说是不完善的，这是因为，没有一种方式可以以三维矢量的形式来表述机器人末端执行器姿态，如欧拉角需要考虑旋转的顺序，故第 6 章中的直接微分法在考虑机器人末端执行器的角速度时，不能用于求机器人的雅可比矩阵。

而本章将介绍矢量积法和微分变换法，以此来求解机器人的雅可比矩阵。

7.3.1　矢量积法

矢量积法是从雅可比矩阵的物理意义出发，通过直接寻找末端执行器的线速度和角速度与各个关节角之间的关系来求取雅可比矩阵的一种方法。以一个 6 自由度机器人为例，其末端执行器坐标系的原点相对于基坐标系$\{0\}$的位置矢量为${}^0\boldsymbol{d}_6$，而其末端执行器坐标系相对于

基坐标系{0}的角速度为${}^{0}\boldsymbol{\omega}_6$。对于末端执行器线速度和关节速度之间的关系，直接对位置矢量${}^{0}\boldsymbol{d}_6(q_1,q_2,q_3,q_4,q_5,q_6)$求对时间的全导数，可以得到

$$
{}^{0}\dot{\boldsymbol{d}}_6=\begin{bmatrix}\dfrac{\partial\,{}^{0}\boldsymbol{d}_6}{\partial q_1} & \dfrac{\partial\,{}^{0}\boldsymbol{d}_6}{\partial q_2} & \dfrac{\partial\,{}^{0}\boldsymbol{d}_6}{\partial q_3} & \dfrac{\partial\,{}^{0}\boldsymbol{d}_6}{\partial q_4} & \dfrac{\partial\,{}^{0}\boldsymbol{d}_6}{\partial q_5} & \dfrac{\partial\,{}^{0}\boldsymbol{d}_6}{\partial q_6}\end{bmatrix}\begin{bmatrix}\dot{q}_1\\ \dot{q}_2\\ \dot{q}_3\\ \dot{q}_4\\ \dot{q}_5\\ \dot{q}_6\end{bmatrix} \tag{7.51}
$$

对于末端执行器角速度的表示方法，先给出以下基本表达式：

$$
{}^{0}\boldsymbol{\omega}_6={}^{0}_{6}\dot{\boldsymbol{R}}\,{}^{0}_{6}\boldsymbol{R}^{\mathrm{T}} \tag{7.52}
$$

这里对${}^{0}_{6}\dot{\boldsymbol{R}}$有

$$
\begin{aligned}
{}^{0}_{6}\dot{\boldsymbol{R}}=&\dot{q}_1\frac{\partial\,{}^{0}_{1}\boldsymbol{R}}{\partial q_1}{}^{1}_{2}\boldsymbol{R}\,{}^{2}_{3}\boldsymbol{R}\,{}^{3}_{4}\boldsymbol{R}\,{}^{4}_{5}\boldsymbol{R}\,{}^{5}_{6}\boldsymbol{R}+\dot{q}_2\,{}^{0}_{1}\boldsymbol{R}\frac{\partial\,{}^{1}_{2}\boldsymbol{R}}{\partial q_2}{}^{2}_{3}\boldsymbol{R}\,{}^{3}_{4}\boldsymbol{R}\,{}^{4}_{5}\boldsymbol{R}\,{}^{5}_{6}\boldsymbol{R}+\dot{q}_3\,{}^{0}_{1}\boldsymbol{R}\,{}^{1}_{2}\boldsymbol{R}\frac{\partial\,{}^{2}_{3}\boldsymbol{R}}{\partial q_3}{}^{3}_{4}\boldsymbol{R}\,{}^{4}_{5}\boldsymbol{R}\,{}^{5}_{6}\boldsymbol{R}+\\
&\dot{q}_4\,{}^{0}_{1}\boldsymbol{R}\,{}^{1}_{2}\boldsymbol{R}\,{}^{2}_{3}\boldsymbol{R}\frac{\partial\,{}^{3}_{4}\boldsymbol{R}}{\partial q_4}{}^{4}_{5}\boldsymbol{R}\,{}^{5}_{6}\boldsymbol{R}+\dot{q}_5\,{}^{0}_{1}\boldsymbol{R}\,{}^{1}_{2}\boldsymbol{R}\,{}^{2}_{3}\boldsymbol{R}\,{}^{3}_{4}\boldsymbol{R}\frac{\partial\,{}^{4}_{5}\boldsymbol{R}}{\partial q_5}{}^{5}_{6}\boldsymbol{R}+\dot{q}_5\,{}^{0}_{1}\boldsymbol{R}\,{}^{1}_{2}\boldsymbol{R}\,{}^{2}_{3}\boldsymbol{R}\,{}^{3}_{4}\boldsymbol{R}\,{}^{4}_{5}\boldsymbol{R}\frac{\partial\,{}^{5}_{6}\boldsymbol{R}}{\partial q_6}
\end{aligned} \tag{7.53}
$$

结合上式，将${}^{0}_{6}\boldsymbol{R}^{\mathrm{T}}$代入式（7.52），得到

$$
\begin{aligned}
{}^{0}\boldsymbol{\omega}_6=&\dot{q}_1\frac{\partial\,{}^{0}_{1}\boldsymbol{R}}{\partial q_1}{}^{0}_{1}\boldsymbol{R}^{\mathrm{T}}+\dot{q}_2\,{}^{0}_{1}\boldsymbol{R}\frac{\partial\,{}^{1}_{2}\boldsymbol{R}}{\partial q_2}{}^{0}_{2}\boldsymbol{R}^{\mathrm{T}}+\dot{q}_3\,{}^{0}_{2}\boldsymbol{R}\frac{\partial\,{}^{2}_{3}\boldsymbol{R}}{\partial q_3}{}^{0}_{3}\boldsymbol{R}^{\mathrm{T}}+\\
&\dot{q}_4\,{}^{0}_{3}\boldsymbol{R}\frac{\partial\,{}^{3}_{4}\boldsymbol{R}}{\partial q_4}{}^{0}_{4}\boldsymbol{R}^{\mathrm{T}}+\dot{q}_5\,{}^{0}_{4}\boldsymbol{R}\frac{\partial\,{}^{4}_{5}\boldsymbol{R}}{\partial q_5}{}^{0}_{5}\boldsymbol{R}^{\mathrm{T}}+\dot{q}_6\,{}^{0}_{5}\boldsymbol{R}\frac{\partial\,{}^{5}_{6}\boldsymbol{R}}{\partial q_6}{}^{0}_{6}\boldsymbol{R}^{\mathrm{T}}
\end{aligned} \tag{7.54}
$$

为保证雅可比矩阵的规范性，将上式中的关节变量导数的系数以下式来表示：

$$
\begin{aligned}
&\frac{\partial\,{}^{0}_{1}\boldsymbol{R}}{\partial q_1}{}^{0}_{1}\boldsymbol{R}^{\mathrm{T}}=\frac{\partial\,{}^{0}\varphi_6}{\partial q_1}\\
&{}^{0}_{1}\boldsymbol{R}\frac{\partial\,{}^{1}_{2}\boldsymbol{R}}{\partial q_2}{}^{0}_{2}\boldsymbol{R}^{\mathrm{T}}=\frac{\partial\,{}^{0}\varphi_6}{\partial q_2}\\
&{}^{0}_{2}\boldsymbol{R}\frac{\partial\,{}^{2}_{3}\boldsymbol{R}}{\partial q_3}{}^{0}_{3}\boldsymbol{R}^{\mathrm{T}}=\frac{\partial\,{}^{0}\varphi_6}{\partial q_3}\\
&{}^{0}_{3}\boldsymbol{R}\frac{\partial\,{}^{3}_{4}\boldsymbol{R}}{\partial q_4}{}^{0}_{4}\boldsymbol{R}^{\mathrm{T}}=\frac{\partial\,{}^{0}\varphi_6}{\partial q_4}\\
&{}^{0}_{4}\boldsymbol{R}\frac{\partial\,{}^{4}_{5}\boldsymbol{R}}{\partial q_5}{}^{0}_{5}\boldsymbol{R}^{\mathrm{T}}=\frac{\partial\,{}^{0}\varphi_6}{\partial q_5}\\
&{}^{0}_{5}\boldsymbol{R}\frac{\partial\,{}^{5}_{6}\boldsymbol{R}}{\partial q_6}{}^{0}_{6}\boldsymbol{R}^{\mathrm{T}}=\frac{\partial\,{}^{0}\varphi_6}{\partial q_6}
\end{aligned} \tag{7.55}
$$

将平移部分和旋转部分相结合，可以得到机器人末端执行器速度和关节速度的关系为

$$\begin{bmatrix} {}^0\dot{\boldsymbol{d}}_6 \\ {}^0\boldsymbol{\omega}_6 \end{bmatrix} = \begin{bmatrix} \dfrac{\partial {}^0\boldsymbol{d}_6}{\partial q_1} & \dfrac{\partial {}^0\boldsymbol{d}_6}{\partial q_2} & \dfrac{\partial {}^0\boldsymbol{d}_6}{\partial q_3} & \dfrac{\partial {}^0\boldsymbol{d}_6}{\partial q_4} & \dfrac{\partial {}^0\boldsymbol{d}_6}{\partial q_5} & \dfrac{\partial {}^0\boldsymbol{d}_6}{\partial q_6} \\ \dfrac{\partial {}^0\varphi_6}{\partial q_1} & \dfrac{\partial {}^0\varphi_6}{\partial q_2} & \dfrac{\partial {}^0\varphi_6}{\partial q_3} & \dfrac{\partial {}^0\varphi_6}{\partial q_4} & \dfrac{\partial {}^0\varphi_6}{\partial q_5} & \dfrac{\partial {}^0\varphi_6}{\partial q_6} \end{bmatrix} \begin{bmatrix} \dot{q}_1 \\ \dot{q}_2 \\ \dot{q}_3 \\ \dot{q}_4 \\ \dot{q}_5 \\ \dot{q}_6 \end{bmatrix} = \boldsymbol{J}\dot{\boldsymbol{q}} \tag{7.56}$$

如果是一个非 6 自由度机器人，那么其末端执行器速度矢量维度不变，仅对关节数量进行处理，需要把 6 改为此时的关节数量 n，此时得到其对应的雅可比矩阵为

$$\boldsymbol{J} = \begin{bmatrix} \dfrac{\partial {}^0\boldsymbol{d}_n}{\partial q_1} & \dfrac{\partial {}^0\boldsymbol{d}_n}{\partial q_2} & \cdots & \dfrac{\partial {}^0\boldsymbol{d}_n}{\partial q_n} \\ \dfrac{\partial {}^0\boldsymbol{\varphi}_n}{\partial q_1} & \dfrac{\partial {}^0\boldsymbol{\varphi}_n}{\partial q_2} & \cdots & \dfrac{\partial {}^0\boldsymbol{\varphi}_n}{\partial q_n} \end{bmatrix} \tag{7.57}$$

这里是 $6\times n$ 的雅可比矩阵。

上述推导过程导出的雅可比矩阵可以适用于有任何运动变换关系的坐标系。而在机器人的运动学参数分析过程中，两个连杆坐标系之间只存在旋转或平移运动关系，那么雅可比矩阵的生成会更加简单一些。

为了将各个标记区分开来，记第 6 章中旋量运动的方向为 $\boldsymbol{k}_i$，那么两个连杆坐标系的角速度有以下关系：

$${}^0\boldsymbol{\omega}_i = {}^0\boldsymbol{\omega}_{i-1} + \dot{\theta}_i\, {}^0\boldsymbol{k}_{i-1} \tag{7.58}$$

而对由旋转关节连接的两个连杆坐标系的原点之间的线速度的关系如下：

$${}^0\dot{\boldsymbol{d}}_i = {}^0\dot{\boldsymbol{d}}_{i-1} + {}^0\boldsymbol{\omega}_i \times {}^0_{i-1}\boldsymbol{d}_i \tag{7.59}$$

那么机器人末端执行器坐标系的角速度和原点的线速度为

$$\begin{cases} {}^0\boldsymbol{\omega}_n = \sum\limits_{i=1}^{n} \dot{\theta}_i\, {}^0\boldsymbol{k}_{i-1} \\ {}^0\dot{\boldsymbol{d}}_n = \sum\limits_{i=1}^{n} {}^0\boldsymbol{\omega}_i \times {}^0_{i-1}\boldsymbol{d}_i \end{cases} \tag{7.60}$$

对上式中线速度的表达式进行进一步分解，有

$${}^0\dot{\boldsymbol{d}}_n = \sum_{i=1}^{n} \left(\sum_{j=1}^{i} \dot{\theta}_j\, {}^0\boldsymbol{k}_{j-1} \right) \times {}^0_{i-1}\boldsymbol{d}_i \tag{7.61}$$

对上式进行变换，将关节变量的导数提到最外层，得到

$$\begin{aligned} {}^0\dot{\boldsymbol{d}}_n &= \sum_{i=1}^{n} \dot{\theta}_i\, {}^0\boldsymbol{k}_{i-1} \times \left(\sum_{j=i}^{n} {}^0_{j-1}\boldsymbol{d}_j \right) \\ &= \sum_{i=1}^{n} \dot{\theta}_i\, {}^0\boldsymbol{k}_{i-1} \times {}^0_{i-1}\boldsymbol{d}_n \end{aligned} \tag{7.62}$$

对于全部关节均为旋转关节的串联机器人，其末端执行器角速度和线速度与关节变量导

数之间的关系为

$$\begin{cases} {}^0\boldsymbol{\omega}_n = \sum_{i=1}^{n} \dot{\theta}_i\, {}^0\boldsymbol{k}_{i-1} \\ {}^0\dot{\boldsymbol{d}}_n = \sum_{i=1}^{n} \dot{\theta}_i\, {}^0\boldsymbol{k}_{i-1} \times {}_{i-1}^{\ \ 0}\boldsymbol{d}_n \end{cases} \tag{7.63}$$

将上式写为矩阵的形式为

$$\begin{aligned} \begin{bmatrix} {}^0\dot{\boldsymbol{d}}_n \\ {}^0\boldsymbol{\omega}_n \end{bmatrix} &= \begin{bmatrix} {}^0\boldsymbol{k}_0 \times {}_0^0\boldsymbol{d}_n & {}^0\boldsymbol{k}_1 \times {}_1^0\boldsymbol{d}_n & \cdots & {}^0\boldsymbol{k}_{n-1} \times {}_{n-1}^{\ \ 0}\boldsymbol{d}_n \\ {}^0\boldsymbol{k}_0 & {}^0\boldsymbol{k}_1 & \cdots & {}^0\boldsymbol{k}_{n-1} \end{bmatrix} \begin{bmatrix} \dot{q}_1 \\ \dot{q}_2 \\ \vdots \\ \dot{q}_n \end{bmatrix} \\ &= {}^0\boldsymbol{J}\dot{\boldsymbol{q}} \end{aligned} \tag{7.64}$$

式（7.64）就是实际可以用于求串联机器人的速度运动关系变换的雅可比矩阵的形式。式（7.46）中 $\boldsymbol{J}$ 的列向量被称为雅可比生成矢量，记为 $c_i(\boldsymbol{q})$，即有

$${}^0\boldsymbol{c}_i(\boldsymbol{q}) = \begin{bmatrix} {}^0\boldsymbol{k}_{i-1} \times {}_{i-1}^{\ \ 0}\boldsymbol{d}_n \\ {}^0\boldsymbol{k}_{i-1} \end{bmatrix} \tag{7.65}$$

这里的雅可比生成矢量是针对旋转关节进行推导的，容易验证，对于平移关节，雅可比生成矢量的形式为

$${}^0\boldsymbol{c}_i(\boldsymbol{q}) = \begin{bmatrix} {}^0\boldsymbol{k}_{i-1} \\ 0 \end{bmatrix} \tag{7.66}$$

最终，机器人末端执行器的速度与关节变量一阶导数的关系为

$$\begin{aligned} \begin{bmatrix} {}^0\dot{\boldsymbol{d}}_n \\ {}^0\boldsymbol{\omega}_n \end{bmatrix} &= \begin{bmatrix} c_1(\boldsymbol{q}) & c_2(\boldsymbol{q}) & \cdots & c_n(\boldsymbol{q}) \end{bmatrix} \begin{bmatrix} \dot{q}_1 \\ \dot{q}_2 \\ \vdots \\ \dot{q}_n \end{bmatrix} \\ &= {}^0\boldsymbol{J}\dot{\boldsymbol{q}} \end{aligned} \tag{7.67}$$

矢量积法的出发点是对机器人连杆坐标系之间的角速度直接进行分析，主要基于物理方法进行推导并得到结论。

此外，注意到在定义雅可比矩阵时，给其赋予了左上标 0，说明雅可比矩阵是一个与选取的坐标系有关的量。

例 7.3　如图 7.6 所示，采用 D-H 参数法建立连杆坐标系，现在要求使用矢量积法求其雅可比矩阵。

直接通过式（7.65）和式（7.66）来求取雅克比生成矢量，首先容易求得

$${}^0\boldsymbol{k}_0 = \begin{bmatrix} 0 \\ 0 \\ 1 \\ 0 \end{bmatrix} \tag{7.68}$$

然后求得

$$
\begin{aligned}
{}^{0}\boldsymbol{k}_1 &= {}^{0}_{1}\boldsymbol{T}\,{}^{1}\boldsymbol{k}_1 \\
&= \begin{bmatrix} \cos\theta_1 & 0 & -\sin\theta_1 & 0 \\ \sin\theta_1 & 0 & \cos\theta_1 & 0 \\ 0 & -1 & 0 & l_0 \\ 0 & 0 & 0 & 1 \end{bmatrix} \begin{bmatrix} 0 \\ 0 \\ 0 \\ 1 \end{bmatrix} \\
&= \begin{bmatrix} -\sin\theta_1 \\ \cos\theta_1 \\ 0 \\ 0 \end{bmatrix}
\end{aligned}
\tag{7.69}
$$

以及

$$
\begin{aligned}
{}^{0}\boldsymbol{k}_2 &= {}^{0}_{2}\boldsymbol{T}\,{}^{2}\boldsymbol{k}_2 \\
&= \begin{bmatrix} \cos\theta_1\cos\theta_2 & -\sin\theta_1 & \cos\theta_1\sin\theta_2 & 0 \\ \sin\theta_1\cos\theta_2 & \cos\theta_1 & \sin\theta_1\sin\theta_2 & 0 \\ -\sin\theta_2 & 0 & \cos\theta_2 & l_0 \\ 0 & 0 & 0 & 1 \end{bmatrix} \begin{bmatrix} 0 \\ 0 \\ 0 \\ 1 \end{bmatrix} \\
&= \begin{bmatrix} \cos\theta_1\sin\theta_2 \\ \sin\theta_1\sin\theta_2 \\ \cos\theta_2 \\ 0 \end{bmatrix}
\end{aligned}
\tag{7.70}
$$

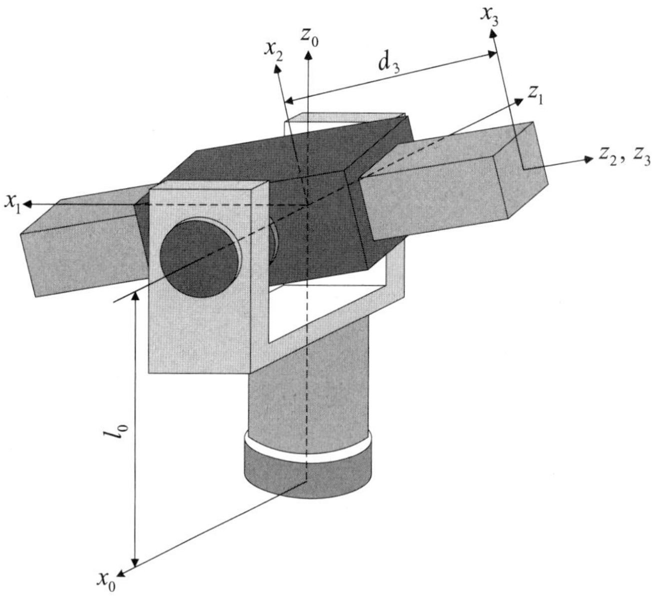

图 7.6　一种 3R 机械臂

此时，基于求出的上述 3 个表示在基坐标系{0}中的方向矢量，容易得到

$$
{}^0\boldsymbol{d}_3 = l_0\,{}^0\boldsymbol{k}_0 + d_3\,{}^0\boldsymbol{k}_2 = \begin{bmatrix} d_3\cos\theta_1\sin\theta_2 \\ d_3\sin\theta_1\sin\theta_2 \\ l_0 + d_3\cos\theta_2 \\ 0 \end{bmatrix} \tag{7.71}
$$

以及

$$
{}_1^0\boldsymbol{d}_3 = d_3\,{}^0\boldsymbol{k}_2 = \begin{bmatrix} d_3\cos\theta_1\sin\theta_2 \\ d_3\sin\theta_1\sin\theta_2 \\ d_3\cos\theta_2 \\ 0 \end{bmatrix} \tag{7.72}
$$

此时，直接可以得到由矢量积法求得的雅可比矩阵为

$$
\begin{aligned}
\boldsymbol{J} &= \begin{bmatrix} c_1 & c_2 & c_3 \end{bmatrix} \\
&= \begin{bmatrix} {}^0\boldsymbol{k}_0 \times {}^0\boldsymbol{d}_3 & {}^0\boldsymbol{k}_1 \times {}_1^0\boldsymbol{d}_3 & {}^0\boldsymbol{k}_2 \\ {}^0\boldsymbol{k}_0 & {}^0\boldsymbol{k}_1 & 0 \end{bmatrix} \\
&= \begin{bmatrix} -d_3\sin\theta_1\sin\theta_2 & d_3\cos\theta_1\cos\theta_2 & \cos\theta_1\sin\theta_2 \\ d_3\cos\theta_1\sin\theta_2 & d_3\sin\theta_1\cos\theta_2 & \sin\theta_1\sin\theta_2 \\ 0 & -d_3\sin\theta_2 & \cos\theta_2 \\ 0 & -\sin\theta_1 & 0 \\ 0 & \cos\theta_1 & 0 \\ 1 & 0 & 0 \end{bmatrix}
\end{aligned} \tag{7.73}
$$

7.3.2　微分变换法

1. 机器人的微分运动

在利用机器人的微分变换法求雅可比矩阵之前，需要先理解机器人的微分运动。机器人的微分运动分为微分平移和微分旋转。

首先，给定一个与基坐标系$\{A\}$有初始变换关系 $\boldsymbol{T}$ 的刚体坐标系$\{B\}$，此时，如果刚体坐标系$\{B\}$产生了一个既有平移又有旋转的微小变换，并把这个微小变换看作 $\mathrm{d}\boldsymbol{T}$，那么，如果将这个微小变换在基坐标系中进行描述，则可以得到

$$
\boldsymbol{T} + \mathrm{d}\boldsymbol{T} = \left[\mathrm{Trans}(\mathrm{d}x, \mathrm{d}y, \mathrm{d}z)\mathrm{Rot}(u, \delta\theta)\right]\boldsymbol{T} \tag{7.74}
$$

式中，$\mathrm{Trans}(\mathrm{d}x, \mathrm{d}y, \mathrm{d}z)$表示在基坐标系的 x 轴、y 轴、z 轴上分别发生 $\mathrm{d}x$、$\mathrm{d}y$、$\mathrm{d}z$ 大小的微小线位移，以矩阵形式表示为

$$
\mathrm{Trans}(\mathrm{d}x, \mathrm{d}y, \mathrm{d}z) = \begin{bmatrix} 1 & 0 & 0 & \mathrm{d}x \\ 0 & 1 & 0 & \mathrm{d}y \\ 0 & 0 & 1 & \mathrm{d}z \\ 0 & 0 & 0 & 1 \end{bmatrix} \tag{7.75}
$$

而 $\mathrm{Rot}(u,\delta\theta)$ 表示绕基坐标系中的 u 轴发生 $\delta\theta$ 大小的微小角位移，以角轴旋转公式给出的矩阵形式表示为

$$\mathrm{Rot}(u,\delta\theta)=\begin{bmatrix} u_1^2\ \mathrm{ver}\,s\delta\theta+c\delta\theta & u_1u_2\ \mathrm{ver}\,s\delta\theta-u_3s\delta\theta & u_1u_3\ \mathrm{ver}\,s\delta\theta+u_2s\delta\theta \\ u_1u_2\ \mathrm{ver}\,s\delta\theta+u_3s\delta\theta & u_2^2\ \mathrm{ver}\,s\delta\theta+c\delta\theta & u_2u_3\ \mathrm{ver}\,s\delta\theta-u_1s\delta\theta \\ u_1u_3\ \mathrm{ver}\,s\delta\theta-u_2s\delta\theta & u_2u_3\ \mathrm{ver}\,s\delta\theta+u_1s\delta\theta & u_3^2\ \mathrm{ver}\,s\delta\theta+c\delta\theta \end{bmatrix} \tag{7.76}$$

而又由于 $\sin\delta\theta\approx\delta\theta$，$\cos\delta\theta\approx 1$，因此 $\mathrm{vers}\delta\theta=0$，结合这几个结论，并将上式化为齐次形式，可以得到

$$\mathrm{Rot}(u,\delta\theta)=\begin{bmatrix} 1 & -u_z\delta\theta & u_y\delta\theta & 0 \\ u_z\delta\theta & 1 & -u_x\delta\theta & 0 \\ -u_y\delta\theta & u_x\delta\theta & 1 & 0 \\ 0 & 0 & 0 & 1 \end{bmatrix} \tag{7.77}$$

此时有

$$\begin{aligned} \mathrm{d}\boldsymbol{T} &= \left(\mathrm{Trans}(\mathrm{d}x,\mathrm{d}y,\mathrm{d}z)\,\mathrm{Rot}(\hat{u},\delta\theta)-\boldsymbol{I}\right)\boldsymbol{T} \\ &= \boldsymbol{\Delta T} \end{aligned} \tag{7.78}$$

这里的微分算子为

$$\begin{aligned} \boldsymbol{\Delta} &= \begin{bmatrix} 1 & 0 & 0 & \mathrm{d}x \\ 0 & 1 & 0 & \mathrm{d}y \\ 0 & 0 & 1 & \mathrm{d}z \\ 0 & 0 & 0 & 1 \end{bmatrix}\begin{bmatrix} 1 & -u_z\delta\theta & u_y\delta\theta & 0 \\ u_z\delta\theta & 1 & -u_x\delta\theta & 0 \\ -u_y\delta\theta & u_x\delta\theta & 1 & 0 \\ 0 & 0 & 0 & 1 \end{bmatrix}-\boldsymbol{I}_{4\times4} \\ &= \begin{bmatrix} 0 & -u_z\delta\theta & u_y\delta\theta & \mathrm{d}x \\ u_z\delta\theta & 0 & -u_x\delta\theta & \mathrm{d}y \\ -u_y\delta\theta & u_x\delta\theta & 0 & \mathrm{d}z \\ 0 & 0 & 0 & 0 \end{bmatrix} \end{aligned} \tag{7.79}$$

而倘若将上式中的微分旋转部分用绕基本轴的旋转公式表示为

$$\begin{aligned} \mathrm{Rot}(u,\delta\theta) &= \boldsymbol{R}_Z(\delta\gamma)\boldsymbol{R}_Y(\delta\beta)\boldsymbol{R}_X(\delta\alpha) \\ &= \begin{bmatrix} 1 & -\delta\gamma+\delta\alpha\delta\beta & \delta\alpha\delta\gamma+\delta\beta \\ \delta\gamma & 1 & -\delta a+\delta\beta\delta\gamma \\ -\delta\beta & \delta\alpha & 1 \end{bmatrix} \end{aligned} \tag{7.80}$$

则略去高阶微分量有

$$\boldsymbol{R}_Z(\delta\gamma)\boldsymbol{R}_Y(\delta\beta)\boldsymbol{R}_X(\delta\alpha)=\begin{bmatrix} 1 & -\delta\gamma & \delta\beta \\ \delta\gamma & 1 & -\delta a \\ -\delta\beta & \delta\alpha & 1 \end{bmatrix} \tag{7.81}$$

这里包含了一个重要的结论：可以验证，当绕坐标系的 3 个轴的旋转角度非常小时，旋转的顺序不可变性就不复存在了，按任意的顺序绕 3 个轴旋转微量角度，都有

$$\boldsymbol{R}(\delta\alpha,\delta\beta,\delta\gamma)=\begin{bmatrix} 1 & -\delta\gamma & \delta\beta \\ \delta\gamma & 1 & -\delta a \\ -\delta\beta & \delta\alpha & 1 \end{bmatrix} \tag{7.82}$$

将其处理为齐次形式，用于表示微分运动的算子，式（7.79）变为

$$\boldsymbol{\Delta}=\begin{bmatrix}0 & -\delta\gamma & \delta\beta & \mathrm{d}x\\ \delta\gamma & 0 & -\delta a & \mathrm{d}y\\ -\delta\beta & \delta\alpha & 0 & \mathrm{d}z\\ 0 & 0 & 0 & 0\end{bmatrix}\tag{7.83}$$

这是最终得到的用于表示沿着基坐标系坐标轴进行微分运动的微分算子；同理，可推导沿着刚体坐标系坐标轴进行微分运动的微分算子。

由于是沿着刚体坐标系进行的运动，因此此时式（7.74）变为

$$\boldsymbol{T}+\mathrm{d}\boldsymbol{T}=\boldsymbol{T}\left[\mathrm{Trans}\left(\mathrm{d}x,\mathrm{d}y,\mathrm{d}z\right)\mathrm{Rot}\left(u,\delta\theta\right)\right]\tag{7.84}$$

需要注意的是，这里的 $\mathrm{Trans}(\mathrm{d}x,\mathrm{d}y,\mathrm{d}z)\mathrm{Rot}(u,\delta\theta)$ 与前面所述的绕基坐标系的微分变换矩阵并不一样，只是此处采用了与之相同的表达形式。此时有

$$\begin{aligned}\mathrm{d}\boldsymbol{T}&=\left(\boldsymbol{I}-\mathrm{Trans}\left(\mathrm{d}x,\mathrm{d}y,\mathrm{d}z\right)\mathrm{Rot}\left(\hat{u},\delta\theta\right)\right)\boldsymbol{T}\\&=\boldsymbol{T}\,^{\mathrm{T}}\boldsymbol{\Delta}\end{aligned}\tag{7.85}$$

将沿刚体坐标系的微分运动写为式（7.83）的形式为

$$^{T}\boldsymbol{\Delta}=\begin{bmatrix}0 & -^{T}\delta\gamma & ^{T}\delta\beta & ^{T}\mathrm{d}x\\ ^{T}\delta\gamma & 0 & -^{T}\delta a & ^{T}\mathrm{d}y\\ -^{T}\delta\beta & ^{T}\delta\alpha & 0 & ^{T}\mathrm{d}z\\ 0 & 0 & 0 & 0\end{bmatrix}\tag{7.86}$$

由于之前已经提到过，在坐标系绕坐标轴的旋转是微分旋转时，旋转是顺序无关的，因此此时可以将微分运动写作一个六维矢量，即沿基坐标系的微分运动向量为

$$\begin{aligned}\boldsymbol{D}&=\left[\mathrm{d}x,\mathrm{d}y,\mathrm{d}z,\delta\alpha,\delta\beta,\delta\gamma\right]^{\mathrm{T}}\\&=\left[\boldsymbol{d},\boldsymbol{\delta}\right]^{\mathrm{T}}\end{aligned}\tag{7.87}$$

沿刚体坐标系的微分运动向量为

$$\begin{aligned}^{T}\boldsymbol{D}&=\left[^{T}\mathrm{d}x,\,^{T}\mathrm{d}y,\,^{T}\mathrm{d}z,\,^{T}\delta\alpha,\,^{T}\delta\beta,\,^{T}\delta\gamma\right]^{\mathrm{T}}\\&=\left[^{T}\boldsymbol{d},\,^{T}\boldsymbol{\delta}\right]^{\mathrm{T}}\end{aligned}\tag{7.88}$$

这两个微分运动对应的微分算子的形式可以写为

$$\boldsymbol{\Delta}=\begin{bmatrix}\hat{\boldsymbol{\delta}} & \boldsymbol{d}\\ \boldsymbol{0}_{1\times3} & 0\end{bmatrix}\tag{7.89}$$

和

$$^{T}\boldsymbol{\Delta}=\begin{bmatrix}^{T}\hat{\boldsymbol{\delta}} & ^{T}\boldsymbol{d}\\ \boldsymbol{0}_{1\times3} & 0\end{bmatrix}\tag{7.90}$$

2．微分运动的等价变换

前面已经提出了微分运动及其表达方式，若使沿基坐标系的微分运动和沿刚体坐标系的微分运动所得到的结果相同，则这两个微分运动之间又会有什么关系呢？求解这个问题可以

帮助求解机器人的雅可比矩阵。根据问题描述，容易得到

$$\begin{aligned}\mathrm{d}\boldsymbol{T} &= \boldsymbol{\Delta T} \\ &= \boldsymbol{T}\,{}^{\mathrm{T}}\boldsymbol{\Delta}\end{aligned} \tag{7.91}$$

因此有

$${}^{T}\boldsymbol{\Delta} = \boldsymbol{T}^{-1}\boldsymbol{\Delta T} \tag{7.92}$$

此时，先将 $\boldsymbol{T}$ 矩阵中的元素表示为以下形式：

$$\begin{aligned}\boldsymbol{T} &= \begin{bmatrix} n_x & o_x & a_x & p_x \\ n_y & o_y & a_y & p_y \\ n_z & o_z & a_z & p_z \\ 0 & 0 & 0 & 1 \end{bmatrix} \\ &= \begin{bmatrix} \boldsymbol{n} & \boldsymbol{o} & \boldsymbol{a} & \boldsymbol{p} \\ 0 & 0 & 0 & 1 \end{bmatrix}\end{aligned} \tag{7.93}$$

因此有

$$\begin{aligned}\boldsymbol{\Delta T} &= \begin{bmatrix} \hat{\boldsymbol{\delta}} & \boldsymbol{d} \\ \boldsymbol{0}_{1\times 3} & 0 \end{bmatrix}\begin{bmatrix} \boldsymbol{n} & \boldsymbol{o} & \boldsymbol{a} & \boldsymbol{p} \\ 0 & 0 & 0 & 1 \end{bmatrix} \\ &= \begin{bmatrix} \boldsymbol{\delta}\times\boldsymbol{n} & \boldsymbol{\delta}\times\boldsymbol{o} & \boldsymbol{\delta}\times\boldsymbol{a} & \boldsymbol{\delta}\times\boldsymbol{p}+\boldsymbol{d} \\ 0 & 0 & 0 & 0 \end{bmatrix}\end{aligned} \tag{7.94}$$

将其代入式（7.92），得到

$$\begin{aligned}\boldsymbol{T}^{-1}\boldsymbol{\Delta T} &= \begin{bmatrix} \boldsymbol{n}^{\mathrm{T}} & \boldsymbol{n}\cdot\boldsymbol{p} \\ \boldsymbol{o}^{\mathrm{T}} & \boldsymbol{o}\cdot\boldsymbol{p} \\ \boldsymbol{a}^{\mathrm{T}} & \boldsymbol{a}\cdot\boldsymbol{p} \\ \boldsymbol{0}_{1\times 3} & 1 \end{bmatrix}\begin{bmatrix} \boldsymbol{\delta}\times\boldsymbol{n} & \boldsymbol{\delta}\times\boldsymbol{o} & \boldsymbol{\delta}\times\boldsymbol{a} & \boldsymbol{\delta}\times\boldsymbol{p}+\boldsymbol{d} \\ 0 & 0 & 0 & 0 \end{bmatrix} \\ &= \begin{bmatrix} \boldsymbol{n}\cdot(\boldsymbol{\delta}\times\boldsymbol{n}) & \boldsymbol{n}\cdot(\boldsymbol{\delta}\times\boldsymbol{o}) & \boldsymbol{n}\cdot(\boldsymbol{\delta}\times\boldsymbol{a}) & \boldsymbol{n}\cdot(\boldsymbol{\delta}\times\boldsymbol{p}+\boldsymbol{d}) \\ \boldsymbol{o}\cdot(\boldsymbol{\delta}\times\boldsymbol{n}) & \boldsymbol{o}\cdot(\boldsymbol{\delta}\times\boldsymbol{o}) & \boldsymbol{o}\cdot(\boldsymbol{\delta}\times\boldsymbol{a}) & \boldsymbol{o}\cdot(\boldsymbol{\delta}\times\boldsymbol{p}+\boldsymbol{d}) \\ \boldsymbol{a}\cdot(\boldsymbol{\delta}\times\boldsymbol{n}) & \boldsymbol{a}\cdot(\boldsymbol{\delta}\times\boldsymbol{o}) & \boldsymbol{a}\cdot(\boldsymbol{\delta}\times\boldsymbol{a}) & \boldsymbol{a}\cdot(\boldsymbol{\delta}\times\boldsymbol{p}+\boldsymbol{d}) \\ 0 & 0 & 0 & 0 \end{bmatrix}\end{aligned} \tag{7.95}$$

混合积的性质如下。

性质 1：对于任意混合积 $\boldsymbol{a}\cdot(\boldsymbol{b}\times\boldsymbol{c})$，若其中含有两个相同的向量，则混合积为 0。

性质 2：对于任意混合积 $\boldsymbol{a}\cdot(\boldsymbol{b}\times\boldsymbol{c})$，有 $\boldsymbol{a}\cdot(\boldsymbol{b}\times\boldsymbol{c})=\boldsymbol{b}\cdot(\boldsymbol{c}\times\boldsymbol{a})$。

性质 3：对于任意混合积 $\boldsymbol{a}\cdot(\boldsymbol{b}\times\boldsymbol{c})$，有 $\boldsymbol{a}\cdot(\boldsymbol{b}\times\boldsymbol{c})=\boldsymbol{c}\cdot(\boldsymbol{a}\times\boldsymbol{b})$。

根据性质 1 和性质 2，可以将式（7.95）化简为

$$\boldsymbol{T}^{-1}\boldsymbol{\Delta T} = \begin{bmatrix} 0 & -\boldsymbol{\delta}\cdot(\boldsymbol{n}\times\boldsymbol{o}) & \boldsymbol{\delta}\cdot(\boldsymbol{a}\times\boldsymbol{n}) & \boldsymbol{\delta}\cdot(\boldsymbol{p}\times\boldsymbol{n})+\boldsymbol{n}\cdot\boldsymbol{d} \\ \boldsymbol{\delta}\cdot(\boldsymbol{n}\times\boldsymbol{o}) & 0 & -\boldsymbol{\delta}\cdot(\boldsymbol{o}\times\boldsymbol{a}) & \boldsymbol{\delta}\cdot(\boldsymbol{p}\times\boldsymbol{o})+\boldsymbol{o}\cdot\boldsymbol{d} \\ -\boldsymbol{\delta}\cdot(\boldsymbol{a}\times\boldsymbol{n}) & \boldsymbol{\delta}\cdot(\boldsymbol{o}\times\boldsymbol{a}) & 0 & \boldsymbol{\delta}\cdot(\boldsymbol{p}\times\boldsymbol{a})+\boldsymbol{a}\cdot\boldsymbol{d} \\ 0 & 0 & 0 & 0 \end{bmatrix} \tag{7.96}$$

由 $\boldsymbol{n}$、$\boldsymbol{o}$、$\boldsymbol{a}$ 之间的垂直关系，继续对上式进行化简，得到

$$\boldsymbol{T}^{-1}\boldsymbol{\Delta T}=\begin{bmatrix}0 & -\boldsymbol{\delta}\cdot\boldsymbol{a} & \boldsymbol{\delta}\cdot\boldsymbol{o} & \boldsymbol{\delta}\cdot(\boldsymbol{p}\times\boldsymbol{n})+\boldsymbol{n}\cdot\boldsymbol{d}\\ \boldsymbol{\delta}\cdot\boldsymbol{a} & 0 & -\boldsymbol{\delta}\cdot\boldsymbol{n} & \boldsymbol{\delta}\cdot(\boldsymbol{p}\times\boldsymbol{o})+\boldsymbol{o}\cdot\boldsymbol{d}\\ -\boldsymbol{\delta}\cdot\boldsymbol{o} & \boldsymbol{\delta}\cdot\boldsymbol{n} & 0 & \boldsymbol{\delta}\cdot(\boldsymbol{p}\times\boldsymbol{a})+\boldsymbol{a}\cdot\boldsymbol{d}\\ 0 & 0 & 0 & 0\end{bmatrix}={}^{T}\boldsymbol{\Delta} \tag{7.97}$$

由相应元素一一对应的关系可以得到

$$\begin{cases}{}^{T}\mathrm{d}x=\boldsymbol{\delta}\cdot(\boldsymbol{p}\times\boldsymbol{n})+\boldsymbol{n}\cdot\boldsymbol{d}\\ {}^{T}\mathrm{d}y=\boldsymbol{\delta}\cdot(\boldsymbol{p}\times\boldsymbol{o})+\boldsymbol{o}\cdot\boldsymbol{d}\\ {}^{T}\mathrm{d}z=\boldsymbol{\delta}\cdot(\boldsymbol{p}\times\boldsymbol{a})+\boldsymbol{a}\cdot\boldsymbol{d}\\ {}^{T}\delta\alpha=\boldsymbol{\delta}\cdot\boldsymbol{n}\\ {}^{T}\delta\beta=\boldsymbol{\delta}\cdot\boldsymbol{o}\\ {}^{T}\delta\gamma=\boldsymbol{\delta}\cdot\boldsymbol{a}\end{cases} \tag{7.98}$$

将上式化为矩阵乘法的形式，可以得到

$$\begin{bmatrix}{}^{T}\mathrm{d}x\\ {}^{T}\mathrm{d}y\\ {}^{T}\mathrm{d}z\\ {}^{T}\delta\alpha\\ {}^{T}\delta\beta\\ {}^{T}\delta\gamma\end{bmatrix}=\begin{bmatrix}n_x & n_y & n_z & (\boldsymbol{p}\times\boldsymbol{n})_x & (\boldsymbol{p}\times\boldsymbol{n})_y & (\boldsymbol{p}\times\boldsymbol{n})_z\\ o_x & o_y & o_z & (\boldsymbol{p}\times\boldsymbol{o})_x & (\boldsymbol{p}\times\boldsymbol{o})_y & (\boldsymbol{p}\times\boldsymbol{o})_z\\ a_x & a_y & a_z & (\boldsymbol{p}\times\boldsymbol{a})_x & (\boldsymbol{p}\times\boldsymbol{a})_y & (\boldsymbol{p}\times\boldsymbol{a})_z\\ 0 & 0 & 0 & n_x & n_y & n_z\\ 0 & 0 & 0 & o_x & o_y & o_z\\ 0 & 0 & 0 & a_x & a_y & a_z\end{bmatrix}\begin{bmatrix}\mathrm{d}x\\ \mathrm{d}y\\ \mathrm{d}z\\ \delta\alpha\\ \delta\beta\\ \delta\gamma\end{bmatrix} \tag{7.99}$$

为了进一步化简式（7.99），利用混合积的性质 3，将式（7.98）写为

$$\begin{cases}{}^{T}\mathrm{d}x=\boldsymbol{n}\cdot(\boldsymbol{\delta}\times\boldsymbol{p}+\boldsymbol{d})\\ {}^{T}\mathrm{d}y=\boldsymbol{o}\cdot(\boldsymbol{\delta}\times\boldsymbol{p}+\boldsymbol{d})\\ {}^{T}\mathrm{d}z=\boldsymbol{a}\cdot(\boldsymbol{\delta}\times\boldsymbol{p}+\boldsymbol{d})\\ {}^{T}\delta\alpha=\boldsymbol{\delta}\cdot\boldsymbol{n}\\ {}^{T}\delta\beta=\boldsymbol{\delta}\cdot\boldsymbol{o}\\ {}^{T}\delta\gamma=\boldsymbol{\delta}\cdot\boldsymbol{a}\end{cases} \tag{7.100}$$

此时，式（7.99）可以化简为

$$\begin{bmatrix}{}^{T}\boldsymbol{d}\\ {}^{T}\boldsymbol{\delta}\end{bmatrix}=\begin{bmatrix}\boldsymbol{R}^{\mathrm{T}} & -\boldsymbol{R}^{\mathrm{T}}\hat{\boldsymbol{p}}\\ \boldsymbol{0}_{3\times3} & \boldsymbol{R}^{\mathrm{T}}\end{bmatrix}\begin{bmatrix}\boldsymbol{d}\\ \boldsymbol{\delta}\end{bmatrix} \tag{7.101}$$

式中，$\boldsymbol{R}$ 是变换矩阵 $\boldsymbol{T}$ 的旋转部分，即

$$\boldsymbol{R}=[\boldsymbol{n},\boldsymbol{o},\boldsymbol{a}] \tag{7.102}$$

$\hat{\boldsymbol{p}}$ 是变换矩阵 $\boldsymbol{T}$ 的平移部分的斜对称矩阵，即

$$\hat{\boldsymbol{p}}=\begin{bmatrix}0 & -p_z & p_y\\ p_z & 0 & -p_x\\ -p_y & p_x & 0\end{bmatrix} \tag{7.103}$$

至此，完成了对微分运动等价变换的全部讨论，最后得到的结果是找到了在原刚体坐标系和基坐标系之间有初始变换关系 $\boldsymbol{T}$ 的情况下，将基坐标系中的微分变换转换到刚体坐标系中的微分变换的方法。

3．利用微分变换法求机器人的雅可比矩阵

对串联机器人来说，其每个关节实际上只存在一个平移自由度或旋转自由度，这意味着，对某个建立在关节上的连杆坐标系来说，机器人的相应连杆在这个坐标系中仅在一个方向上存在微分运动。

例如，对于由标准 D-H 参数法建立坐标系的机器人，其坐标系$\{i-1\}$的 z_{i-1} 轴上存在微分旋转，大小为$\mathrm{d}\theta_i$，将坐标系$\{i-1\}$作为基坐标系，此时，有沿基坐标系的微分运动矢量，为

$$\boldsymbol{D}=\left[0,0,0,0,0,1\right]^{\mathrm{T}}\mathrm{d}\theta_i \tag{7.104}$$

将机器人末端执行器坐标系视为刚体坐标系，沿其坐标轴的微分运动矢量由式（7.99）可以得到，为

$$\begin{bmatrix} {}^{T}\mathrm{d}x \\ {}^{T}\mathrm{d}y \\ {}^{T}\mathrm{d}z \\ {}^{T}\delta\alpha \\ {}^{T}\delta\beta \\ {}^{T}\delta\gamma \end{bmatrix}=\begin{bmatrix} (\boldsymbol{p}\times\boldsymbol{n})_z \\ (\boldsymbol{p}\times\boldsymbol{o})_z \\ (\boldsymbol{p}\times\boldsymbol{a})_z \\ n_z \\ o_z \\ a_z \end{bmatrix}\mathrm{d}\theta_i \tag{7.105}$$

同理，若坐标系$\{i-1\}$的 z_{i-1} 轴上存在微分平移，大小为$\mathrm{d}d_i$，则将坐标系$\{i-1\}$作为基坐标系，此时，有沿基坐标系的微分运动矢量，为

$$\boldsymbol{D}=\left[0,0,1,0,0,0\right]^{\mathrm{T}}\mathrm{d}d_i \tag{7.106}$$

将机器人末端执行器坐标系$\{n\}$视为刚体坐标系，沿其坐标轴的微分运动矢量由式（7.99）可以得到，为

$$\begin{bmatrix} {}^{T}\mathrm{d}x \\ {}^{T}\mathrm{d}y \\ {}^{T}\mathrm{d}z \\ {}^{T}\delta\alpha \\ {}^{T}\delta\beta \\ {}^{T}\delta\gamma \end{bmatrix}=\begin{bmatrix} n_z \\ o_z \\ a_z \\ 0 \\ 0 \\ 0 \end{bmatrix}\mathrm{d}d_i \tag{7.107}$$

在上述推导过程中，容易知道，在 2 中定义的变换矩阵 $\boldsymbol{T}$ 此时就是从连杆坐标系$\{i-1\}$转换到末端执行器坐标系$\{n\}$的齐次变换矩阵${}^{i-1}_{n}\boldsymbol{T}$。

此时就已经讨论了在一个连杆坐标系$\{i-1\}$中，将关节 i 的微分运动转换到末端执行器坐标系中的表达形式，若想要得到当所有关节均存在微分运动时，其在末端执行器坐标系中相应的表达形式，则只需将所有关节产生的影响相加即可。

若统一将关节的微分变量记为$\mathrm{d}q_i$，并将式（7.105）和式（7.107）表达为以下形式：

$$\begin{bmatrix} {}^{T}\mathrm{d}x \\ {}^{T}\mathrm{d}y \\ {}^{T}\mathrm{d}z \\ {}^{T}\delta\alpha \\ {}^{T}\delta\beta \\ {}^{T}\delta\gamma \end{bmatrix} = {}^{T}\boldsymbol{J}_i \mathrm{d}q_i \tag{7.108}$$

式中，${}^{\mathrm{T}}\boldsymbol{J}_i$ 表示的就是雅可比矩阵的第 i 列。此时，在 n 个关节微分变量的影响下，末端执行器总的微分运动可以表示为

$$\begin{bmatrix} {}^{T}\mathrm{d}x \\ {}^{T}\mathrm{d}y \\ {}^{T}\mathrm{d}z \\ {}^{T}\delta\alpha \\ {}^{T}\delta\beta \\ {}^{T}\delta\gamma \end{bmatrix} = \sum_{i=1}^{n} {}^{T}\boldsymbol{J}_i \mathrm{d}q_i \tag{7.109}$$

将上式写为矩阵的形式，有

$$\begin{bmatrix} {}^{T}\mathrm{d}x \\ {}^{T}\mathrm{d}y \\ {}^{T}\mathrm{d}z \\ {}^{T}\delta\alpha \\ {}^{T}\delta\beta \\ {}^{T}\delta\gamma \end{bmatrix} = \begin{bmatrix} {}^{T}\boldsymbol{J}_1 & {}^{T}\boldsymbol{J}_2 & \cdots & {}^{T}\boldsymbol{J}_n \end{bmatrix} \begin{bmatrix} \mathrm{d}q_1 \\ \mathrm{d}q_2 \\ \vdots \\ \mathrm{d}q_n \end{bmatrix} \tag{7.110}$$

式中，n 是关节的数量；${}^{T}\boldsymbol{J}_i$ 是由齐次变换矩阵 ${}^{i-1}_{n}\boldsymbol{T}$ 唯一确定的。此时，对上式求对时间的全导数，就可以得到表达在末端执行器坐标系中的速度，为

$$\begin{bmatrix} {}^{n}\boldsymbol{v}_n \\ {}^{n}\boldsymbol{\omega}_n \end{bmatrix} = \begin{bmatrix} {}^{T}\boldsymbol{J}_1 & {}^{T}\boldsymbol{J}_2 & \cdots & {}^{T}\boldsymbol{J}_n \end{bmatrix} \begin{bmatrix} \dot{q}_1 \\ \dot{q}_2 \\ \vdots \\ \dot{q}_n \end{bmatrix} \tag{7.111}$$

若想要求得表达在基坐标系中的速度，则容易知道有下式：

$$\begin{aligned} \begin{bmatrix} {}^{0}\boldsymbol{v}_n \\ {}^{0}\boldsymbol{\omega}_n \end{bmatrix} &= \begin{bmatrix} {}^{0}_{n}\boldsymbol{R} & \boldsymbol{0}_{3\times3} \\ \boldsymbol{0}_{3\times3} & {}^{0}_{n}\boldsymbol{R} \end{bmatrix} \begin{bmatrix} {}^{n}\boldsymbol{v}_n \\ {}^{n}\boldsymbol{\omega}_n \end{bmatrix} \\ &= \begin{bmatrix} {}^{0}_{n}\boldsymbol{R} & \boldsymbol{0}_{3\times3} \\ \boldsymbol{0}_{3\times3} & {}^{0}_{n}\boldsymbol{R} \end{bmatrix} \begin{bmatrix} {}^{T}\boldsymbol{J}_1 & {}^{T}\boldsymbol{J}_2 & \cdots & {}^{T}\boldsymbol{J}_n \end{bmatrix} \begin{bmatrix} \dot{q}_1 \\ \dot{q}_2 \\ \vdots \\ \dot{q}_n \end{bmatrix} \\ &= {}^{0}\boldsymbol{J}\dot{q} \end{aligned} \tag{7.112}$$

此时，定义坐标系$\{i\}$中的雅可比矩阵为

$${}^{i}\boldsymbol{J} = \begin{bmatrix} {}^{i}\boldsymbol{J}_1 & {}^{i}\boldsymbol{J}_2 & \cdots & {}^{i}\boldsymbol{J}_n \end{bmatrix} \tag{7.113}$$

定义雅可比矩阵在两个坐标系之间的转换方法为

$$ {}^{j}\boldsymbol{J}=\begin{bmatrix} {}_{i}^{j}\boldsymbol{R} & \boldsymbol{0}_{3\times3} \\ \boldsymbol{0}_{3\times3} & {}_{i}^{j}\boldsymbol{R} \end{bmatrix} {}^{i}\boldsymbol{J} \tag{7.114} $$

例 7.4 图 7.7 所示为 V-80 工业机器人的外形示意图，以 D-H 参数法对其建立连杆坐标系，相应的 D-H 参数如表 7.1 所示。

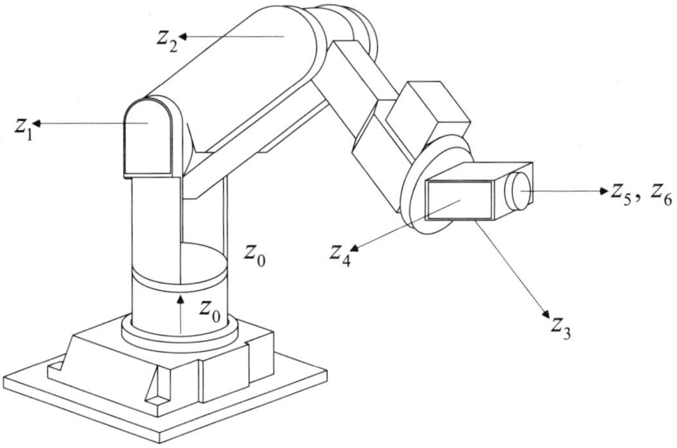

图 7.7 V-80 工业机器人的外形示意图

表 7.1 V-80 工业机器人的 D-H 参数

连　杆	关节变量	α	d	$\cos\alpha$	$\sin\alpha$
1	θ_1	−90°	0	0	−1
2	θ_2	0°	0	1	0
3	θ_3	90°	0	0	1
4	θ_4	−90°	d_4	0	−1
5	θ_5	90°	0	0	1
6	θ_6	0°	0	1	0

要求按前述微分变换法求取该机器人对应的雅可比矩阵。

这里从第 6 个关节变量开始研究问题。由式（7.111）可知，此时求取的是雅可比矩阵的第 6 列。按照前面叙述的微分变换规则，由于第 6 个关节变量 θ_6 沿坐标系$\{5\}$的 Z 轴方向，故可以将表示在连杆坐标系$\{5\}$中的旋转微分运动转换到末端执行器坐标系$\{6\}$中，此时的 $\boldsymbol{T}$ 为

$$ {}_{6}^{5}\boldsymbol{T}=\begin{bmatrix} \cos\theta_6 & -\sin\theta_6 & 0 & 0 \\ \sin\theta_6 & \cos\theta_6 & 0 & 0 \\ 0 & 0 & 1 & 0 \\ 0 & 0 & 0 & 1 \end{bmatrix} \tag{7.115} $$

根据式（7.105）即可求出雅可比矩阵的第 6 列为

$$
{}^{T_6}\boldsymbol{J}_6 = \begin{bmatrix} 0 \\ 0 \\ 0 \\ 0 \\ 0 \\ 1 \end{bmatrix} \tag{7.116}
$$

继续研究第 5 个关节变量对应的雅可比矩阵的列向量。同理，需要先求出此时的 $\boldsymbol{T}$：

$$
\begin{aligned}
{}_6^4\boldsymbol{T} &= \begin{bmatrix} \cos\theta_5 & 0 & \sin\theta_5 & 0 \\ \sin\theta_5 & 0 & -\cos\theta_5 & 0 \\ 0 & 1 & 0 & 0 \\ 0 & 0 & 0 & 1 \end{bmatrix} \begin{bmatrix} \cos\theta_6 & -\sin\theta_6 & 0 & 0 \\ \sin\theta_6 & \cos\theta_6 & 0 & 0 \\ 0 & 0 & 1 & 0 \\ 0 & 0 & 0 & 1 \end{bmatrix} \\
&= \begin{bmatrix} \cos\theta_5\cos\theta_6 & -\cos\theta_5\sin\theta_6 & \sin\theta_5 & 0 \\ \sin\theta_5\cos\theta_6 & -\sin\theta_5\sin\theta_6 & -\cos\theta_5 & 0 \\ \sin\theta_6 & \cos\theta_6 & 0 & 0 \\ 0 & 0 & 0 & 1 \end{bmatrix}
\end{aligned} \tag{7.117}
$$

同样，根据式（7.105）可以求出雅可比矩阵的第 5 列为

$$
{}^{T_6}\boldsymbol{J}_5 = \begin{bmatrix} 0 \\ 0 \\ 0 \\ s_6 \\ c_6 \\ 0 \end{bmatrix} \tag{7.118}
$$

重复上述过程，根据齐次变换矩阵 ${}_6^3\boldsymbol{T}$ 求出雅可比矩阵的第 4 列为

$$
{}^{T_6}\boldsymbol{J}_4 = \begin{bmatrix} 0 \\ 0 \\ 0 \\ -s_5c_6 \\ s_5s_6 \\ c_5 \end{bmatrix} \tag{7.119}
$$

根据齐次变换矩阵 ${}_6^2\boldsymbol{T}$ 求出雅可比矩阵的第 3 列为

$$
{}^{T_6}\boldsymbol{J}_3 = \begin{bmatrix} d_4\left(c_4c_5c_6 + a_3s_5c_6\right) \\ -d_4\left(c_4c_5c_6 + s_4c_6\right) - a_3s_5s_6 \\ d_3c_5s_5 - a_3c_5 \\ s_4c_5c_6 + c_4s_6 \\ -s_4c_5s_6 + c_4c_6 \\ s_4s_5 \end{bmatrix} \tag{7.120}
$$

根据齐次变换矩阵 ${}_6^1\boldsymbol{T}$ 求出雅可比矩阵的第 2 列为

$$
{}^{T_6}\boldsymbol{J}_2=\begin{bmatrix}(a_2s_3+d_4)(c_4c_5c_6-s_4s_6)+(a_2c_3+a_3)s_5c_6\\-(a_2s_3+d_4)(c_4c_5s_6+s_4c_6)-(a_2c_3+a_3)s_5s_6\\c_4s_5d_4-a_2c_3c_5+a_2s_3c_4s_5-a_3c_5\\s_4c_5c_6+c_4s_6\\-s_4c_5s_6+c_4c_6\\s_4s_5\end{bmatrix} \tag{7.121}
$$

根据齐次变换矩阵 ${}_6^0\boldsymbol{T}$ 求出雅可比矩阵的第1列为

$$
{}^{T_6}\boldsymbol{J}_1=\begin{bmatrix}(s_4c_5c_6+c_4s_6)(a_2c_2+s_{23}d_4)\\-(s_4c_5s_6-c_4s_6)(a_2c_2+s_{23}d_4)\\s_4s_5(a_2c_2+s_{23}d_4)\\-s_{23}(c_4c_5c_6-s_4s_6)+c_{23}s_5s_6\\s_{23}(c_4c_5s_6+s_4c_6)-c_{23}s_5c_6\\-s_{23}c_4s_6+c_{23}c_5\end{bmatrix} \tag{7.122}
$$

至此，求出了相应机器人的雅可比矩阵的所有元素。

7.3.3 雅可比矩阵的其他用法

现在已经由两种推导方法得到了基于雅可比矩阵的末端执行器速度的表达方式。而雅可比矩阵还有一些其他的应用。

省略雅可比矩阵的左上标，默认其是表达在基坐标系$\{0\}$中的雅可比矩阵，即有

$$
\begin{bmatrix}{}^0\boldsymbol{v}_n\\{}^0\boldsymbol{\omega}_n\end{bmatrix}=\boldsymbol{J}\dot{\boldsymbol{q}} \tag{7.123}
$$

容易求得关节变量的一阶导数，即关节变量速度与末端执行器速度有以下关系：

$$
\dot{\boldsymbol{q}}=\boldsymbol{J}^{-1}\begin{bmatrix}{}^0\dot{\boldsymbol{d}}_6\\{}^0\boldsymbol{\omega}_6\end{bmatrix} \tag{7.124}
$$

此外，雅可比矩阵还能够用于描述末端执行器及关节之间加速度的关系，仅需对式（7.123）求对时间的导数：

$$
\begin{bmatrix}{}^0\ddot{\boldsymbol{d}}_6\\{}^0\dot{\boldsymbol{\omega}}_6\end{bmatrix}=\dot{\boldsymbol{J}}\dot{\boldsymbol{q}}+\boldsymbol{J}\ddot{\boldsymbol{q}} \tag{7.125}
$$

同样，可以得到关节加速度用末端执行器加速度表达的形式为

$$
\ddot{\boldsymbol{q}}=\boldsymbol{J}^{-1}\left(\begin{bmatrix}{}^0\ddot{\boldsymbol{d}}_6\\{}^0\dot{\boldsymbol{\omega}}_6\end{bmatrix}-\dot{\boldsymbol{J}}\dot{\boldsymbol{q}}\right) \tag{7.126}
$$

本书在实际计算关节角的加速度及连杆加速度时，并不采用雅可比矩阵的形式进行描述，而是运用迭代的方法进行求解。在求解过程中，每步计算都是在连杆坐标系中进行的，这种处理方式可以简化运算，且更加形象。利用迭代法进行机器人运动学参数求解的过程将在7.6节进行具体的推导。

7.3.4　雅可比矩阵的奇异性问题

注意到在基于雅可比矩阵求关节变量的速度和加速度时，出现了雅可比矩阵的逆矩阵 $\boldsymbol{J}^{-1}$，此时就必须考虑雅可比矩阵是否是可逆的。而在机器人学中，将使雅可比矩阵奇异，即行列式 det($\boldsymbol{J}$)为 0 的关节角取值 q 及其对应的末端执行器位姿称为奇异点。而所有的串联机器人在工作范围的边界处都有奇异点，且其中大多数在它们的工作空间内有奇异点的轨迹。

1. 工作空间边界奇异性

此处给出一个简单算例来说明机器人的奇异性问题。

例 7.5　图 7.8 所示为一个 2R 平面机器人，求其雅可比矩阵，并讨论其奇异性。

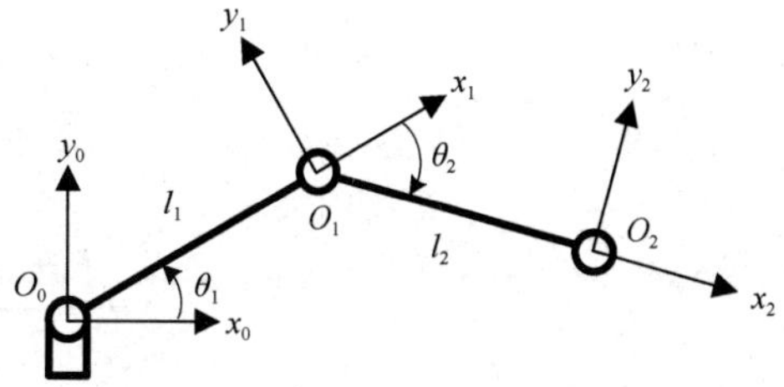

图 7.8　2R 平面机器人示意图

由于本例中的机器人属于 2R 平面机器人，因此可以将其角速度分离出来单独考虑；对于机器人的线速度，可以采用直接微分法来求解。首先求得末端点在基坐标系{0}中的坐标为

$$^{0}\boldsymbol{d}_2=\begin{bmatrix} l_1c_1+l_2c_{12} \\ l_1s_1+l_2s_{12} \end{bmatrix} \tag{7.127}$$

将上式直接求对时间的全导数，有

$$^{0}\boldsymbol{v}_2=\begin{bmatrix} \dfrac{\partial(l_1c_1+l_2c_{12})}{\partial\theta_1}\dot{\theta}_1 & \dfrac{\partial(l_1c_1+l_2c_{12})}{\partial\theta_2}\dot{\theta}_2 \\ \dfrac{\partial(l_1s_1+l_2s_{12})}{\partial\theta_1}\dot{\theta}_1 & \dfrac{\partial(l_1s_1+l_2s_{12})}{\partial\theta_2}\dot{\theta}_2 \end{bmatrix} \tag{7.128}$$

把关节变量分离出来，有

$$^{0}\boldsymbol{v}_2=\begin{bmatrix} -l_1s_1-l_2s_{12} & -l_2s_{12} \\ l_1c_1+l_2c_{12} & l_2c_{12} \end{bmatrix}\begin{bmatrix} \dot{\theta}_1 \\ \dot{\theta}_2 \end{bmatrix} \tag{7.129}$$

容易知道，在二维平面内，末端点角速度和关节角速度的关系为

$$\omega_2=\dot{\theta}_1+\dot{\theta}_2 \tag{7.130}$$

整个运动方程可以写为

$$\begin{bmatrix} ^{0}\boldsymbol{v}_2 \\ \omega_2 \end{bmatrix}=\begin{bmatrix} -l_1s_1-l_2s_{12} & -l_2s_{12} \\ l_1c_1+l_2c_{12} & l_2c_{12} \\ 1 & 1 \end{bmatrix}\begin{bmatrix} \dot{\theta}_1 \\ \dot{\theta}_2 \end{bmatrix} \tag{7.131}$$

因此该系统的末端点对应的基坐标系{0}中的雅可比矩阵为

$$^{0}\boldsymbol{J}=\begin{bmatrix} -l_1s_1-l_2s_{12} & -l_2s_{12} \\ l_1c_1+l_2c_{12} & l_2c_{12} \\ 1 & 1 \end{bmatrix} \tag{7.132}$$

下面讨论由末端点速度反向求解关节速度的问题，此时需要剔除末端点角速度和关节速度之间的关系，因为若给定角速度，则式（7.131）所示的问题其实是一个超定方程组，

条件给多了，反倒将问题复杂化了。所以只考虑式（7.129）所示的形式，此时对雅可比矩阵求行列式有

$$\begin{vmatrix} -l_1s_1 - l_2s_{12} & -l_2s_{12} \\ l_1c_1 + l_2c_{12} & l_2c_{12} \end{vmatrix} = l_1l_2s_2 \tag{7.133}$$

很明显，当 $\theta_2 = 0$ 或 π 时，上式为 0，意味着雅可比矩阵奇异，雅可比矩阵不存在逆矩阵。而如果用解方程组的形式来求得关节角速度的解，那么解的形式为

$$\begin{cases} \dot{\theta}_1 = \dfrac{v_xc_{12} + v_ys_{12}}{l_1s_2} \\ \dot{\theta}_2 = \dfrac{\left(l_1s_1 + l_2s_{12}\right)\left(v_xc_{12} + v_ys_{12}\right)}{l_1l_2s_2s_{12}} \end{cases} \tag{7.134}$$

当 $\theta_2 = 0$ 或 π 时，$\sin\theta_2 = 0$，关节角速度趋于无穷大。

在上述算例中，$\theta_2 = 0$ 或 π 时造成的奇异性被称为机器人的边界奇异配置，这意味着机器人臂全部伸开或全部折回，机器人的运动受到物理结构的约束。

2．工作空间内部奇异性

工作空间内部奇异性出现在远离边界处，是由于机器人的两个或两个以上关节轴重合而使机器人末端失去了一维或多维方向的瞬时空间速度造成的，这种情况下的奇异性被称为机器人的内部奇异配置。

在数学上，可以通过计算机器人的雅可比矩阵的行列式值来求解机器人的奇异配置，即使得

$$|\boldsymbol{J}| = 0 \tag{7.135}$$

在机器人学中，识别和避开机器人的奇异配置是非常重要的，这是因为当机器人处于奇异配置时，机器人末端执行器自由度的缺失会使得无论取什么样的关节速度，机器人末端执行器都无法沿着空间中的某些方向运动，这给机器人控制带来了困难，并且使得某些关节角速度和关节驱动力或力矩趋于无穷大，这是非常危险的。

7.4 机器人的静力学分析

7.4.1 力雅可比矩阵

在 7.3 节中，已经讨论了机器人系统中雅可比矩阵的求法和其在求取机器人运动学参数时的用法。而雅可比矩阵同时可以用于求解机器人静力学中关节力矩和机器人末端执行器的外部受力之间的关系。

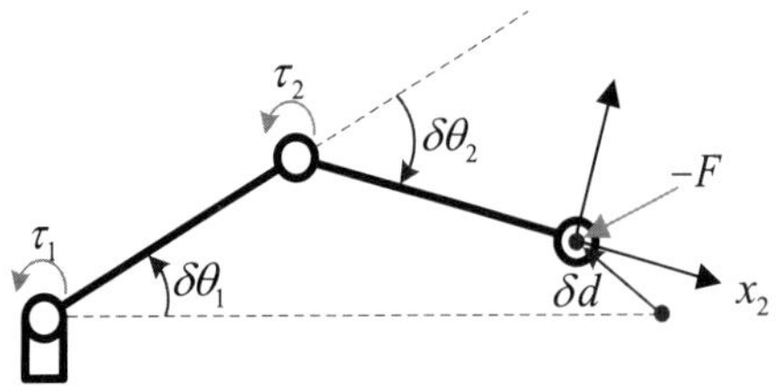

图 7.9 静力平衡的连杆系统

图 7.9 所示为一组静力平衡的连杆系统。其中，虚线部分为系统的原始位置，设由末端执行器向外的作用力为 F，那么外部给连杆系统的反作用力为 $-F$；给出一组微小的虚位移，连杆系统分别在关

节 1、关节 2 处旋转 $\delta\theta_1$ 和 $\delta\theta_2$ 角度，此时机器人末端执行器有相应的虚位移 δd。根据刚体虚功原理，对于一个静力平衡系统，作用于其上的所有力在一组虚位移上所做的虚功之和为 0，即

$$\tau_1\delta\theta_1 + \tau_2\delta\theta_2 - \boldsymbol{F}\cdot\delta d = 0 \tag{7.136}$$

将上述简单系统拓展到一个任意自由度的机器人连杆系统，可以得到

$$\begin{aligned}\sum_{i=1}^{n}\tau_i\cdot\delta\theta_i - \boldsymbol{F}\cdot\delta d &= \boldsymbol{\tau}^{\mathrm{T}}\delta\theta - \boldsymbol{F}^{\mathrm{T}}\delta d \\ &= 0\end{aligned} \tag{7.137}$$

可得

$$\boldsymbol{\tau}^{\mathrm{T}}\delta\theta = \boldsymbol{F}^{\mathrm{T}}\delta d \tag{7.138}$$

容易想到，此处的末端执行器微小虚位移实则对应 7.3 节中讨论的微分运动，故有

$$\boldsymbol{\tau}^{\mathrm{T}}\delta\theta = \boldsymbol{F}^{\mathrm{T}}\boldsymbol{J}\delta\theta \tag{7.139}$$

此时

$$\boldsymbol{\tau}^{\mathrm{T}} = \boldsymbol{F}^{\mathrm{T}}\boldsymbol{J} \tag{7.140}$$

或

$$\boldsymbol{\tau} = \boldsymbol{J}^{\mathrm{T}}\boldsymbol{F} \tag{7.141}$$

此时就得到了在静力平衡状态下机器人关节驱动力矩和末端执行器向外作用力之间的变换关系。上述所有关系均是在基坐标系{0}中描述的，故省略了左上标 0。此外，雅可比矩阵的转置 $\boldsymbol{J}^{\mathrm{T}}$ 也被称为力雅可比矩阵，其是前面讨论的速度雅可比矩阵 $\boldsymbol{J}$ 的转置矩阵。

此外，还可以注意到，在上述静力学问题的讨论过程中，并未考虑重力的影响，但由于重力也是一个常力，因此其做的虚功是容易求得的，此处不再赘述。

例 7.6　图 7.10 所示为 2R 平面机器人，利用式（7.141）所示的结论推导该机器人的力雅可比矩阵。

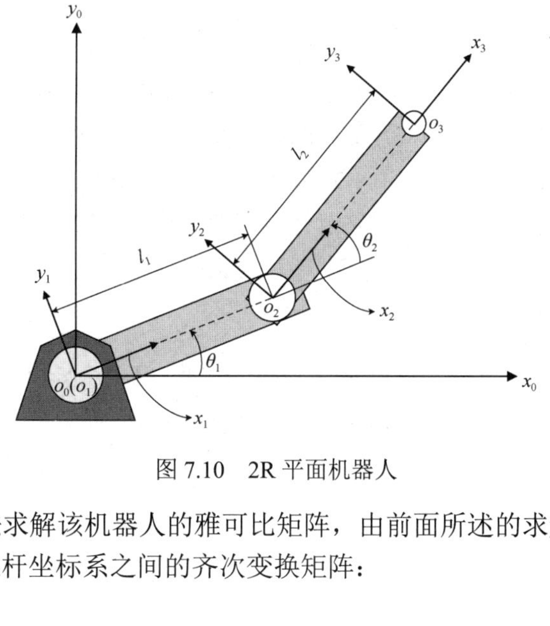

图 7.10　2R 平面机器人

先利用微分变换法求解该机器人的雅可比矩阵，由前面所述的求解机器人雅可比矩阵的方法，需要首先求得连杆坐标系之间的齐次变换矩阵：

$$
{}_3^1\boldsymbol{T}=\begin{bmatrix}\cos\theta_2 & -\sin\theta_2 & 0 & l_1+l_2\cos\theta_2\\ \sin\theta_2 & \cos\theta_2 & 0 & l_2\sin\theta_2\\ 0 & 0 & 1 & 0\\ 0 & 0 & 0 & 1\end{bmatrix} \tag{7.142}
$$

和

$$
{}_3^2\boldsymbol{T}=\begin{bmatrix}1 & 0 & 0 & l_2\\ 0 & 1 & 0 & 0\\ 0 & 0 & 1 & 0\\ 0 & 0 & 0 & 1\end{bmatrix} \tag{7.143}
$$

然后可以利用微分变换法求出该机器人的雅可比矩阵为

$$
{}^3\boldsymbol{J}=\begin{bmatrix}l_1\sin\theta_2 & 0\\ l_1\cos\theta_2+l_2 & l_2\end{bmatrix} \tag{7.144}
$$

由式（7.141）所示的结论求得该机器人的力雅可比矩阵为

$$
{}^3\boldsymbol{J}^{\mathrm{T}}=\begin{bmatrix}l_1\sin\theta_2 & l_1\cos\theta_2+l_2\\ 0 & l_2\end{bmatrix} \tag{7.145}
$$

7.4.2 连杆静力学分析

对机器人系统的静力学进行求解，还可以通过分析机器人系统在静力平衡状态下某根连杆的受力，并建立力和力矩的平衡方程来得到关节力与力矩之间的递推关系。如图 7.11 所示，取出连杆$_i$，令作用在坐标系$\{i\}$上的力和力矩的下标为 i，那么图中 f_{i-1} 和 n_{i-1} 的含义分别为连杆$_{i-1}$通过关节 i 作用在连杆$_i$上的力与力矩；$-f_i$ 和 $-n_i$ 的含义分别为连杆$_i$通过关节 i+1 作用在连杆$_{i+1}$上的力与力矩的反作用力和力矩；$\boldsymbol{g}$ 的含义为重力加速度矢量，通常在基坐标系$\{0\}$中表示为$[0, 0, -9.81]^{\mathrm{T}}$；${}_i\boldsymbol{d}_{C_i}$ 的含义为连杆$_i$的质心 C_i 相对于坐标系$\{i\}$的原点的位置矢量；图中未画出的 ${}_{i-1}\boldsymbol{d}_i$ 的含义为坐标系$\{i\}$的原点相对于坐标系$\{i-1\}$的原点的位置矢量。

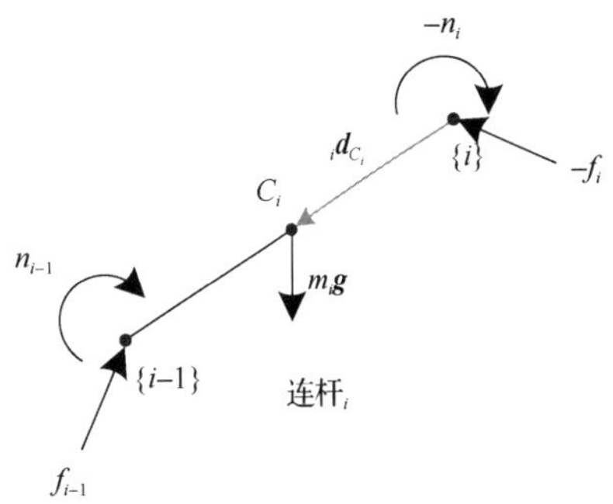

图 7.11 机器人连杆系统中的连杆$_i$

由力和力矩的静力平衡方程可以得到

$$
f_{i-1}+(-f_i)+m_i\boldsymbol{g}=0 \tag{7.146}
$$

以及

$$
n_{i-1}+(-n_i)+{}_{C_i}\boldsymbol{d}_{i-1}\times f_{i-1}+(-{}_i\boldsymbol{d}_{C_i})\times(-n_i)=0 \tag{7.147}
$$

式中，${}_{C_i}\boldsymbol{d}_{i-1}$ 表示坐标系$\{i-1\}$的原点相对于连杆$_i$的质心的位置矢量，容易知道有

$$
{}_{C_i}\boldsymbol{d}_{i-1}=-\left({}_{i-1}\boldsymbol{d}_i+{}_i\boldsymbol{d}_{C_i}\right) \tag{7.148}
$$

由此可以将式（7.147）化简为

$$
n_{i-1}-n_i+{}_{C_i}\boldsymbol{d}_{i-1}\times f_{i-1}+{}_i\boldsymbol{d}_{C_i}\times f_i=0 \tag{7.149}
$$

将式（7.146）和式（7.149）进行整理，并在统一的坐标系中进行描述，可以得到

$$ {}^{i-1}\boldsymbol{f}_{i-1} = {}^{i-1}_{i}\boldsymbol{R}\,{}^{i}\boldsymbol{f}_i - m_i\,{}^{i-1}_{0}\boldsymbol{R}\,{}^{0}\boldsymbol{g} \tag{7.150} $$

和

$$ {}^{i-1}\boldsymbol{n}_{i-1} = {}^{i-1}_{i}\boldsymbol{R}\,{}^{i}\boldsymbol{n}_i + {}^{i-1}\boldsymbol{d}_{C_i} \times {}^{i-1}\boldsymbol{f}_{i-1} - {}^{i-1}_{i}\boldsymbol{R}\left({}^{i}\boldsymbol{d}_{C_i} \times {}^{i}\boldsymbol{f}_i\right) \tag{7.151} $$

观察式（7.151）容易得到，整个过程是由外向内进行迭代的，这是因为末端执行器所受外力常常是已知的。设末端执行器坐标系的下标为 n，那么以机器人系统的最后一根连杆建立的力和力矩的递推关系为

$$ {}^{n-1}\boldsymbol{f}_{n-1} = -{}^{n-1}_{0}\boldsymbol{R}\,{}^{0}\boldsymbol{F} - m_n\,{}^{n-1}_{0}\boldsymbol{R}\,{}^{0}\boldsymbol{g} \tag{7.152} $$

和

$$ {}^{n-1}\boldsymbol{n}_{n-1} = -{}^{n-1}_{0}\boldsymbol{R}\,{}^{0}\boldsymbol{N} + {}^{n-1}\boldsymbol{d}_{C_n} \times {}^{n-1}\boldsymbol{f}_{n-1} - {}^{n-1}_{n}\boldsymbol{R}\,{}^{n}\boldsymbol{d}_{C_n} \times {}^{n-1}_{0}\boldsymbol{R}\left(-{}^{0}\boldsymbol{F}\right) \tag{7.153} $$

式中，${}^{0}\boldsymbol{F}$ 和 ${}^{0}\boldsymbol{N}$ 分别是在基坐标系$\{0\}$中表示的末端执行器所受的外力与力矩，因为在推导递推关系的过程中，是将连杆向外部的作用力设为正向的，所以 ${}^{0}\boldsymbol{F}$ 和 ${}^{0}\boldsymbol{N}$ 以受力的形式出现在公式中时，应取负号。

得到上述所有关系式之后，只需从最外面一根连杆 n 开始向内迭代，即可求出所有关节上需要作用的力和力矩。实际上，在关节上所需作用的力和力矩中，有一部分是由连杆结构自身的刚度所平衡的，而另一部分是用于保持整个机器人系统受力平衡的驱动力和力矩。

对于转动关节，作用于坐标系$\{i\}$即关节 i+1 上的关节驱动力矩是关节所需力矩在旋量运动方向 ${}^{i}\boldsymbol{Z}_i$ 上的投影，为

$$ \boldsymbol{\tau}_i = {}^{i}\boldsymbol{n}_i^{\mathrm{T}}\,{}^{i}\boldsymbol{Z}_i \tag{7.154} $$

对于平动关节，作用于坐标系$\{i\}$即关节 i+1 上的关节驱动力是关节所需力在旋量运动方向 ${}^{i}\boldsymbol{Z}_i$ 的投影，为

$$ \boldsymbol{\tau}_i = {}^{i}\boldsymbol{f}_i^{\mathrm{T}}\,{}^{i}\boldsymbol{Z}_i \tag{7.155} $$

例 7.7　图 7.12 所示为一个 4R 平面机械手，设该机械手的各连杆是均匀的，即连杆的质心位于连杆的几何中心处。此时，若末端向外的作用力为

$$ {}^{4}\boldsymbol{F}_4 = \begin{bmatrix} F_x \\ F_y \\ 0 \\ 0 \end{bmatrix},\quad {}^{4}\boldsymbol{M}_4 = \begin{bmatrix} 0 \\ 0 \\ M_z \\ 0 \end{bmatrix} \tag{7.156} $$

则求能使机器人系统保持静态平衡的关节力和力矩。

如图 7.12 所示，采用标准 D-H 参数法建立连杆坐标系，相邻两个连杆坐标系之间的齐次变换矩阵为

$$ {}^{i-1}_{i}\boldsymbol{T} = \begin{bmatrix} \cos\theta_i & -\sin\theta_i & 0 & l_i\cos\theta_i \\ \sin\theta_i & \cos\theta_i & 0 & l_i\sin\theta_i \\ 0 & 0 & 1 & 0 \\ 0 & 0 & 0 & 1 \end{bmatrix} \tag{7.157} $$

质心 C 的位置矢量 ${}^{i}\boldsymbol{r}_i$ 和两个连杆坐标系的原点的相对位置矢量 ${}^{i-1}\boldsymbol{d}_i$ 分别为

$$
{}^{i}\boldsymbol{r}_i = \begin{bmatrix} \frac{l_i}{2} \\ 0 \\ 0 \\ 0 \end{bmatrix}, \quad {}^{i-1}\boldsymbol{d}_i = \begin{bmatrix} l_i \\ 0 \\ 0 \\ 0 \end{bmatrix} \tag{7.158}
$$

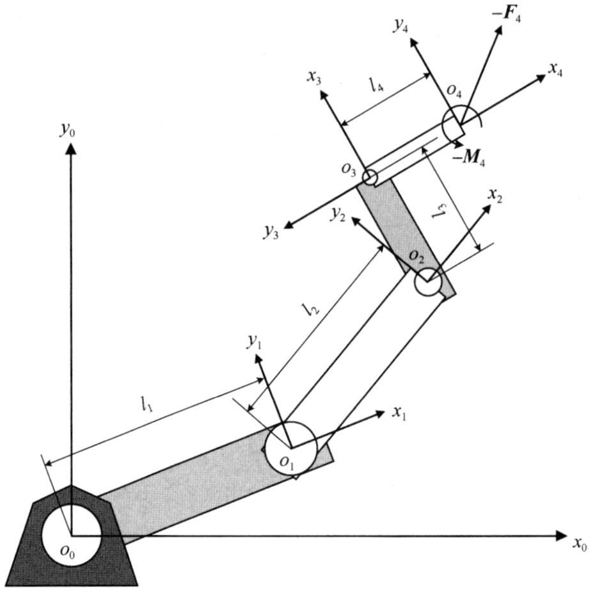

图 7.12 4R 平面机械手

此处主要是力学问题，故将位置矢量设为自由矢量，因此有

$$
{}^{0}\boldsymbol{r}_i = {}^{0}\boldsymbol{T}_i\,{}^{i}\boldsymbol{r}_i \tag{7.159}
$$

$$
{}_{i-1}^{\ \ 0}\boldsymbol{d}_i = {}^{0}\boldsymbol{T}_i\,{}^{i-1}\boldsymbol{d}_i \tag{7.160}
$$

于是，由外向内求解关节处的静态力为

$$
{}^{0}\boldsymbol{F}_3 = {}^{0}\boldsymbol{F}_4 + m_4\boldsymbol{g}\begin{bmatrix} 0 \\ 1 \\ 0 \\ 0 \end{bmatrix} = \begin{bmatrix} F_x \\ F_y + m_4\boldsymbol{g} \\ 0 \\ 0 \end{bmatrix} \tag{7.161}
$$

$$
{}^{0}\boldsymbol{F}_2 = {}^{0}\boldsymbol{F}_3 + m_3\boldsymbol{g}\begin{bmatrix} 0 \\ 1 \\ 0 \\ 0 \end{bmatrix} = \begin{bmatrix} F_x \\ F_y + \left(m_3 + m_4\right)\boldsymbol{g} \\ 0 \\ 0 \end{bmatrix} \tag{7.162}
$$

$$
{}^{0}\boldsymbol{F}_1 = {}^{0}\boldsymbol{F}_2 + m_2\boldsymbol{g}\begin{bmatrix} 0 \\ 1 \\ 0 \\ 0 \end{bmatrix} = \begin{bmatrix} F_x \\ F_y + \left(m_2 + m_3 + m_4\right)\boldsymbol{g} \\ 0 \\ 0 \end{bmatrix} \tag{7.163}
$$

$$ {}^{0}\boldsymbol{F}_0 = {}^{0}\boldsymbol{F}_1 + m_1\boldsymbol{g}\begin{bmatrix}0\\1\\0\\0\end{bmatrix} = \begin{bmatrix}F_x\\F_y+(m_1+m_2+m_3+m_4)\boldsymbol{g}\\0\\0\end{bmatrix} \tag{7.164} $$

由外向内求解关节处的静态力矩为

$$ {}^{0}\boldsymbol{M}_3 = {}^{0}\boldsymbol{M}_4 + {}^{0}\boldsymbol{r}_4 \times \begin{bmatrix}0\\1\\0\\0\end{bmatrix} m_4\boldsymbol{g} + {}_{3}^{0}\boldsymbol{d}_4 \times {}^{0}\boldsymbol{F}_4 = \begin{bmatrix}0\\0\\M_{3z}\\0\end{bmatrix} \tag{7.165} $$

式中

$$ M_{3z} = M_z + l_4F_y\cos\theta_{1234} - l_4F_x\sin\theta_{1234} + \frac{1}{2}\boldsymbol{g}l_4m_4\cos\theta_{1234} \tag{7.166} $$

$$ {}^{0}\boldsymbol{M}_2 = {}^{0}\boldsymbol{M}_3 + {}^{0}\boldsymbol{r}_3 \times \begin{bmatrix}0\\1\\0\\0\end{bmatrix} m_3\boldsymbol{g} + {}_{2}^{0}\boldsymbol{d}_3 \times {}^{0}\boldsymbol{F}_3 = \begin{bmatrix}0\\0\\M_{2z}\\0\end{bmatrix} \tag{7.167} $$

式中

$$ \begin{aligned} M_{2z} = {} & M_z + l_4F_y\cos\theta_{1234} - l_4F_x\sin\theta_{1234} + \frac{1}{2}gl_4m_4\cos\theta_{1234} + \\ & \frac{1}{2}gl_3m_3\cos\theta_{123} - l_3F_x\sin\theta_{123} + l_3\left(F_y + m_4g\right)\cos\theta_{123} \end{aligned} \tag{7.168} $$

$$ {}^{0}\boldsymbol{M}_1 = {}^{0}\boldsymbol{M}_2 + {}^{0}\boldsymbol{r}_2 \times \begin{bmatrix}0\\1\\0\\0\end{bmatrix} m_2\boldsymbol{g} + {}_{1}^{0}\boldsymbol{d}_2 \times {}^{0}\boldsymbol{F}_2 = \begin{bmatrix}0\\0\\M_{1z}\\0\end{bmatrix} \tag{7.169} $$

式中

$$ \begin{aligned} M_{1z} = {} & M_z + l_4F_y\cos\theta_{1234} - l_4F_x\sin\theta_{1234} + \frac{1}{2}gl_4m_4\cos\theta_{1234} + \\ & \frac{1}{2}gl_3m_3\cos\theta_{123} - l_3F_x\sin\theta_{123} + l_3\left(F_y + m_4\boldsymbol{g}\right)\cos\theta_{123} + \\ & \frac{1}{2}gl_2m_2\cos\theta_{12} - l_2F_x\sin\theta_{12} + l_2\left[F_y + (m_3+m_4)g\right]\cos\theta_{12} \end{aligned} \tag{7.170} $$

$$ {}^{0}\boldsymbol{M}_0 = {}^{0}\boldsymbol{M}_1 + {}^{0}\boldsymbol{r}_1 \times \begin{bmatrix}0\\1\\0\\0\end{bmatrix} m_1\boldsymbol{g} + {}_{0}^{0}\boldsymbol{d}_1 \times {}^{0}\boldsymbol{F}_1 = \begin{bmatrix}0\\0\\M_{0z}\\0\end{bmatrix} \tag{7.171} $$

式中

$$\begin{aligned}M_{0z} = M_z + l_4 F_y \cos\theta_{1234} - l_4 F_x \sin\theta_{1234} + \frac{1}{2} g l_4 m_4 \cos\theta_{1234} + \\ \frac{1}{2} g l_3 m_3 \cos\theta_{123} - l_3 F_x \sin\theta_{123} + l_3 \left(F_y + m_4 g\right)\cos\theta_{123} + \\ \frac{1}{2} g l_2 m_2 \cos\theta_{12} - l_2 F_x \sin\theta_{12} + l_2 \left[F_y + \left(m_3 + m_4\right) g\right]\cos\theta_{12} + \\ \frac{1}{2} g l_1 m_1 \cos\theta_1 - l_1 F_x \sin\theta_1 + l_1 \left[F_y + \left(m_2 + m_3 + m_4\right) g\right]\cos\theta_1\end{aligned} \tag{7.172}$$

式中

$$\theta_{1234} = \theta_1 + \theta_2 + \theta_3 + \theta_4 \tag{7.173}$$

$$\theta_{123} = \theta_1 + \theta_2 + \theta_3 \tag{7.174}$$

$$\theta_{12} = \theta_1 + \theta_2 \tag{7.175}$$

7.4.3　机器人静力学的两类问题

经过前面的讨论，可以认识到，机器人静力学问题通常可以分为以下两类。

（1）已知外界环境对机器人末端执行器的作用力 $-\boldsymbol{F}$（以末端执行器向外的作用力为正向），求此时可以使系统满足静力学平衡条件的驱动力矩 $\boldsymbol{\tau}$。前面两节的结论主要是针对的是这个问题。

（2）已知关节驱动力矩 $\boldsymbol{\tau}$，确定机器人末端执行器向外的作用力 $\boldsymbol{F}$。

当系统的雅可比矩阵满秩时，第二类问题是容易求得的，即有

$$\boldsymbol{F} = \left(\boldsymbol{J}^{\mathrm{T}}\right)^{-1} \boldsymbol{\tau} \tag{7.176}$$

但当机器人的自由度不为 6 时，雅可比矩阵不是方阵，无法求逆，此时第二类问题的求解会复杂很多。例如，当自由度 $n>6$ 时，机器人的自由度有冗余，在一般情况下不一定有唯一解；当自由度 $n<6$ 时，方程 $\tau = \boldsymbol{J}^{\mathrm{T}} \boldsymbol{F}$ 是一个超定方程组，可以用最小二乘法估计 $\boldsymbol{F}$ 的值，即有

$$\boldsymbol{F} = \left(\boldsymbol{J}\boldsymbol{J}^{\mathrm{T}}\right)^{-1} \boldsymbol{J}\boldsymbol{\tau} \tag{7.177}$$

7.5　刚体的质量分布

在研究机器人动力学时，由于欧拉动力学中对求解力矩的需求，需要对机器人的质量分布进行描述。而惯性张量矩阵是一种可以用于描述刚体的质量分布的简便方法，本书介绍一种简单的导出惯性张量的方法，更详细的内容可以参考相关文献。

7.5.1　惯性张量的导出

如图 7.13 所示，此时想要求空间坐标系中的一刚体绕坐标系中任意一轴线 $\boldsymbol{n}$ 转动的转动惯量。由理论力学知识，取刚体上的任意微元 dm，这个点相对于 $\boldsymbol{n}$ 轴的转动惯量为

$$\begin{aligned}\rho^2\mathrm{d}m &= \left(\overline{OM}^2 - \overline{ON}^2\right)\mathrm{d}m \\ &= \boldsymbol{r}^2 - (\boldsymbol{r}\cdot\boldsymbol{n})^2 \\ &= x^2 + y^2 + z^2 - (\alpha x + \beta y + \gamma z)^2 \\ &= \alpha^2\left(y^2 + z^2\right) - \alpha\beta xy - \alpha\gamma xz - \\ &\quad \alpha\beta xy + \beta^2\left(x^2 + z^2\right) - \beta\gamma yz - \\ &\quad \alpha\gamma xz - \beta\gamma yz + \gamma^2\left(x^2 + y^2\right)\end{aligned} \tag{7.178}$$

式中，α 、β 和 γ 是轴线 $\boldsymbol{n}$ 与坐标轴之间夹角的余弦，将上式写为矩阵乘法的形式为

$$\rho^2\mathrm{d}m = [\alpha\ \ \beta\ \ \gamma]\begin{bmatrix} y^2+z^2 & -xy & -xz \\ -yx & x^2+z^2 & -yz \\ -zx & -zy & x^2+y^2 \end{bmatrix}\begin{bmatrix}\alpha \\ \beta \\ \gamma\end{bmatrix} \tag{7.179}$$

将上式在整个刚体上进行积分，得到此刚体对轴的转动惯量为

$$\iiint_V \rho^2\mathrm{d}m = [\alpha\ \ \beta\ \ \gamma]\boldsymbol{I}\begin{bmatrix}\alpha \\ \beta \\ \gamma\end{bmatrix} \tag{7.180}$$

上式等号右边中间的矩阵即导出的惯性张量矩阵：

$$\boldsymbol{I} = \begin{bmatrix} I_{xx} & -I_{xy} & -I_{xz} \\ -I_{xy} & I_{yy} & -I_{yz} \\ -I_{xz} & -I_{yz} & I_{zz} \end{bmatrix} \tag{7.181}$$

式中，3 个对角线元素分别是绕 x 轴、y 轴、z 轴的惯性矩，或者称之为转动惯量，其具体的表达形式分别为

$$\begin{aligned} I_{xx} &= \iiint_V (y^2+z^2)\mathrm{d}m \\ I_{yy} &= \iiint_V (x^2+z^2)\mathrm{d}m \\ I_{zz} &= \iiint_V (x^2+y^2)\mathrm{d}m \end{aligned} \tag{7.182}$$

其余 3 个交叉项是惯性积，其具体的表达形式分别为

$$\begin{aligned} I_{xy} &= \iiint_V xy\mathrm{d}m \\ I_{xz} &= \iiint_V xz\mathrm{d}m \\ I_{yz} &= \iiint_V yz\mathrm{d}m \end{aligned} \tag{7.183}$$

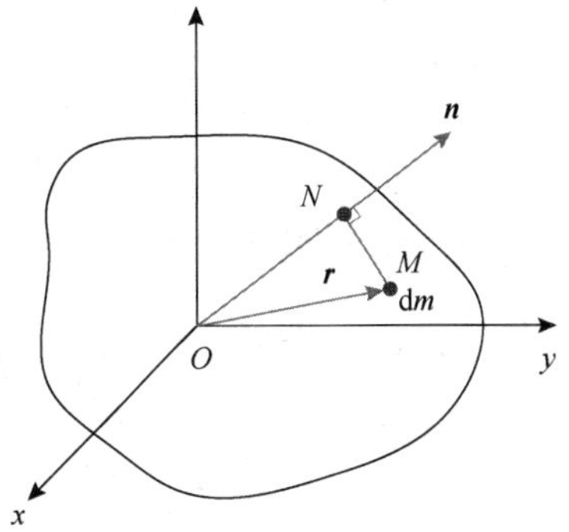

图 7.13　空间中任意形状的刚体

惯性张量一般可以定义在任意坐标系中，但在机器人运动过程中，为了使运算最简化，将每根连杆的惯性张量基坐标系取为$\{C_i\}$，并将其固连于连杆上。同时，坐标系$\{C_i\}$的各坐标轴方位与相应连杆坐标系$\{i\}$相同，将其坐标系原点置于连杆质心。在这种取法下，随着机器人连杆的运动，连杆的惯性张量始终是一个常量矩阵，可以在很大程度上

简化运算。同时要注意，运用这种方式定义的惯性张量矩阵需要将角速度和角加速度也转换到局部坐标系中，只有这样才可以求解各类问题。

例 7.8 根据惯性张量矩阵的定义，计算如图 7.14 所示的坐标系的刚度六面体形连杆的惯性张量矩阵。该刚度矩形连杆的质量为 m、长度为 l、宽度为 w、高度为 h，且连杆坐标系的原点建立在刚体的质心处。

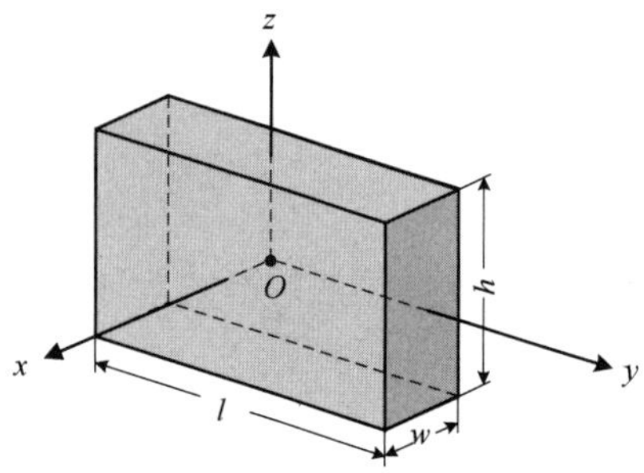

图 7.14　六面体形连杆

根据定义，从 I_{xx} 开始计算，可以得到

$$\begin{aligned} I_{xx} &= \iiint_V (y^2+z^2)\mathrm{d}m \\ &= \rho\int_{-h/2}^{h/2}\int_{-w/2}^{w/2}\int_{-l/2}^{l/2}\left(y^2+z^2\right)\mathrm{d}v \\ &= \frac{m}{lwh}\int_{-h/2}^{h/2}\int_{-w/2}^{w/2}\int_{-l/2}^{l/2}\left(y^2+z^2\right)\mathrm{d}x\mathrm{d}y\mathrm{d}z \\ &= \frac{m}{12}\left(w^2+h^2\right) \end{aligned} \tag{7.184}$$

同理，计算 I_{yy} 和 I_{zz}，可以得到

$$I_{yy}=\frac{m}{12}\left(h^2+l^2\right) \tag{7.185}$$

$$I_{zz}=\frac{m}{12}\left(l^2+w^2\right) \tag{7.186}$$

对惯性积，可以验证

$$\begin{aligned} I_{xy} &= \iiint_V xy\mathrm{d}m \\ &= \rho\int_{-h/2}^{h/2}\int_{-w/2}^{w/2}\int_{-l/2}^{l/2}(xy)\mathrm{d}v \\ &= 0 \end{aligned} \tag{7.187}$$

同理，计算 I_{yz} 和 I_{xz}，可以得到 $I_{yz}=I_{xz}=0$，此时可以得到这种建立坐标系方式下的刚度矩形连杆的惯性张量矩阵为

$$\boldsymbol{I}=\begin{bmatrix} \frac{m}{12}\left(w^2+h^2\right) & 0 & 0 \\ 0 & \frac{m}{12}\left(h^2+l^2\right) & 0 \\ 0 & 0 & \frac{m}{12}\left(l^2+w^2\right) \end{bmatrix} \tag{7.188}$$

7.5.2　惯性张量的性质

1．惯性张量表示刚体的角动量

若将刚体看作由无数分立的质点组成。现在考虑定点运动刚体的角动量。取顶点 O 为原点，那么刚体的角动量就是各个质点的角动量之和，为

$$
\begin{aligned}
\boldsymbol{L} &= \sum_i \boldsymbol{r}_i \times m_i\left(\boldsymbol{\omega} \times \boldsymbol{r}_i\right) \\
&= \sum_i m_i\left[\boldsymbol{r}_i^2 \boldsymbol{\omega} - \left(\boldsymbol{r}_i \cdot \boldsymbol{\omega}\right)\boldsymbol{r}_i\right] \\
&= \sum_i m_i\Big[\left(x_i^2 + y_i^2 + z_i^2\right)\left(\omega_x \boldsymbol{i} + \omega_y \boldsymbol{j} + \omega_z \boldsymbol{k}\right) - \\
&\qquad \left(x_i\omega_x + y_i\omega_y + z_i\omega_z\right)\left(x_i\boldsymbol{i} + y_i\boldsymbol{j} + z_i\boldsymbol{k}\right)\Big]
\end{aligned}
\tag{7.189}
$$

由此得到角动量沿各个坐标轴的分量分别为

$$
\begin{cases}
L_x = I_{xx}\omega_x - I_{xy}\omega_y - I_{xz}\omega_z \\
L_y = -I_{yx}\omega_x + I_{yy}\omega_y - I_{yz}\omega_z \\
L_z = -I_{zx}\omega_x - I_{zy}\omega_y + I_{zz}\omega_z
\end{cases}
\tag{7.190}
$$

式（7.190）给出了惯性张量矩阵中的各个元素，不过此时是离散的形式，惯性矩写为

$$
\begin{aligned}
I_{xx} &= \sum_i (y_i^2 + z_i^2) m_i \\
I_{yy} &= \sum_i (z_i^2 + x_i^2) m_i \\
I_{zz} &= \sum_i (x_i^2 + y_i^2) m_i
\end{aligned}
\tag{7.191}
$$

惯性积写为

$$
\begin{aligned}
I_{xy} &= \sum_i m_i x_i y_i \\
I_{xz} &= \sum_i m_i x_i z_i \\
I_{yz} &= \sum_i m_i y_i z_i
\end{aligned}
\tag{7.192}
$$

此时，若将刚体的角动量和角速度写为列向量的形式，则有

$$
\boldsymbol{L} = \begin{bmatrix} L_x \\ L_y \\ L_z \end{bmatrix},\quad \boldsymbol{\omega} = \begin{bmatrix} \omega_x \\ \omega_y \\ \omega_z \end{bmatrix}
\tag{7.193}
$$

由此得到刚体的角动量的表达式为

$$
\boldsymbol{L} = \boldsymbol{I\omega}
\tag{7.194}
$$

2．惯性张量表示刚体的转动动能

若将刚体看作由无数分立的质点组成。现在考虑定点运动刚体的转动动能，它是各个质点的动能之和，为

$$
\begin{aligned}
\boldsymbol{T} &= \frac{1}{2}\sum_{i=1}^{n}\left[m_i \boldsymbol{v}_i \cdot \left(\boldsymbol{\omega}_i \times \boldsymbol{r}_i\right)\right] \\
&= \frac{1}{2}\boldsymbol{\omega} \cdot \sum_{i=1}^{n}\left(\boldsymbol{r}_i \times m_i \boldsymbol{v}_i\right) \\
&= \frac{1}{2}\boldsymbol{\omega} \cdot \boldsymbol{L}
\end{aligned}
\tag{7.195}
$$

代入角动量的表达式，可以得到定点运动刚体的转动动能为

$$\boldsymbol{T}=\frac{1}{2}\boldsymbol{\omega}^{\mathrm{T}}\boldsymbol{I}\boldsymbol{\omega} \tag{7.196}$$

3．惯性张量在坐标系之间的相互变换

前面提到，惯性张量矩阵的定义依赖坐标系，而借由前面推导出的角动量的表达方法，可以推导得到在不同坐标系之间对惯性张量进行变换的方法。

例 7.9 证明对两个原点重合的坐标系$\{B_1\}$和$\{B_2\}$，一个刚体基于这两个坐标系生成的惯性张量矩阵有以下变换关系：

$$^{B_2}\boldsymbol{I}={}^{B_2}_{B_1}\boldsymbol{R}\,^{B_1}\boldsymbol{I}\,^{B_2}_{B_1}\boldsymbol{R}^{\mathrm{T}} \tag{7.197}$$

证明：

设此时刚体有角速度$\boldsymbol{\omega}$和角动量$\boldsymbol{L}$，在两个坐标系下，两者有如下关系：

$$\begin{aligned}^{B_2}\boldsymbol{\omega}&={}^{B_2}_{B_1}\boldsymbol{R}\,^{B_1}\boldsymbol{\omega}\\ ^{B_2}\boldsymbol{L}&={}^{B_2}_{B_1}\boldsymbol{R}\,^{B_1}\boldsymbol{L}\end{aligned} \tag{7.198}$$

又由于

$$^{B_1}\boldsymbol{L}={}^{B_1}\boldsymbol{I}\,^{B_1}\boldsymbol{\omega} \tag{7.199}$$

因此将上式代入式（7.198）可以得到

$$\begin{aligned}^{B_2}\boldsymbol{L}&={}^{B_2}_{B_1}\boldsymbol{R}\,^{B_1}\boldsymbol{I}\,^{B_1}\boldsymbol{\omega}\\ &={}^{B_2}_{B_1}\boldsymbol{R}\,^{B_1}\boldsymbol{I}\,^{B_2}_{B_1}\boldsymbol{R}^{\mathrm{T}}\,^{B_2}\boldsymbol{\omega}\end{aligned} \tag{7.200}$$

又由于

$$^{B_2}\boldsymbol{L}={}^{B_2}\boldsymbol{I}\,^{B_2}\boldsymbol{\omega} \tag{7.201}$$

因此可以得到

$$^{B_2}\boldsymbol{I}={}^{B_2}_{B_1}\boldsymbol{R}\,^{B_1}\boldsymbol{I}\,^{B_2}_{B_1}\boldsymbol{R}^{\mathrm{T}} \tag{7.202}$$

结论得证。

4．惯性主轴和主轴坐标系

容易看出，惯性张量矩阵是一个实对称矩阵，因此，由线性代数的知识可以知道，只要适当地转动坐标系，总是可以将其对应的惯性张量矩阵对角化，即对任意一个基于坐标系$\{B\}$的惯性张量矩阵

$$^{B}\boldsymbol{I}=\begin{bmatrix}I_{11}&I_{12}&I_{13}\\I_{21}&I_{22}&I_{23}\\I_{31}&I_{32}&I_{33}\end{bmatrix} \tag{7.203}$$

总可以找到一个旋转矩阵${}^{A}_{B}\boldsymbol{R}$，使得基于坐标系$\{A\}$的惯性张量矩阵是一个对角矩阵，在这种情况下，所有的惯性积都为 0，即

$$\begin{aligned}^{A}\boldsymbol{I}&={}^{A}_{B}\boldsymbol{R}\,^{B}\boldsymbol{I}\,^{A}_{B}\boldsymbol{R}^{\mathrm{T}}\\ &=\begin{bmatrix}I_1&0&0\\0&I_2&0\\0&0&I_3\end{bmatrix}\end{aligned} \tag{7.204}$$

式中，I_1、I_2和I_3分别是对应坐标系$\{A\}$的 3 个坐标轴的惯性矩，叫作主惯性矩。而此时坐标系$\{A\}$的 3 个相互垂直的坐标轴就叫作惯性主轴，坐标系$\{A\}$就叫作主轴坐标系。

同样，根据线性代数，主惯性矩就是惯性张量矩阵的特征值，而${}_B^A\boldsymbol{R}$的列向量就是特征值对应的特征矢量，因此，求主转动惯量和主轴坐标系的问题在数学上就是关于惯性张量矩阵的特征值问题。

例 7.10　求下式所示的惯性张量矩阵的主惯性矩及其对应的主轴坐标系：

$$^B\boldsymbol{I}=\begin{bmatrix}20 & -2 & 0\\ -2 & 30 & 0\\ 0 & 0 & 40\end{bmatrix} \tag{7.205}$$

由求矩阵特征值的方法有

$$\left({}^B\boldsymbol{I}-\lambda\boldsymbol{I}_{3\times3}\right)\boldsymbol{\xi}=0 \tag{7.206}$$

式中，要使$\boldsymbol{\xi}$不为 0，则$\left(\lambda\boldsymbol{I}_{3\times3}-{}^B\boldsymbol{I}\right)$的行列式为 0，于是有

$$\begin{vmatrix}20-\lambda & -2 & 0\\ -2 & 30-\lambda & 0\\ 0 & 0 & 40-\lambda\end{vmatrix}=0 \tag{7.207}$$

由此可以得到特征方程为

$$(20-\lambda)(30-\lambda)(40-\lambda)-4(40-\lambda)=0 \tag{7.208}$$

解上式可以得到 3 个实根，即主惯性矩为

$$\begin{cases}\lambda_1=I_1\approx30.385\\ \lambda_2=I_2\approx19.615\\ \lambda_3=I_3=40\end{cases} \tag{7.209}$$

如果令主轴坐标系为$\{A\}$，那么在主轴坐标系下的惯性张量矩阵为

$$^A\boldsymbol{I}=\begin{vmatrix}30.385 & 0 & 0\\ 0 & 19.615 & 0\\ 0 & 0 & 40\end{vmatrix} \tag{7.210}$$

下面求主轴坐标系$\{A\}$与原坐标系$\{B\}$的相对位姿。由于矩阵的特征值已经全部求出，因此只需利用式（7.206）求出特征值对应的各个特征向量即可，对$\lambda_1=30.385$有

$$\begin{bmatrix}20-30.385 & -2 & 0\\ -2 & 30-30.385 & 0\\ 0 & 0 & 40-30.385\end{bmatrix}\boldsymbol{\xi}=0 \tag{7.211}$$

而$\boldsymbol{\xi}$作为位姿矩阵的列向量，可以将其表示为$[\cos\alpha,\cos\beta,\cos\gamma]^{\mathrm{T}}$，其中，$\alpha$、$\beta$和$\gamma$分别表示坐标系$\{A\}$的坐标轴与坐标系$\{B\}$的$x$轴、$y$轴和$z$轴的夹角，于是有

$$\begin{bmatrix}20-30.385 & -2 & 0\\ -2 & 30-30.385 & 0\\ 0 & 0 & 40-30.385\end{bmatrix}\begin{bmatrix}\cos\alpha_1\\ \cos\beta_1\\ \cos\gamma_1\end{bmatrix}=0 \tag{7.212}$$

或者写为方程组的形式，为

$$\begin{cases}-10.385\cos\alpha_1-2\cos\beta_1=0\\-2\cos\alpha_1-0.385\cos\beta_1=0\\9.615\cos\gamma_1=0\end{cases} \tag{7.213}$$

解得

$$\alpha_1=79.1° \quad \beta_1=169.1° \quad \gamma_1=90° \tag{7.214}$$

对 $\lambda_2=19.615$ 有

$$\begin{bmatrix}20-19.615 & -2 & 0\\-2 & 30-19.615 & 0\\0 & 0 & 40-19.615\end{bmatrix}\boldsymbol{\xi}=0 \tag{7.215}$$

解得

$$\alpha_2=10.9° \quad \beta_2=79.1° \quad \gamma_2=90° \tag{7.216}$$

对 $\lambda_3=40$ 有

$$\begin{bmatrix}20-40 & -2 & 0\\-2 & 30-40 & 0\\0 & 0 & 40-40\end{bmatrix}\boldsymbol{\xi}=0 \tag{7.217}$$

解得

$$\alpha_3=90° \quad \beta_3=90° \quad \gamma_3=0° \tag{7.218}$$

此时，将解出的特征向量排成矩阵即得到 ${}_A^B\boldsymbol{R}$，即有

$$\begin{aligned}{}_A^B\boldsymbol{R}&=\begin{bmatrix}\cos\alpha_1 & \cos\alpha_2 & \cos\alpha_3\\\cos\beta_1 & \cos\beta_2 & \cos\beta_3\\\cos\gamma_1 & \cos\gamma_2 & \cos\gamma_3\end{bmatrix}\\&=\begin{bmatrix}{}^B\boldsymbol{X}_A & {}^B\boldsymbol{Y}_A & {}^B\boldsymbol{Z}_A\end{bmatrix}\end{aligned} \tag{7.219}$$

此处需要注意的地方在于，通过上述求特征向量的过程得到的是主轴坐标系$\{A\}$相对于原坐标系$\{B\}$的相对姿态。可以做简单的验证。

因为有

$$\begin{cases}{}^B\boldsymbol{I}\xi_1=\xi_1\lambda_1\\{}^B\boldsymbol{I}\xi_2=\xi_2\lambda_2\\{}^B\boldsymbol{I}\xi_3=\xi_3\lambda_3\end{cases} \tag{7.220}$$

将上式化为矩阵乘法的形式有

$${}^B\boldsymbol{I}\begin{bmatrix}\xi_1 & \xi_2 & \xi_3\end{bmatrix}=\begin{bmatrix}\xi_1 & \xi_2 & \xi_3\end{bmatrix}\begin{bmatrix}\lambda_1 & 0 & 0\\0 & \lambda_2 & 0\\0 & 0 & \lambda_3\end{bmatrix} \tag{7.221}$$

所以有

$$\begin{bmatrix}\xi_1^{\mathrm{T}}\\\xi_2^{\mathrm{T}}\\\xi_3^{\mathrm{T}}\end{bmatrix}{}^B\boldsymbol{I}\begin{bmatrix}\xi_1 & \xi_2 & \xi_3\end{bmatrix}={}^A\boldsymbol{I} \tag{7.222}$$

对比式（7.204），可以知道

$$\begin{bmatrix}\boldsymbol{\xi}_1 & \boldsymbol{\xi}_2 & \boldsymbol{\xi}_3\end{bmatrix} = {}_A^B\boldsymbol{R} \tag{7.223}$$

结论得证。

5. 惯性张量的平移变换

在 3 和 4 中主要讨论了惯性张量矩阵在仅具有旋转关系的两个坐标系之间的变换，而对于还具有平移关系的坐标系，其惯性张量矩阵的相互变换又是如何的呢？

例 7.11　如图 7.15 所示，现有地面基坐标系{0}，并在刚体质心处建立坐标系{A}，而在其他任意一处建立坐标系{B}，且坐标系{B}和坐标系{A}均固连于刚体上且两者仅有平移关系，此时要求证明

$$^{B}\boldsymbol{I} = {}^{A}\boldsymbol{I} + m\,^{B}\hat{\boldsymbol{r}}_A\,^{B}\hat{\boldsymbol{r}}_A^{\mathrm{T}} \tag{7.224}$$

式中，$^{B}\hat{\boldsymbol{r}}_A$ 表示由坐标系{B}的原点指向坐标系{A}的原点的位置矢量的斜对称矩阵。

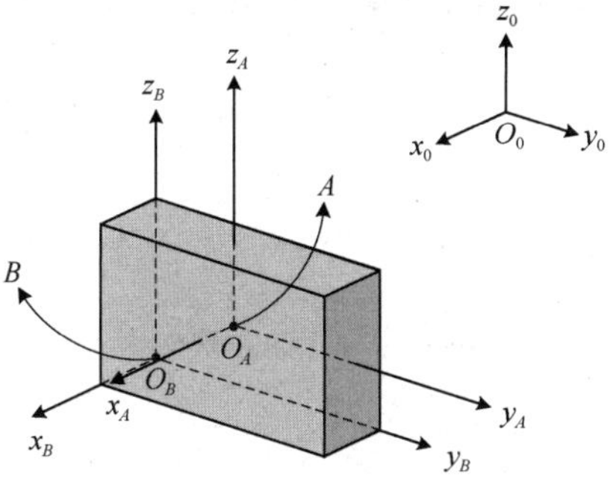

图 7.15　连杆上的坐标系变换

证明：

设此时刚体绕定点 B 以相对于基坐标系的角速度 $\boldsymbol{\omega}$ 旋转，那么由理论力学可知，刚体的角动量可以表示为

$$\begin{aligned}^{B}\boldsymbol{L} &= {}^{B}\boldsymbol{I}\boldsymbol{\omega}\\ &= {}^{A}\boldsymbol{L}_A + {}^{B}\boldsymbol{r}_A \times \left(m\,^{B}\boldsymbol{v}_A\right)\end{aligned} \tag{7.225}$$

在进一步化简之前，需要对式（7.225）进行说明：式中的 $\boldsymbol{\omega}$ 省略了左上标，因为坐标系{A}和坐标系{B}之间不存在旋转变换关系，所以在表示自由矢量 $\boldsymbol{\omega}$ 时的结果是一样的，对 $\boldsymbol{L}$ 同理；$^{A}\boldsymbol{L}_A$ 表示的是由刚体相对于质心旋转引起的角动量；$^{B}\boldsymbol{r}_A \times \left(m^{B}\boldsymbol{v}_A\right)$ 表示由刚体相对于基坐标系平移引起的角动量。对式（7.225）继续进行化简，有

$$\begin{aligned}^{B}\boldsymbol{L} &= {}^{A}\boldsymbol{I}\boldsymbol{\omega} + {}^{B}\boldsymbol{r}_A \times \left(m\boldsymbol{\omega} \times {}^{B}\boldsymbol{r}_A\right)\\ &= {}^{A}\boldsymbol{I}\boldsymbol{\omega} + m\,^{B}\hat{\boldsymbol{r}}_A\,^{B}\hat{\boldsymbol{r}}_A^{\mathrm{T}}\boldsymbol{\omega}\\ &= \left({}^{A}\boldsymbol{I} + m\,^{B}\hat{\boldsymbol{r}}_A\,^{B}\hat{\boldsymbol{r}}_A^{\mathrm{T}}\right)\boldsymbol{\omega}\end{aligned} \tag{7.226}$$

对比式（7.225）和式（7.226），可以得到

$$^{B}\boldsymbol{I} = {}^{A}\boldsymbol{I} + m\,^{B}\hat{\boldsymbol{r}}_A\,^{B}\hat{\boldsymbol{r}}_A^{\mathrm{T}} \tag{7.227}$$

结论得证。

7.5.3 伪惯量矩阵

定义一种形式与惯性张量矩阵类似的伪惯量矩阵，以在拉格朗日动力学中化简表达式：

$$
{}^{B}\overline{\boldsymbol{I}} = \int_{B} \boldsymbol{r}\boldsymbol{r}^{\mathrm{T}} \mathrm{d}m
= \begin{bmatrix}
\int_{B} x^2 \mathrm{d}m & \int_{B} xy\mathrm{d}m & \int_{B} xz\mathrm{d}m & \int_{B} x\mathrm{d}m \\
\int_{B} xy\mathrm{d}m & \int_{B} y^2 \mathrm{d}m & \int_{B} yz\mathrm{d}m & \int_{B} y\mathrm{d}m \\
\int_{B} xz\mathrm{d}m & \int_{B} yz\mathrm{d}m & \int_{B} z^2 \mathrm{d}m & \int_{B} z\mathrm{d}m \\
\int_{B} x\mathrm{d}m & \int_{B} y\mathrm{d}m & \int_{B} z\mathrm{d}m & \int_{B} 1\mathrm{d}m
\end{bmatrix} \tag{7.228}
$$

对于外形和构造非常复杂的部件及装配体，想直接用手工或编程的方式基于上述积分式对其求惯性张量是非常困难的，甚至是难以实现的，故机器人连杆的惯性张量矩阵和重心都通过工业软件进行计算。针对本书中的机器人，可以在 SolidWorks 中给模型赋予部件材质属性，便可以由软件直接计算得出机器人各连杆的惯性张量矩阵和重心位置，并用于后续的计算，如图 7.16 所示。

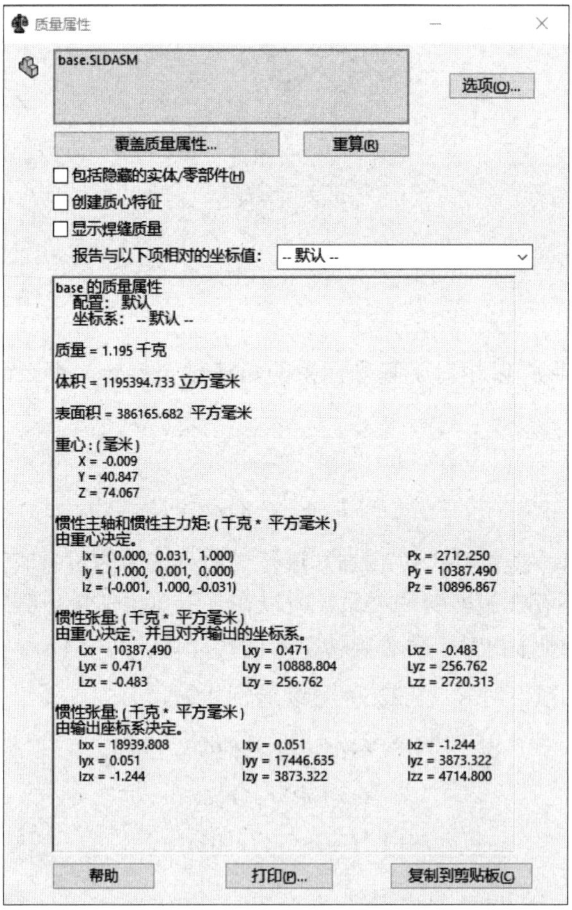

图 7.16　SolidWorks 给出的部件材质属性

此处给出所有要用到的数据。

各连杆质量如下（单位为 kg）：

$$\begin{aligned} m_1 &= 0.774 \\ m_2 &= 0.665 \\ m_3 &= 0.253 \\ m_4 &= 0.454 \\ m_5 &= 0.119 \\ m_6 &= 0.041 \end{aligned} \tag{7.229}$$

设重力加速度均匀分布，则各连杆质心和重心的位置相同，由下式给出（单位为 mm）：

$$\begin{aligned} \boldsymbol{P}_{C_1} &= [18.866, 51.061, 143.514]^{\mathrm{T}} \\ \boldsymbol{P}_{C_2} &= [-45.216, 62.193, 298.155]^{\mathrm{T}} \\ \boldsymbol{P}_{C_3} &= [-14.033, 63.837, 454.315]^{\mathrm{T}} \\ \boldsymbol{P}_{C_4} &= [1.397, 146.808, 475.452]^{\mathrm{T}} \\ \boldsymbol{P}_{C_5} &= [-1.621, 276.976, 476.048]^{\mathrm{T}} \\ \boldsymbol{P}_{C_6} &= [0.993, 329.108, 474.780]^{\mathrm{T}} \end{aligned} \tag{7.230}$$

各连杆的惯性张量如下（单位为 $\mathrm{kg \cdot m^2}$）：

$$\begin{aligned}
{}^{C_1}\boldsymbol{I} &= \begin{bmatrix} 1652.285 & 228.259 & 493.559 \\ 228.259 & 2638.189 & 449.455 \\ 493.559 & 449.455 & 2307.022 \end{bmatrix} \times 10^{-6} \\
{}^{C_2}\boldsymbol{I} &= \begin{bmatrix} 6079.727 & 22.170 & -999.450 \\ 22.170 & 6822.777 & -53.889 \\ -999.450 & -53.889 & 1216.515 \end{bmatrix} \times 10^{-6} \\
{}^{C_3}\boldsymbol{I} &= \begin{bmatrix} 315.157 & -6.122 & -63.815 \\ -6.122 & 313.791 & 40.629 \\ -63.815 & 40.629 & 226.749 \end{bmatrix} \times 10^{-6} \\
{}^{C_4}\boldsymbol{I} &= \begin{bmatrix} 3758.786 & -59.894 & 8.476 \\ -59.894 & 335.984 & 3.625 \\ 8.476 & 3.625 & 3885.261 \end{bmatrix} \times 10^{-6} \\
{}^{C_5}\boldsymbol{I} &= \begin{bmatrix} 54.192 & -3.308 & 0.896 \\ -3.308 & 59.571 & 0.883 \\ 0.896 & 0.883 & 82.341 \end{bmatrix} \times 10^{-6} \\
{}^{C_6}\boldsymbol{I} &= \begin{bmatrix} 9.141 & -0.001 & 0.028 \\ -0.001 & 11.073 & -0.002 \\ 0.028 & -0.002 & 14.682 \end{bmatrix} \times 10^{-6}
\end{aligned} \tag{7.231}$$

上述所有惯性张量矩阵都是取的连杆质心处，且基坐标系姿态始终与该连杆的靠后关节坐标系保持一致。

7.6 拉格朗日动力学概述

拉格朗日动力学是一种将整个系统作为整体来研究的方法。对串联机器人而言，不同于牛顿欧拉力学将机器人拆解为以连杆为单位的求解过程，拉格朗日动力学将机器人作为单一的对象，以整体系统的能量和功作为力学变量，用于建立动力学方程。在拉格朗日动力学中，可以直接通过由功能关系建立的方程来求解与广义坐标方向一一对应的广义力。这里，广义坐标是指用于完全确定机械系统所有机构位形的线性无关的坐标。对本书研究的 6 自由度机器人而言，其 6 个旋转关节的关节变量刚好可以完全确定其在笛卡儿空间的位形，即可以作为机器人的广义坐标。

7.6.1 拉格朗日动力学公式推导

拉格朗日动力学公式的导出基于能量和功，本节简要推导拉格朗日动力学公式的导出方法。更详细的推导过程和原理可以参考文献[16]。

由牛顿定理可知，力学系统中的任一质点有

$$\boldsymbol{F}_i = m_i \ddot{\boldsymbol{r}}_i \tag{7.232}$$

调整上式，将加速度和质量的乘积看作惯性力移至左边，有

$$\boldsymbol{F}_i - m_i \ddot{\boldsymbol{r}}_i = 0 \tag{7.233}$$

此时，整个力学系统处于平衡状态，由虚功原理可知，主动力和惯性力的虚功之和为 0，即有

$$\sum_{i=1}^{n}\left(\boldsymbol{F}_i - m_i \ddot{\boldsymbol{r}}_i\right)\cdot \delta \boldsymbol{r}_i = 0 \tag{7.234}$$

这是达朗贝尔原理的一种常用形式，也叫动力学普遍方程。

这里对上述矢径 $\boldsymbol{r}_i$（$i=1,2,\cdots,n$）的选取并未做任何要求，即其相互之间不一定独立。现引入广义坐标 q_α（$\alpha=1,2,\cdots,s$），并在推导过程中将其简化为 q。将矢径 $\boldsymbol{r}_i$ 用上述广义坐标表示为

$$\boldsymbol{r}_i = \boldsymbol{r}_i\left(q_1, q_2, \cdots, q_s, t\right)\quad (i=1,2,\cdots,n) \tag{7.235}$$

由于在式（7.234）中含有矢径 $\boldsymbol{r}_i$ 对时间的二阶全导数，因此，先对 $\boldsymbol{r}_i$ 求时间的一阶全导数：

$$\begin{aligned}\frac{\mathrm{d}\boldsymbol{r}_i}{\mathrm{d}t} &= \frac{\partial \boldsymbol{r}_i(q,t)}{\partial t} + \sum_{\alpha=1}^{s}\frac{\partial \boldsymbol{r}_i(q,t)}{\partial q_\alpha}\dot{q}_\alpha \\ &= \dot{\boldsymbol{r}}_i\end{aligned} \tag{7.236}$$

对上式求 $\dot{q}_\beta$ 的偏导数，有

$$\frac{\partial \dot{\boldsymbol{r}}_i}{\partial \dot{q}_\beta} = \frac{\partial}{\partial \dot{q}_\beta}\left(\frac{\partial \boldsymbol{r}_i}{\partial t}\right) + \frac{\partial}{\partial \dot{q}_\beta}\left(\sum_{\alpha=1}^{s}\frac{\partial \boldsymbol{r}_i(q,t)}{\partial q_\alpha}\dot{q}_\alpha\right) \tag{7.237}$$

由于上式中的 $\frac{\partial \boldsymbol{r}_i}{\partial t}$ 和 $\frac{\partial \boldsymbol{r}_i(q,t)}{\partial q_\alpha}\dot{q}_\alpha$（$\alpha \neq \beta$）是与 $\dot{q}_\beta$ 无函数关系的变量，因此上式右边只剩第二项中的 $\alpha=\beta$ 这一项，故可以将上式化为

$$\frac{\partial \dot{\boldsymbol{r}}_i}{\partial \dot{q}_\beta}=\frac{\partial \boldsymbol{r}_i}{\partial q_\beta} \tag{7.238}$$

对式（7.236）求 q_β 的偏导数，有

$$\begin{aligned}\frac{\partial \dot{\boldsymbol{r}}_\mathrm{i}}{\partial q_\beta}&=\frac{\partial}{\partial q_\beta}\left(\frac{\partial \boldsymbol{r}_\mathrm{i}}{\partial t}\right)+\frac{\partial}{\partial q_\beta}\left(\sum_{\alpha=1}^{s}\frac{\partial \boldsymbol{r}_i(q,t)}{\partial q_\alpha}\dot{q}_\alpha\right)\\&=\frac{\partial^2 \boldsymbol{r}_i}{\partial q_\beta \partial t}+\sum_{\alpha=1}^{s}\frac{\partial^2 \boldsymbol{r}_i}{\partial q_\beta \partial q_\alpha}\dot{q}_\alpha\\&=\frac{\partial}{\partial t}\left(\frac{\partial \boldsymbol{r}_i}{\partial q_\beta}\right)+\sum_{\alpha=1}^{s}\frac{\partial}{\partial q_\alpha}\left(\frac{\partial \boldsymbol{r}_i}{\partial q_\beta}\right)\dot{q}_\alpha\\&=\frac{\mathrm{d}}{\mathrm{d}t}\left(\frac{\partial \boldsymbol{r}_\mathrm{i}}{\partial q_\beta}\right)\end{aligned} \tag{7.239}$$

即有

$$\frac{\partial \dot{\boldsymbol{r}}_i}{\partial q_\beta}=\frac{\mathrm{d}}{\mathrm{d}t}\left(\frac{\partial \boldsymbol{r}_\mathrm{i}}{\partial q_\beta}\right) \tag{7.240}$$

式（7.238）和式（7.240）被称为拉格朗日关系，是推导拉格朗日动力学方程的关键。

此时观察达朗贝尔原理，即式（7.234），可以将其分为两部分，即 $\sum_{i=1}^{n}\boldsymbol{F}_i\cdot\delta\boldsymbol{r}_i$ 和 $\sum_{i=1}^{n}m_i\ddot{\boldsymbol{r}}\cdot\delta\boldsymbol{r}_i$，对第一部分有

$$\begin{aligned}\sum_{i=1}^{n}\boldsymbol{F}_\mathrm{i}\cdot\delta\boldsymbol{r}_\mathrm{i}&=\sum_{i=1}^{n}\left(\boldsymbol{F}_\mathrm{i}\cdot\sum_{\alpha=1}^{s}\frac{\partial \boldsymbol{r}_i}{\partial q_\alpha}\delta q_\alpha\right)\\&=\sum_{\alpha=1}^{s}\left(\left(\sum_{i=1}^{n}\boldsymbol{F}_i\cdot\frac{\partial \boldsymbol{r}_i}{\partial q_\alpha}\right)\delta q_\alpha\right)\\&=\sum_{\alpha=1}^{s}\boldsymbol{Q}_\alpha\delta q_\alpha\end{aligned} \tag{7.241}$$

式中，$\boldsymbol{Q}_\alpha=\sum_{i=1}^{n}\boldsymbol{F}_i\cdot\frac{\partial \boldsymbol{r}_i}{\partial q_\alpha}$ 表示的就是沿 q_α 方向的广义力。

对第二部分有

$$\begin{aligned}\sum_{i=1}^{n}m_i\ddot{\boldsymbol{r}}\cdot\delta\boldsymbol{r}_i&=\sum_{i=1}^{n}\left(m_i\ddot{\boldsymbol{r}}_i\cdot\sum_{\alpha=1}^{s}\frac{\partial \boldsymbol{r}_i}{\partial q_\alpha}\delta q_\alpha\right)\\&=\sum_{\alpha=1}^{s}\left(\sum_{i=1}^{n}m_i\ddot{\boldsymbol{r}}_i\cdot\frac{\partial \boldsymbol{r}_i}{\partial q_\alpha}\right)\delta q_\alpha\end{aligned} \tag{7.242}$$

为了可以应用拉格朗日关系对上式做进一步化简，对上式括号中的部分做如下变换：

$$\begin{aligned}\sum_{i=1}^{n}m_i\ddot{\boldsymbol{r}}_i\cdot\frac{\partial \boldsymbol{r}_i}{\partial q_\alpha}&=\sum_{i=1}^{n}m_i\frac{\mathrm{d}\dot{\boldsymbol{r}}_i}{\mathrm{d}t}\cdot\frac{\partial \boldsymbol{r}_i}{\partial q_\alpha}\\&=\sum_{i=1}^{n}m_i\frac{\mathrm{d}}{\mathrm{d}t}\left(\dot{\boldsymbol{r}}_i\cdot\frac{\partial \boldsymbol{r}_i}{\partial q_\alpha}\right)-\sum_{i=1}^{n}m_i\dot{\boldsymbol{r}}_i\cdot\frac{\mathrm{d}}{\mathrm{d}t}\left(\frac{\partial \boldsymbol{r}_i}{\partial q_\alpha}\right)\end{aligned} \tag{7.243}$$

化简到此步，就可以发现式中出现了可以应用拉格朗日关系的表达式，故将式（7.238）和式（7.240）代入上式有

$$\begin{aligned}\sum_{i=1}^{n} m_i \ddot{\boldsymbol{r}}_i \cdot \frac{\partial \boldsymbol{r}_i}{\partial q_\alpha} &= \sum_{i=1}^{n} m_i \frac{\mathrm{d}\dot{\boldsymbol{r}}_i}{\mathrm{d}t} \cdot \frac{\partial \boldsymbol{r}_i}{\partial q_\alpha} \\ &= \sum_{i=1}^{n} m_i \frac{\mathrm{d}}{\mathrm{d}t}\left(\dot{\boldsymbol{r}}_i \cdot \frac{\partial \dot{\boldsymbol{r}}_i}{\partial \dot{q}_\alpha}\right) - \sum_{i=1}^{n} m_i \dot{\boldsymbol{r}}_i \cdot \frac{\partial \dot{\boldsymbol{r}}_i}{\partial q_\alpha}\end{aligned} \tag{7.244}$$

又容易知道，对任意两个有函数关系的向量 $\boldsymbol{x}(t)$和变量 t 有以下关系式成立：

$$\begin{aligned}\frac{\partial(\boldsymbol{x}\cdot\boldsymbol{x})}{\partial t} &= \boldsymbol{x}\cdot\frac{\partial \boldsymbol{x}}{\partial t} + \frac{\partial \boldsymbol{x}}{\partial t}\cdot\boldsymbol{x} \\ &= 2\boldsymbol{x}\cdot\frac{\partial \boldsymbol{x}}{\partial t}\end{aligned} \tag{7.245}$$

因此式（7.244）可以被进一步化为

$$\begin{aligned}\sum_{i=1}^{n} m_i \ddot{\boldsymbol{r}}_i \cdot \frac{\partial \boldsymbol{r}_i}{\partial q_\alpha} &= \frac{\mathrm{d}}{\mathrm{d}t}\frac{\partial}{\partial \dot{q}_\alpha}\sum_{i=1}^{n}\left(\frac{1}{2}m_i \dot{\boldsymbol{r}}_i \cdot \dot{\boldsymbol{r}}_i\right) - \frac{\partial}{\partial q_\alpha}\left(\sum_{i=1}^{n}\frac{1}{2}m_i \dot{\boldsymbol{r}}_i \cdot \dot{\boldsymbol{r}}_i\right) \\ &= \frac{\mathrm{d}}{\mathrm{d}t}\frac{\partial}{\partial \dot{q}_\alpha}\sum_{i=1}^{n}\left(\frac{1}{2}m_i \left|\dot{\boldsymbol{r}}_i\right|^2\right) - \frac{\partial}{\partial q_\alpha}\left(\sum_{i=1}^{n}\frac{1}{2}m_i \left|\dot{\boldsymbol{r}}_i\right|^2\right)\end{aligned} \tag{7.246}$$

上式括号中表示的即力学系统的动能，记为

$$T = \sum_{i=1}^{n}\frac{1}{2}m_i\left|\dot{\boldsymbol{r}}_i\right|^2 \tag{7.247}$$

此时，式（7.246）可以进一步简化为

$$\sum_{i=1}^{n} m_i \ddot{\boldsymbol{r}}_i \cdot \frac{\partial \boldsymbol{r}_i}{\partial q_\alpha} = \frac{\mathrm{d}}{\mathrm{d}t}\frac{\partial T}{\partial \dot{q}_\alpha} - \frac{\partial T}{\partial q_\alpha} \tag{7.248}$$

将上式代入式（7.242），可以得到

$$\sum_{i=1}^{n} m_i \ddot{\boldsymbol{r}} \cdot \delta \boldsymbol{r}_i = \sum_{\alpha=1}^{s}\left(\frac{\mathrm{d}}{\mathrm{d}t}\frac{\partial T}{\partial \dot{q}_\alpha} - \frac{\partial T}{\partial q_\alpha}\right)\delta q_\alpha \tag{7.249}$$

此时将分开讨论的两部分式子结合到一起，有

$$\begin{aligned}\sum_{i=1}^{n}\left(\boldsymbol{F}_i - m_i \ddot{\boldsymbol{r}}_i\right)\cdot\delta\boldsymbol{r}_{\mathrm{i}} &= \sum_{\alpha=1}^{s}\left(\boldsymbol{Q}_\alpha - \frac{\mathrm{d}}{\mathrm{d}t}\frac{\partial T}{\partial \dot{q}_\alpha} + \frac{\partial T}{\partial q_\alpha}\right)\delta q_\alpha \\ &= 0\end{aligned} \tag{7.250}$$

又因为 δq_α 是虚位移，具有任意性，且 δq_α 是广义位移，彼此之间相互独立，或者说相互之间线性无关，所以上式作为广义位移系数的量应该分别为 0，故有

$$\boldsymbol{Q}_\alpha = \frac{\mathrm{d}}{\mathrm{d}t}\frac{\partial T}{\partial \dot{q}_\alpha} - \frac{\partial T}{\partial q_\alpha} \quad (\alpha = 1, 2, \cdots, s) \tag{7.251}$$

这就得到了某力学系统下的拉格朗日方程。

更进一步，如果在主动力 $\boldsymbol{F}_i$ 中存在 m 个保守力，那么对这些保守力，设有一个与时间和各个位置矢量可能相关的势能函数 $V(\boldsymbol{r}_1, \boldsymbol{r}_2, \cdots, \boldsymbol{r}_n, t)$，使得

$$\boldsymbol{F}_j = -\nabla_j V \tag{7.252}$$

那么对于广义力的表达式，可以改写为

$$\begin{aligned}\boldsymbol{Q}_\alpha &= \bar{\boldsymbol{Q}}_\alpha + \sum_{j=1}^{m} \boldsymbol{F}_j \cdot \frac{\partial \boldsymbol{r}_j}{\partial q_\alpha} \\ &= \bar{\boldsymbol{Q}}_\alpha - \sum_{j=1}^{m} \nabla_j V \cdot \frac{\partial \boldsymbol{r}_j}{\partial q_\alpha} \\ &= \bar{\boldsymbol{Q}}_\alpha - \frac{\partial V}{\partial q_\alpha}\end{aligned} \tag{7.253}$$

式中，$\bar{\boldsymbol{Q}}_\alpha$ 表示剔除保守力之后的广义力，于是，式（7.251）可以进一步化为

$$\bar{\boldsymbol{Q}}_\alpha = \frac{\mathrm{d}}{\mathrm{d}t}\frac{\partial T}{\partial \dot{q}_\alpha} - \frac{\partial (T-V)}{\partial q_\alpha} \quad (\alpha = 1, 2, \cdots, s) \tag{7.254}$$

此时定义拉格朗日函数为

$$L = T - V \tag{7.255}$$

由于势能函数 $V(\boldsymbol{r}_1, \boldsymbol{r}_2, \cdots, \boldsymbol{r}_n, t)$ 与一阶求导后的变量没有函数关系，因此式（7.251）可以最终化为

$$\bar{\boldsymbol{Q}}_\alpha = \frac{\mathrm{d}}{\mathrm{d}t}\frac{\partial L}{\partial \dot{q}_\alpha} - \frac{\partial L}{\partial q_\alpha} \quad (\alpha = 1, 2, \cdots, s) \tag{7.256}$$

至此，完成了对拉格朗日动力学方程的推导，后面将针对如何使用拉格朗日动力学完成机器人的动力学建模进行讨论。

例 7.12　图 7.17 所示为一个带有单摆的振动质量块，利用拉格朗日方程分析该振动系统的运动方程。

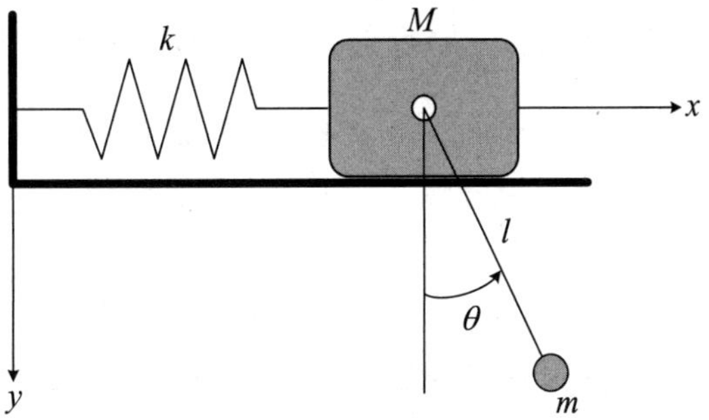

图 7.17　带有单摆的振动质量块

对于这个振动系统，容易知道其自由度为 2，且系统的广义坐标可以确定为 x 和 θ，此时，分析系统中 M 和 m 的位移参数分别为

$$\begin{cases} x_M = x \\ y_M = 0 \end{cases} \tag{7.257}$$

$$\begin{cases} x_m = x + l\sin\theta \\ y_m = l\cos\theta \end{cases} \tag{7.258}$$

由此可以写出这个系统的动能为

$$\begin{aligned} T &= \frac{1}{2}M\left(\dot{x}_M^2 + \dot{y}_M^2\right) + \frac{1}{2}m\left(\dot{x}_m^2 + \dot{y}_m^2\right) \\ &= \frac{1}{2}M\dot{x}^2 + \frac{1}{2}m\left(\dot{x}^2 + l^2\dot{\theta}^2 + 2l\dot{x}\dot{\theta}\cos\theta\right) \end{aligned} \tag{7.259}$$

同样可以写出系统的势能为

$$V = \frac{1}{2}kx^2 + mg\left(1-\cos\theta\right)l + C \tag{7.260}$$

式中，C 是一个常数，表示参考点的重力势能，在后续微分过程中会被消去。于是，可以写出拉格朗日函数为

$$L = \frac{1}{2}M\dot{x}^2 + \frac{1}{2}m\left(\dot{x}^2 + l^2\dot{\theta}^2 + 2l\dot{x}\dot{\theta}\cos\theta\right) - \frac{1}{2}kx^2 - mg\left(1-\cos\theta\right)l - C \tag{7.261}$$

根据式（7.256）列出 x 方向的拉格朗日方程为

$$\left(M+m\right)\ddot{x} + ml\ddot{\theta}\cos\theta - ml\dot{\theta}^2\sin\theta + kx = 0 \tag{7.262}$$

以及 θ 方向的拉格朗日方程为

$$ml^2\ddot{\theta} + ml\ddot{x}\cos\theta + mgl\sin\theta = 0 \tag{7.263}$$

7.6.2 拉格朗日动力学求解机器人动力学

由广义坐标的定义可知，机器人的自由度通常和其广义坐标数相等，且其广义坐标一般可以直接选为其关节变量。

为了应用拉格朗日动力学，首先求机器人系统的拉格朗日函数。对机器人系统而言，机器人的每根刚度连杆的动能都可以表示为质心的平移动能和绕质心的旋转动能之和，即

$$k_i = \frac{1}{2}m_i\boldsymbol{v}_c{}^{\mathrm{T}}\boldsymbol{v}_c + \frac{1}{2}{}^i\boldsymbol{w}_i{}^{\mathrm{T}}\,{}^i\boldsymbol{I}_{C_i}\,{}^i\boldsymbol{w}_i \tag{7.264}$$

式中，$\boldsymbol{v}_c$ 表示刚度连杆 i 质心处的线速度；${}^i\boldsymbol{w}_i$ 表示刚度连杆 i 在坐标系 $\{i\}$ 中的角速度；${}^i\boldsymbol{I}_{C_i}$ 表示刚度连杆 i 在坐标系 $\{i\}$ 中的惯性张量，整个机器人系统的动能为 6 根刚度连杆的动能之和，即

$$k = \sum_{i=1}^{6}k_i \tag{7.265}$$

观察式（7.264），注意到 $\boldsymbol{v}_c$ 和 ${}^i\boldsymbol{w}_i$ 都是机器人关节变量及其一阶导数的函数，即可以由 θ_i（$i=1,2,\cdots,n$）表示，如果将所有关节变量组成一个广义坐标向量 $\boldsymbol{\Theta}$，那么系统的动能就可以写为

$$k(\boldsymbol{\Theta},\dot{\boldsymbol{\Theta}}) = \frac{1}{2}\dot{\boldsymbol{\Theta}}^{\mathrm{T}}M(\boldsymbol{\Theta})\dot{\boldsymbol{\Theta}} \tag{7.266}$$

式中，$M(\boldsymbol{\Theta})$ 是与每根刚度连杆的质量与惯性张量有关的 $n\times n$ 的质量矩阵。

然后分析机器人每根刚度连杆上的势能。机器人刚度连杆上的势能由参考面势能和相对参考面的相对势能组成，可以写为

$$u_i = -m_i\boldsymbol{g}^{\mathrm{T}}\boldsymbol{P}_c + u_{参} \tag{7.267}$$

式中，$\boldsymbol{g}$ 是一个常量矢量，表示重力加速度；$\boldsymbol{P}_c$ 表示由势能参考面到连杆 i 的质心的位置矢量；$u_{参}$ 表示势能参考面处的势能，是一个常数，在后续动力学的运算过程中会被消去，并不

影响动力学的计算。机器人系统的势能表示为所有刚度连杆的势能之和，即

$$u=\sum_{i=1}^{6}u_i \tag{7.268}$$

根据之前的叙述，已经提出机器人位形由广义坐标矢量$\boldsymbol{\Theta}$唯一确定，因此机器人系统的势能也只是广义坐标矢量的函数，表示为

$$u=u(\boldsymbol{\Theta}) \tag{7.269}$$

此时便可以将表示机器人系统的拉格朗日函数写出

$$L(\boldsymbol{\Theta},\dot{\boldsymbol{\Theta}})=k(\boldsymbol{\Theta},\dot{\boldsymbol{\Theta}})-u(\boldsymbol{\Theta}) \tag{7.270}$$

可以通过拉格朗日动力学方程求解与广义位移对应的广义力，为

$$\frac{\mathrm{d}}{\mathrm{d}t}\frac{\partial L}{\partial\dot{\boldsymbol{\Theta}}}-\frac{\partial L}{\partial\boldsymbol{\Theta}}=\boldsymbol{\tau} \tag{7.271}$$

式中，$\boldsymbol{\tau}$表示一个$n\times1$的广义力矢量，其物理意义为在矢量的相应位置和广义位移一一对应，又因为机器人系统的广义位移是各个关节变量，所以$\boldsymbol{\tau}$表示的就是在机器人各关节处作用的力矩组成的矢量，即机器人各关节处的驱动力矩矢量。式（7.271）还可以进一步写为

$$\frac{\mathrm{d}}{\mathrm{d}t}\frac{\partial k}{\partial\dot{\boldsymbol{\Theta}}}-\frac{\partial k}{\partial\boldsymbol{\Theta}}+\frac{\partial u}{\partial\boldsymbol{\Theta}}=\boldsymbol{\tau} \tag{7.272}$$

上面所述即利用拉格朗日动力学对串联机器人进行动力学建模及对关节驱动力矩进行求解的全部过程。

例 7.13　基于拉格朗日方程推导如式（7.273）所示的机器人动力学方程的显式表达式：

$$\boldsymbol{D}(q)\ddot{q}+\boldsymbol{H}(q,\dot{q})+\boldsymbol{G}(q)=\boldsymbol{Q} \tag{7.273}$$

证明：

在连杆坐标系$\{i\}$中，连杆$_i$上任意一点p的位置矢量${}^{i}\boldsymbol{r}_p$可以用以下形式变换到基坐标系中：

$${}^{0}\boldsymbol{r}_p={}_{i}^{0}\boldsymbol{T}\,{}^{i}\boldsymbol{r}_p \tag{7.274}$$

在基坐标系中，该点的速度为

$${}^{0}\dot{\boldsymbol{r}}_p=\sum_{j=1}^{i}\frac{\partial\,{}_{i}^{0}\boldsymbol{T}}{\partial q_j}\dot{q}_j\,{}^{i}\boldsymbol{r}_p \tag{7.275}$$

可得速度的平方为

$${}^{0}\dot{\boldsymbol{r}}_p^2=\mathrm{tr}\left({}^{0}\dot{\boldsymbol{r}}_p\,{}^{0}\dot{\boldsymbol{r}}_p^{\mathrm{T}}\right) \tag{7.276}$$

式中，tr 表示矩阵的迹，上式结论是容易验证的，在此不再赘述。那么

$$\begin{aligned}{}^{0}\dot{\boldsymbol{r}}_p^2&=\mathrm{tr}\left[\sum_{j=1}^{i}\frac{\partial\,{}_{i}^{0}\boldsymbol{T}}{\partial q_j}\dot{q}_j\,{}^{i}\boldsymbol{r}_p\left(\sum_{k=1}^{i}\left(\frac{\partial\,{}_{i}^{0}\boldsymbol{T}}{\partial q_k}\dot{q}_k\right){}^{i}\boldsymbol{r}_p\right)^{\mathrm{T}}\right]\\&=\mathrm{tr}\left[\sum_{j=1}^{i}\sum_{k=1}^{i}\frac{\partial\,{}_{i}^{0}\boldsymbol{T}}{\partial q_j}\,{}^{i}\boldsymbol{r}_p\,{}^{i}\boldsymbol{r}_p^{\mathrm{T}}\left(\frac{\partial\,{}_{i}^{0}\boldsymbol{T}}{\partial q_k}\right)^{\mathrm{T}}\dot{q}_j\dot{q}_k\right]\end{aligned} \tag{7.277}$$

若点p具有微小的质量 dm，则该微元点的动能为

$$\begin{aligned} \mathrm{d}K_p &= \frac{1}{2}\mathrm{tr}\left[\sum_{j=1}^{i}\frac{\partial {}_i^0\boldsymbol{T}}{\partial q_j}\dot{q}_j\,{}^i\boldsymbol{r}_p\left(\sum_{k=1}^{i}\left(\frac{\partial {}_i^0\boldsymbol{T}}{\partial q_k}\dot{q}_k\right){}^i\boldsymbol{r}_p\right)^{\mathrm{T}}\right]\mathrm{d}m \\ &= \frac{1}{2}\mathrm{tr}\left[\sum_{j=1}^{i}\sum_{k=1}^{i}\frac{\partial {}_i^0\boldsymbol{T}}{\partial q_j}\left({}^i\boldsymbol{r}_p\mathrm{d}m\,{}^i\boldsymbol{r}_p^{\mathrm{T}}\right)\left(\frac{\partial {}_i^0\boldsymbol{T}}{\partial q_k}\right)^{\mathrm{T}}\dot{q}_j\dot{q}_k\right] \end{aligned} \tag{7.278}$$

对上式进行积分可以得到连杆 $_i$ 的动能：

$$\begin{aligned} K_p &= \int_i \mathrm{d}K_p \\ &= \frac{1}{2}\mathrm{tr}\left[\sum_{j=1}^{i}\sum_{k=1}^{i}\frac{\partial {}_i^0\boldsymbol{T}}{\partial q_j}\left(\int_i {}^i\boldsymbol{r}_p\,{}^i\boldsymbol{r}_p^{\mathrm{T}}\mathrm{d}m\right)\left(\frac{\partial {}_i^0\boldsymbol{T}}{\partial q_k}\right)^{\mathrm{T}}\dot{q}_j\dot{q}_k\right] \end{aligned} \tag{7.279}$$

式中，$\int_i {}^i\boldsymbol{r}_p\,{}^i\boldsymbol{r}_p^{\mathrm{T}}\mathrm{d}m$ 就是式（7.228）所示的伪惯量矩阵，记为

$$ {}^i\overline{\boldsymbol{I}}_i = \int_i {}^i\boldsymbol{r}_p\,{}^i\boldsymbol{r}_p^{\mathrm{T}}\mathrm{d}m \tag{7.280}$$

此时，连杆 $_i$ 的动能可以化为

$$\begin{aligned} K_i &= \int_i \mathrm{d}K_p \\ &= \frac{1}{2}\mathrm{tr}\left[\sum_{j=1}^{i}\sum_{k=1}^{i}\frac{\partial {}_i^0\boldsymbol{T}}{\partial q_j}\,{}^i\overline{\boldsymbol{I}}_i\left(\frac{\partial {}_i^0\boldsymbol{T}}{\partial q_k}\right)^{\mathrm{T}}\dot{q}_j\dot{q}_k\right] \end{aligned} \tag{7.281}$$

具有 n 根连杆的机器人的总动能是各连杆动能之和：

$$\begin{aligned} K &= \sum_{i=1}^{n} K_i \\ &= \frac{1}{2}\sum_{i=1}^{n}\mathrm{tr}\left[\sum_{j=1}^{i}\sum_{k=1}^{i}\frac{\partial {}_i^0\boldsymbol{T}}{\partial q_j}\,{}^i\overline{\boldsymbol{I}}_i\left(\frac{\partial {}_i^0\boldsymbol{T}}{\partial q_k}\right)^{\mathrm{T}}\dot{q}_j\dot{q}_k\right] \end{aligned} \tag{7.282}$$

同时，由于驱动电动机安装在机器人的关节处，因此其会产生额外的动能 K_a，这一部分也可以加入机器人系统的总动能中：

$$K_a = \begin{cases} \sum_{i=1}^{n}\frac{1}{2}\boldsymbol{I}_i\dot{q}_i^2 & \text{（对于R关节）} \\ \sum_{i=1}^{n}\frac{1}{2}m_i\dot{q}_i^2 & \text{（对于P关节）} \end{cases} \tag{7.283}$$

式中，$\boldsymbol{I}_i$ 是关节 i 处驱动电动机的惯性张量矩阵；m_i 是关节 i 处平动执行器的质量。实际上，可以通过将关节 i 处的驱动电动机质量加到连杆 $_{i-1}$ 的质量上，并调整连杆的惯性参数来考虑由电动机引起的额外的动能。

对于势能，假设重力是势能的唯一来源，则连杆 $_i$ 在基坐标系中的势能为

$$\begin{aligned} V_i &= -m_i\,{}^0\boldsymbol{g}\cdot{}^0\boldsymbol{r}_{C_i} \\ &= -m_i\,{}^0\boldsymbol{g}^{\mathrm{T}}\,{}_i^0\boldsymbol{T}\,{}^i\boldsymbol{r}_{C_i} \end{aligned} \tag{7.284}$$

式中，${}^0\boldsymbol{g}$ 表示重力加速度，通常沿着基坐标系的 $-z$ 方向，一般记为

$$ {}^0\boldsymbol{g} = [0, 0, -9.81, 0]^{\mathrm{T}} \tag{7.285}$$

${}^{0}\boldsymbol{r}_{C_i}$ 表示连杆 i 的质心在基坐标系$\{0\}$中的位置矢量。整个机器人系统的势能为

$$\begin{aligned} V &= \sum_{i=1}^{n} V_i \\ &= -\sum_{i=1}^{n} m_i\, {}^{0}\boldsymbol{g}^{\mathrm{T}}\, {}_{i}^{0}\boldsymbol{T}\, {}^{i}\boldsymbol{r}_{C_i} \end{aligned} \tag{7.286}$$

此时，将机器人的动能和势能代入拉格朗日函数的表达式，可以得到

$$\begin{aligned} L &= K - V \\ &= \frac{1}{2}\sum_{i=1}^{n}\sum_{j=1}^{i}\sum_{k=1}^{i} \mathrm{tr}\left[\frac{\partial\, {}_{i}^{0}\boldsymbol{T}}{\partial q_j}\, {}^{i}\overline{\boldsymbol{I}}_i \left(\frac{\partial\, {}_{i}^{0}\boldsymbol{T}}{\partial q_k}\right)^{\mathrm{T}} \dot{q}_j \dot{q}_k\right] + \sum_{i=1}^{n} m_i\, {}^{0}\boldsymbol{g}^{\mathrm{T}}\, {}_{i}^{0}\boldsymbol{T}\, {}^{i}\boldsymbol{r}_{C_i} \end{aligned} \tag{7.287}$$

参照拉格朗日动力学方程对得到的拉格朗日函数做处理。对关节变量 q_r 有

$$\frac{\partial L}{\partial \dot{q}_r} = \frac{1}{2}\sum_{i=1}^{n}\sum_{k=1}^{i} \mathrm{tr}\left[\frac{\partial\, {}_{i}^{0}\boldsymbol{T}}{\partial q_r}\, {}^{i}\overline{\boldsymbol{I}}_i \left(\frac{\partial\, {}_{i}^{0}\boldsymbol{T}}{\partial q_k}\right)^{\mathrm{T}} \dot{q}_k\right] + \frac{1}{2}\sum_{i=1}^{n}\sum_{j=1}^{i} \mathrm{tr}\left[\frac{\partial\, {}_{i}^{0}\boldsymbol{T}}{\partial q_j}\, {}^{i}\overline{\boldsymbol{I}}_i \left(\frac{\partial\, {}_{i}^{0}\boldsymbol{T}}{\partial q_r}\right)^{\mathrm{T}} \dot{q}_j\right] \tag{7.288}$$

式中，由于伪惯量矩阵是一个对称矩阵，因此容易得到

$$\left[\frac{\partial\, {}_{i}^{0}\boldsymbol{T}}{\partial q_r}\, {}^{i}\overline{\boldsymbol{I}}_i \left(\frac{\partial\, {}_{i}^{0}\boldsymbol{T}}{\partial q_m}\right)^{\mathrm{T}}\right]^{\mathrm{T}} = \frac{\partial\, {}_{i}^{0}\boldsymbol{T}}{\partial q_m}\, {}^{i}\overline{\boldsymbol{I}}_i \left(\frac{\partial\, {}_{i}^{0}\boldsymbol{T}}{\partial q_r}\right)^{\mathrm{T}} \tag{7.289}$$

而矩阵的转置并不会改变一个矩阵的迹，故式（7.288）可以化为

$$\frac{\partial L}{\partial \dot{q}_r} = \sum_{i=1}^{n}\sum_{j=1}^{i} \mathrm{tr}\left[\frac{\partial\, {}_{i}^{0}\boldsymbol{T}}{\partial q_j}\, {}^{i}\overline{\boldsymbol{I}}_i \left(\frac{\partial\, {}_{i}^{0}\boldsymbol{T}}{\partial q_r}\right)^{\mathrm{T}} \dot{q}_j\right] \tag{7.290}$$

又由于当 $r > i$ 时，${}_{i}^{0}\boldsymbol{T}$ 与 q_r 无关，即此时 ${}_{i}^{0}\boldsymbol{T}$ 对 q_r 的偏导数为 0，因此可以得到

$$\frac{\partial L}{\partial \dot{q}_r} = \sum_{i=r}^{n}\sum_{j=1}^{i} \mathrm{tr}\left[\frac{\partial\, {}_{i}^{0}\boldsymbol{T}}{\partial q_j}\, {}^{i}\overline{\boldsymbol{I}}_i \left(\frac{\partial\, {}_{i}^{0}\boldsymbol{T}}{\partial q_r}\right)^{\mathrm{T}} \dot{q}_j\right] \tag{7.291}$$

求上式对时间的全导数为

$$\begin{aligned} \frac{\mathrm{d}}{\mathrm{d}t}\left(\frac{\partial L}{\partial \dot{q}_r}\right) = {} & \sum_{i=r}^{n}\sum_{j=1}^{i} \mathrm{tr}\left[\frac{\partial\, {}_{i}^{0}\boldsymbol{T}}{\partial q_j}\, {}^{i}\overline{\boldsymbol{I}}_i \left(\frac{\partial\, {}_{i}^{0}\boldsymbol{T}}{\partial q_r}\right)^{\mathrm{T}}\right]\ddot{q}_j + \sum_{i=r}^{n}\sum_{j=1}^{i}\sum_{k=1}^{i} \mathrm{tr}\left[\frac{\partial^2\, {}_{i}^{0}\boldsymbol{T}}{\partial q_j \partial q_k}\, {}^{i}\overline{\boldsymbol{I}}_i \left(\frac{\partial\, {}_{i}^{0}\boldsymbol{T}}{\partial q_r}\right)^{\mathrm{T}}\right]\dot{q}_j \dot{q}_k + \\ & \sum_{i=r}^{n}\sum_{j=1}^{i}\sum_{k=1}^{i} \mathrm{tr}\left[\frac{\partial^2\, {}_{i}^{0}\boldsymbol{T}}{\partial q_r \partial q_k}\, {}^{i}\overline{\boldsymbol{I}}_i \left(\frac{\partial\, {}_{i}^{0}\boldsymbol{T}}{\partial q_j}\right)^{\mathrm{T}}\right]\dot{q}_j \dot{q}_k \end{aligned} \tag{7.292}$$

求拉格朗日动力学方程中的最后一项，即

$$\begin{aligned} \frac{\partial L}{\partial q_r} = {} & \frac{1}{2}\sum_{i=1}^{n}\sum_{j=1}^{i}\sum_{k=1}^{i} \mathrm{tr}\left[\frac{\partial^2\, {}_{i}^{0}\boldsymbol{T}}{\partial q_j \partial q_r}\, {}^{i}\overline{\boldsymbol{I}}_i \left(\frac{\partial\, {}_{i}^{0}\boldsymbol{T}}{\partial q_k}\right)^{\mathrm{T}} \dot{q}_j \dot{q}_k\right] + \\ & \frac{1}{2}\sum_{i=1}^{n}\sum_{j=1}^{i}\sum_{k=1}^{i} \mathrm{tr}\left[\frac{\partial^2\, {}_{i}^{0}\boldsymbol{T}}{\partial q_k \partial q_r}\, {}^{i}\overline{\boldsymbol{I}}_i \left(\frac{\partial\, {}_{i}^{0}\boldsymbol{T}}{\partial q_j}\right)^{\mathrm{T}} \dot{q}_j \dot{q}_k\right] + \sum_{i=r}^{n} m_i\, {}^{0}\boldsymbol{g}^{\mathrm{T}} \frac{\partial\, {}_{i}^{0}\boldsymbol{T}}{\partial q_r}\, {}^{i}\boldsymbol{r}_{C_i} \end{aligned} \tag{7.293}$$

同样，利用伪惯量矩阵的对称性和矩阵转置迹不变的性质，将上式化简为

$$\frac{\partial L}{\partial q_r}=\sum_{i=r}^{n}\sum_{j=1}^{i}\sum_{k=1}^{i}\operatorname{tr}\left[\frac{\partial^2\,{}_{i}^{0}\boldsymbol{T}}{\partial q_j\partial q_r}\,{}^{i}\overline{\boldsymbol{I}}_i\left(\frac{\partial\,{}_{i}^{0}\boldsymbol{T}}{\partial q_k}\right)^{\mathrm{T}}\dot{q}_j\dot{q}_k\right]+\sum_{i=r}^{n}m_i\,{}^{0}\boldsymbol{g}^{\mathrm{T}}\frac{\partial\,{}_{i}^{0}\boldsymbol{T}}{\partial q_r}\,{}^{i}\boldsymbol{r}_{C_i} \tag{7.294}$$

观察式（7.292）和式（7.294）可以发现，式（7.294）的第一项和式（7.292）的第三项刚好相等，联合这两式求得拉格朗日动力学方程的表达式为

$$\begin{aligned}\frac{\mathrm{d}}{\mathrm{d}t}\left(\frac{\partial L}{\partial\dot{q}_r}\right)-\frac{\partial L}{\partial q_r}=&\sum_{i=r}^{n}\sum_{j=1}^{i}\operatorname{tr}\left[\frac{\partial\,{}_{i}^{0}\boldsymbol{T}}{\partial q_j}\,{}^{i}\overline{\boldsymbol{I}}_i\left(\frac{\partial\,{}_{i}^{0}\boldsymbol{T}}{\partial q_r}\right)^{\mathrm{T}}\right]\ddot{q}_j+\\&\sum_{i=r}^{n}\sum_{j=1}^{i}\sum_{k=1}^{i}\operatorname{tr}\left[\frac{\partial^2\,{}_{i}^{0}\boldsymbol{T}}{\partial q_j\partial q_k}\,{}^{i}\overline{\boldsymbol{I}}_i\left(\frac{\partial\,{}_{i}^{0}\boldsymbol{T}}{\partial q_r}\right)^{\mathrm{T}}\right]\dot{q}_j\dot{q}_k-\sum_{i=r}^{n}m_i\,{}^{0}\boldsymbol{g}^{\mathrm{T}}\frac{\partial\,{}_{i}^{0}\boldsymbol{T}}{\partial q_r}\,{}^{i}\boldsymbol{r}_{C_i}\end{aligned} \tag{7.295}$$

由此可以得到广义力的表达式为

$$\begin{aligned}\boldsymbol{Q}_r=&\sum_{i=r}^{n}\sum_{j=1}^{i}\operatorname{tr}\left[\frac{\partial\,{}_{i}^{0}\boldsymbol{T}}{\partial q_j}\,{}^{i}\overline{\boldsymbol{I}}_i\left(\frac{\partial\,{}_{i}^{0}\boldsymbol{T}}{\partial q_r}\right)^{\mathrm{T}}\right]\ddot{q}_j+\\&\sum_{i=r}^{n}\sum_{j=1}^{i}\sum_{k=1}^{i}\operatorname{tr}\left[\frac{\partial^2\,{}_{i}^{0}\boldsymbol{T}}{\partial q_j\partial q_k}\,{}^{i}\overline{\boldsymbol{I}}_i\left(\frac{\partial\,{}_{i}^{0}\boldsymbol{T}}{\partial q_r}\right)^{\mathrm{T}}\right]\dot{q}_j\dot{q}_k-\sum_{i=r}^{n}m_i\,{}^{0}\boldsymbol{g}^{\mathrm{T}}\frac{\partial\,{}_{i}^{0}\boldsymbol{T}}{\partial q_r}\,{}^{i}\boldsymbol{r}_{C_i}\end{aligned} \tag{7.296}$$

调整上述方程中的字母，使得表达更合乎习惯，即将 r 换为 i、i 换为 r，可以得到

$$\begin{aligned}\boldsymbol{Q}_i=&\sum_{r=i}^{n}\sum_{j=1}^{r}\operatorname{tr}\left[\frac{\partial\,{}_{r}^{0}\boldsymbol{T}}{\partial q_j}\,{}^{r}\overline{\boldsymbol{I}}_r\left(\frac{\partial\,{}_{r}^{0}\boldsymbol{T}}{\partial q_i}\right)^{\mathrm{T}}\right]\ddot{q}_j+\\&\sum_{r=i}^{n}\sum_{j=1}^{r}\sum_{k=1}^{r}\operatorname{tr}\left[\frac{\partial^2\,{}_{r}^{0}\boldsymbol{T}}{\partial q_j\partial q_k}\,{}^{r}\overline{\boldsymbol{I}}_r\left(\frac{\partial\,{}_{r}^{0}\boldsymbol{T}}{\partial q_i}\right)^{\mathrm{T}}\right]\dot{q}_j\dot{q}_k-\sum_{r=i}^{n}m_r\,{}^{0}\boldsymbol{g}^{\mathrm{T}}\frac{\partial\,{}_{r}^{0}\boldsymbol{T}}{\partial q_i}\,{}^{r}\boldsymbol{r}_{C_r}\end{aligned} \tag{7.297}$$

上述方程也可以写为以下更加简洁的形式：

$$\boldsymbol{Q}_i=\sum_{j=1}^{n}\boldsymbol{D}_{ij}\ddot{q}_k+\sum_{j=1}^{n}\sum_{k=1}^{n}\boldsymbol{H}_{ijk}\dot{q}_j\dot{q}_k+\boldsymbol{G}_i \tag{7.298}$$

式中，$\boldsymbol{D}_{ij}$ 是一个 $n\times n$ 的惯性对称矩阵，其表达式为

$$\boldsymbol{D}_{ij}=\sum_{r=\max(i,j)}^{n}\operatorname{tr}\left[\frac{\partial\,{}_{r}^{0}\boldsymbol{T}}{\partial q_j}\,{}^{r}\overline{\boldsymbol{I}}_r\left(\frac{\partial\,{}_{r}^{0}\boldsymbol{T}}{\partial q_i}\right)^{\mathrm{T}}\right] \tag{7.299}$$

$\boldsymbol{H}_{ijk}$ 是速度耦合项，其表达式为

$$\boldsymbol{H}_{ijk}=\sum_{r=\max(i,j,k)}^{n}\operatorname{tr}\left[\frac{\partial^2\,{}_{r}^{0}\boldsymbol{T}}{\partial q_j\partial q_k}\,{}^{r}\overline{\boldsymbol{I}}_r\left(\frac{\partial\,{}_{r}^{0}\boldsymbol{T}}{\partial q_i}\right)^{\mathrm{T}}\right] \tag{7.300}$$

$\boldsymbol{G}_i$ 是重力项，其表达式为

$$\boldsymbol{G}_i=-\sum_{r=i}^{n}m_r\,{}^{0}\boldsymbol{g}^{\mathrm{T}}\frac{\partial\,{}_{r}^{0}\boldsymbol{T}}{\partial q_i}\,{}^{r}\boldsymbol{r}_{C_r} \tag{7.301}$$

至此，推导完成。在上述推导过程中，并未讨论建立坐标系的方法。实际上，要应用上述结论，只需 ${}^{i-1}_{i}\boldsymbol{T}$ 和关节变量 q_i、连杆 i 对应即可。

例 7.14　求如图 7.18 所示的 2R 平面机器人的动力学方程。其中，机器人连杆的宽度和高度不计，并设每根连杆的质心都位于连杆的中间位置，且关节处的电动机质量不计，两连杆质量分为 m_1 和 m_2。

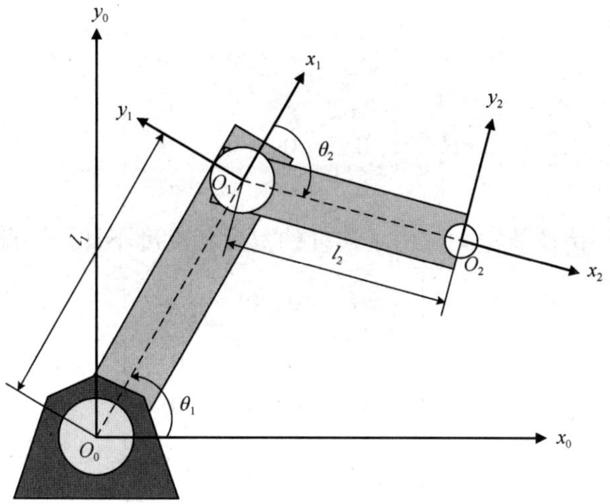

图 7.18　2R 平面机器人

如图 7.18 所示，以 D-H 参数法建立机器人的连杆坐标系。连杆坐标系之间的变换矩阵分别为

$$
{}^{0}_{1}\boldsymbol{T}=\begin{bmatrix}\cos\theta_1 & -\sin\theta_1 & 0 & l_1\cos\theta_1\\ \sin\theta_1 & \cos\theta_1 & 0 & l_1\sin\theta_1\\ 0 & 0 & 1 & 0\\ 0 & 0 & 0 & 1\end{bmatrix} \tag{7.302}
$$

$$
{}^{1}_{2}\boldsymbol{T}=\begin{bmatrix}\cos\theta_2 & -\sin\theta_2 & 0 & l_2\cos\theta_2\\ \sin\theta_2 & \cos\theta_2 & 0 & l_2\sin\theta_2\\ 0 & 0 & 1 & 0\\ 0 & 0 & 0 & 1\end{bmatrix} \tag{7.303}
$$

计算得到

$$
{}^{0}_{2}\boldsymbol{T}=\begin{bmatrix}c_{12} & -s_{12} & 0 & l_1c_1+l_2c_{12}\\ s_{12} & c_{12} & 0 & l_1s_1+l_2s_{12}\\ 0 & 0 & 1 & 0\\ 0 & 0 & 0 & 1\end{bmatrix} \tag{7.304}
$$

齐次变换矩阵对关节变量的偏微分为

$$
\frac{\partial {}^{0}_{1}\boldsymbol{T}}{\partial\theta_1}=\begin{bmatrix}-\sin\theta_1 & -\cos\theta_1 & 0 & -l_1\sin\theta_1\\ \cos\theta_1 & -\sin\theta_1 & 0 & l_1\cos\theta_1\\ 0 & 0 & 0 & 0\\ 0 & 0 & 0 & 0\end{bmatrix} \tag{7.305}
$$

同理，计算得到

$$\frac{\partial\, {}_2^0\boldsymbol{T}}{\partial \theta_1}=\begin{bmatrix} -s_{12} & -c_{12} & 0 & l_1 s_1 - l_2 s_{12} \\ c_{12} & -s_{12} & 0 & l_2 c_1 + l_2 c_{12} \\ 0 & 0 & 0 & 0 \\ 0 & 0 & 0 & 0 \end{bmatrix} \tag{7.306}$$

以及

$$\frac{\partial\, {}_2^0\boldsymbol{T}}{\partial \theta_2}=\begin{bmatrix} -s_{12} & -c_{12} & 0 & -l_2 s_{12} \\ c_{12} & -s_{12} & 0 & l_2 c_{12} \\ 0 & 0 & 0 & 0 \\ 0 & 0 & 0 & 0 \end{bmatrix} \tag{7.307}$$

并计算该机器人连杆的伪惯量矩阵，由于连杆的宽度和高度不计，因此容易求得

$${}^1\overline{\boldsymbol{I}}_1=\begin{bmatrix} \frac{1}{3}m_1 l_1^2 & 0 & 0 & -\frac{1}{2}m_1 l_1 \\ 0 & 0 & 0 & 0 \\ 0 & 0 & 0 & 0 \\ -\frac{1}{2}m_1 l_1 & 0 & 0 & m_1 \end{bmatrix} \tag{7.308}$$

以及

$${}^2\overline{\boldsymbol{I}}_2=\begin{bmatrix} \frac{1}{3}m_2 l_2^2 & 0 & 0 & -\frac{1}{2}m_2 l_2 \\ 0 & 0 & 0 & 0 \\ 0 & 0 & 0 & 0 \\ -\frac{1}{2}m_2 l_2 & 0 & 0 & m_2 \end{bmatrix} \tag{7.309}$$

此时就可以根据式（7.298）显式地计算机器人动力学方程中的矩阵元素，先计算惯性对称矩阵 $\boldsymbol{D}(q)$：

$$\begin{aligned} D_{11} &= \mathrm{tr}\left[\frac{\partial\, {}_1^0\boldsymbol{T}}{\partial \theta_1}\, {}^1\overline{\boldsymbol{I}}_1 \left(\frac{\partial\, {}_1^0\boldsymbol{T}}{\partial \theta_1}\right)^{\mathrm{T}}\right] + \mathrm{tr}\left[\frac{\partial\, {}_2^0\boldsymbol{T}}{\partial \theta_1}\, {}^2\overline{\boldsymbol{I}}_2 \left(\frac{\partial\, {}_2^0\boldsymbol{T}}{\partial \theta_1}\right)^{\mathrm{T}}\right] \\ &= \frac{1}{3}m_1 l_1^2 + m_2\left(l_1^2+\frac{1}{3}l_2^2\right) + m_2 l_1 l_2 \cos\theta_2 \end{aligned} \tag{7.310}$$

$$\begin{aligned} D_{12} = D_{21} &= \mathrm{tr}\left[\frac{\partial\, {}_2^0\boldsymbol{T}}{\partial \theta_1}\, {}^1\overline{\boldsymbol{I}}_1 \left(\frac{\partial\, {}_2^0\boldsymbol{T}}{\partial \theta_1}\right)^{\mathrm{T}}\right] \\ &= m_2 l_1^2 + \frac{1}{3}m_2 l_2^2 + m_2 l_1 l_2 \cos\theta_2 \end{aligned} \tag{7.311}$$

$$\begin{aligned} D_{22} &= \mathrm{tr}\left[\frac{\partial\, {}_2^0\boldsymbol{T}}{\partial \theta_2}\, {}^2\overline{\boldsymbol{I}}_2 \left(\frac{\partial\, {}_2^0\boldsymbol{T}}{\partial \theta_2}\right)^{\mathrm{T}}\right] \\ &= \frac{1}{3}m_2 l_2^2 \end{aligned} \tag{7.312}$$

下面计算速度耦合项 $\boldsymbol{H}(q,\dot{q})$：

$$H_1=\sum_{j=1}^{2}\sum_{k=1}^{2}H_{1jk}\dot{q}_j\dot{q}_k=H_{111}\dot{\theta}_1\dot{\theta}_1+H_{112}\dot{\theta}_1\dot{\theta}_2+H_{121}\dot{\theta}_2\dot{\theta}_1+H_{122}\dot{\theta}_2\dot{\theta}_2 \tag{7.313}$$

$$H_2=\sum_{j=1}^{2}\sum_{k=1}^{2}H_{2jk}\dot{q}_j\dot{q}_k=H_{211}\dot{\theta}_1\dot{\theta}_1+H_{212}\dot{\theta}_1\dot{\theta}_2+H_{221}\dot{\theta}_2\dot{\theta}_1+H_{222}\dot{\theta}_2\dot{\theta}_2 \tag{7.314}$$

式中

$$H_{ijk}=\sum_{r=\max(i,j,k)}^{n}\operatorname{tr}\left[\frac{\partial^2\,{}_r^0\boldsymbol{T}}{\partial q_j\partial q_k}\,{}^r\overline{\boldsymbol{I}}_r\left(\frac{\partial\,{}_r^0\boldsymbol{T}}{\partial q_i}\right)^{\mathrm{T}}\right] \tag{7.315}$$

计算结果为

$$\boldsymbol{H}=\begin{bmatrix}-\frac{1}{2}m_2l_1l_2\dot{\theta}_2^2\sin\theta_2-m_2l_1l_2\dot{\theta}_1\dot{\theta}_2\sin\theta_2\\ \frac{1}{2}m_2l_1l_2\dot{\theta}_1^2\sin\theta_2\end{bmatrix} \tag{7.316}$$

下面计算重力加速度项为 $\boldsymbol{G}(q)$：

$$\begin{aligned}G_1&=-m_1\,{}^0\boldsymbol{g}^{\mathrm{T}}\frac{\partial\,{}_1^0\boldsymbol{T}}{\partial\theta_1}\,{}^1\boldsymbol{r}_1-m_2\,{}^0\boldsymbol{g}^{\mathrm{T}}\frac{\partial\,{}_2^0\boldsymbol{T}}{\partial\theta_1}\,{}^2\boldsymbol{r}_2\\&=\frac{1}{2}m_1gl_1\cos\theta_1+\frac{1}{2}m_2gl_1\cos(\theta_1+\theta_2)+m_2gl_1\cos\theta_1\end{aligned} \tag{7.317}$$

$$\begin{aligned}G_2&=-m_2\,{}^0\boldsymbol{g}^{\mathrm{T}}\frac{\partial\,{}_2^0\boldsymbol{T}}{\partial\theta_2}\,{}^2\boldsymbol{r}_2\\&=\frac{1}{2}m_2gl_2\cos(\theta_1+\theta_2)\end{aligned} \tag{7.318}$$

至此，动力学方程中的所有元素均已得到，由此可以写出完整的动力学方程：

$$\begin{aligned}\begin{bmatrix}Q_1\\Q_2\end{bmatrix}=&\begin{bmatrix}\frac{1}{3}m_1l_1^2+m_2\left(l_1^2+\frac{1}{3}l_2^2+l_1l_2\cos\theta_2\right) & m_2\left(l_1^2+\frac{1}{3}l_2^2+l_1l_2\cos\theta_2\right)\\ m_2\left(l_1^2+\frac{1}{3}l_2^2+l_1l_2\cos\theta_2\right) & \frac{1}{3}m_2l_2^2\end{bmatrix}\begin{bmatrix}\ddot{\theta}_1\\ \ddot{\theta}_2\end{bmatrix}+\\&\begin{bmatrix}-\frac{1}{2}m_2l_1l_2\dot{\theta}_2^2\sin\theta_2-m_2l_1l_2\dot{\theta}_1\dot{\theta}_2\sin\theta_2\\ \frac{1}{2}m_2l_1l_2\dot{\theta}_1^2\sin\theta_2\end{bmatrix}+\\&\begin{bmatrix}\frac{1}{2}m_1gl_1\cos\theta_1+\frac{1}{2}m_2gl_1\cos(\theta_1+\theta_2)+m_2gl_1\cos\theta_1\\ \frac{1}{2}m_2gl_2\cos(\theta_1+\theta_2)\end{bmatrix}\end{aligned} \tag{7.319}$$

7.7 牛顿欧拉法求解动力学方程

7.7.1 动力学方法比较

用拉格朗日动力学求解驱动力矩的方法不需要对连杆进行逐个分析，且用到的变量相对较少，在利用其进行编程实现的过程中，逻辑也更加清晰。但与牛顿欧拉法相比，拉格朗日动力学法的运算量更大，所占的运算资源更多。两种方法的运算量对比如表 7.2 所示。

表 7.2 两种方法的运算量对比

	拉格朗日动力学法	牛顿欧拉法
求解原理	能量和系统做功	力和力矩平衡
方程形式	微分方程组	迭代方程组
乘法运算次数	$32n^4+86n^3+171n^2+53n-128$	$126n-99$
加法运算次数	$25n^4+66n^3+129n^2+42n-96$	$106n-92$

可以看到，牛顿欧拉法的乘法和加法运算次数在 n 较大时，会远远少于拉格朗日动力学法的运算次数。例如，当 n 取 6 时，拉格朗日动力学法一共需要进行 66394 次乘法运算和 51456 次加法运算；然而，牛顿欧拉法只需进行 657 次乘法运算和 544 次加法运算，明显看到两者的运算量差距极大。因此，虽然牛顿欧拉法的推导过程比较烦琐，编程实现时所需注意的细节也更多，但为了实现更高的计算效率，本书采用的动力学建模方法是牛顿欧拉法。下面对利用牛顿欧拉法进行建模的过程做详细的公式推导。

7.7.2 牛顿欧拉法

因为前面已经提出由 SolidWorks 求出机器人模型的质量特征，现在就已经确定了连杆刚体的质量分布特征，所以可以利用牛顿方程和欧拉方程，根据关节的位置、速度和加速度，计算出使机器人按要求运动时外部提供的驱动力矩。

推导过程如下。

1. 推导运动学参数的迭代关系式

运动学参数的迭代过程是从基坐标系开始，由内向外进行的。因为通常对机械臂来说，基坐标系的运动状态是已知的。例如，在很多情况下，视基坐标是静止的，或者有时会将机器人装载于已知运动状态的移动平台或 AGV 小车上。

执行运动学参数向外迭代的过程即从基坐标系开始，由承载了两个坐标系的刚体连杆建立运动学的递推关系，不断递推求解下一根连杆的参数，一直到末端连杆的过程。

角速度的递推关系非常简单，相邻连杆固连坐标系之间角速度的传递可理解为连杆 $_{i+1}$ 的角速度等于连杆 $_i$ 的角速度加上一个由关节 i 的关节变量 i+1 引起的角速度增量，即

$$^{i}\boldsymbol{\omega}_{i+1}={}^{i}\boldsymbol{\omega}_{i}+\dot{\theta}_{i+1}{}^{i}\boldsymbol{Z}_{i} \tag{7.320}$$

式中，$^{i}\boldsymbol{\omega}_{i}$ 的是坐标系$\{i\}$相对于坐标系$\{0\}$的角速度在坐标系$\{i\}$中的表示，也可以写作 $^{i}_{0}\boldsymbol{\omega}_{i}$ ，后

面若未写左下标，则默认左下标为0。如图7.19所示，$\dot{\theta}_{i+1}$ 表示关节 i+1，即沿坐标系$\{i\}$中旋转轴的关节变量；${}^{i}\hat{\boldsymbol{Z}}_i$ 表示设置的旋量 i 的单位方向矢量，如 ${}^{0}\hat{\boldsymbol{Z}}_0=[0,0,1]^{\mathrm{T}}$ 和 ${}^{1}\hat{\boldsymbol{Z}}_1=[1,0,0]^{\mathrm{T}}$。

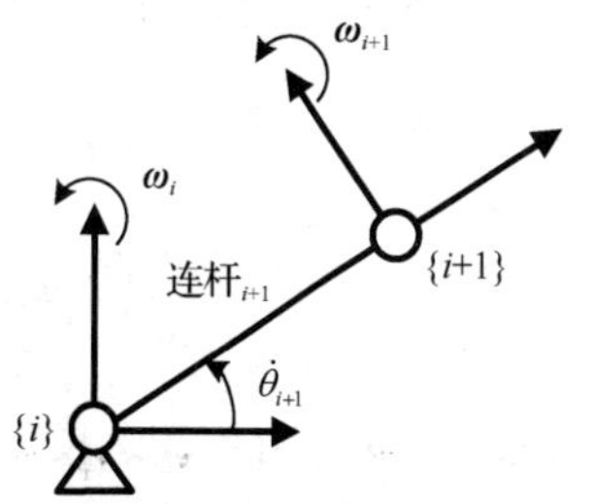

图7.19　相邻连杆间的运动关系

因为要向外递推，所以每步都需要将关节 i+1 的加速度变换到相应的坐标系中，可以通过矩阵变换完成这个操作。连杆$_{i+1}$的角速度与连杆$_i$的角速度的关系式为

$$ {}^{i+1}\boldsymbol{\omega}_{i+1}={}^{i+1}_{\ \ i}\boldsymbol{R}\,{}^{i}\boldsymbol{\omega}_i+\dot{\theta}_{i+1}\,{}^{i+1}_{\ \ i}\boldsymbol{R}\,{}^{i}\boldsymbol{Z}_i \tag{7.321} $$

对上式求导，得到连杆坐标系之间的角加速度递推关系式。此时，需要利用7.2.1节中推导的导数的变换公式，因为要得到的是在非基坐标系中表示的某运动学矢量对基坐标的导数。式（7.321）中的坐标变换矩阵 ${}^{i+1}_{\ \ i}\boldsymbol{R}$ 是一个与时间相关的函数，但在式（7.321）的使用中，它表示的是在某一个时刻下，矢量在不同坐标系之间的变换关系；或者也可以理解为在对矢量求导数得到各个矢量的坐标之间的关系后乘到式子中，用来对坐标进行变换的某个时刻下的常量。

对式（7.321）求相对于基坐标系$\{0\}$的导数有

$$ {}^{i+1}\dot{\boldsymbol{\omega}}_{i+1}={}^{i+1}_{\ \ i}\boldsymbol{R}\,{}^{i}\dot{\boldsymbol{\omega}}_i+\frac{{}^{0}\mathrm{d}}{\mathrm{d}t}(\dot{\theta}_{i+1}\,{}^{i+1}_{\ \ i}\boldsymbol{R}\,{}^{i}\boldsymbol{Z}_i) \tag{7.322} $$

式中，${}^{i}\dot{\boldsymbol{\omega}}_i$ 是由迭代过程获得的，不需要对其做进一步处理，且对底座固定的机器人，有 ${}^{0}\dot{\boldsymbol{\omega}}_0=0$；对 $\dot{\theta}_{i+1}\,{}^{i}\hat{\boldsymbol{Z}}_i$ 求相对于基坐标系$\{0\}$的导数的表达式，有

$$ \frac{{}^{0}\mathrm{d}}{\mathrm{d}t}\dot{\theta}_{i+1}\,{}^{i}\boldsymbol{Z}_i=\ddot{\theta}_{i+1}\,{}^{i}\boldsymbol{Z}_i+\dot{\theta}_{i+1}\frac{{}^{0}\mathrm{d}}{\mathrm{d}t}\,{}^{i}\boldsymbol{Z}_i \tag{7.323} $$

将 $\frac{{}^{0}\mathrm{d}}{\mathrm{d}t}\,{}^{i}\boldsymbol{Z}_i$ 代入式（7.14），得到

$$ \frac{{}^{0}\mathrm{d}}{\mathrm{d}t}\,{}^{i}\boldsymbol{Z}_i={}^{i}_{0}\boldsymbol{\omega}_i\times{}^{i}\boldsymbol{Z}_i+\frac{{}^{i}\mathrm{d}}{\mathrm{d}t}\,{}^{i}\boldsymbol{Z}_i \tag{7.324} $$

此时就显现出导数的变换公式的作用，由于 ${}^{i}\hat{\boldsymbol{Z}}_i$ 在坐标系$\{i\}$中是一个常量矢量，为其相应旋量的单位方向矢量，因此 $\frac{{}^{i}\mathrm{d}}{\mathrm{d}t}\,{}^{i}\boldsymbol{Z}_i=0$，有

$$ \frac{{}^{0}\mathrm{d}}{\mathrm{d}t}\,{}^{i}\boldsymbol{Z}_i={}^{i}_{0}\boldsymbol{\omega}_i\times{}^{i}\boldsymbol{Z}_i \tag{7.325} $$

省略 ${}^{i}_{0}\boldsymbol{\omega}_i$ 的左下标，并将上述推导过程的结论代入式（7.322），可以求得

$$ {}^{i+1}\dot{\boldsymbol{\omega}}_{i+1}={}^{i+1}_{\ \ i}\boldsymbol{R}\,{}^{i}\dot{\boldsymbol{\omega}}_i+{}^{i+1}_{\ \ i}\boldsymbol{R}\left({}^{i}\boldsymbol{\omega}_i\times\dot{\theta}_{i+1}\,{}^{i}\boldsymbol{Z}_i\right)+\ddot{\theta}_{i+1}\,{}^{i+1}_{\ \ i}\boldsymbol{R}\,{}^{i}\boldsymbol{Z}_i \tag{7.326} $$

同理，连杆坐标系$\{i+1\}$的原点的线速度等于连杆坐标系$\{i\}$的原点的线速度加上一个由连杆$_{i+1}$绕关节 i+1 运动引起的线速度增量，即

$$ {}^{i+1}\boldsymbol{v}_{i+1}={}^{i+1}_{\ \ i}\boldsymbol{R}\,{}^{i}\boldsymbol{v}_i+{}^{i+1}\boldsymbol{\omega}_{i+1}\times{}^{i+1}_{\ \ i}\boldsymbol{R}\,{}^{i}\boldsymbol{d}_{i+1} \tag{7.327} $$

对上式求导可得

$$ {}^{i+1}\dot{\boldsymbol{v}}_{i+1}={}^{i+1}_{\ \ i}\boldsymbol{R}\,{}^{i}\dot{\boldsymbol{v}}_i+\frac{{}^{0}\mathrm{d}}{\mathrm{d}t}\left({}^{i+1}\boldsymbol{\omega}_{i+1}\times{}^{i+1}_{\ \ i}\boldsymbol{R}\,{}^{i}\boldsymbol{d}_{i+1}\right) \tag{7.328} $$

与角速度递推公式的求导同理，${}^{i}\dot{\boldsymbol{v}}_i$ 由递推关系得到，不必对其做进一步处理，将 $\frac{{}^{0}\mathrm{d}}{\mathrm{d}t}\left({}^{i+1}\boldsymbol{\omega}_{i+1}\times{}^{i+1}_{\ i}\boldsymbol{R}\,{}^{i}_{i}\boldsymbol{d}_{i+1}\right)$ 展开，有

$$\frac{{}^{0}\mathrm{d}}{\mathrm{d}t}\left({}^{i+1}\boldsymbol{\omega}_{i+1}\times{}^{i+1}_{\ i}\boldsymbol{R}\,{}^{i}_{i}\boldsymbol{d}_{i+1}\right)={}^{i+1}\dot{\boldsymbol{\omega}}_{i+1}\times{}^{i+1}_{\ i}\boldsymbol{R}\,{}^{i}_{i}\boldsymbol{d}_{i+1}+{}^{i+1}\boldsymbol{\omega}_{i+1}\times\frac{{}^{0}\mathrm{d}}{\mathrm{d}t}\left({}^{i+1}_{\ i}\boldsymbol{d}_{i+1}\right) \tag{7.329}$$

式中，${}^{i+1}\dot{\boldsymbol{\omega}}_{i+1}$ 由角加速度的递推关系式已经求得，故只用讨论 $\frac{{}^{0}\mathrm{d}}{\mathrm{d}t}\left({}^{i+1}_{\ i}\boldsymbol{d}_{i+1}\right)$，同理，将其代入导数的变换公式，此时可以观察图 7.19，由于 ${}^{i+1}_{\ i}\boldsymbol{d}_{i+1}$ 始终是一个常量矢量，因此可以将其表示在 $\{i+1\}$ 坐标系中，即在 $\{i+1\}$ 坐标系中求 ${}^{i+1}_{\ i}\boldsymbol{d}_{i+1}$ 相对于坐标系 $\{0\}$ 的导数，为

$$\frac{{}^{0}\mathrm{d}}{\mathrm{d}t}\left({}^{i+1}_{\ i}\boldsymbol{d}_{i+1}\right)={}^{i+1}_{\ 0}\boldsymbol{\omega}_{i+1}\times{}^{i+1}_{\ i}\boldsymbol{d}_{i+1}+\frac{{}^{i+1}\mathrm{d}}{\mathrm{d}t}\,{}^{i+1}_{\ i}\boldsymbol{d}_{i+1} \tag{7.330}$$

由于 $\frac{{}^{i+1}\mathrm{d}}{\mathrm{d}t}\,{}^{i+1}_{\ i}\boldsymbol{d}_{i+1}=0$，因此上式可简化为

$$\frac{{}^{0}\mathrm{d}}{\mathrm{d}t}\left({}^{i+1}_{\ i}\boldsymbol{d}_{i+1}\right)={}^{i+1}_{\ 0}\boldsymbol{\omega}_{i+1}\times{}^{i+1}_{\ i}\boldsymbol{d}_{i+1} \tag{7.331}$$

省略左下标 0，并将上述推导过程的结论代入式（7.328），可以求得各个连杆坐标系的原点的线加速度递推公式为

$${}^{i+1}\dot{\boldsymbol{v}}_{i+1}={}^{i+1}_{\ i}\boldsymbol{R}\,{}^{i}\dot{\boldsymbol{v}}_i+{}^{i+1}\dot{\boldsymbol{\omega}}_{i+1}\times{}^{i+1}_{\ i}\boldsymbol{R}\,{}^{i}_{i}\boldsymbol{d}_{i+1}+{}^{i+1}\boldsymbol{\omega}_{i+1}\times{}^{i+1}\boldsymbol{\omega}_{i+1}\times{}^{i+1}_{\ i}\boldsymbol{R}\,{}^{i}_{i}\boldsymbol{d}_{i+1} \tag{7.332}$$

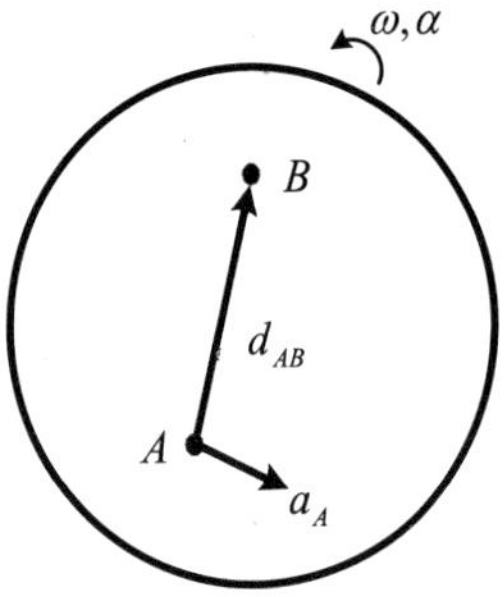

图 7.20　刚体绕固定点旋转时其上两点的关系

如图 7.20 所示，一个刚体上有两点，已知 A 点的加速度为 a_A，刚体的角速度和角加速度分别为 ω 与 α，那么 B 点的加速度为

$$\dot{a}_B=\dot{a}_A+\alpha\times d_{AB}+\omega\times\left(\omega\times d_{AB}\right) \tag{7.333}$$

同理，可以利用这个原理求得机器人的刚体连杆 i 的质心处的线加速度为

$${}^{i}\dot{\boldsymbol{v}}_{C_i}={}^{i}\dot{\boldsymbol{v}}_i+{}^{i}\dot{\boldsymbol{\omega}}_i\times{}^{i}_{i}\boldsymbol{d}_{C_i}+{}^{i}\boldsymbol{\omega}_i\times\left({}^{i}\boldsymbol{\omega}_i\times{}^{i}_{i}\boldsymbol{d}_{C_i}\right) \tag{7.334}$$

式中，${}^{i}_{i}\boldsymbol{d}_{C_i}$ 指在坐标系 $\{i\}$ 中表示的连杆 i 的质心 C_i 相对于坐标系 $\{i\}$ 的原点的位置矢量。

由上述连杆向外的迭代过程求出各个机械臂连杆的质心处的加速度和刚体角加速度后，就可以通过牛顿方程和欧拉方程求得与惯性力和惯性力矩大小相同、方向相反的一组力和力矩矢量，表示为

$$\begin{aligned}\boldsymbol{F}_i&=m\dot{\boldsymbol{v}}_{C_i}\\ \boldsymbol{N}_i&={}^{C_i}\boldsymbol{I}\dot{\boldsymbol{\omega}}_i+\boldsymbol{\omega}_i\times{}^{C_i}\boldsymbol{I}\boldsymbol{\omega}_i\end{aligned} \tag{7.335}$$

2．推导各个关节受力和力矩的迭代关系式

力和力矩的迭代通常是由末端执行器坐标系开始，由外向内依次进行的，因为对机器人来说，末端执行器所受的外力或外力矩通常是已知量，如控制机器人抓取物件、进行工业加工等。此时，可以单独拿出连杆 i 作为研究对象，用于建立力和力矩的平衡方程，如图 7.21 所示。

由牛顿定律建立连杆的平衡方程，并加入坐标的描述，可以得到

$$ {}^{i}\boldsymbol{F}_i = {}^{i}_{i-1}\boldsymbol{R}^{i-1}\boldsymbol{f}_{i-1} - {}^{i}\boldsymbol{f}_i \tag{7.336} $$

式中，${}^{i}\boldsymbol{f}_i$表示的是在坐标系$\{i\}$中，连杆$_i$通过关节 i+1 作用于连杆$_{i+1}$上的力，并且以“作用”为正、“反作用”为负。例如，在式（7.336）中，${}^{2-1}\boldsymbol{f}_{i-1}$为正，其是连杆$_{i-1}$通过关节 i 向外作用给连杆$_i$的力；${}^{2}\boldsymbol{f}_i$为负，对连杆$_i$来说，$\boldsymbol{f}_i$是连杆$_i$受到的连杆$_{i+1}$的反作用力。

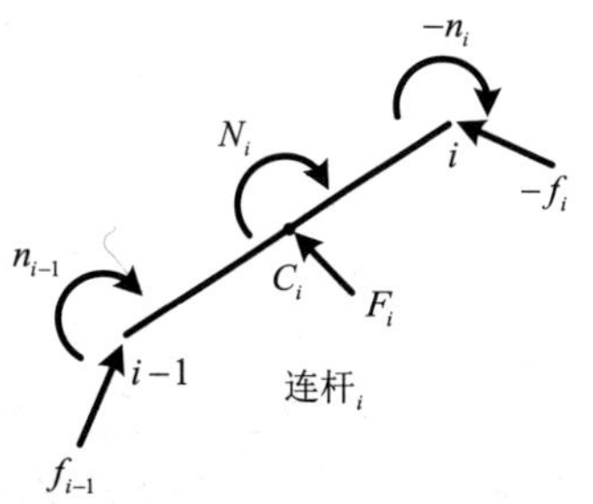

图 7.21　机器人任意连杆的受力状况

力矩的求解相对于连杆质心建立力矩平衡方程，有

$$ {}^{i}\boldsymbol{N}_i = {}^{i}\boldsymbol{n}_{i-1} - {}^{i}\boldsymbol{n}_i + \left(-{}^{i}_{i-1}\boldsymbol{R}^{i-1}\boldsymbol{d}_{C_i}\right)\times {}^{i}\boldsymbol{f}_{i-1} - \left({}^{i}\boldsymbol{d}_i - {}^{i}\boldsymbol{d}_{C_i}\right)\times {}^{i}\boldsymbol{f}_i \tag{7.337} $$

式中，${}^{i}\boldsymbol{n}_i$表示的是在坐标系$\{i\}$中，连杆$_i$通过关节 i+1 作用于连杆$_{i+1}$上的力矩，并且以“作用”为正、“反作用”为负。调整两个方程的变量位置，可以得到由外向内求解力和力矩的迭代公式，即

$$ \begin{aligned} {}^{i}\boldsymbol{f}_i &= {}^{i}\boldsymbol{F}_{i+1} + {}^{i}_{i+1}\boldsymbol{R}^{i+1}\boldsymbol{f}_{i+1} \\ {}^{i}\boldsymbol{n}_i &= {}^{i}\boldsymbol{N}_{i+1} + {}^{i}\boldsymbol{n}_{i+1} + {}^{i}\boldsymbol{d}_{C(i+1)} \times {}^{i}\boldsymbol{f}_i + \left({}^{i}\boldsymbol{d}_{i+1} - {}^{i}\boldsymbol{d}_{C(i+1)}\right)\times {}^{i}\boldsymbol{f}_{i+1} \end{aligned} \tag{7.338} $$

由此便可从末端连杆 n 开始向内依次迭代计算得到所有连杆关节处所受的作用力和力矩。

3. 计算关节所需的驱动力矩

因为最终需要的用于控制机器人关节的量是关节所需的力或力矩沿关节轴方向，即所设旋量运动方向的投影。所以，如果关节是旋转关节，则可以得到关节驱动力矩为

$$ \tau_i = {}^{i}\boldsymbol{n}_i^{\mathrm{T}}\, {}^{i}\boldsymbol{Z}_i \tag{7.339} $$

$$ \tau_i = {}^{i}\boldsymbol{f}_i^{\mathrm{T}}\, {}^{i}\boldsymbol{Z}_i \tag{7.340} $$

综上所述，利用牛顿欧拉法求解机器人动力学的过程为：首先，从连杆$_1$，即相应的坐标系$\{0\}$开始，根据其运动学参数和连杆的几何参数，通过向外迭代逐步得到所有连杆的运动学参数，并在此基础上应用牛顿欧拉方程，计算得到各连杆所受的惯性力和惯性力矩，以及一组与之大小相同、方向相反的力和力矩；然后，根据各连杆的力、力矩的平衡方程，得到一根连杆上两个关节之间力的迭代关系；最后，由外向内迭代得到各关节所受的力和力矩，并求得关节相应的驱动力矩。

考察上述求解过程可以发现，整个过程并未考虑重力对连杆的作用，这里可以将重力看作连杆质心所受的与重力反向的加速度，即将重力考虑为连杆质心处一个垂直向上的加速度 g=9.81m/s^2，这样得到的结果和考虑连杆重力的结果是一样的。具体的做法是，取机器人基座的线加速度${}^{0}\dot{\boldsymbol{v}}_0 = [0, 0, g]^{\mathrm{T}}$，在向外迭代时，所有连杆质心加速度都会存在重力加速度这一项，此时可以简便地将重力的影响计入整个运算过程中。

综上所述，将整个使用牛顿欧拉方程求解机器人逆动力学的过程做成流程图，如图 7.22 所示。

例 7.15　图 7.23 所示为 2R 平面机器人的受力分析，现要求采用牛顿欧拉法求取该机械臂的动力学模型。其中，C_1和C_2分别表示连杆$_1$与连杆$_2$的质心，且两根连杆的质心都在连杆的几何中心处。

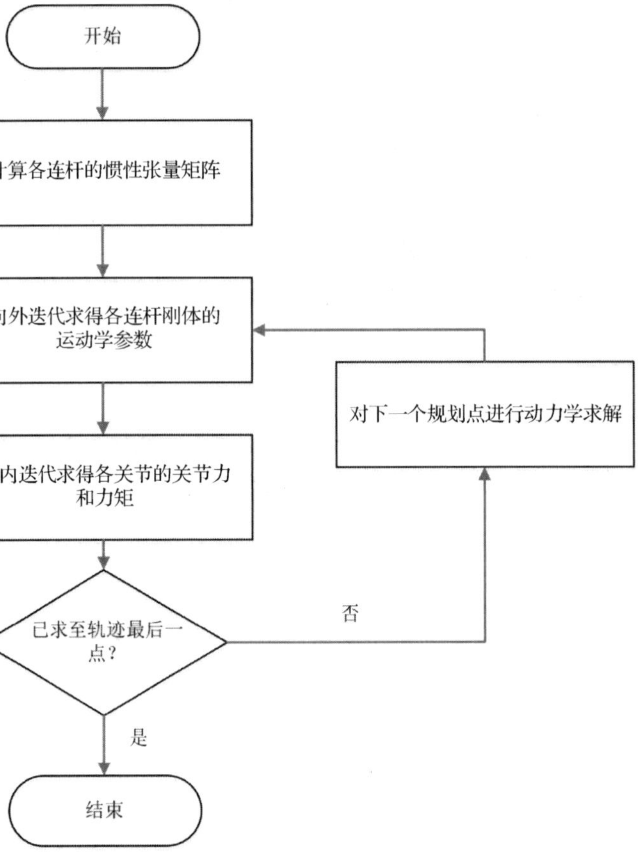

图 7.22　牛顿欧拉动力学流程图

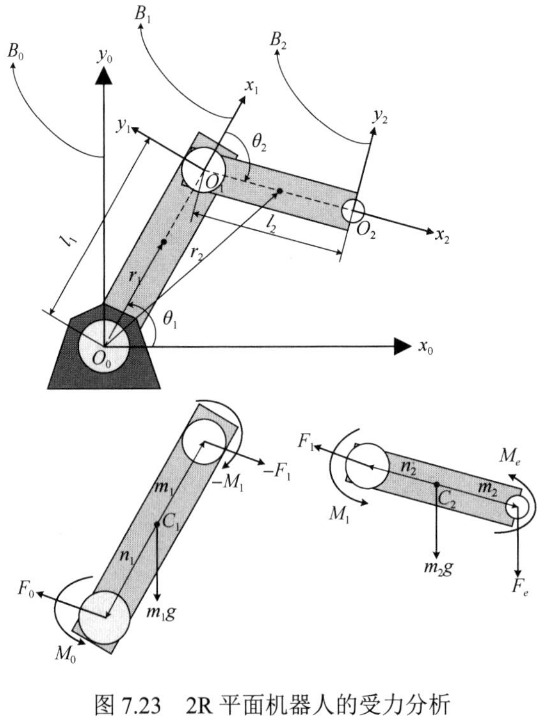

图 7.23　2R 平面机器人的受力分析

对于连杆 1，其逆向递归牛顿欧拉运动方程为

$$ {}^{1}\boldsymbol{F}_0 = {}^{1}\boldsymbol{F}_1 - m_1 {}^{1}\boldsymbol{g} + m_1 {}^{1}_{0}\boldsymbol{a}_1 \tag{7.341} $$

$$ {}^{1}\boldsymbol{M}_0 = {}^{1}\boldsymbol{M}_1 - {}^{1}\boldsymbol{n}_1 \times {}^{1}\boldsymbol{F}_0 + {}^{1}\boldsymbol{m}_1 \times {}^{1}\boldsymbol{F}_1 + {}^{1}\boldsymbol{I}_1 {}^{1}\boldsymbol{\alpha}_1 + {}^{1}\boldsymbol{\omega}_1 \times {}^{1}\boldsymbol{I}_1 {}^{1}\boldsymbol{\omega}_1 \tag{7.342} $$

对于连杆 2，其逆向递归牛顿欧拉运动方程为

$$ {}^{2}\boldsymbol{F}_1 = {}^{2}\boldsymbol{F}_2 - m_2 {}^{2}\boldsymbol{g} + m_2 {}^{2}_{0}\boldsymbol{a}_2 \tag{7.343} $$

$$ {}^{2}\boldsymbol{M}_1 = -{}^{2}\boldsymbol{M}_e - {}^{2}\boldsymbol{n}_2 \times {}^{2}\boldsymbol{F}_1 + {}^{2}\boldsymbol{m}_2 \times {}^{2}\boldsymbol{F}_2 + {}^{2}\boldsymbol{I}_2 {}^{2}\boldsymbol{\alpha}_2 + {}^{2}\boldsymbol{\omega}_2 \times {}^{2}\boldsymbol{I}_2 {}^{2}\boldsymbol{\omega}_2 \tag{7.344} $$

为了求得式（7.343）和式（7.344）的结果，先求出该机器人系统的连杆坐标系变换矩阵：

$$ {}^{0}_{1}\boldsymbol{T} = \begin{bmatrix} \cos\theta_1 & -\sin\theta_1 & 0 & l_1\cos\theta_1 \\ \sin\theta_1 & \cos\theta_1 & 0 & l_1\sin\theta_1 \\ 0 & 0 & 1 & 0 \\ 0 & 0 & 0 & 1 \end{bmatrix} \tag{7.345} $$

$$ {}^{1}_{2}\boldsymbol{T} = \begin{bmatrix} \cos\theta_2 & -\sin\theta_2 & 0 & l_2\cos\theta_2 \\ \sin\theta_2 & \cos\theta_2 & 0 & l_2\sin\theta_2 \\ 0 & 0 & 1 & 0 \\ 0 & 0 & 0 & 1 \end{bmatrix} \tag{7.346} $$

对该平面机器人系统，忽略各连杆的高度和宽度，其齐次惯性矩阵为

$$ {}^{1}\boldsymbol{I}_1 = \frac{m_1 l_1^2}{12} \begin{bmatrix} 0 & 0 & 0 & 0 \\ 0 & 1 & 0 & 0 \\ 0 & 0 & 1 & 0 \\ 0 & 0 & 0 & 0 \end{bmatrix} \tag{7.347} $$

$$ {}^{2}\boldsymbol{I}_2 = \frac{m_2 l_2^2}{12} \begin{bmatrix} 0 & 0 & 0 & 0 \\ 0 & 1 & 0 & 0 \\ 0 & 0 & 1 & 0 \\ 0 & 0 & 0 & 0 \end{bmatrix} \tag{7.348} $$

齐次惯性矩阵只需在原惯性矩阵上多加一列和一行 0 即可，引入这种惯性矩阵表达方式是为了与运算过程中齐次向量的维度相对应。

再写出运算中所需位置矢量的具体表达形式：

$$ {}^{1}\boldsymbol{n}_1 = \begin{bmatrix} -\dfrac{l_1}{2} \\ 0 \\ 0 \\ 0 \end{bmatrix} \quad {}^{2}\boldsymbol{n}_2 = \begin{bmatrix} -\dfrac{l_2}{2} \\ 0 \\ 0 \\ 0 \end{bmatrix} \tag{7.349} $$

$$ {}^{1}\boldsymbol{m}_1 = \begin{bmatrix} \dfrac{l_1}{2} \\ 0 \\ 0 \\ 0 \end{bmatrix} \quad {}^{2}\boldsymbol{m}_2 = \begin{bmatrix} \dfrac{l_2}{2} \\ 0 \\ 0 \\ 0 \end{bmatrix} \tag{7.350} $$

$$ {}^{1}\boldsymbol{r}_1 = -{}^{1}\boldsymbol{n}_1 \quad {}^{2}\boldsymbol{r}_2 = -{}^{2}\boldsymbol{n}_1 + {}^{2}\boldsymbol{m}_2 - {}^{2}\boldsymbol{n}_2 \tag{7.351}$$

该平面机器人系统的角速度和角加速度易于求得，分别为

$$ {}^{1}\boldsymbol{\omega}_1 = \begin{bmatrix} 0 \\ 0 \\ \dot{\theta}_1 \\ 0 \end{bmatrix} \quad {}^{2}\boldsymbol{\omega}_2 = \begin{bmatrix} 0 \\ 0 \\ \dot{\theta}_1 + \dot{\theta}_2 \\ 0 \end{bmatrix} \tag{7.352}$$

$$ {}^{1}\boldsymbol{\alpha}_1 = \begin{bmatrix} 0 \\ 0 \\ \ddot{\theta}_1 \\ 0 \end{bmatrix} \quad {}^{2}\boldsymbol{\alpha}_2 = \begin{bmatrix} 0 \\ 0 \\ \ddot{\theta}_1 + \ddot{\theta}_2 \\ 0 \end{bmatrix} \tag{7.353}$$

连杆 1 的质心 C_1 的平移加速度为

$$ {}_{0}^{1}\boldsymbol{a}_1 = {}^{1}\boldsymbol{\alpha}_1 \times \left(-{}^{1}\boldsymbol{m}_1\right) + {}^{1}\boldsymbol{\omega}_1 \times \left[{}^{1}\boldsymbol{\omega}_1 \times \left(-{}^{1}\boldsymbol{m}_1\right)\right] + {}_{0}^{1}\ddot{\boldsymbol{d}}_1 \tag{7.354}$$

又因为连杆 1 实际上是绕基坐标系{0}的原点定点旋转的，所以容易得到

$$ 2\,{}_{0}^{1}\boldsymbol{a}_1 = {}_{0}^{1}\ddot{\boldsymbol{d}}_1 \tag{7.355}$$

因此可以得到

$$ {}_{0}^{1}\boldsymbol{a}_1 = \begin{bmatrix} -\dfrac{l_1\dot{\theta}_1^2}{2} \\ \dfrac{l_1\ddot{\theta}_1}{2} \\ 0 \\ 0 \end{bmatrix} \tag{7.356}$$

连杆 2 的质心 C_2 的平移加速度为

$$ \begin{aligned} {}_{0}^{2}\boldsymbol{a}_2 &= {}^{2}\boldsymbol{\alpha}_2 \times \left(-{}^{2}n_2\right) + {}^{2}\boldsymbol{\omega}_2 \times \left[{}^{2}\boldsymbol{\omega}_2 \times \left(-{}^{2}n_2\right)\right] + {}_{0}^{2}\ddot{\boldsymbol{d}}_1 \\ &= \begin{bmatrix} -\cos\theta_2 l_1\dot{\theta}_1^2 + \sin\theta_2 l_1\ddot{\theta}_1 - \dfrac{l_2\left(\dot{\theta}_1+\dot{\theta}_2\right)^2}{2} \\ \sin\theta_2 l_1\dot{\theta}_1^2 + \cos\theta_2 l_1\ddot{\theta}_1 + \dfrac{l_2\left(\ddot{\theta}_1+\ddot{\theta}_2\right)}{2} \\ 0 \\ 0 \end{bmatrix} \end{aligned} \tag{7.357}$$

又因为连杆坐标系中的重力加速度为

$$ \begin{aligned} {}^{1}\boldsymbol{g} &= {}_{1}^{0}\boldsymbol{T}^{-1}\,{}^{0}\boldsymbol{g} \\ &= \begin{bmatrix} \cos\theta_1 & -\sin\theta_1 & 0 & l_1\cos\theta_1 \\ \sin\theta_1 & \cos\theta_1 & 0 & l_1\sin\theta_1 \\ 0 & 0 & 1 & 0 \\ 0 & 0 & 0 & 1 \end{bmatrix}^{-1} \begin{bmatrix} 0 \\ -g \\ 0 \\ 0 \end{bmatrix} \end{aligned}$$

$$=\begin{bmatrix}-g\sin\theta_1\\-g\cos\theta_1\\0\\0\end{bmatrix} \tag{7.358}$$

同理

$$\begin{aligned}{}^{2}\boldsymbol{g}&={}_{2}^{0}\boldsymbol{T}^{-1}\,{}^{0}\boldsymbol{g}\\&=\begin{bmatrix}-g\sin\left(\theta_1+\theta_2\right)\\-g\cos\left(\theta_1+\theta_2\right)\\0\\0\end{bmatrix}\end{aligned} \tag{7.359}$$

在全局坐标系中，外部载荷通常已知，但要将其代入递归运动方程中进行计算，必须将其变换到相应的坐标系中。此处求出表示在坐标系$\{B_2\}$中的外部载荷系统为

$$\begin{aligned}{}^{2}\boldsymbol{F}_e&={}_{2}^{0}\boldsymbol{T}^{-1}\,{}^{0}\boldsymbol{F}_e\\&=\begin{bmatrix}F_{ex}\cos\left(\theta_1+\theta_2\right)+F_{ey}\sin\left(\theta_1+\theta_2\right)\\F_{ey}\cos\left(\theta_1+\theta_2\right)-F_{ex}\sin\left(\theta_1+\theta_2\right)\\0\\0\end{bmatrix}\end{aligned} \tag{7.360}$$

$$\begin{aligned}{}^{2}\boldsymbol{M}_e&={}_{2}^{0}\boldsymbol{T}^{-1}\,{}^{0}\boldsymbol{M}_e\\&=\begin{bmatrix}0\\0\\M_e\\0\end{bmatrix}\end{aligned} \tag{7.361}$$

此时就可以从最后的连杆开始计算机器人的作用力系统，由迭代关系式（7.343）可以得到

$$\begin{aligned}{}^{2}\boldsymbol{F}_1&=-m_2\,{}^{2}\boldsymbol{g}-{}^{2}\boldsymbol{F}_e+m_2\,{}_{0}^{2}\boldsymbol{a}_2\\&=\begin{bmatrix}{}^{2}F_{1x}\\{}^{2}F_{1y}\\0\\0\end{bmatrix}\end{aligned} \tag{7.362}$$

式中

$$\begin{aligned}{}^{2}F_{1x}=&\left[-\cos\theta_2 l_1\dot{\theta}_1^2+\sin\theta_2 l_1\ddot{\theta}_1-\frac{1}{2}l_2\left(\dot{\theta}_1+\dot{\theta}_2\right)^2\right]m_2-F_{ex}\cos\left(\theta_1+\theta_2\right)-\\&\left(F_{ex}-m_2 g\right)\sin\left(\theta_1+\theta_2\right)\end{aligned} \tag{7.363}$$

$$\begin{aligned}{}^{2}F_{1y}=&\left[\sin\theta_2 l_1\dot{\theta}_1^2+\cos\theta_2 l_1\ddot{\theta}_1+\frac{1}{2}l_2\left(\ddot{\theta}_1+\ddot{\theta}_2\right)\right]m_2+F_{ex}\sin\left(\theta_1+\theta_2\right)-\\&\left(F_{ey}-m_2 g\right)\cos\left(\theta_1+\theta_2\right)\end{aligned} \tag{7.364}$$

由迭代关系式（7.344）可以得到

$$
\begin{aligned}
{}^2\boldsymbol{M}_1 &= -{}^2\boldsymbol{M}_e - {}^2\boldsymbol{m}_2 \times {}^2\boldsymbol{F}_e - {}^2\boldsymbol{n}_2 \times {}^2\boldsymbol{F}_1 + {}^2\boldsymbol{I}_2\, {}^2_0\boldsymbol{\alpha}_2 + {}^2_0\boldsymbol{\omega}_2 \times {}^2\boldsymbol{I}_2\, {}^2_0\boldsymbol{\omega}_2 \\
&= \begin{bmatrix} 0 \\ 0 \\ {}^2M_{1z} \\ 0 \end{bmatrix}
\end{aligned} \tag{7.365}
$$

式中

$$
\begin{aligned}
{}^2M_{1z} = &-M_e + l_2 F_{ex}\sin(\theta_1+\theta_2) - l_2 F_{ey}\cos(\theta_1+\theta_2) + \frac{1}{3} l_2^2 m_2 \left(\ddot{\theta}_1 + \ddot{\theta}_2\right) - \\
&\frac{1}{2} g l_2 m_2 \cos(\theta_1+\theta_2) + \frac{1}{2} l_2 m_2 \left(\sin\theta_2 l_1 \dot{\theta}_1^2 + \cos\theta_2 l_1 \ddot{\theta}_1\right)
\end{aligned} \tag{7.366}
$$

此时，完成了由外向内的第一次迭代，在进行下一次迭代之前，需要将已求出的力进行坐标系的变换，即有

$$
\begin{aligned}
\begin{bmatrix} {}^1F_{1x} & 0 \\ {}^1F_{1y} & 0 \\ 0 & {}^1M_{1z} \\ 0 & 0 \end{bmatrix} &= {}^1_2\boldsymbol{T} \begin{bmatrix} {}^2F_{1x} & 0 \\ {}^2F_{1y} & 0 \\ 0 & {}^2M_{1z} \\ 0 & 0 \end{bmatrix} \\
&= \begin{bmatrix} \cos\theta_2\, {}^2F_{1x} - \sin\theta_2\, {}^2F_{1y} & 0 \\ \sin\theta_2\, {}^2F_{1x} + \cos\theta_2\, {}^2F_{1y} & 0 \\ 0 & {}^2M_{1z} \\ 0 & 0 \end{bmatrix}
\end{aligned} \tag{7.367}
$$

由迭代关系式（7.341）可以得到

$$
\begin{aligned}
{}^1\boldsymbol{F}_0 &= {}^1\boldsymbol{F}_1 - m_1\, {}^1\boldsymbol{g} + m_1\, {}^1_0\boldsymbol{a}_1 \\
&= \begin{bmatrix} {}^1F_{0x} \\ {}^1F_{0y} \\ 0 \\ 0 \end{bmatrix}
\end{aligned} \tag{7.368}
$$

式中

$$
{}^1F_{0x} = \cos\theta_2\, {}^2F_{1x} - \sin\theta_2\, {}^2F_{1y} + m_1\left(g\sin\theta_1 - \frac{1}{2} l_1 \dot{\theta}_1^2\right) \tag{7.369}
$$

$$
{}^1F_{0y} = \sin\theta_2\, {}^2F_{1x} + \cos\theta_2\, {}^2F_{1y} + m_1\left(g\cos\theta_1 + \frac{1}{2} l_1 \ddot{\theta}_1\right) \tag{7.370}
$$

由迭代关系式（7.342）可以得到

$$
\begin{aligned}
{}^1\boldsymbol{M}_0 &= {}^1\boldsymbol{M}_1 - {}^1\boldsymbol{n}_1 \times {}^1\boldsymbol{F}_0 + {}^1\boldsymbol{m}_1 \times {}^1\boldsymbol{F}_1 + {}^1\boldsymbol{I}_1\, {}^1\boldsymbol{\alpha}_1 + {}^1\boldsymbol{\omega}_1 \times {}^1\boldsymbol{I}_1\, {}^1\boldsymbol{\omega}_1 \\
&= \begin{bmatrix} 0 \\ 0 \\ {}^1M_{0z} \\ 0 \end{bmatrix}
\end{aligned} \tag{7.371}
$$

式中

$$ {}^{1}M_{0z} = {}^{1}M_{1z} + \frac{l_1}{2}\left({}^{1}F_{0y} + {}^{1}F_{1y}\right) + \frac{1}{12}m_1 l_1^2 \ddot{\theta}_1 \tag{7.372} $$

上式中的变量在之前的过程中已经全部求出。至此，就完成了机器人系统的关节力和力矩的求解。

本章小结

本章对机器人的逆向动力学问题进行了详细的描述，首先说明了用惯性张量矩阵表示刚体质量分布的方法，并介绍了求解连杆的惯性张量矩阵的计算方法；然后基于牛顿欧拉力学方程和力学平衡方程，分别推导了由内向外迭代求解机器人各连杆运动学参数的迭代公式和由外向内迭代求解各关节受力和力矩的迭代公式；最后阐明了驱动力矩和关节受力的关系，并解释了考虑重力影响的简便方法。在软件开发过程中，动力学模块也基于本章推导的迭代关系式。

习题

1．什么是正向动力学问题和逆向动力学问题？

2．描述以下符号的含义。

（1）$\boldsymbol{F}_2$　（2）${}^{0}\boldsymbol{F}_1$　（3）${}^{2}\boldsymbol{M}_1$　（4）m_2

（5）${}^{0}\boldsymbol{d}_i$　（6）${}^{i-1}\boldsymbol{d}_i$　（7）${}^{0}\boldsymbol{I}_2$　（8）${}_{i-1}^{\ \ 0}\boldsymbol{d}_i$

（9）${}_{1}^{2}\hat{\boldsymbol{\omega}}_2$　（10）K　（11）$\boldsymbol{T}$　（12）$\dot{\boldsymbol{J}}$

3．对于下列惯性矩阵，求出其主惯性矩和方向。

（1）$\boldsymbol{I} = \begin{bmatrix} 3 & 2 & 2 \\ 2 & 2 & 0 \\ 2 & 0 & 4 \end{bmatrix}$　（2）$\boldsymbol{I} = \begin{bmatrix} 3 & 2 & 4 \\ 2 & 0 & 2 \\ 4 & 2 & 3 \end{bmatrix}$　（3）$\boldsymbol{I} = \begin{bmatrix} 100 & 20\sqrt{3} & 0 \\ 20\sqrt{3} & 60 & 0 \\ 0 & 0 & 10 \end{bmatrix}$

4．将惯性矩阵 ${}^{B}\boldsymbol{I}$ 和角速度 ${}_{G}^{B}\omega_B$ 变换到全局坐标系中，求取角动量的导数，并用另一种方法证明。

$$ \frac{{}^{G}\mathrm{d}}{\mathrm{d}t}{}^{B}\boldsymbol{L} = \frac{{}^{G}\mathrm{d}}{\mathrm{d}t}\left({}^{B}\boldsymbol{I}\,{}_{G}^{B}\omega_B\right) = {}^{B}\dot{L} + {}_{G}^{B}\omega_B \times {}^{B}\boldsymbol{L} = \boldsymbol{I}\dot{\omega} + \omega \times \left(\boldsymbol{I}\omega\right) $$

第 8 章　工业机器人轨迹规划

8.1 引　　言

经过了本书第 6、7 章的讨论，我们对描述机器人运动学和动力学的计算方法有了具体的表达方式，而在此基础上，本章将继续讨论本书研究的 6 自由度串联机器人的轨迹规划生成算法。机器人在笛卡儿空间的运动可以分为两部分，即动运动和转动运动（动运动指的是机器人末端执行器在笛卡儿空间中沿直线或曲线路径移动，转动运动指的是机器人末端执行器绕某个轴旋转），由此可以将机器人的轨迹规划分为这两部分来分别求解。

机器人轨迹规划过程基于机器人的正/逆运动学，且针对机器人末端执行器不同的轨迹规划方式，会出现截然不同的关节受力情况。在笛卡儿空间进行轨迹规划时，机器人沿轨迹运动过程中的运算流程如图 8.1 所示。

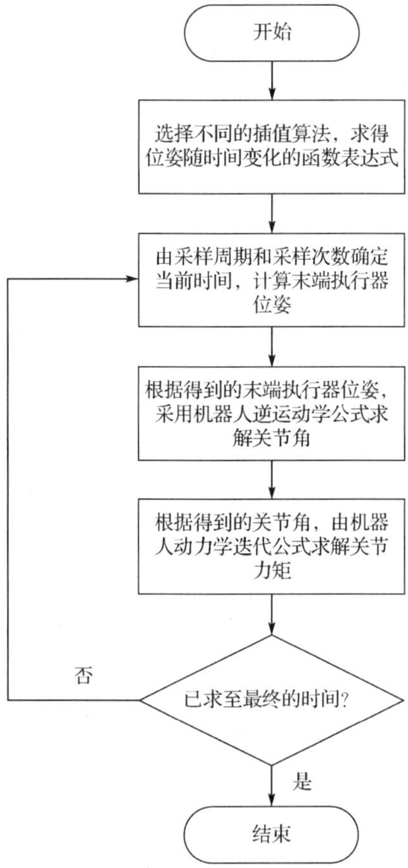

图 8.1　机器人沿轨迹运动过程中的运算流程

8.2　关节空间轨迹规划

关节空间的轨迹规划即直接针对机器人的各个关节变量进行规划的方法。这种方法相对来说计算量较少，不用考虑机器人的逆运动学，只需根据规划的关节变量采用正运动学就可以计算机器人末端执行器的运动情况。但这种方法的问题在于其无法规划机器人末端执行器的运动状态。而在实际任务中，常常对末端执行器的运动路径和运动参数有要求，如避障或需要末端执行器沿着特定的轨迹工作的情况。

故本书在软件开发环节不采用关节空间轨迹规划的方法，本章仅对此内容做简单概括。

对于关节空间轨迹规划，可以将各个关节变量完全分开来规划。而不必像在笛卡儿空间那样，需要考虑运动方向或其他因素而满足一定的约束条件。基于此，关节空间轨迹规划可以将规划对象作为单变量来考虑。

1. 三次多项式插值

在机器人的两个规划任务点之间，其对应起始点的关节角角度 θ_i 是已知的，而对应终止点的关节角角度 θ_f 可以由终止点的机器人运动学逆解求出，由此可以确定关节角角度随时间变化的函数，此时有以下两个约束条件：

$$\begin{cases}\theta(t_i)=\theta_i \\ \theta(t_f)=\theta_f\end{cases} \tag{8.1}$$

此外，若还要求机器人的关节角速度在连接点处连续，即有

$$\begin{cases}\dot{\theta}(t_i)=\dot{\theta}_i \\ \dot{\theta}(t_f)=\dot{\theta}_f\end{cases} \tag{8.2}$$

则由式（8.1）和式（8.2），就给机器人的关节角函数一共确立了 4 个约束条件，即可以用三次多项式对角度进行与时间相关的规划：

$$\theta(t)=a_0+a_1t+a_2t^2+a_3t^3 \tag{8.3}$$

此时，对运动轨迹上的关节角速度和加速度有

$$\begin{cases}\dot{\theta}(t)=a_1+2a_2t+3a_3t^2 \\ \ddot{\theta}(t)=2a_2+6a_3t\end{cases} \tag{8.4}$$

对于一个轨迹规划任务，通常会给出以下起始点和终止点条件：

$$\begin{aligned}&s(t_0)=s_0\\&\dot{s}(t_0)=\dot{s}_0\\&s(t_f)=s_f\\&\dot{s}(t_f)=\dot{s}_f\end{aligned} \tag{8.5}$$

为了求得式（8.3）中的系数，只需求解下面的线性代数方程组：

$$\begin{bmatrix} 1 & t_i & t_i^2 & t_i^3 \\ 0 & 1 & 2t_i & 3t_i^2 \\ 1 & t_f & t_f^2 & t_f^3 \\ 0 & 1 & 2t_f & 3t_f^2 \end{bmatrix} \begin{bmatrix} a_0 \\ a_1 \\ a_2 \\ a_3 \end{bmatrix} = \begin{bmatrix} s_i \\ \dot{s}_i \\ s_f \\ \dot{s}_f \end{bmatrix} \tag{8.6}$$

这里直接给出上述三次多项式的系数表达式（其中 $\boldsymbol{a}$ 和 $\boldsymbol{s}$ 都是多维向量）：

$$\begin{aligned} a_0 &= -\frac{s_f t_i^2 \left(t_i - 3t_f\right) + s_i t_f^2 \left(3t_i - t_f\right)}{\left(t_f - t_i\right)^3} - t_i t_f \frac{\dot{s}_i t + \dot{s}_f t_i}{\left(t_f - t_i\right)^2} \\ a_1 &= 6t_i t_f \frac{s_i - s_f}{\left(t_f - t_i\right)^3} + \frac{\dot{s}_i t_f \left(t_f^2 + t_i t_f - 2t_i^2\right) + \dot{s}_i t_i \left(2t_f^2 - t_i^2 - t_i t_f\right)}{\left(t_f - t_i\right)^3} \\ a_2 &= -\frac{3s_i \left(t_i + t_f\right) - 3s_f \left(t_i + t_f\right)}{\left(t_f - t_i\right)^3} - \frac{\dot{s}_f \left(t_f^2 + t_i t_f - 2t_i^2\right) + \dot{s}_i \left(2t_f^2 - t_i^2 - t_i t_f\right)}{\left(t_f - t_i\right)^3} \\ a_3 &= \frac{2\left(s_i - s_f\right) + \dot{s}_i \left(t_f - t_i\right) + \dot{s}_f \left(t_f - t_i\right)}{\left(t_f - t_i\right)^3} \end{aligned} \tag{8.7}$$

直接将起始点和终止点条件（首末条件）代入上式即可得到位置变量关于时间的多项式函数，代入时间进行插值即可。而其他的多项式轨迹规划方法与之类似，只是求解的系数更多、运算更加复杂。多项式的选择根据需求来确定，三次多项式可以满足首末位置速度连续的要求，五次多项式可以满足首末位置加速度连续的要求，以此类推。

若对式（8.2）中的约束条件做进一步简化，令起始时间 $t_i = 0$，以及每段规划轨迹的首末位置的速度均为 0，即有

$$\begin{cases} \dot{\theta}\left(t_i\right) = 0 \\ \dot{\theta}\left(t_f\right) = 0 \end{cases} \tag{8.8}$$

则可以得到三次多项式系数的简单线性方程组：

$$\begin{cases} \theta_i = a_0 \\ \theta_f = a_0 + a_1 t_f + a_2 t_f^2 + a_3 t_f^3 \\ 0 = a_1 \\ 0 = a_1 + 2a_2 t_f + 3a_3 t_f^2 \end{cases} \tag{8.9}$$

解上述方程组，可以得到目标三次多项式的系数为

$$\begin{cases} a_0 = \theta_i \\ a_1 = 0 \\ a_2 = \dfrac{3}{t_f^2}\left(\theta_f - \theta_i\right) \\ a_3 = -\dfrac{2}{t_f^3}\left(\theta_f - \theta_i\right) \end{cases} \tag{8.10}$$

例 8.1 图 8.2 所示为一个 2R 平面串联机械臂，现在给出首末条件

$$\begin{aligned}&\theta_1(0)=10 \quad \theta_1(1)=45 \quad \dot{\theta}_1(0)=\dot{\theta}_1(1)=0\\&\theta_2(0)=20 \quad \theta_1(1)=-5 \quad \dot{\theta}_2(0)=\dot{\theta}_2(1)=0\end{aligned} \tag{8.11}$$

现要求利用三次多项式在关节空间对机器人进行轨迹规划。

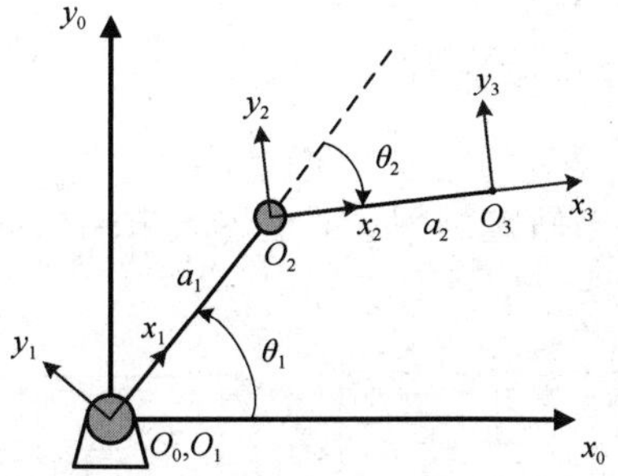

图 8.2　2R 平面机械臂

直接把式（8.11）中的条件代入式（8.10），容易得到两个关节变量随时间变化的函数表达式为

$$\begin{aligned}&\theta_1(t)=10+105t^2-70t^3\\&\theta_2(t)=20-75t^2+50t^3\end{aligned} \tag{8.12}$$

作图表示在这种规划方法下关节变量及其导数在 $t\in[0,1]$ 时的变化情况，如图 8.3 所示。

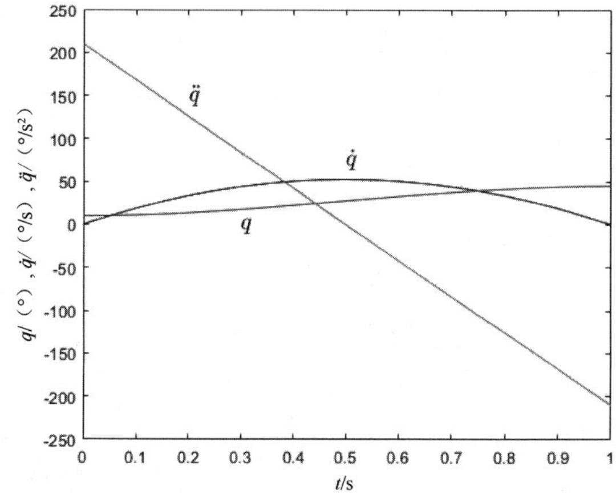

（a）关节角 1

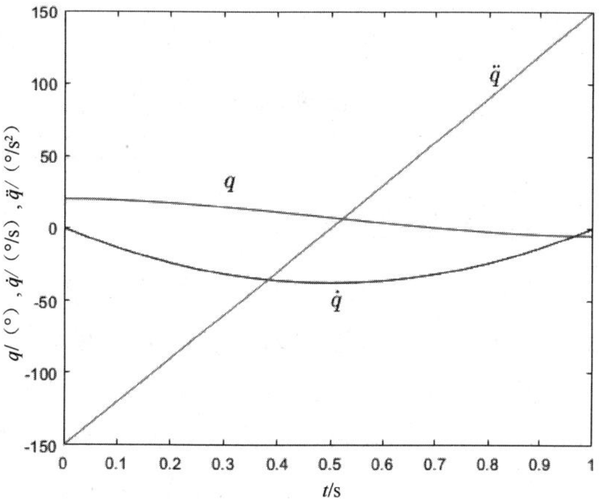

（b）关节角 2

图 8.3　三次多项式规划下的关节角

此外，基于得到的关节空间，利用三次多项式对关节变量进行轨迹规划的结果，可以利用该机器人的正运动学对末端执行器的路径及位置变量随时间的变化情况进行分析。如图 8.3 所示，采用改进 D-H 参数法建立坐标系，容易得到末端执行器坐标系相对于基坐标系的正运动学变换矩阵为

$$ {}_3^0\boldsymbol{T}=\begin{bmatrix}c_1 & -s_1 & 0 & 0\\ s_1 & c_1 & 0 & 0\\ 0 & 0 & 1 & 0\\ 0 & 0 & 0 & 1\end{bmatrix}\begin{bmatrix}c_2 & -s_2 & 0 & a_1\\ s_2 & c_2 & 0 & 0\\ 0 & 0 & 1 & 0\\ 0 & 0 & 0 & 1\end{bmatrix}\begin{bmatrix}1 & 0 & 0 & a_2\\ 0 & 1 & 0 & 0\\ 0 & 0 & 1 & 0\\ 0 & 0 & 0 & 1\end{bmatrix}$$

$$=\begin{bmatrix} c_{12} & -s_{12} & 0 & a_2c_{12}+a_1c_1 \\ s_{12} & c_{12} & 0 & a_2s_{12}+a_1s_1 \\ 0 & 0 & 1 & 0 \\ 0 & 0 & 0 & 1 \end{bmatrix} \tag{8.13}$$

此时，末端点在平面基坐标系中的坐标为

$$O_3=\left(a_2c_{12}+a_1c_1,\ a_2s_{12}+a_1s_1\right) \tag{8.14}$$

取 $a_1=a_2=1$，可以画出这种关节轨迹规划下的机器人末端执行器位置的变化情况，如图 8.4 所示。

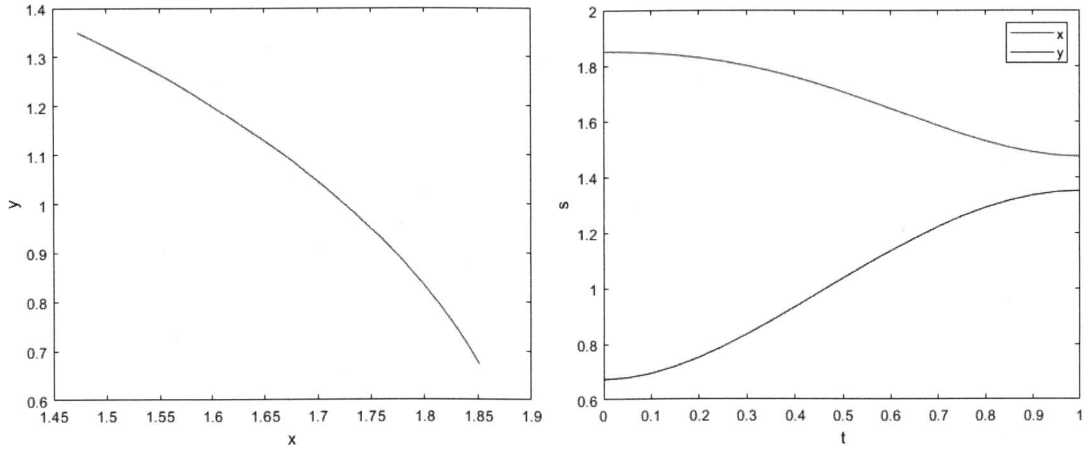

（a）末端执行器的路径　　（b）末端执行器位置变量随时间的变化

图 8.4　关节空间轨迹规划下的末端执行器轨迹

2．高阶多项式插值

在机器人的运动过程中，若对运动轨迹的要求更为严格，约束条件数目增多，则此时基于三次多项式的轨迹规划方法就不能够满足要求，需要使用更高阶的多项式对关节角进行插值。例如，在保证了关节角的位置和速度连续的基础上，还要求满足加速度的连续条件，此时一共有 6 个约束条件，需要用五次多项式进行插值，即

$$\theta(t)=a_0+a_1t+a_2t^2+a_3t^3+a_4t^4+a_5t^5 \tag{8.15}$$

此时约束条件变多，求解系数更加复杂，故先对时间变量 t 做简单处理：令机器人在轨迹规划过程中的当前时刻运动的总时间为 t'，且此段的起始时间为 t_i'、终止时间为 t_f'，令用于轨迹规划时的时间参数为 $t=t'-t_i'$，那么此时有起始时间 $t_i=0$ 及终止时间 $t_f=t_f'-t_i'$，多项式系数需要满足的条件可以化为

$$\begin{cases} \theta_i = a_0 \\ \theta_f = a_0+a_1t_f+a_2t_f^2+a_3t_f^3+a_4t_f^4+a_5t_f^5 \\ \dot{\theta}_i = a_1 \\ \dot{\theta}_f = a_1+2a_2t_f+3a_3t_f^2+4a_4t_f^3+5a_5t_f^4 \\ \ddot{\theta}_i = 2a_2 \\ \ddot{\theta}_f = 2a_2+6a_3t_f+12a_4t_f^2+20a_5t_f^3 \end{cases} \tag{8.16}$$

解上述线性方程组，得到五次多项式的系数为

$$\begin{cases} a_0 = \theta_0 \\ a_1 = \dot{\theta}_0 \\ a_2 = \dfrac{\ddot{\theta}_0}{2} \\ a_3 = \dfrac{20\theta_f - 20\theta_0 - \left(8\dot{\theta}_f + 12\dot{\theta}_0\right)t_f - \left(3\ddot{\theta}_0 - \ddot{\theta}_f\right)t_f^2}{2t_f^3} \\ a_4 = \dfrac{30\theta_f - 30\theta_f + \left(14\dot{\theta}_f + 16\dot{\theta}_0\right)t_f + \left(3\ddot{\theta}_0 - 2\ddot{\theta}_f\right)t_f^2}{2t_f^3} \\ a_5 = \dfrac{12\theta_f - 12\theta_0 - \left(6\dot{\theta}_f + 6\dot{\theta}_0\right)t_f - \left(\ddot{\theta}_0 - \ddot{\theta}_f\right)t_f^2}{2t_f^3} \end{cases} \tag{8.17}$$

MATLAB 开发环境中的机器人工具箱同样可以用于关节空间轨迹规划，设置首末关节角分别为[0, 0, 0, 0, 0, 0]和[π/2, π/3, π/4, π/2, π, π/6]，调用函数 jtraj()即可得到一个首末速度和加速度默认为 0 的用五次多项式插值进行的关节空间规划的轨迹，各关节角的大小、速度和加速度随时间的变换如图 8.5 所示。程序如下：

```
clear;
   clc;
[myModifyForViewErrorA,myModifyForViewErrorB]=view(gca);
if isequal([myModifyForViewErrorA,myModifyForViewErrorB],[0,90])
   view(3)
end
a=0.3;alpha=1.571;d=0;
L1=Link('d',0,'a',0,'alpha' ,pi/2);
L2 =Link('d',0,'a',0.5,'alpha',0,'offset',pi/2);
L3 =Link('d',0,'a',0,'alpha',pi/2,'offset',pi/4);
L4 =Link('d',1,'a',0,'alpha',-pi/2);
L5 =Link('d',0,'a',0,'alpha',pi/2);
L6 =Link('d',1 ,'a',0 ,'alpha',0);
robot =SerialLink([L1,L2,L3,L4,L5,L6] ,'name','arm-robot');
init_ang=[0 0 0 0 0 0];
targ_ang =[pi/2,-pi/3,pi/4,pi/2,-pi,pi/6];
step=40;
[q,qd,qdd] =jtraj(init_ang,targ_ang,step);
robot.plot(q);
figure
subplot(3,1,1);
i=1:6;
plot(q(:,i));title('位置');grid on;
subplot(3,1,2);
i=1:6;
plot(qd(:,i));title('速度');grid on;
```

```
subplot(3,1,3);
i=1:6;
plot(qdd(:,i));title('加速度');grid on;
```

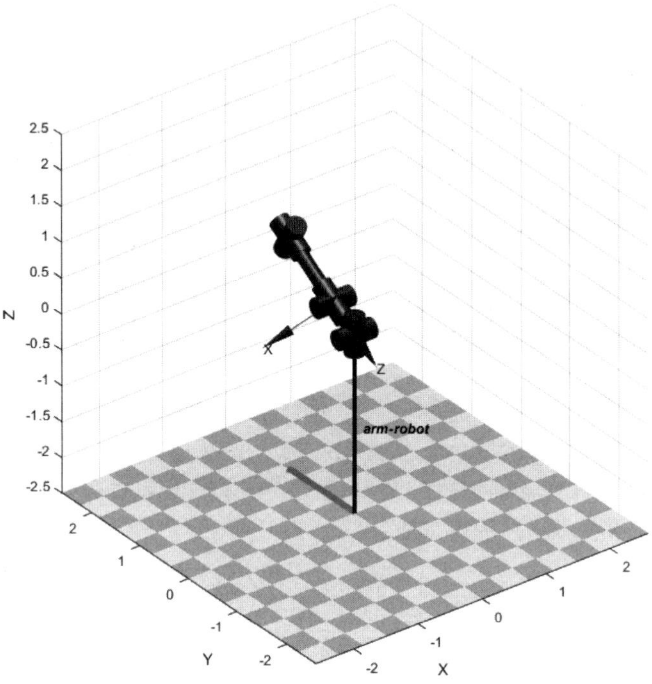

（a）

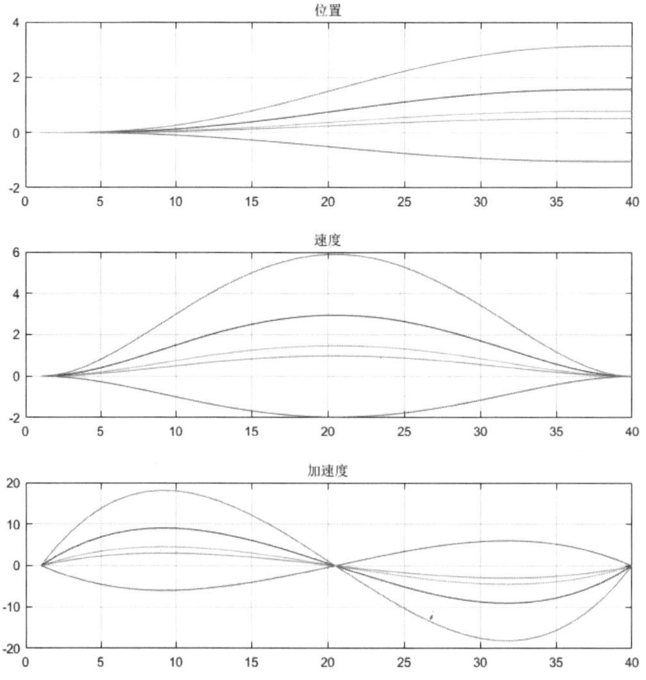

（b）

图 8.5　MATLAB 中的五次多项式关节空间轨迹规划

3．抛物线过渡的线性插值

利用三次多项式插值的方法已经可以生成连接点处位置与速度连续的关节空间轨迹，然而，这种方法无法直观地控制机器人关节在运动过程中的速度，抛物线过渡的线性插值可以解决这个问题。

抛物线过渡的线性插值是在线性插值的基础上，保证速度连续的一种方法。如图 8.6 所示，单纯的线性插值可以保证连接点处的角度连续，但这种方法将导致在连接点处的角度运动速度不连续及无限大的加速度，而抛物线过渡的线性插值会在一段轨迹的首末连接点邻域内增设一段抛物线缓冲区，使得两端轨迹的速度光滑过渡，以避免速度突变和无限大的加速度。两个任务点之间由线性函数和两端抛物线函数平滑连接形成的轨迹被称为抛物线过渡的线性轨迹。

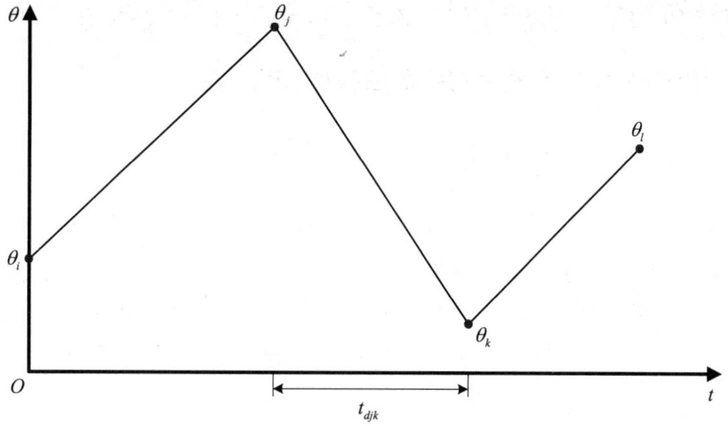

图 8.6　线性插值规划下关节角的变化

构造这样的轨迹通常有以下两种方法。

1）指定抛物线过渡段的持续时间 Δt

指定抛物线过渡段的持续时间，并基于这个时间计算过渡段的加速度，如图 8.7 所示。

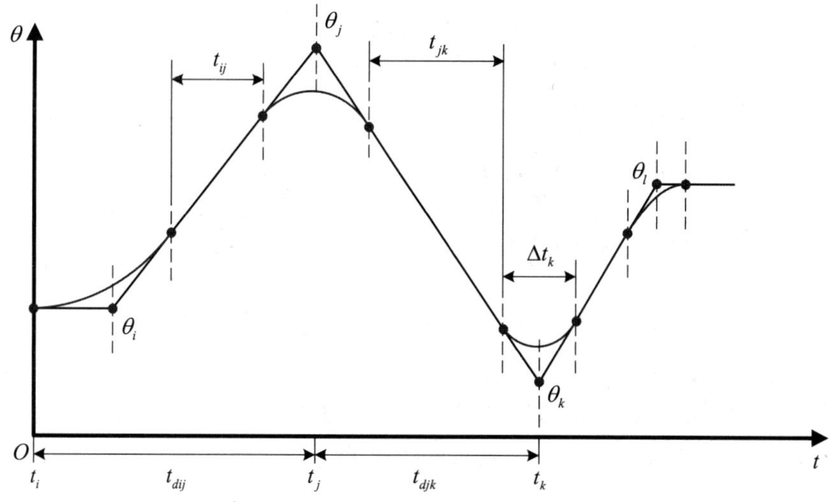

图 8.7　抛物线过渡的线性插值规划下关节角的变化

对 jk 段而言，其处于整个规划轨迹的内部，即 j 不是起始点，且 k 不是终止点，容易得到在指定抛物线过渡段的持续时间 Δt 的情况下，jk 段的运动学参数为

$$\begin{cases} \dot{\theta}_{jk} = \dfrac{\theta_k - \theta_j}{t_{djk}} \\ \ddot{\theta}_k = \dfrac{\dot{\theta}_{kl} - \dot{\theta}_{jk}}{\Delta t_k} \\ t_{jk} = t_{djk} - \dfrac{1}{2}t_j - \dfrac{1}{2}t_k \end{cases} \tag{8.18}$$

于是容易得到此时在 t_k 邻域内过渡段的角度随时间变化的函数为

$$\theta(t) = \theta_j + \dot{\theta}_{jk}(t - t_j) + \frac{1}{2}\ddot{\theta}_k\left(t - t_k + \frac{1}{2}\Delta t_k\right)^2,\ t \in \left[t_k - \frac{1}{2}\Delta t_k, t_k + \frac{1}{2}\Delta t_k\right] \tag{8.19}$$

而对于线性段 t_{jk} 内的角度随时间变化的函数也容易求得，为

$$\theta(t) = \theta_j + \dot{\theta}_{jk}(t - t_j),\ t \in \left[t_j + \frac{1}{2}\Delta t_j, t_k - \frac{1}{2}\Delta t_k\right] \tag{8.20}$$

对第一个规划段和最后一个规划段的处理与上述中间段的处理方式略有不同。如图 8.7 所示，角度规划的起始点处没有前段，终止点处没有后段，不可以像中间规划段那样形成完整的过渡段。故此时要做如图 8.7 所示的处理，将起始点向后移动 $\Delta t_i / 2$，将终止点向前移 $\Delta t_l / 2$，保证起始点处的速度从 0 光滑变化到 $\dot{\theta}_i$，终止点处的速度从 $\dot{\theta}_l$ 光滑变化到 0。

此时，首段内的运动学参数为

$$\begin{cases} \dot{\theta}_{ij} = \dfrac{\theta_j - \theta_i}{t_{dij} - \dfrac{1}{2}\Delta t_i} \\ \ddot{\theta}_i = \dfrac{\dot{\theta}_{ij}}{\Delta t_i} \\ t_{ij} = t_{dij} - t_i - \dfrac{1}{2}t_j \end{cases} \tag{8.21}$$

容易得到在首段内的角度随时间变化的函数表达式为

$$\begin{cases} \theta(t) = \theta_i + \dfrac{1}{2}\ddot{\theta}_i(t - t_i)^2,\ t \in [t_i, t_i + \Delta t_i] \\ \theta(t) = \theta_i + \dot{\theta}_{ij}(t - t_i),\ t \in \left[t_i + \Delta t_i, t_j - \dfrac{1}{2}\Delta t_j\right] \end{cases} \tag{8.22}$$

对于末段的运动学参数和函数表达式的求解，其方法与首段类似，这里不再赘述。

2）指定抛物线过渡段的加速度 $\ddot{\theta}$

指定抛物线过渡段的加速度，即每个过渡段的加速度已知，而过渡段的时间需要作为未知数进行求解。同理，对 jk 段而言，容易得到该段的运动学参数为

$$\begin{cases} \dot{\theta}_{jk} = \dfrac{\theta_k - \theta_j}{t_{djk}} \\ \ddot{\theta}_k = \operatorname{sgn}\left(\dot{\theta}_{kl} - \dot{\theta}_{jk}\right)\left|\ddot{\theta}_k\right| \\ \Delta t_k = \dfrac{\dot{\theta}_{kl} - \dot{\theta}_{jk}}{\ddot{\theta}_k} \\ t_{jk} = t_{djk} - \dfrac{1}{2}t_j - \dfrac{1}{2}t_k \end{cases} \tag{8.23}$$

而 jk 段内的角度随时间变化的函数与式（8.19）和式（8.20）完全一样。

在指定抛物线过渡段加速度的情况下，对首末段的处理与 1）有所不同。例如，对如图 8.7 所示的首段，可以通过速度关系建立以下方程式：

$$\frac{\theta_j - \theta_i}{t_{dij} - \dfrac{1}{2}\Delta t_i} = \ddot{\theta}_i t_i \tag{8.24}$$

解出首段的过渡段持续时间为

$$\Delta t_i = t_{dij} - \sqrt{t_{dij}^2 - \frac{2\left(\theta_j - \theta_i\right)}{\ddot{\theta}_i}} \tag{8.25}$$

容易得到 ij 段的运动学参数为

$$\begin{cases} \ddot{\theta}_i = \operatorname{sgn}\left(\dot{\theta}_{ij}\right)\left|\ddot{\theta}_i\right| \\ \dot{\theta}_{ij} = \dfrac{\theta_i - \theta_j}{t_{dij} - \dfrac{1}{2}\Delta t_i} \\ t_{ij} = t_{dij} - t_i - \dfrac{1}{2}t_j \end{cases} \tag{8.26}$$

对于末段的运动学参数和函数表达式的求解，其方法与首段类似，这里不再赘述。

4．非多项式轨迹规划

在关节空间中，还可以基于不同的数学函数定义运动轨迹。谐波函数和摆线函数是最常用的非多项式轨迹曲线：

$$\begin{aligned} \theta(t) &= a_0 + a_1 \cos a_2 t + a_3 \sin a_2 t \\ \theta(t) &= a_0 + a_1 t - a_2 \sin a_3 t \end{aligned} \tag{8.27}$$

此外，还可以利用其他函数近似化方法。例如，傅里叶级数：

$$\theta(t) = \frac{A_0}{2} + \sum_{n=1}^{\infty}\left[A_n \cos(nx) + B_n \sin(nx)\right] \tag{8.28}$$

式中

$$\begin{aligned} A_0 &= \frac{1}{\pi}\int_{-\pi}^{\pi} \theta(t)\,\mathrm{d}t \\ A_n &= \frac{1}{\pi}\int_{-\pi}^{\pi} \theta(t)\cos(nx)\,\mathrm{d}t \\ B_n &= \frac{1}{\pi}\int_{-\pi}^{\pi} \theta(t)\sin(nx)\,\mathrm{d}t \end{aligned} \tag{8.29}$$

勒让德（Legendre）函数：

$$\theta(t)=\sum_{i=0}^{n}\mathrm{L}_i(t)\theta(t_i) \tag{8.30}$$

式中

$$\mathrm{L}_i(t)=\prod_{j=0,\ j\neq i}^{n}\frac{t-t_j}{t_i-t_j},\quad i=0,1,2,\cdots,n \tag{8.31}$$

例 8.2　考虑两点 $q(t_i)$ 和 $q(t_f)$ 之间的谐波路径：

$$q(t)=a_0+a_1\cos a_2t+a_3\sin a_2t \tag{8.32}$$

若要求满足从静止到静止的边界条件为

$$\begin{aligned}q(t_i)&=q_i\quad \dot{q}(t_i)=0\\ q(t_f)&=q_f\quad \dot{q}(t_f)=0\end{aligned} \tag{8.33}$$

则将这些条件代入式（8.32），可以解得满足条件的谐波路径为

$$q(t)=\frac{1}{2}\left(q_f+q_i-(q_f-q_i)\cos\frac{\pi(t-t_i)}{t_f-t_i}\right) \tag{8.34}$$

8.3　位置规划

通常，机器人在笛卡儿空间中的位置轨迹由直线和曲线组成，而这些规划的中间过程类似，主要差别在于插值算法不同。本书对直线轨迹介绍两种基本方法，即抛物线过渡的线性插值方法和三次多项式插值方法，这两种方法在 8.2 节中已经提到，但在关节空间中，其主要针对相互线性无关的关节角变量，而当其在笛卡儿空间中被运用时，规划对象是坐标之间相互存在约束关系的向量，故规划过程稍有不同；针对曲线轨迹介绍圆弧轨迹规划方法和基于贝塞尔曲线进行轨迹规划的方法。

8.3.1　直线位置规划

1．抛物线过渡的线性插值方法

抛物线过渡的线性插值方法可以保证机器人末端执行器在起始点和终止点处的速度连续。这种方法在机器人末端执行器运动的起始点和终止点，通过相同的加速或减速时间后，得到满足首末位置和速度要求的轨迹，最后形成的各个末端执行器位置变量的函数图像是由直线函数和两个抛物线函数组合而成的，且其位置和速度均连续。

在采用抛物线过渡的线性插值方法进行直线轨迹规划时，给定的插值条件为起始点坐标 p_i、终止点坐标 p_f、起始点速度 v_i、终止点速度 v_f、起止点加速或减速时间 Δt。当然，也可以视情况，通过将加速或减速运动的加速度设为已知量，并由此来确定加/减速的时间。在确定了上述已知量之后，就可以通过代入时间变量来获取各个时刻机器人末端执行器的位置坐标。

例 8.3　若现在指定加/减速阶段的持续时间为 Δt，仅在两点之间插值，且起始点速度和终止点速度均为 0，求能够使得首末位置的速度平滑变化的抛物线过渡的线性插值方法。

此时需要注意的是，为了让末端执行器的速度平滑地从 0 变化到一个值，并变回 0，需要

将初始点和终止点在时间坐标上的位置分别向后、向前平移 $\Delta t/2$，平移后的单一坐标的函数图像，即单变量的函数图像如图 8.8 所示。

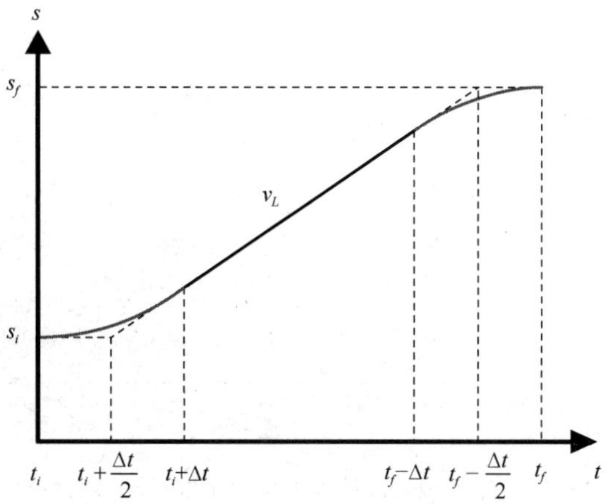

图 8.8　单变量的函数图像

根据上述插值方法和绘制的 s-t 图像，可以推导得到各个时刻末端执行器位置的分段函数表达式为

$$s(t)=\begin{cases} p_i+v_i(t-t_i)+\dfrac{1}{2}a_i(t-t_i)^2 & t\in(t_i,t_i+\Delta t) \\ p_i+v_\mathrm{L}\left(t-\left(t_i+\dfrac{\Delta t}{2}\right)\right) & t\in(t_i+\Delta t,t_f-\Delta t) \\ p_i+v_\mathrm{L}\left(t-\left(t_i+\dfrac{\Delta t}{2}\right)\right)+\dfrac{1}{2}a_f\left(t-(t_f-\Delta t)\right)^2 & t\in(t_f-\Delta t,t_f) \end{cases} \tag{8.35}$$

式中

$$\begin{aligned} v_\mathrm{L}&=\frac{s_f-s_i}{t_f-t_i-\Delta t} \\ a_i&=\frac{v_L}{\Delta t} \\ a_f&=\frac{-v_L}{\Delta t} \end{aligned} \tag{8.36}$$

通过以上公式可以求得两目标点中间的所有与时间相关的插值点的坐标。其中插值点 n 的个数由设置的目标点时间的差值与采样周期决定，为

$$n=\frac{s_f-s_i}{t_\mathrm{sample}}+1 \tag{8.37}$$

下面给出一个含有具体数值的简单算例。例如，设置 $\Delta t=0.2\mathrm{s}$，以及首末位置条件 $s(0)=10\mathrm{m}$、$s(1)=45\mathrm{m}$ 和首末速度条件 $\dot{s}(0)=\dot{s}(1)=0$，可以画出此时的插值函数图像，如图 8.9 所示。

此外，抛物线过渡的线性插值方法中的参数不是随便确定的，需要根据实际情况，对参数的取值范围进行限制，下面通过一道例题来说明这个问题。

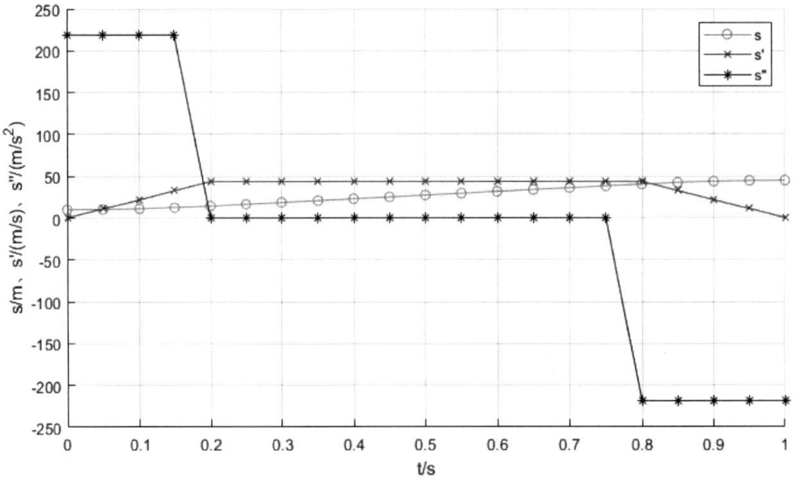

图 8.9　抛物线过渡的线性插值下的运动参数变化

例 8.4　想在如图 8.10 所示的首末速度为 0 的目标点之间进行抛物线过渡的线性插值，此时若给定了过渡段加速度 a，则要求推导此时加速度 a 需要满足的条件。

在图 8.10 中，t_h 和 s_h 分别表示时间中点与位置中点。根据匀速运动段的速度与抛物线结束时的速度大小相同，可以得到

$$v = \frac{s_h - s_a}{t_h - t_a} \tag{8.38}$$

式中，s_a 表示在走完抛物线过渡段的 t_a 时刻对应走过的路程，其表达形式为

$$s_a = s_i + \frac{1}{2}at_a^2 \tag{8.39}$$

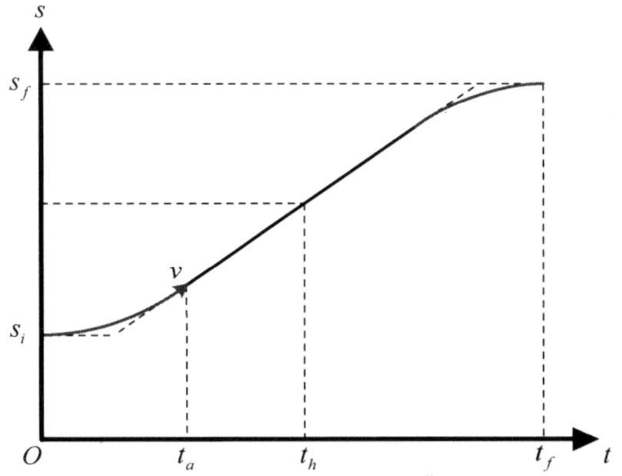

图 8.10　抛物线过渡的线性插值下位移变量的变化情况

设关节从起始点到终止点的总运动时间为 t_f，那么有 $t_f = 2t_h$，并注意到

$$s_h = \frac{s_i + s_f}{2} \tag{8.40}$$

联立式（8.38）～式（8.40）可以得到

$$at_a^2 - at_f t_a + \left(s_f - s_i\right) = 0 \tag{8.41}$$

进一步得到

$$t_a=\frac{t_f}{2}-\frac{\sqrt{a^2t_f^2-4a\left(s_f-s_i\right)}}{2a} \tag{8.42}$$

为了保证过渡段的持续时间 t_a 有解，加速度 a 必须选得足够大，即

$$a\geqslant\frac{4\left(s_f-s_i\right)}{t_f^2} \tag{8.43}$$

当式（8.43）中的等号成立时，轨迹线性段的长度缩减为 0，整个轨迹由两个抛物线过渡段构成，且这两个抛物线过渡段在连接处的斜率相等；加速度 a 的取值越大，过渡段的长度越短，若加速度区域无穷大，则轨迹会趋于简单的线性插值的情况。

2. 三次多项式插值方法

采用三次多项式插值方法，同样可以满足连接点处速度的连续性，但这种方法无法保证在中间段以最大的恒定速度运动。三次多项式插值方法的目标是求得位置的坐标相对于时间的三次多项式，即

$$s\left(t\right)=a_0+a_1t+a_2t^2+a_3t^3 \tag{8.44}$$

这里的系数 a_i 与 8.2 节中的不同之处在于其可能是一个多维向量。

8.3.2　曲线位置规划

在曲线轨迹中，较为常见的是圆弧轨迹。然而，在一些特殊场合，需要机器人末端执行器进行复杂的空间曲线运动，此时就需要用到一些自由曲线算法。下面先介绍空间圆弧轨迹的生成方法，再介绍自由曲线算法中的贝塞尔曲线的生成方法，并采用二阶贝塞尔曲线对笛卡儿空间需要光滑过渡的拐角进行轨迹规划。

1. 空间圆弧轨迹规划

例 8.5　如图 8.11 所示，设笛卡儿空间有需要做圆弧轨迹规划的起始点 $P_0(x_0,y_0,z_0)$、终止点 $P_2(x_2,y_2,z_2)$ 和中间控制点 $P_1(x_1,y_1,z_1)$，现推导目标圆弧轨迹的生成方法。

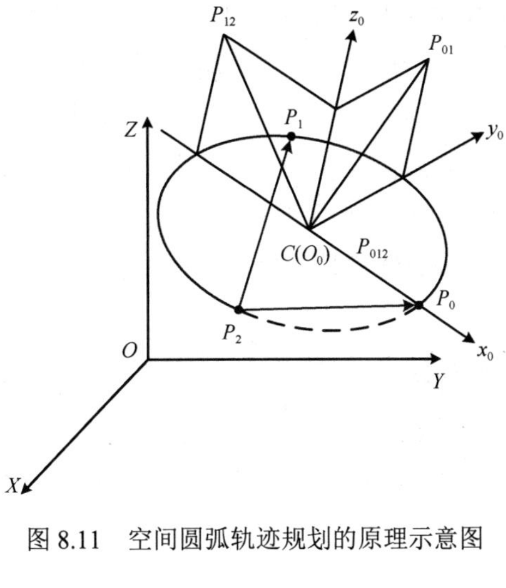

图 8.11　空间圆弧轨迹规划的原理示意图

由 P_0、P_1 和 P_2 三点可以确定平面 P_{012}，这里取平面的法线方向为 $\overrightarrow{P_2P_0}\times\overrightarrow{P_2P_1}$，那么其平面方程可以确定为

$$k_{11}x+k_{12}y+k_{13}z+k_{14}=0 \tag{8.45}$$

式中

$$\begin{aligned}
k_{11}&=(y_0-y_2)(z_1-z_2)-(y_1-y_2)(z_0-z_2)\\
k_{12}&=(x_1-x_2)(z_0-z_2)-(x_0-x_2)(z_1-z_2)\\
k_{13}&=(x_0-x_2)(y_1-y_2)-(x_1-x_2)(y_0-y_2)\\
k_{14}&=-(k_{11}x_0+k_{12}y_0+k_{13}z_0)
\end{aligned} \tag{8.46}$$

取与平面 P_{012} 垂直，同时与直线 P_0P_1 垂直的平面 P_{01}，其方程为

$$k_{21}x+k_{22}y+k_{23}z+k_{24}=0 \tag{8.47}$$

式中

$$\begin{aligned}
k_{21}&=x_1-x_0\\
k_{22}&=y_1-y_0\\
k_{23}&=z_1-z_0\\
k_{24}&=-\frac{(x_1^2-x_0^2)+(y_1^2-y_0^2)+(z_1^2-z_0^2)}{2}
\end{aligned} \tag{8.48}$$

取与平面 P_{012} 垂直，同时与直线 P_1P_2 垂直的平面 P_{12}，其方程为

$$k_{31}x+k_{32}y+k_{33}z+k_{34}=0 \tag{8.49}$$

式中

$$\begin{aligned}
k_{31}&=x_2-x_1\\
k_{32}&=y_2-y_1\\
k_{33}&=z_2-z_1\\
k_{34}&=-\frac{(x_2^2-x_1^2)+(y_2^2-y_1^2)+(z_2^2-z_1^2)}{2}
\end{aligned} \tag{8.50}$$

此时，生成的 3 个平面 P_{012}、P_{01} 和 P_{12} 可以确定一个交点 C，观察图 8.11 容易知道，点 C 即想要生成的圆弧的圆心，其在基坐标系 $\{XYZ\}$ 中的坐标 $\boldsymbol{P}_C$ 为 (x_C, y_C, z_C)。又因为该点同时在上述 3 个平面上，所以其坐标满足上述 3 个平面方程，容易得到

$$\begin{bmatrix} k_{11} & k_{12} & k_{13}\\ k_{21} & k_{22} & k_{23}\\ k_{31} & k_{32} & k_{33}\end{bmatrix}\begin{bmatrix} x_C\\ y_C\\ z_C\end{bmatrix}=\begin{bmatrix} -k_{14}\\ -k_{24}\\ -k_{34}\end{bmatrix} \tag{8.51}$$

解上述线性方程组可以得到圆心坐标的具体数值，就可以进一步取 3 个点中的任意一点，如取 P_0 来求得圆弧的半径为

$$r=\sqrt{(x_0-x_C)^2+(y_0-y_C)^2+(z_0-z_C)^2} \tag{8.52}$$

在轨迹上建立如图 8.11 所示的坐标系 $\{x_0y_0z_0\}$，其以圆弧圆心为原点，其 x 轴沿着 $\overrightarrow{CP_0}$ 方向，z 轴沿着前面确定的平面 P_{012} 的法线方向。现在要求坐标系 $\{x_0y_0z_0\}$ 相对于基坐标系 $\{XYZ\}$ 的齐次变换矩阵。

确定坐标系{ $x_0y_0z_0$ }的 x 轴在坐标系{XYZ}中的方向向量：

$$\boldsymbol{n}=\left[\frac{x_0-x_C}{r},\frac{y_0-y_C}{r},\frac{z_0-z_C}{r}\right]^{\mathrm{T}} \tag{8.53}$$

确定坐标系{ $x_0y_0z_0$ }的 z 轴在坐标系{XYZ}中的方向向量：

$$\boldsymbol{a}=\left[\frac{k_{11}}{\sqrt{k_{11}^2+k_{12}^2+k_{13}^2}},\frac{k_{12}}{\sqrt{k_{11}^2+k_{12}^2+k_{13}^2}},\frac{k_{13}}{\sqrt{k_{11}^2+k_{12}^2+k_{13}^2}}\right]^{\mathrm{T}} \tag{8.54}$$

根据右手定则，确定坐标系{ $x_0y_0z_0$ }的 y 轴在坐标系{XYZ}中的方向向量：

$$\boldsymbol{o}=\boldsymbol{a}\times\boldsymbol{n} \tag{8.55}$$

因此可以求出坐标系{ $x_0y_0z_0$ }相对于基坐标系{XYZ}的齐次变换矩阵为

$${}^{XYZ}_{x_0y_0z_0}\boldsymbol{T}=\begin{bmatrix}\boldsymbol{n} & \boldsymbol{o} & \boldsymbol{a} & P_C\\ 0 & 0 & 0 & 1\end{bmatrix} \tag{8.56}$$

此外，对于圆弧轨迹的方向问题，由于本书在取平面 P_{012} 时，是由 $\overrightarrow{P_2P_0}\times\overrightarrow{P_2P_1}$ 确定的其法线方向，故沿圆弧轨迹的旋转方向总是绕平面 P_{012} 法线方向的正方向（逆时针方向），而因为有这个性质在，所以旋转的角度始终可以由下式来确定：

$$\theta=\boldsymbol{a}\tan 2\left(p_{2x},p_{2y}\right) \tag{8.57}$$

式中，p_{2x} 和 p_{2y} 是在坐标系{ $x_0y_0z_0$ }中点 P_2 的坐标。在式（8.57）中，一定要保证 θ_f 的取值范围是 $[0,2\pi]$。

此时就可以借助三角函数对圆弧轨迹进行插值。在坐标系{ $x_0y_0z_0$ }中，从起始点 P_0 开始，经过中间控制点 P_1，并最后到达终止点 P_2 的圆弧轨迹中间插值点坐标为

$$\boldsymbol{P}_i=\left[r\cos\left(\theta_f\right),r\sin\left(\theta_f\right),0\right],\quad \theta_f\in\left[0,\theta\right] \tag{8.58}$$

式中，θ_f 表示当前插值点对应的圆弧的角度。

至此，得到了与时间无关的圆弧路径，而要将圆弧路径用于机器人末端执行器位置的轨迹规划，只需对 θ_f 做与时间相关的插值函数。此时，针对不同的约束条件，采用 8.2 节所述的关节空间轨迹规划算法对 θ_f 进行规划即可。例如，要求轨迹的首末速度均为 0，采用三次多项式插值方法或抛物线过渡的线性插值方法即可满足约束条件。

此外，还需要考虑曲线段与曲线段的拼接，以及曲线段与直线段的拼接问题，该问题将在贝塞尔曲线规划中进行讨论。对于圆弧轨迹的拼接，仅需采用类似的方法进行讨论即可。

2. 贝塞尔曲线规划

贝塞尔曲线具有很多性质，在路径规划中应用十分广泛。本书采用递归的思想来推导贝塞尔曲线的生成方式，并在软件开发中采用二阶贝塞尔曲线形成光滑的曲线拐角。

首先从一阶贝塞尔曲线的生成开始推导。

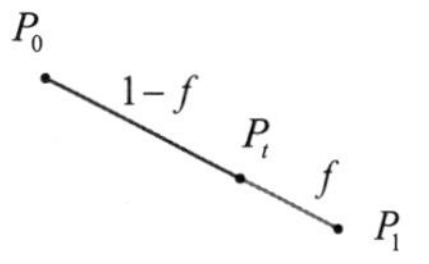

图 8.12 一阶贝塞尔曲线的取点方式

如图 8.12 所示，一阶贝塞尔曲线由两个点，即起始点和终止点直接生成，其效果相当于直接在空间生成一条经过起始点和终止点的三维直线，其曲线方程易于导出：

$$P_t = (1-f)P_0 + fP_1 \tag{8.59}$$

式中，$f\in[0,1]$是一个与时间有关的标度，将 f 进行时间上的规划，可以将生成的纯几何路径变为与时间相关的轨迹。

然后讨论二阶贝塞尔曲线的生成。此时，在空间中一共需要 3 个点，即起始点、终止点 P_0、P_2 和一个中间控制点 P_1，取点方式如图 8.13 所示。先在 P_0 和 P_1 组成的线段上按一阶贝塞尔曲线的生成方式以标度 f 取点 P_{01}，再在 P_1 和 P_2 组成的线段上按一阶贝塞尔曲线的生成方式以标度 f 取点 P_{12}。此时，3 个点的关系被降阶为两个点（P_{01} 和 P_{12}）的关系，再按一阶贝塞尔曲线的生成方式以标度 f 取点 P_t，此时就得到了二阶贝塞尔曲线的一个中间控制点，将 f 从 0 取到 1，就可以生成整个二阶贝塞尔曲线。

利用位图软件可以生成非常美观的二阶贝塞尔曲线，如图 8.14 所示。

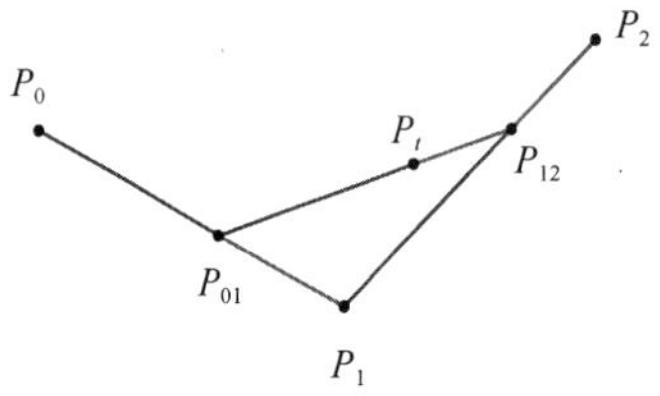

图 8.13 二阶贝塞尔曲线的取点方式

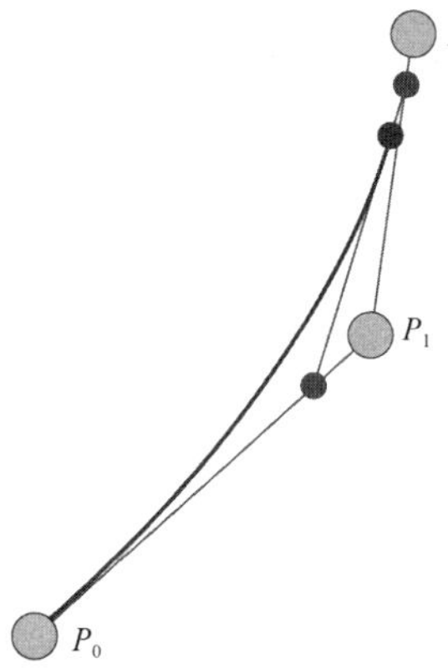

图 8.14 二阶贝塞尔曲线

在图形上理解了二阶贝塞尔曲线的取点方式后，下面在公式上推导其函数表达式。

由一阶贝塞尔曲线函数表达式有

$$\begin{aligned} P_{01} &= (1-f)P_0 + fP_1 \\ P_{12} &= (1-f)P_1 + fP_2 \\ P_t &= (1-f)P_{01} + fP_{12} \end{aligned} \tag{8.60}$$

故有

$$\begin{aligned} P_t &= (1-f)\big((1-f)P_0 + fP_1\big) + f\big((1-f)P_1 + fP_2\big) \\ &= (1-f)^2 P_0 + 2f(1-f)P_1 + f^2 P_2 \end{aligned} \tag{8.61}$$

对于更加高阶的贝塞尔曲线的生成，同样利用上述递归的思想，将多个点之间的关系经过不断地按同一标度取中间控制点的方式进行降阶，并最终得到两点之间的关系。图 8.15 所示为三阶贝塞尔曲线的取点方式。

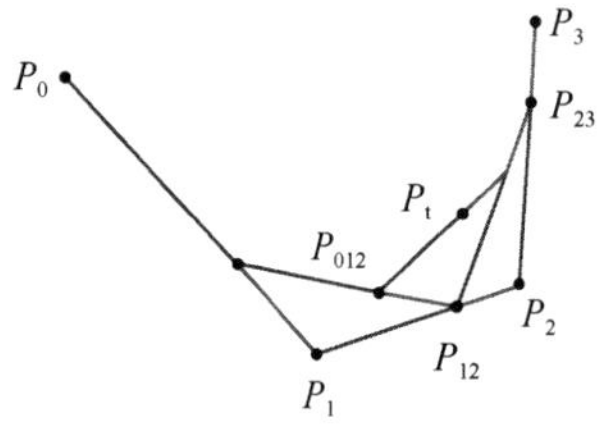

图 8.15 三阶贝塞尔曲线的取点方式

三阶和四阶贝塞尔曲线如图 8.16 所示。

高阶贝塞尔曲线的公式推导方式与二阶贝塞尔曲线的公式推导方式无异，只需通过递归的思想进行降阶即可。此处给出任意阶贝塞尔曲线的函数表达式：

$$P_t(f)=\sum_{i=0}^{n}P_iB_{i,n}(f),\ f\in[0,1] \tag{8.62}$$

式中，P_i 是从 0 开始给出的控制点或起止点；$B_{i,n}(f)$ 是贝塞尔曲线的插值基函数，其表达式为

$$B_{i,n}(f)=\mathrm{C}_n^i f^i(1-f)^{(n-i)}=\frac{n!}{i!(n-i)!}f^i(1-f)^{n-i} \tag{8.63}$$

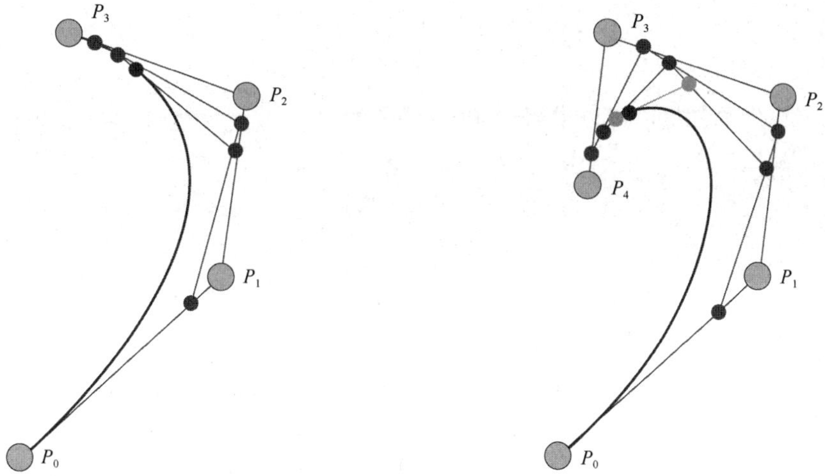

图 8.16　三阶和四阶贝塞尔曲线

通过观察可以发现，贝塞尔曲线的插值基函数 $B_{i,n}(f)$ 其实就是二项式 $[f+(1-f)]^n=1^n$ 的展开式。至此，对贝塞尔曲线的推导完成。

上述过程仅完成了对贝塞尔曲线规划路径的讨论，而要采用贝塞尔曲线对机器人末端执行器进行轨迹规划，还需要加入对时间标度 f 的规划与讨论。本书采用二阶贝塞尔曲线进行推导，利用三次多项式对时间标度 f 进行规划，实现贝塞尔曲线段和直线段的速度连续的拼接。

二阶贝塞尔曲线的公式如式（8.61）所示，将其下标改为与图 8.17 一致，并求其相对于时间的全导数，能够得到曲线上各个时刻的速度，即

$$\begin{aligned}\frac{\mathrm{d}}{\mathrm{d}t}P_t(f)&=\frac{\mathrm{d}}{\mathrm{d}t}\left[(1-f)^2P_1+2f(1-f)P_2+f^2P_3\right]\\&=2\left[-(1-f)P_1+(1-2f)P_2+fP_3\right]\frac{\mathrm{d}f}{\mathrm{d}t}\end{aligned} \tag{8.64}$$

为了让其与直线段在连接处速度连续，需要贝塞尔曲线段的起始速度和前段直线的终止速度相同且需要终止速度和后段直线的起始速度相同。

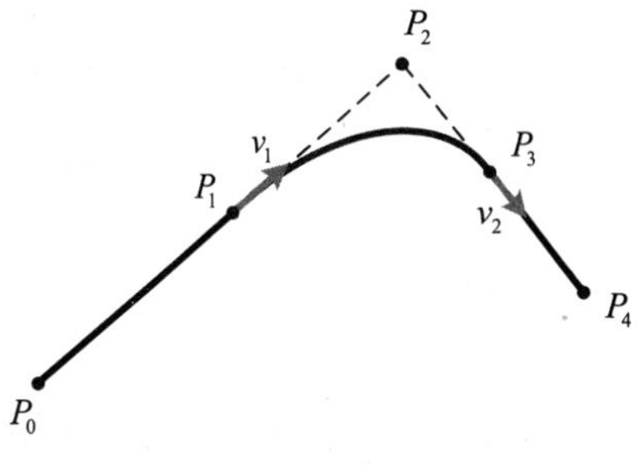

图 8.17　贝塞尔曲线和直线连接

如图 8.17 所示，可以首先给出贝塞尔曲线在首末位置处的速度，即将 $f=0$ 和 $f=1$ 代入式（8.64），有

$$\frac{\mathrm{d}}{\mathrm{d}t}P_{\mathrm{t}}(0)=2(P_2-P_1)\frac{\mathrm{d}f}{\mathrm{d}t}\bigg|_{t=t_i}$$
$$\frac{\mathrm{d}}{\mathrm{d}t}P_{\mathrm{t}}(1)=2(P_3-P_2)\frac{\mathrm{d}f}{\mathrm{d}t}\bigg|_{t=t_f} \tag{8.65}$$

对直线轨迹来说，其上任意一点的速度和运动轨迹之间仅差一个常量 a（倍数关系），由此可以得出线段 P_0P_1 的终止速度 v_1 及线段 P_3P_4 的起始速度 v_2 与两线段之间的关系为

$$v_1=a_1(P_1-P_0)$$
$$v_2=a_2(P_4-P_3) \tag{8.66}$$

式中，v_1 和 v_2 作为已知量，可以求得 a_1 和 a_2 分别为

$$a_1=\frac{v_1}{(P_1-P_0)}$$
$$a_2=\frac{v_2}{(P_4-P_3)} \tag{8.67}$$

要让贝塞尔曲线的起止执行器速度和相应直线段速度相同，观察图 8.17 可知，在选取点时，需要满足贝塞尔曲线的控制点是两直线段的交点的需求。此时，参数之间有如下关系：

$$2\frac{\mathrm{d}f}{\mathrm{d}t}\bigg|_{t=t_i}=a_1\frac{(P_1-P_0)}{(P_2-P_1)}$$
$$2\frac{\mathrm{d}f}{\mathrm{d}t}\bigg|_{t=t_f}=a_2\frac{(P_4-P_3)}{(P_3-P_2)} \tag{8.68}$$

此外，时间标度 f 还需要满足首末位置条件，即 $f(t_i)=0$ 和 $f(t_f)=1$。此时，可以确定以三次多项式插值方法来规划时间标度 f 能够满足本书的需求。当然，既然三次多项式插值方法可以满足本书的需求，那么采用抛物线过渡的线性插值方法同样可以满足本书的需求，但本书选择使用三次多项式插值方法。

令 f 有如下形式：

$$f(t)=a_0+a_1t+a_2t^2+a_3t^3 \tag{8.69}$$

那么直接由前面讨论的 f 需要满足的 4 个条件可以得到

$$\begin{bmatrix}1 & t_i & t_i^2 & t_i^3\\ 0 & 1 & 2t_i & 3t_i^2\\ 1 & t_f & t_f^2 & t_f^3\\ 0 & 1 & 2t_f & 3t_f^2\end{bmatrix}\begin{bmatrix}a_0\\ a_1\\ a_2\\ a_3\end{bmatrix}=\begin{bmatrix}0\\ \dfrac{v_1}{2(P_2-P_1)}\\ 1\\ \dfrac{v_2}{2(P_3-P_2)}\end{bmatrix} \tag{8.70}$$

解上述矩阵方程或直接将已知量代入式（8.7）便可以求得所需的系数，以及 f 的具体表达形式。对于曲线段与曲线段的拼接，讨论过程与上述过程类似，此处不再赘述。至此，完成了基于贝塞尔曲线对机器人末端执行器位置进行曲线轨迹规划的过程。

例 8.6 在 2D 平面内，给定 5 个控制点 $(0,0)$、$(1,1)$、$(1,3)$、$(0.5,4)$、$(0.5,1)$，求由这 5 个控制点生成的贝塞尔曲线的表达式。

直接将题目要求代入式（8.62）求解得到

$$\begin{aligned} P_t(f) &= \sum_{i=0}^{4} P_i B_{i,n}(f),\ f \in [0,1] \\ &= P_0 B_{0,4}(f) + P_1 B_{1,4}(f) + P_2 B_{2,4}(f) + P_3 B_{3,4}(f) + P_4 B_{4,4}(f) \end{aligned} \tag{8.71}$$

式中

$$\begin{cases} B_{0,4}(f) = (1-f)^4 \\ B_{1,4}(f) = 4f^1(1-f)^3 \\ B_{2,4}(f) = 6f^2(1-f)^2 \\ B_{3,4}(f) = 4f^3(1-f)^1 \\ B_{4,4}(f) = f^4 \end{cases} \tag{8.72}$$

在 MATLAB 中画出由这些点生成的四阶贝塞尔曲线，如图 8.18 所示。

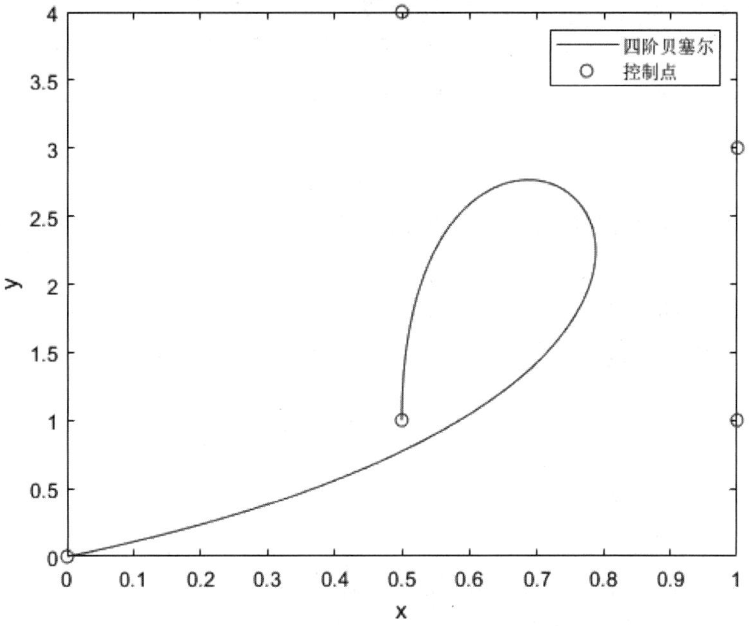

图 8.18　给定控制点下的四阶贝塞尔曲线

8.4　姿态规划

机器人的姿态规划指的是设计在首末目标末端执行器位姿给定的情况下，机器人末端姿态随时间的变化规律。欧拉角、旋转矩阵和四元数都可以用来表示机器人的末端姿态。其中使用欧拉角表示机器人的末端姿态并基于此进行插值是一种传统的方法，本书简要介绍这种方法；而在使用旋转矩阵表示末端姿态时，需要至少 9 个数字，且计算一个矩阵的逆矩阵的效率也较低，且这种方法的本质原理与四元数方法非常类似，详细内容可以参考文献[16]；采用四元数描述机器人的末端姿态不但可以解决万向锁问题，而且它相对于欧拉角插值和旋转矩阵插值都更加直观、更加便于理解。

8.4.1 欧拉角线性插值算法

设机器人末端执行器的起始姿态的欧拉角分解为$\boldsymbol{O}_i=(\alpha_i,\beta_i,\gamma_i)$，终点姿态的欧拉角分解为$\boldsymbol{O}_f=(\alpha_f,\beta_f,\gamma_f)$，那么由时间相关的线性插值方法可以得到中间位姿矩阵的欧拉角分解为

$$\boldsymbol{O}=\left(1-\frac{t}{t_f-t_i}\right)\boldsymbol{O}_i+\frac{t}{t_f-t_i}\boldsymbol{O}_f,\quad t\in\left[0,t_f-t_i\right] \tag{8.73}$$

基于欧拉角进行时间相关的规划存在诸多问题，这些问题不仅来自欧拉角表示旋转时自身的缺陷，还在于欧拉角插值具有不确定性和不可控性，且其不适用于对角速度有要求的插值问题，故本书仅给出欧拉角线性插值的基本方法，在此不做进一步的讨论。

8.4.2 四元数概述

四元数是一种简单的超复数，其由 1 个实数和 3 个虚数单位 i、j 和 k 组成，一般有如下表达形式：

$$q=w+x\mathrm{i}+y\mathrm{j}+z\mathrm{k},\quad w,x,y,z\in\mathbf{R} \tag{8.74}$$

式中，i、j 和 k 可用于表达笛卡儿坐标系中的单位向量 $\boldsymbol{i}$、$\boldsymbol{j}$ 和 $\boldsymbol{k}$，并且其保有虚数的性质，即 i、j 和 k 有如下关系：

$$\mathrm{i}^2=\mathrm{j}^2=\mathrm{k}^2=\mathrm{ijk}=-1 \tag{8.75}$$

为了简化公式推导，可将四元数表示为如下紧凑格式：

$$\boldsymbol{q}=[w,\ x,\ y,\ z]^{\mathrm{T}}\qquad w,x,y,z\in\mathbf{R} \tag{8.76}$$

这里，将 w=0 的四元数$\boldsymbol{q}=[0,\ x,\ y,\ z]$称为纯四元数，其对应三维空间中的一个向量。

设有两个四元数$\boldsymbol{q}_1=[w_1,\ x_1,\ y_1,\ z_1]=[w_1,\ \boldsymbol{v}_1]$和$\boldsymbol{q}_2=[w_2,\ x_2,\ y_2,\ z_2]=[w_2,\ \boldsymbol{v}_2]$，则四元数的基本运算可表示如下。

（1）四元数加减：$\boldsymbol{q}_1\pm\boldsymbol{q}_2=[w_1\pm w_2,\ x_1\pm x_2,\ y_1\pm y_2,\ z_1\pm z_2]^{\mathrm{T}}$。

（2）四元数点乘：$\boldsymbol{q}_1\cdot\boldsymbol{q}_2=w_1w_2+x_1x_2+y_1y_2+z_1z_2$。

（3）四元数范数：$\|\boldsymbol{q}\|=\sqrt{w^2+x^2+y^2+z^2}$。

（4）四元数乘法（或 Graßmann 积）：$[w_1w_2-\boldsymbol{v}_1\cdot\boldsymbol{v}_2,\ w_1v_2+w_2\boldsymbol{v}_1+\boldsymbol{v}_1\times\boldsymbol{v}_2]^{\mathrm{T}}$。特殊地，对两个纯四元数，四元数乘法的结果为$[-\boldsymbol{v}_1\cdot\boldsymbol{v}_2,\ \boldsymbol{v}_1\times\boldsymbol{v}_2]^{\mathrm{T}}$。

（5）共轭四元数：$\boldsymbol{q}^*=[w,\ -x,\ -y,\ -z]^{\mathrm{T}}$，$\boldsymbol{q}\boldsymbol{q}^*=[w^2+x^2+y^2+z^2,0]^{\mathrm{T}}=[\|\boldsymbol{q}\|^2,0]^{\mathrm{T}}$，在共轭四元数的基础上，可以导出四元数的逆为

$$\boldsymbol{q}^{-1}=\frac{\boldsymbol{q}^*}{\|\boldsymbol{q}\|^2} \tag{8.77}$$

例 8.7 给出两个四元数$\boldsymbol{q}_1=[1,2,3,4]^{\mathrm{T}}$和$\boldsymbol{q}_2=[2,3,2,1]^{\mathrm{T}}$，完成对这两个四元数的基本运算。

（1）四元数加减：

$$\begin{aligned}\boldsymbol{q}_1+\boldsymbol{q}_2&=\left[1,2,3,4\right]^{\mathrm{T}}+\left[2,3,2,1\right]^{\mathrm{T}}\\&=\left[3,5,5,5\right]^{\mathrm{T}}\end{aligned}$$

$$\begin{aligned}\boldsymbol{q}_1-\boldsymbol{q}_2&=[1,2,3,4]^{\mathrm{T}}-[2,3,2,1]^{\mathrm{T}}\\&=[-1,-1,1,3]^{\mathrm{T}}\end{aligned}$$

（2）四元数点乘：

$$\begin{aligned}\boldsymbol{q}_1\cdot\boldsymbol{q}_2&=[1,2,3,4]^{\mathrm{T}}\cdot[2,3,2,1]^{\mathrm{T}}\\&=2+6+6+4\\&=18\end{aligned}$$

（3）四元数范数：

$$\begin{aligned}\|\boldsymbol{q}_1\|&=\sqrt{1+2^2+3^2+4^2}\\&=\sqrt{30}\\\|\boldsymbol{q}_2\|&=\sqrt{2^2+3^2+2^2+1^2}\\&=3\sqrt{2}\end{aligned}$$

（4）四元数乘法：

对实部，有

$$\begin{aligned}w_1w_2-\boldsymbol{v}_1\cdot\boldsymbol{v}_2&=2-(6+6+4)\\&=-14\end{aligned}$$

对虚部，有

$$\begin{aligned}w_1\boldsymbol{v}_2+w_2\boldsymbol{v}_1+\boldsymbol{v}_1\times\boldsymbol{v}_2&=\begin{bmatrix}3\\2\\1\end{bmatrix}\cdot1+\begin{bmatrix}2\\3\\4\end{bmatrix}\cdot2+\begin{bmatrix}2\\3\\4\end{bmatrix}\times\begin{bmatrix}3\\2\\1\end{bmatrix}\\&=\begin{bmatrix}2\\18\\4\end{bmatrix}\end{aligned}$$

因此可以得到

$$\boldsymbol{q}_1\boldsymbol{q}_2=[-14,2,18\ 4]^{\mathrm{T}}$$

（5）四元数的共轭与逆：

$$\boldsymbol{q}_1^*=[1,-2,-3,-4]^{\mathrm{T}}\text{ 且有 }\boldsymbol{q}_1^{-1}=\frac{1}{30}[1,-2,-3,-4]^{\mathrm{T}}$$

$$\boldsymbol{q}_2^*=[2,-3,-2,-1]^{\mathrm{T}}\text{ 且有 }\boldsymbol{q}_2^{-1}=\frac{1}{18}[2,-3,-2,-1]^{\mathrm{T}}$$

8.4.3　四元数的其他性质

四元数除了四则运算和共轭性质，在研究其插值方法时还常常涉及四元数的对数、幂和求导等运算方法，下面对这些法则进行简要叙述。

（1）四元数的对数。

四元数可以简要地表示旋转，如一个表示绕旋转轴 $\boldsymbol{u}$ 旋转 θ 角度的四元数可以表示为（四元数用于表示旋转的原理推导）

$$\boldsymbol{q}=\left[\cos\left(\frac{\theta}{2}\right),\ \boldsymbol{u}\sin\left(\frac{\theta}{2}\right)\right]=\mathrm{e}^{\boldsymbol{u}\frac{\theta}{2}} \tag{8.78}$$

式中，$\mathrm{e}^{\boldsymbol{u}\frac{\theta}{2}}$ 体现了四元数的指数形式，由此可以得到一个任意四元数 $\boldsymbol{q}=[\cos\alpha,\ \boldsymbol{u}\sin\alpha]$ 的对数形式为

$$\log\boldsymbol{q}=\log\left(\left[\cos\alpha,\ \boldsymbol{u}\sin\alpha\right]\right)=\log\mathrm{e}^{\boldsymbol{u}\alpha}\equiv\left[0,\ \boldsymbol{u}\alpha\right] \tag{8.79}$$

（2）四元数的幂。

四元数的幂可以用于表示一个由四元数表示的旋转的中间部分，记 $\boldsymbol{q}^t$（$0\leqslant t\leqslant 1$）$=[w',x',y',z']$，如果 $\boldsymbol{q}$ 表示旋转 60°，那么 $\boldsymbol{q}^{\frac{1}{2}}$ 表示按相同的旋转轴旋转 30°。同时，对 $\boldsymbol{q}=[\cos\alpha,\ \boldsymbol{u}\sin\alpha]$，容易验证 $\boldsymbol{q}^2=[\cos 2\alpha,\ \boldsymbol{u}\sin 2\alpha]$。

（3）四元数求导。

与普通的函数求导类似，四元数求导的具体运算为

$$\begin{aligned}&\frac{\mathrm{d}(\boldsymbol{q}^{u(t)})}{\mathrm{d}t}=\boldsymbol{q}^{u(t)}(\log\boldsymbol{q})\frac{\mathrm{d}}{\mathrm{d}t}u(t)\\&\frac{\mathrm{d}}{\mathrm{d}t}(\boldsymbol{q}_1^{u(t)}\boldsymbol{q}_2^{f(t)})=\frac{\mathrm{d}}{\mathrm{d}t}(\boldsymbol{q}_1^{u(t)})\boldsymbol{q}_2^{f(t)}+\boldsymbol{q}_1^{u(t)}\frac{\mathrm{d}}{\mathrm{d}t}(\boldsymbol{q}_2^{f(t)})\end{aligned} \tag{8.80}$$

（4）四元数乘法满足结合律和分配律，但是不满足交换律：

$$\begin{aligned}&(\boldsymbol{q}_1\boldsymbol{q}_2)\boldsymbol{q}_3=\boldsymbol{q}_1(\boldsymbol{q}_2\boldsymbol{q}_3)\\&\boldsymbol{q}_3(\boldsymbol{q}_1+\boldsymbol{q}_2)=\boldsymbol{q}_3\boldsymbol{q}_1+\boldsymbol{q}_3\boldsymbol{q}_2\\&\boldsymbol{q}_1\boldsymbol{q}_2\neq\boldsymbol{q}_2\boldsymbol{q}_1\end{aligned} \tag{8.81}$$

8.4.4 四元数表示旋转

至此，本书中已经给出了 3 种表示旋转的方式。相对于旋转矩阵，四元数的元素更少，可以在一定程度上减少计算冗余；而相对于旋量，四元数不能表示位移，但四元数中的 4 个元素包含了旋转的角度，这使得它可以更加直观地表示旋转。

例 8.8 利用几何关系推导四元数表示旋转的方法。

设一个向量 $\boldsymbol{v}$ 在沿旋转轴 $\boldsymbol{u}$ 旋转后变为 $\boldsymbol{v}'$，以下将推导用四元数表示这个旋转的原理。

（1）拆分向量。

前面提到，对于一个三维空间中的向量 $\boldsymbol{v}$，其对应一个纯四元数 $\boldsymbol{q}=[0,\boldsymbol{v}]=[0,a,b,c]$。先将这个向量拆成一个垂直于旋转轴的向量 $\boldsymbol{q}_{\perp}=[0,\ \boldsymbol{v}_{\perp}]$和一个平行于旋转轴的向量 $\boldsymbol{q}_{||}=[0,\ \boldsymbol{v}_{||}]$。那么有 $\boldsymbol{q}=\boldsymbol{q}_{\perp}+\boldsymbol{q}_{||}$。

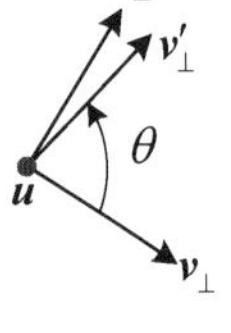

图 8.19　垂直分量旋转示意图

（2）垂直分量 $\boldsymbol{v}_{\perp}$的旋转。

对于垂直分量，容易将其放在一个平面内来讨论。设旋转轴的单位方向向量为 $\boldsymbol{u}$，其对应的四元数为 $\bar{\boldsymbol{u}}=[0,\boldsymbol{u}]$，其方向指向纸面外，如图 8.19 所示。容易得到

$$\boldsymbol{v}'_{\perp}=\cos(\theta)\boldsymbol{v}_{\perp}+\sin(\theta)(\boldsymbol{u}\times\boldsymbol{v}_{\perp}) \tag{8.82}$$

对于上式，8.3.1 节中提出了一种纯四元数的计算方法，可以得到

$$\bar{\boldsymbol{u}}\boldsymbol{q}_{\perp}=\left[-\boldsymbol{u}\cdot\boldsymbol{v}_{\perp},\ \boldsymbol{u}\times\boldsymbol{v}_{\perp}\right] \tag{8.83}$$

而又有 $\boldsymbol{v}_\perp$和 $\boldsymbol{u}$ 垂直，因此两者点乘为 0，上式化简为

$$\bar{\boldsymbol{u}}\boldsymbol{q}_\perp = [0, \boldsymbol{u}\times\boldsymbol{v}_\perp] \tag{8.84}$$

用对应的四元数表示式（8.82），有

$$\begin{aligned}\boldsymbol{q}'_\perp &= \cos(\theta)\boldsymbol{q}_\perp + \sin(\theta)\boldsymbol{u}\boldsymbol{q}_\perp \\ &= (\cos(\theta)+\sin(\theta)\boldsymbol{u})\boldsymbol{q}_\perp \\ &= \boldsymbol{q}_\theta\boldsymbol{q}_\perp\end{aligned} \tag{8.85}$$

至此，对旋转轴的垂直分量的旋转讨论完毕。并且，容易验证所构造的四元数 $\boldsymbol{q}_\theta$ 是一个单位四元数。

（3）平行分量 $\boldsymbol{v}_{||}$的旋转。

由于 $\boldsymbol{v}_{||}$平行于旋转轴，因此，不管向量怎么旋转，平行分量始终不变，即有

$$\boldsymbol{q}'_{||} = \boldsymbol{q}_{||} \tag{8.86}$$

（4）合并向量。

经过上述推导，可以得到

$$\begin{aligned}\boldsymbol{q}' &= \boldsymbol{q}'_{||} + \boldsymbol{q}'_\perp \\ &= \boldsymbol{q}_{||} + \boldsymbol{q}_\theta\boldsymbol{q}_\perp\end{aligned} \tag{8.87}$$

式中，$\boldsymbol{q}_\theta = [\cos\theta, \boldsymbol{u}\sin\theta]$。此时，由 8.4.3 节所述的四元数的幂可以构造一个单位四元数 $\boldsymbol{p} = \left[\cos\dfrac{\theta}{2}, \boldsymbol{u}\sin\dfrac{\theta}{2}\right]$，且有

$$\boldsymbol{pp} = \boldsymbol{q}_\theta \tag{8.88}$$

和

$$\begin{aligned}\boldsymbol{pp}^{-1} &= \boldsymbol{pp}^* \\ &= 1\end{aligned} \tag{8.89}$$

将 $\boldsymbol{p}$ 代入式（8.87），可以得到

$$\boldsymbol{q}' = \boldsymbol{pp}^*\boldsymbol{q}_{||} + \boldsymbol{ppq}_\perp \tag{8.90}$$

想要继续下一步的化简，需要用到以下两个引理。

引理 1：设 $\boldsymbol{q}=[0,\boldsymbol{v}]$是一个纯四元数，而 $\bar{\boldsymbol{u}} = [a, b\boldsymbol{u}]$ 中的 $\boldsymbol{u}$ 是一个单位向量。若 $\boldsymbol{v}$ 和 $\boldsymbol{u}$ 平行，则 $\boldsymbol{uq}=\boldsymbol{qu}$。

引理 2：设 $\boldsymbol{q}=[0,\boldsymbol{v}]$是一个纯四元数，而 $\bar{\boldsymbol{u}} = [a, b\boldsymbol{u}]$ 中的 $\boldsymbol{u}$ 是一个单位向量。若 $\boldsymbol{v}$ 和 $\boldsymbol{u}$ 垂直，则 $\boldsymbol{uq}=\boldsymbol{qu}^*$。

这两个引理的证明都很简单，直接将 $\boldsymbol{q}$ 和 $\bar{\boldsymbol{u}}$ 的表达式代入结论验证即可，此处不再赘述。

最终，就可以将式（8.90）进一步化简为

$$\begin{aligned}\boldsymbol{q}' &= \boldsymbol{pq}_{||}\boldsymbol{p}^* + \boldsymbol{pq}_\perp\boldsymbol{p}^* \\ &= \boldsymbol{p}(\boldsymbol{q}_{||} + \boldsymbol{q}_\perp)\boldsymbol{p}^* \\ &= \boldsymbol{pqp}^*\end{aligned} \tag{8.91}$$

观察式（8.91），其中的变量均为四元数。而为了可以进一步方便用四元数表示三维空间中向量的旋转，还需要将式（8.91）化为矩阵乘法的形式。此处还需要提出以下两个引理以进行下一步的推导。

引理 3：四元数 $\boldsymbol{p}=[w, x, y, z]$和 $\boldsymbol{q}=[a, b, c, d]$的乘法 $\boldsymbol{pq}$ 等价于

$$\boldsymbol{pq}=\begin{bmatrix} w & -x & -y & -z \\ x & w & -z & y \\ y & z & w & -x \\ z & -y & x & w \end{bmatrix}\begin{bmatrix} a \\ b \\ c \\ d \end{bmatrix} \tag{8.92}$$

引理 4：四元数 $\boldsymbol{p}=[w, x, y, z]$和 $\boldsymbol{q}=[a, b, c, d]$的乘法 $\boldsymbol{qp}$ 等价于

$$\boldsymbol{qp}=\begin{bmatrix} w & -x & -y & -z \\ x & w & z & -y \\ y & -z & w & x \\ z & y & -x & w \end{bmatrix}\begin{bmatrix} a \\ b \\ c \\ d \end{bmatrix} \tag{8.93}$$

对上述两个引理，同样采用直接代入结论验证的方法就可以证明。

将 $\boldsymbol{p}=\left[\cos\dfrac{\theta}{2}, \boldsymbol{u}\sin\dfrac{\theta}{2}\right]$ 设为 $\boldsymbol{p}=[w, x, y, z]$，并将式（8.91）化为矩阵乘法的形式，可以得到

$$\boldsymbol{pqp}^*=\begin{bmatrix} 1 & 0 & 0 & 0 \\ 0 & 1-2(y^2+z^2) & 2(xy-wz) & 2(xz+wy) \\ 0 & 2(xy+wz) & 1-2(x^2+z^2) & 2(yz-wx) \\ 0 & 2(xz-wy) & 2(yz+wx) & 1-2(x^2+y^2) \end{bmatrix}\begin{bmatrix} 0 \\ a \\ b \\ c \end{bmatrix} \tag{8.94}$$

将矩阵分块，可以得到需要的旋转部分为

$$\boldsymbol{v}'=\begin{bmatrix} 1-2(y^2+z^2) & 2(xy-wz) & 2(xz+wy) \\ 2(xy+wz) & 1-2(x^2+z^2) & 2(yz-wx) \\ 2(xz-wy) & 2(yz+wx) & 1-2(x^2+y^2) \end{bmatrix}\boldsymbol{v} \tag{8.95}$$

综上所述，对于一个单位四元数 $\boldsymbol{q}=[w, x, y, z]$，其对应的一个旋转矩阵的形式为

$$\boldsymbol{R}=\begin{bmatrix} 1-2(y^2+z^2) & 2(xy-wz) & 2(xz+wy) \\ 2(xy+wz) & 1-2(x^2+z^2) & 2(yz-wx) \\ 2(xz-wy) & 2(yz+wx) & 1-2(x^2+y^2) \end{bmatrix} \tag{8.96}$$

例 8.9 给出一个单位四元数 $\boldsymbol{q}=[0.8870, 0.2773, 0.1686, 0.3285]$，求其对应的旋转矩阵。

直接将 $\boldsymbol{q}=[0.8870, 0.2773, 0.1686, 0.3285]$ 代入式（8.96），求出对应的旋转矩阵为

$$\boldsymbol{R}=\begin{bmatrix} 0.7273 & -0.6763 & -0.1169 \\ 0.4893 & 0.6304 & -0.6026 \\ 0.4813 & 0.3810 & 0.7894 \end{bmatrix} \tag{8.97}$$

而如果已知一个旋转矩阵

$$\boldsymbol{R}=\begin{bmatrix} r_{11} & r_{12} & r_{13} \\ r_{21} & r_{22} & r_{23} \\ r_{31} & r_{32} & r_{33} \end{bmatrix} \tag{8.98}$$

那么也可以反过来求得其对应四元数中的代数表达式为

$$
\begin{aligned}
w &= \pm\frac{1}{2}\sqrt{1+r_{11}+r_{22}+r_{33}} \\
x &= \pm\frac{1}{2}\sqrt{1+r_{11}-r_{22}-r_{33}} \\
y &= \pm\frac{1}{2}\sqrt{1-r_{11}+r_{22}-r_{33}} \\
z &= \pm\frac{1}{2}\sqrt{1-r_{11}-r_{22}+r_{33}}
\end{aligned} \tag{8.99}
$$

而在通过旋转矩阵求解对应四元数的过程中，并不是将上述 4 个元素的正负值随意选取和组合来得到四元数的。实际的求解过程通常会选取上述求出的 4 个值中的绝对值最大一个元素，并以此值为基础，求出四元数中的其余 3 个元素，以此方法求得的结果最为准确。因为作为分母的绝对值越大，求解的稳定性越好。同时，四元数具有双倍覆盖性，即 $\boldsymbol{q}$ 和 $-\boldsymbol{q}$ 对应的是相同的旋转矩阵，上式的“±”说明了这个问题。检查旋转矩阵，可得

$$
\begin{aligned}
r_{12}+r_{21} &= 4xy \\
r_{12}-r_{21} &= -4wz \\
r_{13}+r_{31} &= 4xz \\
r_{13}-r_{31} &= 4wy \\
r_{23}+r_{32} &= 4yz \\
r_{23}-r_{32} &= -4wx
\end{aligned} \tag{8.100}
$$

通过联立式（8.99）和式（8.100）可求得四元数的所有元素。

例 8.10　给出如下旋转矩阵，求其对应的四元数：

$$
\boldsymbol{R} = \begin{bmatrix} 0.7273 & -0.6763 & -0.1169 \\ 0.4893 & 0.6304 & -0.6026 \\ 0.4813 & 0.3810 & 0.7894 \end{bmatrix} \tag{8.101}
$$

由式（8.99）计算得到四元数 4 个元素的绝对值为

$$
\begin{aligned}
w &= \frac{1}{2}\sqrt{1+r_{11}+r_{22}+r_{33}} \approx 0.8870 \\
x &= \frac{1}{2}\sqrt{1+r_{11}-r_{22}-r_{33}} \approx 0.2773 \\
y &= \frac{1}{2}\sqrt{1-r_{11}+r_{22}-r_{33}} \approx 0.1686 \\
z &= \frac{1}{2}\sqrt{1-r_{11}-r_{22}+r_{33}} \approx 0.3285
\end{aligned} \tag{8.102}
$$

可以看到，w 是最大的，因此可以利用 w 计算出其他 3 个元素：

$$
\begin{cases} w = 0.8870 \\ x = 0.2773 \\ y = -0.1686 \\ z = 0.3285 \end{cases} \quad \text{或} \quad \begin{cases} w = -0.8870 \\ x = -0.2773 \\ y = 0.1686 \\ z = -0.3285 \end{cases} \tag{8.103}
$$

8.4.5　四元数姿态插值方法

在笛卡儿空间规划机器人末端姿态，通常是已知其起止姿态，先将姿态转换为对应的四元数，再利用四元数插值方法对其进行插值。

给定起始姿态 R_0 和终止姿态 R_1，若有与之相应的四元数 $\boldsymbol{q}_0$ 与 $\boldsymbol{q}_1$，则可以通过四元数方法对姿态进行插值。在下面的描述过程中，都将四元数类比于二维空间中的向量，以助于理解，此时，四元数对应的超球面被看作一个平面内的圆。

（1）线性插值（Linear Interpolation）法。这是一种最简单的插值方法，其插值中间控制点为

$$\boldsymbol{q}_{\mathrm{t}} = \mathrm{Lerp}(\boldsymbol{q}_0,\boldsymbol{q}_1,f) = (1-f)\boldsymbol{q}_0 + f\boldsymbol{q}_1 \tag{8.104}$$

四元数的线性插值会导致的一个问题是其插值得到的中间四元数将不再是单位四元数。因为它就类似在一条直线上，或者说在一个圆的一条弦上做插值，如图 8.20 所示。

采用一种正规化线性插值方法来解决线性插值中插值四元数模长不为 1 的问题。

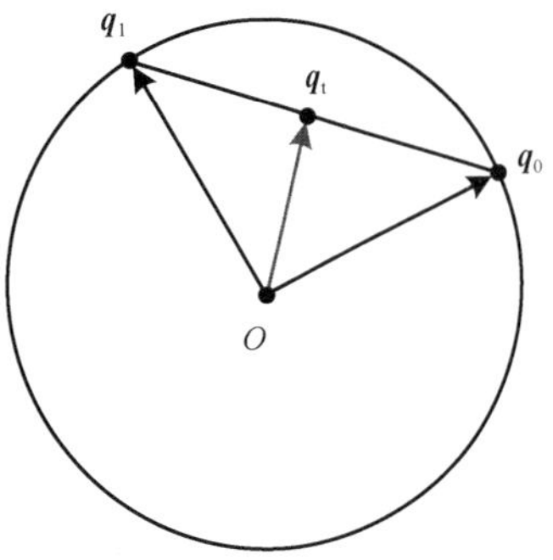

图 8.20　线性插值示意图

（2）正规化线性插值（Normalized Linear Interpolation）法（见图 8.21）。这种方法即在线性插值的基础上，把插值四元数处理为单位四元数，其插值中间控制点为

$$\boldsymbol{q}_{\mathrm{t}} = \mathrm{Nlerp}(\boldsymbol{q}_0,\boldsymbol{q}_1,f) = \frac{(1-f)\boldsymbol{q}_0 + f\boldsymbol{q}_1}{\left\|(1-f)\boldsymbol{q}_0 + f\boldsymbol{q}_1\right\|} \tag{8.105}$$

正规化线性插值方法也存在一定的问题，即采用这种方法插值时，四元数表示的夹角随时间标度的变化不是均匀变化的。尤其当 $\boldsymbol{q}_0$ 和 $\boldsymbol{q}_1$ 的夹角较大时，角度变化的速度会有显著的区别。故本书主要介绍一种四元数的球面线性插值方法。

（3）球面线性插值（Spherical Linear Interpolation）法。这种方法与上述两种方法的区别主要在于它对四元数的夹角进行插值，如图 8.22 所示。

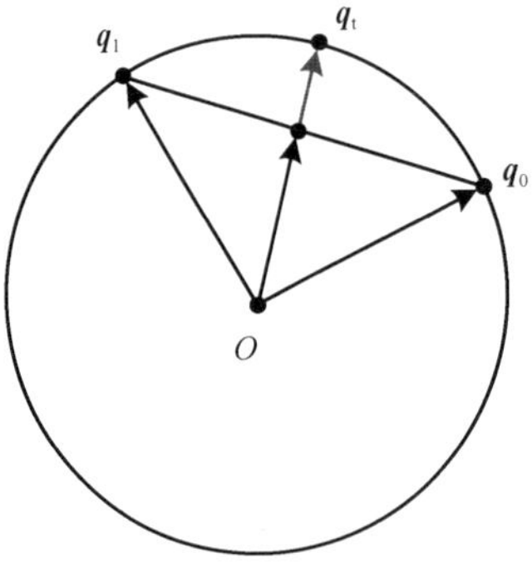

图 8.21　正规化线性插值示意图

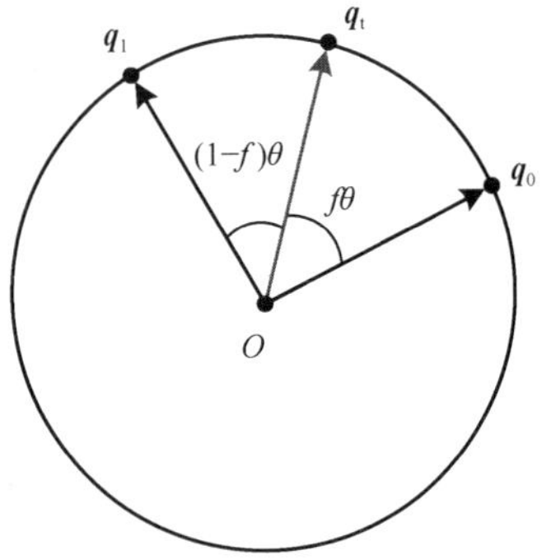

图 8.22　球面线性插值示意图

由这种方法插值得到的四元数是单位四元数，又因为其是对角度的线性插值，故四元数夹角的变化速度是随时间标度的变化均匀变化的。而我们想要得到的插值形式为 $\boldsymbol{q}_{\mathrm{t}} = \alpha\boldsymbol{q}_0 + \beta\boldsymbol{q}_1$，下面推导该形式下的插值公式。

首先，将 $\boldsymbol{q}_{\mathrm{t}} = \alpha\boldsymbol{q}_0 + \beta\boldsymbol{q}_1$ 的等号两端同时点乘 $\boldsymbol{q}_0$，得到

$$\boldsymbol{q}_0 \cdot \boldsymbol{q}_{\mathrm{t}} = \alpha\left(\boldsymbol{q}_0 \cdot \boldsymbol{q}_0\right) + \beta\left(\boldsymbol{q}_0 \cdot \boldsymbol{q}_1\right) \tag{8.106}$$

这里所有的四元数都是单位四元数，故$\boldsymbol{q}_0 \cdot \boldsymbol{q}_0 = 1$。再令$\boldsymbol{q}_0$和$\boldsymbol{q}_1$的夹角$\theta = \arccos(\boldsymbol{q}_0 \cdot \boldsymbol{q}_1)$，那么$\boldsymbol{q}_0$和$\boldsymbol{q}_t$的夹角为$f\theta$，此时，式（8.106）可以化为

$$\cos(f\theta) = \alpha + \beta\cos(\theta) \tag{8.107}$$

同理，将$\boldsymbol{q}_t = \alpha\boldsymbol{q}_0 + \beta\boldsymbol{q}_1$的等号两端同时点乘$\boldsymbol{q}_1$得到

$$\boldsymbol{q}_1 \cdot \boldsymbol{q}_t = \alpha(\boldsymbol{q}_1 \cdot \boldsymbol{q}_0) + \beta(\boldsymbol{q}_1 \cdot \boldsymbol{q}_1) \tag{8.108}$$

化简可以得到

$$\cos((1-f)\theta) = \alpha\cos(\theta) + \beta \tag{8.109}$$

此时，由式（8.107）可以得到

$$\alpha = \cos(f\theta) - \beta\cos(\theta) \tag{8.110}$$

将式（8.110）代入式（8.109），有

$$\begin{aligned} \cos((1-f)\theta) &= (\cos(f\theta) - \beta\cos(\theta))\cos(\theta) + \beta \\ &= \cos(f\theta)\cos(\theta) - \beta\cos^2(\theta) + \beta \end{aligned} \tag{8.111}$$

整理上式可以得到

$$\beta(1-\cos^2(\theta)) = \cos((1-f)\theta) - \cos(f\theta)\cos(\theta) \tag{8.112}$$

故可以得到

$$\begin{aligned} \beta &= \frac{\cos((1-f)\theta) - \cos(f\theta)\cos(\theta)}{1-\cos^2(\theta)} \\ &= \frac{\cos(\theta)\cos(f\theta) + \sin(\theta)\sin(f\theta) - \cos(f\theta)\cos(\theta)}{\sin^2(\theta)} \\ &= \frac{\sin(\theta)\sin(f\theta)}{\sin^2(\theta)} \\ &= \frac{\sin(f\theta)}{\sin(\theta)} \end{aligned} \tag{8.113}$$

此时已经得到了β，仅需将其表达式代入式（8.110）即可计算得到α：

$$\begin{aligned} \alpha &= \cos(f\theta) - \frac{\sin(f\theta)}{\sin(\theta)}\cos(\theta) \\ &= \frac{\cos(f\theta)\sin(\theta) - \sin(f\theta)\cos(\theta)}{\sin(\theta)} \\ &= \frac{\sin((1-f)\theta)}{\sin(\theta)} \end{aligned} \tag{8.114}$$

至此，就能够推得球面线性插值的公式为

$$\boldsymbol{q}_t = \mathrm{Slerp}(\boldsymbol{q}_0, \boldsymbol{q}_1, f) = \frac{\sin((1-f)\theta)}{\sin(\theta)}\boldsymbol{q}_0 + \frac{\sin(f\theta)}{\sin(\theta)}\boldsymbol{q}_1 \tag{8.115}$$

上述插值公式中的f可以通过抛物线过渡的线性插值方法获得，以使得姿态变换的角速度连续。

例 8.11　给定两个单位四元数$\boldsymbol{q}_1 = [0.9848, 0.1195, 0.1195, 0.0398]^{\mathrm{T}}$和$\boldsymbol{q}_2 = [0.1826, 0.3651,$

0.5477, 0.7303]^{T}，分别利用正规化线性插值和球面线性插值两种方法对两个四元数进行插值处理，并计算当$f=0.25$时，由两种方法插值得到的中间四元数。

直接将$\boldsymbol{q}_1$、$\boldsymbol{q}_2$和$f=0.25$代入式（8.105），求得利用正规化线性插值获取的中间四元数：

$$\begin{aligned}\boldsymbol{q}_{\mathrm{t}}&=\begin{bmatrix}0.9848\\0.1195\\0.1195\\0.0398\end{bmatrix}(1-0.25)+\begin{bmatrix}0.1826\\0.3651\\0.5477\\0.7303\end{bmatrix}0.25\\&=\begin{bmatrix}0.7843\\0.1810\\0.2266\\0.2124\end{bmatrix}\end{aligned}\tag{8.116}$$

对于球面线性插值，需要首先求得起止四元数的夹角：

$$\begin{aligned}\theta&=\arccos(\boldsymbol{q}_0\cdot\boldsymbol{q}_1)\\&\approx1.2472\end{aligned}\tag{8.117}$$

将$\boldsymbol{q}_1$、$\boldsymbol{q}_2$、$\theta=1.2472$和$f=0.25$代入式（8.115）即可求得球面线性插值方法下的中间四元数：

$$\begin{aligned}\boldsymbol{q}_{\mathrm{t}}&=\begin{bmatrix}0.9848\\0.1195\\0.1195\\0.0398\end{bmatrix}\frac{\sin\left(\left(1-0.25\right)\times1.2472\right)}{\sin\left(1.2472\right)}+\begin{bmatrix}0.1826\\0.3651\\0.5477\\0.7303\end{bmatrix}\frac{\sin\left(0.25\times1.2472\right)}{\sin\left(1.2472\right)}\\&=\begin{bmatrix}0.7843\\0.1810\\0.2266\\0.2124\end{bmatrix}\end{aligned}\tag{8.118}$$

与其他插值方法相比，用四元数规划机器人末端姿态有一些独特的优点。首先，四元数包含的元素较少，能够减少由于采用矩阵表示旋转带来的数据冗余；其次，用四元数表示旋转可以规避万向锁问题；最后，四元数的球面线性插值可以实现姿态的平滑插值，且四元数和矩阵形式可相互快速地转换。如果使用其他形式表示姿态，则在进行姿态规划时，可先将其转换成四元数形式并进行插值，完成后转回原形式。

需要注意的是，在$\theta=\pi$或$\theta=0°$时，$\sin(\theta)$作为分母值为0，球面线性插值失效，此时需要采用正规化线性插值。鉴于四元数线性插值的优越性，本书中开发的软件就采用这种方式进行姿态规划。

8.5 轨迹的实时生成

在实时运行时，路径生成器不断生成用θ、$\dot{\theta}$和$\ddot{\theta}$构造的轨迹，并且将此信息传送至操作臂的控制系统。路径生成器以一定的路径更新率进行轨迹计算。

8.5.1　关节空间路径的生成

按照本章介绍的几种插值方法生成的路径，其结果都是有关各个路径段的一组数据。这些数据被路径生成器用来实时计算θ、$\dot{\theta}$和$\ddot{\theta}$。

对于三次多项式曲线，路径生成器只随t的变化不断计算式（8.3）。当到达路径段的终止点时，调用新路径段的三次多项式系数，重新把t置 0，继续生成路径。

对于带抛物线拟合的直线样条曲线，在每次更新轨迹时，应首先检测时间t的值，以判断当前是处在路径段的直线区段还是抛物线拟合区段（抛物线过渡段）。在直线区段，对每个关节的轨迹计算如下：

$$\begin{cases}\theta = \theta_j + \dot{\theta}_{jk} t \\ \dot{\theta} = \dot{\theta}_{jk} \\ \ddot{\theta} = 0\end{cases} \tag{8.119}$$

式中，t是自第j个中间控制点算起的时间。在抛物线过渡段，对各关节的轨迹计算如下。

首先计算得到进入当前抛物线过渡段的时长：

$$t_{\text{inb}} = t - \left(\frac{1}{2} t_j + t_{jk}\right) \tag{8.120}$$

然后计算抛物线过渡段的各个运动学参数：

$$\begin{cases}\theta = \theta_j + \dot{\theta}_{jk} t + 0.5 \ddot{\theta}_k t_{\text{inb}}^2 \\ \dot{\theta} = \dot{\theta}_{jk} + \ddot{\theta}_k t_{\text{inb}} \\ \ddot{\theta} = \ddot{\theta}_k\end{cases} \tag{8.121}$$

8.5.2　笛卡儿空间路径的生成

前面已经介绍了笛卡儿空间路径规划方法，使用路径生成器生成带有抛物线拟合的直线样条曲线。但是，计算得到的数值表示的是笛卡儿空间的位置和姿态，而不是关节变量值，因此这里使用符号x来表示笛卡儿位姿矢量的一个分量，并重写式（8.119）和式（8.121）。在曲线的直线区段，x中的每个自由度按下式进行计算：

$$\begin{cases}x = x_j + \dot{x}_{jk} t \\ \dot{x} = \dot{x}_{jk} \\ \ddot{x} = 0\end{cases} \tag{8.122}$$

式中，t是自第j个中间控制点算起的时间。在抛物线过渡段中，每个自由度的轨迹计算如下。

首先计算得到进入当前抛物线过渡段的时长：

$$t_{\text{inb}} = t - \left(\frac{1}{2} t_j + t_{jk}\right) \tag{8.123}$$

然后计算抛物线过渡段的各个运动学参数：

$$\begin{cases}x = x_j + \dot{x}_{jk} t + 0.5 \ddot{x}_k t_{\text{inb}}^2 \\ \dot{x} = \dot{x}_{jk} + \ddot{x}_k t_{\text{inb}} \\ \ddot{x} = \ddot{x}_k\end{cases} \tag{8.124}$$

最后，这些笛卡儿空间的轨迹（x、$\dot{x}$ 和 $\ddot{x}$）必须变换为等效的关节空间变量。此问题的完整解析解应使用逆运动学计算关节的位置。用逆雅克比矩阵计算关节速度，用逆雅克比矩阵及其导数计算角加速度。在实际中经常使用的简单方法为：根据路径更新率，首先将 χ 变换为等效的位姿矩阵 $\boldsymbol{T}$，并利用机器人的逆运动学求出所需的关节角矢量 $\boldsymbol{\Theta}$；然后用数值微分计算出 $\dot{\boldsymbol{\Theta}}$ 和 $\ddot{\boldsymbol{\Theta}}$；最后把 $\boldsymbol{\Theta}$、$\dot{\boldsymbol{\Theta}}$ 和 $\ddot{\boldsymbol{\Theta}}$ 输入操作臂的控制系统。

本章小结

本章主要对机器人的位置和姿态的轨迹规划算法进行了详细的说明。首先说明了将机器人在笛卡儿空间的运动分为平动运动和转动运动，并分别对这两部分进行规划的思想；然后针对机器人末端执行器的平动运动规划，采用抛物线过渡的线性插值方法求出了在给定起止点间，随时间变化的末端执行器位置坐标的函数表达式；最后简要介绍了四元数的概念和运算方法，并给出了利用四元数表示旋转的方法，在此基础上，说明了对四元数进行插值的 3 种方法。而在软件开发过程中，主要利用四元数的球面线性插值方法对机器人末端姿态进行规划。

习题

目前有哪几种重要的机器人高层规划系统？它们各有什么特点？你认为哪种规划方法有较好的发展前景？

第 9 章　基于C++的工业机器人轨迹规划软件开发实训

9.1　引　　言

本书之前的内容已对机器人建模、运动学、动力学和轨迹规划方法进行了详细的说明，本章基于之前的内容，设计并开发一个基于动力学仿真的串联工业机器人轨迹规划软件，并在其中验证之前推导的公式和计算方法。

软件提供给用户交互操作的功能一共分为 4 个模块，前 3 个模块分别对应机器人理论中的运动学模块、动力学模块和轨迹规划模块。此外，本软件还提供了串口通信模块，用户可以通过这个模块对相应的实体机器人进行控制实验，不过，由于时间及技术等问题，对实体机器人进行控制仅停留在简单的绘图阶段，还无法控制实体机器人进行实际的施工作业，这也是将来需要着重研究的问题之一。

9.2　软件的设计

9.2.1　开发平台选取

为了基于前几章的理论实现对机器人模型的操作与仿真，软件的开发需要选择合适的平台，要求能够在开发环境中提供美观、简洁的用户界面，以及实现对三维几何模型的显示和操作。综合考虑后，开发语言采用 C++。C++既能够进行 C 语言的面向过程化的程序设计，又能够进行以抽象数据类型为特点的面向对象的程序设计，还能够进行以多态与继承为特点的面向对象的程序设计。采用 Qt Designer 进行软件界面的构建；基于推导的理论运动学公式，通过调用 Open CASCADE（OCC）中各个模块的函数对机器人模型进行显示和控制。本书在 Visual Studio 开发环境下配置 Qt Designer 和 OCC，进行完整的机器人轨迹规划软件的开发。对 Qt Designer 和 OCC 的简要介绍如下。

1．Qt Designer

Qt Designer 是一个跨平台 C++图形用户界面应用程序开发框架。它是一种面向对象程序设计的框架，很易于扩展，并且能够真正实现利用组件编程。它提供了一种信号与槽的机制，即通过连接对象之间的信号与槽、信号与信号等多种方式来实现各控件和对象之间的信息交互。此外，Qt Designer 不仅含有 GUI 创建的基本功能，还提供了在数据库、网络、OpenGL、传感器、Web 技术、通信协议等领域的跨平台开发模块。

2．OCC

OCC 是一套开放原始代码的 CAD/CAM/CAE 软件开发平台，是一个功能强大的三维建模工具。通过 OCC 中的各个模块和函数，可以实现各种复杂形体的生成、显示和控制。另外，它还提供了导入多种格式的模型文件的接口，使用户利用其进行软件开发更加容易。OCC 库本质上是一个特殊的 C++类库，可以借助它从底层构建 CAD 平台，被广泛应用于机械仿真领域。

OCC 中的类按照功能的不同分组到包中，而包又被分配到不同的工具箱中，在软件开发过程中，要根据需求加载所需的包。这些工具箱被有机地组织为 7 个模块，分别为 Foundation Classes 基础模块、ModelingData 建模数据模块、ModelingAlgorithms 建模算法模块、Mesh 网格模块、Visualization 可视化模块、Data Exchange 数据交换模块和 Application Framework 应用程序框架模块。

9.2.2 软件的总体布局

软件的总体布局如图 9.1 所示，通常有计算机端软件风格的菜单栏和工具栏，其中，菜单栏中提供了文件读/写等功能，工具栏中提供了添加轨迹、删除轨迹、开启或隐藏坐标系等基本功能。它的主体部分主要由 3 个模块组成，依次是轨迹树窗口，显示当前正在执行的轨迹；三维模型显示窗口，显示机器人模型根据用户的操作在当下的运动情况；用户交互窗口，供用户操作，可以实现对机器人关节角的调整、显示机器人逆解、显示机器人动力学图像等功能。

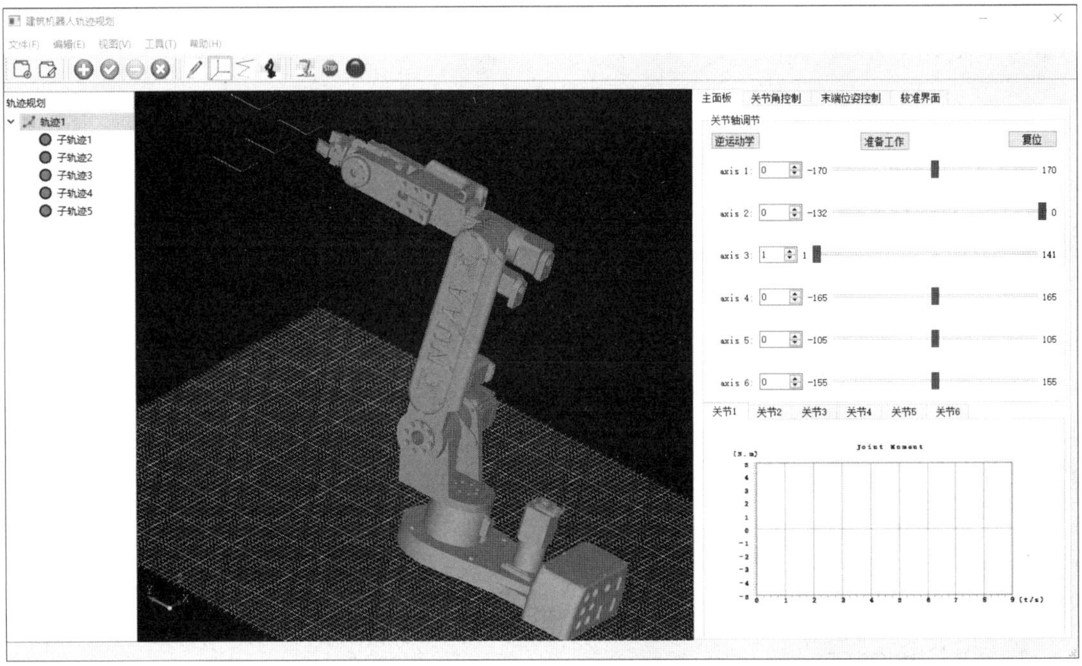

图 9.1 软件的总体布局

9.3 软件的实现

9.3.1 运动学模块

运动学模块主要包括两种功能，首先，用户可以在机器人关节角的可调范围内调整滑块或在数值框中输入关节角；然后，程序会自动求解机器人正运动学问题，并操作机器人模型，让其能够在窗口中实时地显示当前关节角下相应的位姿。如图 9.2 所示，从上至下依次是机器人各个关节的关节角，对应的机器人模型位姿如图 9.3 所示。

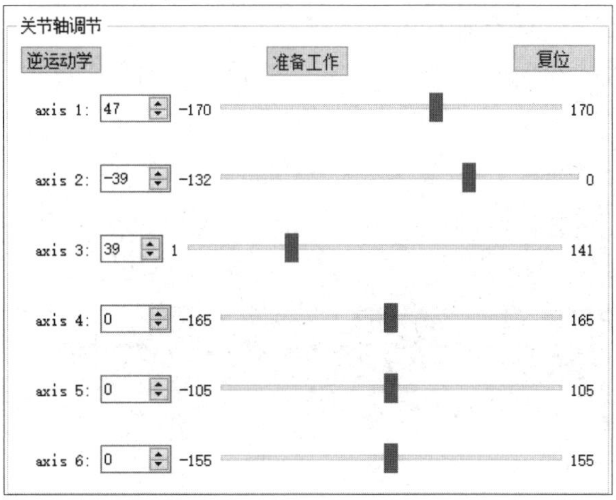

图 9.2　调整后的关节角

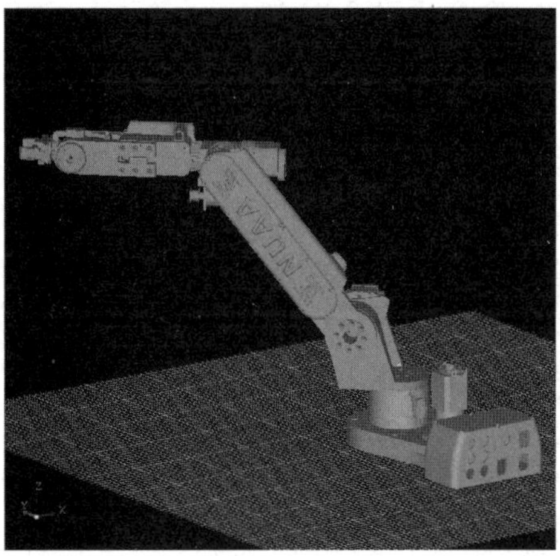

图 9.3　当前关节角对应的机器人模型位姿

另外，软件还提供了让用户查看当前末端执行器位姿下的所有逆解的接口。此时，需要用户单击“逆运动学”按钮，即可弹出如图 9.4 所示的窗口。

机器人逆解

	angle1	angle2	angle3	angle4	angle5	angle6
1	0.11	-15.03	15.03	-179.88	29.96	-179.99
2	0.11	-15.03	15.03	0.12	-29.96	0.01
3	0.11	-76.4	164.97	-179.93	118.52	-179.85
4	0.11	-76.4	164.97	0.07	-118.52	0.15
5	-179.89	63.26	71.86	0.06	74.84	-179.9
6	-179.89	63.26	71.86	-179.94	-74.84	0.1
7	-179.89	47.96	108.14	0.08	53.86	-179.92
8	-179.89	47.96	108.14	-179.92	-53.86	0.08

图 9.4　逆运动学求解窗口

9.3.2 动力学模块

动力学模块包含一个用于查看各个关节当前驱动力矩的函数图像显示器。在轨迹规划过程中，程序将根据机器人模型当前的运动状态，实时地计算需要实现当前运动状态下机器人的关节配置和工作任务的各个关节的驱动力矩，并反映在函数图像中，如图 9.5 所示。

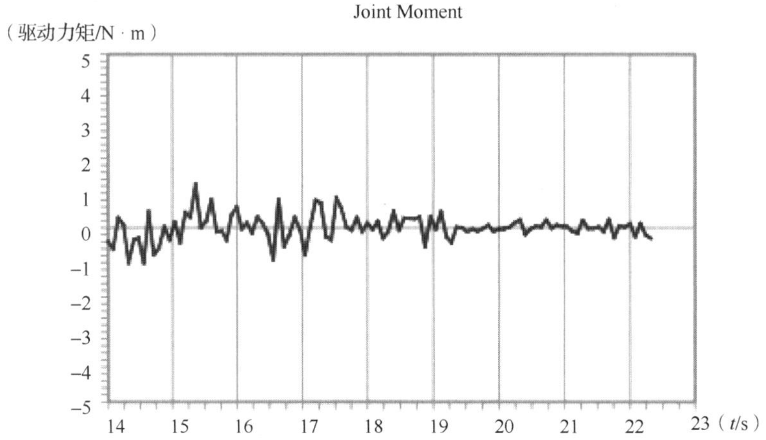

图 9.5　逆动力学求解窗口

9.3.3 轨迹规划模块

在轨迹规划模块中，软件提供了可以根据用户从文件导入或在软件中实时记录的末端执行器位姿进行机器人轨迹规划的接口，并可以驱动模型显示窗口中的机器人模型进行相应的运动演示。

图 9.6　轨迹规划按钮组

单击菜单栏上的一系列图标（见图 9.6），可以打开与轨迹规划相关的各种对话框，并根据已记录的末端执行器位姿进行轨迹规划。除抛物线过渡的线性插值外，本软件还提供了其他插值方法，包括三次多项式插值和五次多项式插值，选择不同的插值方法，机器人各个关节所需的驱动力矩也会有所不同。“添加轨迹”对话框如图 9.7 所示，添加的轨迹会显示在如图 9.8 所示的轨迹树窗口中，并会根据轨迹的执行情况动态地显示当前的执行轨迹，同时，软件可以根据用户的需求，删除某些不需要的轨迹。

图 9.7　“添加轨迹”对话框

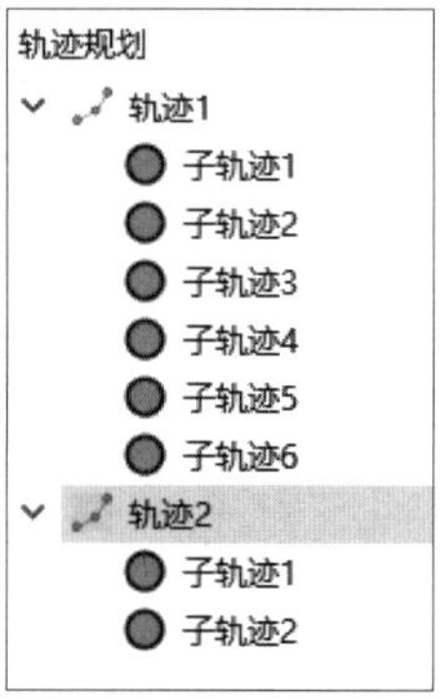

图 9.8　轨迹树窗口

轨迹规划的中间过程如图 9.9 所示。

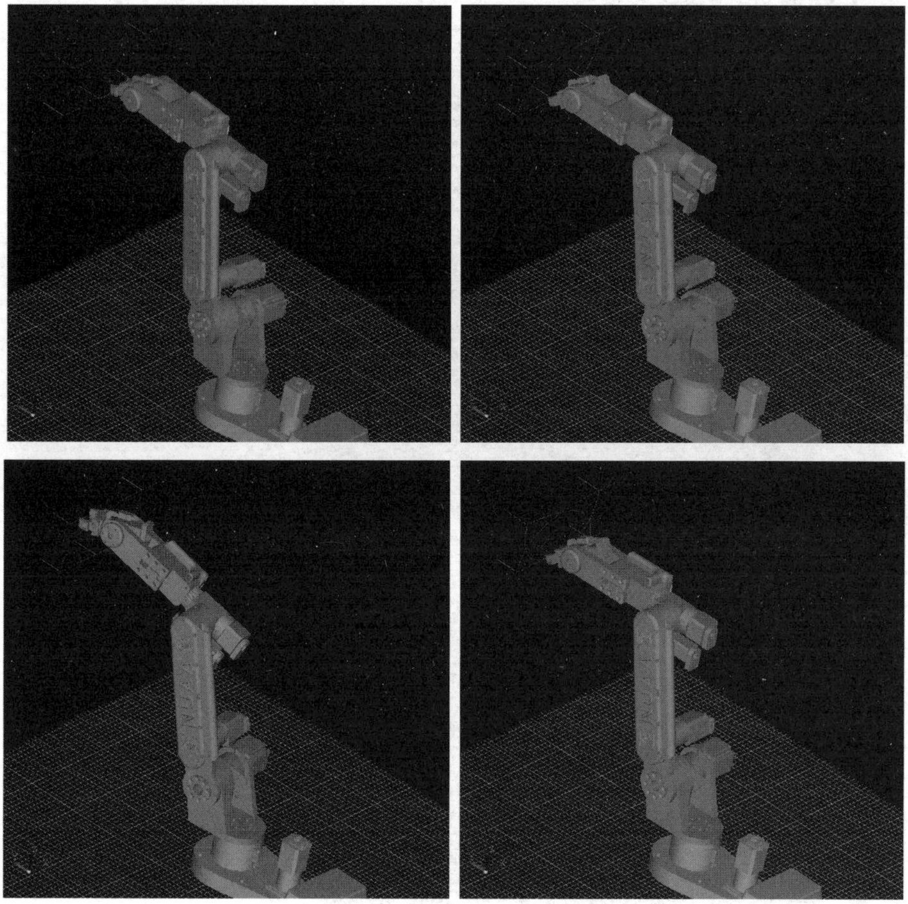

图 9.9　轨迹规划的中间过程

9.3.4　串口通信模块

在仿真的基础上，本书设计开发的软件还为相应的实体机器人提供了基本的串口通信功能，能够通过串口通信界面对实体机器人进行关节角和末端执行器位姿的直接控制。

在需要进行串口通信时，通过单击工具栏中的机器人图标，并选择串口进行连接，便可以打开相应的串口，同时串口的指示灯会由红色变为绿色，表示串口成功打开，如图 9.10 所示，随后可以通过串口通信面板对实体机器人进行控制。

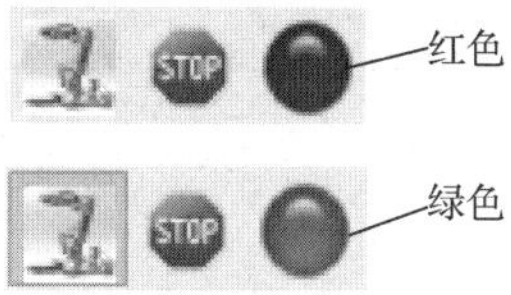

图 9.10　串口关闭和开启时工具栏的显示

串口通信模板还有待进一步开发，它现在提供的功能主要是对机器人关节角直接进行调整，以及对机器人末端执行器位姿直接进行调整，如图 9.11 所示。

通过 Configure Virtual Serial Port Driver 软件创建如图 9.12 所示的虚拟串口，并通过串口调试助手查看虚拟串口接收的字符串指令，如图 9.13 所示，验证开发的软件是否可以通过串口正常地向下位机发送相应的指令（通过单击图 9.10 中的各个按钮，可以向串口发送相应的指令）。

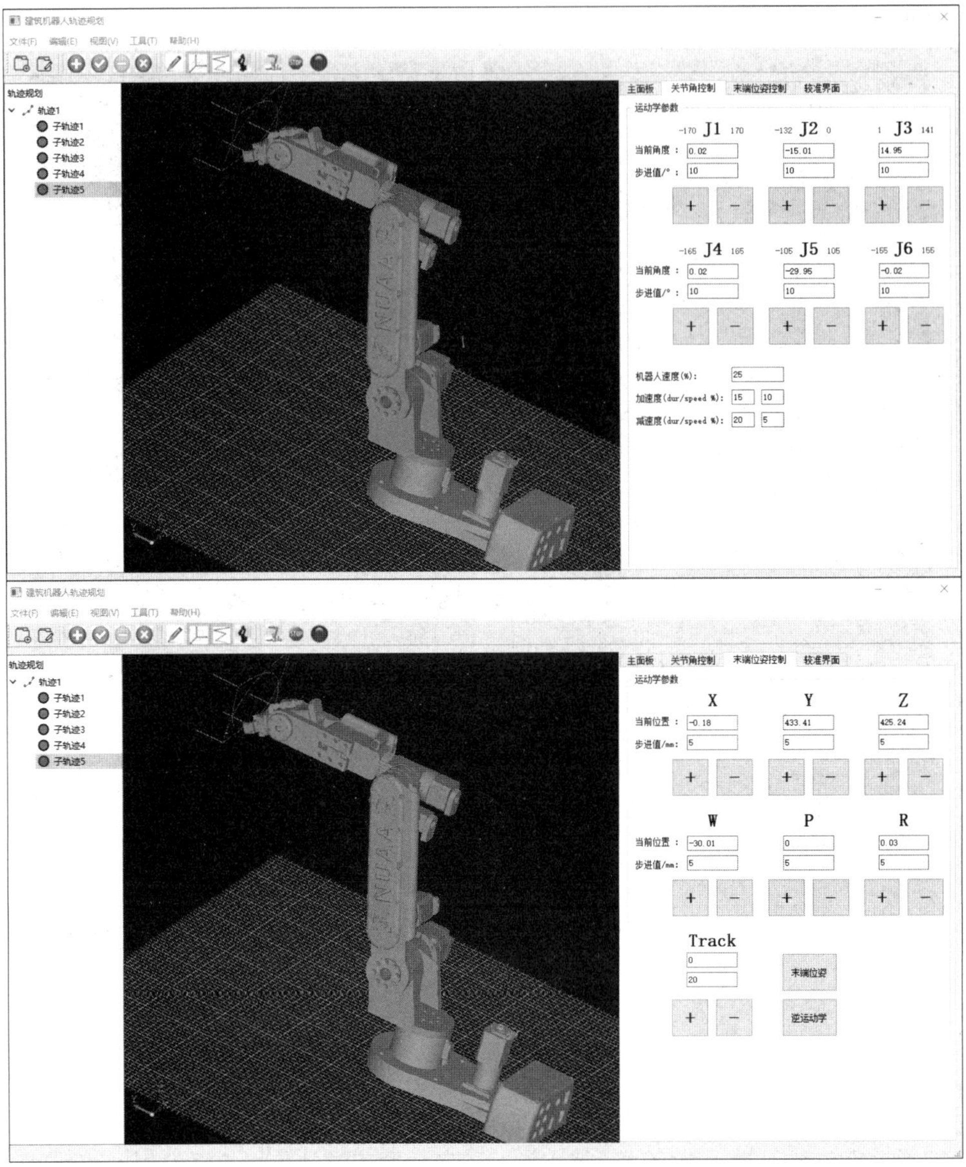

图 9.11 串口通信模板

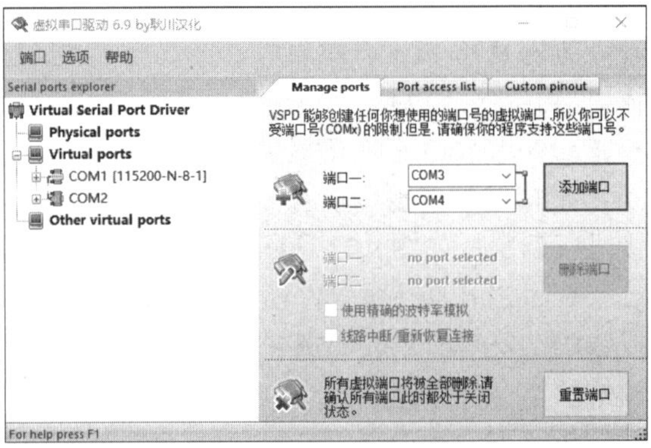

图 9.12 创建成对的虚拟串口

图 9.13　串口调试助手接收的指令

在验证串口指令发送无误后，就可以对实体机器人进行控制了。例如，让实体机器人执行如图 9.14 所示的仿真模型的轨迹。

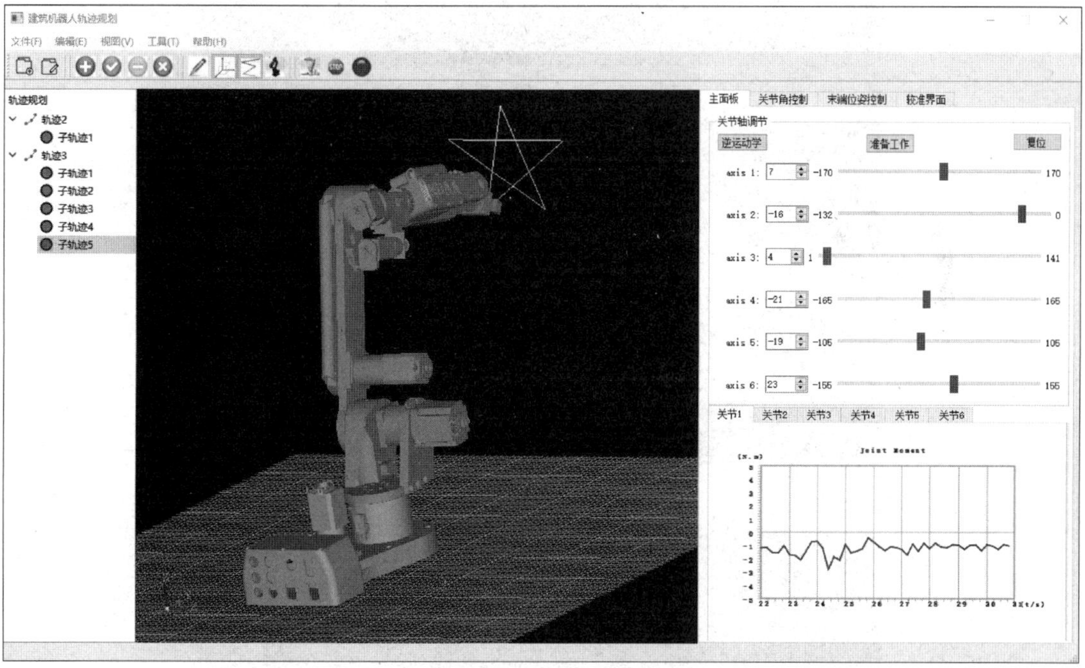

图 9.14　仿真模型的轨迹

图 9.15 所示为串口通信模块控制实体机器人绘图的过程。

开发的软件现已可以控制实体机器人做简单的直线绘图，且能够实现同时控制模型和机器人运动（见图 9.16），但是还不能够让模型和实体机器人完全地同步运动。

图 9.15　串口通信模块控制实体机器人绘图的过程

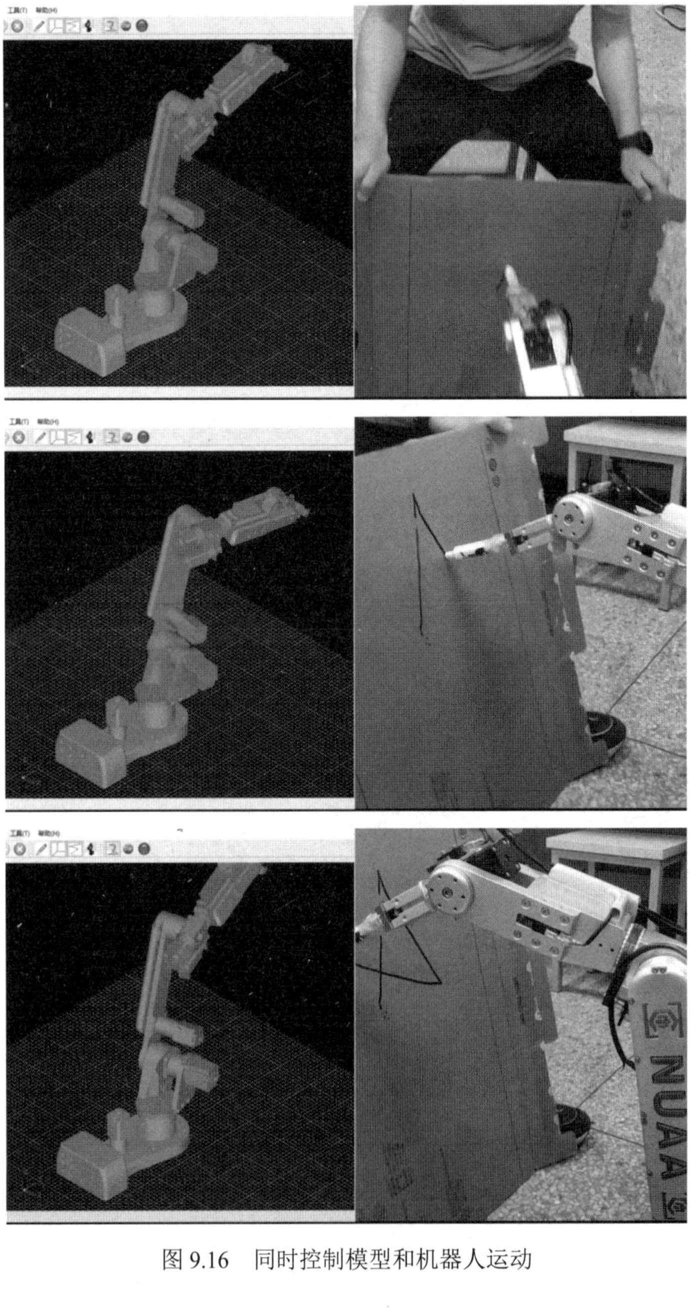

图 9.16　同时控制模型和机器人运动

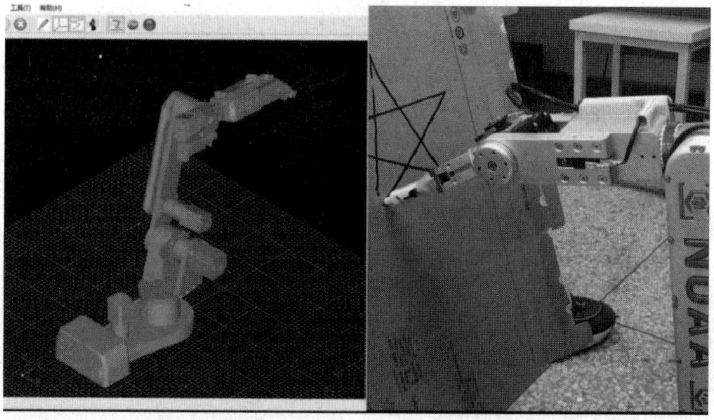

图 9.16　同时控制机器人和模型运动（续）

9.4　软件的评估

在完成了整个软件的开发过程以后，为了从机器人研究者的角度客观地评价这些仿真软件，需要制定统一的标准。

9.4.1　评价指标的定义

本书基于 Alexander、Craighead 和 Michael 等多名学者的前期工作，确定了评估机器人仿真软件的通常标准，即逼真度、可扩展性、开发简易性和成本。对多机器人系统而言，还需要加入对网络功能的评价指标，而本书开发的软件并未涉及多机器人系统，故在该方面不予讨论。仿真软件按照上述 4 个标准被分为高、中、低 3 个层次。

9.4.2　逼真度

（1）物理逼真度。

物理逼真度是指物理环境的相貌、声音和感受逼近真实操作环境的程度。本书开发的软件在模型控制和显示方面基于 OCC，它是一个功能强大的三维建模工具，通过深度开发，可以实现纹理、光照、图元填充、渲染等高细节效果。故本书开发的软件对于模型的显示提供了良好的效果。不过在本次开发过程中，并未给机器人配置相应的工作环境和声音细节。

（2）功能逼真度。

功能逼真度是指仿真机器人行为逼近实体机器人执行任务的操作环境和装备反应的程度。本书开发的软件提供了显示机器人末端执行器位置和关节角的显示模块，并且基于牛顿欧拉动力学建模方法和 Qt Designer，在计入末端受力和重力影响的情况下，提供了可以实时显示各个关节驱动力矩的函数图像显示器。不过，本书开发的软件并未提供电动机及其他与机器人有交互关系的物体的运动学和动力学特性的仿真方法。

综合以上两方面，判定其逼真度为中逼真度。

9.4.3　可扩展性

可扩展性是指仿真软件适应多种应用的能力。对于本书开发的软件，其采用配置了 OCC

和 Qt Designer 的 Visual Studio 开发环境，基于 C++语言进行开发。而 C++语言作为一种面向对象的计算机语言，使得在开发过程中的底层代码具有很好的可移植性和可扩展性。不过，本书开发的软件暂时只能实现针对某种具体机器人的运动和动力特性的分析，故判定其可扩展性为中可扩展性。

9.4.4 开发简易性

开发简易性是指使用仿真软件开发适用机器人的难易程度。本书开发的软件并不支持机器人与环境进行配置，且暂时并不提供给机器人替换或配置新装备的功能，想要实现以上功能，需要配合源代码进行开发，故判定其开发简易性为低开发简易性。

9.4.5 成本

成本包括费用花费和时间花费。费用花费即获取程序使用权的费用，时间花费主要在于首次安装软件所需花费的时间。对于本书开发的软件，它属于开源软件，可供任何人免费获取源代码，且安装过程简易，无须额外的安装技巧，故判定其成本为低成本。

本章小结

本章主要就机器人仿真软件的设计与开发进行了详细的说明，首先从软件的设计开始，介绍了所选择的程序设计语言、界面开发环境和三维渲染引擎及其开源库；然后对软件实现的各个模块进行了分类介绍，软件的构造与前几章所述的机器人理论相对应，分为运动学模块、动力学模块和轨迹规划模块。其中，运动学模块一方面提供给用户用来调整关节角的接口，以实时操控机器人模型，这属于正运动学问题；另一方面，该模块还实现了求解当前末端执行器位姿逆解的逆运动学问题。动力学模块主要提供了一个可显示各个关节角所需驱动力矩的函数图像显示器。轨迹规划模块可以根据用户的需求添加或删除机器人末端轨迹，并在轨迹树窗口中给出相应的显示。串口通信模块主要提供了对实体机器人进行基本控制的功能，包括对机器人关节角的调整，以及对机器人末端执行器位姿的调整等。

本章最后基于机器人仿真软件的评价指标，对本书开发的软件进行了简单的评估，得出结论，该软件是一个中逼真度、中可扩展性、低开发简易性和低成本的仿真软件。

习题

1. 在应用机器人时必须考虑哪些因素？
2. 运用机器人应当采取哪些步骤？
3. 工业机器人能够应用在什么领域？各举一例说明它的必要性与合理性。
4. 你认为我国机器人的应用范围和发展前景如何？
5. 试举出一两个例子，说明应用工业机器人带来的好处。
6. 服务机器人有哪些用途？试举一个实例加以说明。
7. 目前有哪几种探索机器人？它们的用途如何？
8. 你对机器人用于航空航天领域有何看法？试述各种航空航天用途机器人的现状。

第 10 章　基于 Unity3D 的工业机器人虚拟仿真实训

10.1　引　　言

工业机器人自主交互虚拟仿真实训是一种针对工业机器人的实践操作和理论学习相结合的实验方式。仿真实训的主要目的是帮助学生或工程师更深入地理解工业机器人的工作原理、操作流程和应用领域。在仿真实训过程中，参与者通常会接触到各种类型的工业机器人，包括但不限于多关节机械手、多自由度的机器装置等。他们可以通过实际操作，了解如何控制工业机器人进行各种任务，如装配、焊接、搬运等。

10.2　智能车间搭建

本书在 Unity3D 中开发了一个智能车间制造服务系统平台，根据实际车间布局，自主任意配置包含各自奇异建筑结构的数字车间和包括 6 轴工业机器人在内的各类制造资源。智能车间制造服务系统平台的搭建包括车间建筑对象的创建（绘制车间网格、绘制车间地面、绘制车间立柱、绘制车间墙面、绘制车间窗户、绘制车间门、绘制配电箱、绘制照明灯）、工业设备对象的创建（数控车床、数控铣床、加工中心、工业机器人、安全栏、栏杆、工作台、操作工人、工具柜）、三维可视化功能（三维视图、三维动态观察器）。

其中的 6 轴工业机器人的工作区里面包括机器人工作台、工具、物料、托盘、安全栏和工作人员。在末端坐标点设置模块中，通过设置点坐标可以进行机器人的点到点仿真运动。

10.3　6 轴工业机器人结构认知

6 轴工业机器人是一种具有 6 个独立运动轴的工业机器人，它的每个轴都可以进行旋转或平移运动，从而实现机器人末端执行器在三维空间的精确定位和灵活操作。6 轴工业机器人的 6 个轴通常包括 3 个线性轴（X 轴、Y 轴、Z 轴）和 3 个旋转轴（俯仰轴、偏航轴和滚动轴）。6 轴工业机器人的优点包括高精度、高速度、高可靠性、高灵活性等。由于它具有 6 个独立运动轴，因此它可以在各种复杂的生产环境中进行各种操作，如装配、焊接、搬运、检测等。

6 轴工业机器人的每个轴都有其独特的功能，它们共同协作以实现精确和灵活的操作。

（1）J1 轴：基座轴（Base Axis），通常连接机器人的底座和 J2 轴。基座轴的旋转运动使机器人能够在水平面上旋转，从而调整机器人的整体方向。

（2）J2 轴：肩关节轴（Shoulder Axis），连接基座轴和肘关节轴。肩关节轴的旋转运动使机器人能够在垂直平面上旋转，进一步扩大机器人的操作范围。

（3）J3 轴：肘关节轴（Elbow Axis），这是机器人的第 3 个轴，连接肩关节轴和腕关节轴。肘关节轴的旋转运动使机器人能够在垂直平面上弯曲，使机器人能够更深入地到达某些难以接触的区域。

（4）J4 轴：腕关节 1 轴（Wrist Axis 1），即腕部翻转轴，连接肘关节轴和腕关节 2 轴。腕关节 1 轴的旋转运动使机器人能够在水平面上旋转，提升了机器人手部的灵活性和定位精度。

（5）J5 轴：腕关节 2 轴（Wrist Axis 2），作为腕部弯曲轴，连接腕关节 1 轴和腕关节 3 轴。腕关节 2 轴的旋转运动使机器人能够在垂直平面上旋转，进一步提升了机器人在操作过程中的灵活性和精确性。

（6）J6 轴：腕关节 3 轴（Wrist Axis 3），也是末端执行器旋转轴，连接腕关节 2 轴和机器人末端执行器。腕关节 3 轴的旋转运动使机器人能够在水平面上旋转，从而使机器人能够更精确地定位和执行操作。

这 6 个轴组合运动，使 6 轴工业机器人能够实现复杂的动作和操作。它们共同协作，使机器人能够灵活地抓取、搬运、装配和焊接物体，完成各种工业生产任务。同时，6 轴工业机器人的高精度定位和运动控制也使其能够满足医疗手术、科学研究等领域的需求。重载 6 轴工业机器人和轻载 6 轴工业机器人分别如图 10.1 与图 10.2 所示，重载 6 轴工业机器人结构爆炸图如图 10.3 所示。

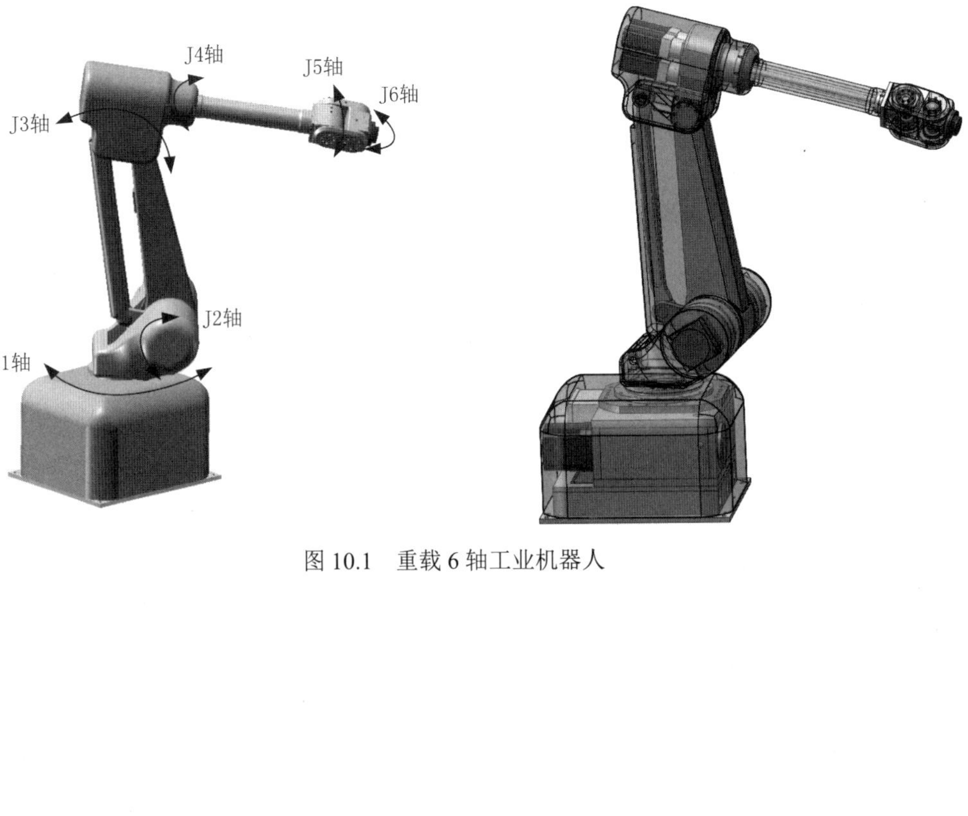

图 10.1　重载 6 轴工业机器人

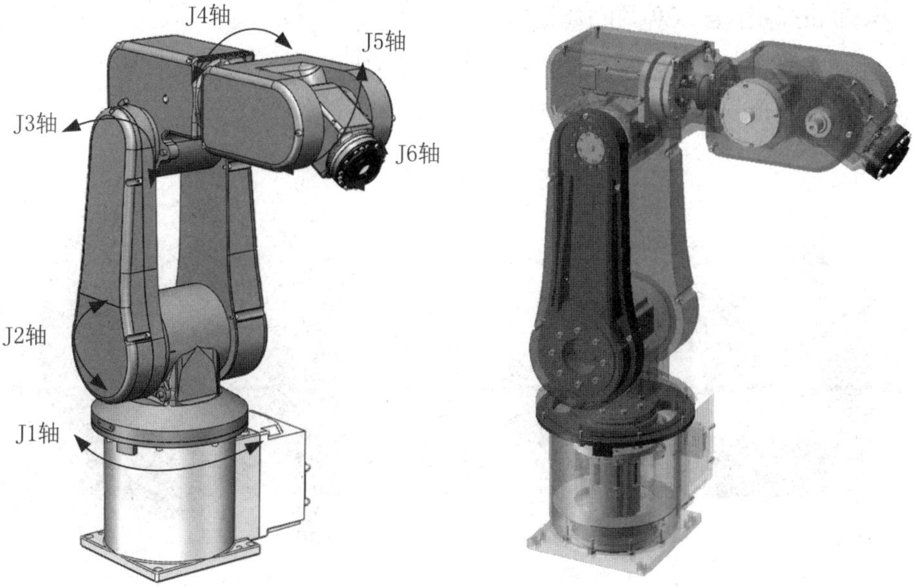

图 10.2　轻载 6 轴工业机器人

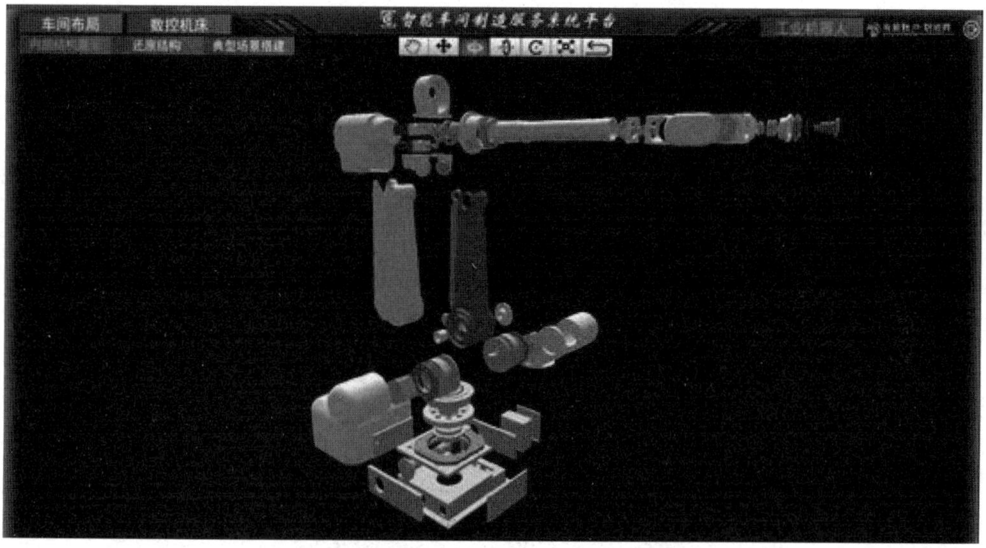

图 10.3　重载 6 轴工业机器人结构爆炸图

10.4　6 轴工业机器人的仿真拆卸实训

以下是针对如图 10.2 所示的轻载 6 轴工业机器人的基本拆卸流程。

1. 拆卸腕部两边侧盖

如图 10.4 所示，用扳手拆掉螺钉并将两边侧盖从腕部拆除，为拆卸腕部内的伺服电动机及电动机线创造拆卸空间。拆卸后的侧盖和螺钉存放在对应的标签处。

2．拆卸 J6 轴组合（见图 10.5）

先将腕部内的 J5 轴、J6 轴电动机电源线和编码器线拆除，再将 J6 轴电动机减速器末端法兰、减速器组拆除，并将其放在对应的标签处。

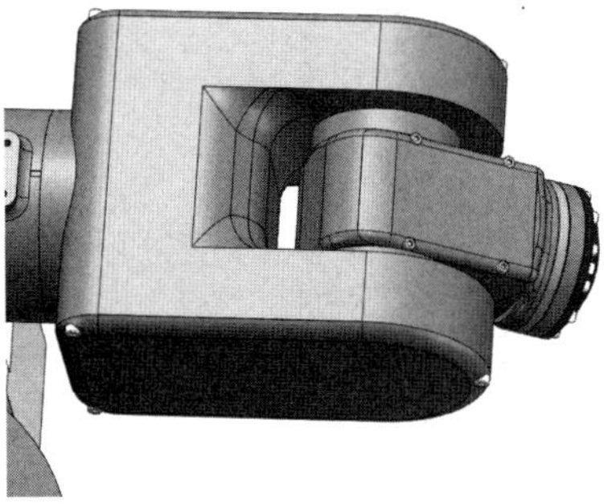

图 10.4 拆卸腕部两边侧盖

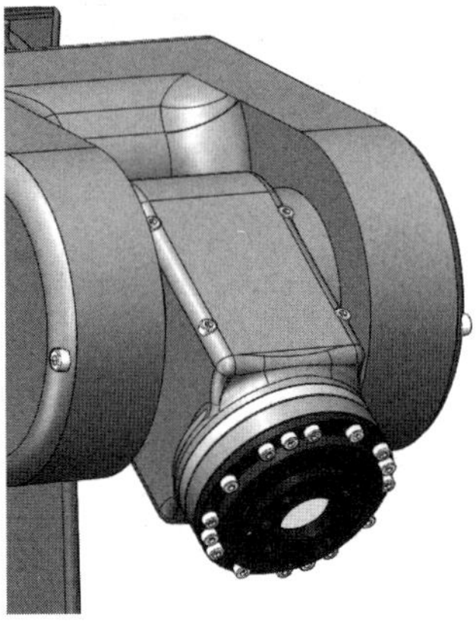

图 10.5 拆卸 J6 轴组合

3．拆卸 J5 轴组合（见图 10.6）

先将 J5 轴电动机和两个传动齿轮拆除，再拆除 J5 轴减速器组合，取下 J5 轴电动机组并将其放在对应的标签处。

注意：严禁强力敲打减速器，并且防止异物进入减速器内部。

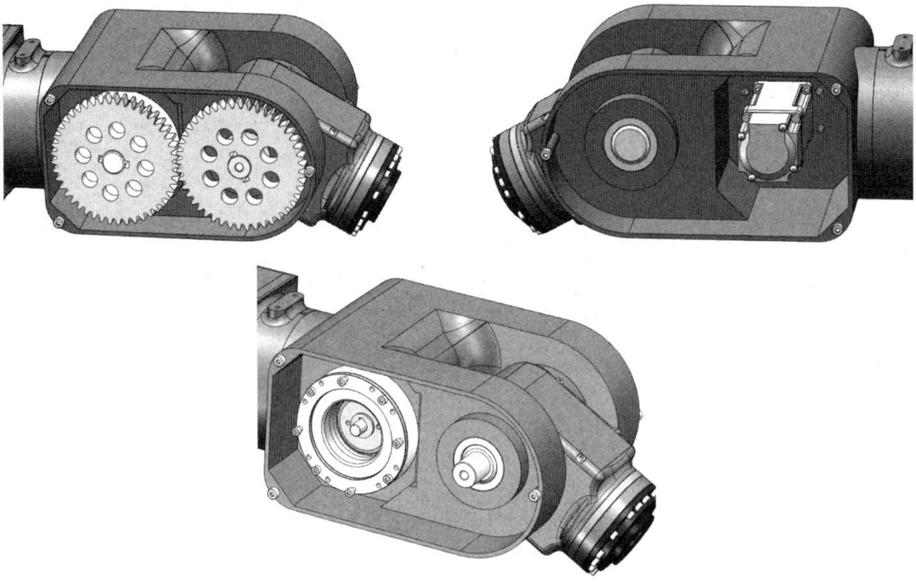

图 10.6 拆卸 J5 轴组合

4．拆卸电动机座

（1）拆卸 J3 轴电动机盖板及电动机座线束扎线板。

如图 10.7 所示，用扳手拆掉螺钉，将大臂的两个盖板从电动机座上拆除，并拆除 J3 轴和 J4 轴线缆。把拆下的后盖放到对应的标签处，注意不要损坏线缆。

（2）拆卸 J3 轴。

① 如图 10.8 所示，用扳手拆除螺钉，将 J3 轴减速器从电动机座上拆除

② 拆下小臂及内部套筒，把套筒放在对应的标签处，把小臂放到装配桌上。

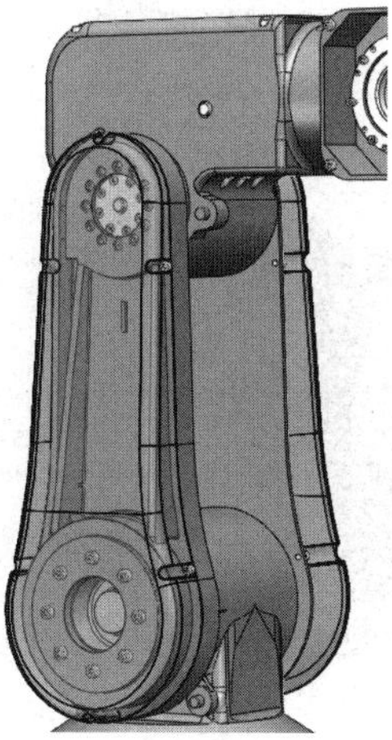

图 10.7　机器人大臂

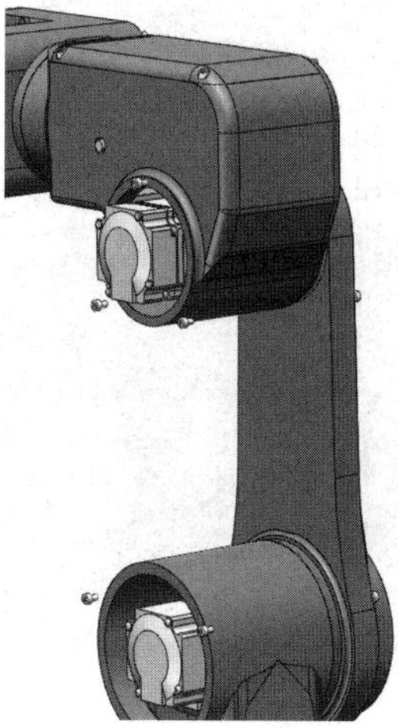

图 10.8　拆卸机器人 J3 轴

（3）拆卸 J4 轴小臂。

① 如图 10.9 所示，拆卸电动机顶上的平圆头螺钉，拧下 J4 轴电动机安装板的螺钉，拆掉减速器，取下 J4 轴电动机组合。将它们均放到对应的标签处。

② 松掉 J4 轴减速器螺钉，取下 J4 轴减速器，并将其轻放于对应的标签处，完成对机器人小臂的拆卸。

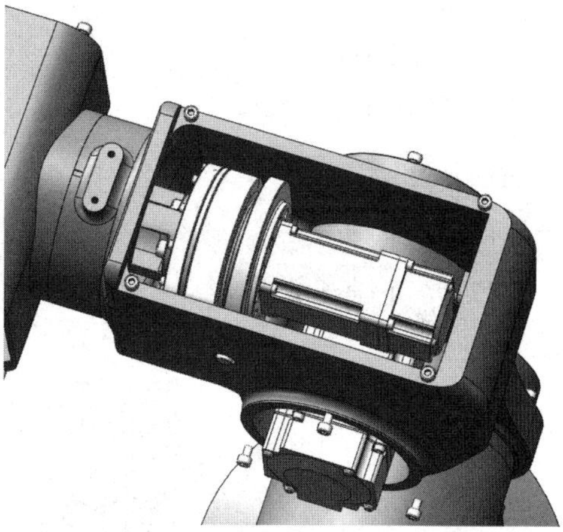

图 10.9　拆卸机器人 J4 轴小臂

5．拆卸 J3 轴电动机座及 J3 轴减速器

在装配桌或装配桌的工装夹具上，取下 J3 轴电动机座和 J3 轴减速器，并放在对应的标签处，完成机器人电动机座的拆卸工作。

注意：

（1）拆除减速器时，先对角拧松所有螺钉，然后拧下螺钉，最后用顶丝顶出减速器。

（2）将减速器表面的大块油脂清理掉，少量的油脂保留在减速器表面，带油脂保存。

（3）严禁强力碰撞和用金属敲打减速器。

（4）戴一次性手套。

机器人 J2 轴和 J3 轴如图 10.10 所示。

6．拆卸机器人大臂

如图 10.11 所示，取下连接 J2 轴和 J3 轴的大臂与转座的螺钉，卸掉大臂，把大臂放到桌面上。

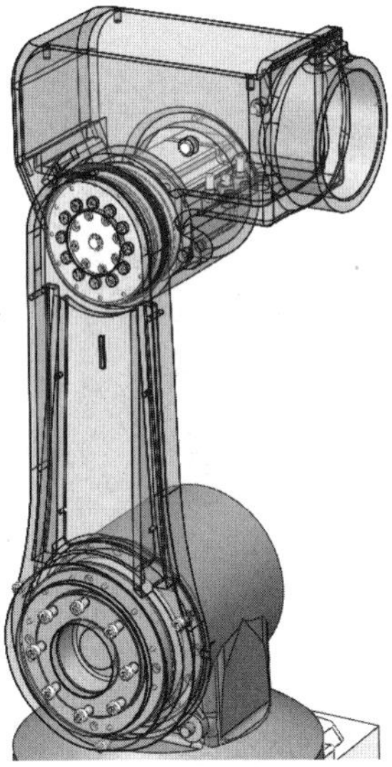

图 10.10　机器人 J2 轴和 J3 轴

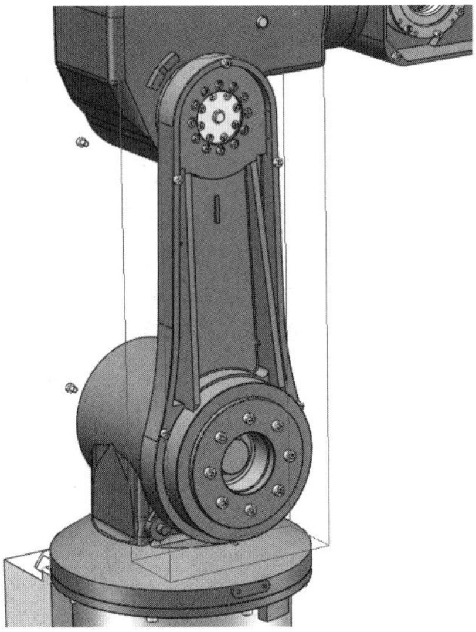

图 10.11　机器人大臂

7. 拆卸 J1 轴、J2 轴（见图 10.12）转座

（1）拆航插。

（2）拆转座盖板。

（3）拆 J2 轴减速器。

（4）拆 J2 轴电动机。

8. 拆卸底座和 J1 轴组合

（1）拆 J1 轴电动机。

（2）拆 J1 轴减速器。

（3）将转座与底座（见图 10.13）分离。

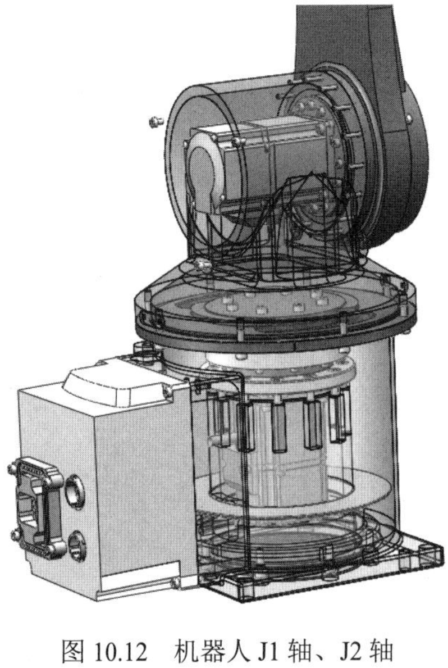

图 10.12　机器人 J1 轴、J2 轴

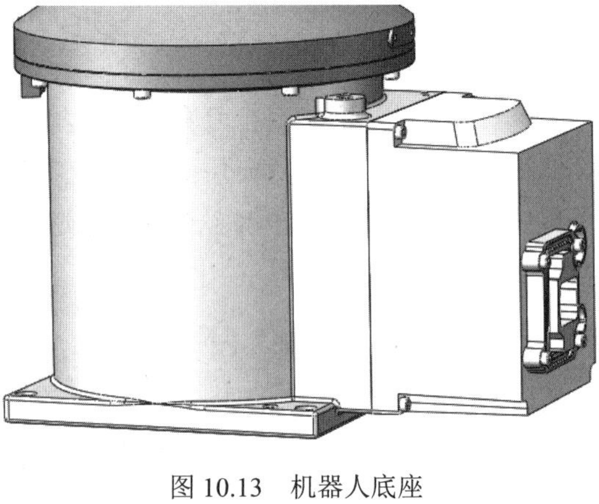

图 10.13　机器人底座

10.5　6 轴工业机器人的仿真装配实训

10.5.1　J1 轴、J2 轴模块化装配

1．J1 轴电动机的装配（见图 10.14）

（1）在底座与减速器配合表面均匀涂一层平面密封胶。

（2）用螺钉将 J1 轴减速器装配在底座上后将螺钉拧紧。

（3）在 J2 轴电动机阴影部分均匀涂抹密封胶，把装配好的伺服电动机安装在转座上，先预紧螺钉，再用扭力扳手对角锁紧。

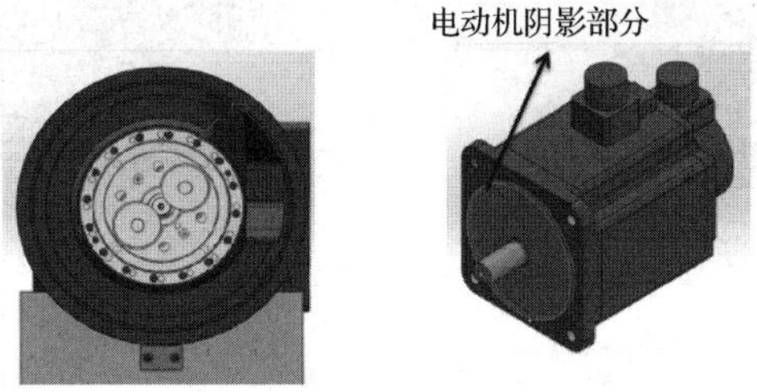

图 10.14　J1 轴电动机的装配

J1 轴运动检测：

（1）把 J1 轴伺服电动机的电源线和编码器线分别接通，打开电源，通过示教器低速测试减速器是否能够转动。

注意：

① 转动应顺畅，无卡滞现象、无抖动现象。

② 断电后连接编码器线和电源线。

（2）通过听诊器检查减速器的声音是否带有“咔咔”声，若有明显的声音，请立即暂停减速器的转动，关掉电源，检查装配过程的问题。

（3）如果装配无问题，就可进行 J1 轴简单运动演示。

说明：

（1）每完成一个轴的安装，都要进行检测。

（2）被检测轴的编码器线、动力线、抱闸线都要接通，其他不被检测轴的动力线可以不接通，但编码器线和抱闸线必须接通。否则，伺服控制会报警，示教器无法使用。

（3）在检测该轴时，只能移动该轴。

2．J2 轴的装配（见图 10.15）

（1）把 J2 轴减速器通过螺栓固定在转座上，先对角放入螺栓，再通过扭力扳手对角锁紧。

（2）在 J2 轴电动机阴影部分均匀涂抹密封胶。

（3）把装配好的伺服电动机安装在转座上，先预紧螺钉，再用扭力扳手将其对角锁紧。

3．底座的装配（见图 10.16）

（1）先对角预紧螺栓，再通过扭力扳手锁紧。

（2）把装好的组合体通过悬臂吊安装好，固定好螺栓。连接好编码器线和电源线，通上电源，测试 J1 轴减速器与底座安装是否正确。

图 10.15 J2 轴的装配

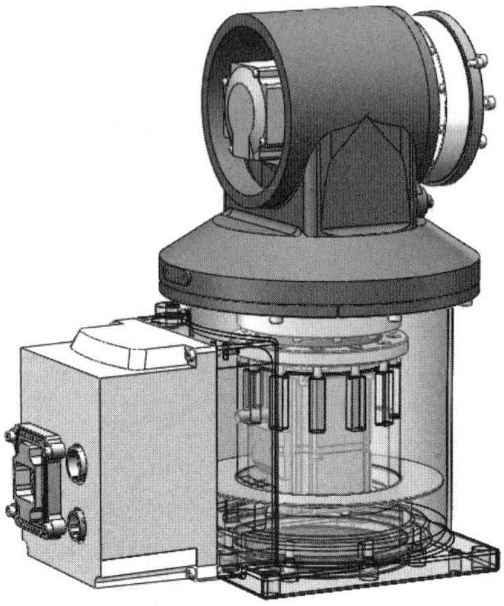

图 10.16 底座的装配

10.5.2 J3 轴、J4 轴模块化装配

1. 大臂的安装（见图 10.17）

把大臂对准 J2 轴减速器的轴端安装孔位，另一人先预紧减速器的螺栓，再用扭力扳手将其对角锁紧。

2. J3 轴的装配（见图 10.18）

（1）把 J3 轴电动机座放在装配桌的装配台上，通过螺钉固定在装配台上。

（2）安装 J3 轴电动机，先用普通内六角扳手预紧，再用扭力扳手锁紧。

（3）把 J3 轴减速器通过螺栓固定在转座上，先对角放入螺栓，再用普通内六角扳手预紧，最后用扭力扳手锁紧。

图 10.17 大臂的安装

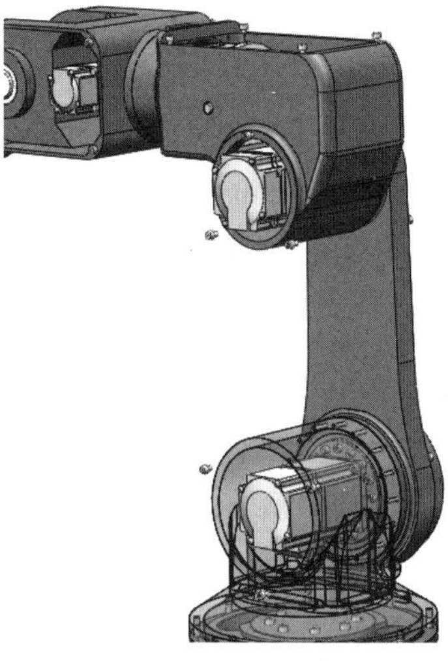

图 10.18 J3 轴的装配

3. J4 轴的装配（见图 10.19）

平圆头 M5 螺钉穿过电动机座，把 J4 轴电动机组合稍微连接在电动机座里面，对角预紧螺钉，并对角锁紧。

注意：

（1）预先在 J4 轴减速器与 J4 轴电动机端套入皮带。

（2）套入平圆头 M5 螺钉，方便安装电动机。

（3）预紧 J4 轴电动机皮带，确定皮带松紧合适后，锁紧螺钉。

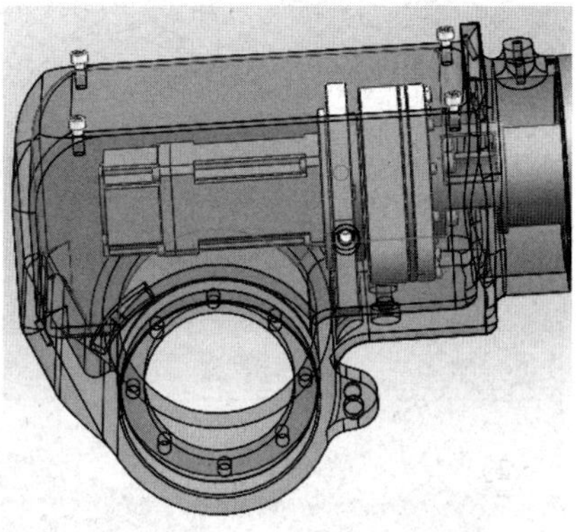

图 10.19　J4 轴的装配

10.5.3　J5 轴、J6 轴模块化装配

J5 轴、J6 轴模块化装配如图 10.20 所示。

首先把腕部套入小臂中，然后把 J5 轴减速器组合安装到小臂中。可以先拧入 3 个 J5 轴减速器组合输出法兰螺钉（不拧紧），再把 J5 轴轴承座安装到小臂上，拧入 3 个螺钉，完成初步安装。

取 J6 轴电动机组合体，将其安装在腕部内，拧入 M6 螺钉且预紧。利用对角方式，通过扭力扳手锁紧。

连接 J5 轴、J6 轴的电动机线和编码器线。把 J6 轴伺服电动机的电源线和编码器线分别接通，低速测试减速器是否能够转动。

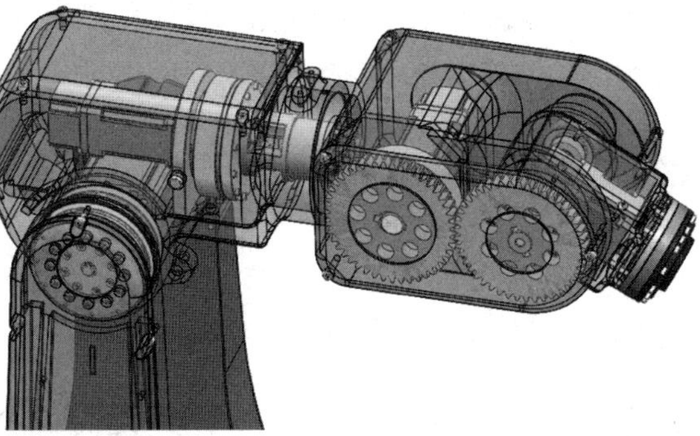

图 10.20　J5 轴、J6 轴模块化装配

10.6　6 轴工业机器人综合应用实训

10.6.1　机器人手动操作的 3 种动作模式

机器人手动操作的 3 种动作模式分别是单轴运动、线性运动和重定位运动。

1. 单轴运动

单轴运动是指机器人操作员通过手动控制机器人的单个关节轴进行运动。在单轴运动模式下，操作员可以逐个控制机器人的 6 个关节轴，使其按照预设的方向和角度转动。这种模式适用于需要对机器人进行精确调整的情况，如在装配线上的精确定位。

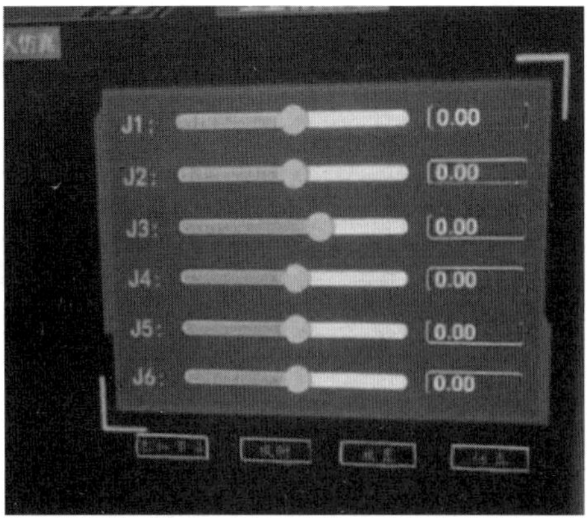

图 10.21　机器人单轴运动

在单轴运动模式下，操作员需要了解机器人的关节结构和运动范围，以确保不会对机器人或周围环境造成损害。同时，操作员还需要掌握控制杆或操作界面的使用方法，以便能够准确地控制机器人的关节轴运动。机器人单轴运动如图 10.21 所示。

2. 线性运动

如图 10.22 所示，线性运动即按 X、Y、Z 这 3 个方向做直线运动；任何位置点的位移都可以拆成 3 个方向的线性运动。具体是安装在机器人 J6 轴法兰盘上的工具中心点（TCP）在空间做线性运动，即机器人工具中心点从 A 点到 B 点，两个点之间的路径轨迹始终保持为直线。

线性运动模式适用于需要机器人进行直线移动的任务，如焊接、切割或搬运等。操作员可以控制机器人末端执行器（如焊枪、切割头等）的位置和方向，使机器人按照预定的轨迹运动。机器人在进行线性运动时，操作员需要注意机器人的速度和加速度，避免对机器人或周围环境造成冲击或损害。

3. 重定位运动

重定位运动是指末端点保持不变，改变机器人的姿态，即各轴的位置角度，让机器人绕着选定的工具中心点的某个轴旋转，旋转过程中保持工具中心点的绝对空间位置不变，最终实现机器人末端执行器姿态的改变。

这种模式适用于需要机器人改变姿态以适应不同工作环境或任务需求的情况。例如，在装配线上，机器人可能需要将零件从一个位置移动到另一个位置，并在移动过程中改变其姿态以便更好地适应装配要求。在这种情况下，操作员可以通过重定位运动模式来控制机器人的姿态。在进行重定位运动时，操作员需要注意机器人的运动范围和姿态稳定性，避免机器人与周围环境发生碰撞。机器人重定位运动如图 10.23 所示。

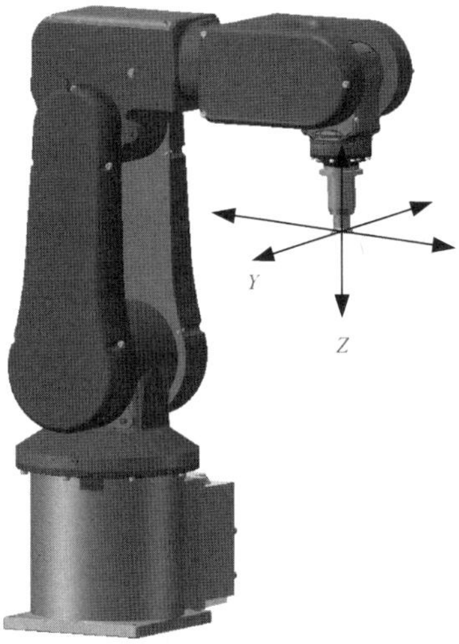

图 10.22　机器人线性运动

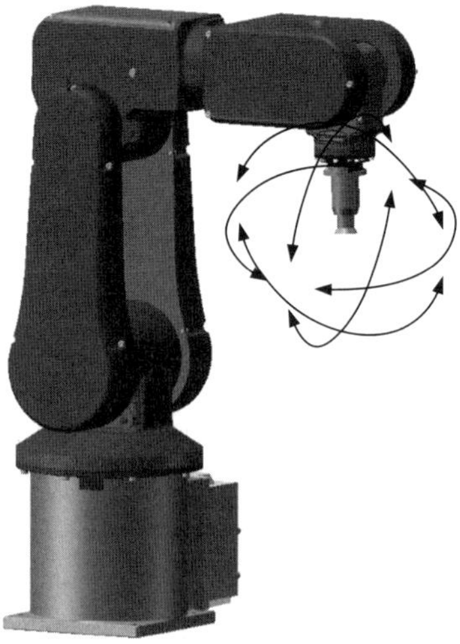

图 10.23　机器人重定位运动

总之，机器人手动操作的 3 种动作模式可以让操作员根据具体的工作环境和任务需求对机器人进行精确的控制与调整。同时，操作员需要掌握各种模式的操作技巧和安全注意事项，确保机器人的安全和稳定运行。

10.6.2　机器人典型任务之码垛

进入机器人典型应用场景，可以看到右侧排列着 J1 轴～J6 轴的滑动控制块，可分别单独控制各个轴的运动；在下方还设有吸附、放置等功能按钮。一台 6 轴机器人，在其末端安装一个吸盘装置，用于拾取物品；在机器人前方工作台上放置一堆物块。

单击指定的物块，机器人的末端吸盘会自动定位到物块处。此时，通过单击吸附功能按钮，物块就会被吸盘吸附住；再次单击该按钮，移动机器人的末端到指定位置，单击放置功能按钮，物块被放下，这样就可以进行物块的反复抓取和码垛，如图 10.24～图 10.26 所示。

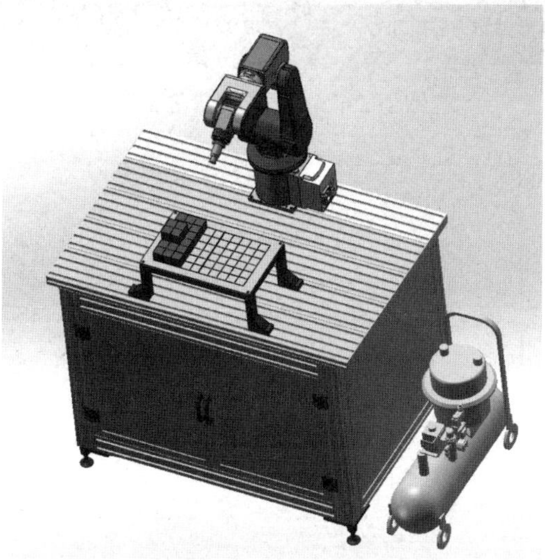

图 10.24　机器人码垛

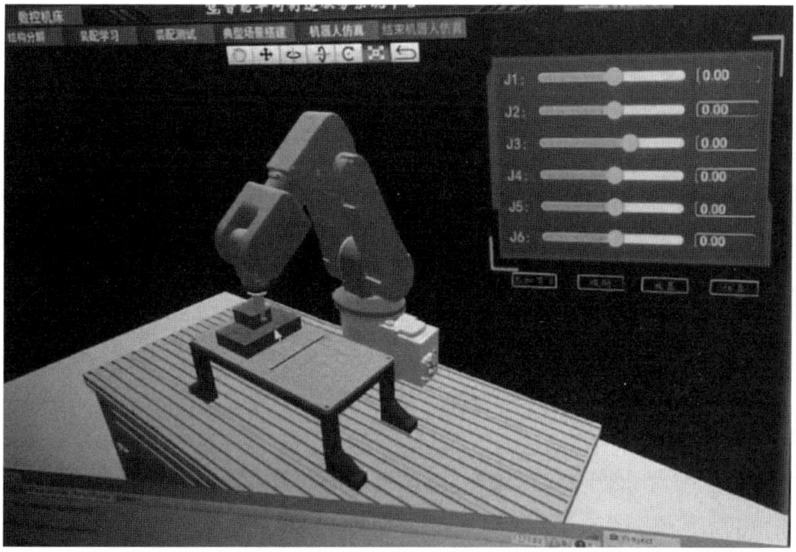

图 10.25　机器人码垛之定位

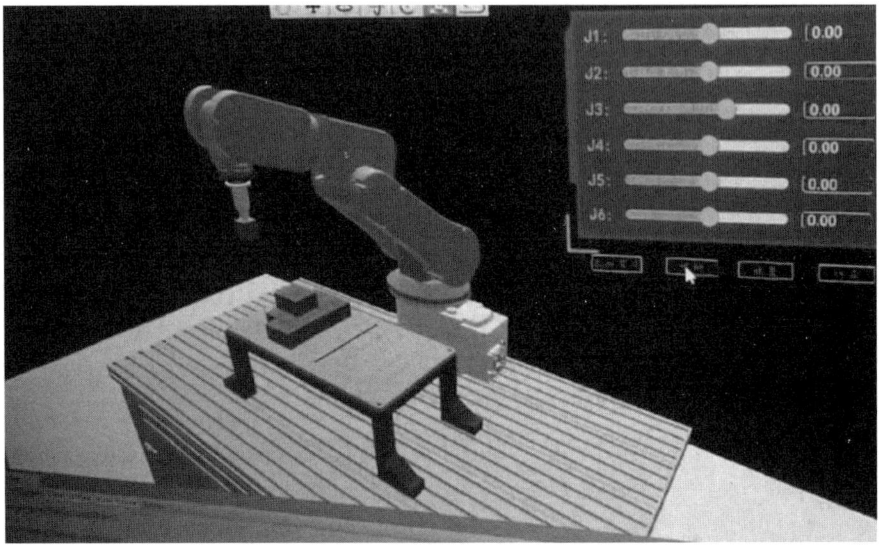

图 10.26 机器人码垛之拾取

参考文献

[1] 兰虎，鄂世举. 工业机器人技术及应用[M]. 2 版. 北京：机械工业出版社，2020.
[2] MILLER R，MILLER M R. 工业电器与电动机控制[M]. 2 版. 路志英，译. 北京：机械工业出版社，2017.
[3] 戴凤智，乔栋. 工业机器人技术基础及其应用[M]. 北京：机械工业出版社，2020.
[4] 朱洪前. 工业机器人技术[M]. 北京：机械工业出版社，2019.
[5] 郭洪红. 工业机器人技术[M]. 3 版. 西安：西安电子科技大学出版社，2016.
[6] 刘军，郑喜贵. 工业机器人技术及应用[M]. 北京：电子工业出版社，2017.
[7] 刘继展，李智国，李萍萍. 番茄采摘机器人快速无损作业研究[M]. 北京：科学出版社出版，2018.
[8] 雷旭昌，陈江魁，王茜菊，等. 工业机器人 RobotStudio 仿真训练教程[M]. 重庆：重庆大学出版社，2019.
[9] 叶辉，何智勇，杨薇，等. 工业机器人工程应用虚拟仿真教程[M]. 2 版. 北京：机械工业出版社，2021.
[10] 叶晖，吕世霞，张恩光. 工业机器人工程应用虚拟仿真教程[M]. 北京：机械工业出版社，2021.
[11] 刘天宋，张俊. 工业机器人虚拟仿真实用教程[M]. 北京：化学工业出版社，2021.
[12] 付少雄. 工业机器人工程应用虚拟仿真教程：MoToSimEG-VRC[M]. 北京：机械工业出版社，2018.
[13] 工控帮教研组. FANUC 工业机器人虚拟仿真教程[M]. 北京：电子工业出版社，2021.
[14] 廉迎战，黄远飞. ABB 工业机器人虚拟仿真与离线编程[M]. 北京：机械工业出版社，2021.
[15] 郇极. 工业机器人运动仿真编程实践：基于 Android 和 OpenGL[M]. 北京：机械工业出版社，2018.
[16] 朱大昌，张春良，吴文强. 机器人机构学基础[M]. 北京：机械工业出版社，2020.
[17] 樊泽明，吴娟，任静. 机器人学基础[M]. 北京：机械工业出版社，2021.
[18] 李辉. 基于 MATLAB 的机器人轨迹优化与仿真[M]. 北京：北京邮电大学出版社，2019.
[19] 张宪民. 机器人技术及其应用[M]. 2 版. 北京：机械工业出版社，2017.
[20] 蔡自兴. 机器人学基础[M]. 3 版. 北京：机械工业出版社，2021.
[21] 刘小波. 工业机器人技术基础[M]. 2 版. 北京：机械工业出版社，2021.
[22] （日）大熊繁. 机器人控制[M]. 卢伯英，译. 北京：科学出版社出版，2002.
[23] 熊有伦. 机器人学[M]. 北京：机械工业出版社，1993.
[24] 杨吉祥. 五轴数控机床的运动控制建模及精度提高方法研究[D]. 湖北：华中科技大学，2015.
[25] 钱东海，王新峰，赵伟，等. 基于旋量理论和 Paden-Kahan 子问题的 6 自由度机器人逆解

算法[J]. 机械工程学报，2009，45（9）：72-76，81.

[26] 江畅. 基于动力学仿真的工业机器人轨迹规划研究与软件开发[D]. 湖北：华中科技大学，2018.

[27] 雷扎 N. 贾扎尔. 应用机器人学：运动学、动力学与控制技术[M]. 北京：机械工业出版社，2018.

[28] 梁昆淼. 理论力学[M]. 北京：高等教育出版社，2009.

[29] SPONG M, VIDYASAGAR M. Robot Dynamics and Control[J]. 2014, 2(43): 88-89.

[30] 梁昆淼. 力学[M]. 北京：高等教育出版社，2010.

[31] 邢燕. 四元数及其在图形图像处理中的应用研究[D]. 合肥：合肥工业大学，2009.

[32] 方向. 基于对偶四元数的航天器相对位姿耦合自适应控制[D]. 哈尔滨：哈尔滨工业大学，2015.

[33] PARBERRY I, DUNN F. 3D Math Primer for Graphics and Game Development[M]. Leiden: A K Peters/CRC Press, 2002.